AutoCAD 2019中文版

机械制图快速入门与实例详解

主　　编　李雅萍
副 主 编　刘　烁
参　　编　董　璐　董顺顺　崔德森　邱兆玲
　　　　　王福满　李志萍　孙德胜　郑　晓
　　　　　杨梦娇　杨　梅　高明信　曹言娜
　　　　　张俊廷　刘居康　高　燕　赵文莹

机械工业出版社

本书详细介绍了 AutoCAD 2019 中文版的功能及各种基本操作方法和技巧，利用图解方法循序渐进地进行知识点讲解，使读者能够快速掌握 AutoCAD 2019 的操作技能。

全书分为 14 章，主要内容包括认识 AutoCAD 2019、AutoCAD 2019 绘图基础、精确绘图工具、规划和管理图层、控制图形显示、绘制二维平面图形、选择与编辑图形对象、创建面域与图案填充、注释文字和表格、标注图形尺寸、块操作、绘制三维图形、编辑和渲染三维图形、图形输入和输出。

本书图文并茂、语言简洁、思路清晰、实例丰富、解说翔实、内容全面，可作为初学者的入门基础用书和相关工程技术人员的参考资料，也可作为中、高等学校相关专业、各类计算机辅助设计培训中心和 AutoCAD 认证考试的教学用书。

与本书配套的《AutoCAD 综合强化习题册》同时出版，供有需要的读者选用。

图书在版编目（CIP）数据

AutoCAD 2019 中文版机械制图快速入门与实例详解/ 李雅萍主编. —北京：机械工业出版社，2019.2（2025.1 重印）

ISBN 978-7-111-61769-3

Ⅰ. ①A… Ⅱ. ①李… Ⅲ. ①机械制图- AutoCAD 软件-高等职业教育-教材 Ⅳ. ①TH126

中国版本图书馆 CIP 数据核字（2019）第 006321 号

机械工业出版社（北京市百万庄大街 22 号 邮政编码 100037）
策划编辑：齐志刚 责任编辑：齐志刚 王莉娜
责任校对：张晓蓉 封面设计：张 静
责任印制：常天培
固安县铭成印刷有限公司印刷
2025 年 1 月第 1 版第 7 次印刷
184mm×260mm · 20.5 印张 · 518 千字
标准书号：ISBN 978-7-111-61769-3
定价：49.00 元

电话服务
客服电话：010-88361066
010-88379833
010-68326294

网络服务
机 工 官 网：www.cmpbook.com
机 工 官 博：weibo.com/cmp1952
金 书 网：www.golden-book.com
机工教育服务网：www.cmpedu.com

前　言

AutoCAD 软件是由美国 Autodesk（欧特克）公司推出的，集二维绘图、三维设计和渲染等于一体的计算机辅助绘图与设计软件。自 1982 年推出以来，AutoCAD 从初期的 1.0 版本，经多次版本更新和性能完善，现已发展到 AutoCAD 2019，广泛应用于机械、建筑、电子、家居、出版印刷等工程设计领域，已成为工程设计领域应用最为广泛的计算机辅助绘图与设计软件之一。

AutoCAD 2019 界面友好、功能强大，能够快捷地绘制二维与三维图形、渲染图形、标注图形尺寸和打印输出图形等，深受广大工程技术人员的欢迎，其优化的界面使用户更易找到常用命令，并且以更少的命令更快地完成常规 CAD 的繁琐任务，还能帮助新用户尽快熟悉并使用软件。

本书详细介绍了 AutoCAD 2019 中文版的功能和各种基本操作方法与技巧。书中采用大量实例并利用图解方法循序渐进地进行知识点讲解，使读者能够快速掌握 AutoCAD 2019 的操作技能。

重点内容

本书共分 14 章，重点内容如下：

【零起点，从界面操作开始】 从零开始介绍 AutoCAD 2019 的操作界面和基本操作，如菜单栏、工具栏、鼠标与键盘的基本操作、精确绘图工具、图层的使用、控制图形显示，让读者快速掌握 AutoCAD 2019 绘图基础，方便后续内容的学习。重点参考第 1～5 章。

【二维绘图从入门到精通】 在掌握 AutoCAD 2019 基本操作的基础上讲解二维绘图的基本操作和方法，如点、线、矩形、正多边形、圆、圆弧、椭圆、椭圆弧、多线、多段线、样条曲线和修订云线等的绘制和编辑方法。另外，还介绍了注释文字和表格、标注图形尺寸以及块操作等。通过这部分的学习，读者可以快速掌握二维绘图的基本知识和操作技法，并可以结合书中穿插的实例进行操作实践演练。重点参考第 6～11 章。

【三维绘图从入门到精通】 介绍了三维图形的绘制、编辑和渲染方法，如三维点、线、实体的绘制和编辑方法，并简单介绍了工程图的输入和输出方法。通过这部分的学习，可以使读者快速掌握三维绘图的基本知识和操作技法。重点参考第 12～14 章。

主要特色

书中的每一章内容都采用图文对照的形式进行讲解。通过实例，读者可实际操作，以验证、巩固所学的内容，具有非常强的实用性，是读者学习过程中的良师益友。本书具有以下几个特色：

【内容全面】 本书涵盖 AutoCAD 2019 初级使用者的基本命令，包括设置绘图环境、图层管理、控制图形显示、绘制二维图形和三维图形、编辑二维图形和三维图形、注释文字和表格、标注图形尺寸、块与外部参照等内容。

【分类明确】 为了在有限的篇幅内提高知识集中程度，本书对 AutoCAD 2019 的知识进行了详细且合理的划分，尽可能使章节安排符合读者的学习习惯，使读者学习起来轻松方便。

【实例丰富】 本书对大部分的命令均采用实例讲解，配有各个步骤的图片和操作说明，通过实例操作驱动知识点讲解，不专门对知识点进行重复的理论介绍，既生动具体又简洁明了，学习起来更加简单易懂。

【配套资源】 本书配套资源中包含全书所有素材、PPT 和操作视频，可以帮助读者轻松地学习和掌握本书内容，选用本书的读者可以从机械工业出版社教育服务网（www.cmpedu.com）上免费下载。

本书由李雅萍任主编，刘烁任副主编，参与编写的有董璐、董顺顺、崔德森、邱兆玲、王福满、李志萍、孙德胜、郑晓、杨梦娇、杨梅、高明信、曹言娜、张俊廷、刘居康、高燕、赵文莹。编写过程中参考了大量文献资料，在此向相关作者表示感谢。

限于编者的水平，书中疏漏之处在所难免，不当之处恳请读者批评指正，编者不胜感激。有任何问题，请联系 liyaping-skd@163.com。

编　者

目 录

CHAPTER 1
第1章 认识AutoCAD 2019

1.1 AutoCAD 2019 的界面

AutoCAD 2019 的界面由菜单浏览器、快速访问工具栏、功能区、绘图区、命令行窗口和信息中心等组成。

1.1.1 菜单浏览器

菜单浏览器在 AutoCAD 2019 版本中又称为“应用程序主菜单”。

单击 AutoCAD 2019 界面左上角的“菜单浏览器”按钮，可打开菜单浏览器，如图 1-1 所示，其中包含了“新建”“打开”“保存”“发布”和“打印”等常用命令。

图 1-1 菜单浏览器

1.1.2 快速访问工具栏

AutoCAD 2019 的快速访问工具栏位于窗口的顶部，如图 1-2 所示。

快速访问工具栏中显示的是经常访问的命令，包括“新建”“打开”“保存”“另存为”“打印”“放弃”和“重做”等几个默认命令按钮。

若需将快速访问工具栏中的某个命令按钮删除，可在该按钮上单击鼠标右键，在弹出的快捷菜单中选择“从快速访问工具栏中删除”命令；若需在快速访问工具栏中添加某个命令按钮，可在快速访问工具栏上单击鼠标右键，在弹出的快捷菜单中选择“自定义快速访问工具栏”命令，然后在弹出的“自定义用户界面”对话框中将要添加的命令从“命令列表”窗格中拖曳到快速访问工具栏中即可。

图 1-2 快速访问工具栏

1.1.3 工作空间

AutoCAD 2019 为用户提供了“草图与注释”“三维基础”和“三维建模”3 个工作空间，同时用户还可以根据自己的需要设置工作空间并保存。

在 AutoCAD 2019 中，有以下 3 种方法切换工作空间：

（1）单击快速访问工具栏右侧的按钮，在弹出的菜单中选择“工作空间”命令，弹出如图 1-3a 所示的工作空间下拉列表，选择工作空间名称就可以切换到相应的工作空间。

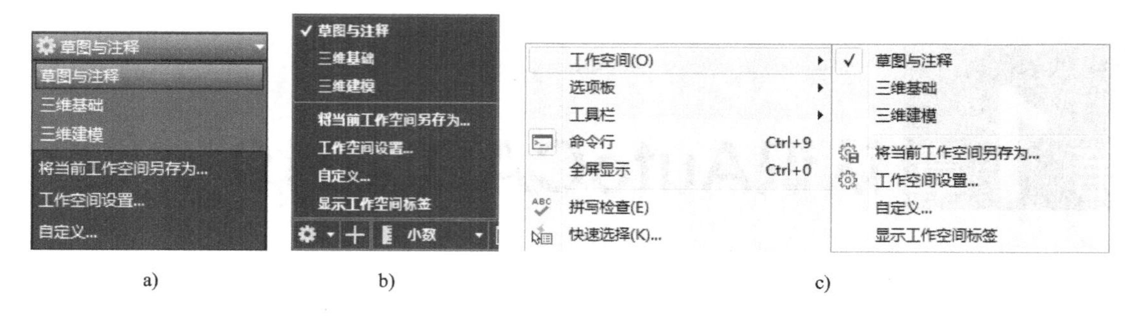

a) b) c)

图 1-3 切换工作空间

（2）单击状态栏右侧的“切换工作空间”控件中的箭头，然后选择工作空间名称，切换到相应的工作空间，如图 1-3b 所示。

（3）若已显示菜单栏，则单击“工具”菜单→工作空间，然后选择工作空间名称，切换到相应的工作空间，如图 1-3c 所示。

1.1.4 标题栏

AutoCAD 2019 界面的最上侧中间位置是文件的“标题栏”，如图 1-4 所示，显示软件的名称和当前打开的文件名称；最右侧是“最小化”“最大化”和“关闭”按钮。

图 1-4 标题栏

1.1.5 菜单栏

启动 AutoCAD 2019 后，会发现初始界面的菜单栏为隐藏状态。

若要显示菜单栏，可单击快速访问工具栏右侧的小箭头，在弹出的菜单中选择“显示菜单栏”命令。图 1-5 所示即为在 AutoCAD 2019 中显示的菜单栏，包括“文件”“编辑”“视图”“插入”“格式”“工具”“绘图”“标注”和“修改”等 13 个菜单。

图 1-5 菜单栏

若要关闭菜单栏，则按照上述方法在弹出的菜单中选择“隐藏菜单栏”命令；或者在任一“菜单栏”上单击鼠标右键，取消勾选“显示菜单栏”。

1.1.6 功能区

功能区由多个“选项卡”和“面板”组成，每个“选项卡”包含一组“面板”，如图 1-6 所示。

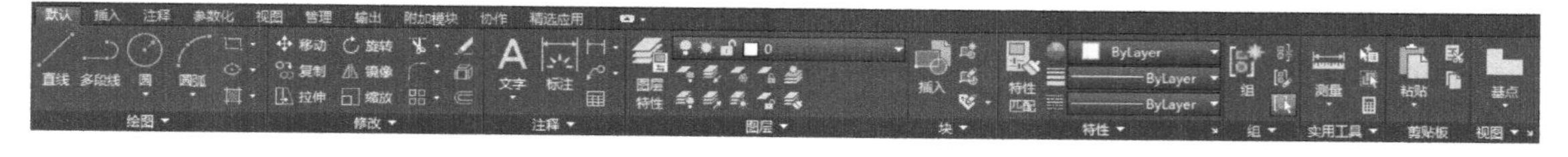

图 1-6 “草图与注释”工作空间的功能区

功能区包含了绘图过程中所需的大部分命令，用户只要单击面板上的按钮就可以激活相应命令，如单击“默认”选项卡→“绘图”面板→“直线”按钮，激活“直线”命令。

默认状态下，功能区水平显示，位于窗口的顶部，如图 1-6 所示。可在功能区的空白处用鼠标右键单击→选择“浮动”命令，使其垂直显示，如图 1-7 所示；也可使其显示为浮动功能区，如图 1-8 所示。

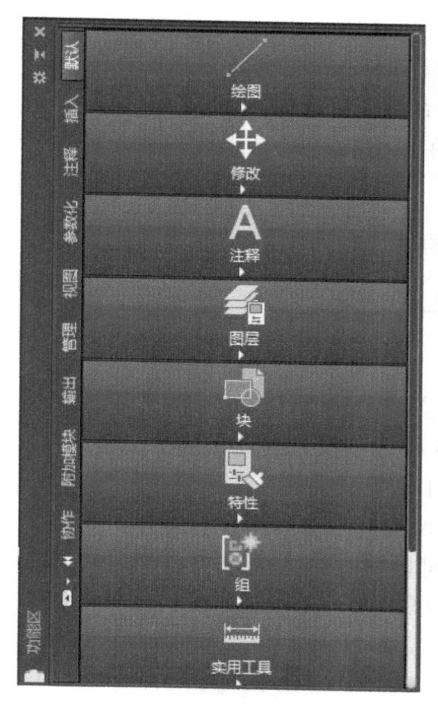

图 1-7　垂直显示功能区

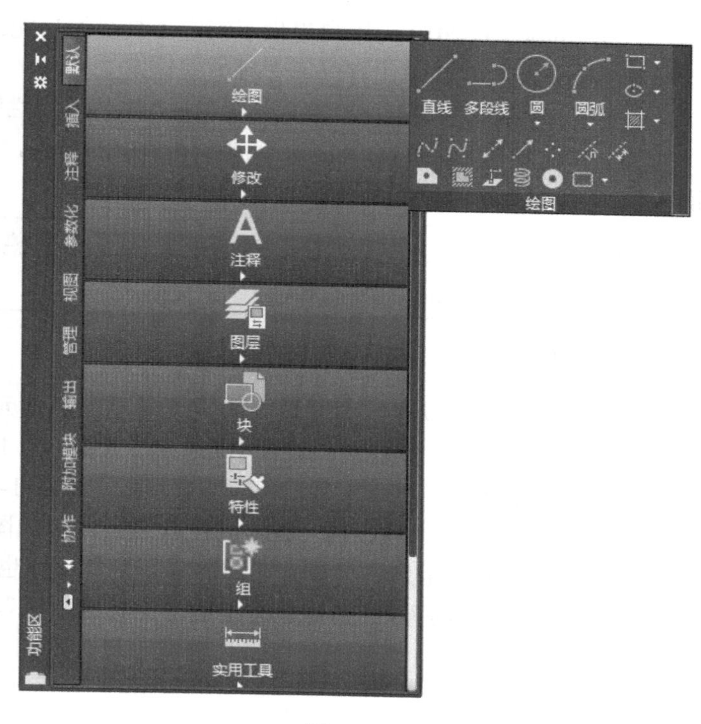

图 1-8　浮动功能区

若要将功能区由垂直显示改为水平显示，可通过鼠标拖曳或者双击左下侧的功能区标识即可。

可以通过拖动选项卡中的面板的标题栏来改变其位置或者使其变为浮动状态，图 1-9 所示即为浮动的“修改”面板。若要将其放回到原来的位置，可单击图 1-9 中右上侧的“将面板返回到功能区”按钮。

图 1-9　浮动的“修改”面板

显示/关闭功能区的方法：选择“工具”菜单→“选项板”→“功能区”命令。

1.1.7　工具栏

在使用 AutoCAD 2019 进行绘图时，除了使用菜单栏和功能区中的命令外，大部分命令也可以通过工具栏来执行。默认状态下，AutoCAD 2019 的工具栏全部隐藏。

在 AutoCAD 2019 中，选择“工具”菜单→“工具栏”→“AutoCAD”→选中要显示的工具栏，即可打开所需工具栏。图 1-10 所示即为打开的“标注”工具栏。

ISO-25

图 1-10　“标注”工具栏

当打开了某个工具栏后，还需再打开其他工具栏时，则可在已打开的工具栏上用鼠标右键单击，然后选中要显示的工具栏。

将鼠标指针置于工具栏上，按住鼠标左键拖动，可改变工具栏的位置。当拖动当前浮动的工具栏至窗口任意一侧时，该工具栏会紧贴窗口边界。

工具栏的可移动性给设计工作带来了方便，但也会因操作失误而使工具栏脱离原来的位置，为此 AutoCAD 2019 为用户提供了锁定工具栏的功能。

在 AutoCAD 2019 中，有以下 2 种方法锁定工具栏：

（1）选择“窗口”菜单→“锁定位置”→“浮动工具栏”命令（或选择“全部”→“锁定”）。

（2）单击状态栏右侧的“锁定”控件中的箭头，在弹出的菜单中选择“浮动工具栏/面板”。

★读者可仔细体会“浮动工具栏/面板”“固定工具栏/面板”“浮动窗口”和“固定窗口”这四个锁定标识含义的不同之处。

1.1.8 选项板

选项板是一种可以在绘图区域中固定或浮动的界面元素。AutoCAD 2019 的选项板包括“特性”“图层”“工具选项板”“设计中心”和“光源”等 14 种选项板。用户可以通过选择“工具”菜单→“选项板”命令来显示相应的选项板，如图 1-11 所示。

“工具选项板”是选项板的一种，它把代表各功能的图块或符号加以组织和编排，将多个浮动窗口按照功能分组到各界面，非常容易识别。用户也可以根据个人需求自定义工具选项板。图 1-12 所示即为打开的初始状态下的“工具选项板”。

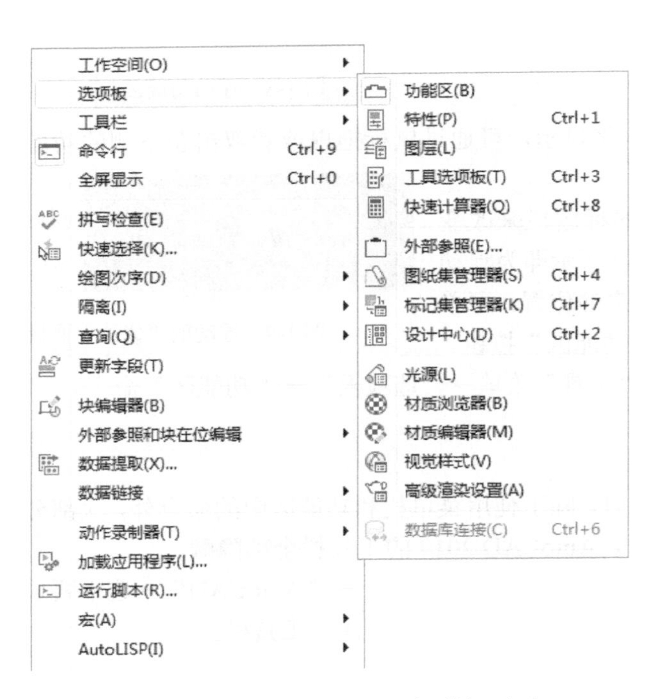

图 1-11 选择“工具”→“选项板”命令

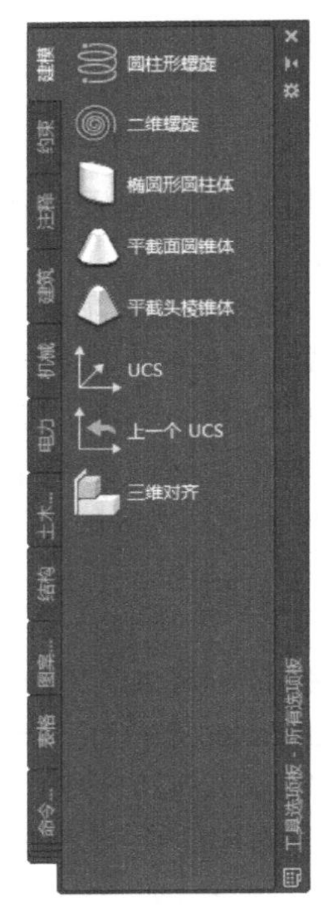

图 1-12 工具选项板

在 AutoCAD 2019 中，有以下 2 种方法显示“工具选项板”：

（1）选择“工具”菜单→“选项板”→“工具选项板”命令。

（2）单击“视图”选项卡→“选项板”面板→“工具选项板”按钮。

1.1.9 绘图区

绘图区是软件窗口中最大的区域，是供用户绘图的平台，从中可以直观地看到设计的效果，图 1-13 所示为模型空间的绘图区，图 1-14 所示为布局空间（图纸空间）的绘图区。

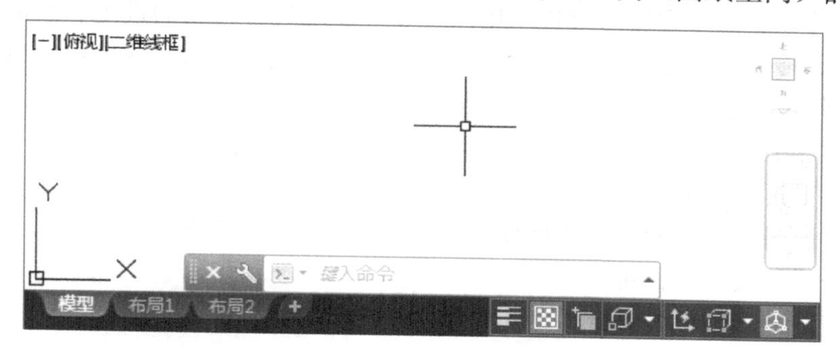

图 1-13 绘图区（模型空间）

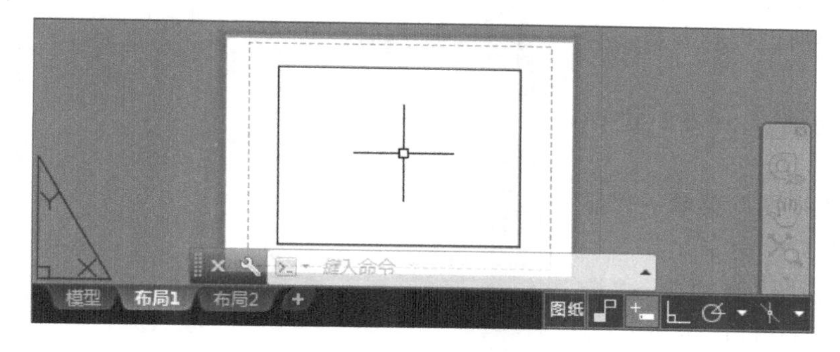

图 1-14 绘图区（布局空间）

在绘图区的左下角显示的是 AutoCAD 2019 的直角坐标系，用于协助用户确定绘图的方向，由 X 轴和 Y 轴组成。

将鼠标指针移至绘图区中，会出现带有正方形小框的十字光标，它主要用于指定点或者选择对象。

绘图区底部有 1 个模型标签和 1 个以上的布局标签 模型 布局1 布局2 +，在 AutoCAD 2019 中有两个设计空间：模型代表模型空间，布局代表布局空间（图纸空间），单击相应的标签可在这两个空间之间切换。

1.1.10 命令行窗口

在绘图区下侧是一个输入命令和反馈命令参数提示的区域，称为命令行窗口，如图 1-15 所示。

图 1-15 命令行窗口

AutoCAD 2019 中所有的命令都可以在命令行窗口中执行，比如需要画直线，直接在命令行中输入“Line”或者其简化命令“L”，即可激活画直线命令，如图 1-16 所示。

图 1-16　执行直线命令时的命令行窗口

命令行窗口很重要，它除了可以激活命令外，还是 AutoCAD 软件中最重要的人机交互的地方。在输入命令后，命令行窗口会提示用户一步一步地进行选项的设定和参数的输入。执行命令的过程中，命令行窗口总是给出下一步要如何操作的提示，因此这个窗口也被称为“命令提示窗口”，所有的操作过程都会记录在命令行窗口中。

在 AutoCAD 2019 中，有以下 3 种方法显示/关闭“命令行”：

（1）选择“工具”菜单→“命令行”命令。

（2）单击“视图”选项卡→“选项板”面板→“命令行”按钮 >_ 。

（3）若命令行已关闭，也可输入“Menu”命令→选择“acad.CUIX”→单击 打开(O) 按钮。

若想查看命令行窗口中已经运行过的命令的详细过程和参数，有以下 3 种方法：

（1）按功能键 Ctrl+F2 进行切换。

（2）选择“视图”菜单→“显示”→“文本窗口”命令。

（3）单击“视图”选项卡→“选项板”面板→“文字窗口”按钮 >_ 。

这时 AutoCAD 2019 将弹出文本窗口，如图 1-17 所示。

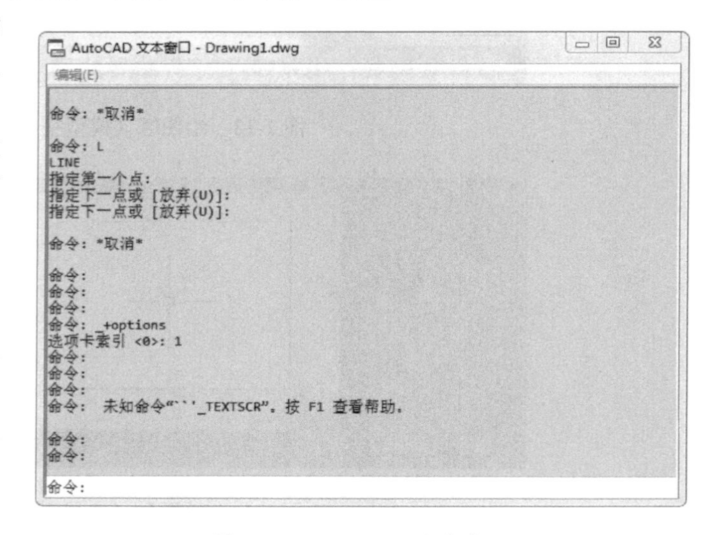

图 1-17　AutoCAD 文本窗口

1.1.11　状态栏

状态栏位于界面的最底端，主要用于显示当前光标所处位置和软件的各种状态模式，其外观如图 1-18 所示。

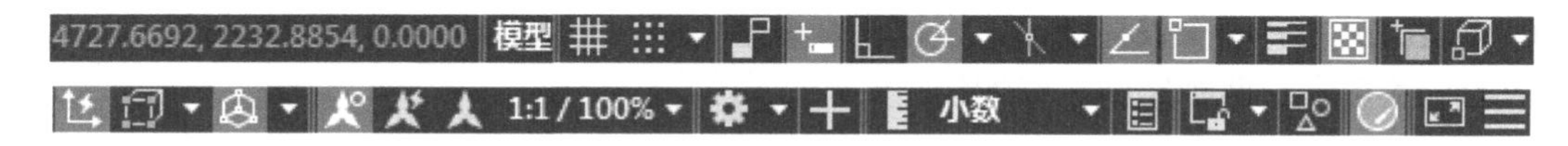

图 1-18　状态栏

AutoCAD 2019 增强了状态栏的功能，包含更多的控制按钮，如图 1-18 所示，从左至右，状态栏分为以下 13 个部分：

（1）坐标显示区 4727.6692, 2232.8854, 0.0000 ：位于状态栏的最左侧，三个数字显示分别为当前光标的 X、Y、Z 坐标值。当光标移动时，其值会自动更新。

（2）“模型或图纸空间”按钮模型：通过“模型或图纸空间”按钮，可在模型空间和布局空间之间进行切换。

（3）绘图辅助工具：从左至右依次是“显示图形栅格”“捕捉模式”“推断约束”“动态输入”“正交限制光标”“按指定角度限制光标”“等轴测草图”“显示捕捉参照线”“将光标捕捉到二维参照点”“显示/隐藏线宽”“透明度”“选择循环”“将光标捕捉到三维参照点”“将 UCS 捕捉到活动实体平面”“过滤对象选择”“显示小控件”16 个工具，单击相应按钮即可激活相应命令，有助于快速绘图。

（4）注释工具 1:1 / 100%：用于控制图形中的注释性对象，显示其注释比例及可见性。

（5）“切换工作空间”控件：方便用户切换不同的工作环境界面。

（6）“注释监视器”按钮：当注释监视器处于启用状态时，将通过放置标记来标记所有非关联注释。

（7）“当前图形单位”控件 小数：设置当前图形中坐标和距离的显示格式。

（8）“快捷特性”按钮：打开“快捷特性”按钮，可即时显示对象的快捷特性。

（9）“锁定用户界面”控件：用于锁定工具栏/面板、窗口；锁定后不能被拖动，但按住 Ctrl 键可以临时解锁。

（10）“隔离对象”按钮：单击此按钮即可隐藏一切工具，仅显示菜单栏和绘图内容。

（11）“硬件加速开”按钮：是一种在用户使用功能时控制其性能的方式。

（12）“全屏显示”按钮：通过单击“全屏显示”按钮，可显示和隐藏功能区。

（13）“自定义”按钮：通过单击该按钮，可设置状态栏显示的按钮及工具。

1.1.12 信息中心

信息中心设置在 AutoCAD 2019 界面右上方的标题栏中，如图 1-19 所示。它包括了信息中心搜索功能和通信中心面板。使用信息中心时只需要输入相关文字或问题，就会按照不同的分类，快速地为用户处理问题。

图 1-19 信息中心

1.1.13 导航栏

导航栏设置在绘图区的右侧，如图 1-20 所示。绘图过程中可以单击其中的相关命令，快捷方便。

在 AutoCAD 2019 中，有以下 2 种方法显示导航栏：

（1）选择“视图”菜单→“显示”→“导航栏”命令。

（2）单击“视图”选项卡→“视口工具”面板→“导航栏”按钮。

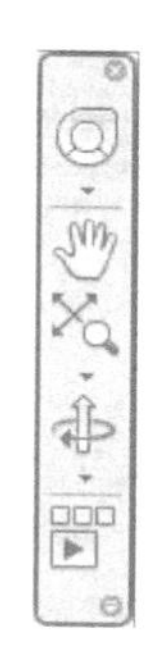

图 1-20 导航栏

1.1.14 工作界面

以上介绍了 AutoCAD 2019 工作界面的各个组成部分。较为完整的“AutoCAD 2019（草图与注释工作空间）”的工作界面如图 1-21 所示；较为完整的“AutoCAD 2014（草图与注释工作空间）”的工作界面如图 1-22 所示；较为完整的“AutoCAD 2014（AutoCAD 经典工作空间）”的工作界面如图 1-23 所示；较为完整的“AutoCAD 2010（二维草图与注释工作空间）”的工作界面如图 1-24 所示；较为完整的“AutoCAD 2010（AutoCAD 经典工作空间）”的工作界面如图 1-25 所示。因此，本书所涉及的操作方法对于其他版本的 AutoCAD 软件也是基本适用的，尤其是通过菜单栏、工具栏和命令行来执行命令，基本对于其他版本是通用的。无论哪一版本的 AutoCAD，其中的“AutoCAD 经典”工作空间基本是相同的（状态栏中的控制按钮不同），相当于 AutoCAD 2007。

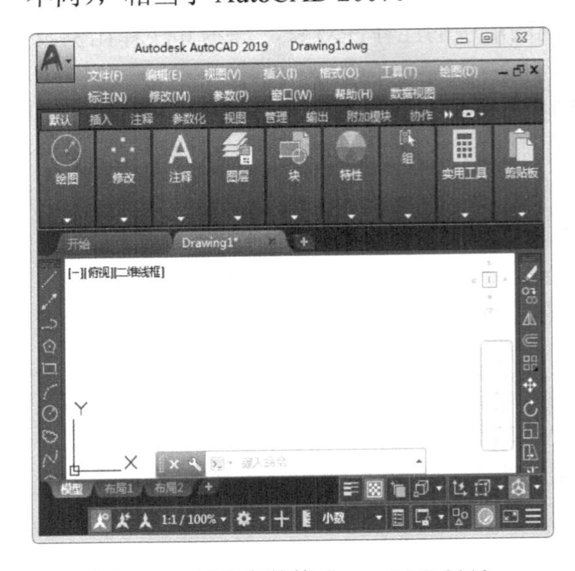

图 1-21 较为完整的“AutoCAD 2019（草图与注释工作空间）”的工作界面

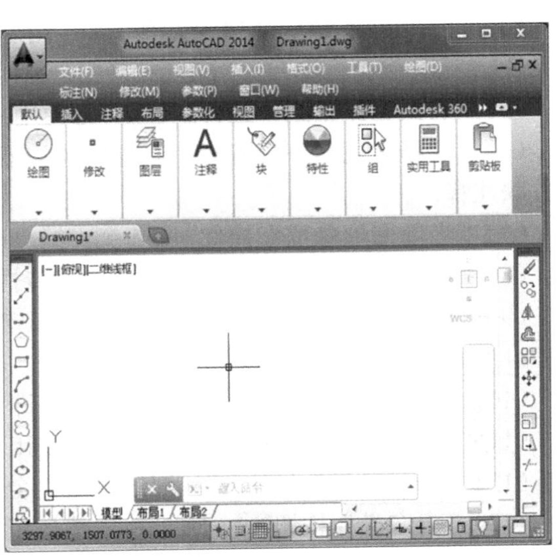

图 1-22 较为完整的“AutoCAD 2014（草图与注释工作空间）”的工作界面

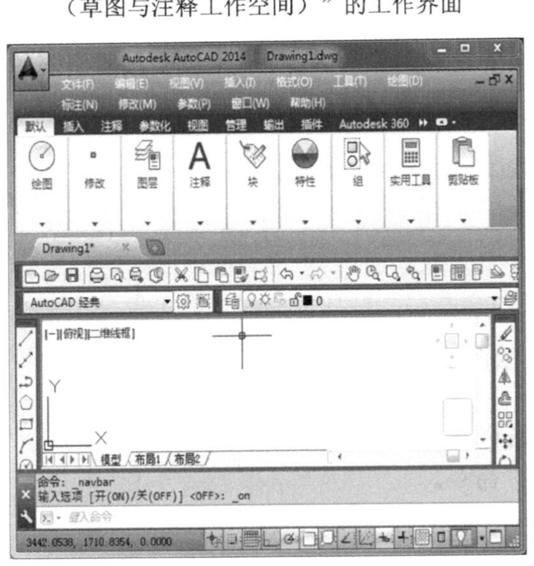

图 1-23 较为完整的“AutoCAD 2014（AutoCAD 经典工作空间）”的工作界面

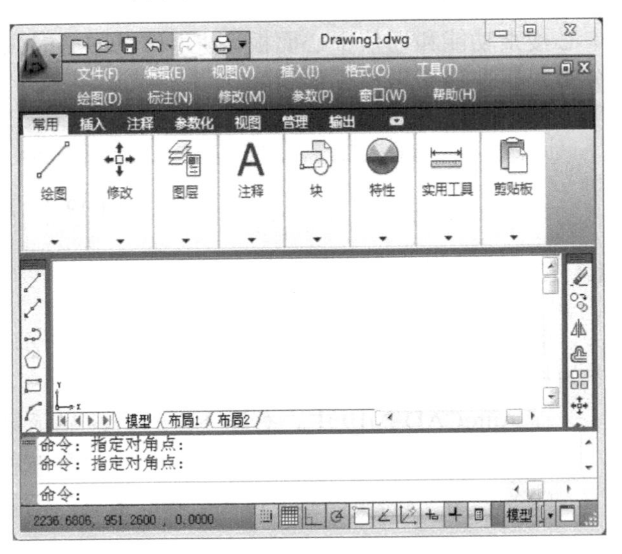

图 1-24 较为完整的“AutoCAD 2010（二维草图与注释工作空间）”的工作界面

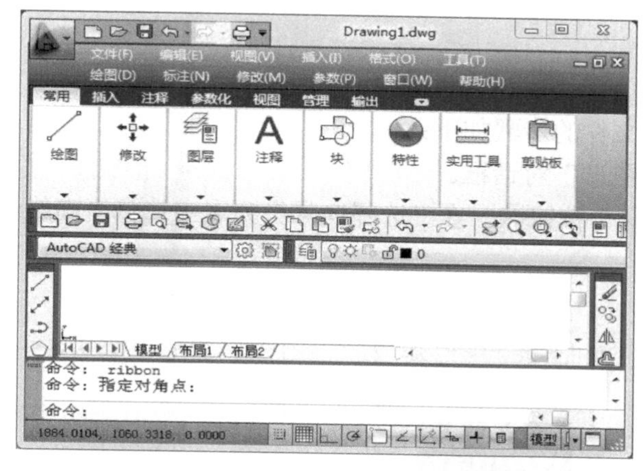

图 1-25 较为完整的“AutoCAD 2010（AutoCAD 经典工作空间）”的工作界面

1.2 创建图形文件

AutoCAD 2019 在默认状态下，STARTUP 系统变量的初始值为 0。若需显示“创建新图形”对话框，如图 1-26 所示，则应将 STARTUP 系统变量的值设置为 1。

在 AutoCAD 2019 中，有以下 6 种方法打开“创建新图形”对话框：

（1）选择“文件”菜单→“新建”命令。

（2）单击“快速访问工具栏”中的“新建”按钮。

（3）单击“菜单浏览器”按钮→“新建”命令。

（4）在命令行中输入“NEW”并按 Enter 键。

（5）按 Ctrl+N 组合键。

（6）单击“标准”工具栏中的“新建”按钮。

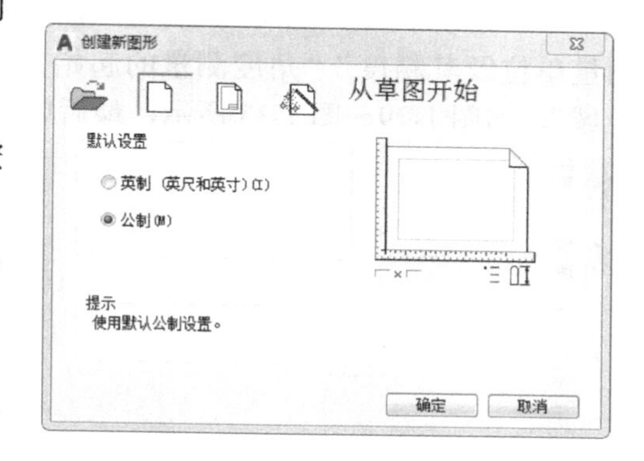

图 1-26 “创建新图形”对话框

1.2.1 从草图开始

从草图开始创建图形文件的步骤如下：

（1）打开“创建新图形”对话框。

（2）单击“从草图开始”按钮→在“默认设置”选项组中选择“公制”[⊖]单选按钮（常用的图样默认单位为 mm）→单击 确定 按钮，如图 1-26 所示。

1.2.2 使用样板

使用样板创建图形文件的步骤如下：

（1）打开“创建新图形”对话框。

（2）单击“使用样板”按钮→在图 1-27 所示的“选择样板”列表中选择一个合适的样板文件→单击 确定 按钮。

⊖ 应为米制，但软件汉化为公制，本书也用公制。

1.2.3 使用向导

使用向导创建图形文件的步骤如下：

（1）打开“创建新图形”对话框。

（2）单击“使用向导”按钮→在“选择向导”列表中选择“高级设置”→单击 确定 按钮，如图 1-28 所示。

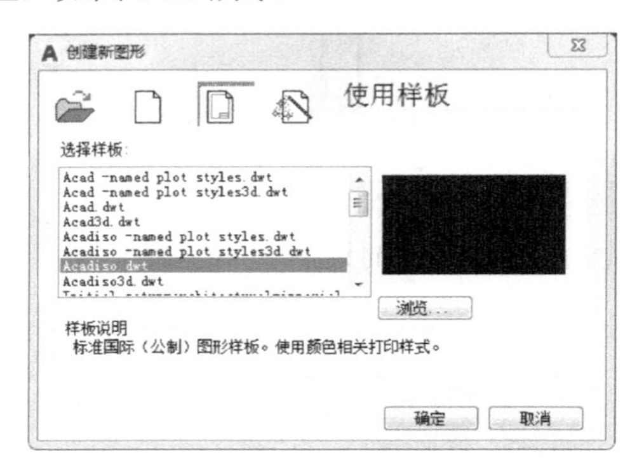

图 1-27 样板列表

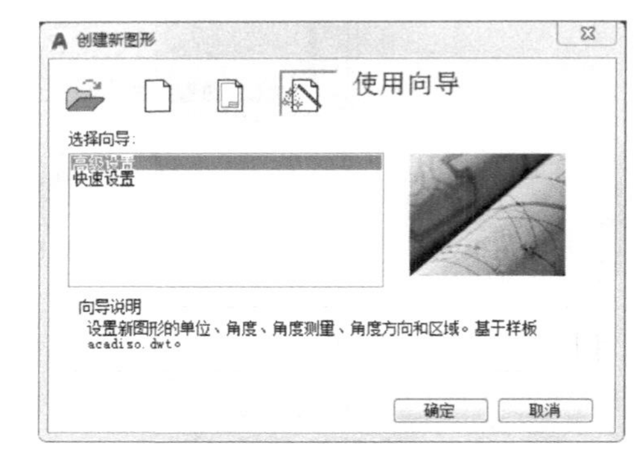

图 1-28 选择向导

（3）连续单击 下一步(N) > 按钮，按照图样要求依次设置“测量单位及其精度”“角度的测量单位及其精度”“角度测量的起始方向”“角度测量的方向”和“用全比例单位表示的区域”，如图 1-29～图 1-33 所示，最后单击 完成 按钮即可。

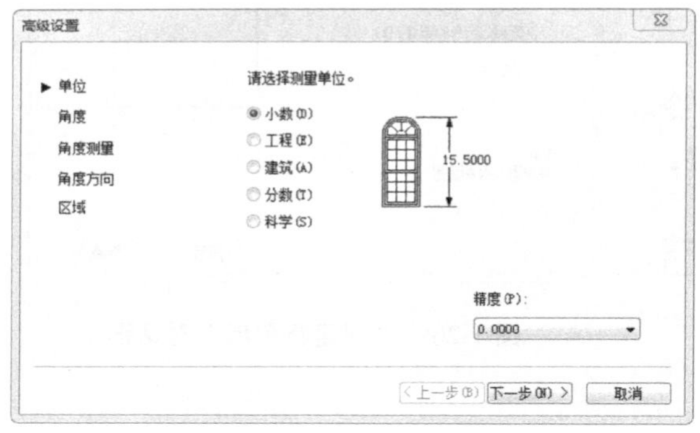

图 1-29 设置测量单位及其精度

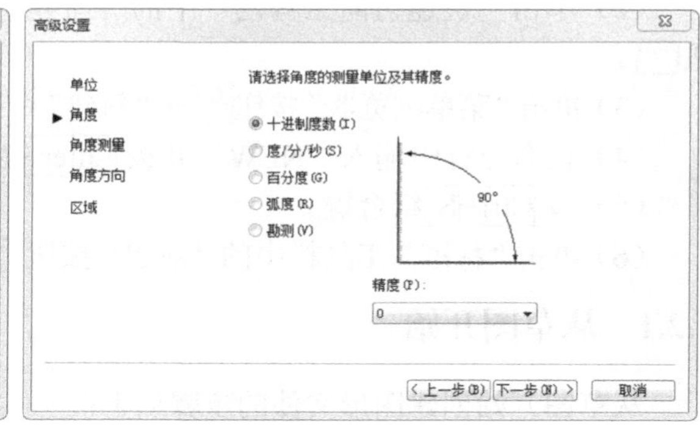

图 1-30 选择角度的测量单位及其精度

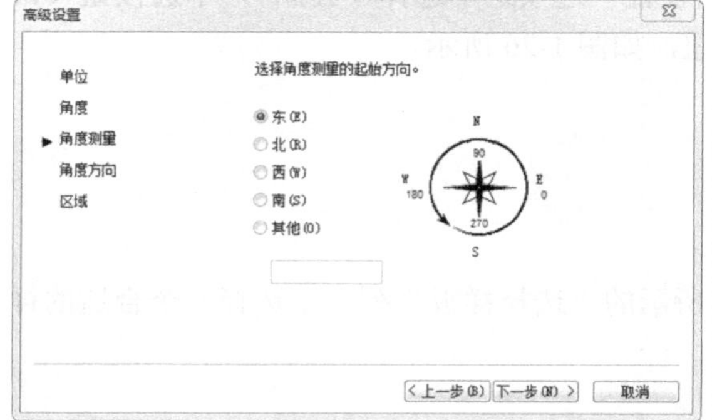

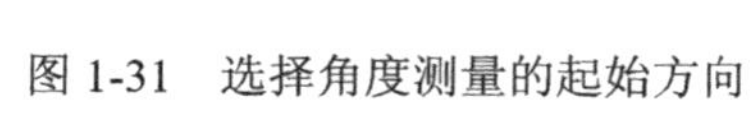

图 1-31 选择角度测量的起始方向

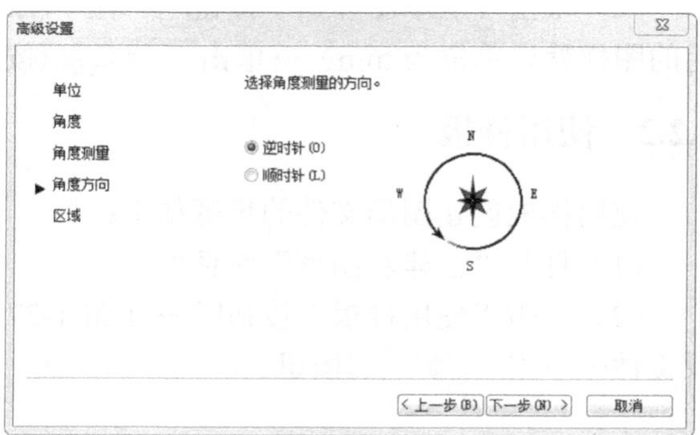

图 1-32 选择角度测量的方向

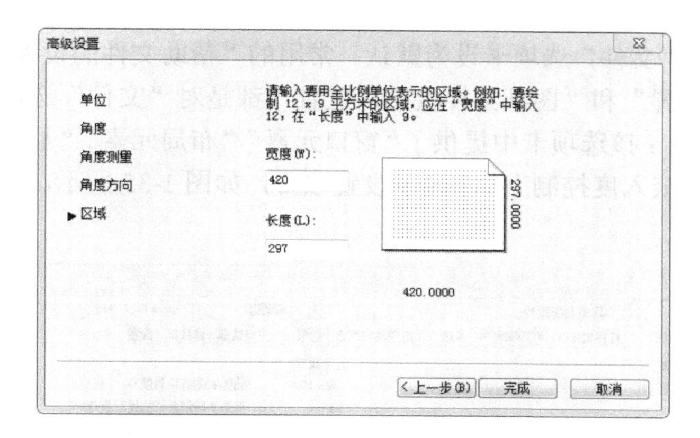

图 1-33　设置图纸区域

1.3　配置系统与绘图环境

通过配置系统和绘图环境可以提高绘图速度。AutoCAD 2019 的系统设置可通过“选项”对话框来实现，如图 1-34 所示。

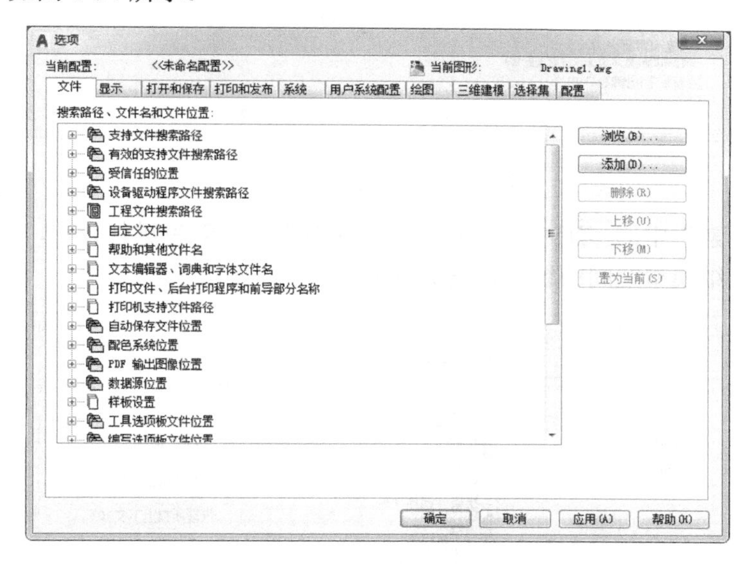

图 1-34　“选项”对话框

在 AutoCAD 2019 中，有以下 4 种方法打开“选项”对话框：

（1）选择“工具”菜单→“选项”命令。

（2）单击“菜单浏览器”按钮→选项按钮。

（3）在“绘图区”或“命令行”空白处单击鼠标右键→选择“选项”。

（4）在命令行中输入“OPTIONS 或其缩写 OP”并按 Enter 键。

“选项”对话框包括“文件”“显示”“打开和保存”“打印和发布”和“系统”等 10 个选项卡，各选项卡说明如下：

（1）“文件”选项卡：该选项卡主要用于设置软件搜索支持文件、驱动程序文件、菜单文件和其他文件的路径；还列出了用户可选设置，包括自定义文本编辑器、词典和字体等，如

图 1-34 所示，一般将“文件”选项卡设为默认。常用的“帮助文件的设置”“自动保存文件位置”“图形样板文件位置”和“图纸集样板文件位置”都是对“文件”选项卡进行设置。

（2）“显示”选项卡：该选项卡中提供了“窗口元素”“布局元素”“显示精度”“显示性能”“十字光标大小”和“淡入度控制”6 个显示设置项目，如图 1-35 所示，可以设置软件的各种显示属性。

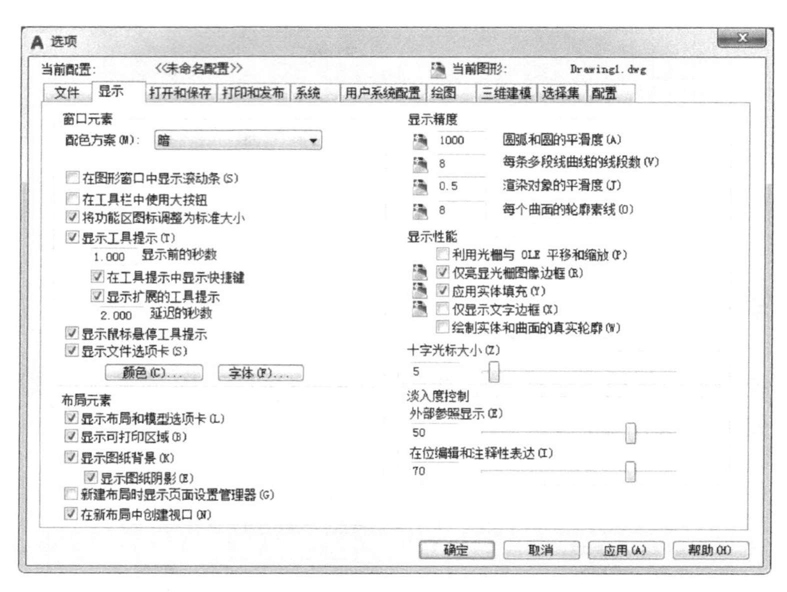

图 1-35　“显示”选项卡

单击“窗口元素”中的 颜色(C)... 按钮，可对图形窗口颜色进行设置，如图 1-36 所示，例如：可以设置二维模型空间的统一背景颜色为白色。

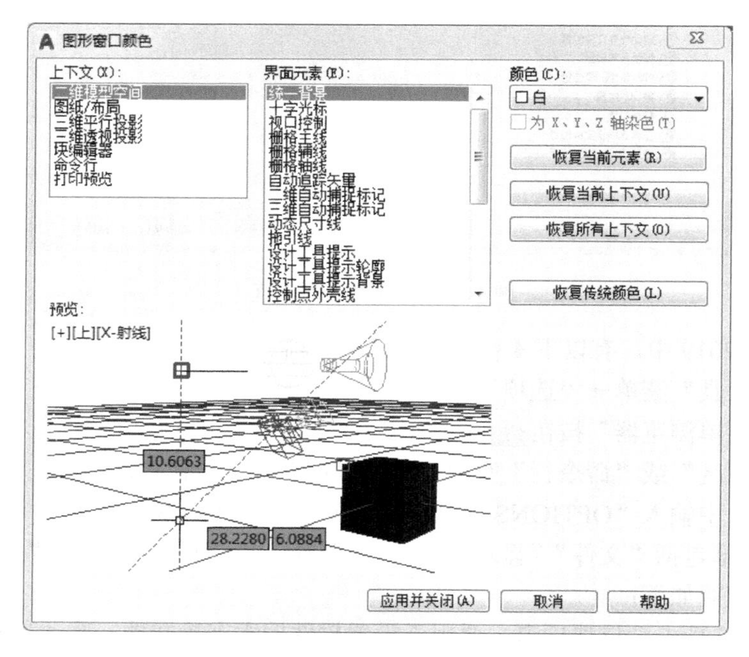

图 1-36　“图形窗口颜色”对话框

在“显示性能”选项组中可以设置“仅亮显光栅图像边框”“应用实体填充”和“仅显示文字边框”等，如图 1-37 所示。

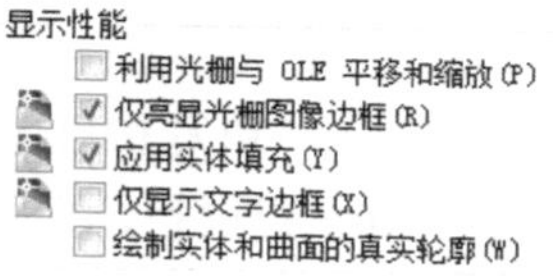

图 1-37　“显示性能”选项组

（3）“打开和保存”选项卡：包括“文件保存”“文件安全措施”“文件打开”“应用程序菜单”“外部参照”和“ObjectARX 应用程序”6 个选项组，如图 1-38 所示。

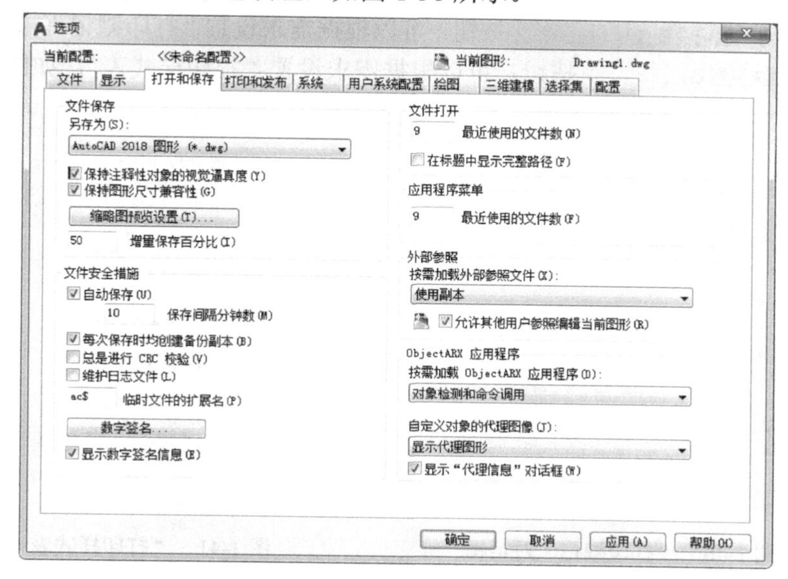

图 1-38　“打开和保存”选项卡

在该选项卡下，可以设置保存文件的默认文件格式，包括 AutoCAD 2018 图形文件格式（*.dwg）和之前相关版本的图形文件，AutoCAD 图形样板文件格式为（*.dwt），AutoCAD 图形交换文件格式为（*.dxf）；也可以设置自动保存的时间间隔分钟数。

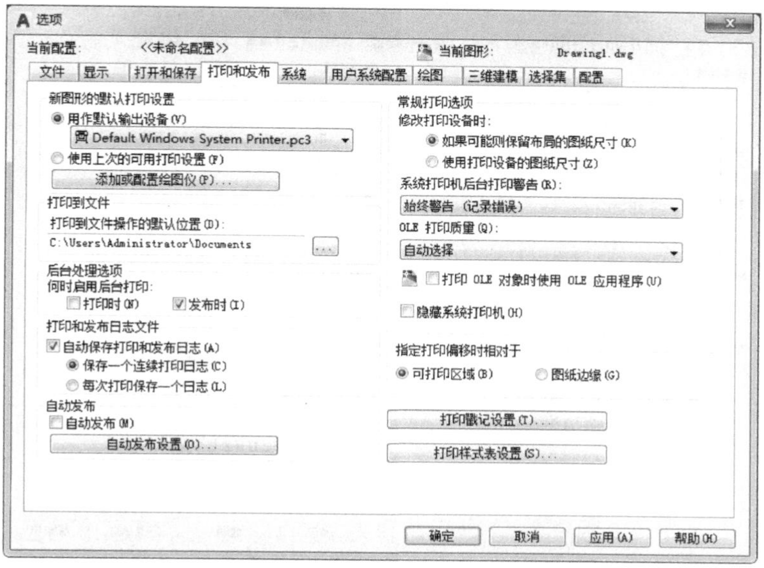

图 1-39　“打印和发布”选项卡

（4）“打印和发布”选项卡：该选项卡中提供了“新图形的默认打印设置”“打印到文件”“后台处理选项”“打印和发布日志文件”“自动发布”“常规打印选项”“指定打印偏移时相对于”7项打印和发布设置项目，以及“打印戳记设置”和“打印样式表设置”两个按钮，如图1-39所示。

在该选项卡中可以设置“用作默认输出设备”“打印到文件操作的默认位置”和“OLE打印质量”等。

单击 打印戳记设置(T)... 按钮，可以根据需求设置“打印戳记”，如图1-40所示；单击 打印样式表设置(S)... 按钮，可以根据需求设置“打印样式表”，如图1-41所示。

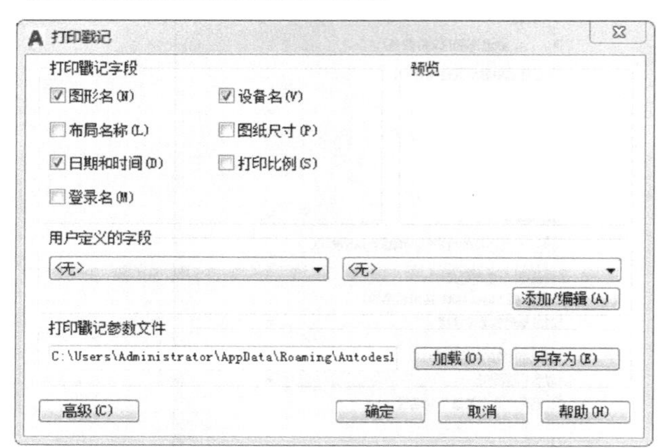

图1-40 “打印戳记”对话框

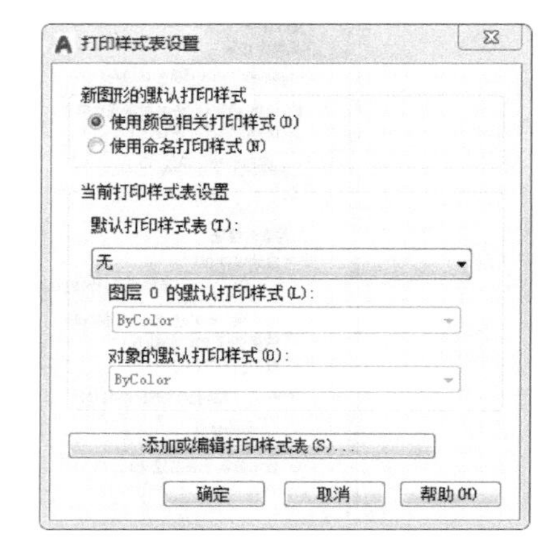

图1-41 “打印样式表设置”对话框

（5）“系统”选项卡：该选项卡中提供了“硬件加速”“当前定点设备”“触摸体验”“布局重生成选项”“常规选项”“帮助”“信息中心”“安全性”和“数据库连接选项”9项系统设置项目，如图1-42所示。

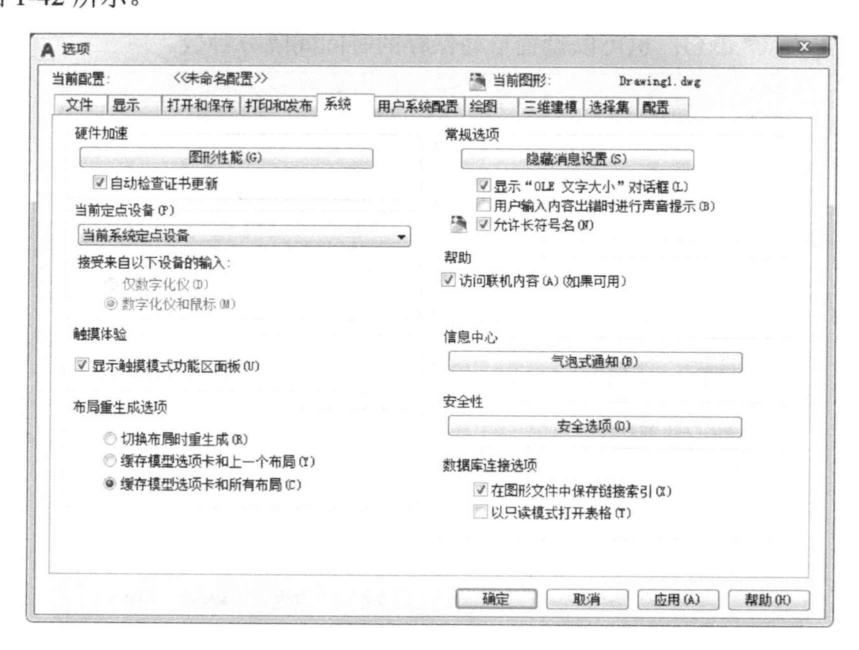

图1-42 “系统”选项卡

（6）“用户系统配置”选项卡：该选项卡中提供了“Windows 标准操作”“插入比例”“超链接”“字段”“坐标数据输入的优先级”“关联标注”和“放弃/重做”7 项设置项目，以及“块编辑器设置”“线宽设置”和“默认比例列表”3 个按钮，如图 1-43 所示。

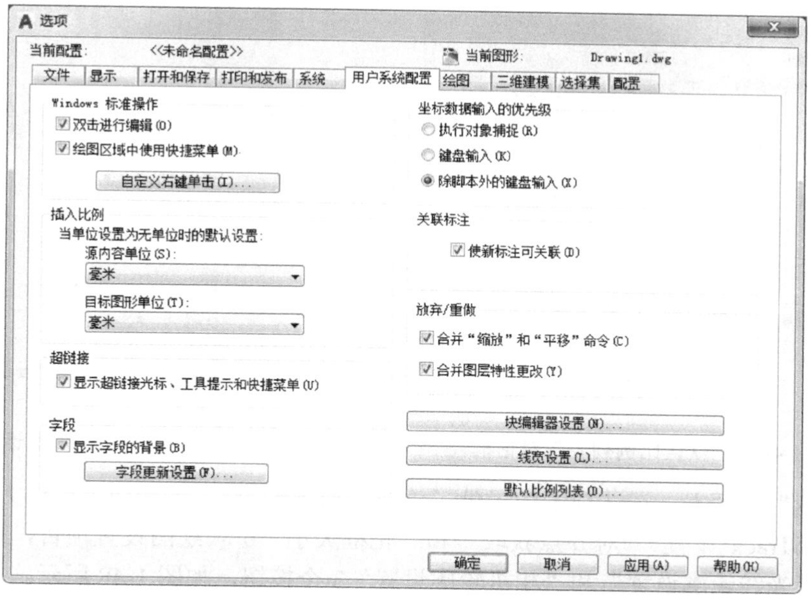

图 1-43　“用户系统配置”选项卡

单击“Windows 标准操作”中的“自定义右键单击(I)...”按钮，可以根据需求设置自定义右键单击的“默认模式”“编辑模式”和“命令模式”等，如图 1-44 所示。

单击“线宽设置(L)...”按钮，可以根据需求设置线宽及其单位等，也可以通过拖动滑块来调整显示比例，如图 1-45 所示。

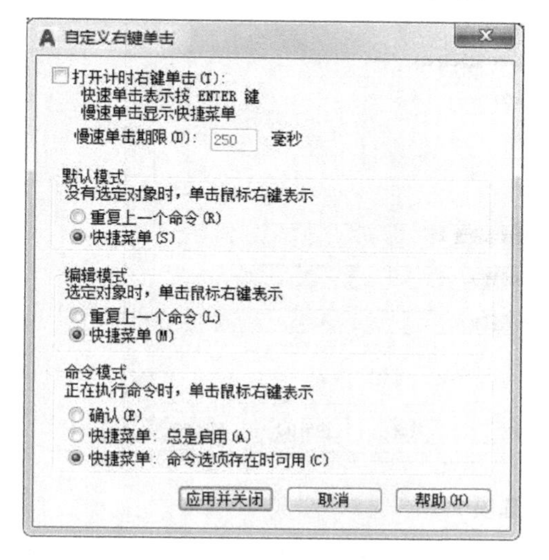

图 1-44　“自定义右键单击”对话框

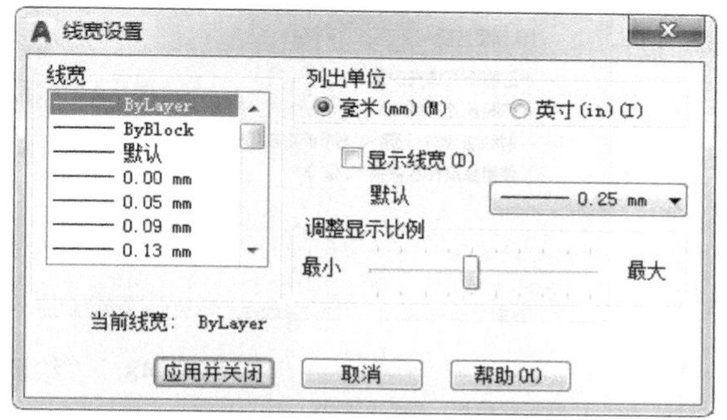

图 1-45　“线宽设置”对话框

单击“默认比例列表(D)...”按钮，可以根据需求设置“比例列表”，如图 1-46 所示。

单击图 1-46 中的 添加(A)... 按钮，可以添加“默认比例列表”中没有的比例，如图 1-47 所示即为添加比例 3∶1。

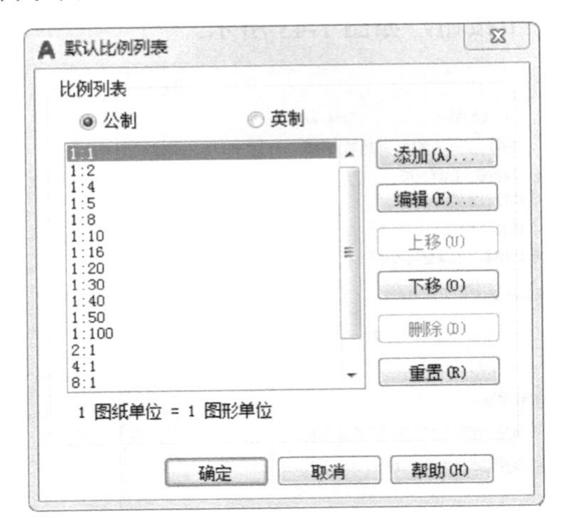

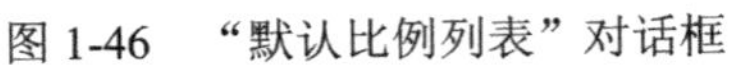
图 1-46 “默认比例列表”对话框

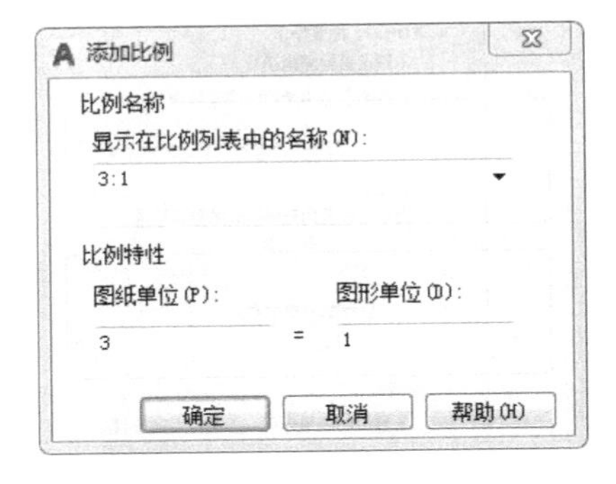

图 1-47 “添加比例”对话框

（7）“绘图”选项卡：该选项卡中提供了“自动捕捉设置”“自动捕捉标记大小”“对象捕捉选项”“AutoTrack 设置”“对齐点获取”和“靶框大小”6 项绘图设置项目，以及“设计工具提示设置”“光线轮廓设置”和“相机轮廓设置”3 个按钮，如图 1-48 所示。

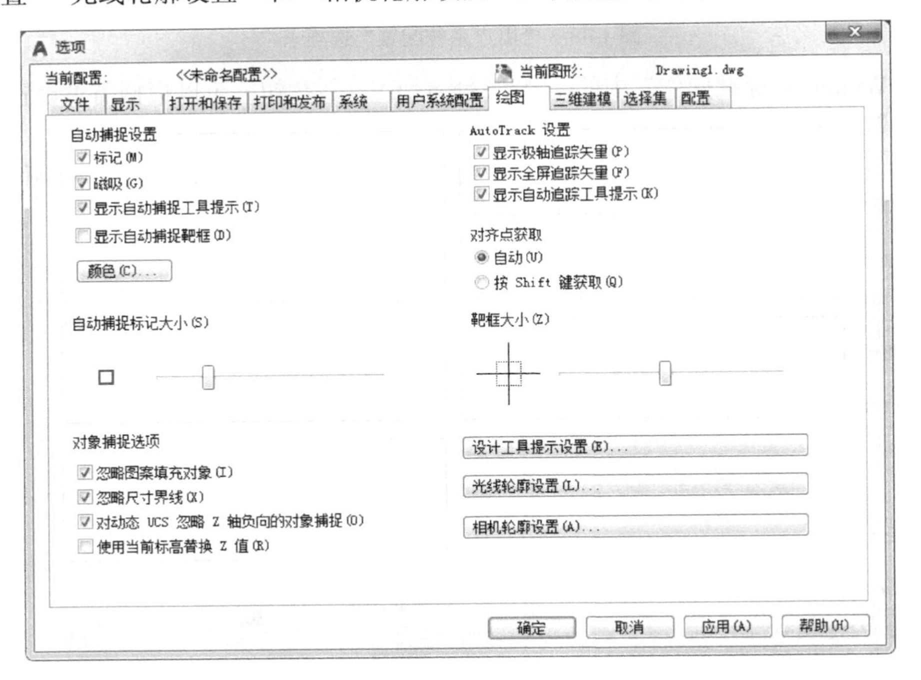

图 1-48 “绘图”选项卡

（8）“三维建模”选项卡：该选项卡中提供了“三维十字光标”“在视口中显示工具”“三维对象”“三维导航”和“动态输入”5 项三维建模设置项目，如图 1-49 所示。通过该选项卡，用户可以根据需要设置“三维十字光标”等。

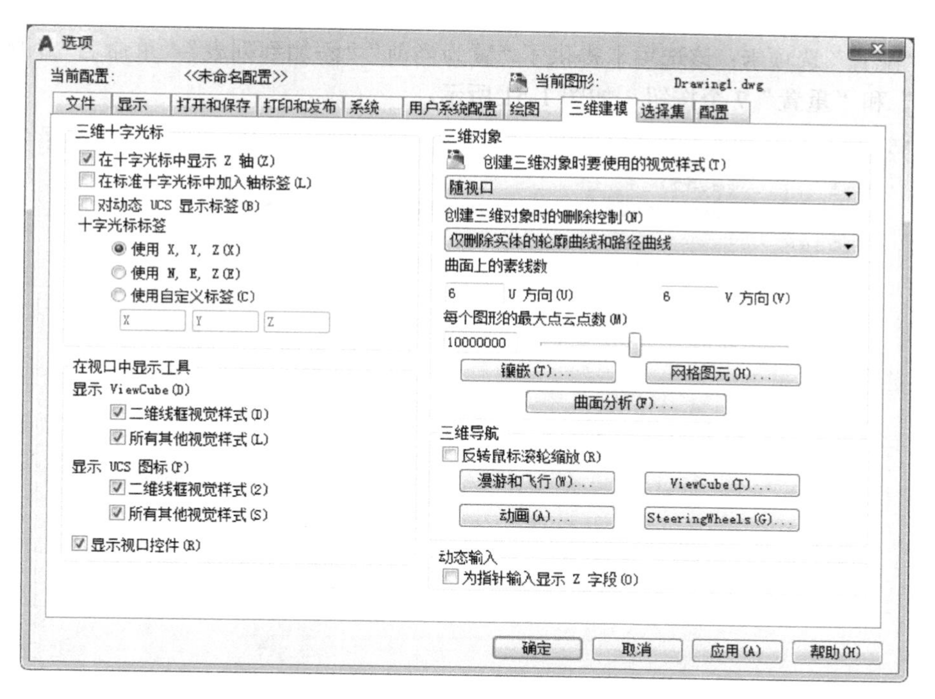

图 1-49 “三维建模”选项卡

（9）“选择集”选项卡：该选项卡中提供了“拾取框大小”“选择集模式”“功能区选项”“夹点尺寸”“夹点”和“预览”6 项选择集设置项目，如图 1-50 所示。通过该选项卡，用户可以根据需求设置“选择集模式”等。

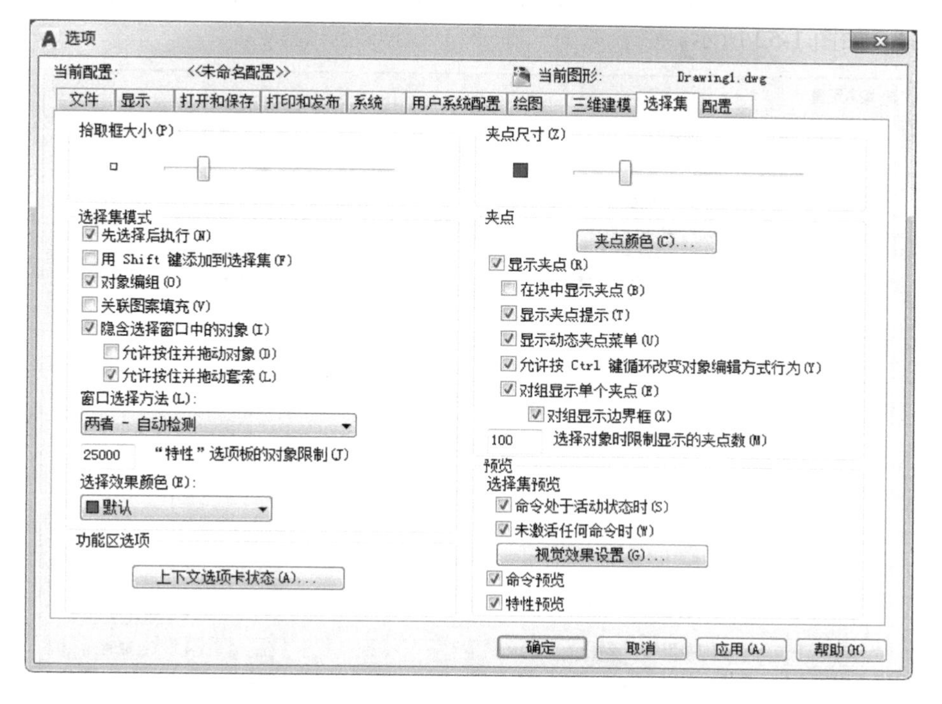

图 1-50 “选择集”选项卡

（10）“配置”选项卡：该选项卡提供了“置为当前”“添加到列表”“重命名”“删除”“输出”“输入”和“重置”7个按钮，如图1-51所示。

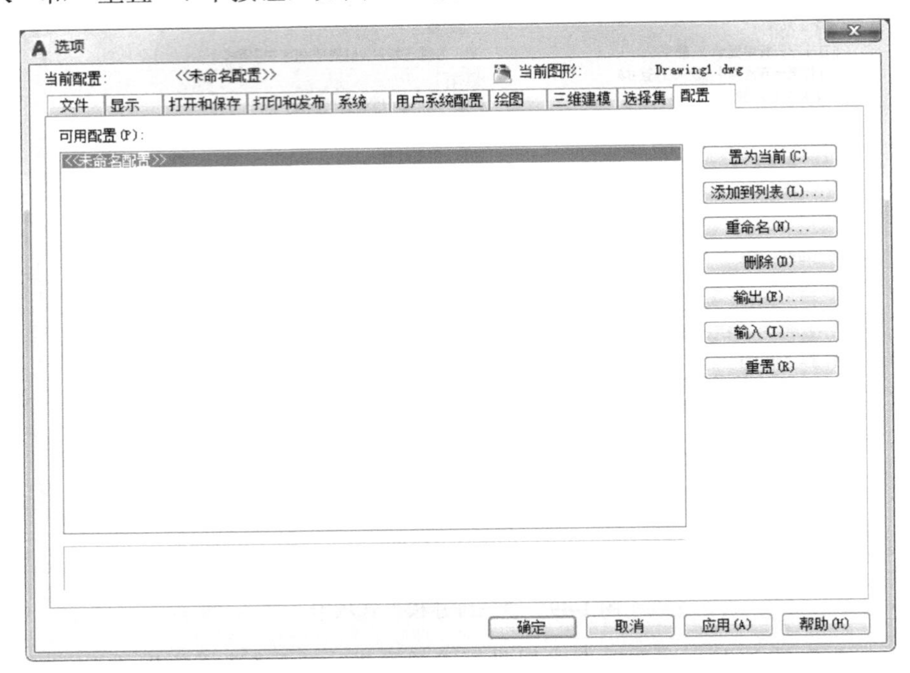

图1-51　“配置”选项卡

单击图1-51中的 输入(I)... 按钮，弹出“输入配置”对话框，可以输入已有的配置文件（*.ARG），如图1-52所示。

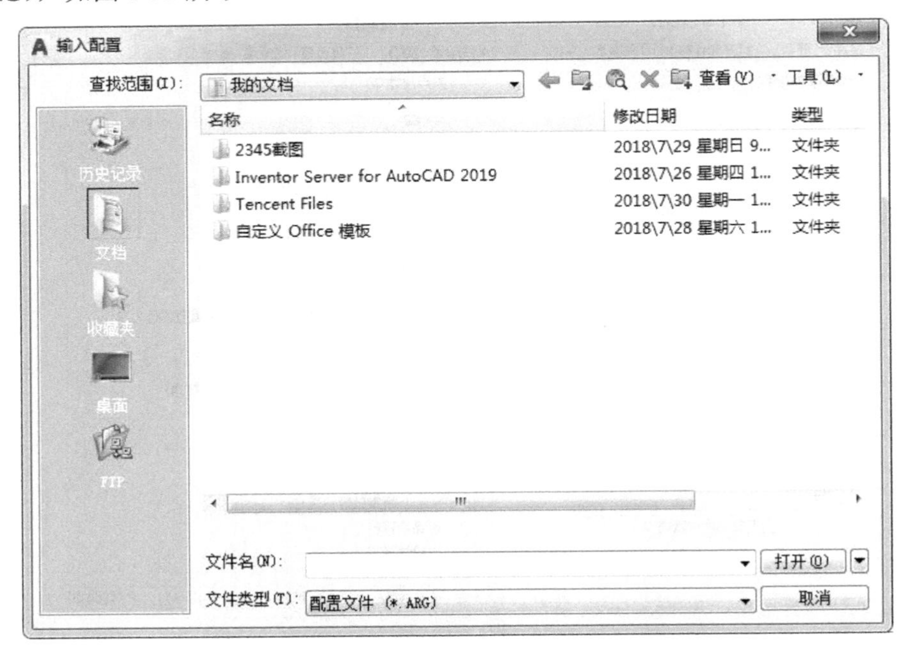

图1-52　“输入配置”对话框

单击图 1-51 中的 输出(E)... 按钮，弹出“输出配置”对话框，可以将文件输出为*.ARG格式的配置文件，如图 1-53 所示。

若想要返回到 AutoCAD 2019 的初始状态，可单击 重置(R) 按钮，在弹出的“AutoCAD”对话框中（图 1-54）单击 是(Y) 按钮即可。

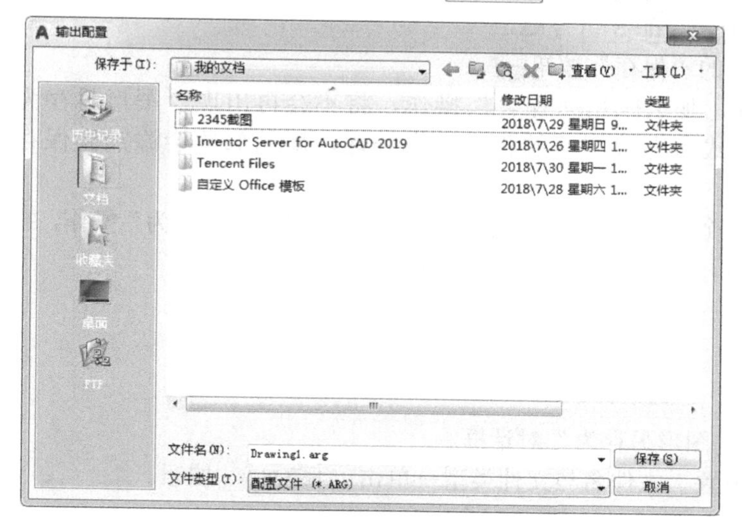

图 1-53 “输出配置”对话框

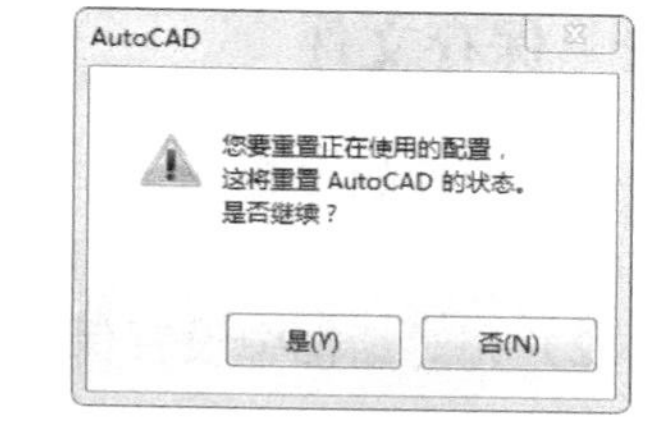

图 1-54 “AutoCAD”对话框

1.4 保存图形文件

在绘制图形的过程中，应当养成经常保存图形文件的好习惯，这样可以避免因出现电源故障或发生其他意外情况而造成的数据丢失。用户可以选择一般保存、另存为或设置自动保存文件。

对新创建的图形文件而言，可以通过以下 6 种方法打开“图形另存为”对话框，如图 1-55 所示。

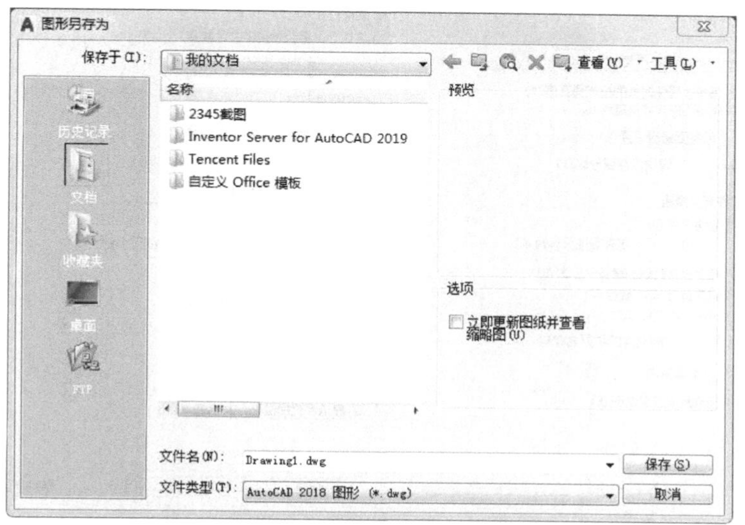

图 1-55 “图形另存为”对话框

（1）选择“文件”菜单→“保存”或“另存为”命令。

（2）单击“快速访问工具栏”中的“保存”按钮或“另存为”按钮。

（3）单击“菜单浏览器”按钮→“保存”按钮或“另存为”按钮。

（4）在命令行中输入“QSAVE（QS）”“SAVE（SA）”或“SAVEAS”并按Enter键。

（5）按Ctrl+S组合键或Ctrl+Shift+S组合键。

（6）单击“标准”工具栏中的“保存”按钮。

如果当前图形已被保存过，那么采用“保存”操作，将不会再出现“图形另存为”对话框，只会自动以增量的方式保存该图形的相关编辑处理，新的修改会添加到保存的文件中。

如果要将当前图形保存为一个新图形，而且不影响原图，则可采用“另存为”操作，打开“图形另存为”对话框，用一个新名称或者新路径来保存该文件。

1.4.1 保存文件

保存文件的步骤：

（1）打开如图1-55所示的“图形另存为”对话框。

（2）在对话框中设置保存位置、文件名与文件类型→单击 保存(S) 按钮。

1.4.2 自动保存文件

自动保存文件的步骤：

（1）打开“选项”对话框，切换至“打开和保存”选项卡，如图1-56所示。

（2）在“文件安全措施”选项组中选择“自动保存”复选框→设置“保存间隔分钟数”→单击 确定 按钮。

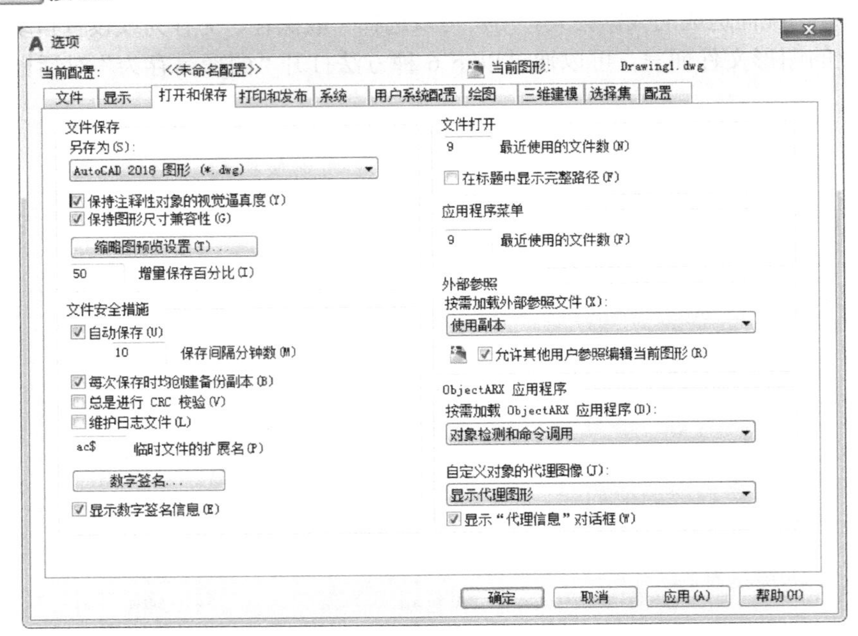

图1-56 “打开和保存”选项卡

1.5 打开现有文件

在 AutoCAD 2019 中，可以用一般打开方法打开现有文件，也可以以查找方式打开或以局部方式打开文件。

1.5.1 一般打开方法

一般打开图形的方法是使用“打开”命令，在弹出的“选择文件”对话框中通过预览效果，选择所需的单个或者多个文件，并将其打开到绘图区中。

有以下 5 种方法打开 “选择文件”对话框（图 1-57）：

（1）选择“文件”菜单→“打开”命令。

（2）单击“快速访问工具栏”中的“打开”按钮。

（3）单击“菜单浏览器”按钮→“打开”按钮。

（4）在命令行中输入“OPEN”并按 Enter 键。

（5）单击“标准”工具栏中的“打开”按钮。

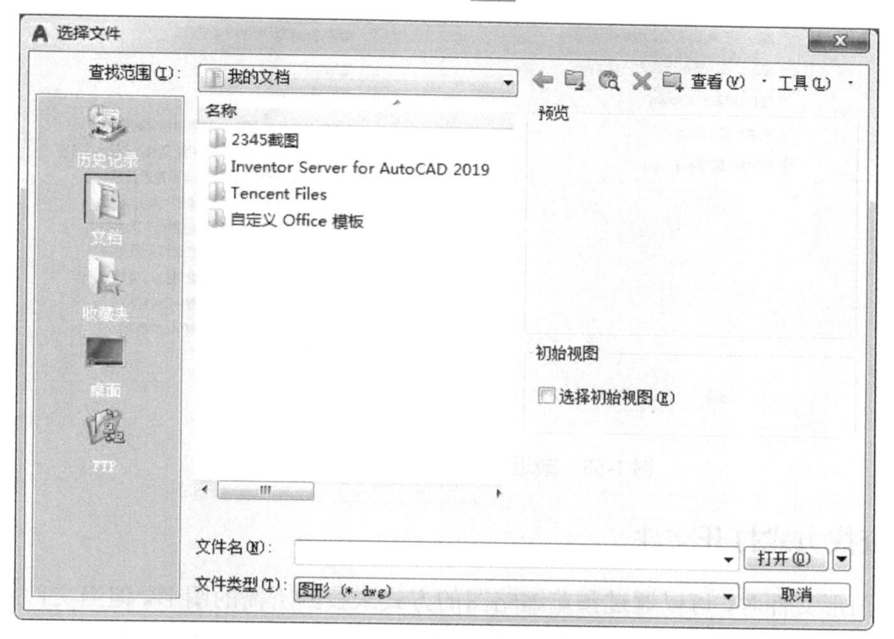

图 1-57 “选择文件”对话框

打开图形文件的步骤：

（1）打开“选择文件”对话框。

（2）指定“查找范围”位置→在文件列表中选择所需的图形文件→单击 打开(O) 按钮，即可将选取的文件打开。

另外，AutoCAD 2019 能够记忆 9 个最近编辑并保存过的图形文件。如果要快速打开刚刚保存的图形，可以打开菜单浏览器，单击“最近使用的文档”按钮；或者单击“文件”菜单，其下拉菜单也显示最近编辑并保存过的 9 个图形文件，如图 1-58 所示。

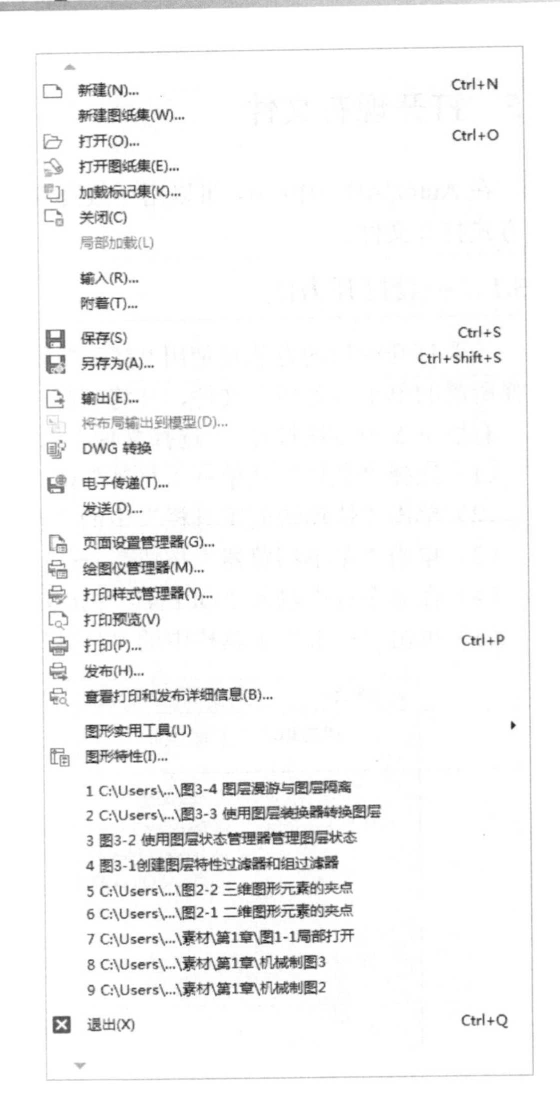

图 1-58 最近编辑并保存过的图形文件

1.5.2 以查找方式打开文件

在打开图形文件时，可以通过预览缩略图的方式来找到所需的图形。但当文件夹中的图形过多，而且文件名相似时，要找到文件将非常困难。针对此问题，AutoCAD 2019 在打开图形文件时提供了查找功能，以便用户能够快速地根据所掌握的信息打开需要的图形文件。

素材\第 1 章

【例 1-1】 将第 1 章中文件名称中包含“机械制图”的.dwg 格式的图形查找出来。

（1）打开“选择文件”对话框。

（2）在对话框右上角处单击工具(L) ▾按钮→选择“查找”命令，弹出“查找”对话框，如图 1-59 所示。

（3）在“名称和位置”选项卡中设置名称为“机械制图”、类型为“图形（*.dwg）”单击“查找范围”右侧的 浏览(B) 按钮，将“查找范围”设置为“素材”中的“第 1 章”→单击 开始查找(I) 按钮，即可根据设置的内容搜索文件，如图 1-60 所示。

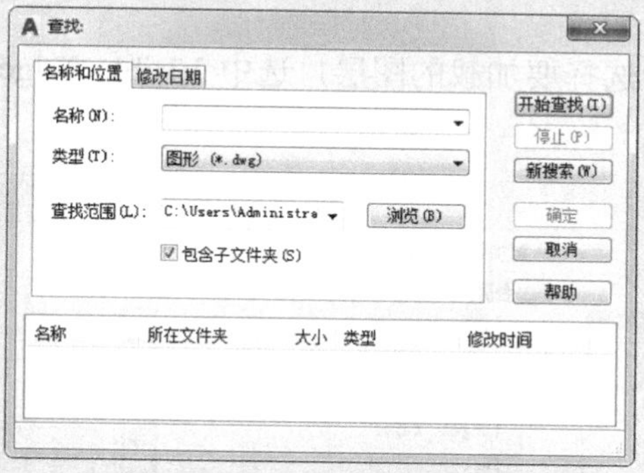

图 1-59 “查找”对话框

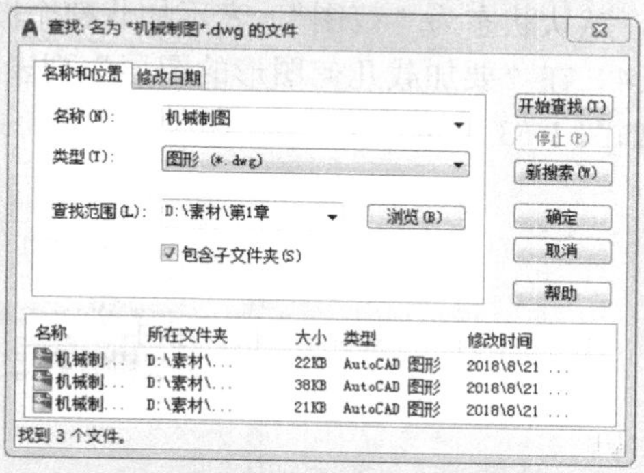

图 1-60 查找文件的结果

1.5.3 局部打开图形

如果要打开的图形很大，将花费很多资源，而且必须重新调整视图比例。AutoCAD 2019 可以“局部打开”的方式仅打开所需的区域，以便提高速度。用户可以只打开某个视图、图层或者图形对象，其目的是减少内存需求、节省加载时间，打开时可利用窗口或图层指明需要加载的部分。

★注意：“局部打开”选项只适用于通过 AutoCAD 2000 或更高版本软件保存的图形。

当加载局部图形时，只能编辑被加载部分的图形特性。如果想编辑其他特性，可以再次使用“局部打开”选项，将所需特性打开。

素材\第 1 章\图 1-1.dwg

【例 1-2】打开“图 1-1 局部打开.dwg”中的“Visible Edges 图层”属性。

（1）打开“选择文件”对话框→单击 查看(V) 按钮→选择“缩略图”命令→选择要打开的文件，如图 1-61 所示。

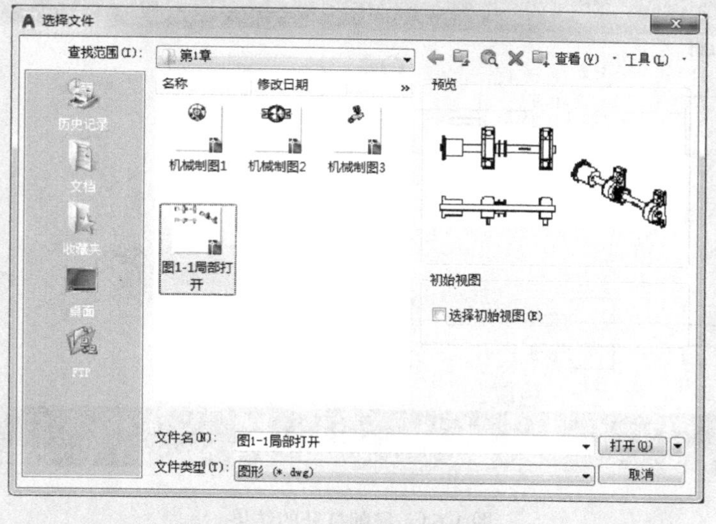

图 1-61 以缩略图的形式显示文件

（2）单击 打开(O) 按钮旁边的▾按钮→选择“局部打开”命令，如图 1-62 所示。

（3）弹出“局部打开”对话框，在“要加载几何图形的视图”列表框中选择要加载的视图，默认状态为“范围”，表示加载整个图形。

（4）在“要加载几何图形的图层”列表框中选择要加载的图层，选中 Visible Edges 图层，如图 1-63 所示。

打开(O)
打开(O)
以只读方式打开(R)
局部打开(P)
以只读方式局部打开(T)

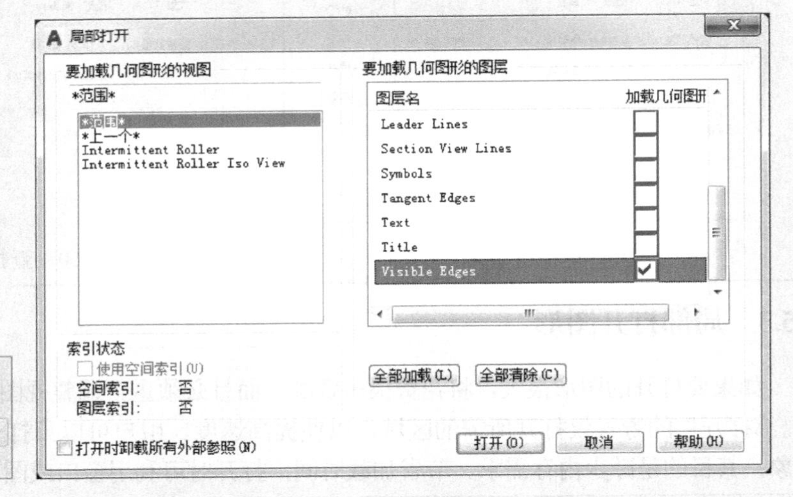

图 1-62 选择“局部打开”命令

图 1-63 “局部打开”对话框

（5）单击 打开(O) 按钮，即可打开如图 1-64 所示的图形。

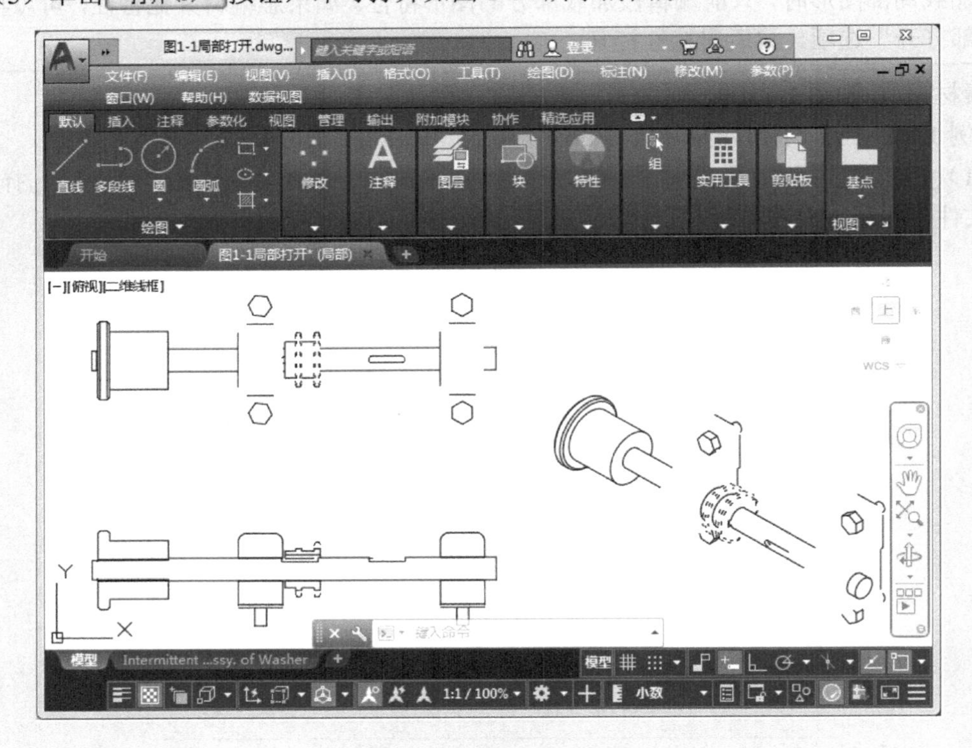

图 1-64 局部打开的结果

1.6 使用帮助系统

在学习和使用 AutoCAD 2019 的过程中，不免会遇到一系列的问题，AutoCAD 2019 中文版提供了详细的中文在线帮助，使用这些帮助可以快速地解决设计中遇到的各种问题。对于初学者来说，掌握帮助系统的使用方法，将受益匪浅。

1.6.1 帮助系统概述

在 AutoCAD 2019 中，可通过以下 4 种方法打开软件提供的中文帮助系统，如图 1-65 所示。

（1）选择“帮助”菜单→“帮助”命令。

（2）单击“信息中心”中的“帮助”按钮?。

（3）按键盘上的F1功能键。

（4）在命令行中输入“HELP”并按Enter键。

图 1-65 AutoCAD 2019 帮助窗口

1.6.2 即时帮助系统

AutoCAD 2019 大大加强了即时帮助系统的功能，为工具面板中的每个按钮都设置了图文并茂的说明，当使用工具栏或功能区执行命令时，只需将光标在工具栏或功能区按钮上悬停 3s，就会显示该命令的即时帮助，如图 1-66 和图 1-67 所示。同样，当设置对话框中的选项时，也只需将光标在所设置选项处悬停 3s，即可显示即时帮助，如图 1-68 所示。

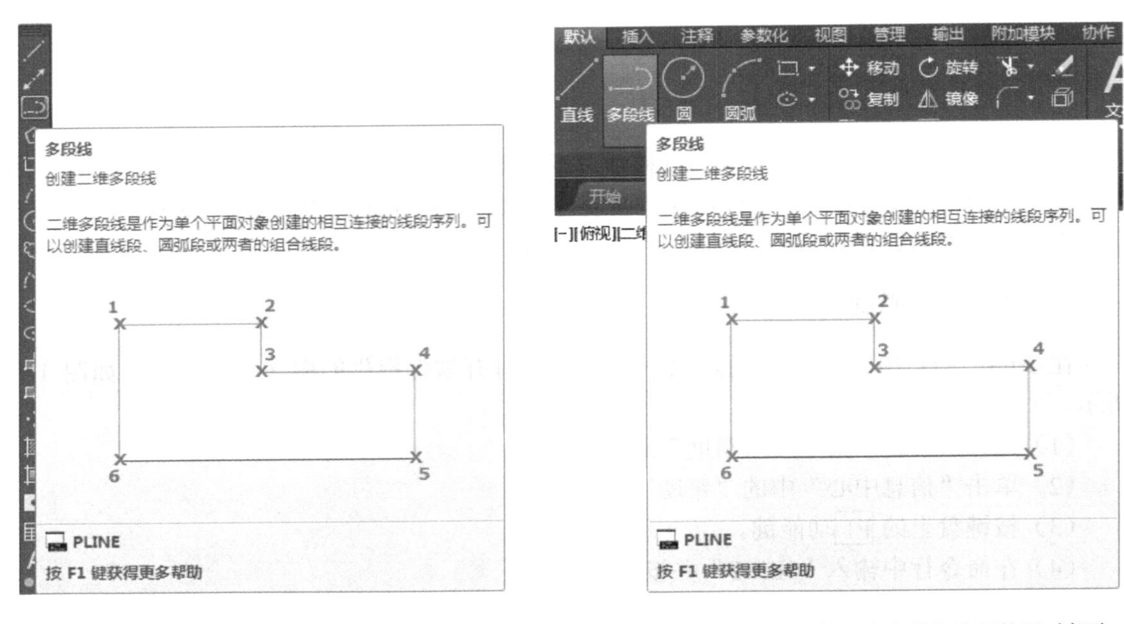

图 1-66 “绘图”工具栏中的“多段线”按钮的即时帮助　　图 1-67 “功能区”中的“多段线”按钮的即时帮助

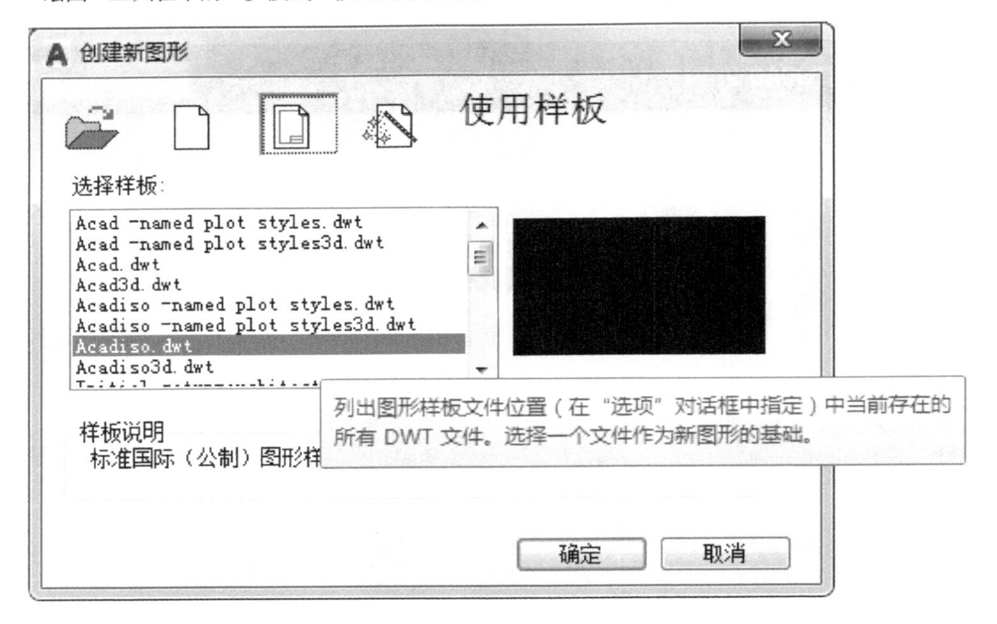

图 1-68 对话框的即时帮助

1.6.3 通过关键字搜索主题

在 AutoCAD 2019 中，通过在“帮助主页”中输入主题关键字，帮助系统会快速搜索到与之相关的主题并将其罗列出来。用户只要单击合适的项目，即可查看相关内容。

下面以“截面平面”为例，介绍通过关键字搜索主题的方法：

（1）打开 AutoCAD 2019 帮助窗口→在 输入关键字 文本框中输入“截面平面”→单击“搜索”按钮或按 Enter 键。

（2）在右侧列出的“截面平面”的相关主题中，单击所需查看的主题，如“创建表示三维实体对象的横截面的面域的步骤”，即可查阅其详细内容，如图 1-69 所示。

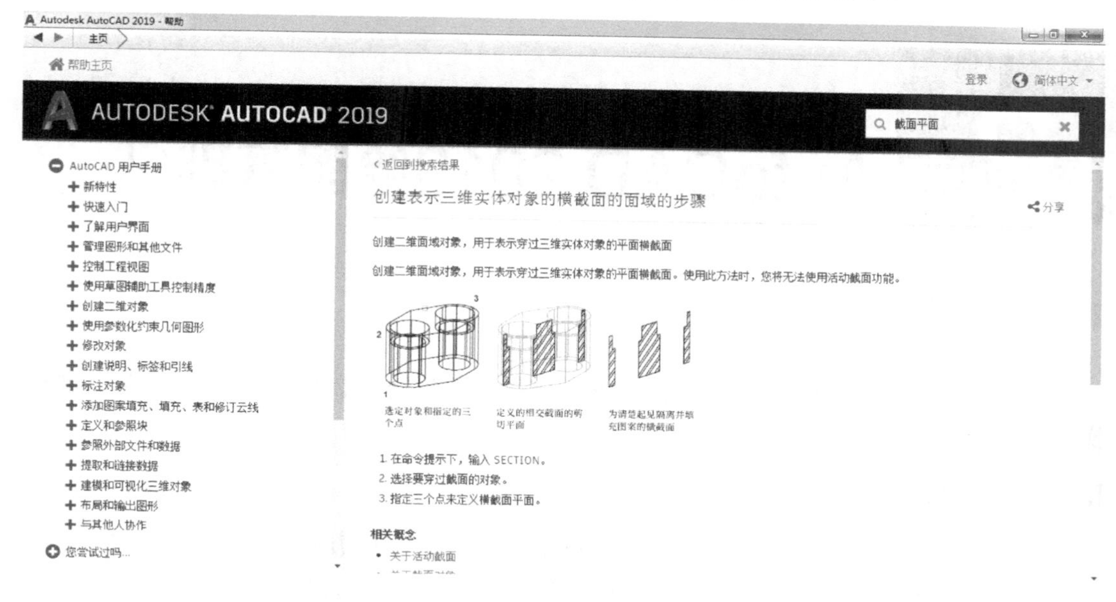

图 1-69　使用搜索得到的内容

第2章 AutoCAD 2019绘图基础

CHAPTER 2

2.1 绘图常识

用户在熟悉 AutoCAD 2019 软件之前，必须掌握一些基础的绘图常识，如鼠标与键盘的基本操作和命令的执行方式等。

2.1.1 基本图形元素

AutoCAD 软件已广泛应用于机械、电子和建筑等工程设计领域。在 AutoCAD 2019 中，任何复杂的图形都是由简单的点、线、面和块等基本图形元素组成的。

1．特征点

AutoCAD 2019 定义的特征点包括端点、中点、圆心、节点和象限点等，见表 2-1。这些特征点可以方便地通过“对象捕捉”来选择定位。打开“对象捕捉”后，当将光标移动至某一特征点附近时，将显示表 2-1 第 2 列中对应的对象捕捉标记，单击此标记则可选择或指定对应的特征点。

表 2-1 AutoCAD 2019 定义的特征点

特征点	对象捕捉标记	特征点的含义
端点	□	圆弧、椭圆弧或直线等的端点，或者是宽线、实体或三维面域的端点
中点	△	圆弧、直线、多线、面域、实体、样条曲线或参照线等的中点
圆心	○	圆弧、圆、椭圆或椭圆弧的圆心
几何中心	○	多段线、二维多段线和二维样条曲线的几何中心点
节点	⊗	点对象、标注定义点或标注文字起点
象限点	◇	圆弧、圆、椭圆或椭圆弧的象限点
交点	×	圆弧、圆、直线、多线、射线、面域或参照线等的交点
插入点	⧉	属性、块、图形或文字的插入点
垂足	⊾	圆、直线、多线、射线、面域或参照线等的垂足
切点	◯̄	圆弧、圆、椭圆、椭圆弧或样条曲线的切点
最近点	⧖	圆弧、椭圆、直线、多线、点、多段线、射线等的最近点
外观交点	⊠	不在同一平面但是可能看起来在当前视图中相交的两个对象的外观交点

2．基本二维图形元素

AutoCAD 2019 中的基本二维图形元素包括直线、构造线、圆、多段线、正多边形、矩形、圆弧、样条曲线、椭圆和椭圆弧等。图形的绘制正是通过这些基本的二维图形元素来实现的，每个图形元素都有多个夹点，选择某个图形元素后，会出现蓝色小方框，即为该图形元素的夹点。选择夹点后，可通过拖动夹点对所选对象进行编辑，不同的夹点对应不同的操作。图 2-1 所示为基本二维图形的直线、圆、矩形和正六边形的夹点。

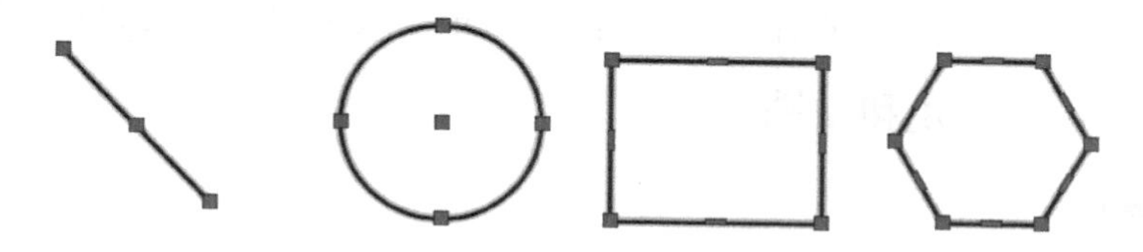

图 2-1　二维图形元素的夹点

3．基本三维图形元素

AutoCAD 2019 中的基本三维图形元素包括长方体、圆柱体、圆锥体、球体、棱锥体、楔体和圆环体等。与二维图形元素一样，每个三维图形元素也有多个夹点。图 2-2 所示为长方体、圆柱体、圆锥体和球体的夹点，可通过拖动相应的夹点对所选对象进行相关编辑。

块是一种特殊的图形对象，是多个图形对象的组合，也可以是绘制在几个图层上的不同颜色、线型和线宽特性的对象的组合。尽管块总是在当前图层上，但块参照保存了包含在该块中的对象的原图层、颜色和线型特性的信息。AutoCAD 2019 可以设置块中的对象是保留其原特性还是继承当前的图层、颜色、线型和线宽设置。图 2-3 所示即是机械中常用的“粗糙度”块。

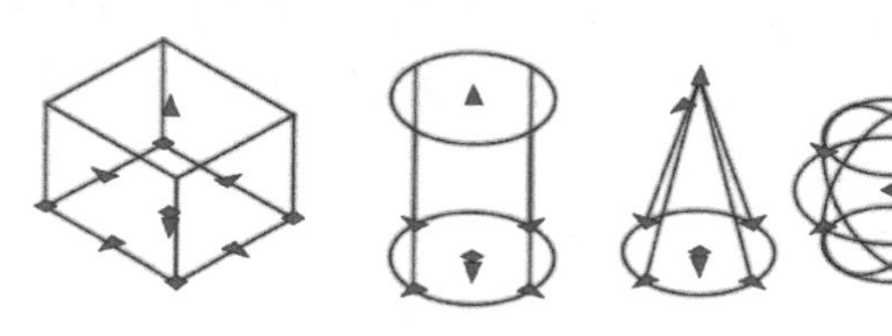

图 2-2　三维图形元素的夹点

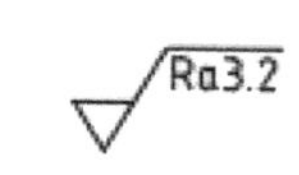

图 2-3　“粗糙度”块

2.1.2　鼠标与键盘的基本操作

（1）鼠标左键主要用于选择对象、绘图等。

（2）鼠标右键用于结束本次命令、重复上一次操作等。

（3）键盘一般用于输入坐标值、输入命令和选择命令选项等。

键盘上常用的几个基本功能键的作用如下：

1）Enter键：表示确认某一操作，提示系统进行下一步操作。例如：输入命令结束后，需按Enter键。

2）Esc键：取消某一操作，恢复到无命令状态。若要执行一个新命令，可按Esc键退出当前命令。

3）在无命令状态下，按Enter键或Space键表示重复上一次的命令。

2.1.3　命令执行方式

AutoCAD 2019 中执行命令的方式有多种，下面以绘制一条直线为例来说明其执行命令的方式。

（1）通过菜单栏执行命令。选择“绘图”菜单中的“直线”命令绘制所需直线。

（2）通过工具栏执行命令。单击“绘图”工具栏中的“直线”按钮／绘制所需直线。

（3）使用功能区执行命令。单击“默认”选项卡“绘图”面板中的“直线”按钮／绘制所需直线。

（4）使用命令行执行命令。在命令行中输入“Line（或L）”并按Enter键绘制所需直线。

2.1.4 命令的重复、终止和撤销

1. 命令的重复

AutoCAD 2019可以方便地使用重复的命令，命令的重复指的是执行已经执行过的命令。

在AutoCAD 2019中，有以下4种方法重复执行命令：

（1）在命令行显示“键入命令”时，按Enter键或Space键。

例如：刚绘制了一条直线的命令行如图2-4所示，此时按Enter键或Space键即可重复直线命令，绘制另一条直线。

图2-4 命令行

（2）在绘图区中单击鼠标右键，通过弹出的快捷菜单执行重复命令。

例如：在绘图区中单击鼠标右键，弹出图2-5a所示的快捷菜单，选择“重复LINE”命令，可以重复直线命令；也可选择“最近的输入”→“LINE”命令重复绘制直线，如图2-5b所示。

a)

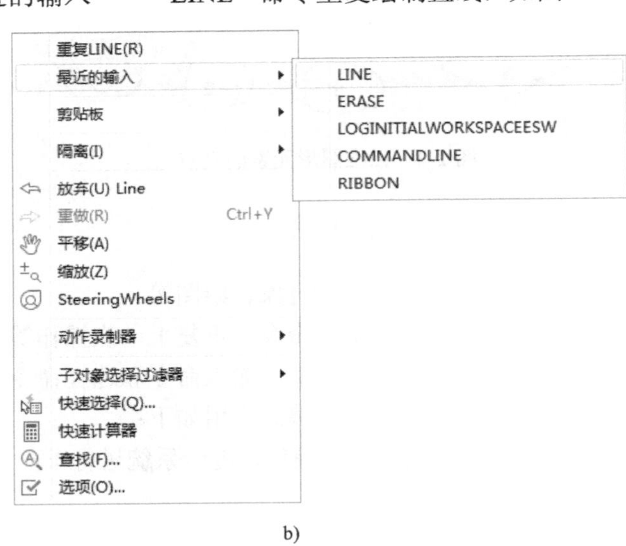

b)

图2-5 绘图区右键快捷菜单（无命令状态下）

（3）在命令行的空白处单击鼠标右键，在弹出的快捷菜单中选择最近使用的命令。

例如：在命令行的空白处单击鼠标右键，弹出图2-6所示的快捷菜单，选择“最近使用的命令”→“LINE”命令，即可重复绘制直线。

（4）在命令行的 按钮上单击，可在弹出的快捷菜单中选择最近使用的命令。

例如：单击 按钮→选择“LINE”命令，可重复绘制直线，如图2-7所示。

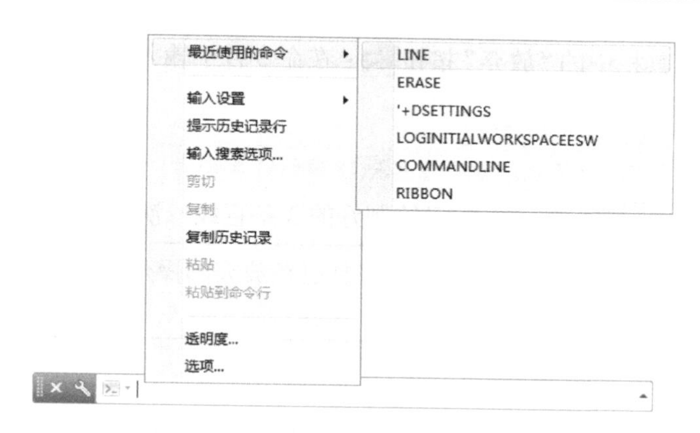

图 2-6 命令行右键快捷菜单

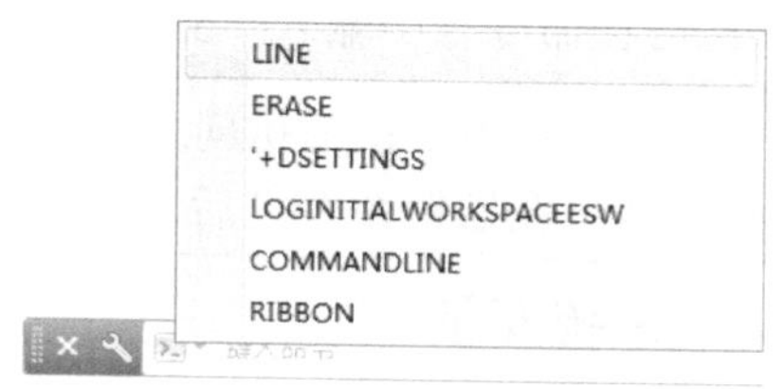

图 2-7 命令行按钮重复命令

2．命令的终止

在命令执行的过程中，AutoCAD 2019 有以下 2 种方法终止命令：

（1）按Esc键。

（2）在绘图区单击鼠标右键，弹出如图 2-8 所示的快捷菜单，选择其中的“确认”或“取消”命令，均可终止命令，选择“确认”表示接受当前的操作并终止命令，选择“取消”表示取消当前操作并终止命令。

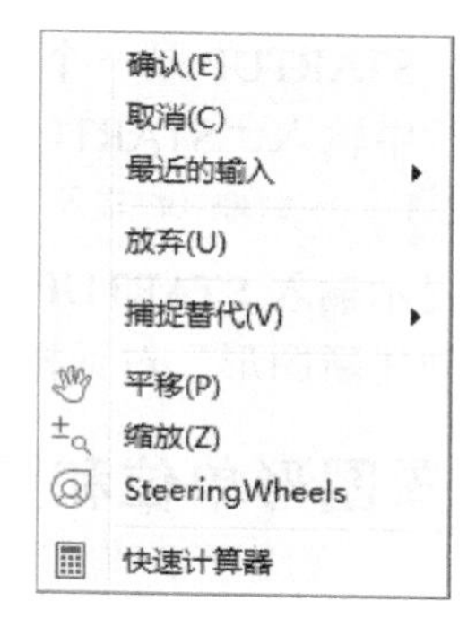

图 2-8 命令执行过程中的右键快捷菜单

3．命令的撤销

AutoCAD 2019 提供了撤销命令，比较常用的有 U 命令和 UNDO 命令。每执行一次 U 命令，放弃一步操作，直到图形与当前编辑任务开始时相同为止；而执行 UNDO 命令可以一次取消数个操作。

例 1：以图 2-9 所示的“正在绘制的直线”为例，描述撤销命令的使用方法。

（1）若只放弃最近一次绘制的直线，如只撤销第 3 条直线，可在命令行中输入“U”或“UNDO”；按Ctrl+Z组合键；选择“编辑”菜单→“放弃（U）命令组”命令；在绘图区单击鼠标右键→选择“放弃”命令。

（2）若将图 2-9 所示的已绘制的 3 条直线全部放弃，可单击快速访问工具栏中的“放弃”按钮。

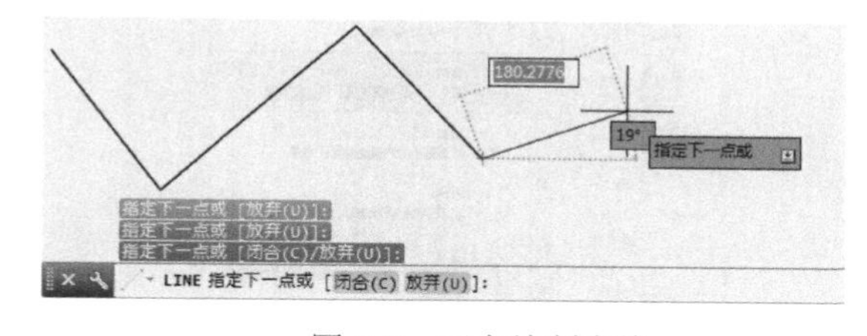

图 2-9 正在绘制直线

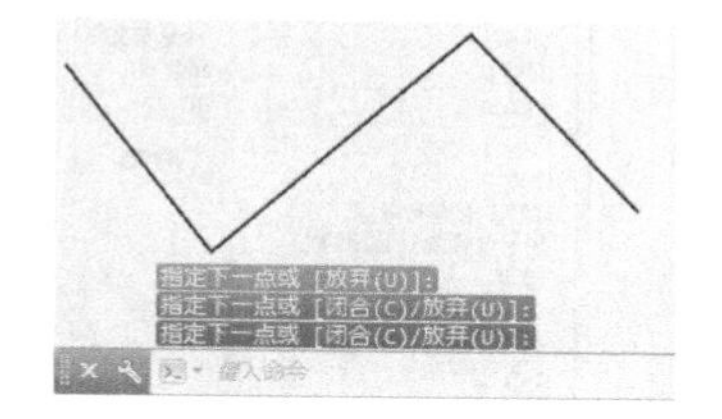

图 2-10 已绘制完当前所需绘制的直线

例 2：如图 2-10 所示，若已绘制完当前所需绘制的直线，此时在命令行中输入“U”；按Ctrl+Z组合键；单击“编辑”菜单→“放弃（U）Line”命令；在绘图区单击鼠标右键→选择

“放弃（U）Line”命令；单击快速访问工具栏中的“放弃”按钮；在命令行中输入“UNDO”，命令行提示：

当前设置：自动 = 开，控制 = 全部，合并 = 是，图层 = 是
UNDO 输入要放弃的操作数目或 [自动(A) 控制(C) 开始(BE) 结束(E) 标记(M) 后退(B)] <1>:

此时在命令行中输入“3” 并按 Enter 键，都可以将已绘制好的 3 条直线一次性放弃。

★注意：单击快速访问工具栏中的“重做”按钮，则恢复已经放弃的操作，但此操作必须紧跟在撤销命令之后。

2.1.5 系统变量

在 AutoCAD 2019 中，系统变量由变量名和变量值组成，用于存储操作环境中的选项值和某些命令的值。

例如：STARTUP 是一个系统变量，控制在应用程序启动时或打开新图形时的显示内容。如在命令行中输入“STARTUP”，再按 Enter 键，命令行将提示：

STARTUP 输入 STARTUP 的新值 <0>:

此时提示输入 STARTUP 系统变量的设置值，1 表示显示“创建新图形”对话框，0 表示不显示“创建新图形”对话框。

2.2 设置图形单位和图形界限

在绘图之前都要先设置图形单位和图形界限。

2.2.1 设置图形单位

在使用 AutoCAD 2019 进行绘图之前，首先要确定所需绘制图形的单位，创建的所有对象都是根据图形单位进行测量的。图形单位可采用毫米或英寸等。

在 AutoCAD 2019 中，有以下 3 种方法打开“图形单位”对话框（图 2-11）：

（1）选择“格式”菜单→“单位”命令。

（2）单击“菜单浏览器”按钮→“图形实用工具”→“单位”命令，如图 2-12 所示。

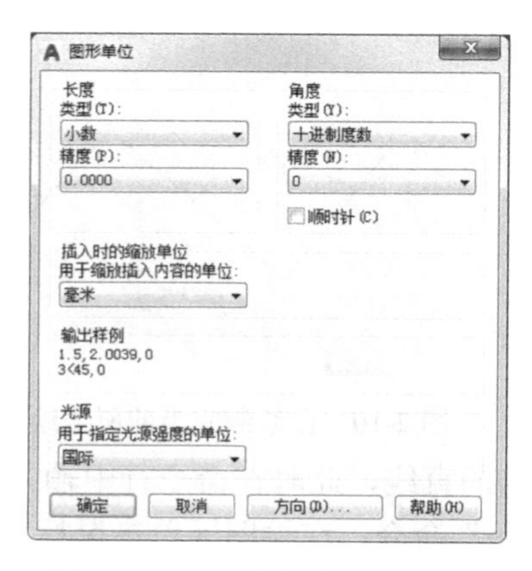

图 2-11 “图形单位”对话框

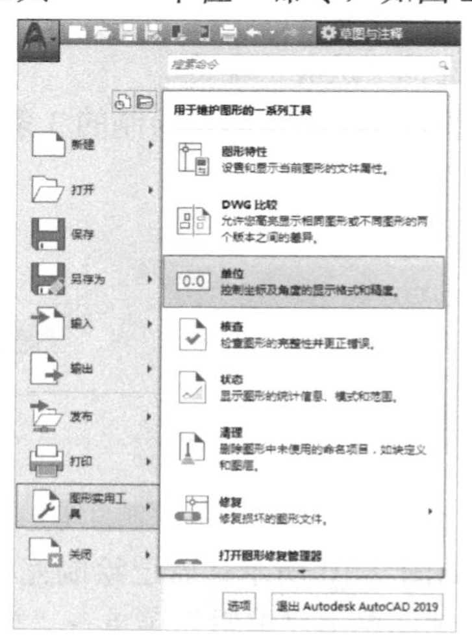

图 2-12 打开“图形单位”对话框

（3）在命令行中输入“UNITS”并按Enter键。

设置“图形单位”的步骤如下：

（1）打开“图形单位”对话框。

（2）根据要求依次设置长度类型及精度、角度类型及精度、插入时的缩放单位和光源强度的单位→单击 确定 按钮即可。

2.2.2 设置图形界限

图形界限是指绘图的区域，即用户定义的矩形边界，AutoCAD 2019 中通过指定绘图区域的左下角点和右上角点来确定图形界限。

在 AutoCAD 2019 中，设置图形界限的步骤如下：

（1）选择“格式”菜单→“图形界限”命令，或在命令行中输入“LIMITS”并按Enter键。

（2）执行“图形界限”命令后，命令行提示：

```
LIMITS 指定左下角点或 [开(ON) 关(OFF)] <0.0000,0.0000>:
```

此时用键盘输入左下角点的坐标值或用鼠标指定绘图区域的左下角点，默认为坐标原点。

> ★注意：“开”选项，即打开界限检查。当界限检查打开时，将无法在图形界限外绘制任何图形；“关”选项：关闭界限检查，可以在图形界限以外绘制或指定对象。

（3）指定左下角点后，命令行提示：

```
LIMITS 指定右上角点 <420.0000,297.0000>:
```

此时可用键盘输入右上角点的坐标值或用鼠标指定绘图区域的右上角点。

2.2.3 实例——设置图形单位和图形界限

【例 2-1】设置长度单位类型为小数，精度为小数点后两位，角度单位类型为弧度，精度为小数点后一位；设置 A4 横向图纸的图形界限，并禁止在图形界限以外绘制任何图形对象。

（1）打开“图形单位”对话框，如图 2-11 所示。

（2）在“长度”选项组的“类型”下拉列表框中选择“小数”，“精度”下拉列表框中选择“0.00”；在“角度”选项组的“类型”下拉列表框中选择“弧度”，“精度”下拉列表框中选择“0.0r”→单击 确定 按钮，如图 2-13 所示。

（3）选择“格式”菜单→“图形界限”命令，命令行提示：

```
LIMITS 指定左下角点或 [开(ON) 关(OFF)] <0.00,0.00>:
```

此时在命令行中输入“ON”并按Enter键。

（4）再按Enter键或Space键重复 LIMITS 命令，命令行提示：

```
LIMITS 指定左下角点或 [开(ON) 关(OFF)] <0.00,0.00>:
```

此时直接按Enter键。

（5）命令行继续提示：

```
LIMITS 指定右上角点 <420.00,297.00>:
```

此时在命令行中输入坐标值“297, 210”后，再按Enter键即可。

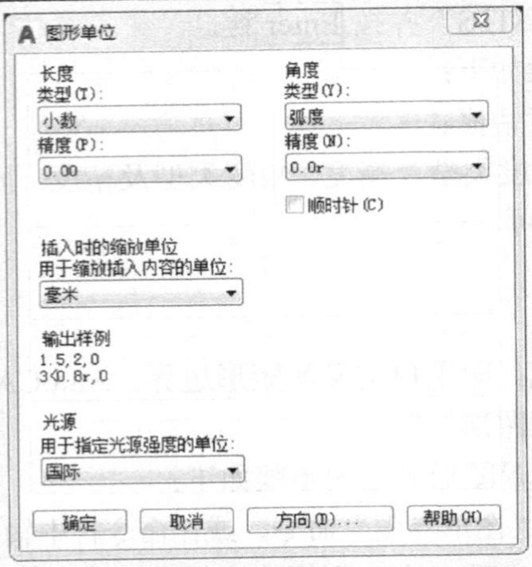

图 2-13　设置“图形单位”

2.3　使用坐标系

在绘图过程中，如果要精确定位某个对象的位置，则应以某个坐标系作为参照。

2.3.1　世界坐标系与用户坐标系

默认状态下，AutoCAD 2019 的坐标系是世界坐标系（WCS），由 X 轴、Y 轴和 Z 轴组成。二维绘图模式下，水平向右为 X 轴正方向，竖直向上为 Y 轴正方向。X 轴和 Y 轴的交汇处为坐标原点，有一个方框形标记“□”，如图 2-14a 所示。坐标原点位于屏幕绘图窗口的左下角，固定不变。

为了更高效、精确地绘图，用户可以根据需求创建自己的用户坐标系（UCS），如图 2-14b 所示。可以通过“工具”菜单→新建 UCS→“原点”命令来创建用户坐标系。

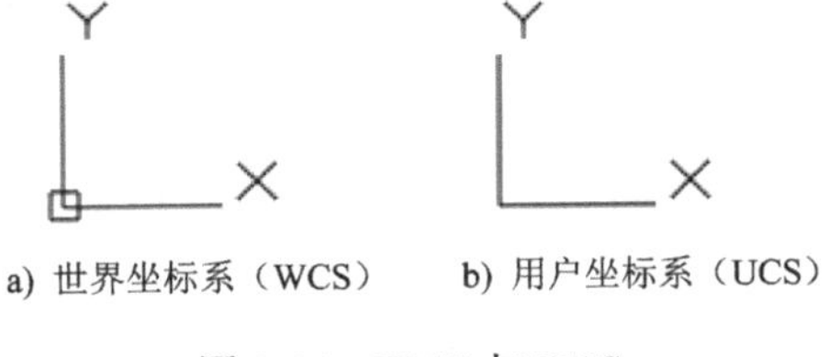

a) 世界坐标系（WCS）　b) 用户坐标系（UCS）

图 2-14　WCS 与 UCS

2.3.2　坐标格式

AutoCAD 2019 中的坐标共有 4 种格式，分别为绝对直角坐标（笛卡儿坐标）、相对直角坐标、绝对极坐标和相对极坐标。各坐标格式说明如下：

（1）**绝对直角坐标：**相对于坐标原点的坐标值，以分数、小数或科学计数表示点的 X、Y、Z 的坐标值，其间用逗号隔开，例如：(–30,50,0)。

（2）**相对直角坐标：**相对于前一点（可以不是坐标原点）的直角坐标值，表示方法为在坐标值前加符号“@”，例如：(@–30,50,0)。

（3）**绝对极坐标：**用点距离坐标原点的距离（极径）和其与 X 轴的角度（极角）来表示点的位置，以分数、小数或科学计数表示极径，在极角数字前加符号“<”，两者之间没有逗号，例如：(4<120)。

（4）**相对极坐标：**与相对直角坐标类似，在坐标值前加符号“@”表示相对极坐标，例如：(@4<120)。

2.3.3　创建用户坐标系

在 AutoCAD 2019 中，有以下 3 种方法创建用户坐标系（原点）：

（1）选择“工具”菜单→“新建 UCS”→“原点”命令。

（2）单击 UCS 工具栏和 UCS Ⅱ工具栏中的“管理用户坐标系”按钮，如图 2-15 所示。

a) UCS 工具栏

b) UCS Ⅱ工具栏

图 2-15　UCS 工具栏和 UCS Ⅱ工具栏

（3）在命令行中输入“UCS”并按 Enter 键。

2.3.4　设置用户坐标系

在 AutoCAD 2019 中通过“UCS”对话框设置 UCS，有以下 3 种方法打开“UCS”对话框：

（1）选择“工具”菜单→“命名 UCS”命令。

（2）单击“UCS Ⅱ”工具栏中的“命名 UCS”按钮。

（3）在命令行中输入“UCSMAN”并按 Enter 键。

“UCS”对话框包括“命名 UCS”“正交 UCS”和“设置”3 个选项卡，各选项卡说明如下：

“命名 UCS”选项卡如图 2-16 所示，列出了当前图形中定义的坐标系。选择某一坐标系后，单击置为当前(C)按钮，可将选定坐标系置为当前；单击详细信息(T)按钮，可显示其 UCS 坐标的详细数据。

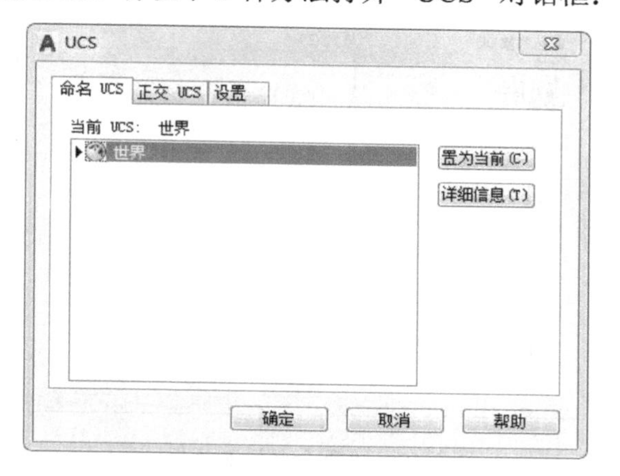

图 2-16　“命名 UCS”选项卡

“正交 UCS”选项卡如图 2-17 所示，列出了当前图形中定义的 6 个正交坐标系。正交坐标系是根据“相对于”下拉列表框中的“世界”定义的。

“设置”选项卡如图 2-18 所示，用于显示和修改 UCS 图标设置和 UCS 设置。

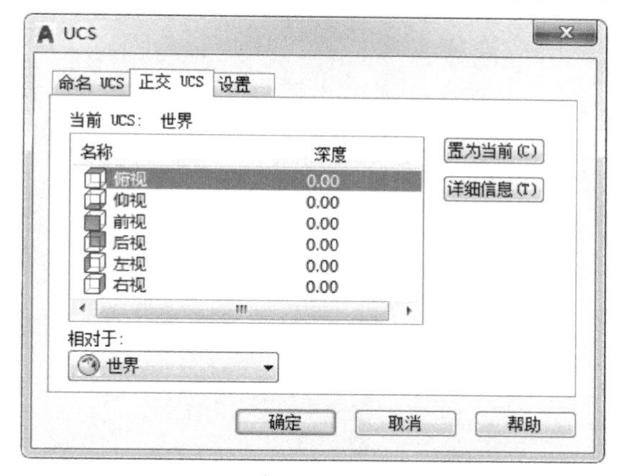

图 2-17　“正交 UCS”选项卡

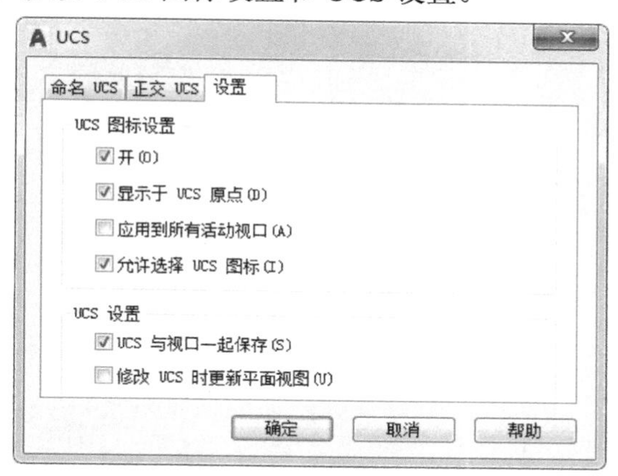

图 2-18　“设置”选项卡

2.4 管理命名对象

在 AutoCAD 2019 中，可通过“重命名”对话框来管理对象的命名，如图 2-19 所示。

在 AutoCAD 2019 中，有以下 2 种方法打开“重命名”对话框：

（1）选择“格式”菜单→“重命名”命令。

（2）在命令行中输入“RENAME”并按 Enter 键。

例如：要将“ISO-25”标注样式重命名为“1”，步骤如下：

（1）打开“重命名”对话框。

（2）在“命名对象”列表框中选择“标注样式”，在“项数”列表框中选择“ISO-25”，此时“旧名称”文本框内将自动显示“ISO-25”，在 重命名为(R): 右侧的文本框中输入新名称“1”→单击 重命名为(R): 按钮→单击 确定 按钮，完成重命名，如图 2-20 所示。

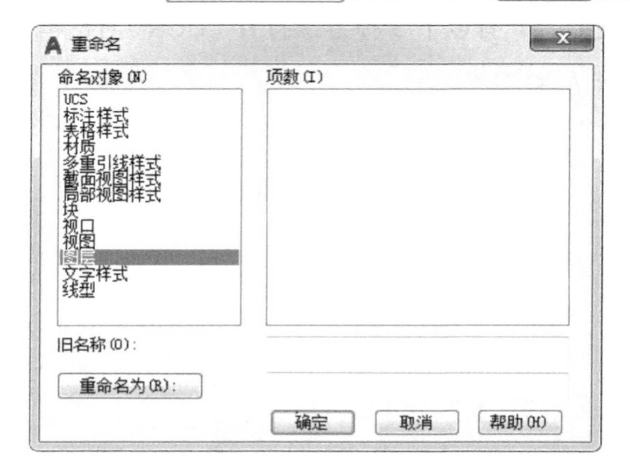

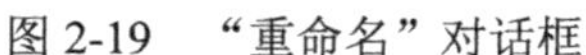
图 2-19 “重命名”对话框

图 2-20 设置“重命名”对话框

第3章 精确绘图工具

CHAPTER 3

3.1 正交模式与极轴追踪

正交模式与极轴追踪是两个相对的模式，两者不能同时使用。正交模式将光标限制在水平和竖直方向上移动，配合直接距离输入的方法可以创建指定长度的正交线或将对象移动指定的距离。极轴追踪将使光标按指定角度移动，配合使用极轴捕捉，光标可以沿极轴角度按指定增量移动。

3.1.1 使用正交模式

使用正交模式可以将光标限制在水平或竖直方向上移动，以便精确地创建和修改对象。打开正交模式后，移动光标时，不管是水平轴还是垂直轴，哪个轴离光标最近，拖动引线时就将沿着哪个轴移动。这种绘图模式非常适合绘制水平或垂直的构造线，以辅助绘图。

正交模式对光标的限制仅仅局限于命令执行过程中，比如绘制直线时。在无命令的状态下，光标仍然可以在绘图区自由移动。

在 AutoCAD 2019 中，有以下 3 种方法打开或关闭正交模式：

（1）单击状态栏中的“正交模式”按钮。

（2）按F8键。

（3）在命令行中输入“ORTHO”并按Enter键→选择“开或关”选项。

★注意：在命令执行过程中可随时打开或关闭正交模式，输入坐标或使用对象捕捉功能时将忽略正交模式。要临时打开或关闭正交模式，可按住临时替代键Shift键。

3.1.2 设置极轴追踪

在 AutoCAD 2019 中，通过“草图设置”对话框中的“极轴追踪”选项卡，可设置极轴追踪的相关选项，如图 3-1 所示。

在 AutoCAD 2019 中，有以下 4 种方法打开“草图设置”对话框：

（1）选择“工具”菜单→“绘图设置”命令。

（2）在状态栏中的“极轴追踪”按钮上单击鼠标右键或单击按钮后的箭头→选择“正在追踪设置”命令。

（3）在状态栏中的“捕捉模式”按钮上单击鼠标右键或单击按钮后的箭头→选择“捕捉设置”命令。

（4）在命令行中输入“DSETTINGS”并按Enter键。

“极轴追踪”选项卡包括“极轴角设置”“对象捕捉追踪设置”和“极轴角测量”3个选项组。各选项组说明如下：

1）**“极轴角设置”选项组：** 可设置极轴追踪的增量角与附加角。

“增量角”下拉列表框：用来选择极轴追踪对齐路径的极轴角测量。可输入任何角度，也可以从其下拉列表中选择90°、45°、30°等常用角度值。

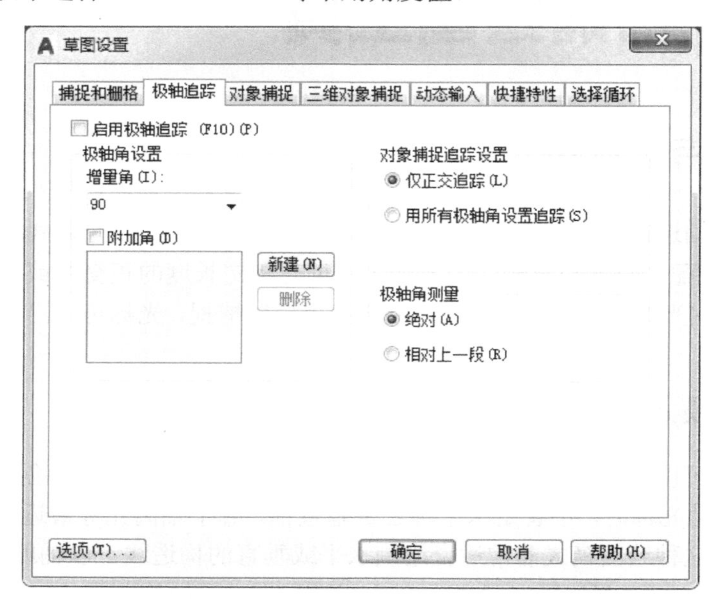

图3-1 “极轴追踪”选项卡

★注意：这里设置的是增量角，即选择某一角度后，将在这一角度的整数倍数角度方向显示极轴追踪的对齐路径。

“附加角”复选框：选中该复选框后，可指定一些附加角度。单击新建(N)按钮，新建增量角度，新建的附加角度将显示在左侧的列表框内；单击删除按钮，将删除选定的附加角度。在AutoCAD 2019中最多可以添加10个附加极轴追踪对齐角度。

★注意：“附加角”设置的是绝对角度，即如果设置了28°附加角，那么除了在增量角的整数倍数方向上显示对齐路径外，还将在28°方向显示对齐路径。

2）**“对象捕捉追踪设置”选项组：** 可设置对象捕捉和追踪的相关选项，这一选项组的设置需要打开对象捕捉和对象追踪才能生效。

“仅正交追踪”单选按钮：当对象捕捉追踪打开时，仅显示已获得的对象捕捉点的正交（水平/竖直）对象捕捉追踪路径。

“用所有极轴角设置追踪”单选按钮：将极轴追踪设置应用于对象捕捉追踪。使用对象捕捉追踪时，光标将从获取的对象捕捉点起沿极轴对齐角度进行追踪。

3）**“极轴角测量”选项组：** 可设置测量极轴追踪对齐角度的基准。

“绝对”单选按钮：选中该单选按钮，表示根据当前用户坐标系UCS确定极轴追踪角度。

“相对上一段”单选按钮：选中该单选按钮，表示根据上一条线段确定极轴追踪角度。

3.1.3　使用极轴追踪

在绘图过程中，使用 AutoCAD 2019 的极轴追踪功能，当光标靠近设置的极轴角时会显示由指定的极轴角度所定义的临时对齐路径（一条橡皮筋线）和对应的工具提示。

在 AutoCAD 2019 中，有以下 3 种方法打开或关闭极轴追踪：

（1）单击状态栏中的“极轴追踪”按钮。

（2）按F10功能键。

（3）在“草图设置”对话框的“极轴追踪”选项卡中选中或不选“启用极轴追踪”复选框。

下面以实例来说明如何设置及使用“极轴追踪”。

素材\第 3 章\图 3-1.dwg

【例 3-1】利用极轴追踪将图 3-2a 所示的对象绘制成图 3-2b 所示的对象。

（1）单击“极轴追踪”按钮后的箭头→选择“正在追踪设置”命令，在打开的“草图设置”对话框的“极轴追踪”选项卡中的“增量角”列表框中输入“60”；在“对象捕捉追踪设置”选项组中选择“仅正交追踪”；在“极轴角测量”选项组中选择“绝对”；选中“启用极轴追踪”复选框，如图 3-3 所示，然后单击确定按钮。

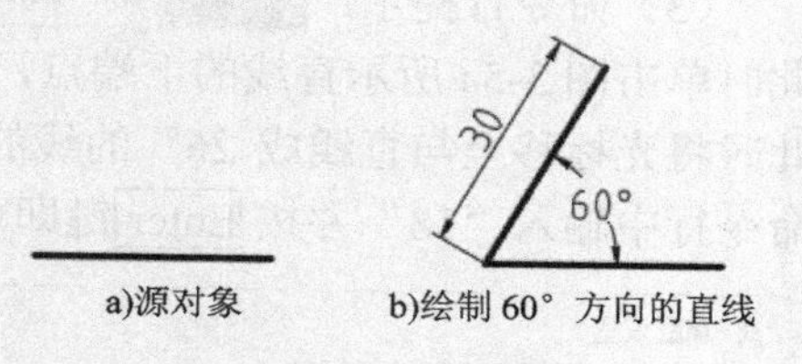

图 3-2　极轴追踪实例 1

（2）在命令行中输入“L”并按Enter键。

（3）命令行提示：LINE 指定第一个点:，此时单击图 3-2a 所示直线的左端点，命令行继续提示：LINE 指定下一点或 [放弃(U)]:，此时将光标移至 60° 线的位置，会出现一条绿色的追踪线，如图 3-4 所示，在命令行中输入“30”并按Enter键即可。

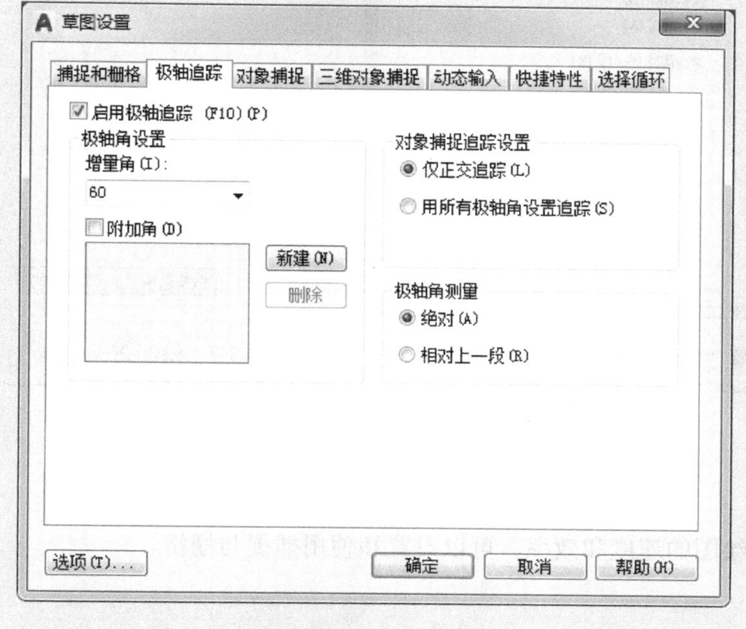

图 3-3　设置极轴追踪

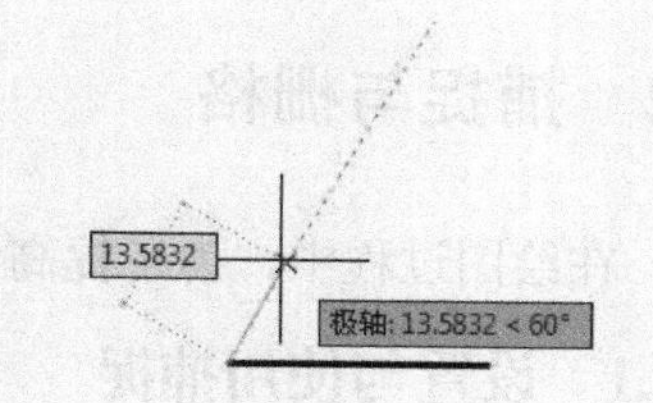

图 3-4　绘制 60° 直线

素材\第 3 章\图 3-1.dwg

【例 3-2】利用极轴追踪将图 3-5a 所示的对象绘制成图 3-5b 所示的对象。

（1）单击状态栏中的“极轴追踪”按钮后的箭头→选择“正在追踪设置”命令，在打开的“草图设置”对话框的“极轴追踪”选项卡中的“增量角”下拉列表框中输入“26”；在“对象捕捉追踪设置”选项组中选择“用所有极轴角设置追踪”；在“极轴角测量”选项组中选择“相对上一段”；选中“启用极轴追踪”复选框，如图 3-6 所示，然后单击 确定 按钮。

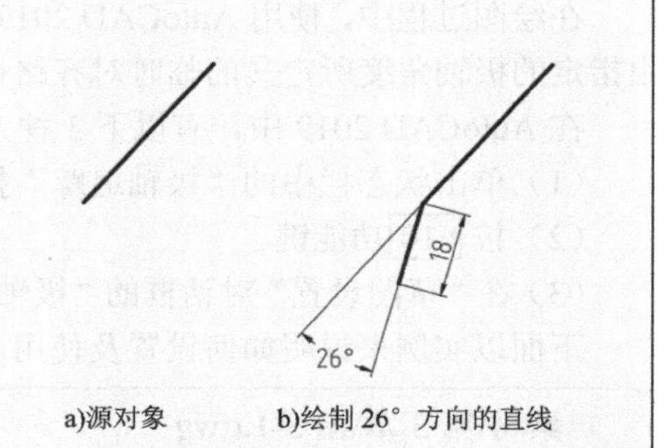

a)源对象 b)绘制 26° 方向的直线

图 3-5 极轴追踪实例 2

（2）在命令行中输入“L”并按 Enter 键。

（3）命令行提示：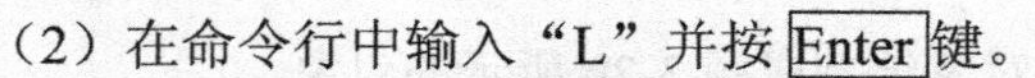 LINE 指定第一个点：，此时单击图 3-5a 所示直线的下端点，命令行继续提示： LINE 指定下一点或 [放弃(U)]：，此时将光标移至与直线成 26° 的线的位置，会出现一条绿色的追踪线，如图 3-7 所示，在命令行中输入“18”并按 Enter 键即可。

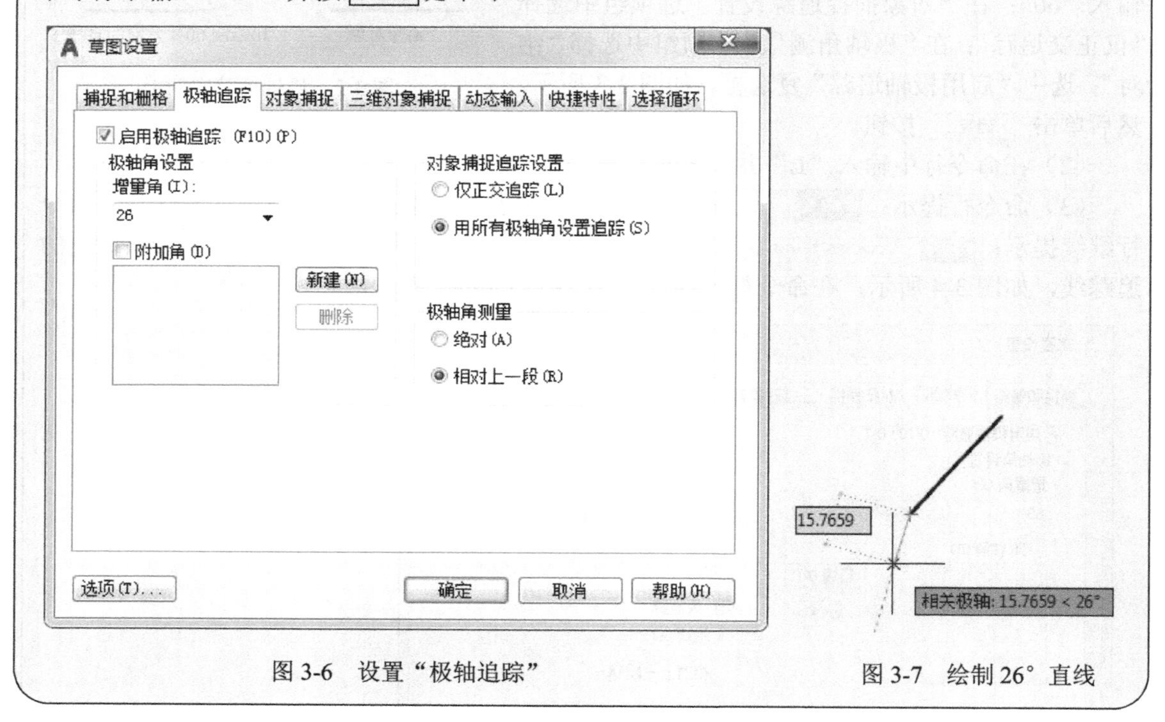

图 3-6 设置“极轴追踪”

图 3-7 绘制 26° 直线

3.2 捕捉与栅格

在绘图过程中，为了提高绘图的速度和效率，可以设置和使用捕捉与栅格。

3.2.1 设置与使用捕捉

在 AutoCAD 2019 中，对捕捉的设置可以通过“草图设置”对话框的“捕捉和栅格”选项卡来实现，如图 3-8 所示。

由图 3-8 可知，“草图设置”对话框的“捕捉和栅格”选项卡主要分为两部分，左侧用于捕捉设置，右侧用于栅格设置。

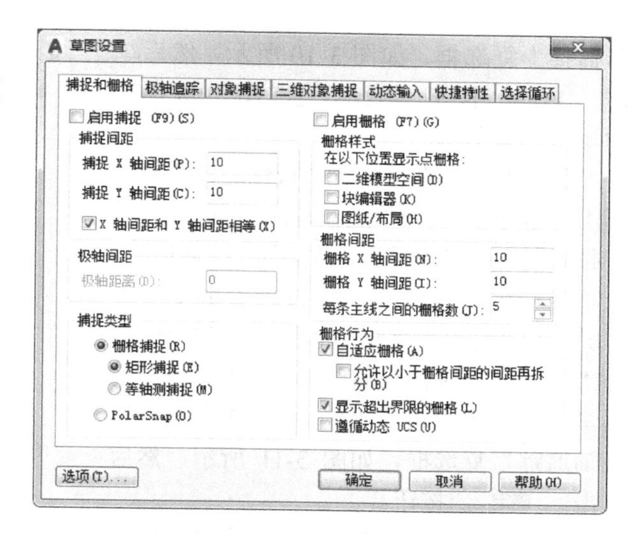

图 3-8 “捕捉和栅格”选项卡

1. 捕捉设置

“捕捉和栅格”选项卡左侧的捕捉设置部分包括“捕捉间距”“极轴间距”和“捕捉类型”3 个选项组。

1）**“捕捉间距”选项组：**可设置捕捉在 X 轴和 Y 轴方向的间距。如果选择“X 轴间距和 Y 轴间距相等”复选框，可以强制 X 轴和 Y 轴间距相等。

2）**“极轴间距”选项组：**“极轴距离”文本框用于设置极轴捕捉增量距离，必须在“捕捉类型”选项组中选择“PolarSnap”，即选中极轴捕捉，该文本框才可用。如果该值为 0，则极轴捕捉距离采用“捕捉 X 轴间距”的值。“极轴距离”设置与“极轴追踪”“对象捕捉追踪”结合使用。如果两个追踪功能都未启用，则“极轴距离”设置无效。

3）**“捕捉类型”选项组：**可以通过 3 个单选按钮分别选择“矩形捕捉”“等轴测捕捉”或“PolarSnap”捕捉类型。“矩形捕捉”是指捕捉矩形栅格上的点，即捕捉正交方向上的点；等轴测捕捉”用于将光标与 3 个等轴测中的两个轴对齐，并显示栅格，从而使二维等轴测图形的创建更加轻松；“PolarSnap”需与“极轴追踪”一起使用，当两者均打开时，光标将沿在“极轴追踪”选项卡上相对于极轴追踪起点设置的极轴对齐角度进行捕捉。

2. 使用捕捉

在 AutoCAD 2019 中，有以下 3 种方法打开或关闭**捕捉模式**：

（1）单击状态栏中的“捕捉模式”按钮▦。

（2）按 F9 功能键。

（3）在“草图设置”对话框的“捕捉和栅格”选项卡中选中或不选“启用捕捉”复选框。

下面以实例来说明如何设置并使用“捕捉”。

【例 3-3】分别设置图 3-9a、b 所示的捕捉。

（1）单击状态栏中的“捕捉模式”按钮▦后的箭头→选择“捕捉设置”命令，在打开的“草图设置”对话框的“捕捉和栅格”选项卡中的“捕捉类型”选项组中选择“栅格捕捉”和“矩形捕捉”单选按钮；在“捕捉间距”选项组中设置“捕捉 X 轴间距”为“10”，选中“X 轴和 Y 轴间距相等”复选框；选中“启

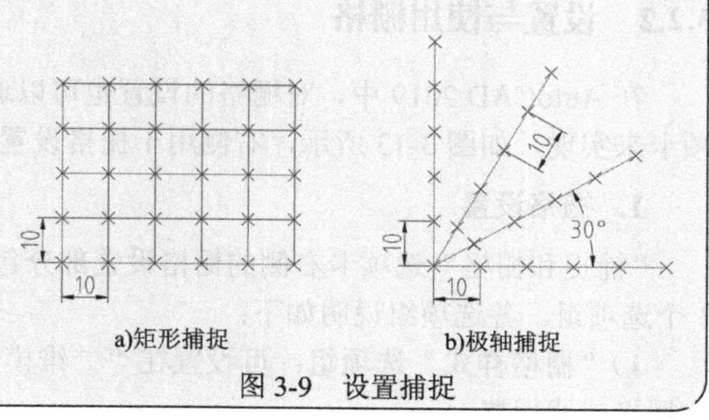

图 3-9 设置捕捉

用捕捉”复选框，如图3-10所示，然后单击 确定 按钮。至此，完成图3-9a所示的矩形捕捉设置。

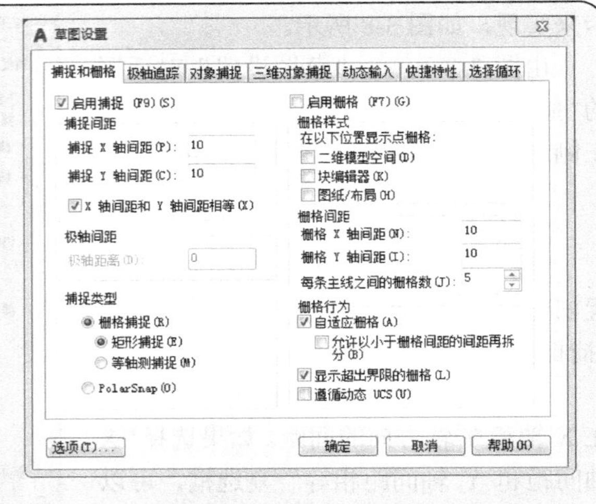

图3-10 设置“矩形捕捉”

（2）单击状态栏中的“极轴追踪”按钮后的箭头→选择“正在追踪设置”命令，在打开的“草图设置”对话框的“极轴追踪”选项卡中的“增量角”下拉列表框中选择“30”；在“对象捕捉追踪设置”选项组中选择“用所有极轴角设置追踪”；在“极轴角测量”选项组中选择“绝对”；选中“启用极轴追踪”复选框，如图3-11所示，然后单击 确定 按钮。

（3）单击状态栏中的“捕捉模式”按钮后的箭头→选择“捕捉设置”命令，在打开的“草图设置”对话框的“捕捉和栅格”选项卡中的“捕捉类型”选项组中选中“PolarSnap”；在“极轴间距”选项组中设置“极轴距离”为“10”；选中“启用捕捉”复选框，如图3-12所示，然后单击 确定 按钮。至此，完成图3-9b所示的极轴捕捉设置。

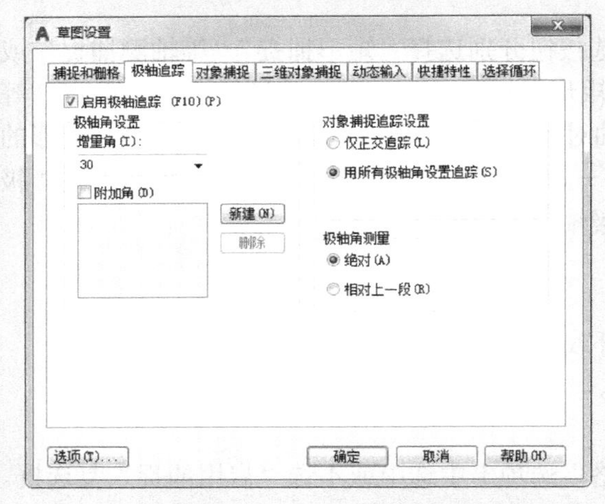

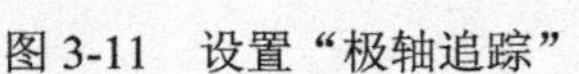
图3-11 设置“极轴追踪”

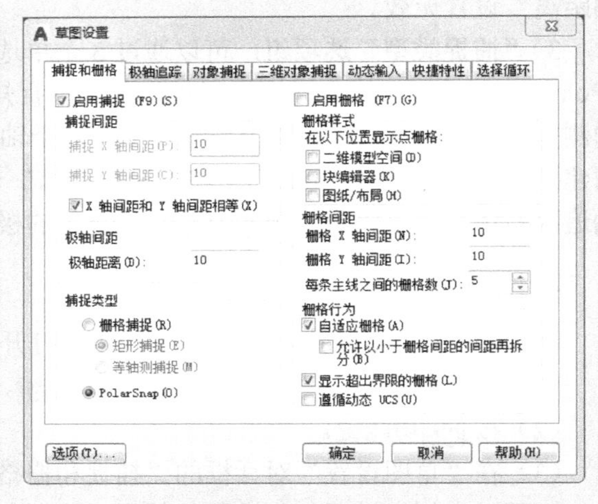

图3-12 设置“极轴捕捉”

3.2.2 设置与使用栅格

在AutoCAD 2019中，对栅格的设置也可以通过“草图设置”对话框的“捕捉和栅格”选项卡来实现，如图3-13所示，右侧用于栅格设置。

1. 栅格设置

“捕捉和栅格”选项卡右侧的栅格设置部分包括“栅格样式”“栅格间距”和“栅格行为”3个选项组。各选项组说明如下：

1）**“栅格样式”选项组：**可设置在“二维模型空间”“块编辑器”“图纸/布局”位置显示点栅格或线栅格。

2）**“栅格间距”选项组**：通过“栅格 X 轴间距”和“栅格 Y 轴间距”文本框，可设置栅格在 X 轴、Y 轴方向上的显示间距，如果它们的值都设置为 0，那么栅格采用捕捉间距的值。“每条主线之间的栅格数”微调按钮用于指定主栅格线相对于次栅格线的频率，只有当栅格显示为线栅格时才有效。

3）**“栅格行为”选项组**：选择“自适应栅格”复选框后，在视图缩小和放大时，将自动控制栅格显示的比例。“允许以小于栅格间距的间距再拆分”复选框用于控制在视图放大时是否允许生成更多间距更小的栅格线。“显示超出界限的栅格”复选框用于设置是否显示超出 LIMITS 命令指定的图形界限之外的栅格。利用“遵循动态 UCS”复选框可更改栅格平面，以跟随动态 UCS 的 XY 平面。

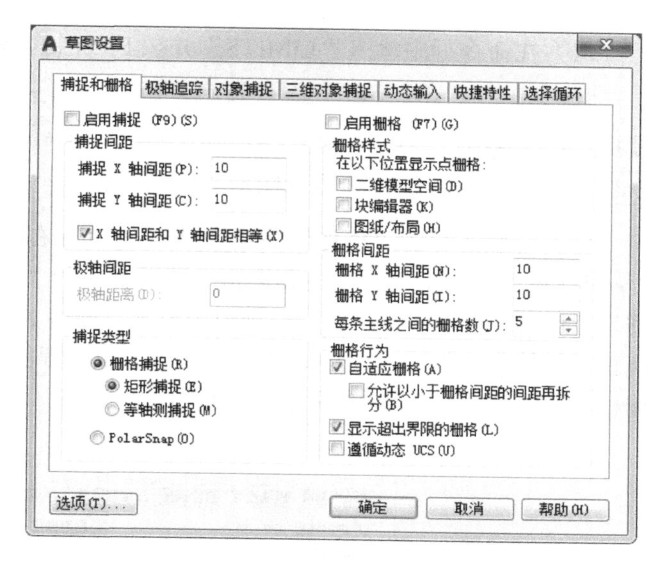

图 3-13　“捕捉和栅格”选项卡

2．使用栅格

在 AutoCAD 2019 中，有以下 3 种方法打开或关闭栅格显示：

（1）单击状态栏中的“栅格”按钮▦。

（2）按F7功能键。

（3）在“草图设置”对话框的“捕捉与栅格”选项卡中选中或不选“启用栅格”复选框。

下面以实例来说明如何设置并使用“栅格”。

【例 3-4】显示图 3-14 所示的栅格，其中 X、Y 轴栅格间距为 10，图形界限为 A3 图纸的图形界限。

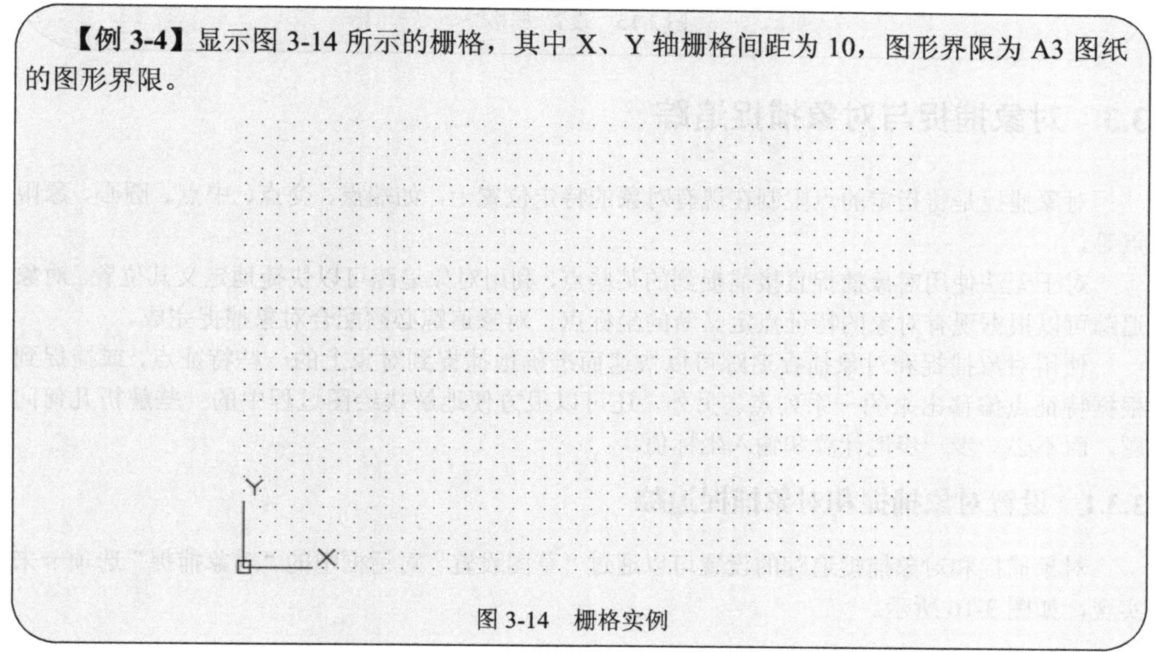

图 3-14　栅格实例

（1）在命令行中输入“LIMITS”并按Enter键，命令行提示：LIMITS 指定左下角点或 [开(ON) 关(OFF)] <0.0000,0.0000>:，此时按Enter键，命令行继续提示：LIMITS 指定右上角点 <420.0000,297.0000>:，此时在命令行中输入“420,297”并按Enter键。至此，完成A3图纸图形界限的设置。

（2）在状态栏的“栅格”按钮上单击鼠标右键→选择“网格设置”命令，在打开的“草图设置”对话框的“捕捉和栅格”选项卡中的“栅格样式”选项组中选中“二维模型空间”复选框；在“栅格间距”选项组中设置“栅格X轴间距”“栅格Y轴间距”均为“10”；确保“栅格行为”选项组中未选中“显示超出界限的栅格”；其他为默认设置；选中“启用栅格”复选框，如图3-15所示，然后单击 确定 按钮即可。

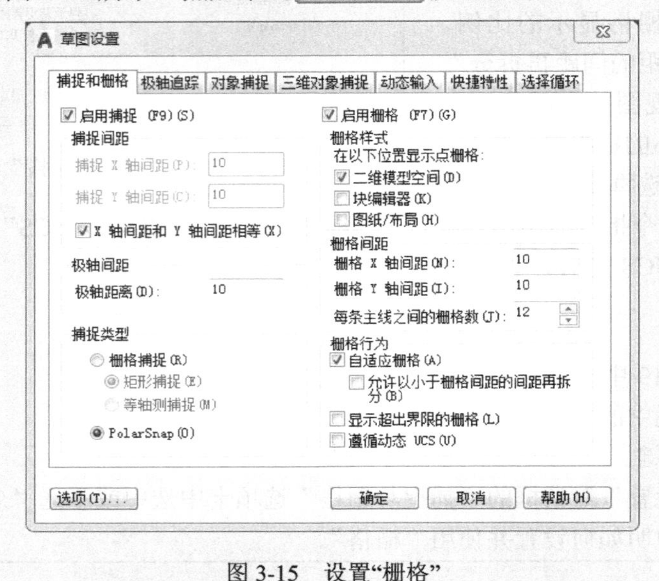

图3-15 设置“栅格”

3.3 对象捕捉与对象捕捉追踪

对象捕捉是将指定的点限制在现有对象的特定位置上，如端点、交点、中点、圆心、象限点等。

对于无法使用对象捕捉直接捕捉到的某些点，利用对象追踪可以快捷地定义其位置。对象追踪可以根据现有对象的特征点定义新的坐标点。对象追踪必须配合对象捕捉完成。

使用对象捕捉和对象捕捉追踪可以快速而准确地捕捉到对象上的一些特征点，或捕捉到根据特征点偏移出来的一系列点。另外，还可以很方便地解决绘图过程中的一些解析几何问题，而不必一步一步地计算和输入坐标值。

3.3.1 设置对象捕捉和对象捕捉追踪

对象捕捉和对象捕捉追踪的设置可以通过“草图设置”对话框中的“对象捕捉”选项卡来实现，如图3-16所示。

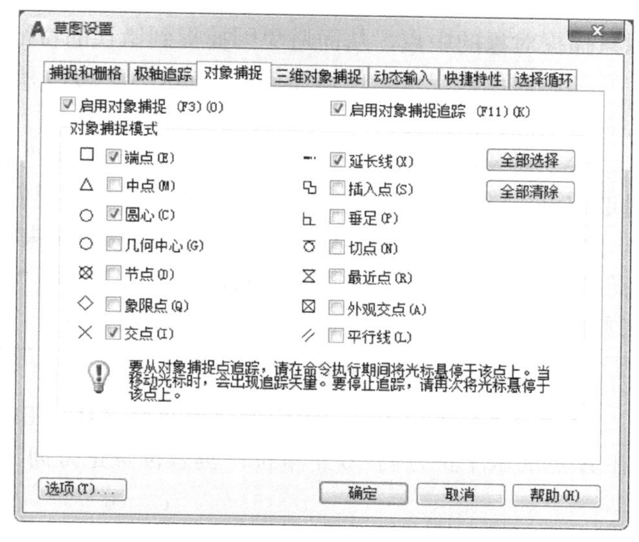

图 3-16 “对象捕捉”选项卡

“启用对象捕捉”和“启用对象捕捉追踪”复选框分别用于打开和关闭对象捕捉与对象捕捉追踪功能。

在“对象捕捉模式”选项组中，列出了可以在执行对象捕捉时捕捉到的特征点，各个复选框前的图标显示的是捕捉该特征点时的对象捕捉标记。单击全部选择按钮，可以全部选择列出的特征点；单击全部清除按钮，可全部清除特征点。

在“对象捕捉”选项卡中设置需要捕捉的特征点后，在绘图过程中，如果要捕捉特征点，则不需要单击“对象捕捉”工具栏中相应的按钮，AutoCAD 2019 会根据“对象捕捉”选项卡中的设置自动捕捉相应的特征点。

3.3.2 使用对象捕捉

只要命令行提示输入点，就可以使用对象捕捉。默认情况下，当光标移到对象的捕捉位置时，光标将显示为特定的标记，并显示工具栏提示。

在 AutoCAD 2019 中，有以下 3 种方法打开或关闭**对象捕捉**：

（1）单击状态栏中的“对象捕捉”按钮。

（2）按F3功能键。

（3）在“草图设置”对话框的“对象捕捉”选项卡中选中或不选“启用对象捕捉”复选框。

另外，AutoCAD 2019 还提供了“对象捕捉”工具栏和“对象捕捉”快捷菜单，以方便用户在绘图过程中使用对象捕捉，如图 3-17 和图 3-18 所示。

“对象捕捉”工具栏在默认情况下不显示，可以选择“工具”菜单→“工具栏”→“AutoCAD”→“对象捕捉”命令，打开该工具栏。在命令行提示指定点时，按住Shift键并在绘图区单击鼠标右键，可以打开“对象捕捉”快捷菜单。

图 3-17 “对象捕捉”工具栏

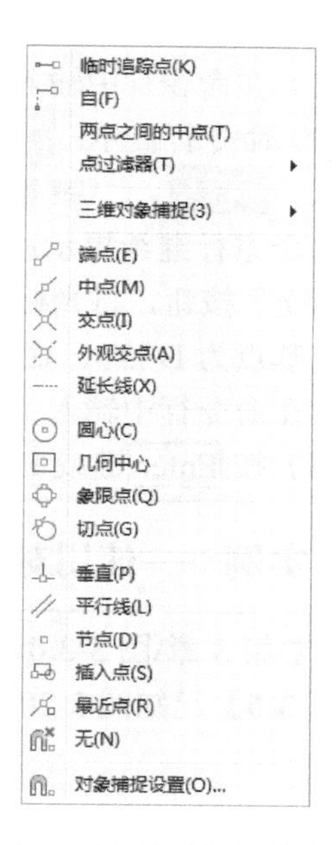

图 3-18 “对象捕捉”快捷菜单

“对象捕捉”工具栏和“对象捕捉”快捷菜单一般在对象分布比较密集或者特征点分布比较密集的情况下使用。该情况下打开对象捕捉后，捕捉到的可能不是用户需要的特征点，例如，本想要捕捉的是中点，但是由于对象太密集，可能捕捉到的是另一个交点。这时，如果单击“对象捕捉”工具栏中的“中点”按钮或选择“对象捕捉”快捷菜单中的“中点”命令，就可以只捕捉对象的中点，从而避免因捕捉到错误的特征点而导致绘图误差。

利用对象捕捉可方便地捕捉到 AutoCAD 2019 所定义的特征点，如端点、中点、交点、圆心、象限点、节点等。

除了对象特征点之外，“对象捕捉”工具栏和“对象捕捉”快捷菜单上的第一项均为“临时追踪点”，第二项为“捕捉自”，这两种对象捕捉方法均要求与对象追踪联合使用。

“捕捉自”按钮用于基于某个基点的偏移距离来捕捉点；而“临时追踪点”是为对象捕捉而创建的一个临时点，该临时点的作用相当于使用“捕捉自”按钮时的捕捉基点，通过该点可在垂直和水平方向上追踪出一系列点来指定一点。

素材\第 3 章\图 3-2.dwg

【例 3-5】已知图 3-19a 中的一条直线 AB，在此基础上绘制另一条直线 BC，C 点位置在 B 点的水平正方向 50 个单位，垂直位置正方向 70 个单位，如图 3-19b 所示。

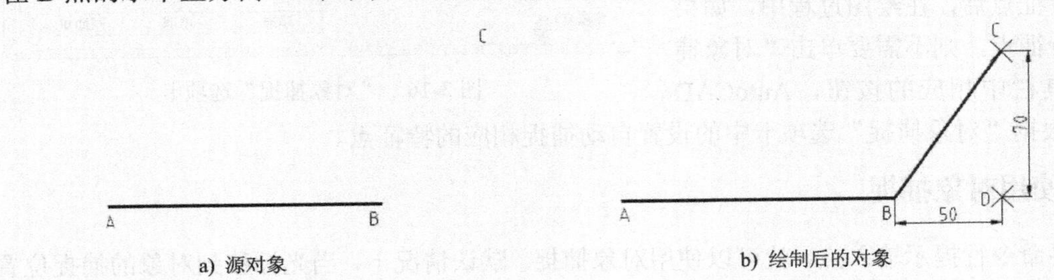

图 3-19 使用“捕捉自”

（1）在命令行中输入“L”并按 Enter 键。

（2）命令行提示：LINE 指定第一个点：，此时单击图 3-19a 中的 B 点。命令行继续提示：LINE 指定下一点或 [放弃(U)]：，此时单击“对象捕捉”工具栏中的“捕捉自”按钮。命令行继续提示：LINE 指定下一点或 [放弃(U)]: _from 基点：，此时打开状态栏中的“正交”按钮，将光标移至水平向右的方向，在命令行中输入“50”并按 Enter 键（相当于指定基点为 D 点）。命令行继续提示：LINE <偏移>：，此时将光标移至竖直向上的方向，在命令行中输入“70”并按 Enter 键。

（3）按 Enter 键或 Esc 键结束当前命令。

3.3.3 实例——使用对象捕捉

素材\第 3 章\图 3-3.dwg

【例 3-6】已知图 3-20a 中的一条直线和一点 1，过 1 点绘制已知直线的垂线。

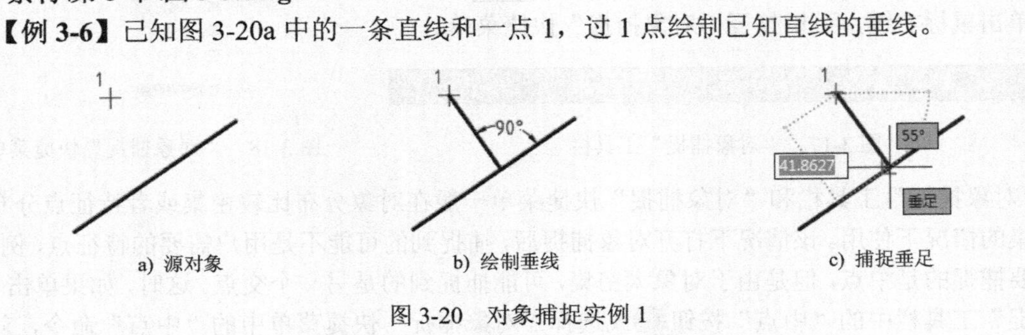

图 3-20 对象捕捉实例 1

（1）在命令行中输入“L”并按 Enter 键。

（2）命令行提示：LINE 指定第一个点：，此时单击图 3-20a 中的 1 点。命令行继续提示：LINE 指定下一点或 [放弃(U)]：，此时单击“对象捕捉”工具栏中的“捕捉到垂足”按钮。命令行继续提示：LINE 指定下一点或 [放弃(U)]: _per 到，此时在图 3-20c 所示的位置处会出现“垂足”的标识，在垂足标识位置处单击一下即可，绘制完垂线后的效果如图 3-20b 所示。

（3）按 Enter 键或 Esc 键结束当前命令。

素材\第 3 章\图 3-3.dwg

【例 3-7】 已知图 3-21a 中的两个圆，绘制图 3-21b 所示的两圆的公切线。

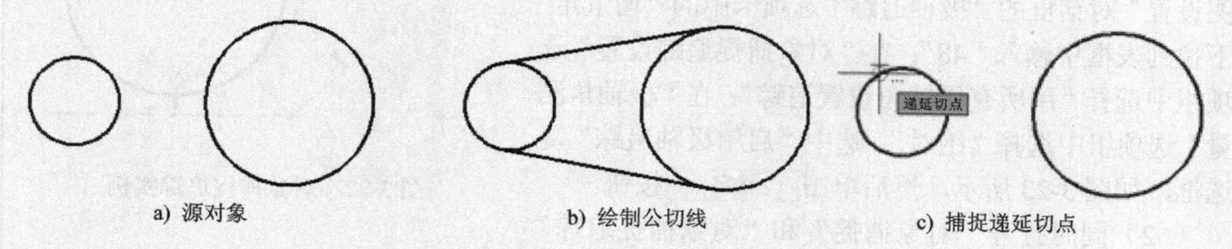

a) 源对象　　b) 绘制公切线　　c) 捕捉递延切点

图 3-21　对象捕捉实例 2

（1）在命令行中输入“L”并按 Enter 键。

（2）命令行提示：LINE 指定第一个点：，此时按住 Shift 键后在绘图区单击鼠标右键，选择“切点”命令。命令行继续提示：LINE 指定第一个点: _tan 到，此时将光标移至图 3-21c 所示的小圆位置处，会出现“递延切点”的标识，在该位置单击一下。命令行继续提示：LINE 指定下一点或 [放弃(U)]：，此时在命令行中输入“tan”并按 Enter 键。命令行继续提示：LINE 到，此时将光标移至大圆对应位置处也会出现“递延切点”的标识，同样在此位置单击一下。

（3）按 Enter 键或 Esc 键结束当前命令。

（4）按照同样的方法，可以绘制两圆下侧的公切线。

3.3.4　使用对象捕捉追踪

AutoCAD 2019 的对象捕捉追踪又称为自动追踪。使用该功能，在命令中指定点时，光标可以沿基于其他对象捕捉点的对齐路径进行追踪。要使用对象捕捉追踪，必须打开对象捕捉或极轴追踪。

在 AutoCAD 2019 中，有以下 3 种方法打开或关闭**对象捕捉追踪**：

（1）单击状态栏中的“对象捕捉追踪”按钮。

（2）按 F11 功能键。

（3）在“草图设置”对话框的“对象捕捉”选项卡中选中或不选“启用对象捕捉追踪”复选框。

启用对象捕捉追踪后，当绘图过程中命令行提示指定点时，可将光标移动至对象的特征点上（类似于对象捕捉），但无须单击该特征点指定对象，只须将光标在特征点上停留几秒，使光标显示为特征点的对象捕捉标记。然后移动光标至其他位置，将显示到特征点的橡皮筋线，表示追踪该特征点（如打开极轴追踪，将在各个极轴角度方向上显示），显示橡皮筋线后，单击或输入坐标值指定点即可。

3.3.5 实例——设置及使用对象捕捉追踪

素材\第 3 章\图 3-4.dwg

【例 3-8】以 A 点的 48° 方向上距离为 80 的点为圆心绘制一个半径为 50 的圆，如图 3-22 所示。

（1）在状态栏中的“极轴追踪”按钮上单击鼠标右键→选择“正在追踪设置”命令，在打开的“草图设置”对话框的“极轴追踪”选项卡中的“增量角”下拉列表框中输入“48”；在“对象捕捉追踪设置”选项组中选择“用所有极轴角设置追踪”；在“极轴角测量”选项组中选择“绝对”；选中“启用极轴追踪”复选框，如图 3-23 所示，然后单击 确定 按钮。

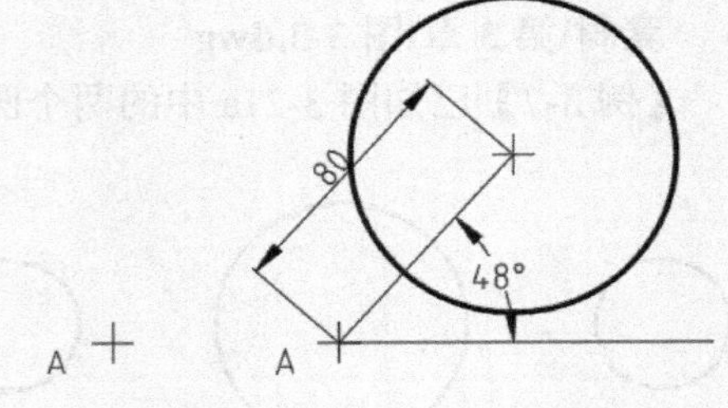

图 3-22　对象捕捉追踪实例

（2）同时打开“对象捕捉”和“对象捕捉追踪”按钮，且要在“草图设置”对话框的“对象捕捉”选项卡中选中“节点”复选框。

（3）在命令行中输入“C”并按 Enter 键。

（4）命令行提示：CIRCLE 指定圆的圆心或 [三点(3P) 两点(2P) 切点、切点、半径(T)]:，此时将光标移至 A 点附近，捕捉到 A 点，但不要单击 A 点；当光标显示为⊠时，再将光标移动至 A 点 48° 方向上，显示一条 48° 方向上的橡皮筋线（图 3-24），此时在命令行中输入“80”并按 Enter 键。

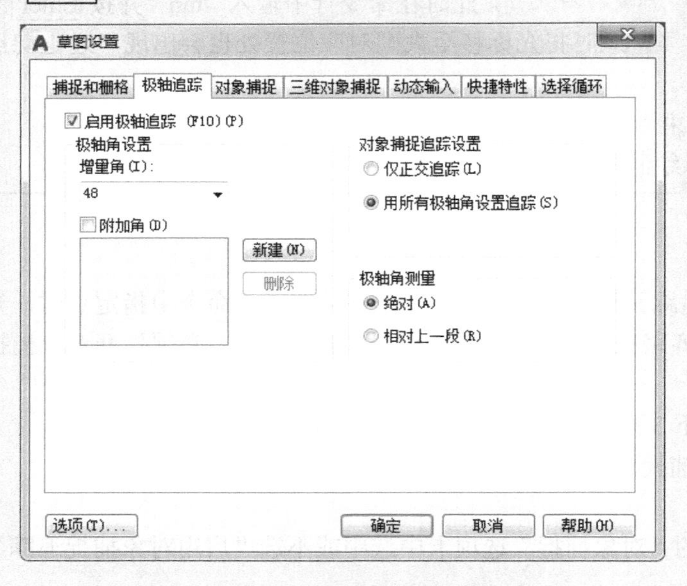

图 3-23　设置“极轴追踪”

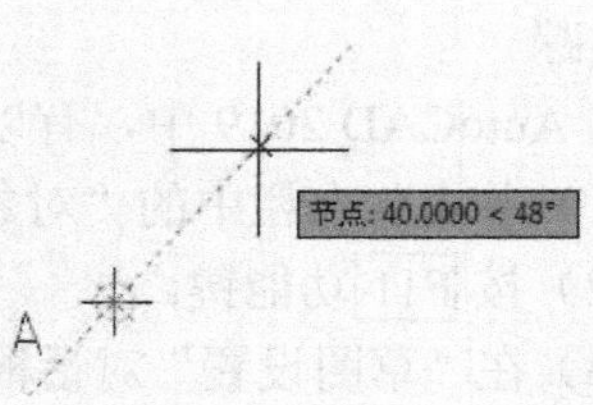

节点: 40.0000 < 48°
A

图 3-24　使用对象捕捉追踪

（5）命令行继续提示：CIRCLE 指定圆的半径或 [直径(D)]:，此时在命令行中输入“50”并按 Enter 键即可。

3.4　动态 UCS 与动态输入

AutoCAD 2019 中“动态”的含义为跟随光标。“动态 UCS”是指 UCS 自动移动到光标处，结束命令后又回到上一个位置；“动态输入”是指在光标附近显示一个动态的命令界面，可显示和输入坐标值等绘图信息。不管是动态 UCS 还是动态输入，均随着光标的移动即时更新信息。

3.4.1　使用动态 UCS

AutoCAD 2019 的动态 UCS 功能可以在创建对象时使 UCS 的 XY 平面自动与实体模型上的平面临时对齐，而无须使用 UCS 命令。结束该命令后，UCS 将恢复到其上一个位置和方向。

在 AutoCAD 2019 中，有以下 2 种方法打开或关闭**动态 UCS**：

（1）单击状态栏的“允许/禁止动态 UCS”按钮。

（2）按 F6 功能键。

例如：有一个楔形体，要在楔形体的斜面上绘制一个圆，可打开动态 UCS。在图 3-25a 中，UCS 还在原点处；执行绘制圆的命令后，命令行提示：

CIRCLE 指定圆的圆心或 [三点(3P) 两点(2P) 切点、切点、半径(T)]:

此时 UCS 自动移到光标处，如图 3-25b 所示。完成圆的绘制后，UCS 又自动恢复到原点处，如图 3-25c 所示。

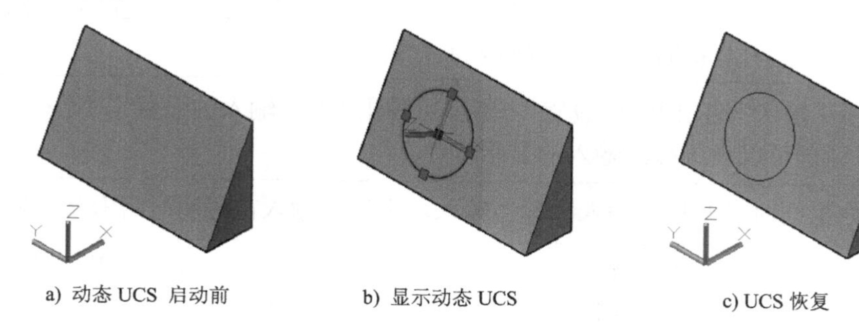

a) 动态 UCS 启动前　　b) 显示动态 UCS　　c) UCS 恢复

图 3-25　使用动态 UCS

动态 UCS 一般用于创建三维模型，可以使用动态 UCS 命令的类型如下：

（1）简单几何图形：直线、多段线、矩形、圆弧和圆。

（2）文字：单行文字、多行文字和表格。

（3）参照：插入外部参照。

（4）实体：原型和 POLYSOLID。

（5）编辑：旋转、镜像和对齐。

（6）其他：UCS、区域和夹点工具操作。

3.4.2　设置动态输入

动态输入可以通过“草图设置”对话框中的“动态输入”选项卡进行设置，如图 3-26 所示。“启用指针输入”“可能时启用标注输入”和“在十字光标附近显示命令提示和命令输入”

3 个复选框分别用于开启和关闭动态输入的 3 个组件。“动态输入”选项卡包括“指针输入”“标注输入”和“动态提示”3 个选项组。各选项组说明如下：

（1）单击“指针输入”选项组的“设置”按钮，可弹出“指针输入设置”对话框，如图 3-27 所示。通过该对话框可以设置输入坐标的格式和可见性。

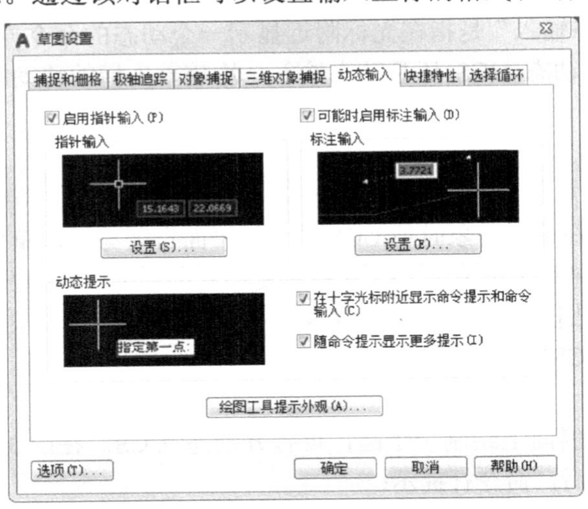

图 3-26 “动态输入”选项卡

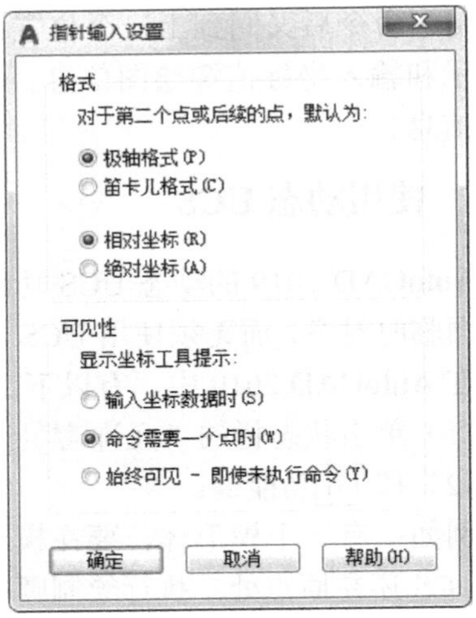

图 3-27 “指针输入设置”对话框

★注意：在“指针输入设置”对话框中，所设置的坐标格式为第二个点及后续点的坐标格式，第一点将仍然使用默认的笛卡儿坐标格式。而且，当选择“可能时启用标注输入”复选框后，第二个点的坐标值往往被标注输入所代替。

（2）单击“标注输入”选项组的“设置”按钮，可弹出“标注输入的设置”对话框，如图 3-28 所示。通过该对话框可以设置标注输入的显示特性。

★注意：如果同时打开指针输入和标注输入，则标注输入在可用时将取代指针输入。

（3）单击“动态提示”选项组的“绘图工具提示外观”按钮，可弹出“工具提示外观”对话框，如图 3-29 所示。通过该对话框可以设置动态输入的外观显示。

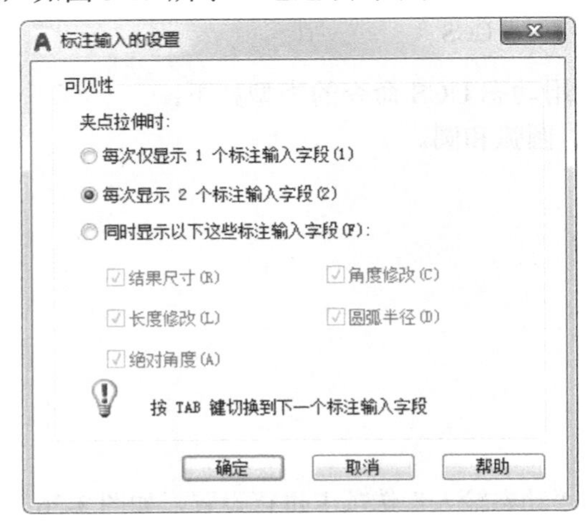

图 3-28 “标注输入的设置”对话框

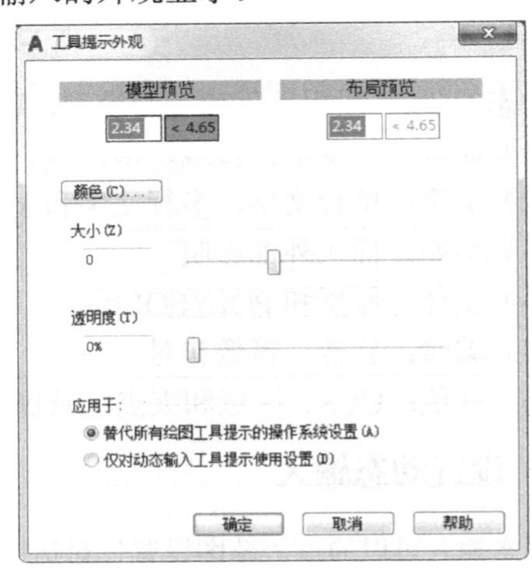

图 3-29 “工具提示外观”对话框

单击 颜色(C)... 按钮，可弹出“图形窗口颜色”对话框，从中可设置动态输入的颜色；在“大小”和“透明度”选项组，通过文本框和滑块可设置动态输入的大小和透明度；如果选择“替代所有绘图工具提示的操作系统设置”单选按钮，设置将应用于所有的工具提示，从而替代操作系统中的设置；如果选择“仅对动态输入工具提示使用设置”单选按钮，那么这些设置仅应用于动态输入中使用的绘图工具提示。

3.4.3　使用动态输入

启用动态输入后，将在光标附近显示工具提示信息，该信息会随着光标的移动而即时更新。动态输入信息只在命令执行过程中显示，包括绘图命令、编辑命令和夹点编辑等。

在 AutoCAD 2019 中，有以下 2 种方法打开或关闭**动态输入**：

（1）单击状态栏中的“动态输入”按钮。

（2）按 F12 功能键。

动态输入有 3 个组件：指针输入、标注输入和动态提示。各组件说明如下：

1）**指针输入**：当启用指针输入且有命令在执行时，将在光标附近的工具提示中显示坐标。这些坐标值随着光标的移动自动更新，并可以在此输入坐标值，而不用在命令行中输入。按 Tab 键，可以在两个坐标值之间进行切换。

2）**标注输入**：启用标注输入时，当命令提示输入第二点时，工具提示将显示距离和角度值，且该值随着光标的移动而改变。一般地，指针输入是在命令行提示“指定第一个点”时显示，而标注输入是在命令行提示“指定第二个点”时显示。要注意的是，第二个点和后续点的默认设置为相对极坐标（对于 RECTANG 命令，为相对笛卡儿坐标），不需要输入“@”符号。如果需要使用绝对坐标，则使用“#”为前缀。如果要将对象移动到原点，在提示输入第二个点时，需输入“#0,0”。

3）**动态提示**：启用动态提示后，命令行的提示信息将在光标处显示。用户可以在工具提示（而不是在命令行）中输入响应。按方向键 ↓，可以查看和选择选项；按方向键 ↑，可以显示最近的输入。

3.5　“快速计算器”选项板

AutoCAD 2019 的快速计算器提供了一个外观和功能与手持计算器相似的界面，可以执行数学、科学和几何计算，转换测量单位、操作对象的特性，以及计算表达式等操作。图 3-30 所示为“快速计算器”选项板。

在 AutoCAD 2019 中，有以下 4 种方法打开“快速计算器”选项板：

（1）选择“工具”菜单→“选项板”→“快速计算器”命令。

（2）单击“默认”选项卡→“实用工具”面板→“快速计算器”按钮。

（3）单击“标准”工具栏→“快速计算器”按钮。

（4）在命令行中输入“QUICKCALC”并按 Enter 键。

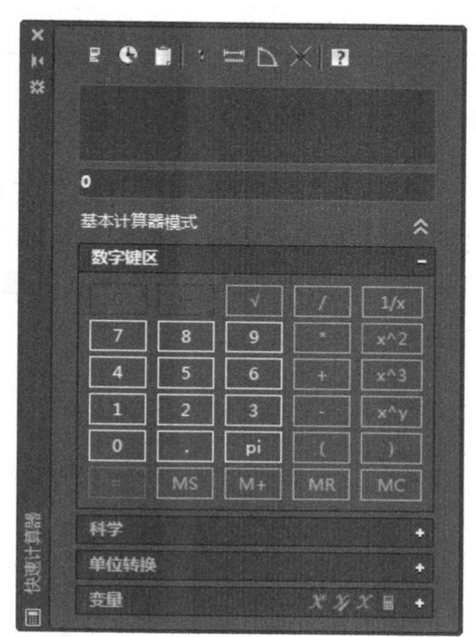

图 3-30　“快速计算器”选项板

3.6 点过滤器

AutoCAD 2019 的点过滤器又称为坐标过滤器，通过它可以从不同的点提取单独的 X、Y 和 Z 坐标值以创建新的组合点。当坐标过滤器与对象捕捉一起使用时，坐标过滤器从现有对象提取坐标值。

要在命令提示下指定过滤器，可以在命令行输入一个英文句号“.”及一个或多个 X、Y 和 Z 字母。例如：“.X”表示提取该点的 X 坐标值；“.XY”表示提取该点的 X 和 Y 坐标值。

下面以实例来说明如何使用点过滤器。

素材\第 3 章\图 3-5.dwg

【例 3-9】 使用点过滤器定位圆的圆心于矩形的中心，圆的半径为 10，如图 3-31 所示。

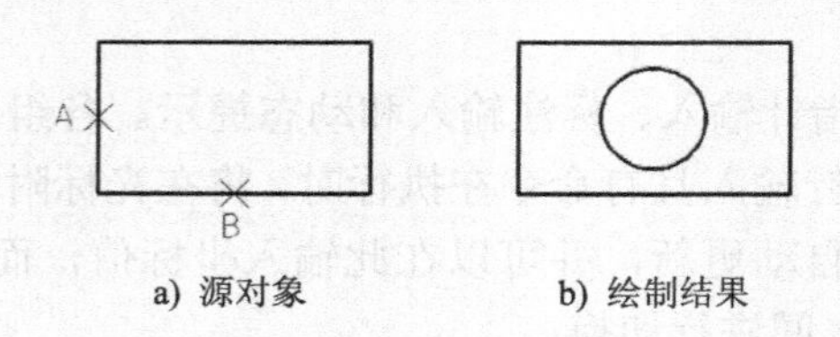

图 3-31 使用点过滤器实例

（1）在命令行中输入“C”并按 Enter 键，命令行提示：CIRCLE 指定圆的圆心或 [三点(3P) 两点(2P) 切点、切点、半径(T)]:，此时在命令行中输入“.Y”并按 Enter 键。命令行继续提示：CIRCLE 于，此时单击图 3-31a 所示矩形 Y 轴方向的中点 A，命令行继续提示：CIRCLE 于 (需要 XZ):，此时单击图 3-31a 所示矩形 X 轴方向的中点 B。

（2）命令行继续提示：CIRCLE 指定圆的半径或 [直径(D)]:，此时在命令行中输入“10”并按 Enter 键即可。绘制结果如图 3-31b 所示。

3.7 查询图形对象信息

在 AutoCAD 2019 中，通过“工具”菜单下的“查询”子菜单（图 3-32）、“查询”工具栏（图 3-33）以及“默认”选项卡下的“实用工具”面板中的“测量”系列相关按钮（图 3-34）可提取一些图形对象的相关信息，包括两点之间的距离、对象的面积等。

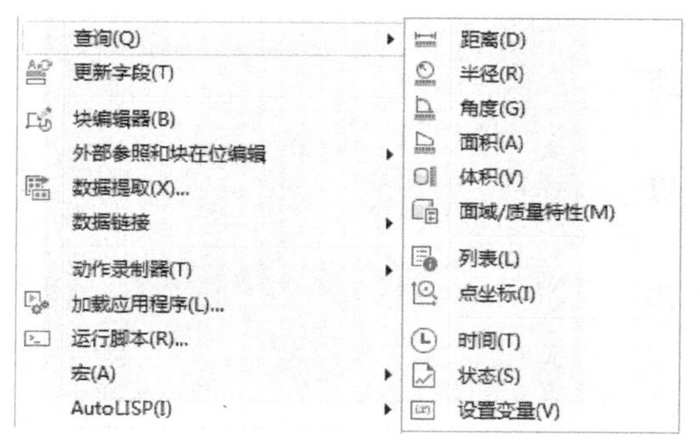

图 3-32 “查询”子菜单

图 3-33 “查询”工具栏

图 3-34 “测量”按钮

3.7.1　查询距离

在 AutoCAD 2019 中，有以下 5 种方法**查询距离**：

（1）选择“工具”菜单→“查询”→“距离”命令。

（2）单击“默认”选项卡→“实用工具”面板→“测量”→“距离”按钮。

（3）单击“查询”工具栏中的“距离”按钮。

（4）在命令行中输入“DIST”并按 Enter 键。

（5）在命令行中输入“MEASUREGEOM”并按 Enter 键→选择“距离”选项。

下面以实例来说明如何查询距离。

素材\第 3 章\图 3-6.dwg

【例 3-10】查询一下图 3-35 所示直线的距离。

选择“工具”菜单→“查询”→“距离”命令，命令行提示：DIST 指定第一点:，此时单击直线的左端点。命令行继续提示：DIST 指定第二个点或 [多个点(M)]:，此时单击直线的右端点。查询出的距离信息如下：

图 3-35　查询距离

```
距离 = 80.0000, XY 平面中的倾角 = 39,   与 XY 平面的夹角 = 0
X 增量 = 62.1778,   Y 增量 = 50.3380,   Z 增量 = 0.0000
```

在上面的显示信息中，“距离”表示两点之间的绝对距离；“XY 平面中的倾角”是指第一点和第二点之间的矢量在 XY 平面上的投影与 X 轴的夹角；“与 XY 平面的夹角”是指两点构成的矢量与 XY 平面的夹角；“X 增量”“Y 增量”和“Z 增量”分别指两点的 X、Y 和 Z 坐标值的增量，即第二点的坐标值减去第一点的坐标值的对应坐标值。

3.7.2　查询半径和直径

在 AutoCAD 2019 中，有以下 4 种方法**查询半径和直径**：

（1）选择“工具”菜单→“查询”→“半径”命令。

（2）单击“默认”选项卡→“实用工具”面板→“测量”→“半径”按钮。

（3）单击“查询”工具栏中的“半径”按钮。

（4）在命令行中输入“MEASUREGEOM”并按 Enter 键→选择“半径”选项。

下面以实例来说明如何查询半径。

素材\第 3 章\图 3-6.dwg

【例 3-11】查询图 3-36 所示圆的半径和直径。

选择“工具”菜单→“查询”→“半径”命令，命令行提示：MEASUREGEOM 选择圆弧或圆:，此时选中图 3-36 所示的圆，查询出的信息：半径 = 30.0000 直径 = 60.0000。按 Esc 键退出当前命令。

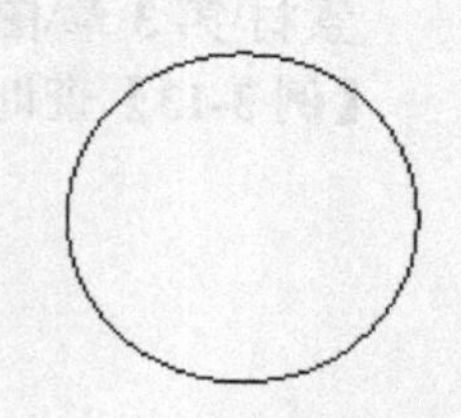

图 3-36　查询半径

3.7.3 查询角度

在 AutoCAD 2019 中，有以下 4 种方法**查询角度**：

（1）选择“工具”菜单→“查询”→“角度”命令。

（2）单击“默认”选项卡→“实用工具”面板→“测量”→“角度”按钮。

（3）单击“查询”工具栏中的“角度”按钮。

（4）在命令行中输入“MEASUREGEOM”并按 Enter 键→选择“角度”选项。

下面以实例来说明如何查询角度。

素材\第 3 章\图 3-6.dwg

【例 3-12】 查询图 3-37 所示的两直线之间的夹角。

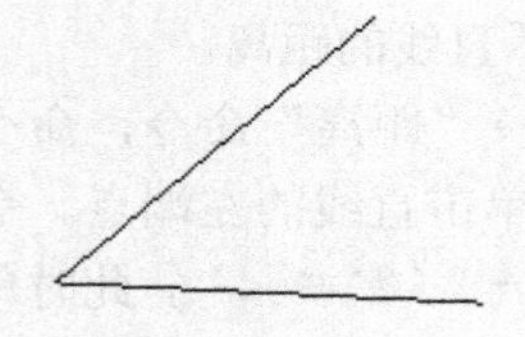

图 3-37 查询角度

选择“工具”菜单→“查询”→“角度”命令，命令行提示：MEASUREGEOM 选择圆弧、圆、直线或 <指定顶点>:，此时选中图 3-37 中的任意一条直线。命令行继续提示：MEASUREGEOM 选择第二条直线:，此时选中图 3-37 中的另一条直线，查询出的角度信息：角度 = 45°。按 Esc 键退出当前命令。

3.7.4 查询面积和周长

在 AutoCAD 2019 中，使用查询面积功能可以计算指定对象的面积和周长。有以下 5 种方法**查询面积和周长**：

（1）选择“工具”菜单→“查询”→“面积”命令。

（2）单击“默认”选项卡→“实用工具”面板→“测量”→“面积”按钮。

（3）单击“查询”工具栏中的“面积”按钮。

（4）在命令行中输入“AREA”并按 Enter 键。

（5）在命令行中输入“MEASUREGEOM”并按 Enter 键→选择“面积”选项。

下面以实例来说明如何查询面积和周长。

素材\第 3 章\图 3-6.dwg

【例 3-13】 查询图 3-38 所示对象的面积和周长。

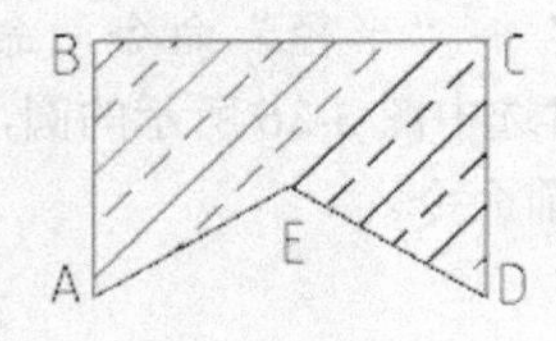

图 3-38 查询面积

（1）选择“工具”菜单→“查询”→“面积”命令，命令行提示：

MEASUREGEOM 指定第一个角点或 [对象(O) 增加面积(A) 减少面积(S) 退出(X)] <对象(O)>:

此时单击图 3-38 中的 A 点，命令行继续提示：

MEASUREGEOM 指定下一个点或 [圆弧(A) 长度(L) 放弃(U)]:，此时单击图 3-38 中的 B 点。

（2）根据命令行的提示依次单击图 3-38 中的 C、D、E 点，命令行继续提示：

MEASUREGEOM 指定下一个点或 [圆弧(A) 长度(L) 放弃(U) 总计(T)] <总计>:，此时按 Enter 键即可。

（3）查询出的信息：区域 = 1880.3848, 周长 = 209.2820，即查询的对象的面积为 1880.3848mm^2，周长为 209.2820。按 Esc 键退出当前命令。

3.7.5　查询体积

在 AutoCAD 2019 中，有以下 4 种方法**查询体积**：

（1）选择“工具”菜单→“查询”→“体积”命令。

（2）单击“默认”选项卡→“实用工具”面板→“测量”→“体积”按钮。

（3）单击“查询”工具栏中的“体积”按钮。

（4）在命令行中输入“MEASUREGEOM”并按 Enter 键→选择“体积”选项。

下面以实例来说明如何查询体积。

素材\第 3 章\图 3-6.dwg

【例 3-14】查询图 3-39 所示对象的体积。

图 3-39　查询体积

（1）选择“工具”菜单→“查询”→“体积”命令，命令行提示：

MEASUREGEOM 指定第一个角点或 [对象(O) 增加体积(A) 减去体积(S) 退出(X)] <对象(O)>:

此时在命令行中输入“O”并按 Enter 键，命令行继续提示：MEASUREGEOM 选择对象:，此时选择图 3-39 所示的圆柱体。

（2）查询出的体积信息：体积 = 178882.3402，即查询的对象的体积为 178882.3402mm^3。按 Esc 键退出当前命令。

3.7.6　列表

使用 AutoCAD 2019 的列表显示功能可以显示所选对象的类型、所在图层、相对于当前用户坐标系 UCS 的 X、Y、Z 位置，以及对象是位于模型空间还是布局空间等信息；如果颜色、线型和线宽没有设置为“随层”，则还显示这些项目的相关信息。

在 AutoCAD 2019 中，有以下 3 种方法执行**列表显示命令**：

（1）选择“工具”菜单→“查询”→“列表”命令。

（2）单击“查询”工具栏中的“列表”按钮。

（3）在命令行中输入“LIST”并按 Enter 键。

执行列表显示命令后，命令行提示：LIST 选择对象:，此时可选择一个或多个对象后按 Enter 键或单击鼠标右键，系统将自动弹出窗口显示所选对象的信息。图 3-40 显示了所选的一条直线和一个圆的相关信息。

```
命令:
命令: _list
选择对象: 找到 1 个
选择对象: 找到 1 个, 总计 2 个
选择对象:
              直线        图层: "0"
                    空间: 模型空间
              句柄 = 244
            自 点,  X=-320.3649  Y= 114.8214  Z=   0.0000
            到 点,  X=-258.1870  Y= 165.1594  Z=   0.0000
      长度 =  80.0000, 在 XY 平面中的角度 =    39
              增量 X =   62.1778, 增量 Y =   50.3380, 增量 Z =   0.0000
              圆          图层: "0"
                    空间: 模型空间
              句柄 = 35e
           圆心 点,  X=-213.0847  Y= 111.3991  Z=   0.0000
           半径   30.0000
           周长  188.4956
           面积 2827.4334
```

图 3-40　用 LIST 命令显示对象信息

3.7.7　查询点坐标

在 AutoCAD 2019 中，使用查询点坐标功能可以查看指定点的 UCS 坐标，有以下 3 种方法**查询点坐标**：

（1）选择“工具”菜单→“查询”→“点坐标”命令。

（2）单击“查询”工具栏中的“定位点”按钮。

（3）在命令行中输入“ID”并按 Enter 键。

执行查询点坐标命令后，命令行提示：ID '_id 指定点:，此时用光标拾取一个点后，将显示该点在当前 UCS 中的 X、Y、Z 坐标值。

3.7.8　查询时间

在 AutoCAD 2019 中，使用查询时间功能可以查看时间信息，包括当前时间、使用计时器等。有以下 2 种方法**查询时间**：

（1）选择“工具”菜单→“查询”→“时间”命令。

（2）在命令行中输入“TIME”并按 Enter 键。

执行查询时间命令后，将自动弹出窗口显示时间信息，如图 3-41 所示；同时命令行中显示如下提示：TIME 输入选项 [显示(D) 开(ON) 关(OFF) 重置(R)]:，此时可选择中括号内的选项：“显示”选项用于显示更新的时间；“开”和“关”选项分别用于启动和停止计时器；“重置”选项用于将计时器清零。

```
命令:
命令: _open
命令:
命令: TIME
当前时间:                    2018年8月3日 星期五   12:40:47:000
此图形的各项时间统计:
  创建时间:                  2018年8月3日 星期五   9:24:33:000
  上次更新时间:              2018年8月3日 星期五   9:24:33:000
  累计编辑时间:              0 天 03:16:14:000
  消耗时间计时器 (开):       0 天 03:16:14:000
  下次自动保存时间:          <尚未修改>
输入选项 [显示(D)/开(ON)/关(OFF)/重置(R)]: D
当前时间:                    2018年8月3日 星期五   12:41:06:000
此图形的各项时间统计:
  创建时间:                  2018年8月3日 星期五   9:24:33:000
  上次更新时间:              2018年8月3日 星期五   9:24:33:000
  累计编辑时间:              0 天 03:16:33:000
  消耗时间计时器 (开):       0 天 03:16:33:000
  下次自动保存时间:          <尚未修改>
```

图 3-41 用 TIME 命令查看时间信息

3.7.9 查询状态

在 AutoCAD 2019 中，使用查询状态功能，可以查看图形的统计信息和范围等。有以下 2 种方法**查询状态**：

（1）选择“工具”菜单→“查询”→“状态”命令。

（2）在命令行中输入“STATUS”并按 Enter 键。

执行查询状态命令后，将自动弹出窗口显示状态信息，如当前空间、当前布局、当前图层等。通过运行“STATUS”命令可查看的信息相当丰富，图 3-42 所示为所显示的一页信息，按 Enter 键可继续显示其他信息。

```
放弃文件大小:          5255 个字节
模型空间图形界限         X:    0.0000    Y:    0.0000  (关)
                         X:  420.0000    Y:  297.0000
模型空间使用             *无*
显示范围                 X:  273.4720    Y:  451.4775
                         X: 5592.7518    Y: 2429.8906
插入基点                 X:    0.0000    Y:    0.0000   Z:    0.0000
捕捉分辨率               X:   10.0000    Y:   10.0000
栅格间距                 X:   10.0000    Y:   10.0000
当前空间:                模型空间
当前布局:                Model
当前图层:                0
当前颜色:                BYLAYER -- 7 (白)
当前线型:                BYLAYER -- "Continuous"
当前材质:                BYLAYER -- "Global"
当前线宽:                BYLAYER
当前标高:                0.0000  厚度:   0.0000
填充 开  栅格 关  正交 关  快速文字 关  捕捉 关  数字化仪 关
对象捕捉模式:      圆心, 端点, 交点, 中点, 节点, 垂足, 切点, 延伸
```

图 3-42 用 STATUS 命令查看图纸状态

3.7.10 查询系统变量

在 AutoCAD 2019 中，使用查询系统变量功能，可以列出或修改系统变量值。有以下 2 种方法**查询系统变量**：

（1）选择“工具”菜单→“查询”→“设置变量”命令。

（2）在命令行中输入“SETVAR”并按 Enter 键。

执行查询系统变量命令后，命令行提示：SETVAR 输入变量名或 [?]:，此时输入要查看或修改的系统变量名称，对该系统变量进行操作。如要显示所有的系统变量，可输入“？”，命令行将提示：SETVAR 输入要列出的变量 <*>:，此时可使用通配符指定要列出的系统变量，如需要列出所有的系统变量，可直接按 Enter 键或者输入“*”。

第4章 规划和管理图层

CHAPTER 4

4.1 规划图层

图层是 AutoCAD 2019 提供的强大功能之一，利用图层可以方便地对图形进行管理。通过创建图层，可以将类型相似的对象指定给同一图层，以使其相关联。因此，对图层的规划非常重要。

4.1.1 “图层”面板与“图层”工具栏

AutoCAD 2019 在“草图与注释”工作空间的“默认”选项卡中提供了“图层”面板，如图 4-1 所示。

AutoCAD 2019 还提供了两个与图层相关的工具栏，分别为“图层”工具栏（图 4-2a）和“图层Ⅱ”工具栏（图 4-2b）。

图 4-1 “图层”面板

a）“图层”工具栏

b）“图层Ⅱ”工具栏

图 4-2 “图层”工具栏和“图层Ⅱ”工具栏

4.1.2 图层特性管理器

AutoCAD 2019 通过“图层特性管理器”对话框（图 4-3）规划与管理图层。有以下 4 种方法打开“图层特性管理器”对话框：

（1）选择“格式”菜单→“图层”命令。

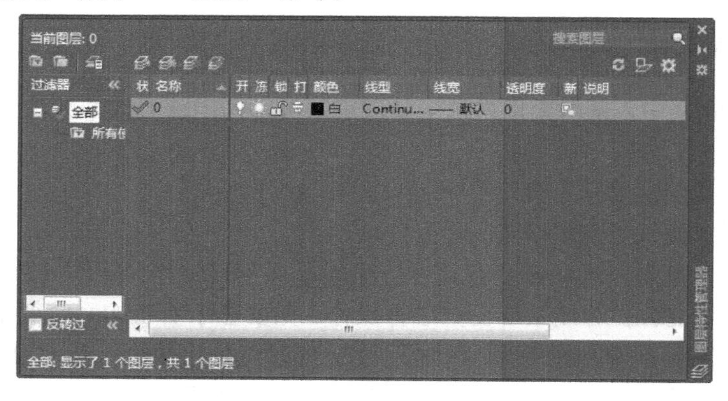

图 4-3 “图层特性管理器”对话框

（2）单击“默认”选项卡→“图层”面板→“图层特性”按钮。

（3）单击“图层”工具栏中的“图层特性管理器”按钮。

（4）在命令行中输入“LAYER”并按Enter键。

4.1.3　实例——创建图层

在绘制图形之前需设置好绘图所需的图层，下面以实例来说明在 AutoCAD 2019 中如何通过“图层特性管理器”对话框创建图层。

【例 4-1】创建符合表 4-1 所示特性的图层。

表 4-1　图层特性

图层名称	颜色	线型	线宽/mm
粗实线	白色	Continuous	0.50
细实线	白色	Continuous	0.25
中心线	红色	CENTER2	0.25
虚线	蓝色	HIDDEN2	0.25
标注线	绿色	Continuous	0.25
辅助线	洋红色	Continuous	0.25

（1）打开“图层特性管理器”对话框。

（2）单击“新建图层”按钮，在右侧窗格显示图 4-4 所示的新建图层选项列表。

图 4-4　新建图层

（3）新建图层默认名称为“图层 1”，此时输入新图层名称“粗实线”。

（4）单击“线宽”列的图标—— 默认，弹出“线宽”对话框，拖动滑块选择“0.50mm”的线宽，如图 4-5 所示，单击 确定 按钮，完成“粗实线”层的设置。

（5）单击“图层特性管理器”对话框中的“新建图层”按钮。

（6）仿照步骤（3），输入新图层名称“细实线”。

（7）单击“线宽”列的图标—— 默认，在“线宽”对话框中拖动滑块选择“0.25mm”的线宽，如图 4-6 所示，单击 确定 按钮，完成“细实线”层的设置。

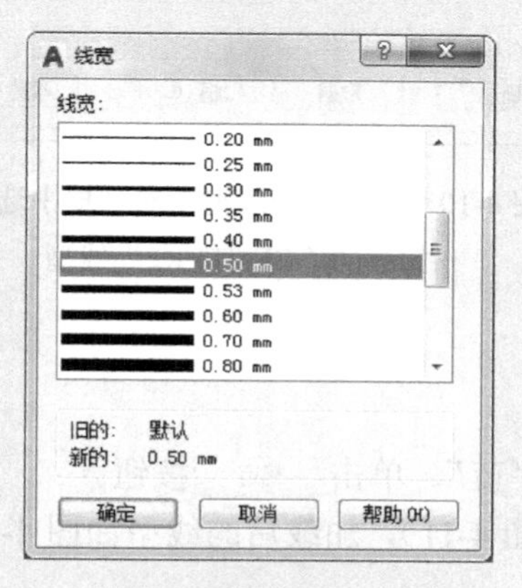

图 4-5　设置“0.50mm”线宽

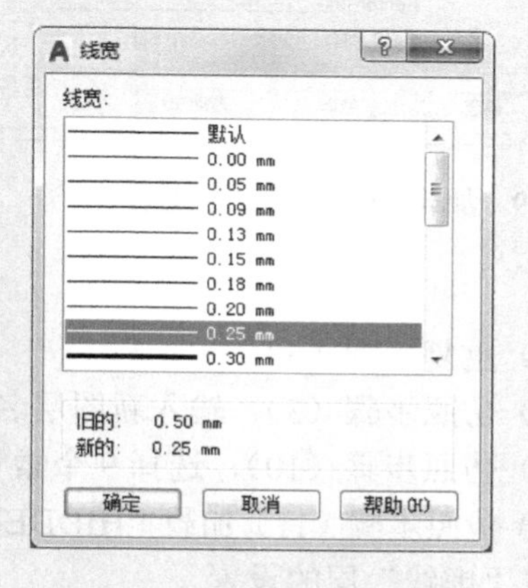

图 4-6　设置“0.25mm”线宽

（8）重复步骤（5）。

（9）仿照步骤（3），输入新图层名称“中心线”。

（10）单击“颜色”列的图标■白，弹出“选择颜色”对话框，选择9个索引颜色中的“红”，如图4-7所示，单击确定按钮。

（11）单击“线型”列的图标Continu...，弹出如图4-8所示的“选择线型”对话框，单击加载(L)...按钮，弹出“加载或重载线型”对话框，在“可用线型”列表中拖动滑块选择“CENTER2”线型，如图4-9所示，单击确定按钮，回到“选择线型”对话框，选择“CENTER2”线型，如图4-10所示，单击确定按钮，完成“中心线”层的设置。

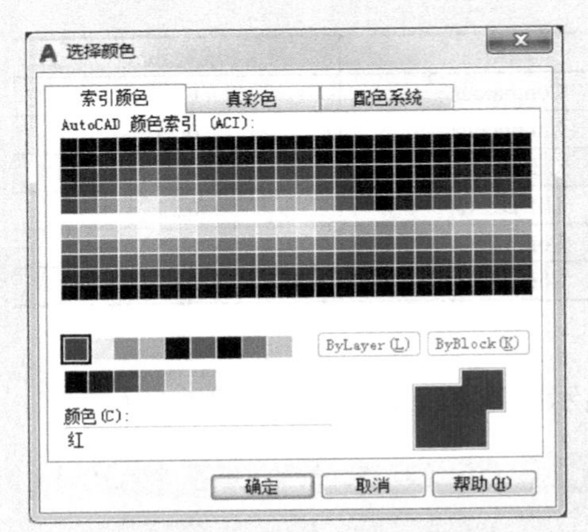

图4-7 设置颜色

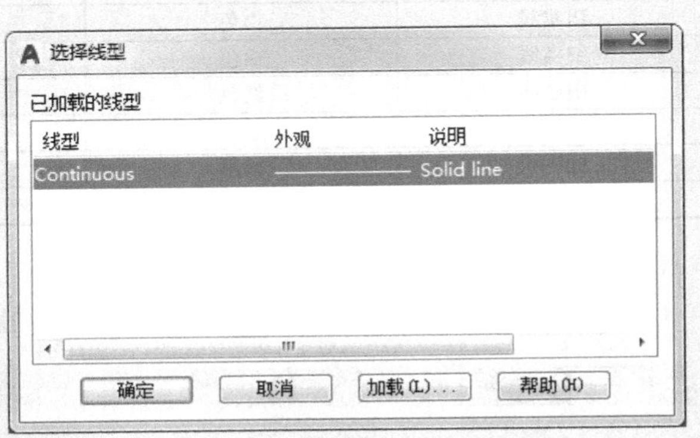

图4-8 “选择线型”对话框

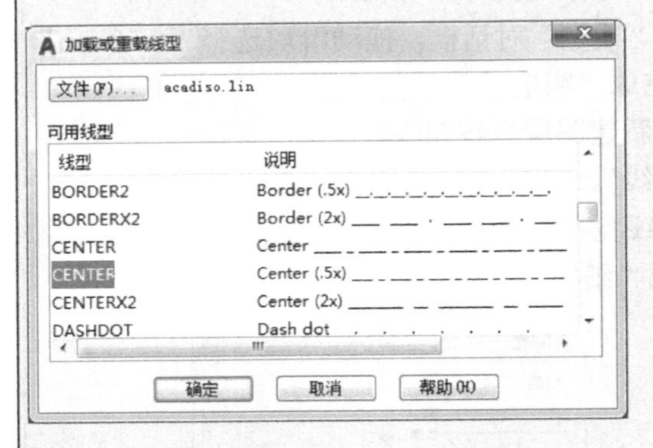

图4-9 加载“CENTER2”线型

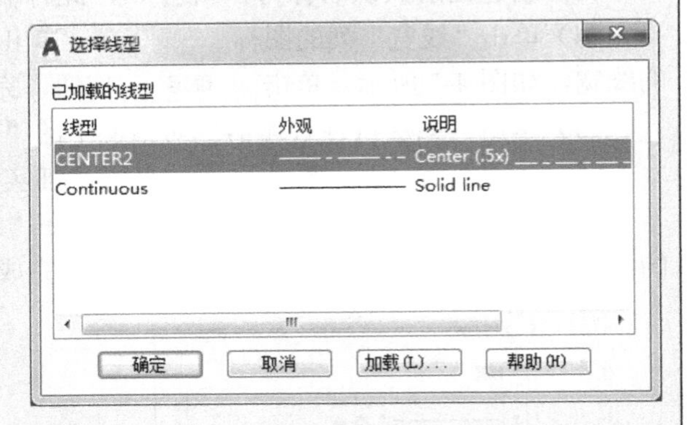

图4-10 在“选择线型”对话框中选择加载的“CENTER2”线型

（12）重复步骤（5）。

（13）仿照步骤（3），输入新图层名称“虚线”。

（14）仿照步骤（10），选择9个索引颜色中的“蓝”，单击确定按钮。

（15）仿照步骤（11）加载“HIDDEN2”线型（图4-11），加载后的线型如图4-12所示。至此完成“虚线”层的设置。

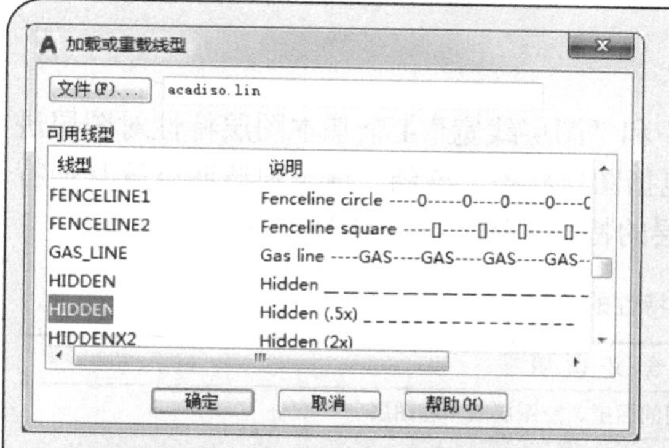

图 4-11　加载“HIDDEN2”线型

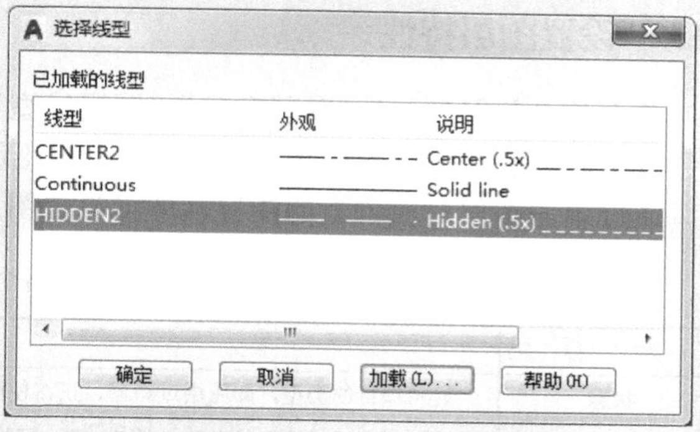

图 4-12　在“选择线型”对话框中选择加载的“HIDDEN2”线型

（16）重复步骤（5）。

（17）仿照步骤（3），输入新图层名称“标注线”。

（18）仿照步骤（10），选择 9 个索引颜色中的“绿”，单击 确定 按钮。

（19）单击“线型”列的图标 Continu...，在弹出的“选择线型”对话框中选择“Continuous”线型，如图 4-13 所示，单击 确定 按钮，完成“标注线”层的设置。

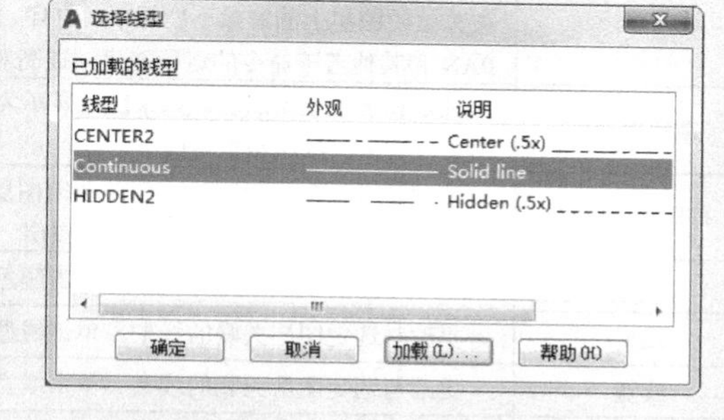

图 4-13　选择“标注线”层的线型

（20）重复步骤（5）。

（21）仿照步骤（3），输入新图层名称“辅助线”。

（22）仿照步骤（10），选择 9 个索引颜色中的“洋红”，单击 确定 按钮，完成“辅助线”层的设置。

设置好的 6 个图层，在“图层特性管理器”对话框中的显示如图 4-14 所示，在“图层”面板中的显示如图 4-15 所示。

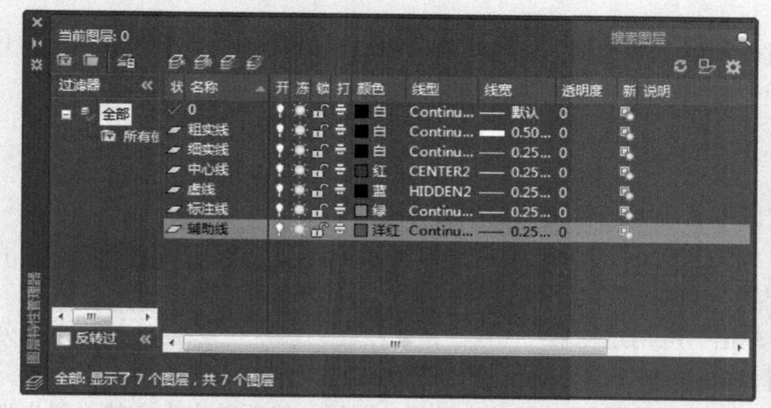

图 4-14　“图层特性管理器”对话框中设置好的 6 个图层

图 4-15　“图层”面板中设置好的 6 个图层

4.1.4 设置图层特性

前面从“图层名称”“图层颜色”“图层线型”和“图层线宽”4个基本图层特性对图层进行了设置。除了这些基本特性之外，一个图层还包括图层状态、冻结、锁定和透明度等其他特性。通过单击图层对应列上的图标，即可设置图层的特性。图层各个特性的含义见表4-2。

表4-2 图层各个特性的含义

名　称	含义说明
状态	显示项目的类型，即图层过滤器、正在使用的图层、空图层或当前图层
名称	显示图层或过滤器的名称。按F2键，可输入新名称
打开/关闭	打开和关闭选定图层。如果灯泡为黄色，则表示图层已打开。当图层打开时，它可见并且可以打印。当图层关闭时，它不可见且不能打印，不论“打印”选项是否打开
冻结/解冻	冻结/解冻所有视口中选定的图层，包括“模型”选项卡。如果图标显示为，则表示图层被冻结，被冻结的图层上的对象不能显示、打印、消隐、渲染或重生成，因此可以通过冻结图层来提高ZOOM、PAN和其他若干命令的运行速度，提高对象选择性能并减少复杂图形的重生成时间
锁定/解锁	锁定和解锁选定图层。如果图层显示为，则表示图层被锁定。被锁定的图层上的对象不能被修改，但可以显示、打印和重生成
打印/不打印	控制是否打印选定图层。即使关闭图层的打印，仍将显示该图层上的对象。不管“打印”列表的设置如何，都不会打印已关闭或冻结的图层
颜色	更改与选定图层关联的颜色。单击颜色名，可以显示“选择颜色”对话框
线型	更改与选定图层关联的线型。单击线型名称可以显示“选择线型”对话框
线宽	更改与选定图层关联的线宽。单击线宽名称可以显示“线宽”对话框
透明度	控制所有对象在选定图层上的可见性。对单个对象应用透明度时，对象的透明度特性将替代图层的透明度设置
新视口冻结	在新布局视口中冻结选定图层。例如：在所有新视口中冻结DIMENSIONS图层，将在所有新创建的布局视口中限制该图层上的标注显示，但不会影响现有视口中的DIMENSIONS图层。如果以后创建了需要标注的视口，则可以通过更改当前视口设置来替代默认设置
说明	用于描述图层或图层过滤器

4.2 管理图层

图层相当于用图纸绘图时使用的重叠图纸。一些复杂的图样可以包括十几个图层，甚至上百个图层，因此对图层的管理也很重要。

4.2.1 将图层置为当前

在AutoCAD 2019中，有以下5种方法**将某一图层置为当前：**

（1）在“默认”选项卡的“图层”面板上单击“应用过滤器” 0 下拉列表框，可快速将某一图层置为当前。

（2）在“图层”工具栏中单击“应用过滤器” 0 下拉列表框，也可快速将某一图层置为当前。

（3）在“图层特性管理器”对话框的图层列表中选择某一图层，然后单击上方的“置为当前”按钮。

（4）选择某一对象，单击“图层”工具栏中的“将对象的图层置为当前”按钮。

（5）在命令行中输入“CLAYER”并按Enter键，然后在命令行中输入图层名称，即可将该图层置为当前。

4.2.2　实例——创建图层特性过滤器和图层组过滤器

AutoCAD 2019 中有两种图层过滤器，分别为图层特性过滤器和图层组过滤器，说明如下：

（1）图层特性过滤器：用于过滤名称或其他特性相同的图层，即一个图层特性过滤器中的所有图层必须具有某种共性。

（2）图层组过滤器：这种过滤器不是基于图层的名称或其他特性，而是用户将指定的图层划入图层组过滤器，只需将选定图层拖到图层组过滤器，就可以从图层列表中添加选定的图层。

下面以实例来说明如何创建图层特性过滤器和图层组过滤器。

素材\第 4 章\图 4-1.dwg

【例 4-2】创建一个名称为“特性过滤器 1”的图层特性过滤器，要求过滤颜色为“红色”且被锁定的图层；创建一个名称为“组过滤器 1”的图层组过滤器，其中包括粗实线、中心线、虚线和标注线层。

（1）打开“图层特性管理器”对话框，单击左上侧的“新建特性过滤器”按钮，弹出如图 4-16 所示的“图层过滤器特性”对话框。

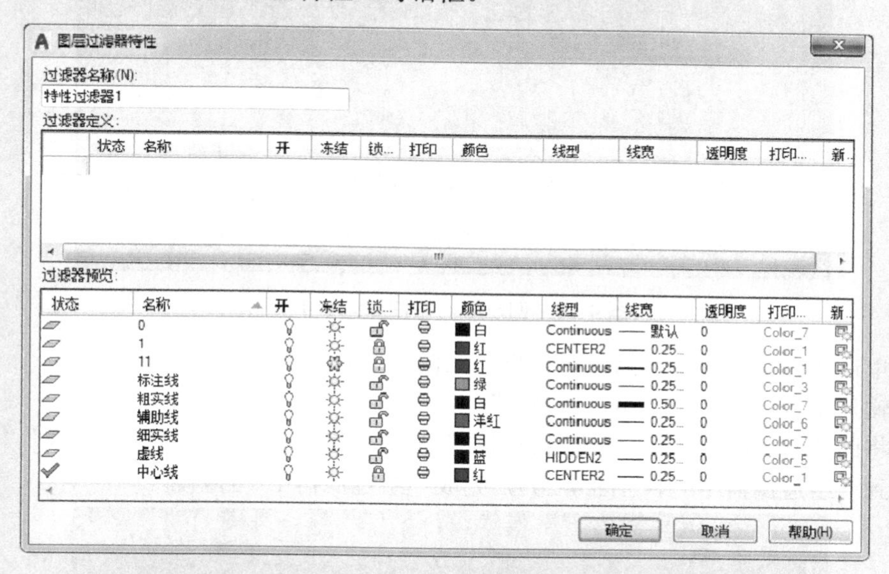

图 4-16　“图层过滤器特性”对话框

（2）输入图层特性过滤器名称“特性过滤器 1”。

（3）在“过滤器定义”列表框中，单击“锁定”列，在弹出的下拉列表框中选择锁定图标。

（4）在“过滤器定义”列表框中，单击“颜色”列，在弹出的“选择颜色”对话框中选择红色。

（5）在“过滤器预览”列表框中列出了所过滤的图层列表（图 4-17），单击 确定 按钮，“特性过滤器 1”将显示在“图层特性管理器”的左侧树状图内，如图 4-18 所示。至此，完成“特性过滤器 1”的创建。

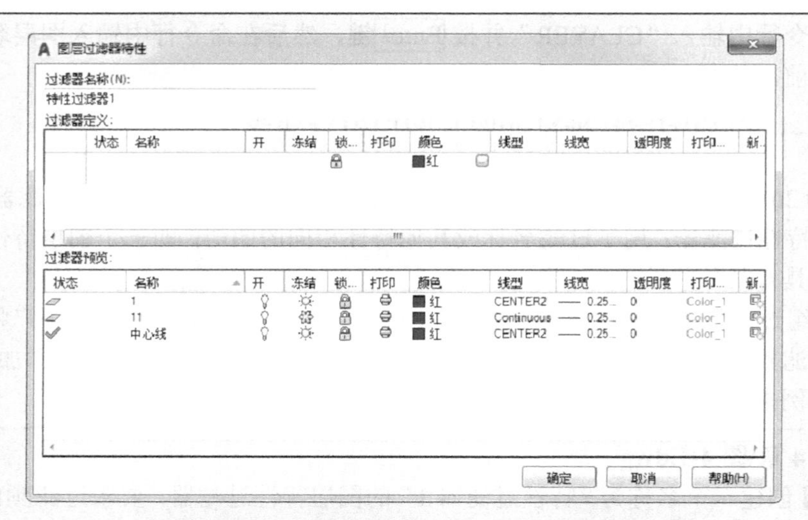

图 4-17 过滤的图层列表

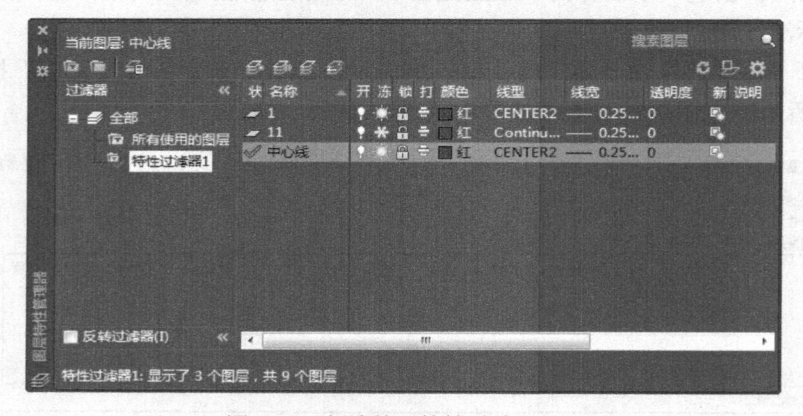

图 4-18 创建的“特性过滤器 1”

（6）单击“图层特性管理器”对话框左上侧的“新建组过滤器”按钮。

（7）输入组过滤器名称“组过滤器 1”。

（8）将图 4-19 所示的“所有使用的图层”中的“粗实线”“中心线”“虚线”“标注线”选中并拖到“组过滤器 1”中（图 4-20），完成“组过滤器 1”的创建。

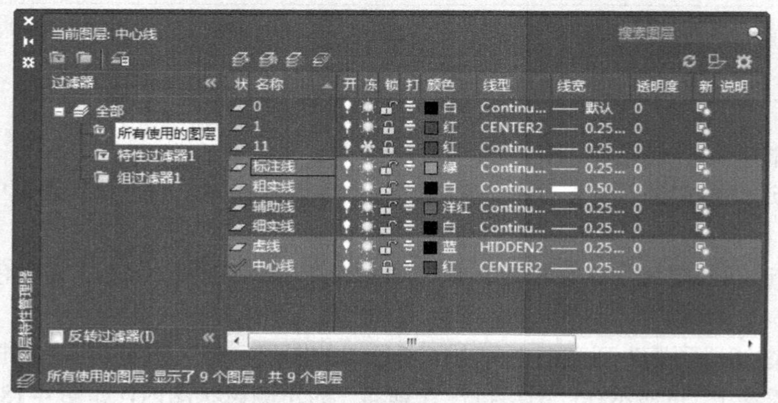

图 4-19 拖拽图层到“组过滤器 1”

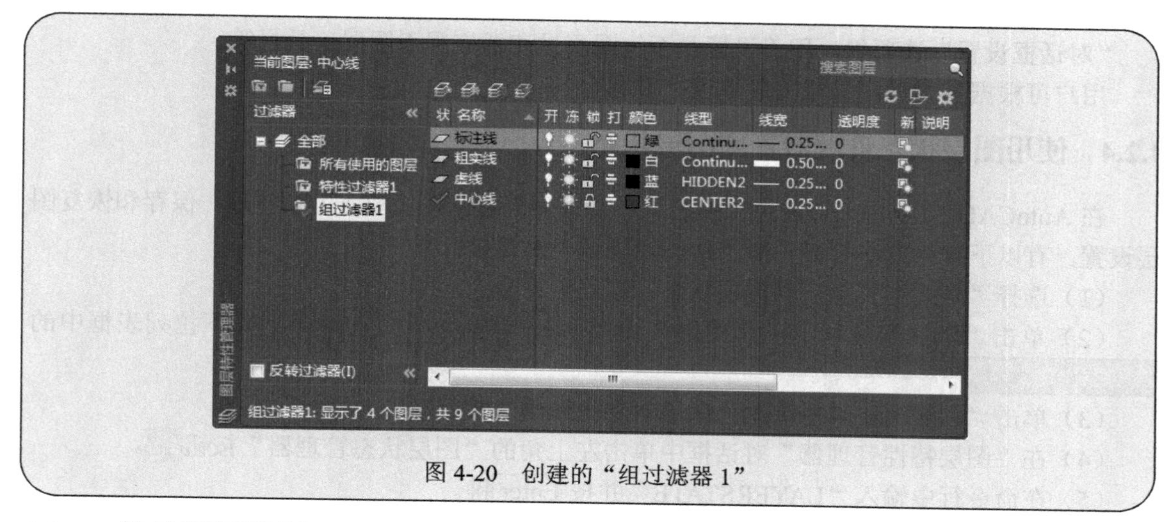

图 4-20　创建的“组过滤器 1”

4.2.3　修改图层设置

单击“图层特性管理器”对话框右上侧的“设置”按钮，弹出如图 4-21 所示的“图层设置”对话框，可对图层的一些参数进行设置。

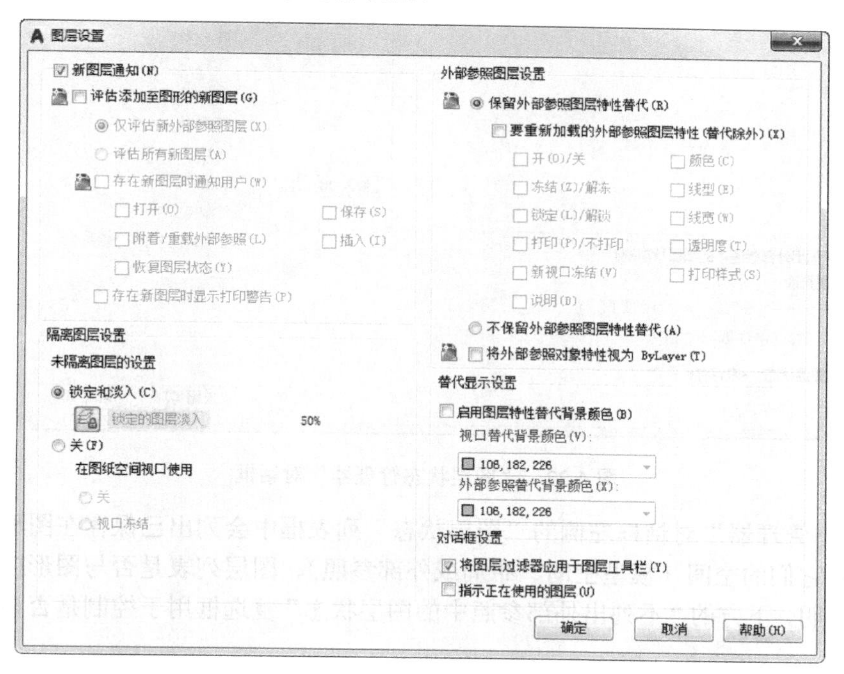

图 4-21　“图层设置”对话框

“图层设置”对话框包括以下 5 个选项组：

“新图层通知”选项组：用于设置控制新图层的计算和通知。

“隔离图层设置”选项组：用于控制未隔离图层的设置。

“外部参照图层设置”选项组：用于设置外部参照图层特性。

“替代显示设置”选项组：用于设置图层特性替代背景颜色。

“对话框设置”选项组：用于设置是否将图层过滤器应用于图层工具栏等。

用户可根据要求对图层相关参数进行设置。

4.2.4 使用图层状态管理器管理图层状态

在 AutoCAD 2019 中，可通过“图层状态管理器”对话框（图 4-22）管理、保存和恢复图层设置。有以下 5 种方法打开“图层状态管理器”对话框：

（1）选择“格式”菜单→“图层状态管理器”命令。

（2）单击“默认”选项卡→“图层”面板→ 未保存的图层状态 下拉列表框中的 管理图层状态... 。

（3）单击“图层”工具栏中的“图层状态管理器”按钮。

（4）在“图层特性管理器”对话框中单击左上角的“图层状态管理器”按钮。

（5）在命令行中输入“LAYERSTATE”并按 Enter 键。

图 4-22 “图层状态管理器”对话框

“图层状态管理器”对话框左侧的“图层状态”列表框中会列出已保存在图形中的命名图层状态、保存它们的空间（模型空间、布局或外部参照）、图层列表是否与图形中的图层列表相同及可选说明，下方的“不列出外部参照中的图层状态”复选框用于控制是否显示外部参照的图层状态。

“图层状态管理器”对话框中间一列操作按钮的功能如下：

1）新建(N)... 按钮：单击该按钮，弹出“要保存的新图层状态”对话框，从中可以输入新命名图层状态的名称和说明。

2）更新(U) 按钮：用于更新选定的命名图层状态。

3）编辑(I)... 按钮：弹出“编辑图层状态”对话框，从中可以修改选定的命名图层状态。

4）重命名 按钮：单击该按钮，修改图层状态名。

5）删除(D) 按钮：删除选定的图层状态。

6）输入(M)... 按钮：单击该按钮，将弹出“输入图层状态”对话框，从中可以将先前输出的图层状态（LAS）文件加载到当前图形，也可输入 DWG、DWS 或 DWT 文件格式中的图层状态。如果选定 DWG、DWS 或 DWT 文件，将显示“选择图层状态”对话框，从中可以选择要输入的图层状态。

7）输出(X)... 按钮：单击该按钮，将弹出“输出图层状态”对话框，从中可以将选定的命名图层状态保存到图层状态（LAS）文件中。

“图层状态管理器”右侧的一系列复选框对应图层的一系列特性。在命名图层状态中，可以选择要在以后恢复的图层状态和图层特性。

单击 恢复(R) 按钮可将图形中所有图层的状态和特性设置恢复为先前保存的设置，但仅恢复使用复选框指定的图层状态和特性设置。

单击 关闭(C) 按钮，关闭图层状态管理器并保存更改。

素材\第 4 章\图 4-2.dwg

【例 4-3】 使用“图层状态管理器”将文件中的“中心线”和“点画线”这两个图层的颜色都改为“青色”。

（1）打开“图层状态管理器”对话框→单击 新建(N)... 按钮，弹出如图 4-23 所示的“要保存的新图层状态”对话框。

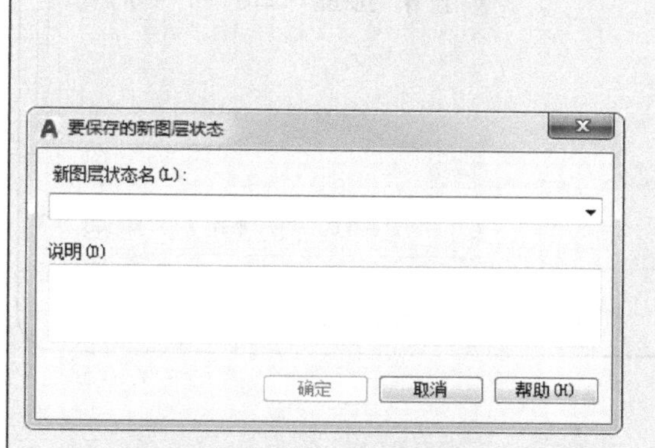

图 4-23　“要保存的新图层状态”对话框

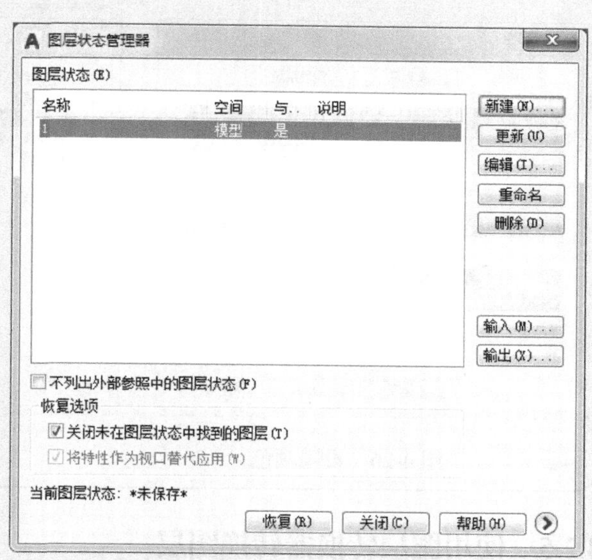

图 4-24　“图层状态管理器”对话框

（2）在该对话框中输入“新图层状态名”（如：1）→单击 确定 按钮。

（3）返回如图 4-24 所示的“图层状态管理器”对话框，选中图层状态“1”→单击 编辑(I)... 按钮，弹出如图 4-25 所示的“编辑图层状态：1”对话框。

（4）在该对话框中单击“中心线”的“颜色”列，弹出“选择颜色”对话框，选中 4 号索引颜色“青”色，如图 4-26 所示，单击 确定 按钮。

（5）仿照步骤（4）将“点画线”的图层颜色改为“青色”。

（6）返回如图 4-27 所示的“编辑图层状态：1”对话框→单击 保存(S) 按钮。

（7）返回“图层状态管理器”对话框，单击 恢复(R) 按钮即可。

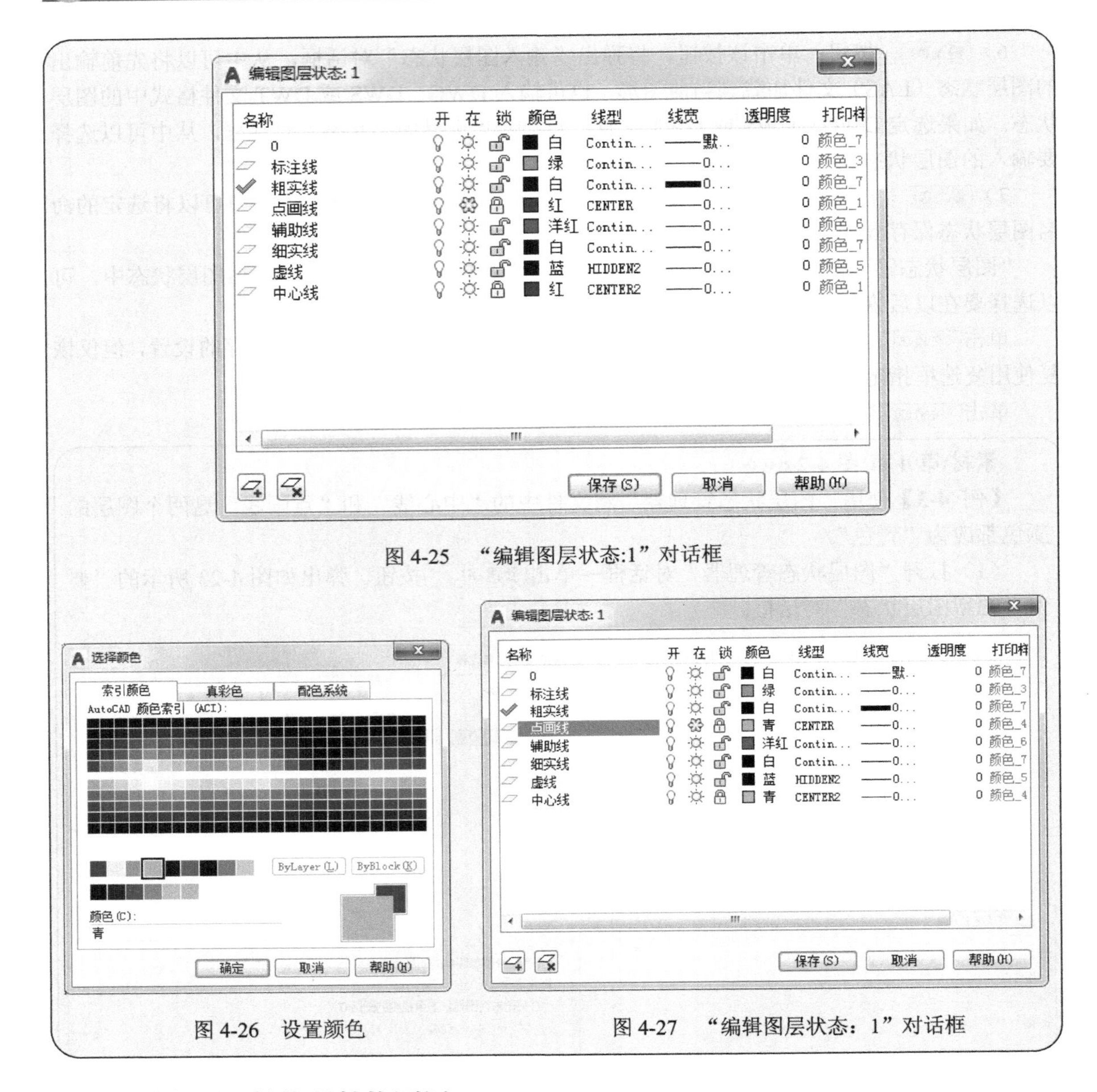

图 4-25 “编辑图层状态:1”对话框

图 4-26 设置颜色

图 4-27 “编辑图层状态：1”对话框

4.2.5 使用图层转换器转换图层

在使用 AutoCAD 2019 时，如果某些图形文件不符合用户定义的标准，比如说，每个公司定义的图层标准可能不一样。在这种情况下，可以使用“图层转换器”将这些图样的图层名称和特性转换为该公司的标准，实际上就是将当前图形中使用的图层映射到其他图层，然后使用这些映射转换当前图层；也可以将图层转换映射保存为“*.dwg”或“*.dws”格式的文件，以便以后在其他图形中使用。

在 AutoCAD 2019 中，有以下 4 种方法打开“图层转换器”对话框：

（1）选择“工具”菜单→“CAD 标准”→“图层转换器”命令。

（2）单击“管理”选项卡→“CAD 标准”面板→“图层转换器”按钮。

（3）单击“CAD 标准”工具栏中的“图层转换器”按钮。

（4）在命令行中输入“LAYTRANS”并按Enter键。

“图层转换器”对话框如图4-28所示，包括以下6个部分：

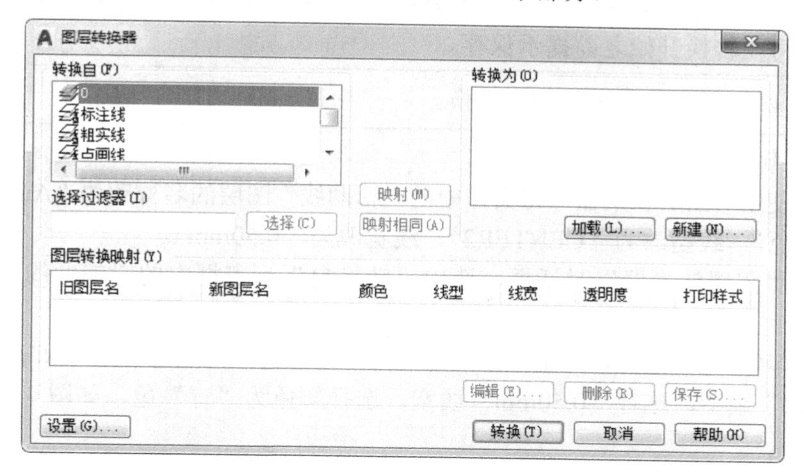

图4-28　“图层转换器”对话框

（1）“转换自”列表框：列出当前图形中所包含的图层，在这里选择要转换的图层。如果图层数量较多，可以在下方的“选择过滤器”文本框中输入通配符选择图层。

（2）“转换为”列表框：列出可以将当前图形的图层转换为哪些图层。单击加载(L)...按钮，可以加载图形文件、图形样板文件和图层标准文件中的图层至“转换为”列表框中。单击新建(N)...按钮可创建图层的转换格式。

（3）映射(M)按钮：用于将“转换自”列表框中选定的图层映射到“转换为”列表框中选定的图层，结果将显示在“图层转换映射”列表框内。

（4）映射相同(A)按钮：用于映射在两个列表框中具有相同名称的所有图层。

（5）“图层转换映射”列表框：列出要转换的所有图层以及图层转换后所具有的特性。单击下方的编辑(E)...按钮，弹出如图4-29所示的“编辑图层”对话框，可编辑转换后的图层特性，也可修改图层的线型、颜色和线宽等。单击删除(R)按钮，将从“图层转换映射”列表框中删除选定的映射。单击保存(S)...按钮，可将当前图层保存为一个文件，以便以后使用。

（6）设置(G)...按钮：用于自定义图层转换的过程，单击它可打开如图4-30所示的“设置”对话框。

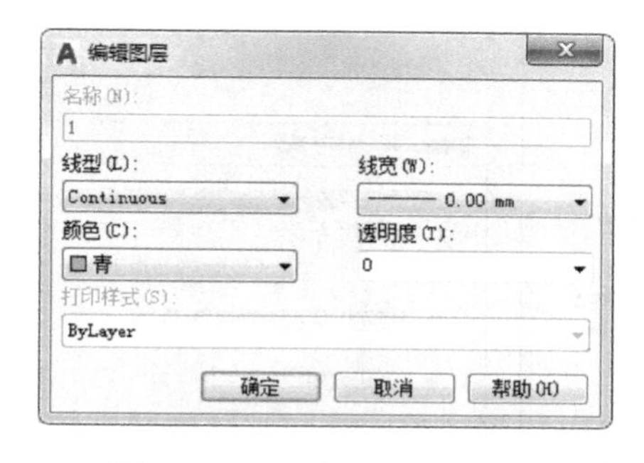

图4-29　“编辑图层”对话框

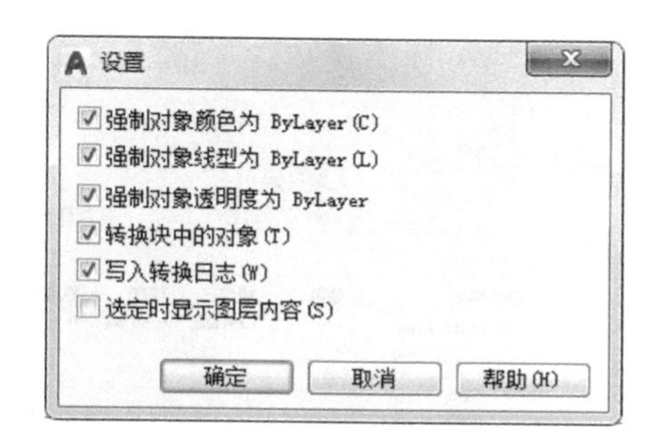

图4-30　“设置”对话框

单击转换(T)按钮，开始对已映射图层进行图层转换。

★注意：转换之前要先将“转换自”和“转换为”列表框内的图层映射好，即通知图层转换器要转换的图形文件中的图层将转换为什么样的目标图层。如果未保存当前图层转换映射，程序将在转换开始之前提示保存。

下面通过实例来说明如何进行图层转换。

素材\第 4 章\图 4-3.dwg

【例 4-4】使用“图层转换器”将文件中的“辅助线”图层的名称改为“Auxiliary Line”，颜色改为“青色”，线型改为“CENTER2”，线宽改为“0.50mm”。

（1）打开“图层转换器”对话框，选中“转换自”列表框中的“辅助线”，如图 4-31 所示。

（2）单击 新建(N)... 按钮，弹出“新图层”对话框，输入图层名称“Auxiliary Line”，选中“CENTER2”线型，选择“0.50mm”线宽，选择颜色为“青”色，如图 4-32 所示。

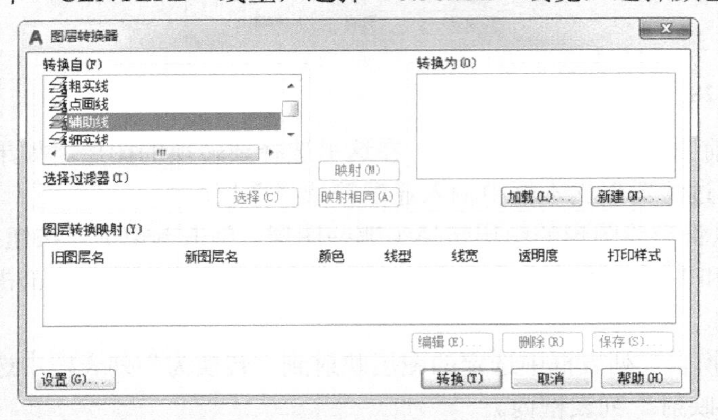

图 4-31 “图层转换器”对话框

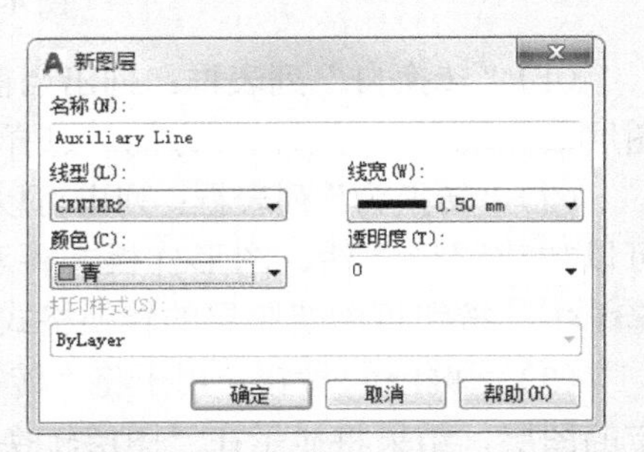

图 4-32 设置“新图层”

（3）单击 确定 按钮，返回“图层转换器”对话框，选中“转换为”列表框中的“Auxiliary Line”，单击 映射(M) 按钮，如图 4-33 所示。

（4）由图 4-33 可看出，转换的信息在“图层转换映射”列表框中显示，此时单击 转换(T) 按钮，开始转换图层，弹出如图 4-34 所示的“图层转换器”警告对话框，选择“转换并保存映射信息”，保存映射信息后完成转换。

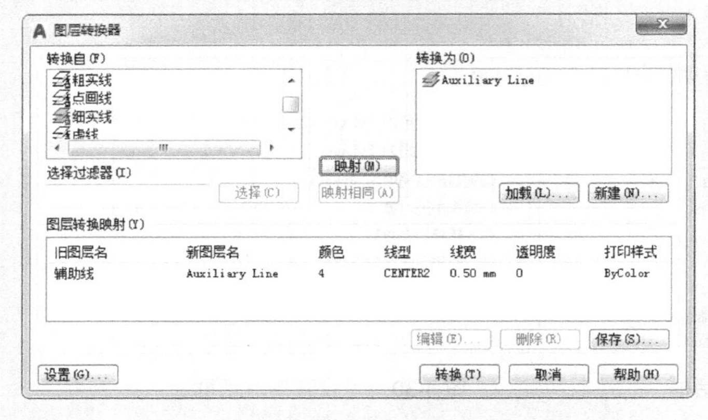

图 4-33 “图层转换器”对话框

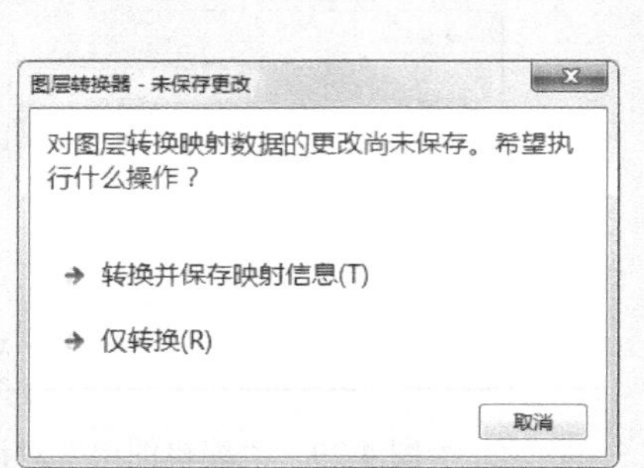

图 4-34 “图层转换器”警告对话框

★注意：可将映射信息保存为（*.dws）或（*.dwg）格式的文件。

4.2.6 图层匹配

在 AutoCAD 2019 中，图层匹配操作用于将一个图层上的对象的特性与目标图层匹配，有以下 4 种方法执行**图层匹配**命令：

（1）单击“默认”选项卡→“图层”面板→“匹配”按钮。

（2）选择“格式”菜单→“图层工具”→“图层匹配”命令。

（3）单击“图层Ⅱ”工具栏→“图层匹配”按钮。

（4）在命令行中输入“LAYMCH”并按Enter键。

执行图层匹配命令后，命令行提示：LAYMCH 选择对象：，此时用光标拾取要更改的对象，选择完成后单击鼠标右键或按Enter键，命令行继续提示：LAYMCH 选择目标图层上的对象或 [名称(N)]：，此时拾取一个目标图层上的对象，则要更改的对象被移动到目标对象所在的图层。

4.2.7 图层漫游和图层隔离

图层漫游用于动态显示在“图层”列表中选择的图层上的对象，若在“图层漫游”对话框中选择了需要显示的图层，此时其余的图层将被暂时隐藏，图层漫游操作结束后，被隐藏的图层将重新显示，即图层漫游是一种临时的操作。

图层隔离用于隐藏或锁定除选定对象所在的图层外的所有图层，图层隔离操作结束后，其余图层仍然处于锁定状态。

素材\第 4 章\图 4-4.dwg

如图 4-35a 所示，操作之前，红色的矩形在图层 2 上，蓝色的圆在图层 3 上，黑色的正六边形在图层 1 上。对“图层 1”执行图层漫游操作时，其他的图层将被隐藏，如图 4-35b 所示。对“图层 1”执行图层隔离操作后，其他的两个图层被锁定，如图 4-35c 所示。

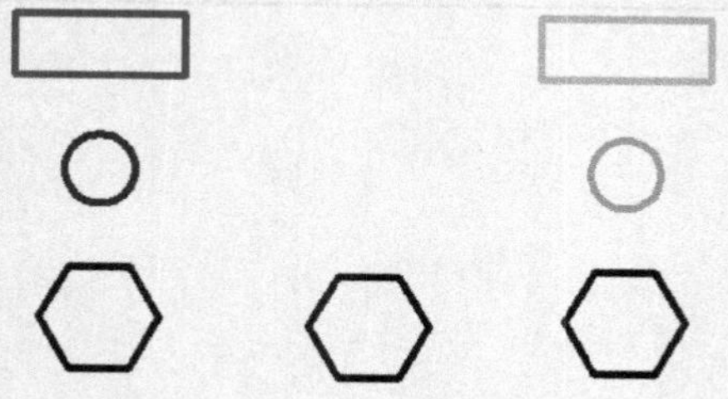

a) 操作之前　b) 图层漫游　c) 图层隔离

图 4-35 图层漫游与图层隔离

在 AutoCAD 2019 中，有以下 4 种方法执行**图层漫游**命令：

（1）单击“默认”选项卡→“图层”面板→“图层漫游”按钮。

（2）选择“格式”菜单→“图层工具”→“图层漫游”命令。

（3）单击“图层Ⅱ”工具栏→“图层漫游”按钮。

（4）在命令行中输入“LAYWALK”并按Enter键。

执行图层漫游命令后，弹出“图层漫游”对话框，如图 4-36 所示。该对话框列出了图形中所有的图层，选择其中的某些图层，可对它们进行漫游；单击关闭(C)按钮，可退出图层漫游。

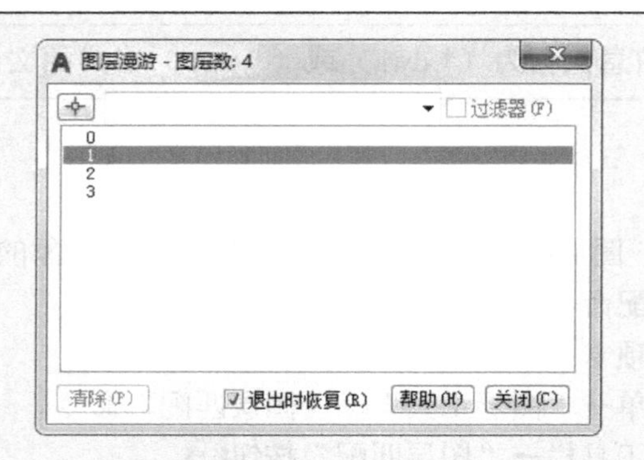

图 4-36 “图层漫游”对话框

在 AutoCAD 2019 中，有以下 4 种方法执行**图层隔离**命令：

（1）单击“默认”选项卡→“图层”面板→“隔离”按钮。

（2）选择“格式”菜单→“图层工具”→“图层隔离”命令。

（3）单击“图层 II”工具栏→“图层隔离”按钮。

（4）在命令行中输入“LAYISO”并按 Enter 键。

执行图层隔离命令后，命令行将提示：LAYISO 选择要隔离的图层上的对象或 [设置(S)]:，此时用光标拾取一个或多个对象后，按 Enter 键完成拾取。根据当前设置，除选定对象所在图层之外的所有图层均将关闭、在当前布局视口中冻结或锁定。输入“S”，选择“设置”选项对图层进行隔离设置，可控制是否关闭、是否在当前布局视口中冻结或锁定图层。

执行图层隔离操作后，若需对锁定的图层进行编辑操作，有以下 4 种方法**取消图层隔离**：

（1）单击“默认”选项卡→“图层”面板→“取消隔离”按钮。

（2）选择“格式”菜单→“图层工具”→“取消图层隔离”命令。

（3）单击“图层 II”工具栏→“取消图层隔离”按钮。

（4）在命令行中输入“LAYUNISO”并按 Enter 键。

第5章 控制图形显示

CHAPTER 5

5.1 重画与重生成图形

在使用 AutoCAD 2019 绘制或编辑图形时，执行某些操作命令之后，会在绘图窗口显示一些残余的标记。要删除这些残余标记，就要用到“重画”和“重生成”命令。

5.1.1 重画图形

在 AutoCAD 2019 中，重画是指快速刷新或清除当前视口中的点标记，而不更新图形数据库。有以下 2 种方法执行**重画**命令：

（1）选择“视图”菜单→“重画”命令。

（2）在命令行中输入“REDRAWALL”并按 Enter 键。

执行重画命令后，AutoCAD 2019 会刷新显示所有视口。

另外，还有一个“REDRAW”命令，执行后只刷新当前视口的显示。

5.1.2 重生成图形

重生成是通过从数据库中重新计算屏幕坐标来更新图形的屏幕显示。它与重画命令是不同的，重生成不单只是刷新显示，还需要重新计算所有对象的屏幕坐标，重新创建图形数据库索引，从而优化显示和对象选择的性能。因此，重生成比重画的执行速度慢，刷新屏幕的时间更长。

AutoCAD 2019 中有些操作只有在重生成之后才能生效。例如：新对象自动使用当前设置显示实体填充和文字。要使用这些设置更新现有对象的显示，除线宽外，必须使用“重生成”命令。

在 AutoCAD 2019 中，有以下 2 种方法执行**重生成**命令：

（1）选择“视图”菜单→“重生成”命令。

（2）在命令行中输入“REGEN”并按 Enter 键。

执行重生成命令后，AutoCAD 2019 将重生成当前视口。

另外，还有一个“REGENALL”命令（或：选择“视图”菜单→“全部重生成”命令），执行后重生成全部视口。

5.2 缩放视图

按照一定的比例、观察位置和角度显示图形称为缩放视图。缩放命令的功能如同照相机中的变焦镜头，它能够放大或缩小当前视口中观察对象的视觉尺寸，而对象的实际尺寸并不改变。

放大一个视觉尺寸，能够更详细地观察图形中的某个较小的区域，反之，可以更大范围地观察图形。

5.2.1 “缩放”子菜单与“缩放”工具栏

在 AutoCAD 2019 中，有以下 4 种方法执行**缩放**命令：

（1）选择“视图”菜单→“缩放”命令，显示“缩放”子菜单，如图 5-1 所示。

（2）单击“导航栏”中的缩放系列按钮，如图 5-2 所示。

（3）单击“缩放”工具栏中相应的缩放系列按钮，如图 5-3 所示。

（4）在命令行中输入“ZOOM”（或其缩写 Z）并按 Enter 键。

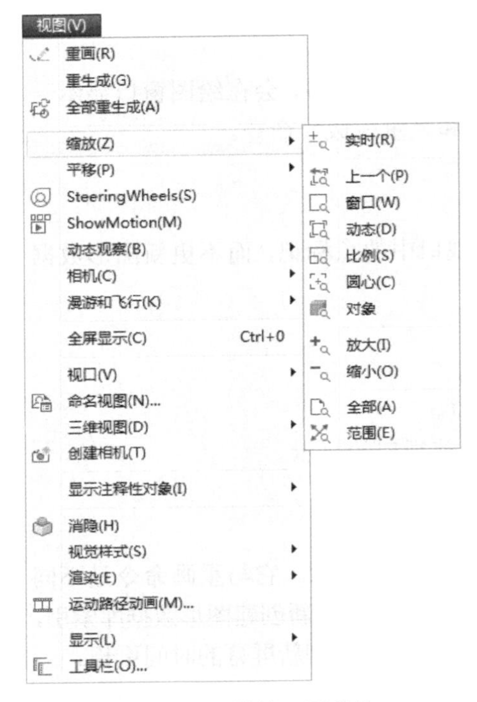

图 5-1 “缩放”子菜单

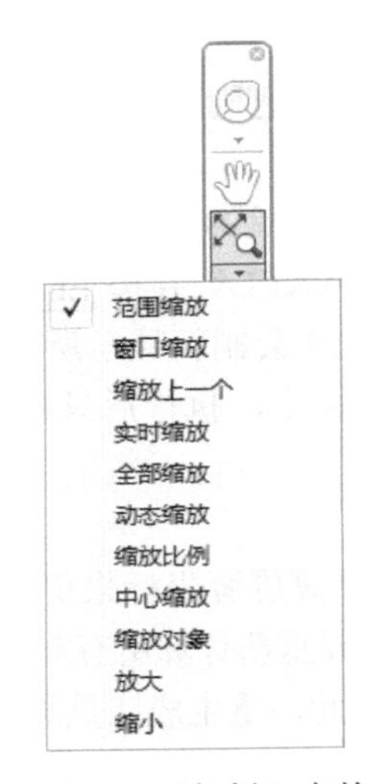

图 5-2 “导航栏”中的缩放系列按钮

图 5-3 “缩放”工具栏

5.2.2 实时缩放

实时缩放中，光标变为放大镜形状。按住鼠标左键向上拖动，光标变为放大形状，此时将放大图形；按住鼠标左键向下拖动，光标变为缩小形状，此时将缩小图形。按 Enter 键或 Esc 键，退出实时缩放。

在 AutoCAD 2019 中，有以下 5 种方法执行**实时缩放**命令：

（1）选择“视图”菜单→“缩放”→“实时”命令。

（2）单击“标准”工具栏中的“实时缩放”按钮。

（3）在命令行中输入“ZOOM”（或其缩写 Z），然后按两次 Enter 键。

（4）单击“导航栏”中缩放按钮的箭头→“实时缩放”。

（5）滚动鼠标滚轮，向前滚表示“放大”，向后滚表示“缩小”。

5.2.3　窗口缩放

窗口缩放是指缩放显示由两个角点定义的矩形窗口所在的区域。在 AutoCAD 2019 中，有以下 4 种方法执行**窗口缩放**命令：

（1）选择“视图”菜单→“缩放”→“窗口”命令。

（2）单击“缩放”工具栏中的“窗口缩放”按钮。

（3）在命令行中输入“ZOOM”（或其缩写 Z）并按 Enter 键→选择“窗口”选项。

（4）单击“导航栏”中缩放按钮的箭头→“窗口缩放”。

执行窗口缩放命令后，命令行将依次提示 ZOOM 指定第一个角点: 和 ZOOM 指定第一个角点: 指定对角点:，根据命令行的提示，依次指定两个点，通常指定窗口的左上角点和右下角点，AutoCAD 2019 将把由这两个点确定的矩形内的对象完全显示在整个视口中。

5.2.4　动态缩放

动态缩放是指使用矩形视图框进行平移和缩放。视图框表示视图，可以更改它的大小，或在图形中移动它。移动视图框或调整它的大小，可将其中的视图平移或缩放，以充满整个视口。

在 AutoCAD 2019 中，有以下 4 种方法执行**动态缩放**命令：

（1）选择“视图”菜单→“缩放”→“动态”命令。

（2）单击“缩放”工具栏中的“动态缩放”按钮。

（3）在命令行中输入“ZOOM”（或其缩写 Z）并按 Enter 键→选择“动态”选项。

（4）单击“导航栏”中缩放按钮的箭头→“动态缩放”。

执行动态缩放命令后，AutoCAD 2019 自动将图形的所有对象全部显示在视口中，并在绘图区显示一个蓝色虚线框和一个黑色实线矩形框。蓝色虚线框内显示图形上的所有对象，黑色实线矩形框是动态缩放的视图框，其中心位置是光标，显示为“╳”，这表示现在是平移视图框模式，可通过移动光标来移动视图框。单击可转换到缩放视图框模式，此时光标显示为箭头形“→”。在缩放视图框模式下，上下移动光标仍然可移动视图框，向右移动光标表示放大视图框，向左移动表示缩小视图框。在缩放视图框模式下单击，又将切换到平移视图框模式。如此，经过几次切换之后，可使要缩放的对象呈现在视图框内，然后按 Enter 键或单击鼠标右键完成动态缩放。

下面通过实例来说明动态缩放的操作过程。

素材\第 5 章\图 5-1.dwg

【例 5-1】 动态缩放显示图 5-4 中的左视图。

（1）打开该图形。

（2）选择“视图”菜单→“缩放”→“动态”命令，此时视口显示如图 5-5 所示。

（3）单击转换到缩放视图框模式，此时光标显示为箭头形“→”，左右移动光标调整视图框大小，上下移动光标调整视图框位置。不断单击，可在缩放模式和平移模式之间进行切换，直到视图框将左上部的图形全部框住，如图 5-6 所示。

（4）按 Enter 键或单击鼠标右键完成动态缩放，缩放后的效果如图 5-7 所示。

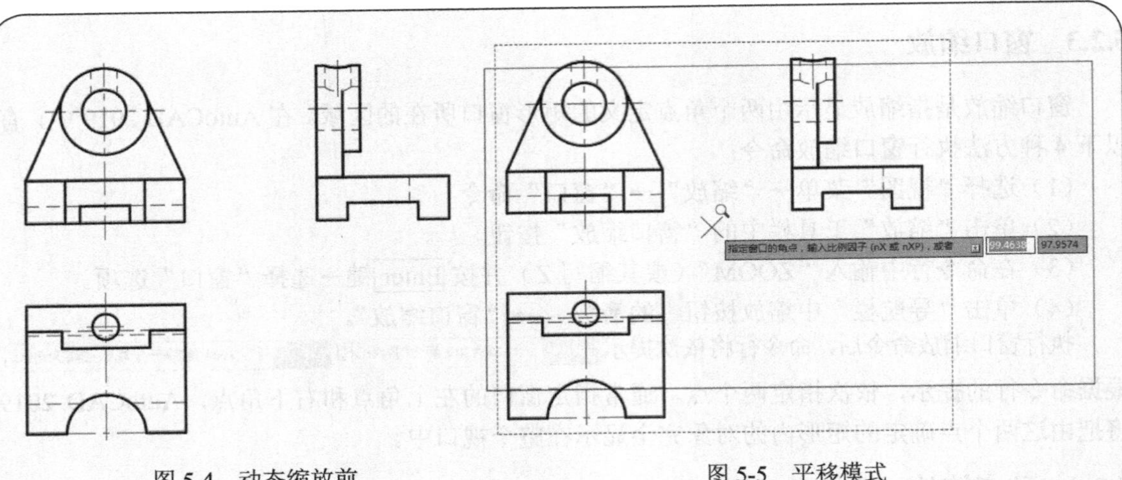

图 5-4　动态缩放前　　　　　　图 5-5　平移模式

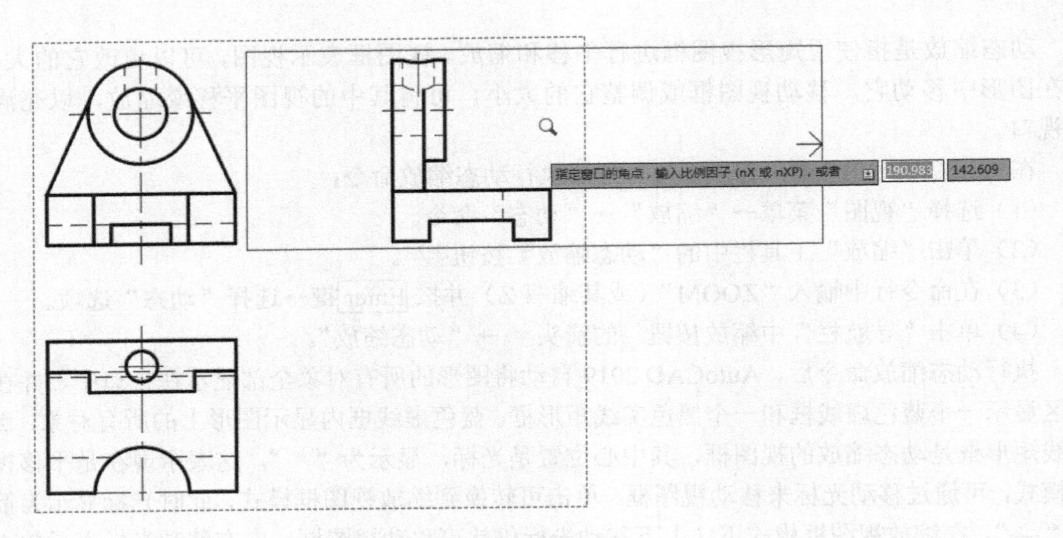

图 5-6　缩放模式

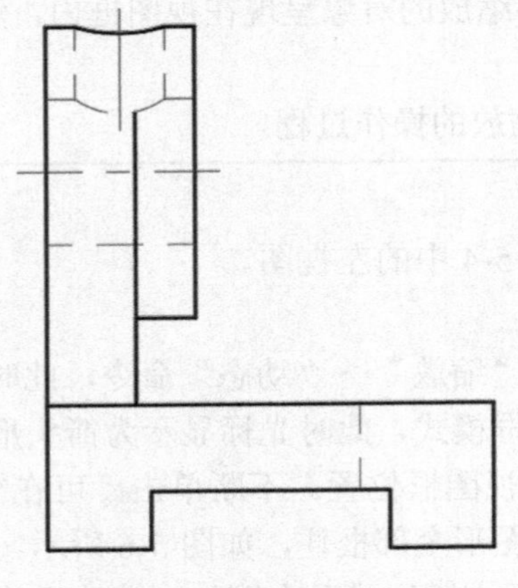

图 5-7　动态缩放后

5.2.5 比例缩放

比例缩放是指以指定的比例因子缩放显示图形。在 AutoCAD 2019 中，有以下 4 种方法执行**比例缩放**命令：

（1）选择“视图”菜单→“缩放”→“比例”命令。

（2）单击“缩放”工具栏中的“比例缩放”按钮 。

（3）在命令行中输入“ZOOM”（或其缩写 Z）并按 Enter 键→选择“比例”选项。

（4）单击“导航栏”中缩放按钮的箭头→“缩放比例”。

执行比例缩放命令后，命令行提示：ZOOM 输入比例因子 (nX 或 nXP):，此时在命令行中输入缩放的比例因子并按 Enter 键即可。

例如：输入“0.5X”，表示使屏幕上的每个对象都显示为原大小的 1/2。

输入“0.5XP”，表示以图纸空间的 1/2 显示模型空间。

若输入值后没有“X”或“XP”，那么将指定相对于图形栅格界限的比例，此选项一般很少用。

5.2.6 中心缩放

在 AutoCAD 2019 中，中心缩放是指缩放以显示由中心点和比例值/高度所定义的视图。有以下 4 种方法执行**中心缩放**命令：

（1）选择“视图”菜单→“缩放”→“圆心”命令。

（2）单击“缩放”工具栏中的“中心缩放”按钮 。

（3）在命令行中输入“ZOOM”（或其缩写 Z）并按 Enter 键→选择“中心”选项。

（4）单击“导航栏”中缩放按钮的箭头→“中心缩放”。

执行中心缩放命令后，命令行提示：ZOOM 指定中心点:，此时指定缩放的中心点，缩放后的视口将以该点为中心显示。随后命令行提示：ZOOM 输入比例或高度 <178.6297>:，此时同样可以将“X”和“XP”跟在输入值之后并按 Enter 键，表示根据当前视图指定比例或者相对于布局空间单位指定比例。

5.2.7 对象缩放

在 AutoCAD 2019 中，对象缩放是指缩放以便尽可能大地显示一个或多个选定的对象，并使其位于视图的中心。有以下 4 种方法执行**对象缩放**命令：

（1）选择“视图”菜单→“缩放”→“对象”命令。

（2）单击“缩放”工具栏中的“缩放对象”按钮 。

（3）在命令行中输入“ZOOM”（或其缩写 Z）并按 Enter 键→选择“对象”选项。

（4）单击“导航栏”中缩放按钮的箭头→“缩放对象”。

执行对象缩放命令后，命令行提示：ZOOM 选择对象:，此时选择要缩放的对象，然后按 Enter 键或单击鼠标右键完成对象的缩放。

5.2.8 上一个缩放

上一个缩放用于缩放显示上一个视图。连续执行上一个缩放，可依次恢复以前的视图，最多可恢复以前的 10 个视图。

在 AutoCAD 2019 中，有以下 4 种方法执行上一个**缩放**命令：

（1）选择“视图”菜单→“缩放”→“上一个”命令。

（2）单击“标准”工具栏中的“缩放上一个”按钮。

（3）在命令行中输入“ZOOM”（或其缩写 Z）并按 Enter 键→选择“上一个”选项。

（4）单击“导航栏”中缩放按钮的箭头→“缩放上一个”。

5.2.9 全部缩放和范围缩放

全部缩放是指缩放以显示所有可见对象和视觉辅助工具（如 LIMITS 命令），也就是调整绘图区域的大小，以适应图形中所有可见对象的范围，或适应视觉辅助工具的范围，取两者中较大者；范围缩放是指缩放以显示所有对象的最大范围。

在 AutoCAD 2019 中，有以下 4 种方法执行**全部缩放**命令：

（1）选择“视图”菜单→“缩放”→“全部”命令。

（2）单击“缩放”工具栏中的“全部缩放”按钮。

（3）在命令行中输入“ZOOM”（或其缩写 Z）并按 Enter 键→选择“全部”选项。

（4）单击“导航栏”中缩放按钮的箭头→“全部缩放”。

在 AutoCAD 2019 中，有以下 4 种方法执行**范围缩放**命令：

（1）选择“视图”菜单→“缩放”→“范围”命令。

（2）单击“缩放”工具栏中的“范围缩放”按钮。

（3）在命令行中输入“ZOOM”（或其缩写 Z）并按 Enter 键→选择“范围”选项。

（4）单击“导航栏”中缩放按钮的箭头→“范围缩放”。

5.3 平移视图

视图的平移是指在当前视口中移动视图，在不改变图形的缩放显示比例的情况下，观察当前图形的不同部位。该命令的作用如同通过一个显示窗口审视一幅图样，可以将图样上、下、左、右移动，而观察窗口的位置不变。

5.3.1 “平移”子菜单

AutoCAD 2019 的平移操作可以通过“平移”子菜单来实现。选择“视图”菜单→“平移”命令，显示“平移”子菜单，如图 5-8 所示。在“平移”子菜单中，“左”“右”“上”“下”命令分别表示将视图向左、向右、向上、向下移动。

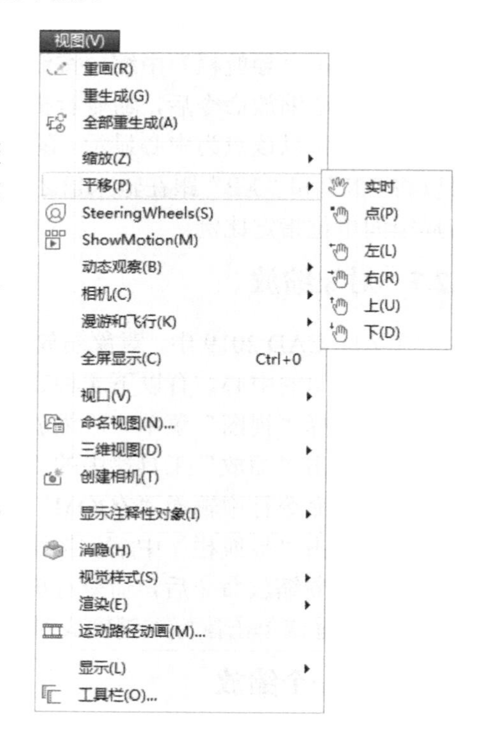

图 5-8 “平移”子菜单

5.3.2 实时平移

实时平移是指用光标拖曳来移动视图。执行该命令后，光标会变成手形形状，图形的位置随光标的移动而移动，从而可以在任意方向上调整视图的位置。

在 AutoCAD 2019 中，有以下 4 种方法执行**实时平移**命令：

（1）选择“视图”菜单→“平移”→“实时”命令。

（2）单击“标准”工具栏中的“实时平移”按钮。

（3）在命令行中输入“PAN”（或其缩写 P）并按 Enter 键。

（4）单击“导航栏”中的“平移”按钮。

5.3.3　定点平移

在 AutoCAD 2019 中，定点平移是指通过基点和位移来移动视图。有以下 2 种方法执行**定点平移**命令：

（1）选择“视图”菜单→“平移”→“点”命令。

（2）在命令行中输入“-PAN”并按 Enter 键。

执行定点平移命令后，命令行将提示：-PAN '_-pan 指定基点或位移:，此时可以用光标拾取或用键盘输入坐标值，指定一点。这一步指定的点表示图形要移动的位移量或要移到的位置。指定一个点后，命令行提示：-PAN '_-pan 指定基点或位移: 指定第二点:，此时如果直接按 Enter 键，则以“指定基点或位移”提示中指定的坐标值来移动视图。

5.4　命名视图

大型图样经常需要保存其多个视图，这时就用到 AutoCAD 2019 的“命名视图”功能。通过创建命名视图可以将对应的图样部件命名为视图，方便查看和修改该部分视图。

5.4.1　视图管理器

在 AutoCAD 2019 中，新建、恢复、重命名、修改和删除命名视图均可在视图管理器中进行。有以下 4 种操作方法打开如图 5-9 所示的“视图管理器”对话框：

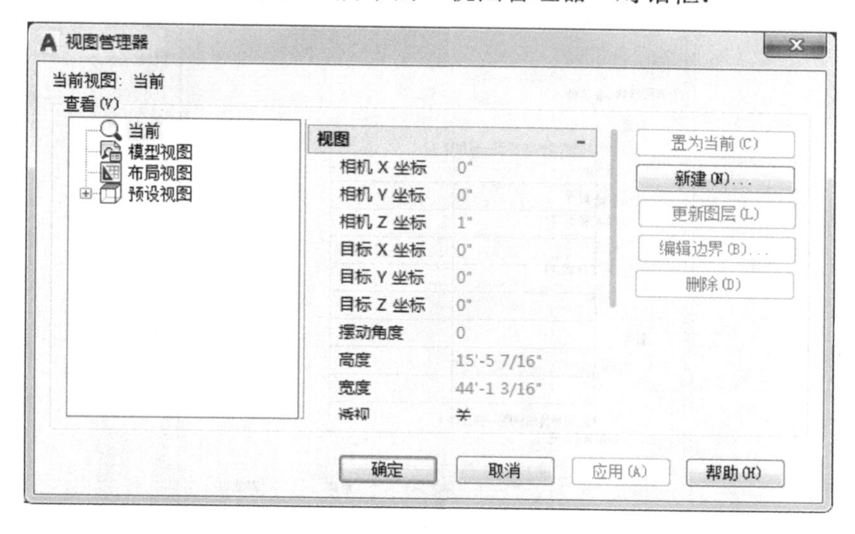

图 5-9　“视图管理器”对话框

（1）选择“视图”菜单→“命名视图”命令。

（2）单击“视图”选项卡→“命名视图”面板→“视图管理器”按钮。

（3）单击“视图”工具栏中的“命名视图”按钮。

（4）在命令行中输入“VIEW”并按Enter键。

在“视图管理器”对话框中，左侧的树状结构列出了当前的所有视图，包括“模型视图”“布局视图”和“预设视图”。模型视图是几何定义的组合，它定义了视图及其他可选的元素，如图层快照、视觉样式等；“布局视图”是图纸空间视图，是包含模型的不同视图的二维空间；“预设视图”参照 AutoCAD 默认平行投影视图，如俯视图、西南等轴测视图等，这些视图不具有任何可编辑特性，用户可以将“预设视图”另存为“模型视图”，然后编辑模型视图的特性。

5.4.2 新建命名视图

AutoCAD 2019 的命名视图可以保存以下设置：比例、中心点和视图方向，指定视图的视图类别（可选），视图的位置（模型空间或特定的布局空间），保存视图时图形中图层的可见性，用户坐标系，三维透视，活动截面，视觉样式和背景等。

下面以实例来说明如何新建命名视图。

素材\第 5 章\图 5-2.dwg

【例 5-2】创建一个名称为“右上”的命名视图，视图显示图中的右上部分视图。

（1）打开“视图管理器”对话框→单击 新建(N)... 按钮，弹出“新建视图/快照特性”对话框。

（2）在“视图名称”文本框中输入“右上”，如图 5-10 所示。

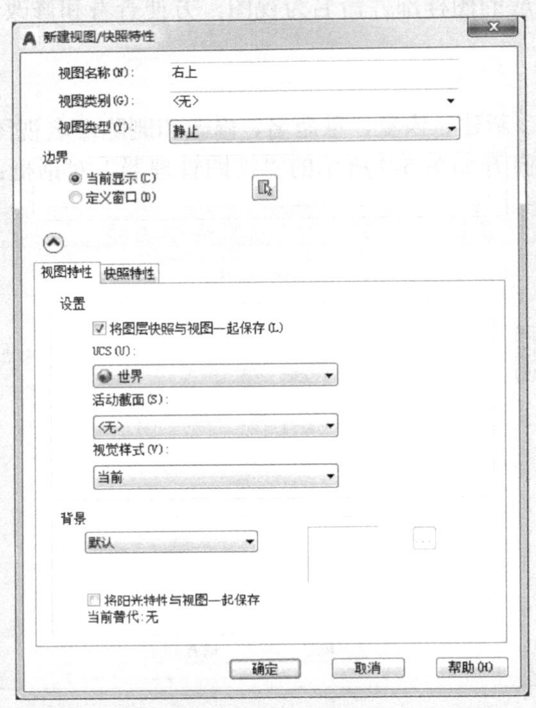

图 5-10 “新建视图/快照特性”对话框

（3）单击“边界”区域的“定义视图窗口”按钮，在绘图区选择右上部分的图形（指定窗口的两个对角点后，按Enter键或单击鼠标右键），返回到“新建视图/快照特性”对话框。

（4）单击确定按钮，返回到“视图管理器”对话框，如图5-11所示。单击确定按钮（或选中“右上”命名视图→单击置为当前(C)按钮→单击确定按钮），回到绘图区。

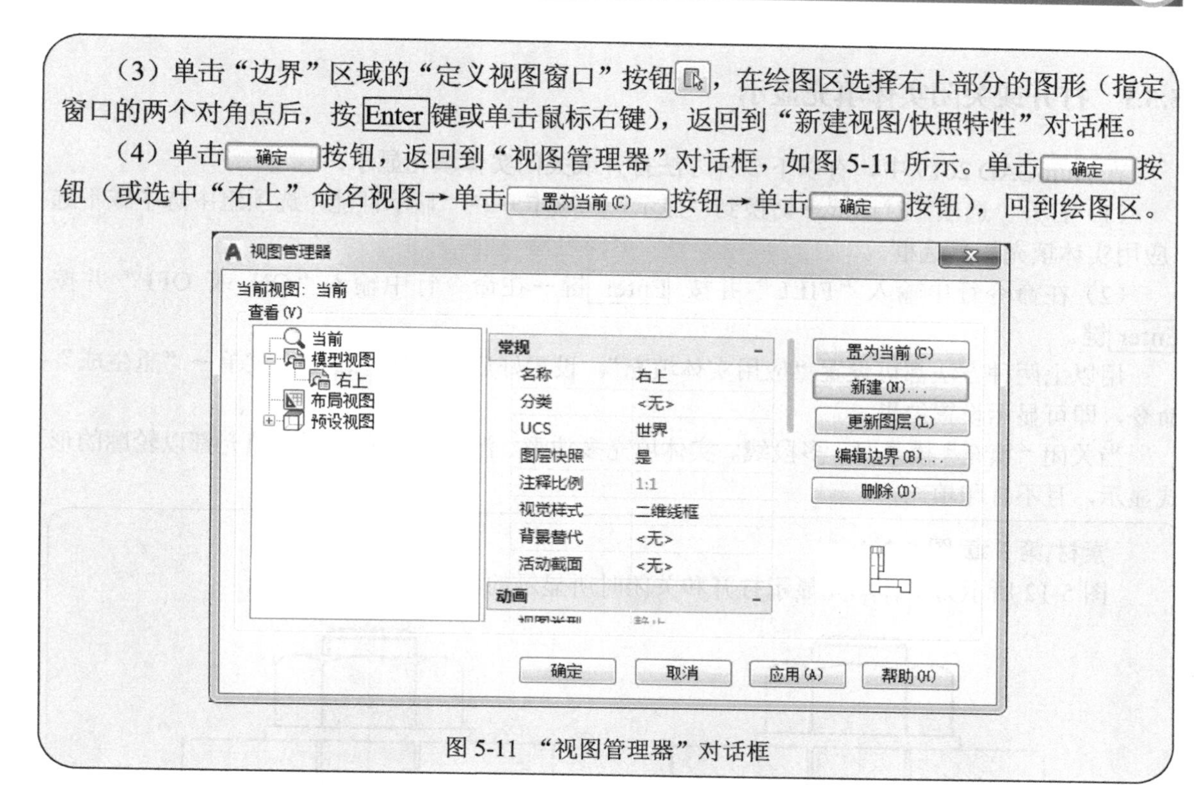

图5-11 “视图管理器”对话框

5.4.3 编辑命名视图

用户可以在“视图管理器”对话框中对已定义的命名视图进行编辑。在“视图管理器”对话框中，选择要编辑的命名视图后，将在对话框中部的信息区域显示视图所保存的信息，单击其中的某个项目即可对其进行编辑，如“名称”“UCS”等。单击更新图层(L)按钮，可更新与选定的视图一起保存的图层信息，使其与当前模型空间和布局视口中的图层可见性相匹配；单击编辑边界(B)...按钮，可以重新定义命名视图的边界；单击删除(D)按钮，可将命名视图删除。

5.4.4 恢复命名视图

AutoCAD 2019允许一次命名多个视图，需要时可将它们恢复到当前视口显示。恢复视图时，将恢复命名视图时所保存的所有元素，如比例、位置和方向等。使用恢复命名视图可恢复在模型空间工作时经常使用的视图，也可恢复布局空间中的命名视图。

在“视图管理器”对话框左侧的树状结构中选择要恢复的视图→单击置为当前(C)按钮→单击确定按钮，即可恢复选定的命名视图。

5.5 打开或关闭可见元素

在绘图过程中，如果所绘制的图形较复杂，系统显示图形需花费大量时间，而处理命令的资源相对减少。为了加快处理命令的速度，可以根据需要设置某些可见元素的显示方案。

5.5.1 打开或关闭实体填充显示

在 AutoCAD 2019 中，有以下 2 种方法**打开或关闭实体填充显示**：

（1）打开“选项”对话框→切换到“显示”选项卡→在“显示性能”选项组中选中或不选“应用实体填充”复选框。

（2）在命令行中输入“FILL”并按 Enter 键→在命令行中输入“ON 或 OFF”并按 Enter 键。

用以上两种方法都可设置“应用实体填充”。设置好后，选择“视图”菜单→“重生成”命令，即可显示设置结果。

当关闭“填充”模式时，多段线、实体填充多边形、渐变色填充和图案填充都以轮廓的形式显示，且不打印填充。

素材\第 5 章\图 5-3.dwg

图 5-12 所示为实体填充显示打开和关闭时所显示的不同效果。

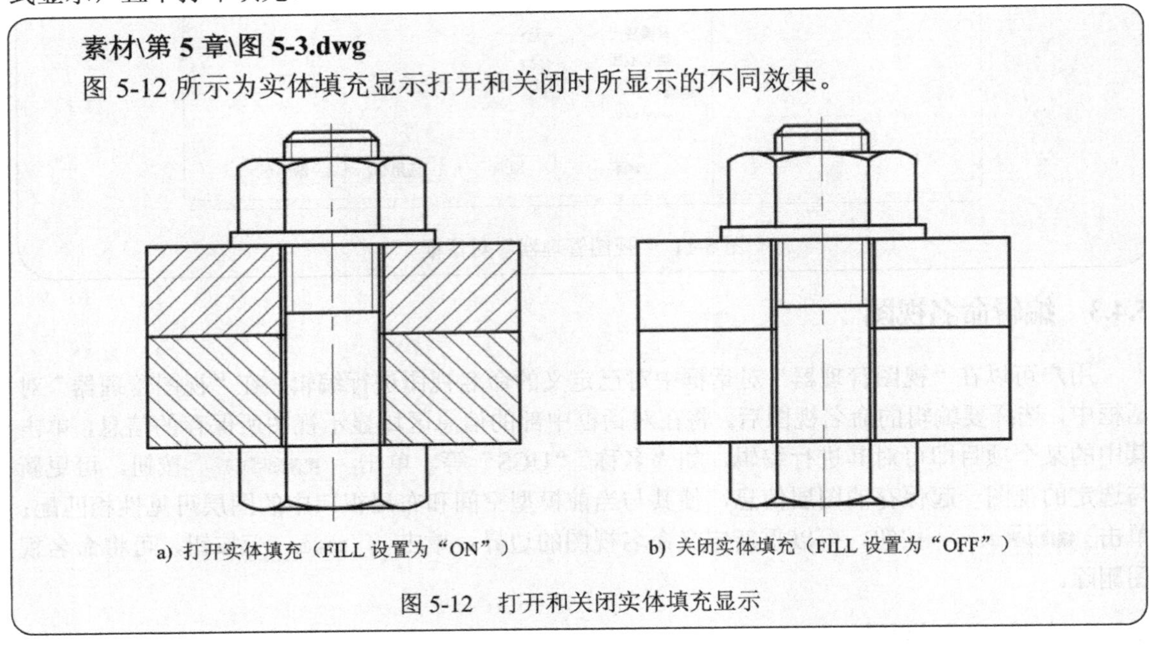

a) 打开实体填充（FILL 设置为“ON”） b) 关闭实体填充（FILL 设置为“OFF”）

图 5-12 打开和关闭实体填充显示

5.5.2 打开或关闭文字显示

在 AutoCAD 2019 中，有以下 2 种方法**打开或关闭文字显示**：

（1）打开“选项”对话框→切换到“显示”选项卡→在“显示性能”选项组中选中或不选“仅显示文字边框”复选框。

（2）在命令行中输入“QTEXT”并按 Enter 键→在命令行中输入“ON 或 OFF”并按 Enter 键。

用以上两种方法都可设置“文字显示”。设置好后，选择“视图”菜单→“重生成”命令，才能显示设置结果。

素材\第 5 章\图 5-4.dwg

图 5-13 所示为文字显示打开和关闭时所显示的标注。

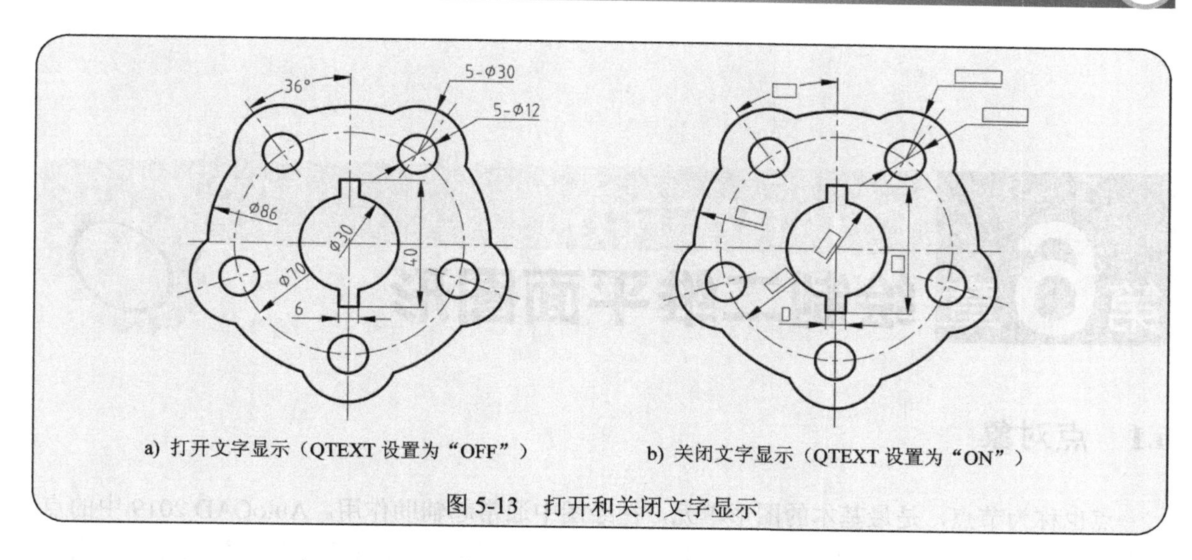

a) 打开文字显示（QTEXT 设置为“OFF”） b) 关闭文字显示（QTEXT 设置为“ON”）

图 5-13 打开和关闭文字显示

5.5.3 打开或关闭线宽显示

与实体填充和文字显示的设置不同，无论打开还是关闭线宽显示，线宽总是以其真实值打印。

在 AutoCAD 2019 中，有以下 2 种方法**打开或关闭线宽显示**：

（1）选择“格式”菜单→“线宽”命令→在弹出的“线宽设置”对话框（图 5-14）中选中或不选“显示线宽”复选框。

（2）单击状态栏中的“线宽”按钮，设置显示或隐藏线宽。

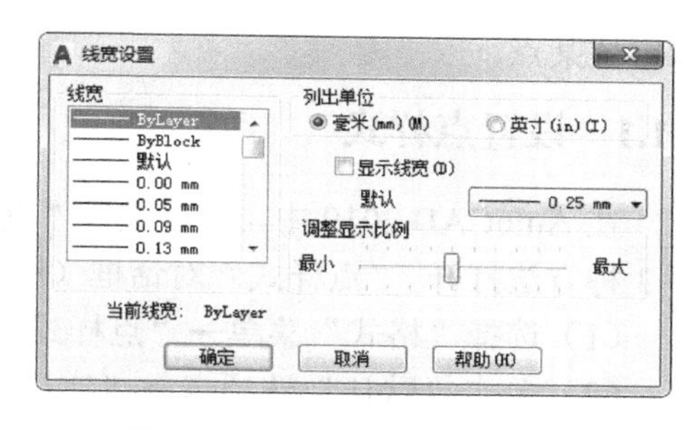

图 5-14 “线宽设置”对话框

素材\第 5 章\图 5-5.dwg

图 5-15 所示为打开和关闭线宽时的图形显示。

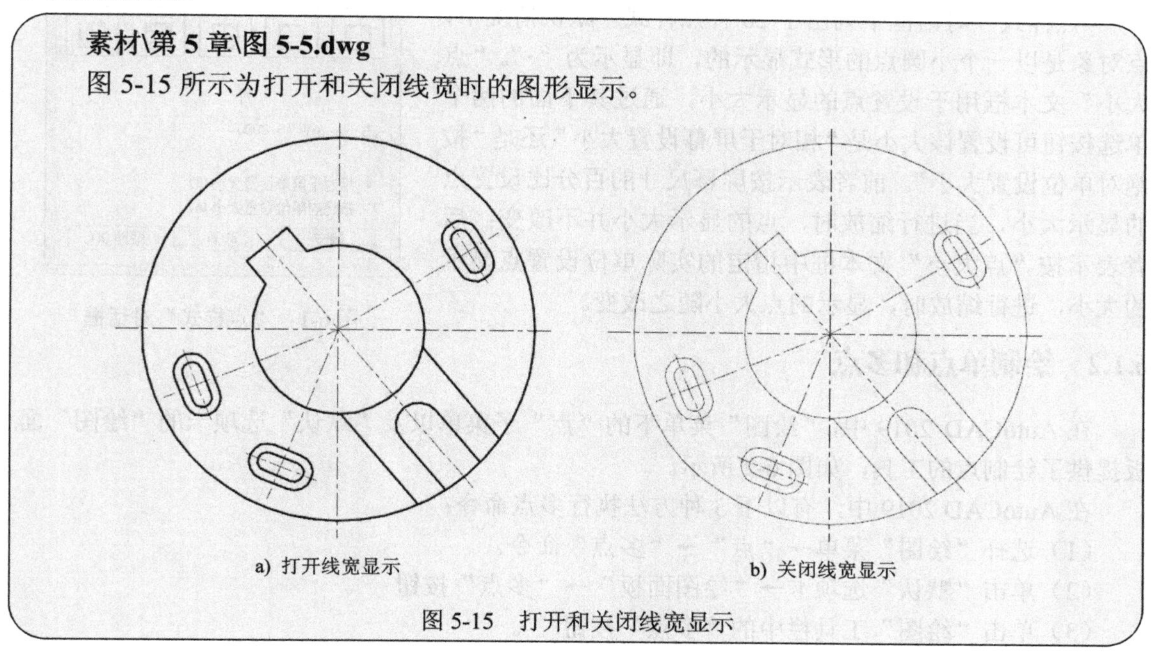

a) 打开线宽显示 b) 关闭线宽显示

图 5-15 打开和关闭线宽显示

第6章 绘制二维平面图形

CHAPTER 6

6.1 点对象

点也称为节点，是最基本的图形单元，在绘图中通常起辅助作用。AutoCAD 2019 中的点是没有大小的，只是抽象地代表坐标空间的一个位置。点的位置由 X、Y、Z 坐标值指定。AutoCAD 2019 的对象捕捉功能可以在绘图过程中定位某点，通过在命令行中输入坐标值也可以定位某点。

6.1.1 设置点样式

在 AutoCAD 2019 中，可以通过“点样式”对话框来设置点的显示外观和显示大小。有以下 3 种方法打开 “点样式”对话框（图 6-1）：

（1）选择“格式”菜单→“点样式”命令。

（2）单击“默认”选项卡→“实用工具”面板→“点样式”命令。

（3）在命令行中输入“DDPTYPE”并按 Enter 键。

“点样式”对话框中列出了 20 种点样式。默认情况下，点对象是以一个小圆点的形式显示的，即显示为“·”。“点大小”文本框用于设置点的显示大小，通过其下面的两个单选按钮可设置该大小是“相对于屏幕设置大小”还是“按绝对单位设置大小”。前者表示按屏幕尺寸的百分比设置点的显示大小，当进行缩放时，点的显示大小并不改变；后者表示按“点大小”文本框中指定的实际单位设置点显示的大小，进行缩放时，显示的点大小随之改变。

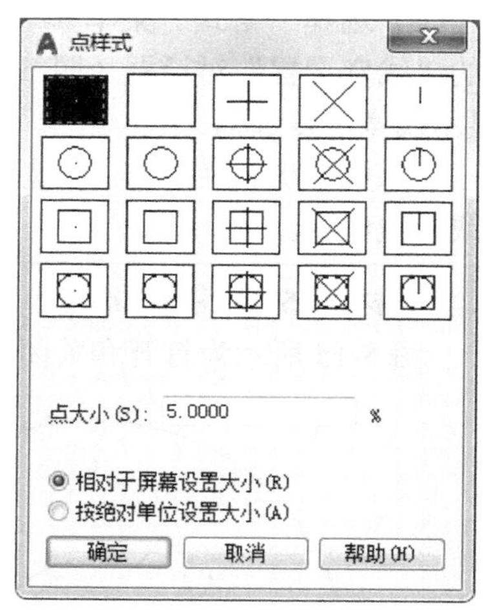

图 6-1 “点样式”对话框

6.1.2 绘制单点和多点

在 AutoCAD 2019 中，“绘图”菜单下的“点”子菜单以及“默认”选项卡的“绘图”面板提供了绘制点的工具，如图 6-2 所示。

在 AutoCAD 2019 中，有以下 3 种方法执行**多点**命令：

（1）选择“绘图”菜单→“点”→“多点”命令。

（2）单击“默认”选项卡→“绘图面板”→“多点”按钮∴。

（3）单击“绘图”工具栏中的“多点”按钮∴。

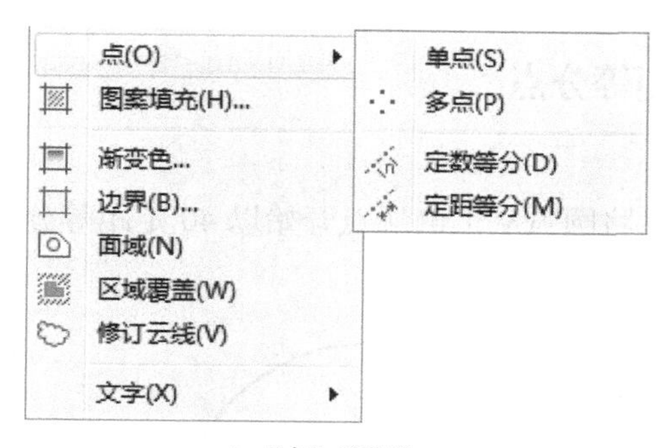

a）“点”子菜单

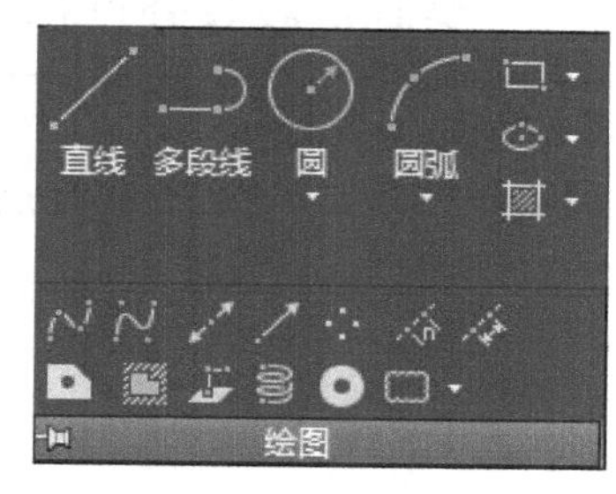

b）“绘图”面板

图 6-2　绘制点的工具

当然，也可以选择“绘图”菜单→“点”→“单点”命令或在命令行中输入“POINT”并按 Enter 键来绘制单点。

6.1.3　绘制定数等分点

素材\第 6 章\图 6-1.dwg

“定数等分”命令会创建沿对象的长度或周长等间隔排列的点对象或块，如图 6-3 中的定数等分点分别将一条线段和圆弧等分为 5 份。

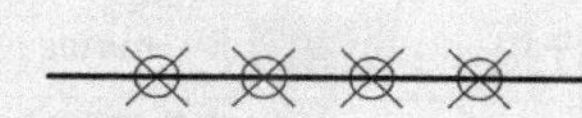

图 6-3　定数等分点

在 AutoCAD 2019 中，有以下 3 种方法执行定数等分命令：

（1）选择“绘图”菜单→“点”→“定数等分”命令。

（2）单击“默认”选项卡→“绘图面板”→“定数等分”按钮。

（3）在命令行中输入“DIVIDE（或 DIV）”并按 Enter 键。

6.1.4　绘制定距等分点

素材\第 6 章\图 6-1.dwg

“定距等分”是指将所选对象按照指定长度插入点或块的操作。如图 6-4 所示，分别在一条直线和圆弧中插入定距为 40 的等分点。

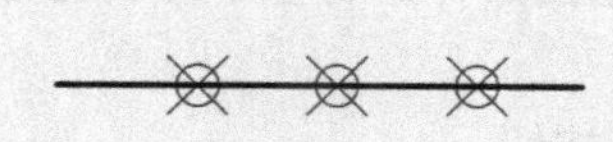
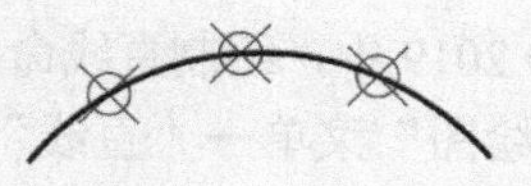

图 6-4　定距等分点

在 AutoCAD 2019 中，有以下 3 种方法执行定距等分命令：

（1）选择“绘图”菜单→“点”→“定距等分”命令。

（2）单击“默认”选项卡→“绘图面板”→“定距等分”按钮。

（3）在命令行中输入“MEASURE（或 ME）”并按 Enter 键。

6.1.5 实例——绘制定数等分点和定距等分点

素材\第 6 章\图 6-2.dwg

【例 6-1】绘制样条曲线的 16 等分点，并将圆弧从上侧端点开始以 40 定距等分，如图 6-5 所示。

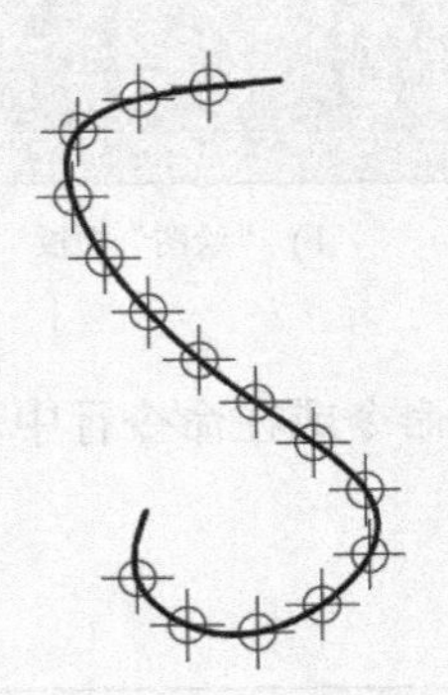

a) 绘制定数等分点

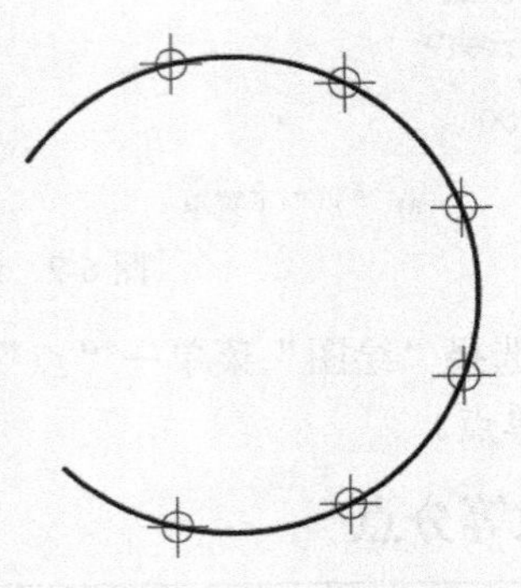

b) 绘制定距等分点

图 6-5 绘制定数等分点和定距等分点实例

（1）选择“格式”菜单→“点样式”命令，在弹出的“点样式”对话框中选择⊕，然后单击 确定 按钮。

（2）在命令行中输入“DIV”并按 Enter 键，命令行提示：DIVIDE 选择要定数等分的对象：，此时单击图 6-5a 中的样条曲线，命令行提示：DIVIDE 输入线段数目或 [块(B)]：，此时在命令行中输入“16”并按 Enter 键，完成定数等分点的绘制，如图 6-5a 所示。

（3）在命令行中输入“ME”并按 Enter 键，命令行提示：MEASURE 选择要定距等分的对象：，此时单击图 6-5b 中的圆弧（靠近圆弧上侧端点处），命令行提示：MEASURE 指定线段长度或 [块(B)]：，此时在命令行中输入“40”并按 Enter 键，完成定距等分点的绘制，如图 6-5b 所示。

6.2 直线、射线和构造线

直线型实体在二维平面图形中是最常见的，包括直线、射线和构造线 3 种类型。

6.2.1 绘制直线

在 AutoCAD 2019 中，绘制直线命令是最简单的绘图命令。有以下 4 种方法执行**直线**命令：

（1）选择“绘图”菜单→“直线”命令。

（2）单击“默认”选项卡→“绘图”面板→直线按钮。

（3）单击“绘图”工具栏中的“直线”按钮。

（4）在命令行中输入“LINE”（或 L）并按 Enter 键。

执行直线命令后，命令行提示：LINE 指定第一个点：，此时在绘图区单击或在命令行中输入点的坐标值，指定直线的起点。

指定第一点后，命令行提示：LINE 指定下一点或 [放弃(U)]：，此时指定直线的第二点，通过这两个点即完成一条线段的绘制。指定完这一点后，“直线”命令并不会自动结束，命令行继续提示：LINE 指定下一点或 [放弃(U)]:，此时指定直线的第三点或放弃。当绘制的线段超过两条以后，命令行会提示：LINE 指定下一点或 [闭合(C) 放弃(U)]:

这两个选项的含义如下：

（1）选择“闭合”，表示以第一条线段的起始点作为最后一条线段的终止点，形成一个闭合的线段环。

（2）选择“放弃”，表示删除直线序列中最近一次绘制的线段，多次选择该选项可按绘制次序的逆序逐个删除线段。

如果用户不终止绘制直线操作，命令行将一直提示：LINE 指定下一点或 [闭合(C) 放弃(U)]:

完成直线绘制后，可按 Enter 键或 Esc 键退出绘制直线操作；也可在绘图区单击鼠标右键，从弹出的快捷菜单中选择“确定”命令来结束当前直线的绘制。

6.2.2 绘制射线

射线一般用作辅助线。AutoCAD 2019 通过指定射线的起点和通过点来绘制射线，有以下 3 种方法执行**射线**命令：

（1）选择“绘图”菜单→“射线”命令。

（2）单击“默认”选项卡→“绘图”面板→“射线”按钮。

（3）在命令行中输入“RAY”并按 Enter 键。

执行射线命令后，命令行提示：RAY 指定起点:，此时在绘图区单击或在命令行中输入点的坐标值，指定射线的起点。

指定起点后，命令行提示：RAY 指定通过点:，此时指定第一条射线的通过点，通过这两个点即完成一条射线的绘制。指定一个通过点后，命令行提示：RAY 指定通过点:，往后可连续指定多个通过点以绘制一簇射线，这些射线拥有共同的起点，即命令执行后指定的第一点，如图 6-6 所示。同样，可按 Enter 键或 Esc 键退出绘制射线操作；在绘图区单击鼠标右键也可退出绘制射线操作。

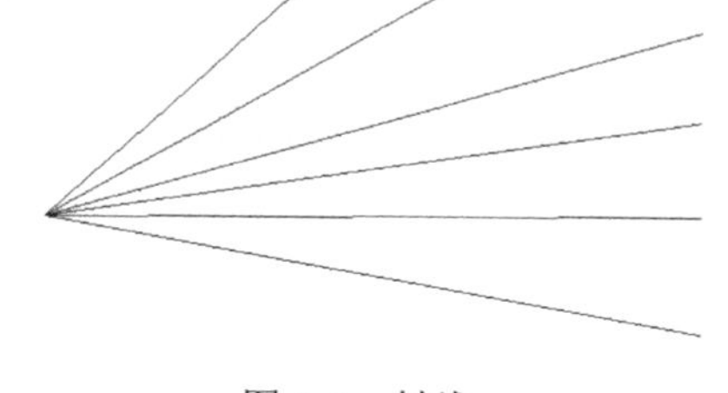

图 6-6 射线

6.2.3 绘制构造线

构造线一般用作辅助线，例如：可以用构造线查找三角形的中心，用于图形中多个视图的对齐，或创建临时交点用于对象捕捉。

AutoCAD 2019 通过指定构造线的中心点和通过点来绘制构造线。有以下 4 种方法执行**构造线**命令：

（1）选择“绘图”菜单→“构造线”命令。

（2）单击“默认”选项卡→“绘图”面板→“构造线”按钮。

（3）单击“绘图”工具栏中的“构造线”按钮。

（4）在命令行中输入“XLINE（或 XL）”并按 Enter 键。

执行构造线命令后，命令行提示：

XLINE 指定点或 [水平(H) 垂直(V) 角度(A) 二等分(B) 偏移(O)]:

在绘图区单击或在命令行中输入点的坐标值，指定构造线的中心点，中括号内的各个选项的含义如下：

（1）水平（H）：表示绘制通过指定点的水平构造线，即平行于 X 轴。

（2）垂直（V）：表示绘制通过指定点的垂直构造线，即平行于 Y 轴。

（3）角度（A）：表示以指定的角度创建一条构造线。选择该选项后，命令行提示：

XLINE 输入构造线的角度 (0) 或 [参照(R)]:

1）输入所需绘制的构造线的角度（即所绘制构造线与 X 轴正方向的夹角），然后按 Enter 键，命令行提示：XLINE 指定通过点:，此时指定构造线的通过点并按 Enter 键，完成构造线的绘制。

2）在命令行中输入"R"，然后按 Enter 键，命令行提示：XLINE 选择直线对象:，选择一条直线作为所要绘制的构造线的参照，选择完直线后，命令行提示：XLINE 输入构造线的角度 <0>:，此时在命令行中输入所需绘制的构造线的角度（即所绘制构造线与所选参照线之间的夹角），然后按 Enter 键，命令行提示：XLINE 指定通过点:，此时指定构造线的通过点并按 Enter 键，完成构造线的绘制。

（4）二等分（B）：表示绘制一条将指定角度平分的构造线。

（5）偏移（O）：表示绘制一条平行于另一个对象的参照线。

如果选择了指定第一点，命令行继续提示：XLINE 指定通过点:，此时指定第一条构造线的通过点，通过这两个点即完成一条构造线的绘制。指定一个通过点后，命令行提示：XLINE 指定通过点:，可连续指定多个通过点以绘制一簇构造线，如图 6-7 所示。同样，可按 Enter 键或 Esc 键退出绘制构造线操作；在绘图区单击鼠标右键也可退出绘制构造线操作。

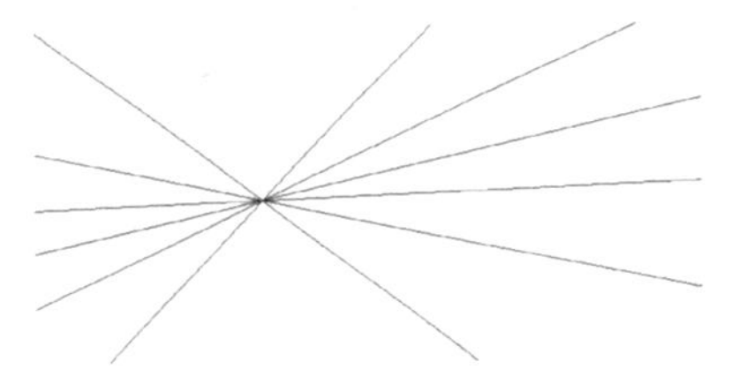

图 6-7　构造线

6.3　矩形和正多边形

矩形和正多边形是二维平面图形中应用较多且常用的图元。在 AutoCAD 2019 中，矩形和正多边形是单独的图形对象。

6.3.1　绘制矩形

矩形是 AutoCAD 中较常用的几何图形，用户可以通过指定矩形的两个对角点来绘制矩形，也可以使用面积（A）或尺寸（D）选项指定矩形尺寸来绘制矩形。

在 AutoCAD 2019 中，有以下 4 种方法执行**矩形**命令：

（1）选择"绘图"菜单→"矩形"命令。

（2）单击"默认"选项卡→"绘图"面板→"矩形"按钮。

（3）单击"绘图"工具栏中的"矩形"按钮。

（4）在命令行中输入"RECTANG（或 REC）"并按 Enter 键。

执行矩形命令后，命令行提示：

RECTANG 指定第一个角点或 [倒角(C) 标高(E) 圆角(F) 厚度(T) 宽度(W)]:，此时默认选项是"指定第一个角点"，该选项表示指定矩形的第一个角点。指定第一个角点以后，命令行提示：

RECTANG 指定另一个角点或 [面积(A) 尺寸(D) 旋转(R)]:，此时默认选项是“指定另一个角点”，即用光标拾取或坐标指定矩形的另一个角点，完成矩形的绘制。也可以选择中括号内的选项完成矩形的绘制：输入“A”，可指定矩形面积；输入“D”，可指定矩形的长度和宽度；输入“R”，可指定矩形的旋转角度。

其他各个选项用于绘制不同形式的矩形，但仍需指定两个对角点。选择这些选项中的任何一个并设置好参数后，命令行返回到：

RECTANG 指定第一个角点或 [倒角(C) 标高(E) 圆角(F) 厚度(T) 宽度(W)]:，此时提示用户指定第一个角点。

中括号内的各个选项的含义如下：

“倒角（C）”：用于绘制带倒角的矩形，如图 6-8a 所示。选择该选项后，命令行提示指定矩形的两个倒角距离。

“标高（E）”：选择该选项可指定矩形所在的平面高度，如图 6-8d 所示。默认情况下，所绘制的矩形均在 Z=0 平面内，通过该选项会将矩形绘制在 Z 值所在平面内。带标高的矩形一般用于三维绘图。图 6-8d 中的矩形处在 Z=5 平面上。

“圆角（F）”：用于绘制带圆角的矩形，如图 6-8b 所示。选择该选项后，命令行提示指定矩形的圆角半径。

“厚度（T）”：用于绘制带厚度的矩形，如图 6-8d 所示。选择该选项后，命令行提示指定矩形的厚度。带厚度的矩形一般用于三维绘图。图 6-8d 中的那条直线处在 Z=5 平面上，带厚度矩形的厚度为 10。

“宽度（W）”：用于绘制带宽度的矩形，如图 6-8c 所示。选择该选项后，命令行提示指定矩形的线宽。

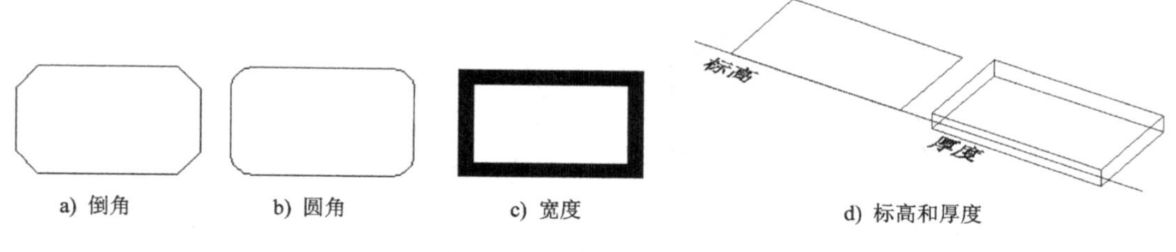

a) 倒角　　b) 圆角　　c) 宽度　　d) 标高和厚度

图 6-8　各种形式的矩形

6.3.2　实例——绘制矩形

素材\第 6 章\图 6-3.dwg

【例 6-2】过 A 点绘制一个宽度为 2、圆角半径为 3 的 25×16 的矩形，如图 6-9 所示。

A

图 6-9　绘制矩形实例

（1）在命令行中输入“REC”并按 Enter 键，命令行提示：RECTANG 指定第一个角点或 [倒角(C) 标高(E) 圆角(F) 厚度(T) 宽度(W)]:。

（2）在命令行中输入“W”并按 Enter 键，命令行提示：RECTANG 指定矩形的线宽 <0.0000>:，此时在命令行中输入“2”并按 Enter 键，命令行提示：RECTANG 指定第一个角点或 [倒角(C) 标高(E) 圆角(F) 厚度(T) 宽度(W)]:。

（3）在命令行中输入“F”并按 Enter 键，命令行提示：RECTANG 指定矩形的圆角半径 <0.0000>:，此时在命令行中输入“3”并按Enter键，命令行提示：RECTANG 指定第一个角点或 [倒角(C) 标高(E) 圆角(F) 厚度(T) 宽度(W)]:

（4）用光标拾取图6-9所示的A点，命令行提示：RECTANG 指定另一个角点或 [面积(A) 尺寸(D) 旋转(R)]:，此时在命令行中输入“D”并按Enter键，命令行提示：RECTANG 指定矩形的长度 <10.0000>:，此时在命令行中输入“25”并按Enter键，命令行提示：RECTANG 指定矩形的宽度 <10.0000>:，此时在命令行中输入“16”并按Enter键，命令行提示：RECTANG 指定另一个角点或 [面积(A) 尺寸(D) 旋转(R)]:，此时在A点右上侧单击一下，绘制矩形结束。

6.3.3 绘制正多边形

执行多边形（POLYGON）命令，可以根据指定的圆心、设想的圆半径，或是多边形任意一条边的起点和终点创建等边闭合多段线。AutoCAD 2019支持绘制边数为3～1024的正多边形。

在AutoCAD 2019中，有以下4种方法执行**多边形**命令：

（1）选择“绘图”菜单→“多边形”命令。

（2）单击“默认”选项卡→“绘图”面板→“多边形”按钮。

（3）单击“绘图”工具栏中的“多边形”按钮。

（4）在命令行中输入“POLYGON（或POL）”并按Enter键。

6.3.4 实例——绘制正多边形

素材\第6章\图6-4.dwg

【例6-3】绘制如图6-10所示的4个正六边形。

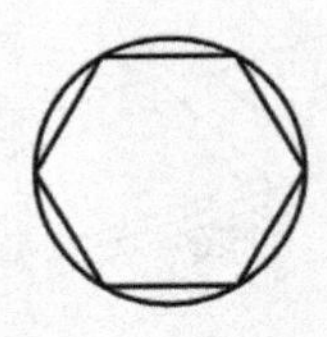
a) 圆内接正六边形

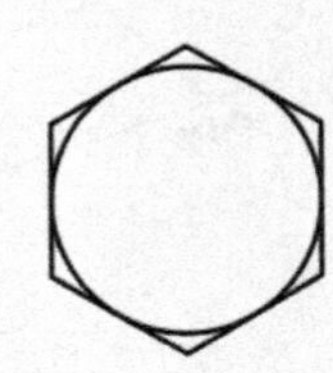
b) 圆外切正六边形

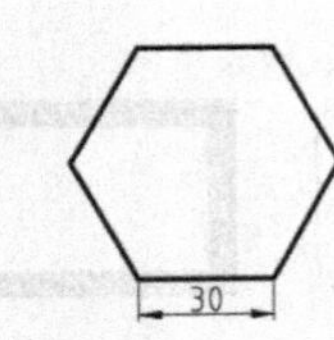

c) 边长为30的正六边形

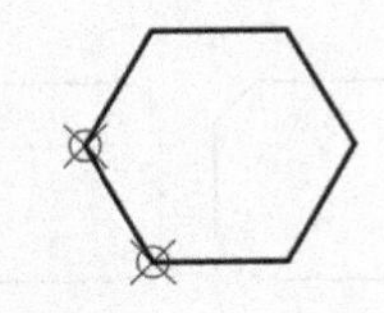
d) 过两个节点的正六边形

图6-10 绘制正六边形

（1）在命令行中输入“POL”并按Enter键，命令行提示：POLYGON POLYGON 输入侧面数 <4>:，此时在命令行中输入“6”并按Enter键，命令行提示：POLYGON 指定正多边形的中心点或 [边(E)]:，此时用光标拾取圆的圆心点，命令行提示：POLYGON 输入选项 [内接于圆(I) 外切于圆(C)] <I>:，此时在命令行中输入“I”并按Enter键，命令行提示：POLYGON 指定圆的半径:，此时用光标拾取圆的第一象限点，完成图6-10a所示的圆的内接正六边形的绘制。

（2）在命令行中输入“POL”并按Enter键，命令行提示：POLYGON POLYGON 输入侧面数 <6>:，此时直接按Enter键，命令行提示：POLYGON 指定正多边形的中心点或 [边(E)]:，此时用光标拾取圆的圆心点，命令行提示：

POLYGON 输入选项 [内接于圆(I) 外切于圆(C)] <I>:，此时在命令行中输入“C”并按Enter键，命令行提示：POLYGON 指定圆的半径:，此时用光标拾取圆的第一象限点，完成图 6-10b 所示的圆的外切正六边形的绘制。

（3）在命令行中输入“POL”并按Enter键，命令行提示：POLYGON POLYGON 输入侧面数 <6>:，此时直接按Enter键，命令行提示：POLYGON 指定正多边形的中心点或 [边(E)]:，此时在命令行中输入“E”并按Enter键，命令行提示：POLYGON 指定边的第一个端点:，此时参照图 6-10c 指定正六边形底边的左侧端点，命令行提示：POLYGON 指定边的第一个端点: 指定边的第二个端点:，此时打开“正交”按钮，将光标移至水平向右的方向，在命令行中输入“30”并按Enter键，完成图 6-10c 所示的边长为 30 的正六边形的绘制。

（4）在命令行中输入“POL”并按Enter键，命令行提示：POLYGON POLYGON 输入侧面数 <6>:，此时直接按Enter键，命令行提示：POLYGON 指定正多边形的中心点或 [边(E)]:，此时在命令行中输入“E”并按Enter键，命令行提示：POLYGON 指定边的第一个端点:，此时用光标拾取图 6-10d 所示的左上侧的节点，命令行提示：POLYGON 指定边的第一个端点: 指定边的第二个端点:，此时用光标拾取图 6-10d 所示的下侧的节点，完成图 6-10d 所示的正六边形的绘制。

6.4　圆、圆弧、椭圆和椭圆弧

二维平面图形中的曲线对象包括圆、圆弧、椭圆和椭圆弧等，曲线对象也是 AutoCAD 2019 中应用较多的对象。

6.4.1　绘制圆

在 AutoCAD 2019 中，有以下 4 种方法执行**圆**命令：

（1）选择“绘图”菜单→“圆”→圆的系列命令，如图 6-11 所示。

（2）单击“默认”选项卡→“绘图”面板→圆的系列命令，如图 6-12 所示。

（3）单击“绘图”工具栏中的“圆”按钮。

（4）在命令行中输入“CIRCLE（或 C）”并按Enter键。

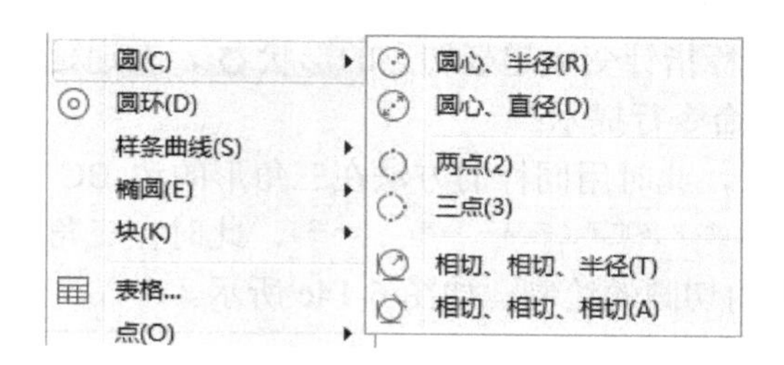

图 6-11　“圆”子菜单

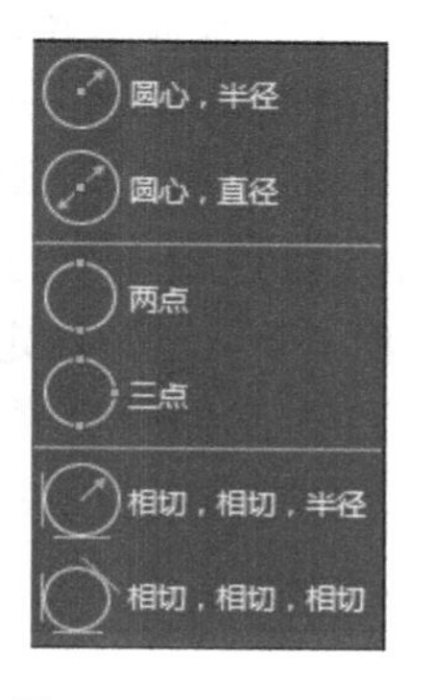

图 6-12　“圆”命令

“圆”子菜单中各选项的含义如下：

“圆心、半径”：通过指定圆的圆心位置和半径绘制圆，如图 6-13a 所示。
“圆心、直径”：通过指定圆的圆心位置和直径绘制圆，如图 6-13b 所示。
“两点”：通过指定圆直径上的两个端点绘制圆，如图 6-13c 所示。
“三点”：通过指定圆周上的三个点绘制圆，如图 6-13d 所示。
“相切、相切、半径”：通过指定圆的半径以及与圆相切的两个对象绘制圆。
“相切、相切、相切”：通过指定与圆相切的三个对象绘制圆。

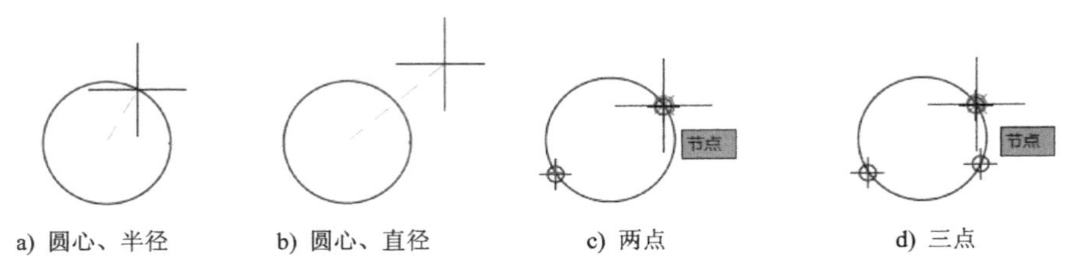

a) 圆心、半径　b) 圆心、直径　c) 两点　d) 三点

图 6-13　绘制圆的多种方法

下面以实例来说明如何绘制圆。

素材\第 6 章\图 6-5.dwg

【例 6-4】绘制三角形 ABC 的外接圆和内切圆，如图 6-14b、c 所示。

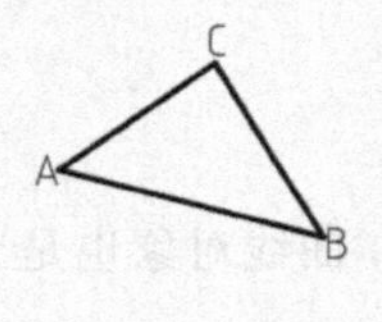

a) 三角形 ABC

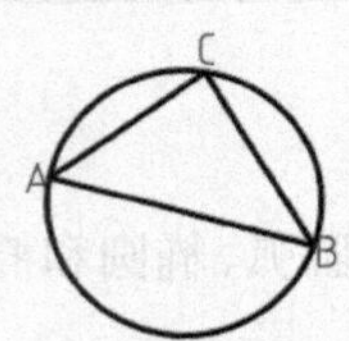

b) 三点画圆

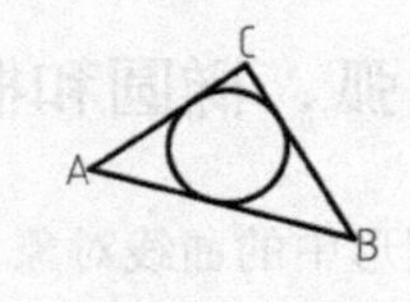

c) 相切、相切、相切画圆

图 6-14　绘制圆实例

（1）在命令行中输入“C”并按 Enter 键，命令行提示：CIRCLE 指定圆的圆心或 [三点(3P) 两点(2P) 切点、切点、半径(T)]：，此时在命令行中输入“3P”并按 Enter 键，命令行提示：CIRCLE 指定圆上的第一个点：，此时单击三角形 ABC 的顶点 A。选择第一点后，命令行提示：CIRCLE 指定圆上的第二个点：，此时单击三角形 ABC 的顶点 B。指定两点后，命令行提示：CIRCLE 指定圆上的第三个点：，此时单击三角形 ABC 的顶点 C。绘制三角形 ABC 的外接圆后的效果如图 6-14b 所示。

（2）选择“绘图”菜单→“圆”→“相切、相切、相切”命令，命令行提示：

CIRCLE 指定圆的圆心或 [三点(3P) 两点(2P) 切点、切点、半径(T)]: _3p 指定圆上的第一个点: _tan 到

此时将光标放到三角形的边 AB 上，鼠标指针变成递延切点的形状，在递延切点处单击，即指定第一个切点。指定第一点后，命令行提示：

CIRCLE 指定圆上的第二个点: _tan 到，此时用同样的方法在三角形的边 BC 上指定第二个切点，命令行继续提示：CIRCLE 指定圆上的第三个点: _tan 到，此时在三角形的边 CA 上指定第三个切点。至此，完成三角形内切圆的绘制，如图 6-14c 所示。

6.4.2　绘制圆弧

在 AutoCAD 2019 中，有以下 4 种方法执行**圆弧**命令：

（1）选择“绘图”菜单→“圆弧”→圆弧系列命令，如图 6-15 所示。

（2）单击“默认”选项卡→“绘图”面板→圆弧系列命令，如图 6-16 所示。

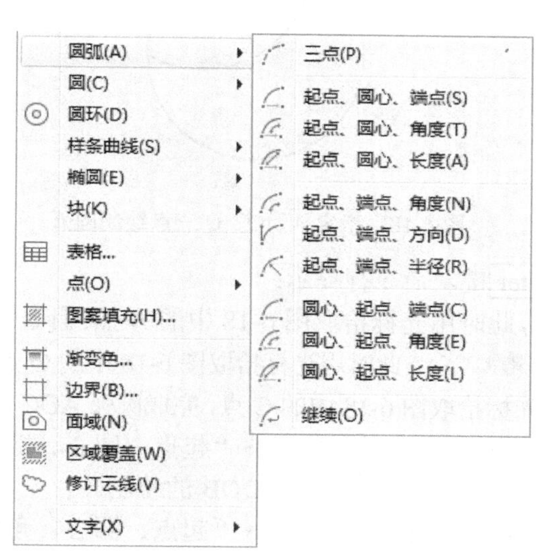

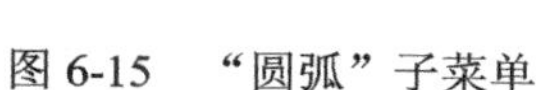

图 6-15　“圆弧”子菜单

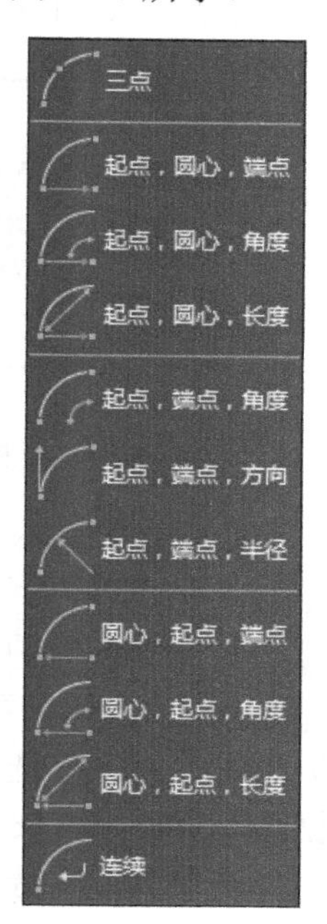

图 6-16　“圆弧”命令

（3）单击“绘图”工具栏中的“圆弧”按钮 。

（4）在命令行中输入“ARC”并按 Enter 键。

“圆弧”子菜单中各选项的含义如下：

“三点”：通过指定圆弧上的三个点绘制一段圆弧。选择该选项后，命令行将依次提示指定起点、圆弧的第二个点、端点。

“起点、圆心、端点”：通过依次指定圆弧的起点、圆心及端点绘制圆弧。

“起点、圆心、角度”：通过依次指定圆弧的起点、圆心及包含的角度逆时针方向绘制圆弧。如果输入角度为负，则顺时针方向绘制圆弧。

“起点、圆心、长度”：通过依次指定圆弧的起点、圆心及弦长绘制圆弧。如果输入的弦长为正值，将从起点逆时针方向绘制劣弧。如果输入的弦长为负值，将逆时针方向绘制优弧。

“起点、端点、角度”：通过依次指定圆弧的起点、端点和角度绘制圆弧。

“起点、端点、方向”：通过依次指定圆弧的起点、端点和起点的切线方向绘制圆弧。

“起点、端点、半径”：通过依次指定圆弧的起点、端点和半径绘制圆弧。

“圆心、起点、端点”：通过依次指定圆弧的圆心、起点和端点绘制圆弧。

“圆心、起点、角度”：通过依次指定圆弧的圆心、起点和角度绘制圆弧。

“圆心、起点、长度”：通过依次指定圆弧的圆心、起点和长度绘制圆弧。

“连续”：执行该命令后，命令行提示“指定圆弧的端点”，此时直接按 Enter 键，将接着最后一次绘制的直线、圆弧或多段线绘制一段圆弧，即以上一次绘制对象的最后一点作为圆弧的起点，所绘制的圆弧与上一条直线、圆弧或多段线相切。

下面以实例来说明如何绘制圆弧。

素材\第 6 章\图 6-6.dwg

【例 6-5】绘制如图 6-17 所示的圆弧，图中圆和圆弧的半径均为 80。

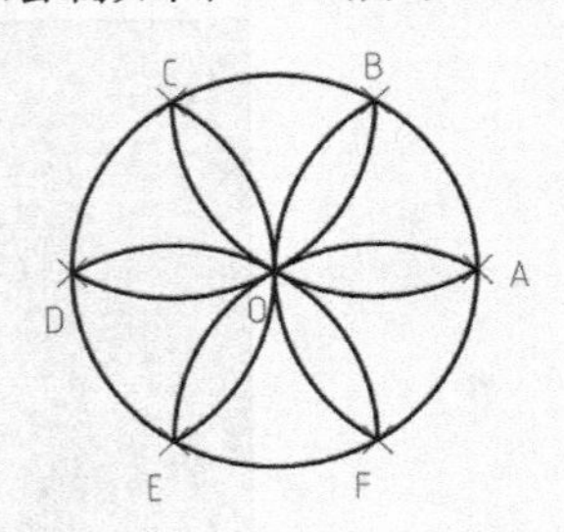

图 6-17　绘制圆弧实例

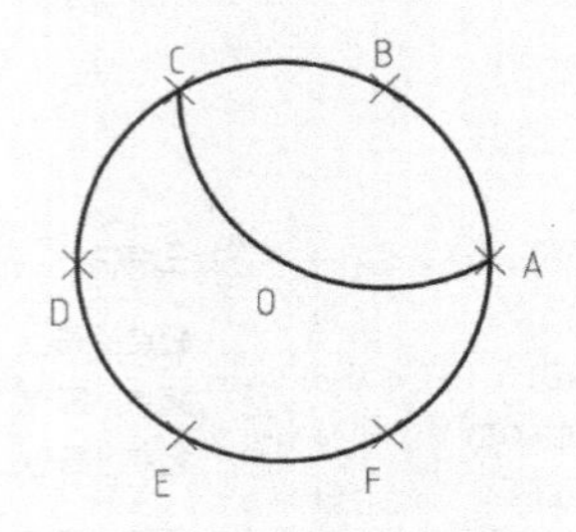

图 6-18　指定 A、O、C 三点绘制圆弧

（1）在命令行中输入“ARC”并按 Enter 键，命令行提示：ARC 指定圆弧的起点或 [圆心(C)]:，此时用光标拾取图 6-18 中的 A 点；命令行提示：ARC 指定圆弧的第二个点或 [圆心(C) 端点(E)]:，此时用光标拾取图 6-18 中的 O 点；命令行提示：ARC 指定圆弧的端点:，此时用光标拾取图 6-18 中的 C 点，完成圆弧 AOC 的绘制。

（2）单击“默认”选项卡→“绘图”面板→“圆弧”按钮→“起点、圆心、端点”按钮，根据命令行提示，依次拾取 D 点、C 点和 B 点，完成圆弧 DOB 的绘制。

（3）单击“默认”选项卡→“绘图”面板→“圆弧”按钮→“起点、圆心、角度”按钮，根据命令行提示，依次拾取 E 点和 D 点，命令行提示：ARC 指定夹角(按住 Ctrl 键以切换方向):，此时在命令行中输入“120”并按 Enter 键，完成圆弧 EOC 的绘制。

（4）单击“默认”选项卡→“绘图”面板→“圆弧”按钮→“起点、端点、半径”按钮，根据命令行提示，依次拾取 F 点和 D 点，命令行提示：ARC 指定圆弧的半径(按住 Ctrl 键以切换方向):，此时在命令行中输入“80”并按 Enter 键，完成圆弧 FOD 的绘制。

（5）单击“默认”选项卡→“绘图”面板→“圆弧”按钮→“圆心、起点、端点”按钮，根据命令行提示，依次拾取 F 点、A 点和 E 点，完成圆弧 AOE 的绘制。

（6）单击“默认”选项卡→“绘图”面板→“圆弧”按钮→“圆心、起点、长度”按钮，根据命令行提示，依次拾取 A 点和 B 点，命令行提示：ARC 指定弦长(按住 Ctrl 键以切换方向):，此时拖动光标，会发现绘图区动态显示从 B 点到十字光标处的弦长线，在 F 点上单击，指定弦长，完成圆弧 BOF 的绘制。

6.4.3　绘制椭圆与椭圆弧

“绘图”菜单下的“椭圆”子菜单和“默认”选项卡“绘图”面板下的“椭圆”命令提供了绘制椭圆和椭圆弧的方法，如图 6-19 所示。

在 AutoCAD 2019 中，有以下 6 种方法执行**椭圆**命令：

（1）选择“绘图”菜单→“椭圆”→“圆心”命令。

（2）选择“绘图”菜单→“椭圆”→“轴、端点”命令。

（3）单击“默认”选项卡→“绘图”面板→“椭圆”按钮→“圆心”命令。

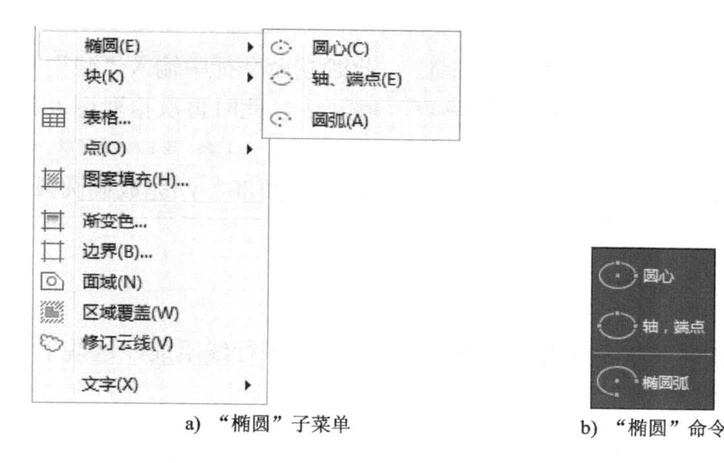

a）“椭圆”子菜单　　　　b）“椭圆”命令

图 6-19　“椭圆”子菜单和“椭圆”命令

（4）单击“默认”选项卡→“绘图”面板→“椭圆”按钮→“轴，端点”命令。

（5）单击绘图工具栏中的“椭圆”按钮。

（6）在命令行中输入“ELLIPSE（或 EL）”并按 Enter 键。

在 AutoCAD 2019 中，有以下 4 种方法执行**椭圆弧**命令：

（1）选择“绘图”菜单→“椭圆”→“圆弧”命令。

（2）单击“默认”选项卡→“绘图”面板→“椭圆”按钮→“椭圆弧”命令。

（3）单击绘图工具栏中的“椭圆弧”按钮。

（4）在命令行中输入“ELLIPSE（或 EL）”并按 Enter 键→输入“A”并按 Enter 键。

下面通过实例来说明如何绘制椭圆及椭圆弧。

【例 6-6】绘制如图 6-20 所示的椭圆和椭圆弧，其中，椭圆和椭圆弧的长轴半径为 90，短轴半径为 42，直线长度为 192。

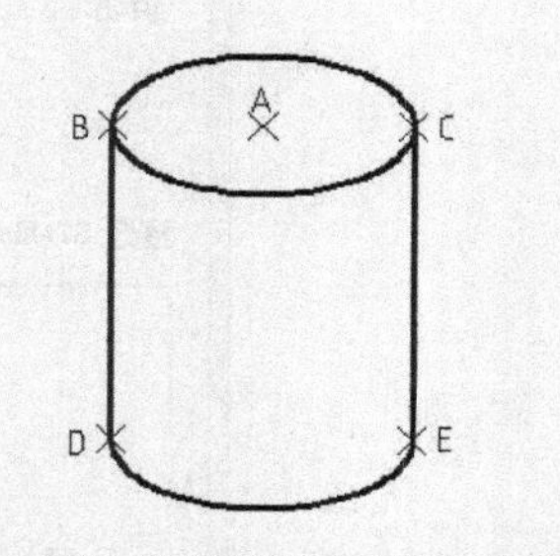

图 6-20　绘制椭圆和椭圆弧实例

（1）选择“绘图”菜单→“椭圆”→“圆心”命令，命令行提示：ELLIPSE 指定椭圆的中心点:，此时参照图 6-20 中的 A 点在绘图区指定椭圆的中心点，命令行提示：ELLIPSE 指定轴的端点:，此时打开“正交”按钮，将光标移至水平向右的方向，在命令行中输入“90”并按 Enter 键（相当于指定了图 6-20 中的长轴端点 C 点），命令行提示：ELLIPSE 指定另一条半轴长度或 [旋转(R)]:，此时将光标移至竖直向上的方向，输入“42”并按 Enter 键，完成椭圆的绘制。

（2）在命令行中输入“L”并按 Enter 键，命令行提示：LINE 指定第一个点:，此时指定图 6-20 中的 B 点，命令行提示：LINE 指定下一点或 [放弃(U)]:，此时将光标移至竖直向下的方向，输入“192”并按 Enter 键，即指定了图 6-20 中的 D 点，按 Esc 键结束当前直线命令。

（3）用同样的方法绘制右侧直线 CE。至此，完成直线的绘制。

（4）选择“绘图”菜单→“椭圆”→“圆弧”命令，命令行提示：ELLIPSE 指定椭圆弧的轴端点或 [中心点(C)]:，此时指定图 6-20 中的 D 点，命令行继续提示：ELLIPSE 指定轴的另一个端点:，此时指定图 6-20 中的 E 点，命令行继续提示：

ELLIPSE 指定另一条半轴长度或 [旋转(R)]:，此时在命令行中输入“42”并按Enter键，命令行继续提示：ELLIPSE 指定起点角度或 [参数(P)]:，此时再次拾取图 6-20 中的 D 点，相当于指定起点角度为 0°；命令行继续提示：ELLIPSE 指定端点角度或 [参数(P) 夹角(I)]:，此时再次拾取图 6-20 中的 E 点，相当于指定端点角度为 180°，完成椭圆弧的绘制。

6.5 多线

“多线”是指多重平行线组成的线型，由 1～16 条平行线组成，这些平行线称为元素。多线在建筑绘图中使用较为广泛。

6.5.1 创建与修改多线样式

AutoCAD 2019 提供“多线样式”对话框来创建、修改和保存多线样式，如图 6-21 所示。

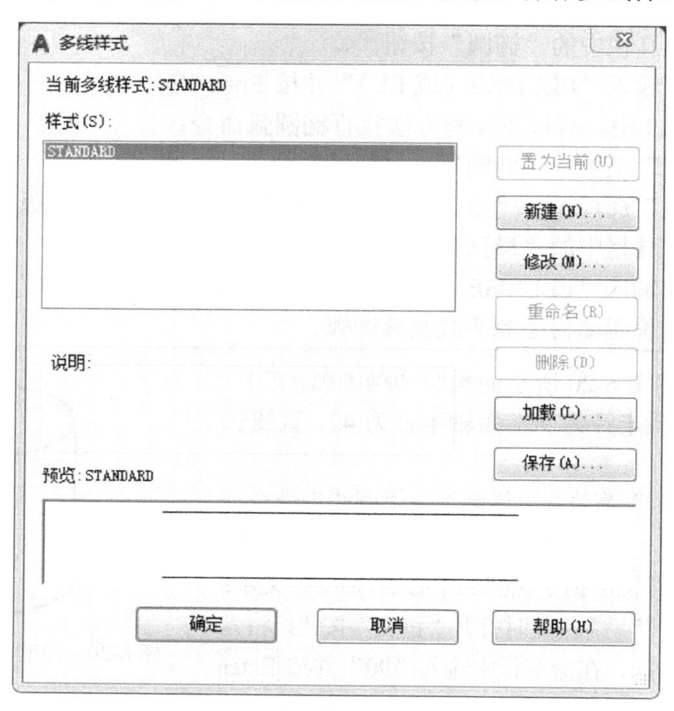

图 6-21 “多线样式”对话框

在 AutoCAD 2019 中，有以下 2 种方法打开“多线样式”对话框：

(1) 选择“格式”菜单→“多线样式”命令。

(2) 在命令行中输入“MLSTYLE（或 MLST）”，再按Enter键。

默认的多线样式为 STANDARD 样式。单击置为当前(U)按钮，可将所选多线样式置为当前样式，所绘制的多线将按照所选样式的定义绘制；单击修改(M)...按钮，可对所选多线样式进行修改；单击重命名(R)按钮，可将所选多线样式重新命名；单击删除(D)按钮，可删除所选多线样式；加载(L)...按钮与保存(A)...按钮分别用于加载和保存多线样式；单击新建(N)...按钮，可创建多线样式。

6.5.2　实例——创建多线样式

【例 6-7】创建一个名称为“8”的多线样式，如图 6-22 所示。多线样式见表 6-1。

图 6-22　绘制的多线

★注意：当前绘图区域的“统一背景”颜色为“白”色。

表 6-1　多线样式

多线	偏移量/mm	颜色	线型
第 1 条	1	黑	Continuous
第 2 条	2	红	CENTER
第 3 条	4	绿	HIDDEN
第 4 条	6	黑	Continuous
第 5 条	–1	黑	Continuous
第 6 条	–2	红	CENTER
第 7 条	–4	绿	HIDDEN
第 8 条	–6	黑	Continuous

（1）在命令行中输入“MLST”并按 Enter 键，打开“多线样式”对话框。

（2）单击 新建(N)... 按钮，弹出“创建新的多线样式”对话框，在“新样式名”列表框中输入名称“8”，如图 6-23 所示。

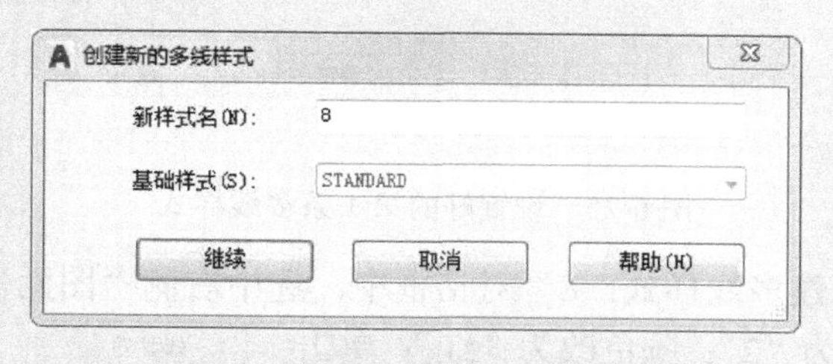

图 6-23　“创建新的多线样式”对话框

（3）单击 继续 按钮，弹出“新建多线样式：8”对话框，如图 6-24 所示，选中右侧“图元”设置项中的第一行，将其下侧的“偏移”改为“1”；颜色改为“黑”；单击 线型(Y)... 按钮，在弹出的“选择线型”对话框中选中“Continuous”，单击 确定 按钮，这时第 1 条多线的线型改为“Continuous”。至此，完成第 1 条多线的设置。设置好的第 1 条多线样式如图 6-25 所示。

图 6-24 “新建多线样式：8”对话框

图 6-25 设置好的第 1 条多线样式

（4）在返回的“新建多线样式：8”对话框中，选中右侧“图元”设置项中的第二行，将其下侧的“偏移”改为“2”；颜色改为“红”；单击 线型(Y)... 按钮，在弹出的“选择线型”对话框中单击 加载(L)... 按钮，加载“CENTER”线型，如图 6-26 所示，单击 确定 按钮，在“选择线型”对话框中选中刚加载的“CENTER”线型，单击 确定 按钮，这时第 2 条多线的线型改为“CENTER”。至此，完成第 2 条多线的设置。设置好的第 2 条多线样式如图 6-27 所示。

（5）在返回的“新建多线样式：8”对话框中，单击 添加(A) 按钮，将其下侧的“偏移”改为“4”；颜色改为“绿”；单击 线型(Y)... 按钮，在弹出的“选择线型”对话框中单击 加载(L)... 按钮，加载“HIDDEN”线型，单击 确定 按钮，在“选择线型”对话框中选中刚加载的“HIDDEN”线型，单击确定按钮，这时第3条多线的线型改为“HIDDEN”。至此，完成第3条多线的设置。设置好的第3条多线样式如图6-28所示。

（6）在返回的“新建多线样式：8”对话框中，单击添加(A)按钮，将其下侧的“偏移”改为“6”；颜色改为“黑”；单击线型(Y)...按钮，在弹出的“选择线型”对话框中选中“Continuous”线型，单击确定按钮，这时第4条多线的线型改为“Continuous”。至此，完成第4条多线的设置。设置好的第4条多线样式如图6-29所示。

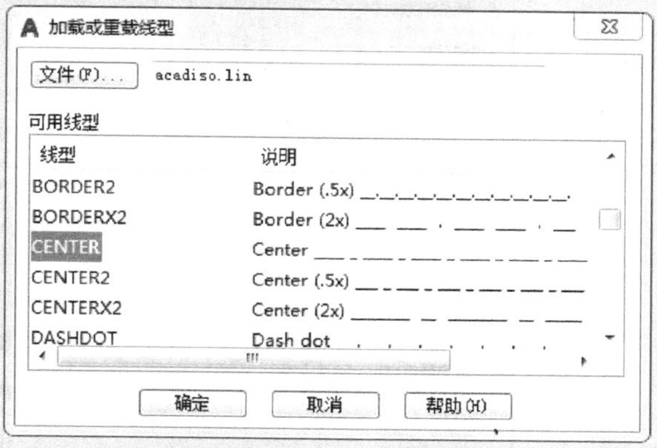

图6-26　加载“CENTER”线型

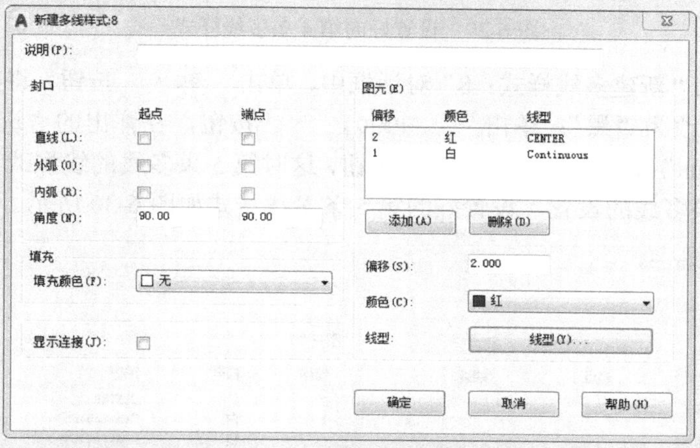

图6-27　设置好的第2条多线样式

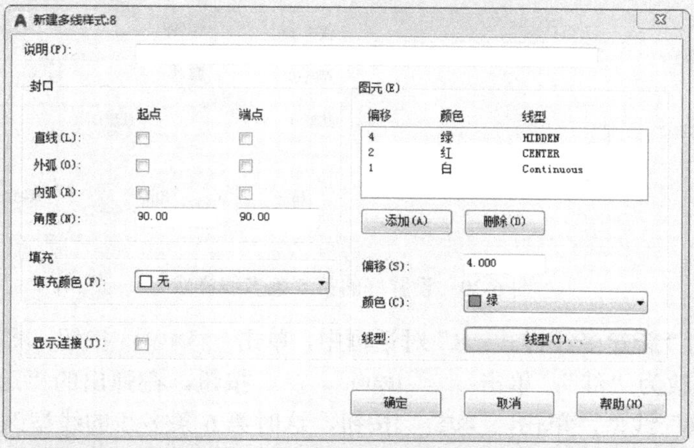

图6-28　设置好的第3条多线样式

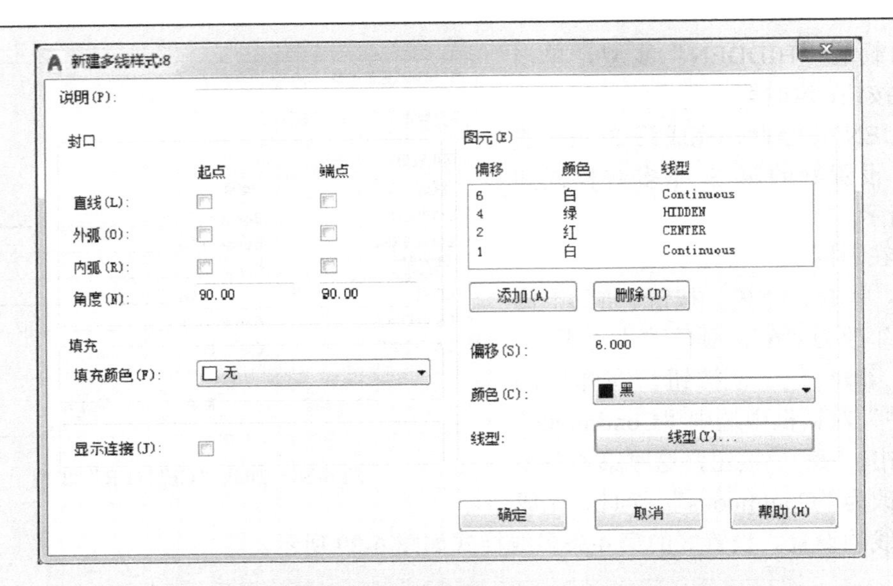

图 6-29 设置好的第 4 条多线样式

(7) 在返回的“新建多线样式：8”对话框中，单击 添加(A) 按钮，将其下侧的“偏移”改为“−1”；颜色改为“黑”；单击 线型(Y)... 按钮，在弹出的“选择线型”对话框中选中“Continuous”线型，单击 确定 按钮，这时第 5 条多线的线型改为“Continuous”。至此，完成第 5 条多线的设置。设置好的第 5 条多线样式如图 6-30 所示。

修改多线样式:8
说明(P):
封口
起点
端点
直线(L):
外弧(O):
内弧(R):
角度(N):
90.00
90.00
填充
填充颜色(F):
无
显示连接(J):
图元(E)
偏移 颜色 线型
2 红 CENTER
1 白 Continuous
-1 白 Continuous
添加(A)
删除(D)
偏移(S):
-1.000
颜色(C):
黑
线型:
线型(Y)...
确定
取消
帮助(H)

图 6-30 设置好的第 5 条多线样式

(8) 在返回的“新建多线样式：8”对话框中，单击 添加(A) 按钮，将其下侧的“偏移”改为“−2”；颜色改为“红”；单击 线型(Y)... 按钮，在弹出的“选择线型”对话框中选中“CENTER”线型，单击 确定 按钮，这时第 6 条多线的线型改为“CENTER”。至此，完成第 6 条多线的设置。设置好的第 6 条多线样式如图 6-31 所示。

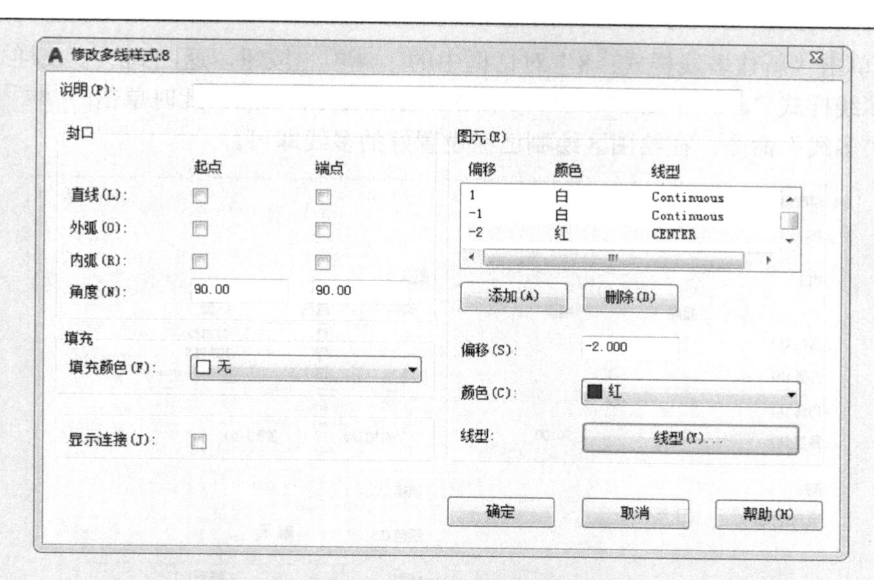

图 6-31　设置好的第 6 条多线样式

（9）在返回的“新建多线样式：8”对话框中，单击 添加(A) 按钮，将其下侧的“偏移”改为“–4”；颜色改为“绿”；单击 线型(Y)... 按钮，在弹出的“选择线型”对话框中选中“HIDDEN”线型，单击 确定 按钮，这时第 7 条多线的线型改为“HIDDEN”。至此，完成第 7 条多线的设置。设置好的第 7 条多线样式如图 6-32 所示。

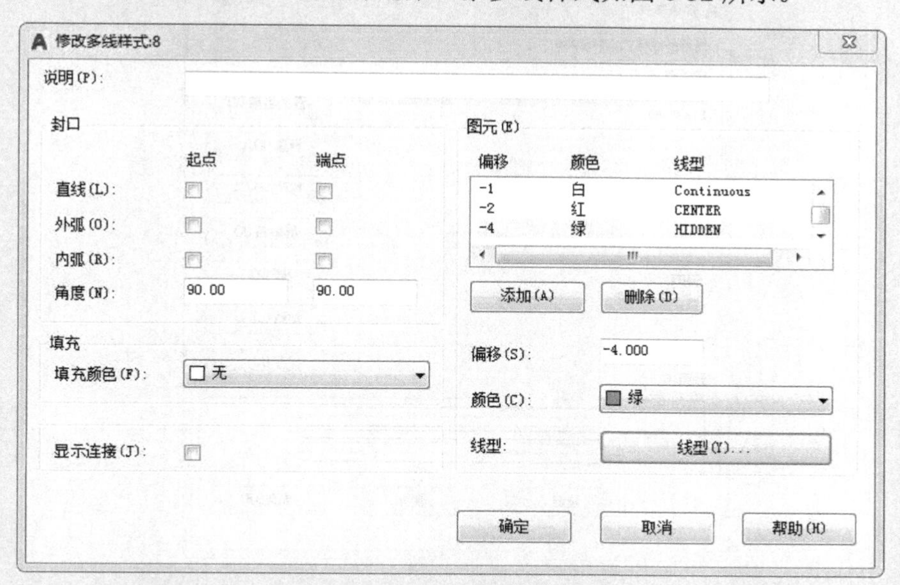

图 6-32　设置好的第 7 条多线样式

（10）在返回的“新建多线样式：8”对话框中，单击 添加(A) 按钮，将其下侧的“偏移”改为“–6”；颜色改为“黑”；单击 线型(Y)... 按钮，在弹出的“选择线型”对话框中选“Continuous”线型，单击 确定 按钮，这时第 8 条多线的线型改为“Continuous”。至此，完成第 8 条多线的设置。设置好的第 8 条多线样式如图 6-33 所示。

（11）单击“新建多线样式：8”对话框中的 确定 按钮，返回到“多线样式”对话框，选中多线样式“8”，单击 置为当前(U) 按钮，如图 6-34 所示，此时单击 确定 按钮，然后执行“多线”命令，在绘图区绘制已经设置好的多线即可。

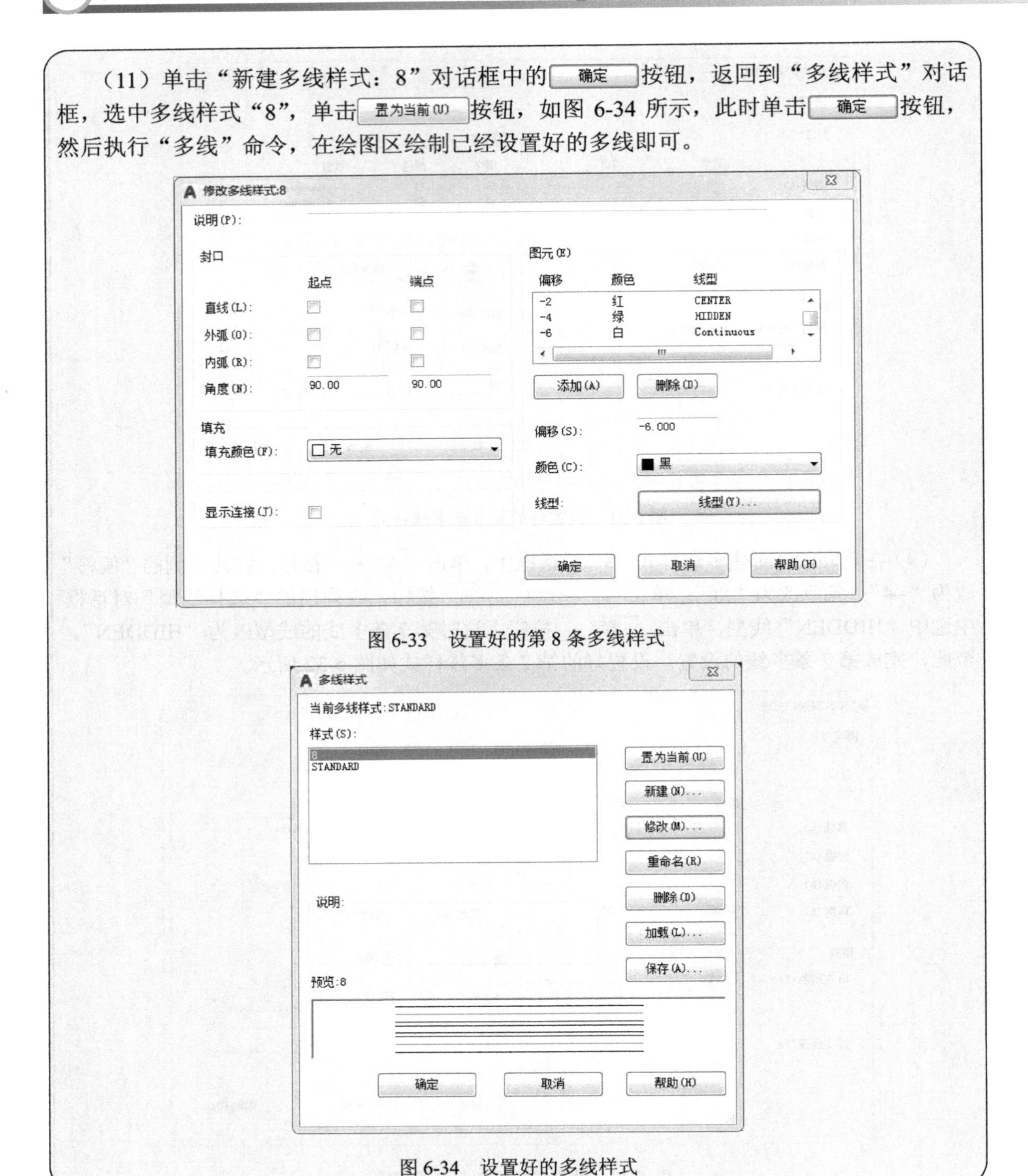

图 6-33　设置好的第 8 条多线样式

图 6-34　设置好的多线样式

6.5.3　绘制多线

在 AutoCAD 2019 中，有以下 2 种方法执行**多线**命令：

（1）选择“绘图”菜单→“多线”命令。

（2）在命令行中输入“MLINE（或 ML）”并按 Enter 键。

执行多线命令后，命令行提示：

当前设置：对正 = 上，比例 = 20.00，样式 = STANDARD

MLINE 指定起点或 [对正(J) 比例(S) 样式(ST)]:

该提示信息的第一行显示的是当前的多线设置。第二行提示指定起点，此时可指定多线的起点，命令行提示：MLINE 指定下一点：，此时指定第二个点就绘制了一条多线。

选择中括号内的选项表示设置多线的样式，根据要求可设置多线的对正方式、多线元素间的宽度比例以及多线的样式。

6.5.4 编辑多线

在 AutoCAD 2019 中，有以下 2 种方法执行**多线编辑**命令：

（1）选择“修改”菜单→“对象”→“多线”命令。

（2）在命令行中输入“MLEDIT（或 MLED）”并按 Enter 键。

执行多线编辑命令后，将弹出“多线编辑工具”对话框，如图 6-35 所示，提供了 12 种多线编辑工具。

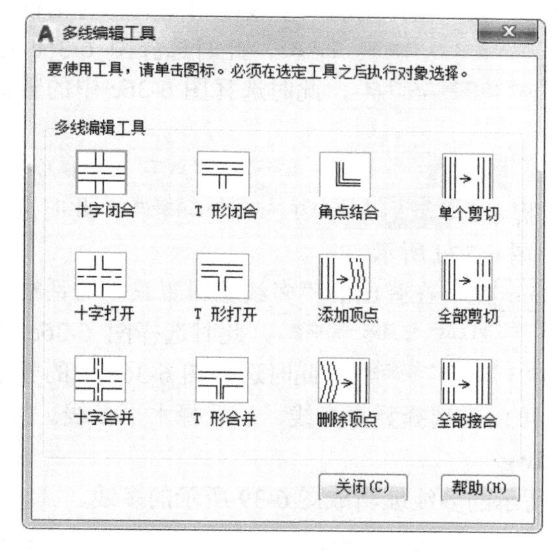

图 6-35 “多线编辑工具”对话框

6.5.5 实例——编辑多线

素材\第 6 章\图 6-7.dwg

【例 6-8】将图 6-36 所示的多线编辑成图 6-37 所示的多线。

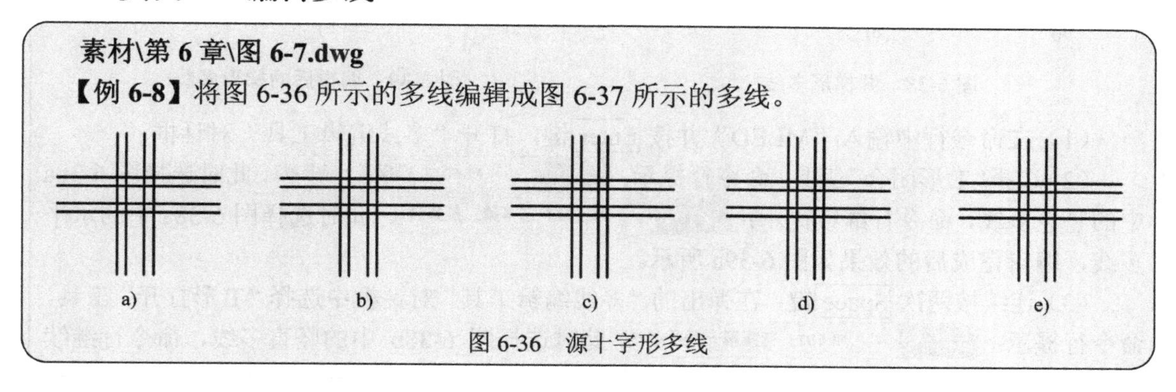

图 6-36 源十字形多线

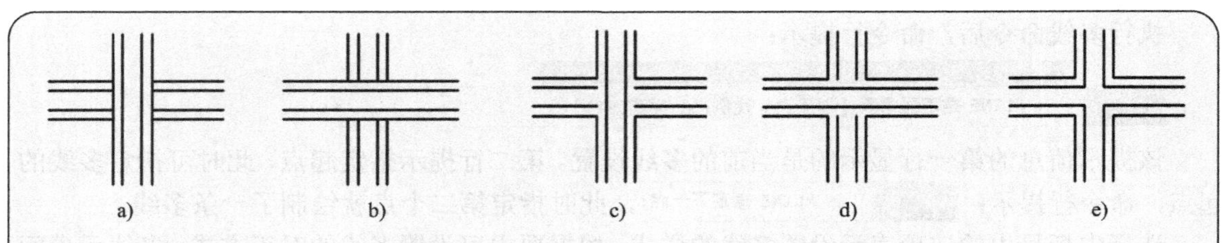

图 6-37 编辑后的十字形多线

（1）在命令行中输入“MLED”并按 Enter 键，打开“多线编辑工具”对话框。

（2）选择“十字闭合”工具，命令行提示：MLEDIT 选择第一条多线:，此时选择图 6-36a 中的水平多线，命令行继续提示：MLEDIT 选择第二条多线:，此时选择图 6-36a 中的竖直多线，编辑完成后的效果如图 6-37a 所示。

（3）命令行继续提示：MLEDIT 选择第一条多线 或 [放弃(U)]:，此时选择图 6-36b 中的竖直多线，命令行继续提示：MLEDIT 选择第二条多线:，此时选择图 6-36b 中的水平多线，编辑完成后的效果如图 6-37b 所示。

（4）连续按两次 Space 键，在弹出的“多线编辑工具”对话框中选择“十字打开”工具，命令行提示：MLEDIT 选择第一条多线:，此时选择图 6-36c 中的水平多线，命令行继续提示：MLEDIT 选择第二条多线:，此时选择图 6-36c 中的竖直多线，编辑完成后的效果如图 6-37c 所示。

（5）命令行继续提示：MLEDIT 选择第一条多线 或 [放弃(U)]:，此时选择图 6-36d 中的竖直多线，命令行继续提示：MLEDIT 选择第二条多线:，此时选择图 6-36d 中的水平多线，编辑完成后的效果如图 6-37d 所示。

（6）连续按两次 Space 键，在弹出的“多线编辑工具”对话框中选择“十字合并”工具，命令行提示：MLEDIT 选择第一条多线:，此时选择图 6-36e 中的水平多线，命令行继续提示：MLEDIT 选择第二条多线:，此时选择图 6-36e 中的竖直多线，编辑完成后的效果如图 6-37e 所示。也可以先选择竖直多线，后选择水平多线。按 Esc 键退出当前命令。

素材\第 6 章\图 6-7.dwg

【例 6-9】将图 6-38 所示的多线编辑成图 6-39 所示的多线。

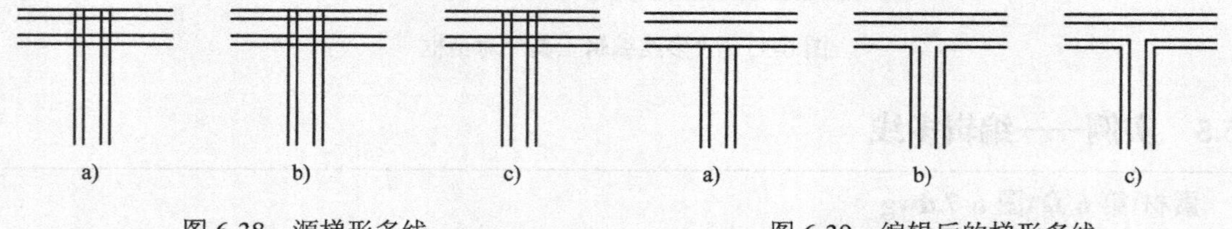

图 6-38 源梯形多线　　　　图 6-39 编辑后的梯形多线

（1）在命令行中输入“MLED”并按 Enter 键，打开“多线编辑工具”对话框。

（2）选择“T 形闭合”工具，命令行提示：MLEDIT 选择第一条多线:，此时选择图 6-38a 中的竖直多线，命令行继续提示：MLEDIT 选择第二条多线:，此时选择图 6-38a 中的水平多线，编辑完成后的效果如图 6-39a 所示。

（3）连续按两次 Space 键，在弹出的“多线编辑工具”对话框中选择“T 形打开”工具，命令行提示：MLEDIT 选择第一条多线:，此时选择图 6-38b 中的竖直多线，命令行继续提示：MLEDIT 选择第二条多线:，此时选择图 6-38b 中的水平多线，编辑完成后的效果如图 6-39b 所示。

（4）连续按两次 Space 键，在弹出的“多线编辑工具”对话框中选择“T 形合并”工具，命令行提示：MLEDIT 选择第一条多线:，此时选择图 6-38c 中的竖直多线，命令行继续提示：MLEDIT 选择第二条多线:，此时选择图 6-38c 中的水平多线，编辑完成后的效果如图 6-39c 所示。按 Esc 键退出当前命令。

素材\第 6 章\图 6-8.dwg

【例 6-10】将图 6-40 所示的多线编辑成图 6-41 所示的多线。

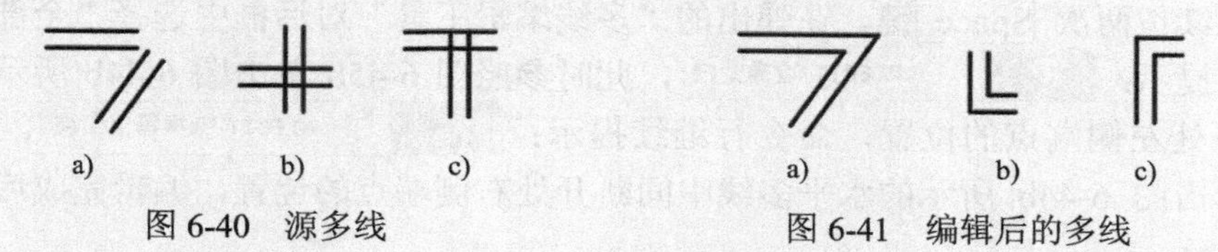

图 6-40　源多线　　图 6-41　编辑后的多线

（1）在命令行中输入“MLED”并按 Enter 键，打开“多线编辑工具”对话框。

（2）选择“角点结合”工具，命令行提示：MLEDIT 选择第一条多线:，此时选择图 6-40a 中的水平多线，命令行继续提示：MLEDIT 选择第二条多线:，此时选择图 6-40a 中的另一条多线，编辑完成后的效果如图 6-41a 所示。

（3）命令行继续提示：MLEDIT 选择第一条多线 或 [放弃(U)]:，此时选择图 6-40b 中的竖直多线（靠上选取），命令行继续提示：MLEDIT 选择第二条多线:，此时选择图 6-40b 中的水平多线（靠右选取），编辑完成后的效果如图 6-41b 所示。

（4）命令行继续提示：MLEDIT 选择第一条多线 或 [放弃(U)]:，此时选择图 6-40c 中的水平多线（靠右选取），命令行继续提示：MLEDIT 选择第二条多线:，此时选择图 6-40c 中的竖直多线（靠下选取），编辑完成后的效果如图 6-41c 所示。

素材\第 6 章\图 6-8.dwg

【例 6-11】将图 6-42 所示的多线编辑成图 6-43 所示的多线。

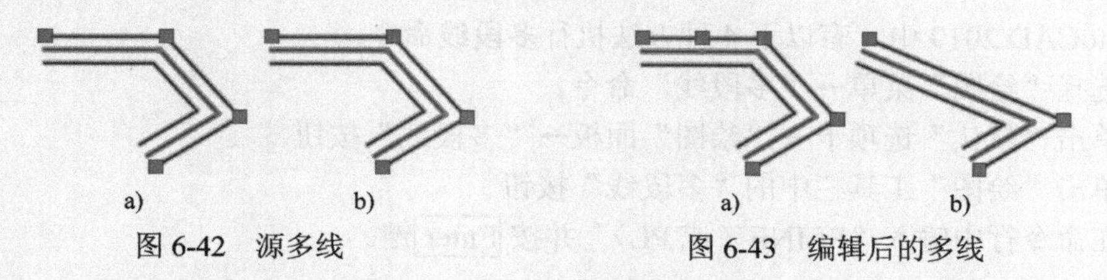

图 6-42　源多线　　图 6-43　编辑后的多线

（1）在命令行中输入“MLED”并按 Enter 键，打开“多线编辑工具”对话框。

（2）选择“添加顶点”工具，命令行提示：MLEDIT 选择多线:，此时单击图 6-42a 中水平多线中间的位置并按 Enter 键，编辑完成后的效果如图 6-43a 所示。

（3）在命令行中输入“MLED”并按 Enter 键，打开“多线编辑工具”对话框。

（4）选择“删除顶点”工具，命令行提示：MLEDIT 选择多线:，此时单击图 6-42b 中水平多线右侧端点处，编辑完成后的效果如图 6-43b 所示。按 Esc 键退出当前命令。

素材\第 6 章\图 6-8.dwg

【例 6-12】将图 6-44 所示的多线编辑成图 6-45 所示的多线。

a) b) c)

图 6-44 源多线

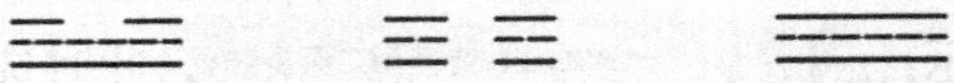

a) b) c)

图 6-45 编辑后的多线

（1）在命令行中输入“MLED”并按 Enter 键，打开“多线编辑工具”对话框。

（2）选择“单个剪切”工具，命令行提示：MLEDIT 选择多线：，此时参照图 6-45a 单击图 6-44a 所示的水平多线中间断开处左侧端点的位置，命令行继续提示：MLEDIT 选择第二个点：，此时参照图 6-45a 单击图 6-44a 所示的水平多线中间断开处右侧端点的位置，编辑完成后的效果如图 6-45a 所示。

（3）连续按两次 Space 键，在弹出的“多线编辑工具”对话框中选择“全部剪切”工具，命令行提示：MLEDIT 选择多线：，此时参照图 6-45b 单击图 6-44b 所示的水平多线中间断开处左侧端点的位置，命令行继续提示：MLEDIT 选择第二个点：，此时参照图 6-45b 单击图 6-44b 所示的水平多线中间断开处右侧端点的位置，编辑完成后的效果如图 6-45b 所示。

（4）连续按两次 Space 键，在弹出的“多线编辑工具”对话框中选择“全部接合”工具，命令行提示：MLEDIT 选择多线：，此时单击图 6-44c 所示的水平多线中间断开处左侧端点偏左的位置，命令行提示：MLEDIT 选择第二个点：，此时单击图 6-44c 所示的水平多线中间断开处右侧端点偏右的位置，编辑完成后的效果如图 6-45c 所示。按 Esc 键结束当前命令。

6.6 多段线

多段线是由许多首尾相连的直线段和圆弧段组成的一个独立对象，它提供单个直线所不具备的编辑功能。例如：可以调整多段线的宽度和圆弧的曲率等。

6.6.1 绘制多段线

在 AutoCAD 2019 中，有以下 4 种方法执行**多段线**命令：

（1）选择“绘图”菜单→“多段线”命令。

（2）单击“默认”选项卡→“绘图”面板→“多段线”按钮。

（3）单击“绘图”工具栏中的“多段线”按钮。

（4）在命令行中输入“PLINE（或 PL）”并按 Enter 键。

6.6.2 编辑多段线

在 AutoCAD 2019 中，有以下 4 种方法执行**编辑多段线**命令：

（1）选择“修改”菜单→“对象”→“多段线”命令。

（2）单击“默认”选项卡→“修改”面板→“编辑多段线”按钮。

（3）单击“修改Ⅱ”工具栏中的“编辑多段线”按钮。

（4）在命令行中输入“PEDIT（或 PE）”并按 Enter 键。

执行编辑多段线命令后，命令行提示：PEDIT 选择多段线或 [多条(M)]：，此时可用光标选择要编辑的多段线，如果所选择的对象不是多段线，命令行将提示：

选定的对象不是多段线
PEDIT 是否将其转换为多段线？<Y>，此时在命令行中输入“Y 或 N”，选择是否转换。

“多条”选项用于多个多段线对象的选择。选择完多段线对象后，命令行提示如下：

PEDIT 输入选项 [闭合(C) 合并(J) 宽度(W) 编辑顶点(E) 拟合(F) 样条曲线(S) 非曲线化(D) 线型生成(L) 反转(R) 放弃(U)]:

与编辑多线时弹出的对话框不同，此时输入对应字母选择各个选项来编辑多段线即可。各个选项的功能如下：

“打开（O）/闭合（C）”：如果选择的是闭合的多段线，则此选项显示为“打开”；如果选择的多段线是打开的，则此选项显示为“闭合”。“打开”和“闭合”选项分别用于将闭合的多段线打开和将打开的多段线闭合。

“合并（J）”：用于在开放的多段线的尾端点添加直线、圆弧或多段线。如果选择的合并对象是直线或圆弧，那么要求直线和圆弧与多段线是彼此首尾相连的，合并的结果是将多个对象合并成一个多段线对象；如果合并的是多个多段线，命令行将提示输入合并多段线的允许距离。

“宽度（W）”：选择该选项可将整个多段线指定为统一宽度。

“编辑顶点（E）”：该选项用于编辑多段线的每个顶点的位置。选择该选项后，会在正在编辑的位置显示“×”标记，且命令行提示：

PEDIT [下一个(N) 上一个(P) 打断(B) 插入(I) 移动(M) 重生成(R) 拉直(S) 切向(T) 宽度(W) 退出(X)] <N>:

1）“下一个（N）”/“上一个（P）”选项用于移动“×”标记的位置，也就是通过这两个选项选择要编辑的顶点。

2）打断（B）：用于删除指定的两个顶点之间的线段。

3）插入（I）：用于在标记顶点之后添加新的顶点。

4）移动（M）：用于移动标记的顶点位置。

5）重生成（R）：用于重生成多段线。

6）拉直（S）：用于将两个顶点之间的多段线转换为直线。

7）切向（T）：将切线方向附着到标记的顶点，以便用于以后的曲线拟合。

8）宽度（W）：用于修改标记顶点之后线段的起点宽度和端点宽度。

9）退出（X）：用于退出“编辑顶点”模式。

“拟合（F）”：表示用圆弧拟合多段线，即转化为由圆弧连接每个顶点的平滑曲线。转化后的曲线会经过多段线的所有顶点。如图 6-46a 所示的多段线，其拟合效果如图 6-46b 所示。

“样条曲线（S）”：该选项用于将多段线用样条曲线拟合，执行该选项后，对象仍然为多段线对象。对图 6-46a 所示的多段线进行“样条曲线”操作后，效果如图 6-46c 所示。

a）多段线　　b）拟合后　　c）样条化后

图 6-46　多段线的“拟合”与“样条曲线”

“非曲线化（D）”：用于删除由拟合曲线或样条曲线插入的多余顶点，拉直多段线的所有线段。

“线型生成（L）”：用于生成经过多段线顶点的连续图案线型。“线型生成”不能用于带变宽线段的多段线。

“反转（R）”：通过反转方向来更改指定给多段线的线型中的文字方向。

“放弃（U）”：还原操作，每选择一次“放弃”选项，则取消上一次的编辑操作，可以一直返回到编辑任务开始时的状态。

6.6.3 实例——绘制和编辑多段线

【例 6-13】绘制如图 6-47a 所示的多段线，并将其编辑成如图 6-47b 所示的多段线。其中：弧 AB 的半径为 25，A 点宽度为 1，B 点宽度为 8；弧 BC 的半径为 25，C 点宽度为 1；直线 CD 的长度为 120。

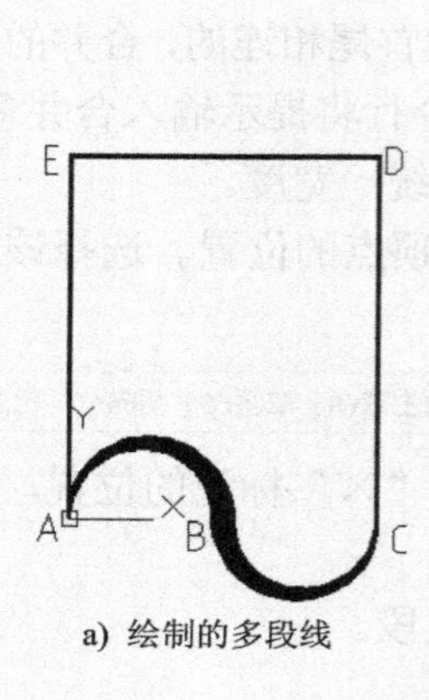

a) 绘制的多段线

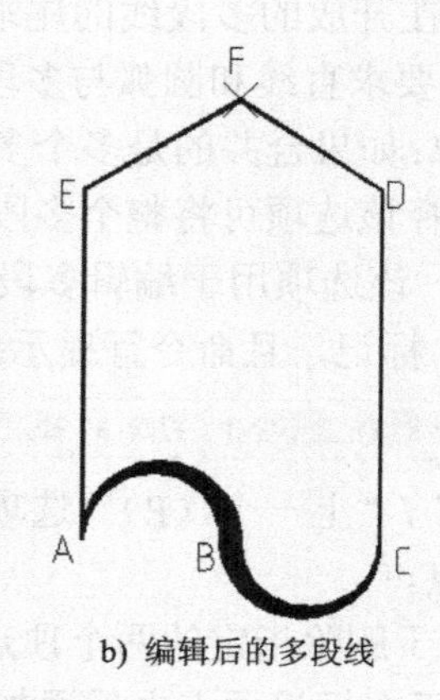

b) 编辑后的多段线

图 6-47 绘制和编辑多段线

（1）单击“默认”选项卡→“绘图”面板→“多段线”按钮。

（2）命令行提示：PLINE 指定起点:，此时在命令行中输入起点坐标值“0,0”，然后按Enter键，命令行提示：PLINE 指定下一个点或 [圆弧(A) 半宽(H) 长度(L) 放弃(U) 宽度(W)]:，此时在命令行中输入“W”，然后按Enter键，命令行提示：PLINE 指定起点宽度 <0.0000>:，此时在命令行中输入“1”，然后按 Enter 键，命令行提示：PLINE 指定端点宽度 <1.0000>:，此时在命令行中输入“8”，然后按Enter键，命令行提示：PLINE 指定下一个点或 [圆弧(A) 半宽(H) 长度(L) 放弃(U) 宽度(W)]:，此时在命令行中输入“A”，然后按Enter键，命令行继续提示：

PLINE [角度(A) 圆心(CE) 方向(D) 半宽(H) 直线(L) 半径(R) 第二个点(S) 放弃(U) 宽度(W)]:，此时在命令行中输入“A”，然后按Enter键。命令行提示：PLINE 指定夹角:，此时将光标移至水平向右的方向，在命令行中输入“-180”，然后按Enter键，命令行继续提示：

PLINE 指定圆弧的端点(按住 Ctrl 键以切换方向)或 [圆心(CE) 半径(R)]:，此时在命令行中输入“R”，然后按Enter键，命令行继续提示：PLINE 指定圆弧的半径:，此时在命令行中输入“25”，然后按Enter键，命令行继续提示：

PLINE 指定圆弧的弦方向(按住 Ctrl 键以切换方向) <0>:，此时在水平向右的方向单击一下，完成弧 AB 的绘制。

（3）仿照步骤（2）绘制弧 BC。

★注意：此时圆弧起点宽度为 8，端点宽度为 1，角度为 180°。

（4）命令行继续提示：

PLINE [角度(A) 圆心(CE) 方向(D) 半宽(H) 直线(L) 半径(R) 第二个点(S) 放弃(U) 宽度(W)]:，此时在命令行中输入“L”，然后按Enter键，命令行继续提示：

PLINE 指定下一点或 [圆弧(A) 闭合(C) 半宽(H) 长度(L) 放弃(U) 宽度(W)]:，此时将光标移至竖直向上的方向，在命令行中输入“L”，然后按Enter键，命令行继续提示：

PLINE 指定直线的长度:，此时在命令行中输入“120”，然后按Enter键，完成直线 CD 的绘制。继续指定图 6-47a 所示的 E 点（打开对象捕捉和对象捕捉追踪），最后单击图 6-47a 所示的 A 点，完成多段线的绘制。

(5)选择“修改”菜单→“对象”→“多段线”命令，命令行提示：PEDIT 选择多段线或 [多条(M)]:，此时选择刚绘制好的多段线，命令行继续提示：

PEDIT 输入选项 [闭合(C) 合并(J) 宽度(W) 编辑顶点(E) 拟合(F) 样条曲线(S) 非曲线化(D) 线型生成(L) 反转(R) 放弃(U)]:

此时在命令行中输入“E”，然后按Enter键，命令行继续提示：

PEDIT [下一个(N) 上一个(P) 打断(B) 插入(I) 移动(M) 重生成(R) 拉直(S) 切向(T) 宽度(W) 退出(X)] <N>:

此时在命令行中输入“N”，然后连续按 3 次Enter键，直到“×”标记移动到 D 点处，命令行继续提示：

PEDIT [下一个(N) 上一个(P) 打断(B) 插入(I) 移动(M) 重生成(R) 拉直(S) 切向(T) 宽度(W) 退出(X)] <N>:

此时在命令行中输入“I”，然后按Enter键，命令行继续提示：PEDIT 为新顶点指定位置:，此时用光标指定图 6-47b 所示的节点“F”。

★注意：此时一定要关闭状态栏中的正交模式按钮。

命令行继续提示：

PEDIT [下一个(N) 上一个(P) 打断(B) 插入(I) 移动(M) 重生成(R) 拉直(S) 切向(T) 宽度(W) 退出(X)] <N>:

此时在命令行中输入“X”，然后按Esc键，完成多段线的编辑。

6.7 样条曲线

样条曲线是通过拟合一系列离散的点而生成的光滑曲线，用于创建形状不规则的曲线。

6.7.1 绘制样条曲线

在 AutoCAD 2019 中，有以下 4 种方法执行**样条曲线**命令：

（1）选择“绘图”菜单→“样条曲线”→“拟合点”或“控制点”命令。

（2）单击“默认”选项卡→“绘图”面板→“样条曲线拟合”按钮或“样条曲线控制点”按钮。

（3）单击“绘图”工具栏中的“样条曲线”按钮。

（4）在命令行中输入“SPLINE（或 SPL）”并按Enter键。

下面以实例来说明如何绘制样条曲线。

素材\第 6 章\图 6-9.dwg

【例 6-14】绘制如图 6-48 所示的样条曲线。

（1）在命令行中输入“SPL”并按Enter键，命令行提示：

当前设置：方式=拟合 节点=弦

SPLINE 指定第一个点或 [方式(M) 节点(K) 对象(O)]：，此时用光标拾取图 6-48 中的 A 点，命令行继续提示：SPLINE 输入下一个点或 [起点切向(T) 公差(L)]：，此时用光标拾取图 6-48 中的 B 点，命令行继续提示：SPLINE 输入下一个点或 [端点相切(T) 公差(L) 放弃(U)]：，此时用光标拾取图 6-48 中的 C 点，命令行继续提示：

SPLINE 输入下一个点或 [端点相切(T) 公差(L) 放弃(U) 闭合(C)]：，此时用光标拾取图 6-48 中的 D 点，命令行继续提示：SPLINE 输入下一个点或 [端点相切(T) 公差(L) 放弃(U) 闭合(C)]：，此时用光标拾取图 6-48 中的 E 点。

（2）按 Enter 键，完成样条曲线的绘制。

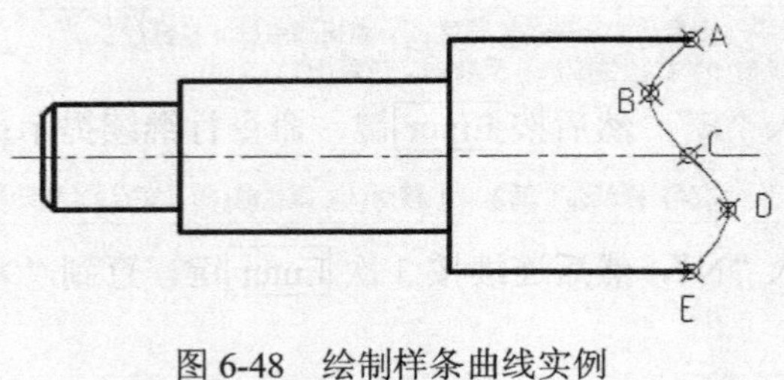

图 6-48 绘制样条曲线实例

6.7.2 编辑样条曲线

在 AutoCAD 2019 中，有以下 4 种方法执行**编辑样条曲线**命令：

（1）选择“修改”菜单→“对象”→“样条曲线”命令。

（2）单击“默认”选项卡→“修改”面板→“编辑样条曲线”按钮。

（3）单击“修改 II”工具栏中的“编辑样条曲线”按钮。

（4）在命令行中输入“SPLINEDIT”并按 Enter 键。

执行编辑样条曲线命令后，命令行提示：SPLINEDIT 选择样条曲线：，此时用光标选择要编辑的样条曲线，命令行提示：

SPLINEDIT 输入选项 [闭合(C) 合并(J) 拟合数据(F) 编辑顶点(E) 转换为多段线(P) 反转(R) 放弃(U) 退出(X)] <退出>:

此时可输入对应的字母选择编辑工具，各个选项的功能如下：

1）**“闭合（C）”：**用于闭合开放的样条曲线，如果选择的样条曲线为闭合，则“闭合”选项将由“打开”选项替换。

2）**“合并（J）”：**用于将样条曲线的首尾相连。

3）**“拟合数据（F）”：**用于编辑样条曲线的拟合数据。拟合数据包括所有的拟合点、拟合公差及绘制样条曲线时与之相关联的切线。选择该选项后，命令行提示：

输入拟合数据选项

SPLINEDIT [添加(A) 闭合(C) 删除(D) 扭折(K) 移动(M) 清理(P) 切线(T) 公差(L) 退出(X)] <退出>:

每个选项都是一个拟合数据编辑工具，它们的功能如下：

① 添加（A）：用于在样条曲线中增加拟合点。

② 闭合（C）：用于闭合开放的样条曲线，如果选定的样条曲线为闭合，则“闭合”选项将由“打开”选项替换。

③ 删除（D）：用于从样条曲线中删除拟合点并用其余点重新拟合样条曲线。

④ 扭折（K）：在样条曲线上的指定位置添加节点和拟合点，将不保持在该点的相切或曲率连续性。

⑤ 移动（M）：用于把指定拟合点移动到新位置。

⑥ 清理（P）：从图形数据库中删除样条曲线的拟合数据。清理样条曲线的拟合数据，运行编辑样条曲线命令后，将不显示“拟合数据”选项。

⑦ 切线（T）：编辑样条曲线的起点和端点切向。

⑧ 公差（L）：为样条曲线指定新的公差值并重新拟合。

⑨ 退出（X）：退出拟合数据编辑。

4）**“编辑顶点（E）”**：用于精密调整样条曲线顶点。选择该选项后，命令行提示：

SPLINEDIT 输入顶点编辑选项 [添加(A) 删除(D) 提高阶数(E) 移动(M) 权值(W) 退出(X)] <退出>:

顶点编辑包括多个选项，它们的功能如下：

① 添加（A）：增加样条曲线的控制点。

② 删除（D）：删除样条曲线的控制点。

③ 提高阶数（E）：增加样条曲线上控制点的数目。

④ 移动（M）：对样条曲线的顶点进行移动。

⑤ 权值（W）：修改不同样条曲线控制点的权值。较大的权值会将样条曲线拉近其控制点。

⑥ 退出（X）：退出顶点编辑。

5）**“转换为多段线（P）”**：用于将样条曲线转换为多段线。

6）**“反转（R）”**：反转样条曲线的方向。

7）**“放弃（U）”**：还原操作，每选择一次“放弃”选项，将取消上一次的编辑操作，可以一直返回到编辑任务开始时的状态。

8）**“退出（X）”**：退出样条曲线编辑。

6.8　修订云线

修订云线是由连续圆弧组成的多段线，主要用于在查看阶段提醒用户注意图形的某个部分。

在 AutoCAD 2019 中，有以下 4 种方法执行**修订云线**命令：

（1）选择“绘图”菜单→“修订云线”命令。

（2）单击“默认”选项卡→“绘图”面板→“修订云线”系列按钮。

（3）单击“绘图”工具栏中的“修订云线”按钮。

（4）在命令行中输入“REVCLOUD”并按 Enter 键。

执行修订云线命令后，命令行提示：

最小弧长：0.5　最大弧长：0.5　样式：普通　类型：徒手画
指定第一个点或 [弧长(A)/对象(O)/矩形(R)/多边形(P)/徒手画(F)/样式(S)/修改(M)] <对象>: _F

REVCLOUD 指定第一个点或 [弧长(A) 对象(O) 矩形(R) 多边形(P) 徒手画(F) 样式(S) 修改(M)] <对象>:

提示第一行显示当前的修订云线绘制模式。“指定第一个点”即指定修订云线的起点，表示开始绘制修订云线。中括号内各个选项的功能如下：

“弧长（A）”：用于指定云线中弧线的最小长度和最大长度。最大弧长不能大于最小弧长的 3 倍。

“对象（O）”：用于将指定对象转换为云线，如图 6-49 所示。

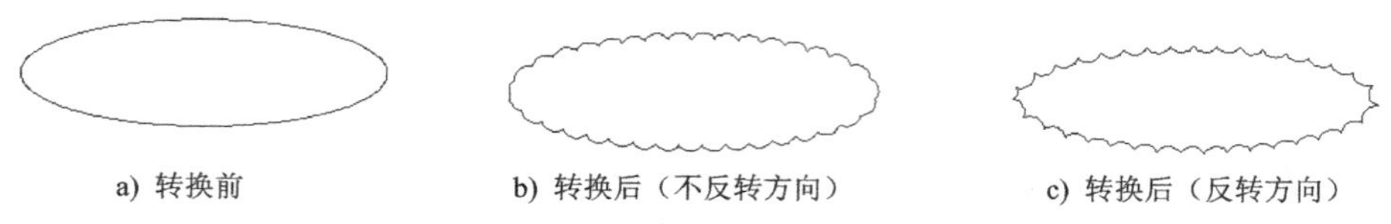

图 6-49　将对象转换为修订云线

“矩形（R）”：通过绘制矩形来创建修订云线。

“多边形（P）”：通过绘制多边形来创建修订云线。

“徒手画（F）”：通过绘制自由形状的多段线来创建修订云线。

“样式（S）”：用于设置修订云线的样式，可选择“普通”或“手绘”模式，其中“手绘”模式的绘制效果更像画笔，如图 6-50b 所示。反转效果如图 6-50c 所示。

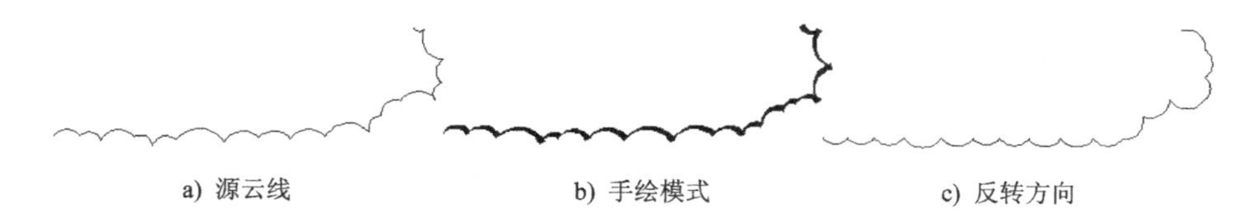

图 6-50　修订云线的反转方向

“修改（M）”：用于修改云线。

第7章 CHAPTER 7 选择与编辑图形对象

7.1 选择对象

在绘图过程中（尤其是在大型图样的绘图过程中），经常需要编辑某些图形对象，这就需要合理正确地选择这些特定的图形对象。

7.1.1 使用鼠标单击或用矩形窗口选择

AutoCAD 2019 中，最简单和最快捷的选择对象方法是使用鼠标单击。被选择的对象的组合叫作选择集。在无命令状态下，选择对象后会显示其夹点。如果是执行命令过程中提示选择对象，此时光标显示为方框形状“□”，被选择的对象则亮显。

如果需要一次选择多个对象，可通过矩形窗口来选择对象，分两种情况：

（1）窗口选择：如果矩形窗口的角点是按从左到右的顺序构造的，那么矩形窗口将显示为蓝色，此时只有全部都包含在矩形窗口中的对象才会被选中。

（2）窗交选择：如果矩形窗口的角点是按从右到左的顺序构造的，那么矩形窗口将显示为绿色，此时不管是全部在矩形窗口中还是只有一部分，在矩形窗口中的对象均会被选中。

★要指定矩形选择区域，请单击并释放鼠标按钮，然后移动光标并再次单击。

7.1.2 快速选择

在 AutoCAD 2019 中，使用“快速选择”功能可以根据指定的过滤条件（对象的类型和特性等）来快速选择对象。

在 AutoCAD 2019 中，有以下 3 种方法打开“快速选择”对话框（图 7-1）：

（1）单击“默认”选项卡→“实用工具”面板→“快速选择”按钮。

（2）选择“工具”菜单→“快速选择”命令。

（3）在命令行中输入“QSELECT（或 QSE）”并按 Enter 键。

下面以实例来说明如何快速选择对象。

素材\第 7 章\图 7-1.dwg

【例 7-1】 快速选择图 7-2 中图层为轮廓线的图层。

（1）在命令行中输入“QSE”并按 Enter 键，弹出图 7-1 所示的“快速选择”对话框。

（2）在“应用到”下拉列表框中选择“整个图形”选项。

（3）在“对象类型”下拉列表框中选择“所有图元”选项。

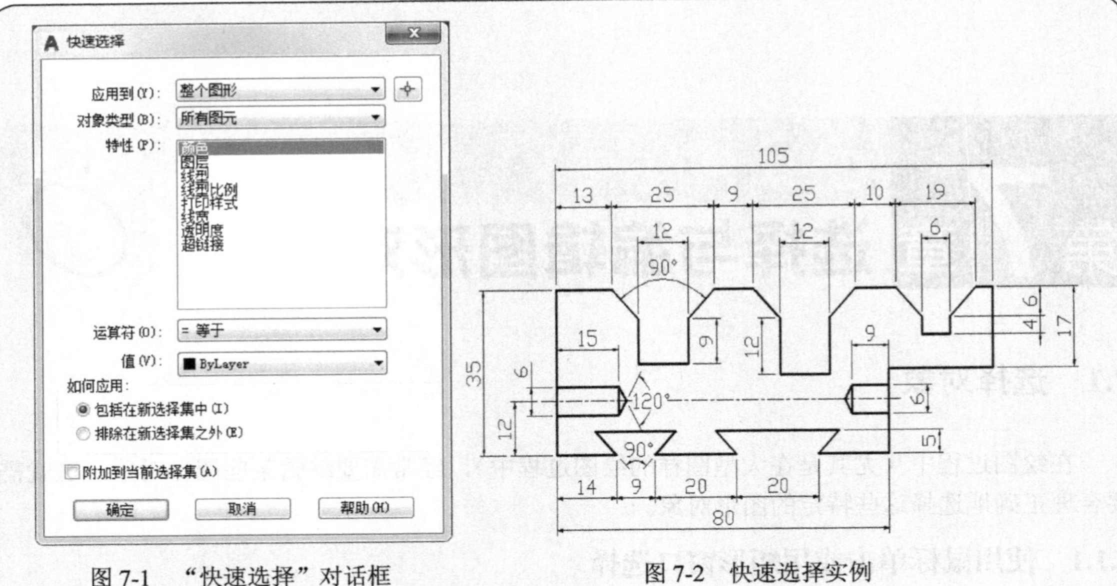

图 7-1 “快速选择”对话框　　　图 7-2 快速选择实例

（4）在“特性”列表框中选择“图层”选项。

（5）在“运算符”列表框中选择“=等于”选项。

（6）在“值”列表框中选择“轮廓线”选项。

（7）在“如何应用”选项组中选择“包括在新选择集中”选项，设置好的“快速选择”对话框如图 7-3 所示。

（8）单击 确定 按钮，所选择的对象如图 7-4 所示。

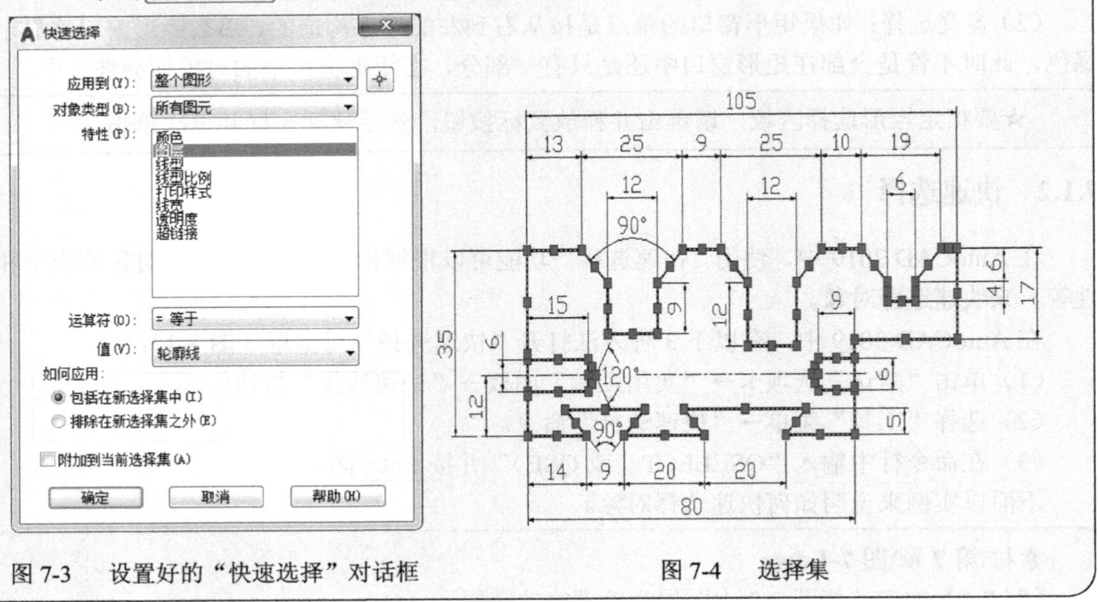

图 7-3 设置好的“快速选择”对话框　　　图 7-4 选择集

7.1.3 过滤选择

除了“快速选择”功能之外，AutoCAD 2019 还提供“过滤选择”功能，用于创建一个要求列表，对象必须符合这些要求才能被包含在选择集中。

“过滤选择”可通过“对象选择过滤器”定义。运行命令“FILTER（或 FI）”将打开“对象选择过滤器”对话框，如图 7-5 所示。

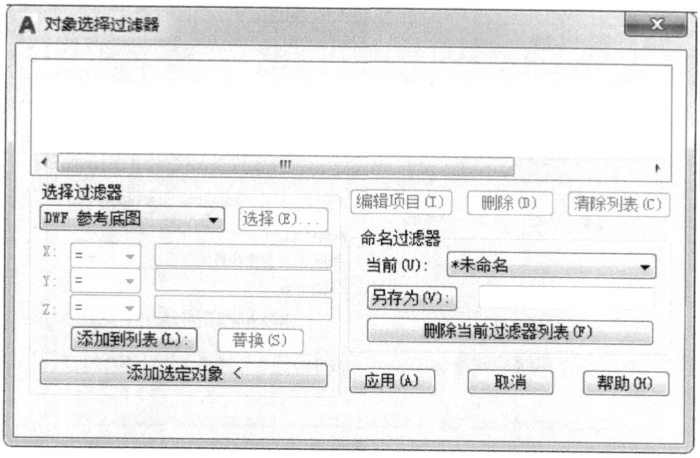

图 7-5　“对象选择过滤器”对话框

下面以实例来说明如何过滤选择对象。

素材\第 7 章\图 7-2.dwg

【例 7-2】过滤选择图 7-6 中半径>20 的圆。

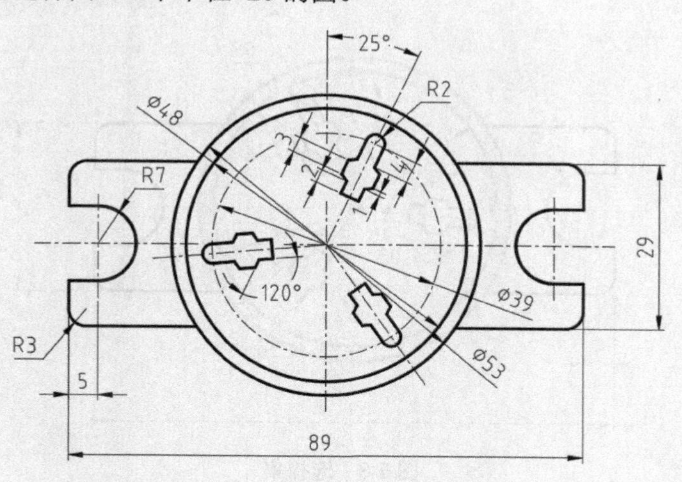

图 7-6　过滤选择实例

（1）在命令行中输入“FI”并按 Enter 键，弹出图 7-5 所示的“对象选择过滤器”对话框。

（2）在“选择过滤器”的第一个下拉列表框中选择“圆”选项，然后单击 添加到列表(L): 按钮。

（3）在“选择过滤器”的第一个下拉列表框中选择“** 开始　AND”选项，然后单击 添加到列表(L): 按钮。

（4）在“选择过滤器”的第一个下拉列表框中选择“圆半径”选项，此时 X 下拉列表框和相应文本框显示为可用，选择其后的下拉列表框为“>”，在 X 文本框中输入“20”，然后单击 添加到列表(L): 按钮。

（5）在“选择过滤器”的第一个下拉列表框中选择“** 结束　　AND”选项，然后单击 添加到列表(L): 按钮。设置好的“对象选择过滤器”对话框如图 7-7 所示。

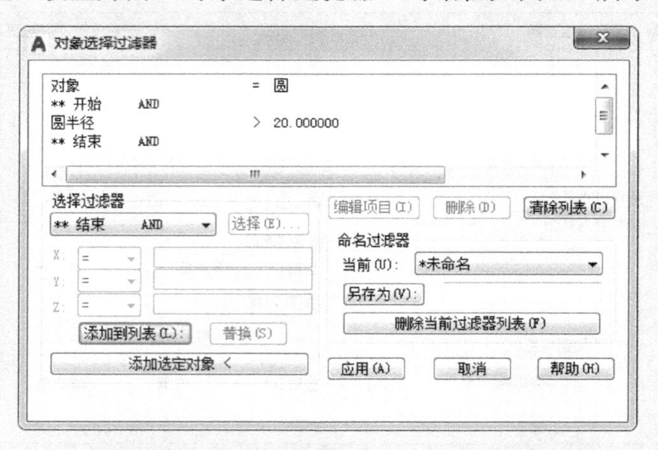

图 7-7　设置好的“对象选择过滤器”对话框

（6）单击 应用(A) 按钮，光标变为选择对象的方框形状“□”。

（7）在绘图区选择要应用过滤器的对象，然后按 Enter 键或单击鼠标右键完成过滤选择，选择结果如图 7-8 所示。

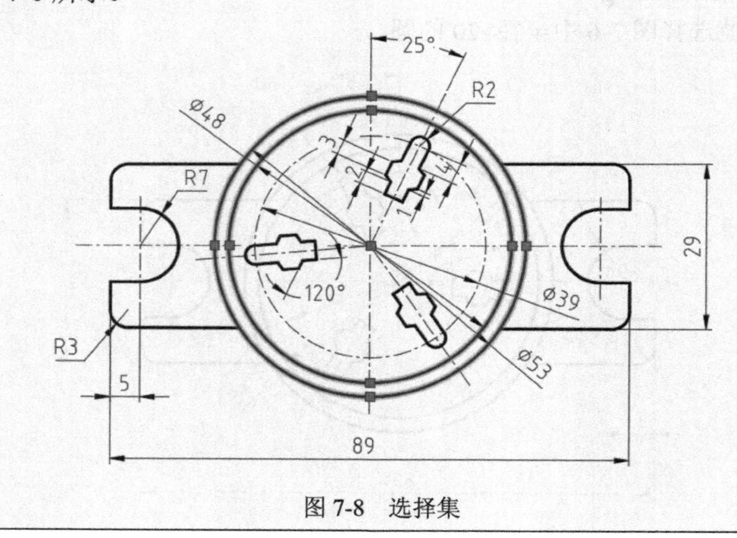

图 7-8　选择集

7.2　使用夹点编辑图形

AutoCAD 2019 为每个图形对象均设置了夹点。在二维对象上，夹点显示为一些实心的小方框，如图 7-9 所示。需要注意的是，锁定图层上的对象不显示夹点。夹点编辑模式是一种方便快捷的编辑操作途径，可以拖动这些夹点快速拉伸、移动、旋转、比例缩放或镜像对象。

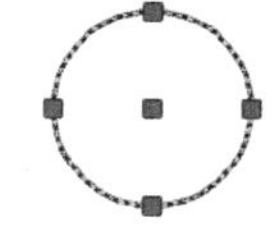
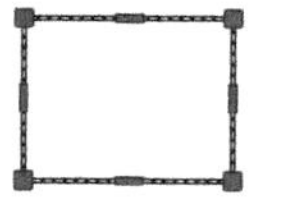
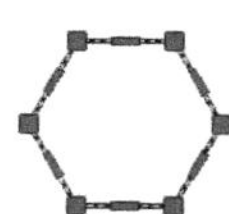

图 7-9　显示对象上的夹点

要进入夹点编辑模式，只需在无命令的状态下，在光标为✣时选择对象，将显示其夹点，然后在任意一个夹点上单击即可。

例如：选中直线的两个端点处的任何一个夹点时，命令行提示：

** 拉伸 **

指定拉伸点或 [基点(B) 复制(C) 放弃(U) 退出(X)]:

命令行的提示信息表明已进入夹点编辑模式。“** 拉伸 **”表示此时的夹点模式为拉伸模式。一共有5种夹点编辑模式，分别为“拉伸”“移动”“旋转”“比例缩放”和“镜像”，按Enter键或Space键可在这5种模式之间进行循环切换。

7.2.1　拉伸对象

拉伸操作指的是将长度拉长，比如直线的长度、圆的半径等长度参量。在夹点编辑模式下是通过移动夹点位置来拉伸对象的。

在无命令的状态下选择对象，单击其夹点即可进入夹点拉伸模式，AutoCAD 2019自动将被单击的夹点作为拉伸基点。此时命令行提示：

此时可通过移动光标或在命令行中输入坐标值指定拉伸点，该夹点会移动到拉伸点的位置。对于一般的对象，随着夹点的移动，对象会被拉伸；对于文字、块参照、直线中点、圆心和点对象，夹点将移动对象而不是拉伸对象。各选项说明如下：

（1）基点（B）：重新指定拉伸的基点。

（2）复制（C）：选择该选项后，将在拉伸点位置复制对象，被拉伸的原始对象将不会删除。

（3）放弃（U）：取消上一次的操作。

（4）退出（X）：退出夹点编辑模式。

7.2.2　移动对象

移动是指对象位置的平移，而对象的方向和大小均不改变。在夹点编辑模式下，可通过移动夹点位置移动对象。

单击夹点进入夹点编辑模式后，按Enter键或Space键切换编辑模式至“移动”，或者在命令行中直接输入“MO”进入移动模式，AutoCAD 2019自动将被单击的夹点作为移动基点。此时命令行提示：

** MOVE **

指定移动点 或 [基点(B) 复制(C) 放弃(U) 退出(X)]:

用光标拾取或在命令行中输入移动点的坐标值并按Enter键，可将对象移动到指定的移动点。

7.2.3　旋转对象

旋转对象是指对象绕基点旋转指定的角度。单击夹点进入夹点编辑模式后，按Enter键或Space键切换编辑模式至“旋转”，或者在命令行中直接输入“RO”进入旋转模式，AutoCAD 2019自动将被单击的夹点作为旋转基点。此时命令行提示：

** 旋转 **

指定旋转角度或 [基点(B) 复制(C) 放弃(U) 参照(R) 退出(X)]:

在某个位置上单击，即表示指定旋转角度为该位置与 X 轴正方向的夹角，也可通过在命令行中输入角度值指定旋转角度。选择“参照”选项，可指定旋转的参照角度。

7.2.4 比例缩放

比例缩放是指对象的大小按指定比例放大或缩小。单击夹点进入夹点编辑模式后，按 Enter 键或 Space 键切换编辑模式至“比例缩放”，或者在命令行中直接输入“SC”进入比例缩放模式，AutoCAD 2019 自动将被单击的夹点作为比例缩放基点。此时命令行提示：

** 比例缩放 **
指定比例因子或 [基点(B) 复制(C) 放弃(U) 参照(R) 退出(X)]:

此时输入比例因子，即完成对象基于基点的缩放操作。比例因子大于 1 表示放大对象，小于 1 表示缩小对象。

7.2.5 镜像对象

镜像对象是指将对象沿着镜像线进行对称操作。单击夹点进入夹点编辑模式后，按 Enter 键或 Space 键切换编辑模式至“镜像”，或者在命令行中直接输入“MI”进入镜像模式，AutoCAD 2019 自动将被单击的夹点作为镜像基点。此时命令行提示：

** 镜像 **
指定第二点或 [基点(B) 复制(C) 放弃(U) 退出(X)]:

此时指定的第二点与镜像基点构成镜像线，对象将以镜像线为对称轴进行镜像操作并删除源对象。

7.3 删除、移动、旋转和对齐对象

在 AutoCAD 2019 中，不但可以方便地绘制图形，还能通过编辑命令对绘制的图形进行各种编辑，如删除、移动和旋转对象等。

7.3.1 删除对象

在 AutoCAD 2019 中，有以下 4 种方法执行**删除**命令：

（1）选择“修改”菜单→“删除”命令。

（2）单击“默认”选项卡→“修改”面板→“删除”按钮。

（3）单击“修改”工具栏中的“删除”按钮。

（4）在命令行中输入“ERASE（或 E）”并按 Enter 键。

执行删除命令后，命令行提示：ERASE 选择对象:，此时选择要删除的对象，然后按 Enter 键，将删除已选择的对象。

★注意：可以选择对象后直接按 Delete 键，将所选对象删除。

7.3.2 移动对象

在绘制图形时，经常需要调整对象的位置，移动命令可以帮助用户精确地把对象移动到不

同的位置。使用移动命令，用户必须选择基点移动图形上的对象。此基点是移动对象前指定的起始位置，再将此点移动到目的位置，用户可以单击两点或使用指定位移来移动对象。

在 AutoCAD 2019 中，有以下 4 种方法执行**移动**命令：

（1）选择“修改”菜单→“移动”命令。

（2）单击“默认”选项卡→“修改”面板→“移动”按钮✥。

（3）单击“修改”工具栏中的“移动”按钮✥。

（4）在命令行中输入“MOVE（或 M）”并按 Enter 键。

执行移动命令后，命令行提示：MOVE 选择对象:，此时选择要移动的对象，然后按 Enter 键，命令行继续提示：MOVE 指定基点或 [位移(D)] <位移>:，可通过基点方式或位移方式移动对象，默认为“指定基点”。此时可单击绘图区某一点，即指定其为移动对象的基点。基点可在被移动的对象上，也可不在被移动的对象上，坐标系中的任意一点均可作为基点。指定基点后，命令行继续提示：MOVE 指定第二个点或 <使用第一个点作为位移>:，此时可指定移动对象的第二个点，该点与基点共同定义了一个矢量，指示了选定对象要移动的距离和方向。指定该点后，将在绘图区显示基点与第二点之间的连线，表示位移矢量，如图 7-10 所示。

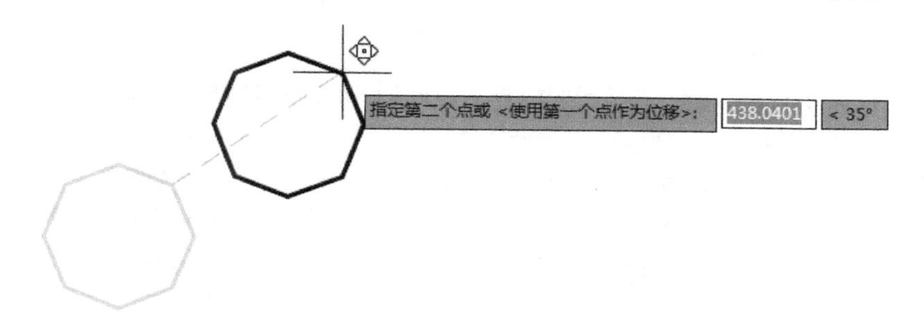

图 7-10 移动对象

如果在命令行提示 MOVE 指定基点或 [位移(D)] <位移>: 时不指定基点，而是直接按 Enter 键，命令行将提示：MOVE 指定位移 <0.0000, 0.0000, 0.0000>:，此时输入的坐标值将指定相对距离和方向。

7.3.3 旋转对象

旋转对象是指对象绕基点旋转指定的角度。

在 AutoCAD 2019 中，有以下 4 种方法执行**旋转**命令：

（1）选择“修改”菜单→“旋转”命令。

（2）单击“默认”选项卡→“修改”面板→“旋转”按钮↻。

（3）单击“修改”工具栏中的“旋转”按钮↻。

（4）在命令行中输入“ROTATE（或 RO）”并按 Enter 键。

执行旋转命令后，命令行提示：ROTATE 选择对象:，此时选择要旋转的对象，然后按 Enter 键，命令行继续提示：ROTATE 指定基点:，此时指定旋转对象的基点，即旋转对象时所围绕的中心点，可用光标拾取绘图区中的点，也可在命令行中输入坐标值指定点。指定基点后，命令行继续提示：ROTATE 指定旋转角度，或 [复制(C) 参照(R)] <0>:，此时可以在某角度方向上单击或在命令行中输入角度值来指定旋转角度。

其他选项的含义如下：

“复制（C）”：用于创建要旋转对象的副本，旋转后源对象不会被删除。

“参照（R）”：用于设置旋转对象的参照角度。

下面以实例来说明如何旋转对象。

素材\第 7 章\图 7-3.dwg

【例 7-3】 将图 7-11a 所示的对象旋转为图 7-11b 所示的对象。

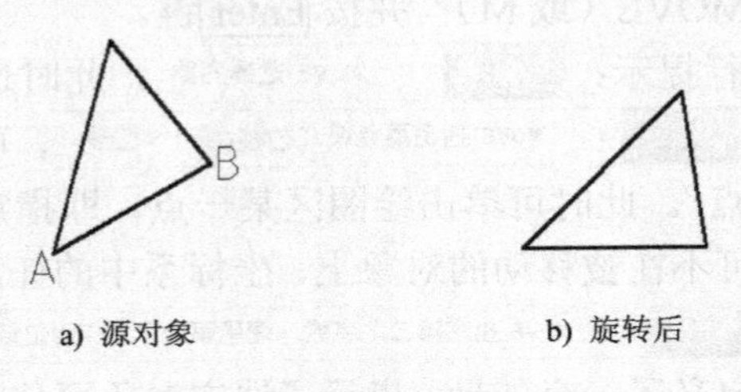

a) 源对象　　b) 旋转后

图 7-11　旋转对象实例

（1）在命令行中输入“RO”并按 Enter 键，命令行提示：ROTATE 选择对象:，此时选择图 7-11a 中的对象并按 Enter 键。

（2）命令行提示：ROTATE 指定基点:，此时用光标拾取图 7-11a 中的 A 点作为旋转基点，命令行继续提示：ROTATE 指定旋转角度，或 [复制(C) 参照(R)] <0>:，此时在命令行中输入“R”，然后按 Enter 键，命令行继续提示：ROTATE 指定参照角 <0>:，此时用光标依次拾取图 7-11a 中的 A 点和 B 点，命令行继续提示：ROTATE 指定新角度或 [点(P)] <0>:，此时在命令行中输入“0”并按 Enter 键即可。旋转后的效果如图 7-11b 所示。

7.3.4　对齐对象

对齐操作用于将所选对象与另一个对象对齐，包括线与线之间的对齐及面与面之间的对齐。对齐操作实际上集成了移动、旋转和缩放等操作。AutoCAD 2019 是通过指定一对或多对源点和目标点来实现对象间的对齐的。

在 AutoCAD 2019 中，有以下 3 种方法执行**对齐**命令：

（1）选择“修改”菜单→“三维操作”→“对齐”命令。

（2）单击“默认”选项卡→“修改”面板→“对齐”按钮 。

（3）在命令行中输入“ALIGN（或 AL）”并按 Enter 键。

下面以实例来说明如何对齐对象。

素材\第 7 章\图 7-4.dwg

【例 7-4】 将图 7-12a 所示的对象对齐为图 7-12b 所示的对象。

（1）在命令行中输入“AL”并按 Enter 键，命令行提示：ALIGN 选择对象:，此时用光标选择图 7-12a 中的右侧对象并按 Enter 键。

（2）命令行继续提示：ALIGN 指定第一个源点:，此时用光标拾取图 7-12a 中的 A 点，命令行继续提示：ALIGN 指定第一个目标点:，此时用光标拾取图 7-12a 中的 C 点。

（3）命令行继续提示：ALIGN 指定第二个源点:，此时用光标拾取图 7-12a 中的 B 点，命令行继续提示：ALIGN 指定第二个目标点:，此时用光标拾取图 7-12a 中的 D 点。

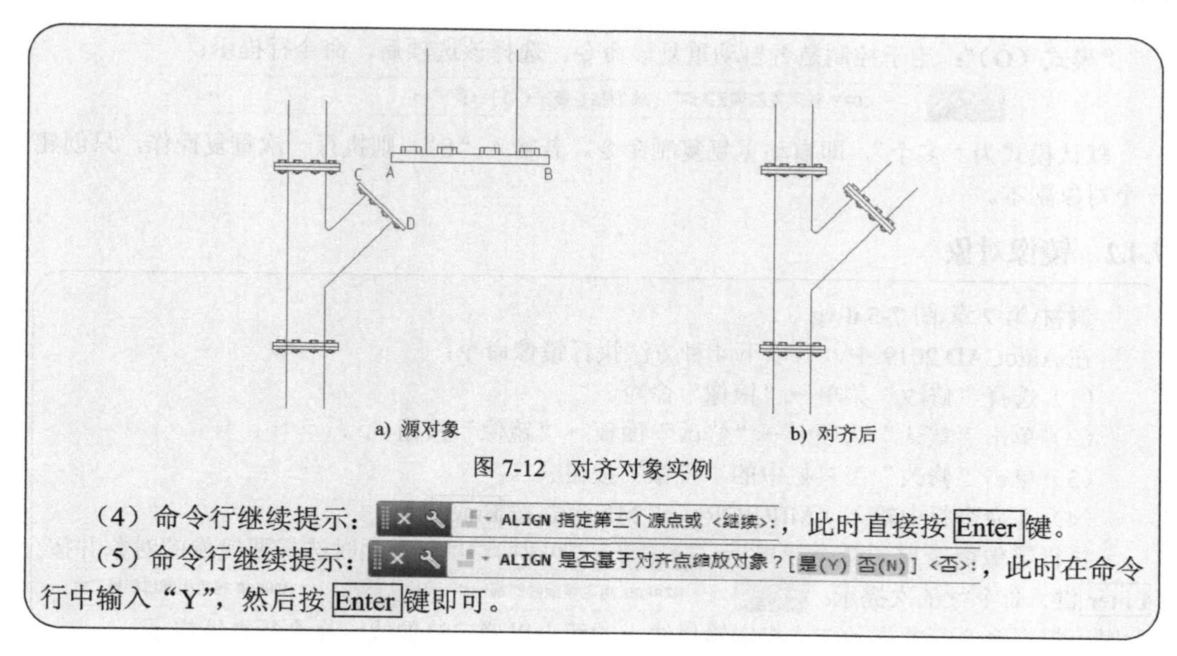

图 7-12　对齐对象实例

（4）命令行继续提示：ALIGN 指定第三个源点或 <继续>:，此时直接按 Enter 键。

（5）命令行继续提示：ALIGN 是否基于对齐点缩放对象？[是(Y) 否(N)] <否>:，此时在命令行中输入“Y”，然后按 Enter 键即可。

7.4　复制、镜像、阵列和偏移对象

在 AutoCAD 2019 的绘图过程中，经常用复制、阵列和偏移等命令来创建很多与源对象相同或相似的对象。

7.4.1　复制对象

在 AutoCAD 2019 中，有以下 4 种方法执行**复制**命令：

（1）选择“修改”菜单→“复制”命令。

（2）单击“默认”选项卡→“修改”面板→“复制”按钮。

（3）单击“修改”工具栏中的“复制”按钮。

（4）在命令行中输入“COPY（或 CO）”并按 Enter 键。

执行复制命令后，命令行提示：COPY 选择对象:，此时可单击或用矩形窗口选择要复制的对象并按 Enter 键，命令行继续提示：

当前设置：　复制模式 = 多个

COPY 指定基点或 [位移(D) 模式(O)] <位移>:

该提示信息的第一行显示了复制操作的当前模式为“多个”。复制的操作过程与移动的操作过程完全一致，也是通过指定基点和第二个点来确定复制对象的位移矢量的。同样，也可通过光标拾取或输入坐标值指定复制的基点，随后命令行提示：

COPY 指定第二个点或 [阵列(A)] <使用第一个点作为位移>:，此时可指定复制对象的第二个点。默认情况下，复制命令将自动重复，命令行继续提示：

COPY 指定第二个点或 [阵列(A) 退出(E) 放弃(U)] <退出>:，此时按 Enter 键或 Esc 键，退出该命令。

中括号内其他两个选项的含义如下：

“位移（D）”：用坐标值指定复制的位移矢量。

“模式（O）”：用于控制是否自动重复该命令。选择该选项后，命令行提示：

COPY 输入复制模式选项 [单个(S) 多个(M)] <多个>:

默认模式为“多个”，即自动重复复制命令。若输入“S”，则执行一次重复操作，只创建一个对象副本。

7.4.2 镜像对象

素材\第 7 章\图 7-5.dwg

在 AutoCAD 2019 中，有以下 4 种方法执行**镜像**命令：

（1）选择“修改”菜单→“镜像”命令。

（2）单击“默认”选项卡→“修改”面板→“镜像”按钮。

（3）单击“修改”工具栏中的“镜像”按钮。

（4）在命令行中输入“MIRROR（或 MI）”并按 Enter 键。

执行镜像命令后，命令行提示：MIRROR 选择对象:，此时选择要镜像的对象并按 Enter 键，命令行依次提示：MIRROR 指定镜像线的第一点:和 MIRROR 指定镜像线的第二点:，此时可根据命令行的提示依次指定镜像线上的两点以确定镜像线，命令行继续提示：MIRROR 要删除源对象吗？[是(Y) 否(N)] <否>:，此时可选择是否删除被镜像的源对象。输入“Y”，将镜像的图像放置到图形中并删除源对象；输入“N”，将镜像的图像放置到图形中并保留源对象。

7.4.3 阵列对象

1．矩形阵列

在 AutoCAD 2019 中，有以下 4 种方法执行**矩形阵列**命令：

（1）选择“修改”菜单→“阵列”→“矩形阵列”命令。

（2）单击“默认”选项卡→“修改”面板→“阵列”下拉列表→“矩形阵列”按钮。

（3）单击“修改”工具栏→“阵列”下拉列表→“矩形阵列”按钮。

（4）在命令行中输入“ARRAYRECT”并按 Enter 键。

下面以实例来说明如何矩形阵列对象。

素材\第 7 章\图 7-6.dwg

【例 7-5】将图 7-13a 所示的对象阵列为图 7-13b 所示的对象。

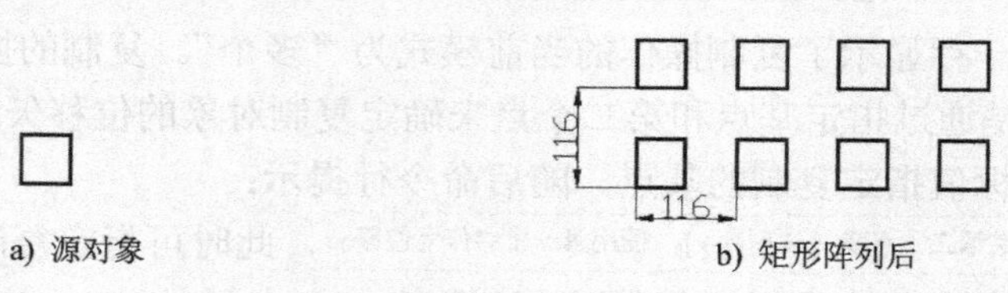

图 7-13 矩形阵列实例

（1）单击“修改”工具栏中的“矩形阵列”按钮，命令行提示：

ARRAYRECT 选择对象:，此时选择图 7-13a 中的矩形，然后按 Enter 键。

（2）命令行继续提示：

类型 = 矩形　关联 = 是

ARRAYRECT 选择夹点以编辑阵列或 [关联(AS) 基点(B) 计数(COU) 间距(S) 列数(COL) 行数(R) 层数(L) 退出(X)] <退出>:

此时在命令行中输入“COU”并按 Enter 键，命令行继续提示：

ARRAYRECT 输入列数数或 [表达式(E)] <4>:，此时在命令行中输入“4”并按 Enter 键，命令行继续提示：ARRAYRECT 输入行数数或 [表达式(E)] <3>:，此时在命令行中输入“2”并按 Enter 键。

（3）命令行继续提示：

ARRAYRECT 选择夹点以编辑阵列或 [关联(AS) 基点(B) 计数(COU) 间距(S) 列数(COL) 行数(R) 层数(L) 退出(X)] <退出>:

此时在命令行中输入“S”并按 Enter 键，命令行继续提示：

ARRAYRECT 指定列之间的距离或 [单位单元(U)] <84.8528>:，此时在命令行中输入“116”并按 Enter 键，命令行继续提示：ARRAYRECT 指定行之间的距离 <84.8528>:，此时在命令行中输入“116”并按 Enter 键。

（4）按 Enter 键或 Esc 键结束当前操作。

2．路径阵列

在 AutoCAD 2019 中，有以下 4 种方法执行**路径阵列**命令：

（1）选择“修改”菜单→“阵列”→“路径阵列”命令。

（2）单击“默认”选项卡→“修改”面板→“阵列”下拉列表→“路径阵列”按钮。

（3）单击“修改”工具栏→“阵列”下拉列表→“路径阵列”按钮。

（4）在命令行中输入“ARRAYPATH”并按 Enter 键。

下面以实例来说明如何路径阵列对象。

素材\第 7 章\图 7-6.dwg

【例 7-6】将图 7-14a 所示的对象阵列为图 7-14b 所示的对象。

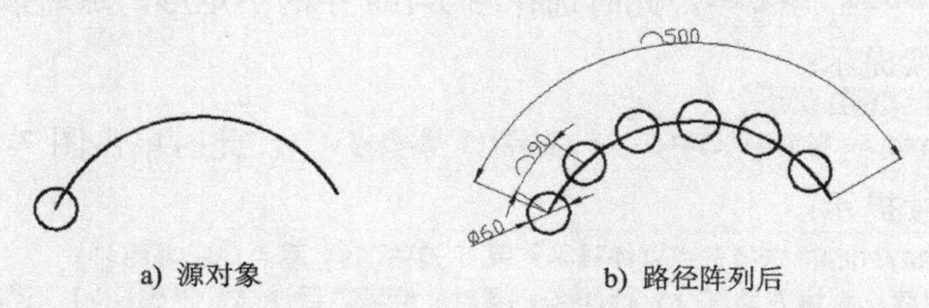

a）源对象　　b）路径阵列后

图 7-14　路径阵列实例

（1）在命令行中输入“ARRAYPATH”并按 Enter 键，命令行提示：

ARRAYPATH 选择对象:，此时选择图 7-14a 中的圆，然后按 Enter 键。

（2）命令行继续提示：

类型 = 路径　关联 = 是

ARRAYPATH 选择路径曲线:，此时选择图 7-14a 中的圆弧。

（3）命令行继续提示：

ARRAYPATH 选择夹点以编辑阵列或 [关联(AS) 方法(M) 基点(B) 切向(T) 项目(I) 行(R) 层(L) 对齐项目(A) z 方向(Z) 退出(X)] <退出>:

此时在命令行中输入“I”并按 Enter 键，命令行继续提示：

ARRAYPATH 指定沿路径的项目之间的距离或 [表达式(E)] <90>:，此时在命令行中输入“90”并按 Enter 键，命令行继续提示：

最大项目数 = 6
ARRAYPATH 指定项目数或 [填写完整路径(F) 表达式(E)] <6>:，此时在命令行中输入“6”并按Enter键。

（4）按Enter键或Esc键结束当前操作。

3．环形阵列

在 AutoCAD 2019 中，有以下 4 种方法执行**环形阵列**命令：

（1）选择“修改”菜单→“阵列”→“环形阵列”命令。

（2）单击“默认”选项卡→“修改”面板→“阵列”下拉列表→“环形阵列”按钮 。

（3）单击“修改”工具栏→“阵列”下拉列表→“环形阵列”按钮 。

（4）在命令行中输入“ARRAYPOLAR”并按Enter键。

下面以实例来说明如何环形阵列对象。

素材\第 7 章\图 7-7.dwg

【例 7-7】将图 7-15a 所示的对象分别阵列为图 7-15b、c 所示的对象。

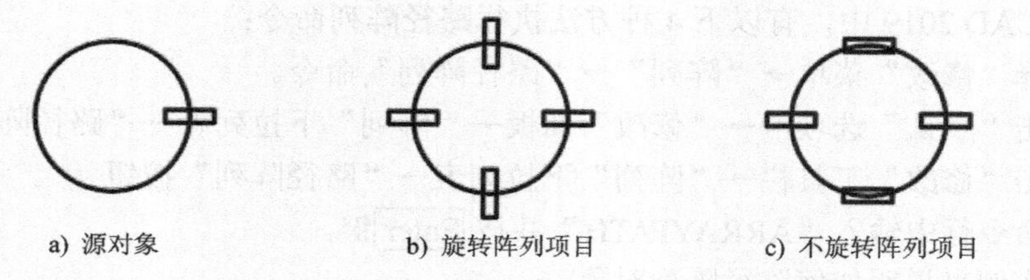

a) 源对象　b) 旋转阵列项目　c) 不旋转阵列项目

图 7-15　环形阵列实例 1

（1）在命令行中输入“ARRAYPOLAR”并按Enter键，命令行提示：

ARRAYPOLAR 选择对象:，此时选择图 7-15a 中的小矩形，然后按Enter键。

（2）命令行继续提示：

类型 = 极轴　关联 = 是
ARRAYPOLAR 指定阵列的中心点或 [基点(B) 旋转轴(A)]:，此时单击图 7-15a 中圆的圆心。

（3）命令行继续提示：

ARRAYPOLAR 选择夹点以编辑阵列或 [关联(AS) 基点(B) 项目(I) 项目间角度(A) 填充角度(F) 行(ROW) 层(L) 旋转项目(ROT) 退出(X)] <退出>:，此时在命令行中输入“I”并按Enter键，命令行继续提示：

ARRAYPOLAR 输入阵列中的项目数或 [表达式(E)] <6>:，此时在命令行中输入“4”并按Enter键。

（4）命令行继续提示：

ARRAYPOLAR 选择夹点以编辑阵列或 [关联(AS) 基点(B) 项目(I) 项目间角度(A) 填充角度(F) 行(ROW) 层(L) 旋转项目(ROT) 退出(X)] <退出>:，此时在命令行中输入“AS”并按Enter键，命令行继续提示：

ARRAYPOLAR 创建关联阵列 [是(Y) 否(N)] <是>:，此时在命令行中输入“N”并按Enter键。

（5）命令行继续提示：

ARRAYPOLAR 选择夹点以编辑阵列或 [关联(AS) 基点(B) 项目(I) 项目间角度(A) 填充角度(F) 行(ROW) 层(L) 旋转项目(ROT) 退出(X)] <退出>:，此时在命令行中输入“ROT”并按Enter键，命令行继续提示：

ARRAYPOLAR 是否旋转阵列项目？[是(Y) 否(N)] <是>:，此时在命令行中输入“Y”并按 Enter 键。

（6）按 Enter 键或 Esc 键结束当前操作。至此，图 7-15a 所示的对象阵列为图 7-15b 所示的对象。

若将步骤（5）中的“Y”改为“N”，则图 7-15a 所示的对象阵列为图 7-15c 所示的对象。

素材\第 7 章\图 7-8.dwg

【例 7-8】将图 7-16a 所示的对象分别阵列为图 7-16b、c 所示的对象。

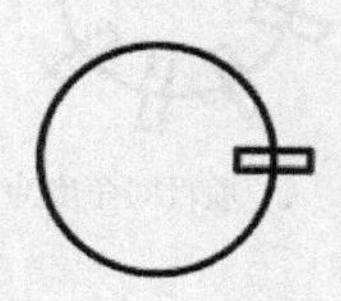

a) 源对象

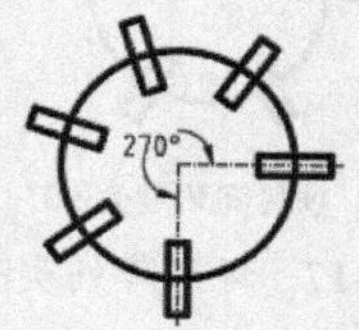

b) 填充角度为 270°

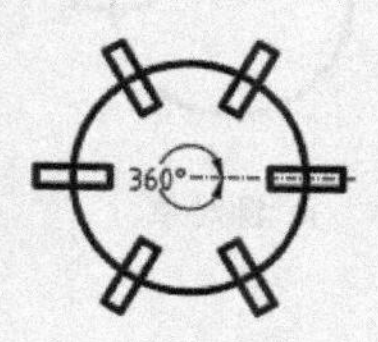

c) 填充角度为 360°

图 7-16 环形阵列实例 2

（1）在命令行中输入“ARRAYPOLAR”并按 Enter 键，命令行提示：

ARRAYPOLAR 选择对象:，此时选择图 7-16a 中的小矩形，然后按 Enter 键。

（2）命令行继续提示：

类型 = 极轴 关联 = 是

ARRAYPOLAR 指定阵列的中心点或 [基点(B) 旋转轴(A)]:，此时单击图 7-16a 中圆的圆心。

（3）命令行继续提示：

ARRAYPOLAR 选择夹点以编辑阵列或 [关联(AS) 基点(B) 项目(I) 项目间角度(A) 填充角度(F) 行(ROW) 层(L) 旋转项目(ROT) 退出(X)] <退出>:，此时在命令行中输入“I”并按 Enter 键，命令行继续提示：

ARRAYPOLAR 输入阵列中的项目数或 [表达式(E)] <6>:，此时在命令行中输入“6”并按 Enter 键。

（4）命令行继续提示：

ARRAYPOLAR 选择夹点以编辑阵列或 [关联(AS) 基点(B) 项目(I) 项目间角度(A) 填充角度(F) 行(ROW) 层(L) 旋转项目(ROT) 退出(X)] <退出>:，此时在命令行中输入“AS”并按 Enter 键，命令行继续提示：

ARRAYPOLAR 创建关联阵列 [是(Y) 否(N)] <是>:，此时在命令行中输入“N”并按 Enter 键。

（5）命令行继续提示：

ARRAYPOLAR 选择夹点以编辑阵列或 [关联(AS) 基点(B) 项目(I) 项目间角度(A) 填充角度(F) 行(ROW) 层(L) 旋转项目(ROT) 退出(X)] <退出>:，此时在命令行中输入“ROT”并按 Enter 键，命令行继续提示：

ARRAYPOLAR 是否旋转阵列项目？[是(Y) 否(N)] <是>:，此时在命令行中输入“Y”并按 Enter 键。

（6）命令行继续提示：

ARRAYPOLAR 选择夹点以编辑阵列或 [关联(AS) 基点(B) 项目(I) 项目间角度(A) 填充角度(F) 行(ROW) 层(L) 旋转项目(ROT) 退出(X)] <退出>:，此时在命令行中输入“F”并按 Enter 键，命令行继续提示：

ARRAYPOLAR 指定填充角度(+=逆时针、-=顺时针)或 [表达式(EX)] <360>:，此时在命令行中输入“270”并按 Enter 键。

（7）按 Enter 键或 Esc 键结束当前操作。至此，图 7-16a 所示的对象阵列为图 7-16b 所示的对象。

若将步骤（6）中的“270”改为“360”，则图 7-16a 所示的对象阵列为图 7-16c 所示的对象。

素材\第 7 章\图 7-9.dwg

【例 7-9】将图 7-17a 所示的对象分别阵列为图 7-17b、c 所示的对象。

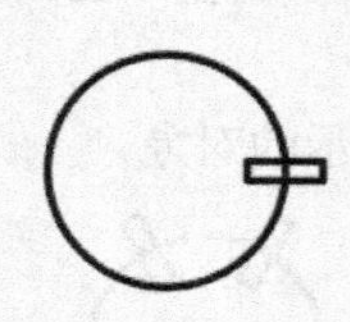

a) 源对象

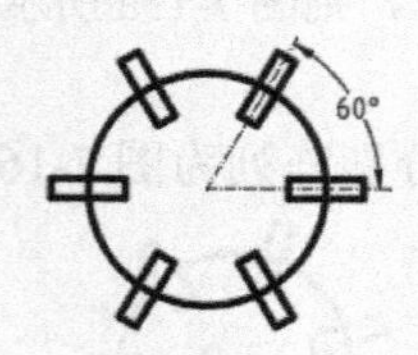

b) 项目间角度为 60°

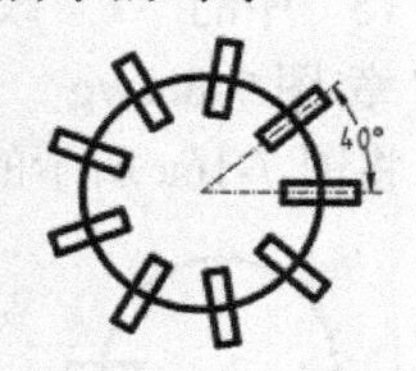

c) 项目间角度为 40°

图 7-17　环形阵列实例 3

（1）在命令行中输入“ARRAYPOLAR”并按 Enter 键。命令行提示：

ARRAYPOLAR 选择对象:，此时选择图 7-17a 中的小矩形，然后按 Enter 键。

（2）命令行继续提示：

类型 = 极轴　关联 = 是

ARRAYPOLAR 指定阵列的中心点或 [基点(B) 旋转轴(A)]:，此时单击图 7-17a 中圆的圆心。

（3）命令行继续提示：

ARRAYPOLAR 选择夹点以编辑阵列或 [关联(AS) 基点(B) 项目(I) 项目间角度(A) 填充角度(F) 行(ROW) 层(L) 旋转项目(ROT) 退出(X)] <退出>:，此时在命令行中输入“A”并按 Enter 键，命令行继续提示：

ARRAYPOLAR 指定项目间的角度或 [表达式(EX)] <60>:，此时在命令行中输入“60”并按 Enter 键。

（4）命令行继续提示：

ARRAYPOLAR 选择夹点以编辑阵列或 [关联(AS) 基点(B) 项目(I) 项目间角度(A) 填充角度(F) 行(ROW) 层(L) 旋转项目(ROT) 退出(X)] <退出>:，此时在命令行中输入“I”并按 Enter 键，命令行继续提示：

ARRAYPOLAR 输入阵列中的项目数或 [表达式(E)] <6>:，此时在命令行中输入“6”并按 Enter 键。

（5）命令行继续提示：

ARRAYPOLAR 选择夹点以编辑阵列或 [关联(AS) 基点(B) 项目(I) 项目间角度(A) 填充角度(F) 行(ROW) 层(L) 旋转项目(ROT) 退出(X)] <退出>:，此时在命令行中输入“AS”并按 Enter 键，命令行继续提示：

ARRAYPOLAR 创建关联阵列 [是(Y) 否(N)] <是>:，此时在命令行中输入“N”并按 Enter 键。

（6）命令行继续提示：

ARRAYPOLAR 选择夹点以编辑阵列或 [关联(AS) 基点(B) 项目(I) 项目间角度(A) 填充角度(F) 行(ROW) 层(L) 旋转项目(ROT) 退出(X)] <退出>:，此时在命令行中输入“ROT”并按 Enter 键，命令行继续提示：

ARRAYPOLAR 是否旋转阵列项目？[是(Y) 否(N)] <是>:，此时在命令行中输入“Y”并按 Enter 键。

（7）按 Enter 键或 Esc 键结束当前操作。至此，图 7-17a 所示的对象阵列为图 7-17b 所示的对象。

若将步骤（3）中的“60”改为“40”，将步骤（4）中的“6”改为“9”，设置填充角度为 360°，则图 7-17a 所示的对象阵列为图 7-17c 所示的对象。

7.4.4　偏移对象

在 AutoCAD 2019 中，有以下 4 种方法执行**偏移**命令：

（1）选择“修改”菜单→“偏移”命令。

（2）单击“默认”选项卡→“修改”面板→“偏移”按钮⊆。

（3）单击“修改”工具栏中的“偏移”按钮⊆。

（4）在命令行中输入“OFFSET（或 O）”并按 Enter 键。

下面以实例来说明如何偏移对象。

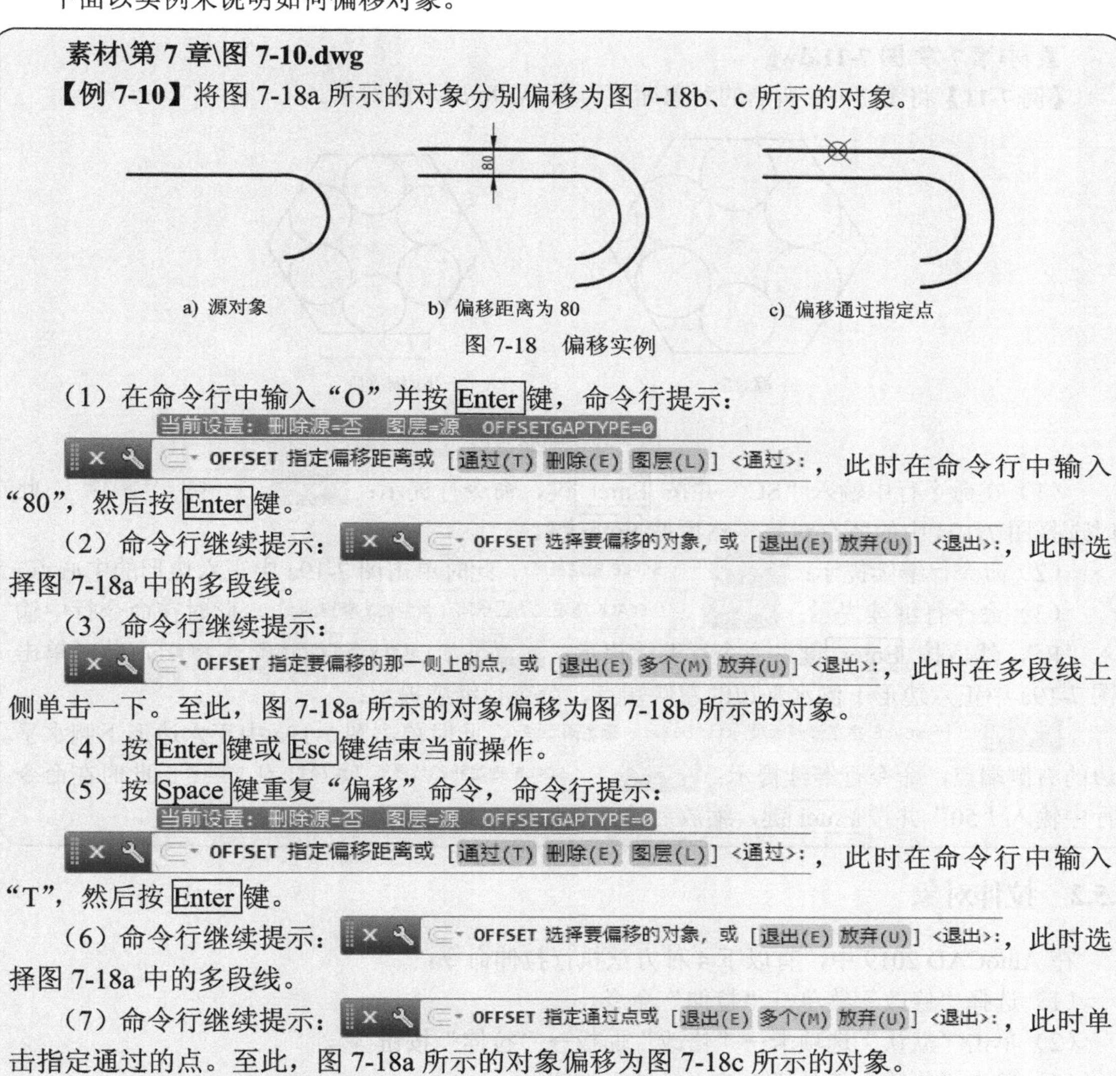

素材\第 7 章\图 7-10.dwg

【例 7-10】将图 7-18a 所示的对象分别偏移为图 7-18b、c 所示的对象。

图 7-18　偏移实例

（1）在命令行中输入“O”并按 Enter 键，命令行提示：

当前设置：删除源=否　图层=源　OFFSETGAPTYPE=0

OFFSET 指定偏移距离或 [通过(T) 删除(E) 图层(L)] <通过>:，此时在命令行中输入“80”，然后按 Enter 键。

（2）命令行继续提示：OFFSET 选择要偏移的对象，或 [退出(E) 放弃(U)] <退出>:，此时选择图 7-18a 中的多段线。

（3）命令行继续提示：

OFFSET 指定要偏移的那一侧上的点，或 [退出(E) 多个(M) 放弃(U)] <退出>:，此时在多段线上侧单击一下。至此，图 7-18a 所示的对象偏移为图 7-18b 所示的对象。

（4）按 Enter 键或 Esc 键结束当前操作。

（5）按 Space 键重复“偏移”命令，命令行提示：

当前设置：删除源=否　图层=源　OFFSETGAPTYPE=0

OFFSET 指定偏移距离或 [通过(T) 删除(E) 图层(L)] <通过>:，此时在命令行中输入“T”，然后按 Enter 键。

（6）命令行继续提示：OFFSET 选择要偏移的对象，或 [退出(E) 放弃(U)] <退出>:，此时选择图 7-18a 中的多段线。

（7）命令行继续提示：OFFSET 指定通过点或 [退出(E) 多个(M) 放弃(U)] <退出>:，此时单击指定通过的点。至此，图 7-18a 所示的对象偏移为图 7-18c 所示的对象。

（8）按 Enter 键或 Esc 键结束当前操作。

7.5　修改对象的大小和形状

在 AutoCAD 2019 中，缩放操作用来修改对象的大小；拉伸、修剪和延伸操作用来修改对象的形状。

7.5.1 缩放对象

在 AutoCAD 2019 中，有以下 4 种方法执行**缩放**命令：

（1）选择“修改”菜单→“缩放”命令。

（2）单击“默认”选项卡→“修改”面板→“缩放”按钮。

（3）单击“修改”工具栏中的“缩放”按钮。

（4）在命令行中输入“SCALE（或 SC）”并按 Enter 键。

下面以实例来说明如何缩放对象。

素材\第 7 章\图 7-11.dwg

【例 7-11】将图 7-19a 所示的对象缩放为图 7-19b 所示的对象。

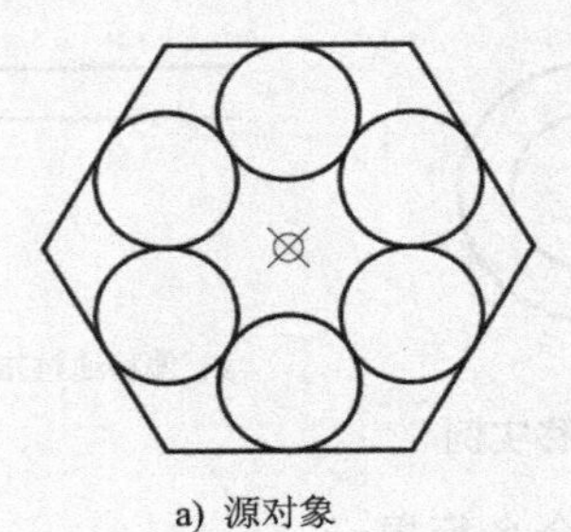

a）源对象

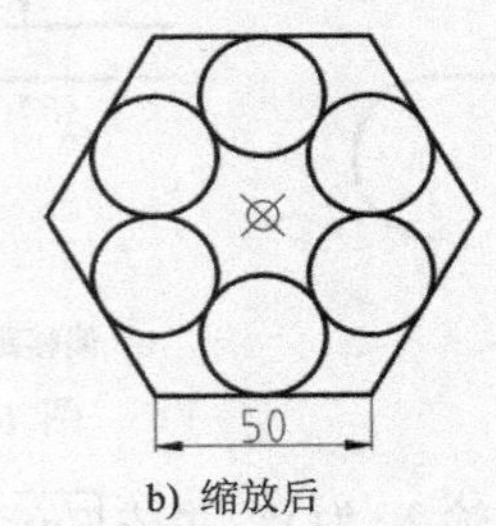

b）缩放后

图 7-19　缩放实例

（1）在命令行中输入“SC”并按 Enter 键，命令行提示：SCALE 选择对象：，此时选择图 7-19a 中的所有对象，然后按 Enter 键。

（2）命令行继续提示：SCALE 指定基点：，此时单击图 7-19a 中正六边形的中心点。

（3）命令行继续提示：SCALE 指定比例因子或 [复制(C) 参照(R)]：，此时在命令行中输入“R”，然后按 Enter 键，命令行继续提示：SCALE 指定参照长度 <1.0000>：，此时单击图 7-19a 中正六边形下侧水平边的左侧端点，命令行继续提示：SCALE 指定参照长度 <1.0000>： 指定第二点：，此时单击图 7-19a 中正六边形下侧水平边的右侧端点，命令行继续提示：SCALE 指定新的长度或 [点(P)] <1.0000>：，此时在命令行中输入“50”并按 Enter 键，缩放后的效果如图 7-19b 所示。

7.5.2 拉伸对象

在 AutoCAD 2019 中，有以下 4 种方法执行**拉伸**命令：

（1）选择“修改”菜单→“拉伸”命令。

（2）单击“默认”选项卡→“修改”面板→“拉伸”按钮。

（3）单击“修改”工具栏中的“拉伸”按钮。

（4）在命令行中输入“STRETCH（或 STR）”并按 Enter 键。

下面以实例来说明如何拉伸对象。

素材\第 7 章\图 7-12.dwg

【例 7-12】将图 7-20a 所示的对象拉伸为图 7-20b 所示的对象。

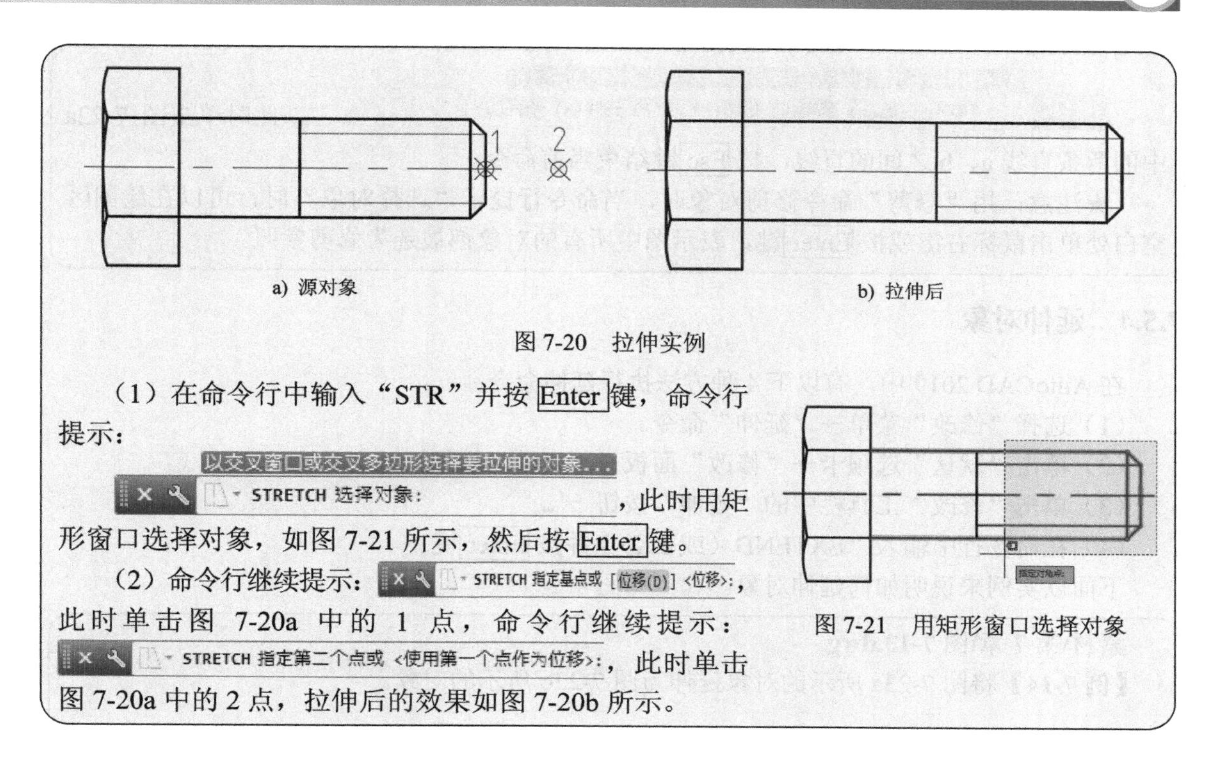

a) 源对象　　b) 拉伸后

图 7-20　拉伸实例

（1）在命令行中输入“STR”并按 Enter 键，命令行提示：以交叉窗口或交叉多边形选择要拉伸的对象... STRETCH 选择对象：，此时用矩形窗口选择对象，如图 7-21 所示，然后按 Enter 键。

图 7-21　用矩形窗口选择对象

（2）命令行继续提示：STRETCH 指定基点或 [位移(D)] <位移>:，此时单击图 7-20a 中的 1 点，命令行继续提示：STRETCH 指定第二个点或 <使用第一个点作为位移>:，此时单击图 7-20a 中的 2 点，拉伸后的效果如图 7-20b 所示。

7.5.3　修剪对象

在 AutoCAD 2019 中，有以下 4 种方法执行**修剪**命令：

（1）选择“修改”菜单→“修剪”命令。

（2）单击“默认”选项卡→“修改”面板→“修剪”按钮。

（3）单击“修改”工具栏中的“修剪”按钮。

（4）在命令行中输入“TRIM（或 TR）”并按 Enter 键。

下面以实例来说明如何修剪对象。

素材\第 7 章\图 7-13.dwg

【例 7-13】将图 7-22a 所示的对象修剪为图 7-22b 所示的对象。

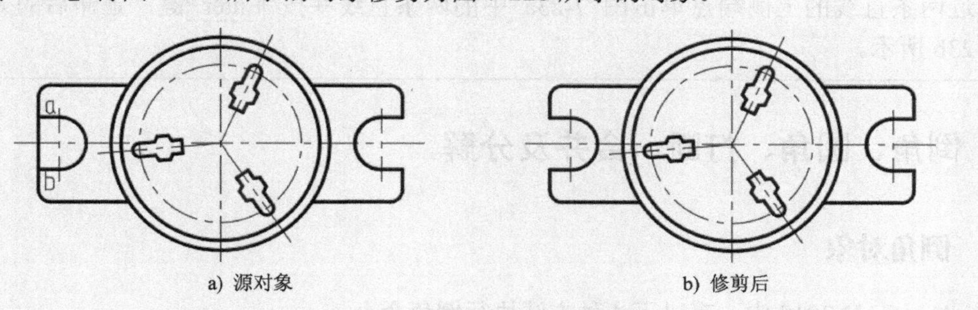

a) 源对象　　b) 修剪后

图 7-22　修剪实例

（1）在命令行中输入“TR”并按 Enter 键，命令行提示：TRIM 选择对象或 <全部选择>:，此时依次选择图 7-22a 中的两条水平直线 a、b，然后按 Enter 键。

（2）命令行继续提示：

选择要修剪的对象，或按住 Shift 键选择要延伸的对象，或
TRIM [栏选(F) 窗交(C) 投影(P) 边(E) 删除(R) 放弃(U)]: ，此时单击图 7-22a 中的两条直线 a、b 之间的直线，按 Esc 键结束当前命令。

★注意：用“修剪”命令修剪对象时，当命令行提示“选择对象”时，可以在绘图区空白处单击鼠标右键或按 Enter 键，表示图中所有的对象都被选为修剪参照。

7.5.4 延伸对象

在 AutoCAD 2019 中，有以下 4 种方法执行**延伸**命令：

（1）选择“修改”菜单→“延伸”命令。

（2）单击“默认”选项卡→“修改”面板→“延伸”按钮 。

（3）单击“修改”工具栏中的“延伸”按钮 。

（4）在命令行中输入“EXTEND（或 EX）”并按 Enter 键。

下面以实例来说明如何延伸对象。

素材\第 7 章\图 7-13.dwg

【例 7-14】将图 7-23a 所示的对象延伸为图 7-23b 所示的对象。

a）源对象

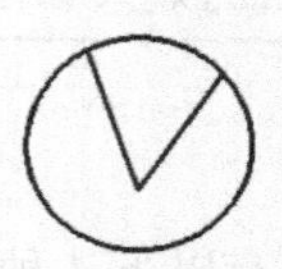

b）延伸后

图 7-23 延伸实例

（1）在命令行中输入“EX”并按 Enter 键，命令行提示：

EXTEND 选择对象或 <全部选择>: ，此时选择图 7-23a 中的圆，然后按 Enter 键。

（2）命令行继续提示：

选择要延伸的对象，或按住 Shift 键选择要修剪的对象，或
EXTEND [栏选(F) 窗交(C) 投影(P) 边(E) 放弃(U)]: ，此时分别靠近两条直线的上侧端点单击图 7-23a 中的两条直线并按 Enter 键，延伸后的效果如图 7-23b 所示。

7.6 倒角、圆角、打断、合并及分解

7.6.1 倒角对象

在 AutoCAD 2019 中，有以下 4 种方法执行**倒角**命令：

（1）选择“修改”菜单→“倒角”命令。

（2）单击“默认”选项卡→“修改”面板→“圆角”下拉列表→“倒角”按钮 。

（3）单击“修改”工具栏中的“倒角”按钮 。

（4）在命令行中输入“CHAMFER（或 CHA）”并按 Enter 键。

下面以实例来说明如何倒角对象。

素材\第 7 章\图 7-14.dwg

【例 7-15】将图 7-24a 所示的对象分别倒角为图 7-24b、c 所示的对象。

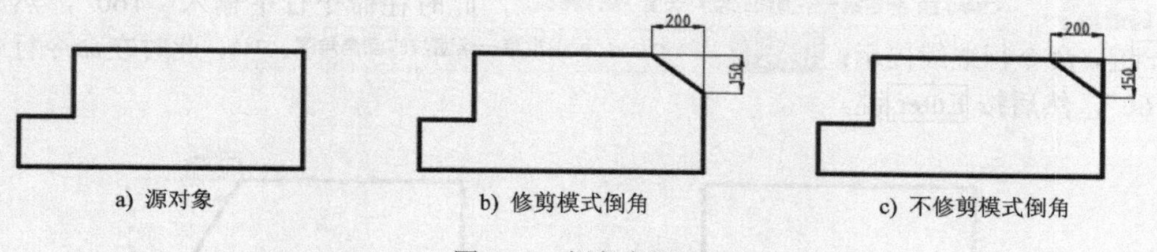

图 7-24　倒角实例 1

（1）在命令行中输入“CHA”并按 Enter 键，命令行提示：

("修剪"模式) 当前倒角距离 1 = 0.0000，距离 2 = 0.0000

CHAMFER 选择第一条直线或 [放弃(U) 多段线(P) 距离(D) 角度(A) 修剪(T) 方式(E) 多个(M)]：，

此时在命令行中输入“D”，然后按 Enter 键，命令行继续提示：

CHAMFER 指定 第一个 倒角距离 <0.0000>：，此时在命令行中输入“200”，然后按 Enter 键，命令行继续提示：CHAMFER 指定 第二个 倒角距离 <200.0000>：，此时在命令行中输入“150”，然后按 Enter 键。

（2）命令行继续提示：

CHAMFER 选择第一条直线或 [放弃(U) 多段线(P) 距离(D) 角度(A) 修剪(T) 方式(E) 多个(M)]：，此时单击图 7-24a 中右上侧的水平直线，命令行继续提示：

CHAMFER 选择第二条直线，或按住 Shift 键选择直线以应用角点或 [距离(D) 角度(A) 方法(M)]：，

此时单击图 7-24a 中右上侧的竖直直线。至此，图 7-24a 所示的对象倒角为图 7-24b 所示的对象。

（3）按 Enter 键或 Space 键重复倒角命令，命令行提示：

("修剪"模式) 当前倒角距离 1 = 200.0000，距离 2 = 150.0000

CHAMFER 选择第一条直线或 [放弃(U) 多段线(P) 距离(D) 角度(A) 修剪(T) 方式(E) 多个(M)]：，

此时在命令行中输入“T”，然后按 Enter 键，命令行继续提示：

CHAMFER 输入修剪模式选项 [修剪(T) 不修剪(N)] <修剪>：，此时在命令行中输入“N”，然后按 Enter 键。

（4）命令行继续提示：

CHAMFER 选择第一条直线或 [放弃(U) 多段线(P) 距离(D) 角度(A) 修剪(T) 方式(E) 多个(M)]：，此时单击图 7-24a 中右上侧的水平直线，命令行继续提示：

CHAMFER 选择第二条直线，或按住 Shift 键选择直线以应用角点或 [距离(D) 角度(A) 方法(M)]：，

此时单击图 7-24a 中右上侧的竖直直线。至此，图 7-24a 所示的对象倒角为图 7-24c 所示的对象。

素材\第 7 章\图 7-15.dwg

【例 7-16】将图 7-25a 所示的对象倒角为图 7-25b 所示的对象。

（1）在命令行中输入“CHA”并按 Enter 键，命令行提示：

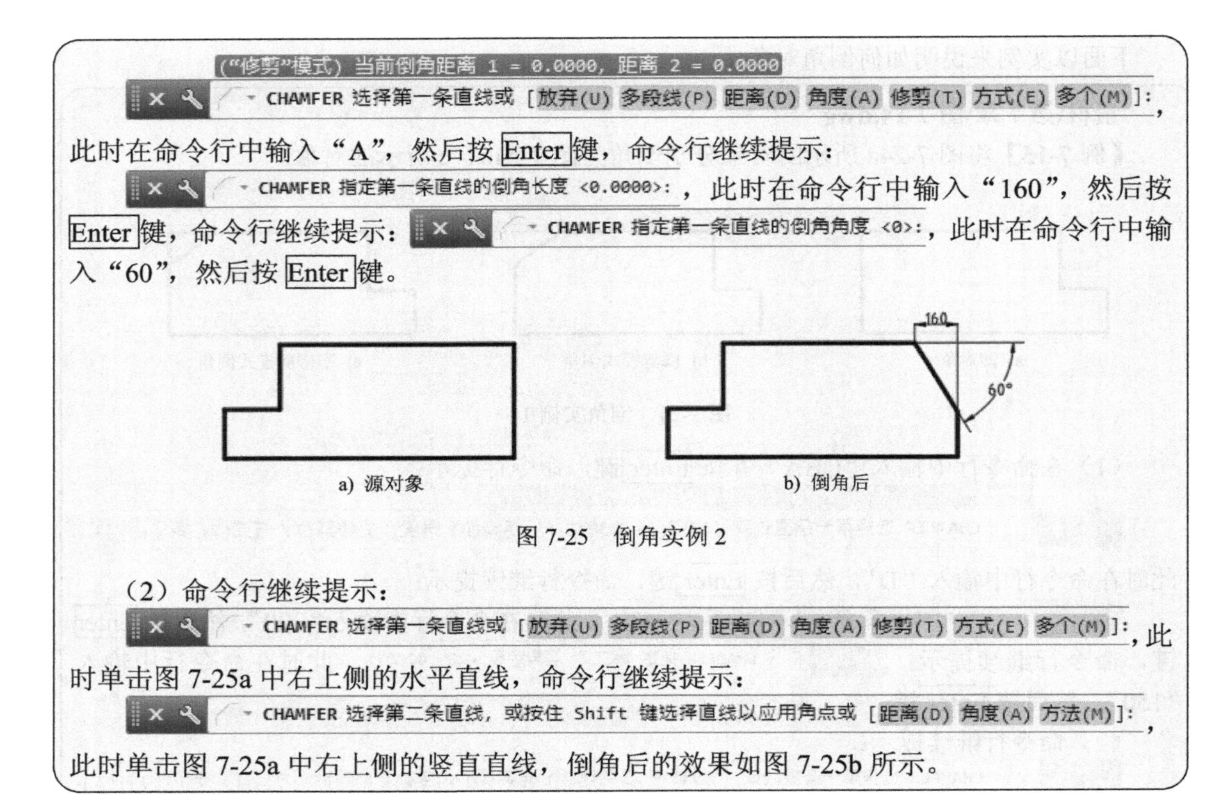

（“修剪”模式）当前倒角距离 1 = 0.0000，距离 2 = 0.0000

CHAMFER 选择第一条直线或 [放弃(U) 多段线(P) 距离(D) 角度(A) 修剪(T) 方式(E) 多个(M)]:，此时在命令行中输入“A”，然后按 Enter 键，命令行继续提示：CHAMFER 指定第一条直线的倒角长度 <0.0000>:，此时在命令行中输入“160”，然后按 Enter 键，命令行继续提示：CHAMFER 指定第一条直线的倒角角度 <0>:，此时在命令行中输入“60”，然后按 Enter 键。

a) 源对象　　b) 倒角后

图 7-25　倒角实例 2

（2）命令行继续提示：CHAMFER 选择第一条直线或 [放弃(U) 多段线(P) 距离(D) 角度(A) 修剪(T) 方式(E) 多个(M)]:，此时单击图 7-25a 中右上侧的水平直线，命令行继续提示：CHAMFER 选择第二条直线，或按住 Shift 键选择直线以应用角点或 [距离(D) 角度(A) 方法(M)]:，此时单击图 7-25a 中右上侧的竖直直线，倒角后的效果如图 7-25b 所示。

7.6.2　圆角对象

在 AutoCAD 2019 中，有以下 4 种方法执行**圆角**命令：

（1）选择“修改”菜单→“圆角”命令。

（2）单击“默认”选项卡→“修改”面板→“圆角”按钮。

（3）单击“修改”工具栏中的“圆角”按钮。

（4）在命令行中输入“FILLET（或 F）”并按 Enter 键。

下面以实例来说明如何圆角对象。

素材\第 7 章\图 7-16.dwg

【例 7-17】将图 7-26a 所示的对象圆角为图 7-26b 所示的对象。

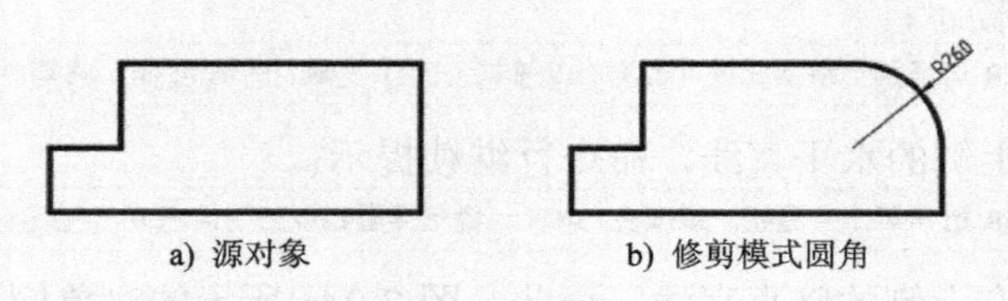

a) 源对象　　b) 修剪模式圆角

图 7-26　圆角实例

（1）在命令行中输入“F”并按 Enter 键，命令行提示：

当前设置：模式 = 修剪，半径 = 0.0000

FILLET 选择第一个对象或 [放弃(U) 多段线(P) 半径(R) 修剪(T) 多个(M)]:，此时在命令行中输入“R”，然后按 Enter 键，命令行继续提示：

FILLET 指定圆角半径 <0.0000>：，此时在命令行中输入“260”，然后按Enter键。

（2）命令行继续提示：

FILLET 选择第一个对象或 [放弃(U) 多段线(P) 半径(R) 修剪(T) 多个(M)]：，此时单击图7-26a中右上侧的水平直线，命令行继续提示：

FILLET 选择第二个对象，或按住 Shift 键选择对象以应用角点或 [半径(R)]：，此时单击图7-26a中右上侧的竖直直线，圆角后的效果如图7-26b所示。

7.6.3 打断对象

在AutoCAD 2019中，有以下4种方法执行**打断**命令：

（1）选择“修改”菜单→“打断”命令。

（2）单击“默认”选项卡→“修改”面板→“打断”按钮。

（3）单击“修改”工具栏中的“打断”按钮。

（4）在命令行中输入“BREAK（或BR）”并按Enter键。

下面以实例来说明如何打断对象。

素材\第7章\图7-17.dwg

【例7-18】 将图7-27a所示的对象分别打断为图7-27b、c所示的对象。

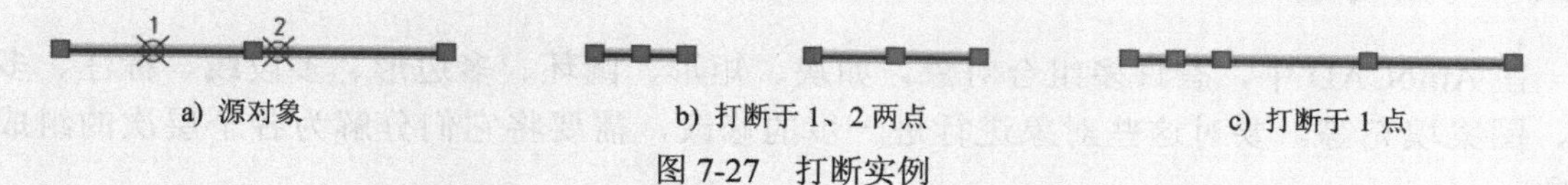

图7-27 打断实例

（1）在命令行中输入“BR”并按Enter键，命令行提示：BREAK 选择对象：，此时选择图7-27a中的直线。

（2）命令行继续提示：BREAK 指定第二个打断点 或 [第一点(F)]：，此时在命令行中输入“F”，然后按Enter键，命令行继续提示：BREAK 指定第一个打断点：，此时单击图7-27a中的1点。

（3）命令行继续提示：BREAK 指定第二个打断点：，此时单击图7-27a中的2点。至此，图7-27a所示的对象打断为图7-27b所示的对象。

（4）重复步骤（1）、（2），命令行提示：BREAK 指定第二个打断点：，此时在命令行中输入“@”并按Enter键，即要打断的第一点和第二点是同一个点。至此，图7-27a所示的对象打断为图7-27c所示的对象。

由图7-27a所示的对象打断为图7-27c所示的对象时，也可以单击“修改”工具栏中的“打断于点”按钮，命令行提示：BREAK 选择对象：，此时选择图7-27a中的直线，命令行继续提示：BREAK 指定第一个打断点：，此时单击图7-27a中的1点即可。

7.6.4 合并对象

合并可以将相似的对象合并为一个对象。合并可用于圆弧、椭圆弧、直线、多段线、三维多段线及样条曲线等。但对合并的对象有限制，如被合并的直线必须在同一条直线上；被合并的圆弧要求在同一假想的圆上；被合并的椭圆弧必须位于同一椭圆上等。

在 AutoCAD 2019 中，有以下 4 种方法执行**合并**命令：

（1）选择“修改”菜单→“合并”命令。

（2）单击“默认”选项卡→“修改”面板→“合并”按钮。

（3）单击“修改”工具栏中的“合并”按钮。

（4）在命令行中输入“JOIN”并按 Enter 键。

下面以实例来说明如何合并对象。

素材\第 7 章\图 7-17.dwg

【例 7-19】将图 7-28a 所示的对象合并为图 7-28b 所示的对象。

a) 源对象　　b) 合并后

图 7-28　合并实例

（1）在命令行中输入“JOIN”并按 Enter 键。

（2）命令行提示：JOIN 选择源对象或要一次合并的多个对象:，此时选择图 7-28a 中的 3 条直线，然后按 Enter 键即可。

7.6.5　分解对象

在 AutoCAD 中，有许多组合对象，如块、矩形、圆环、多边形、多段线、标注、多线、图案填充等。要对这些对象进行进一步的修改，需要将它们分解为各个层次的组成对象。

在 AutoCAD 2019 中，有以下 4 种方法执行**分解**命令：

（1）选择“修改”菜单→“分解”命令。

（2）单击“默认”选项卡→“修改”面板→“分解”按钮。

（3）单击“修改”工具栏中的“分解”按钮。

（4）在命令行中输入“EXPLODE（或 X）”并按 Enter 键。

下面以实例来说明如何分解对象。

素材\第 7 章\图 7-17.dwg

【例 7-20】将图 7-29a 所示的对象分解为图 7-29b 所示的对象。

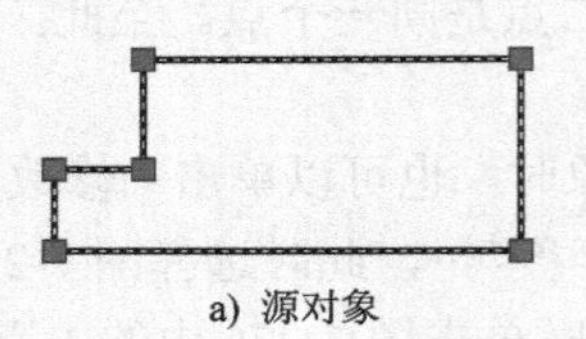

a) 源对象

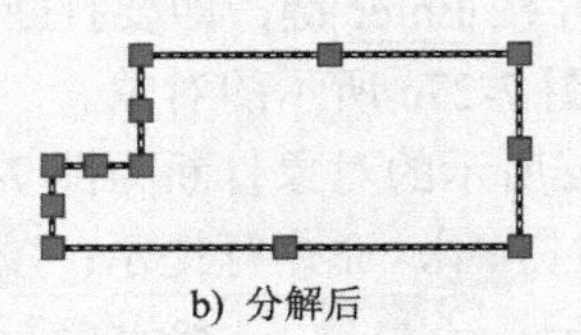

b) 分解后

图 7-29　分解实例

（1）在命令行中输入“X”并按 Enter 键。

（2）命令行提示：EXPLODE 选择对象:，此时选择图 7-29a 中的对象，然后按 Enter 键即可。

7.7　参数化图形

AutoCAD 2019 的参数化绘图功能，通过基于设计意图的图形对象约束来提高设计能力。

AutoCAD 2019 通过“参数”菜单、“参数化”工具栏及“参数化”选项卡来应用和编辑约束，如图 7-30～图 7-32 所示。

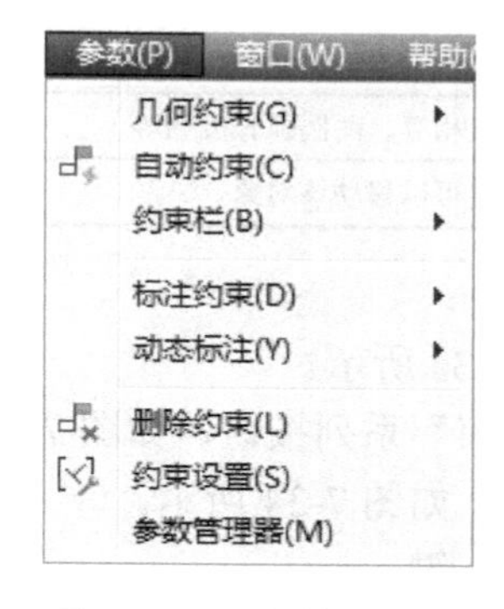

图 7-30　“参数”菜单

图 7-31　“参数化”工具栏

图 7-32　“参数化”选项卡

约束是应用至二维几何图形的关联和限制。AutoCAD 2019 定义了两种常用的约束类型：几何约束和标注约束。

★注意：几何约束用于控制对象彼此之间的相对位置关系；标注约束用于控制对象的长度、角度和半径值等。

7.7.1　添加几何约束

几何约束可以确定对象之间或对象上的点之间的关系。通常为对象添加约束时先添加几何约束，以确定其形状，再添加标注约束，以确定其大小。可以将多个约束应用于图形中的每个对象。创建几何约束后，它们将限制可能会违反约束的所有更改。在 AutoCAD 2019 中，用户可以定义 12 种类型的几何约束，见表 7-1。

表 7-1　几何约束类型及功能

约束类型	按钮	功　能
重合		使两个对象上的两点重合
垂直		约束两直线为垂直关系
平行		约束两直线为平行关系
相切		约束直线、圆、圆弧之间的关系为相切，如直线与圆相切、圆弧与圆相切

（续）

约束类型	按钮	功　　能
水平		约束直线为水平方向
竖直		约束直线为竖直方向
共线		针对直线对象或多段线子对象，使两个被选择的对象处于同一条直线上
同心		使两个圆、圆弧、椭圆或椭圆弧对象具有相同的圆心
平滑		应用于样条曲线对象，使之与指定对象间平滑连接
对称		使选定对象关于选定直线对称
相等		约束两个同类型对象之间的长度相等，如两直线长度相等、两圆弧长度相等
固定		对对象上的点应用固定约束，会将节点锁定，但仍然可以移动该对象

在 AutoCAD 2019 中，有以下 4 种方法执行**几何约束**命令：

（1）选择“参数”菜单→“几何约束”子菜单，如图 7-33a 所示。

（2）单击“参数化”选项卡→“几何”面板→“几何约束”系列按钮，如图 7-33b 所示。

（3）单击“参数化”工具栏中的“几何约束”系列按钮，如图 7-34 所示。

（4）在命令行中输入“GEOMCONSTRAINT”并按 Enter 键。

a）“几何约束”子菜单

b）“几何”面板

图 7-33　“几何约束”子菜单和“几何”面板

图 7-34　“几何约束”系列按钮

下面以实例来说明如何添加几何约束。

素材\第 7 章\图 7-18.dwg

【例 7-21】将图 7-35a 所示的对象分别约束为图 7-35b、c 所示的对象。

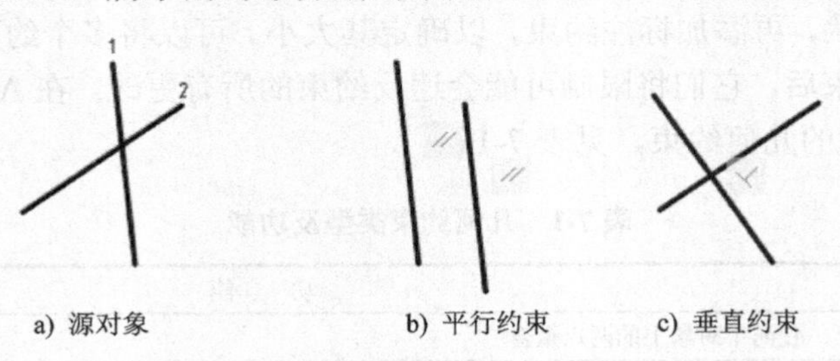

a）源对象　　b）平行约束　　c）垂直约束

图 7-35　几何约束实例

（1）单击“参数化”选项卡→“几何”面板→“平行”按钮。

（2）命令行提示：GCPARALLEL 选择第一个对象:，此时选择图 7-35a 中的直线 1，命令行继续提示：GCPARALLEL 选择第二个对象:，此时选择图 7-35a 中的直线 2 即可。至此，图 7-35a 所示的对象平行约束为图 7-35b 所示的对象。

（3）单击“参数化”选项卡→“几何”面板→“垂直”按钮。

（4）命令行提示：GCPERPENDICULAR 选择第一个对象:，此时选择图 7-35a 中的直线 2，命令行继续提示：GCPERPENDICULAR 选择第二个对象:，此时选择图 7-35a 中的直线 1 即可。至此，图 7-35a 所示的对象垂直约束为图 7-35c 所示的对象。

7.7.2　添加标注约束

标注约束可以确定对象、对象上的点之间的距离或角度，也可以确定对象的大小。在 AutoCAD 2019 中，用户可以定义 7 种类型的标注约束，见表 7-2。

表 7-2　标注约束类型及功能

约束类型	按钮	功　能
线性		约束选定对象在线性方向的尺寸，包括水平和竖直方向
对齐		约束选定对象之间的距离
水平		约束选定对象在水平方向的尺寸
竖直		约束选定对象在竖直方向的尺寸
角度		约束两直线间、多段线线段之间或圆弧的角度
半径		约束圆或圆弧对象的半径
直径		约束圆或圆弧对象的直径

在 AutoCAD 2019 中，有以下 4 种方法执行**标注约束**命令：

（1）选择“参数”菜单→“标注约束”子菜单，如图 7-36a 所示。

（2）单击“参数化”选项卡→“标注”面板→“标注约束”系列按钮，如图 7-36b 所示。

（3）单击“参数化”工具栏中的“标注约束”系列按钮，如图 7-37 所示。

（4）在命令行中输入“DIMCONSTRAINT”并按 Enter 键。

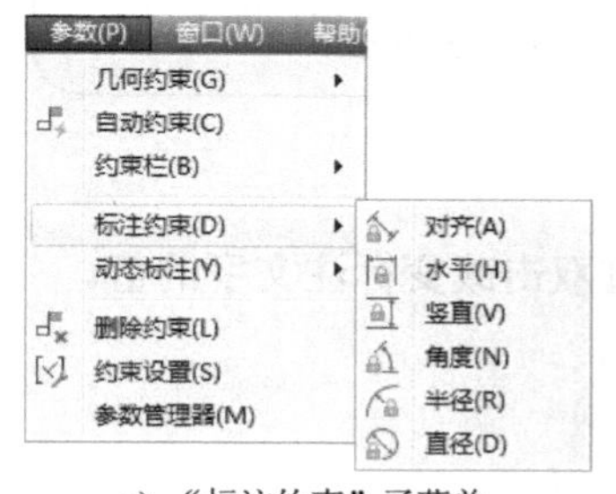

a）“标注约束”子菜单

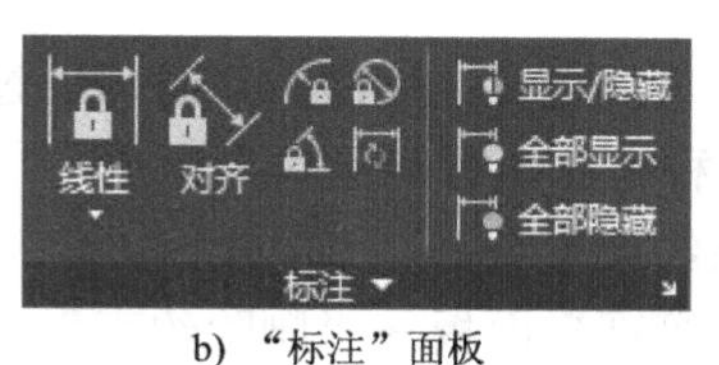

b）“标注”面板

图 7-36　“标注约束”子菜单和“标注”面板

图 7-37　“标注约束”系列按钮

下面以实例来说明如何添加标注约束。

素材\第 7 章\图 7-18.dwg

【例 7-22】 将图 7-38a 所示的对象标注约束为图 7-38b 所示的对象。

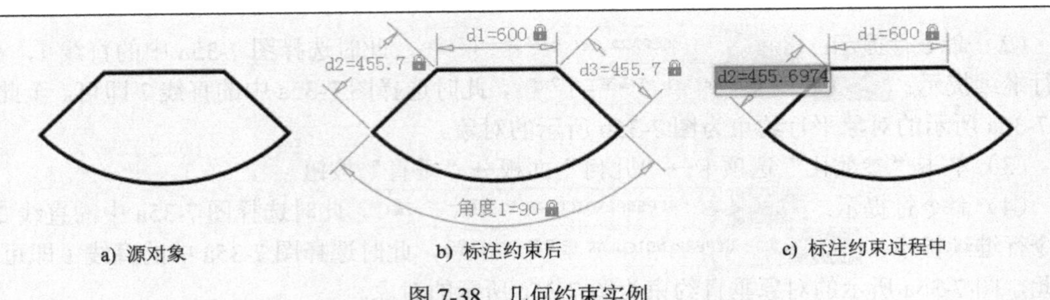

图 7-38 几何约束实例

（1）单击“参数化”选项卡→“标注”面板→“线性”按钮。

（2）命令行提示：DCLINEAR 指定第一个约束点或 [对象(O)] <对象>:，此时在命令行中输入“O”并按Enter键，命令行继续提示：DCLINEAR 选择对象:，此时选择图 7-38a 中的水平直线。

（3）命令行继续提示：DCLINEAR 指定尺寸线位置:，此时参照图 7-38b 在合适位置单击一下，命令行继续提示：DCLINEAR 标注文字 = 600，此时按Enter键。

（4）单击“参数化”选项卡→“标注”面板→“对齐”按钮。

（5）命令行提示：DCALIGNED 指定第一个约束点或 [对象(O) 点和直线(P) 两条直线(2L)] <对象>:，此时在命令行中输入“O”并按Enter键，命令行继续提示：DCALIGNED 选择对象:，此时选择图 7-38a 中左侧的直线。

（6）命令行继续提示：DCALIGNED 指定尺寸线位置:，此时参照图 7-38b 在合适位置单击一下，命令行继续提示：DCALIGNED 标注文字 = 455.7，此时将图 7-38c 所示的“d2=455.6974”改为“d2=455.7”，然后按Enter键即可。

（7）重复步骤（4）～（6），不同的是在步骤（5）中选择右侧的直线。

（8）单击“参数化”选项卡→“标注”面板→“角度”按钮。

（9）命令行提示：DCANGULAR 选择第一条直线或圆弧或 [三点(3P)] <三点>:，此时选择图 7-38a 中的圆弧。

（10）命令行继续提示：DCANGULAR 指定尺寸线位置:，此时参照图 7-38b 在合适位置单击一下，命令行继续提示：DCANGULAR 标注文字 = 90，此时按Enter键即可。

7.7.3 删除约束

几何约束不能编辑，只能删除后重新定义；标注约束时可通过双击改变标注文字的值。

在 AutoCAD 2019 中，有以下 4 种方法执行**删除约束**命令：

（1）选择“参数”菜单→“删除约束”命令。

（2）单击“参数化”选项卡→“管理”面板→“删除约束”按钮。

（3）单击“参数化”工具栏中的“删除约束”按钮。

（4）在命令行中输入“DELCONSTRAINT”并按Enter键。

执行删除约束命令后，命令行提示：

将删除选定对象的所有约束...
DELCONSTRAINT 选择对象:

此时选择要删除约束的对象，即可删除与之相关的所有约束。

7.7.4　约束设置

在 AutoCAD 2019 中，有以下 4 种方法执行**约束设置**命令：

（1）选择“参数”菜单→“约束设置”命令。

（2）单击“参数化”选项卡→“几何”或“标注”面板→“约束设置”按钮↘。

（3）单击“参数化”工具栏中的“约束设置”按钮。

（4）在命令行中输入“CONSTRAINTSETTINGS”并按Enter键。

执行约束设置命令后，将弹出“约束设置”对话框，它包括“几何”选项卡、“标注”选项卡和“自动约束”选项卡（图 7-39）。各选项卡说明如下：

“几何”：用于设置几何约束的约束类型在图形中的显示与隐藏。

“标注”：用于设置标注约束时设置行为中的系统配置。通过“标注名称格式”下拉列表框可选择显示“名称”“值”或“名称和表达式”。

“自动约束”：用于指定“自动约束”的类型。

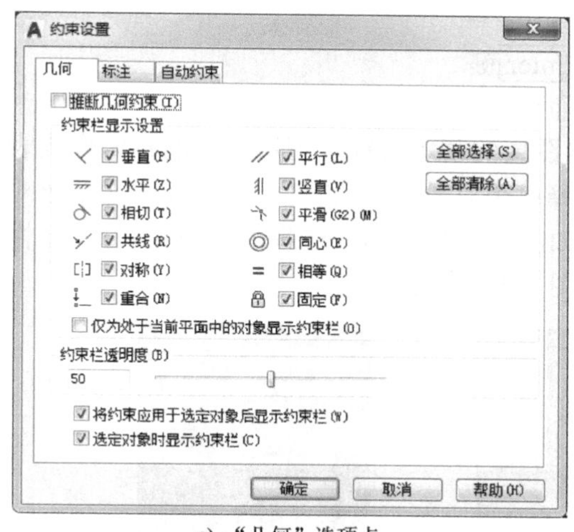

a）“几何”选项卡

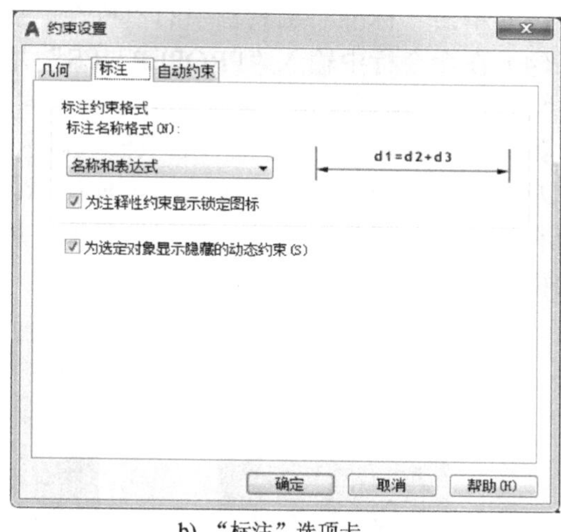

b）“标注”选项卡

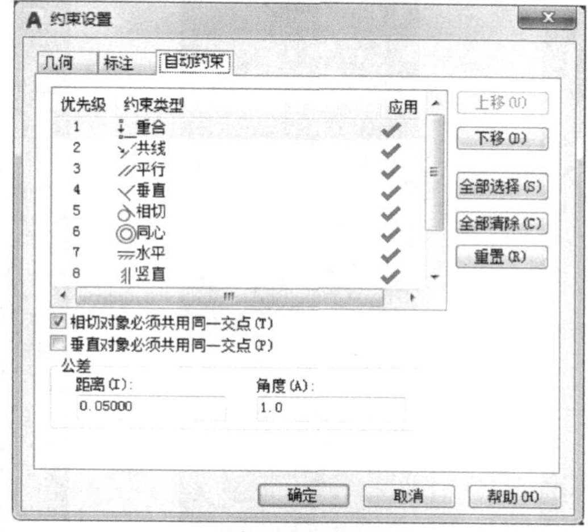

c）“自动约束”选项卡

图 7-39　“约束设置”对话框

7.8 编辑对象特性

每个图形对象都有其特有的属性，包括线型、颜色和线宽等。可以用“特性”选项板对其相关属性进行编辑。

7.8.1 “特性”选项板

一般对象的特性包括颜色、图层、线型等。在 AutoCAD 2019 中，所有对象的特性均可通过打开“特性”选项板来查看并编辑。图 7-40 所示为分别选择不同对象时所显示的不同“特性”选项板。

在 AutoCAD 2019 中，有以下 4 种方法打开“特性”选项板：

（1）选择“修改”菜单→“特性”命令。

（2）选中对象→单击鼠标右键→“特性”命令。

（3）单击“标准”工具栏中的“特性”按钮。

（4）在命令行中输入“PROPERTIES”并按 Enter 键。

“特性”选项板根据当前选择对象的不同而不同。

如果未选择对象，“特性”选项板只显示当前图层的基本特征、图层附着的打印样式表的名称及有关 UCS 的信息等，如图 7-40a 所示。选择单个对象时，“特性”选项板中显示该对象的所有特性，包括基本特性、几何位置等信息，如图 7-40b 所示。选择多个对象时，“特性”选项板只显示选择集中所有对象的公共特性，如图 7-40c 所示。

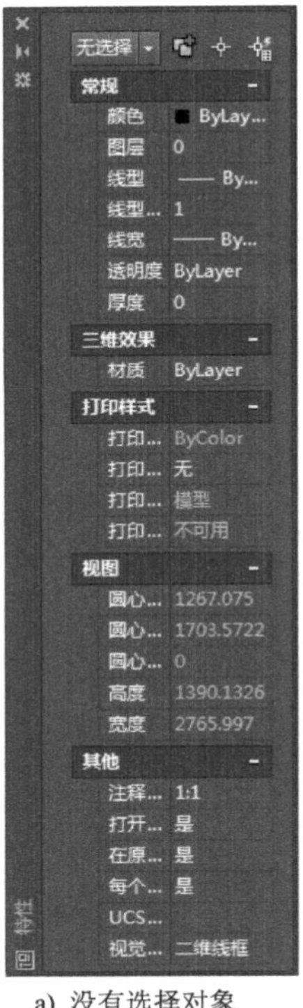

a) 没有选择对象

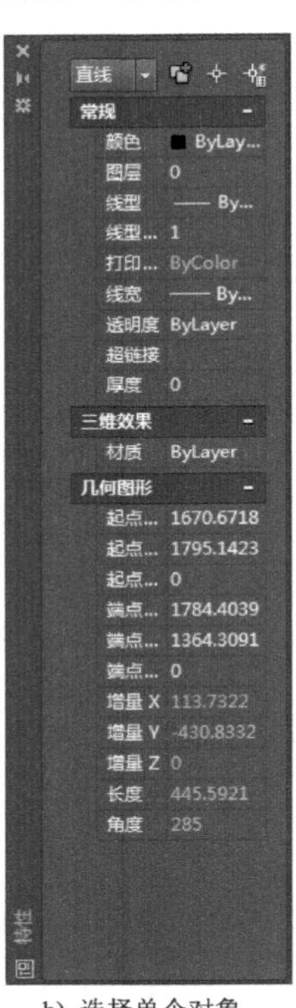

b) 选择单个对象

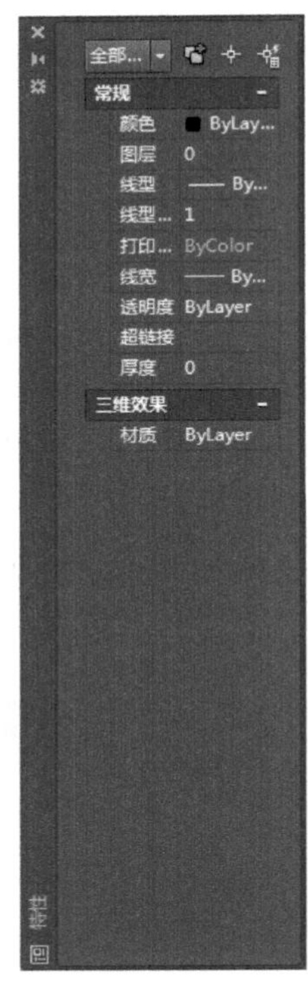

c) 选择多个对象

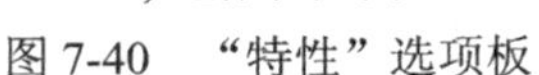

图 7-40 “特性”选项板

“特性”选项板中其他各个部分的功能如下：

（1）“切换 PICKADD 系统变量的值”按钮：用于改变 PICKADD 系统变量的值。打开 PICKADD 时，每个选定对象（无论是单独选择还是通过窗口选择的对象）都将被添加到当前选择集中。关闭 PICKADD 时，选定对象替换当前选择集。

（2）“选择对象”按钮：用于选择对象。

（3）“快速选择”按钮：单击该按钮，将弹出“快速选择”对话框，用于快速选择对象。

在“特性”选项板中显示的特性大多数均可编辑。在要编辑的特性上单击后，有的显示文本框，有的显示为拾取按钮，有的显示下拉列表框。因此，可在文本框中输入新值，或者单击拾取按钮指定新的坐标，或者在下拉列表框中选择新的选项。

7.8.2　特性匹配

AutoCAD 2019 提供特性匹配工具来复制特性，可将选定对象的特性应用到其他对象。默认情况下，所有可应用的特性都会自动地从选定的第一个对象复制到其他对象。如果不希望复制特定的特性，可以在执行该命令的过程中随时选择“设置”选项禁止复制该特性。

在 AutoCAD 2019 中，有以下 4 种方法执行**特性匹配**命令：

（1）选择“修改”菜单→“特性匹配”命令。

（2）单击“默认”选项卡→“特性”面板→“特性匹配”按钮。

（3）单击“标准”工具栏中的“特性匹配”按钮。

（4）在命令行中输入“MATCHPROP”并按 Enter 键。

执行特性匹配命令后，命令行提示：MATCHPROP 选择源对象：，此时选择要复制其特性的对象，且只能选择一个对象。选择完成后，命令行提示：

第一行显示了当前要复制的特性，默认是所有特性均复制。此时可选择要应用源对象特性的对象，可选择多个对象，直到按 Enter 键或 Esc 键退出命令。若输入“S”，可弹出“特性设置”对话框，如图 7-41 所示，从中可以控制要将哪些对象特性复制到目标对象中。默认情况下，将选择“特性设置”对话框中的所有对象特性进行复制。

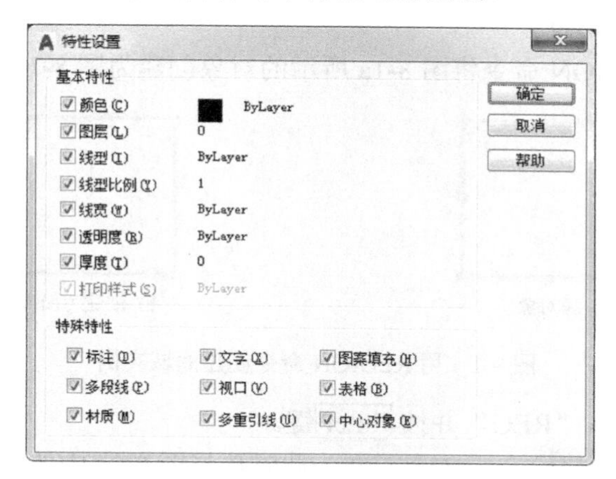

图 7-41　“特性设置”对话框

第8章 创建面域与图案填充

CHAPTER 8

8.1 将图形转换为面域

面域是用形成闭合环的对象创建的二维闭合区域。用于创建面域的闭合环可以是直线、圆、圆弧、椭圆、椭圆弧、多段线和样条曲线的组合，但要求组成闭合环的对象必须闭合或是通过与其他对象共享端点而形成闭合区域。

8.1.1 创建面域

在 AutoCAD 2019 中，一般可以通过 2 种方法创建面域，但都是基于闭合的一维对象组合。

1．通过 REGION 命令创建面域

在 AutoCAD 2019 中，REGION 命令用于将闭合环转换为面域。有以下 4 种方法执行 REGION 命令：

（1）选择“绘图”菜单→“面域”命令。

（2）单击“默认”选项卡→“绘图”面板→“面域”按钮。

（3）单击“绘图”工具栏中的“面域”按钮。

（4）在命令行中输入“REGION（或 REG）”并按 Enter 键。

下面以实例来说明如何通过 REGION 命令创建面域。

素材\第 8 章\图 8-1.dwg

【例 8-1】利用 REGION 命令将图 8-1a 所示的对象创建为图 8-1b 所示的面域。

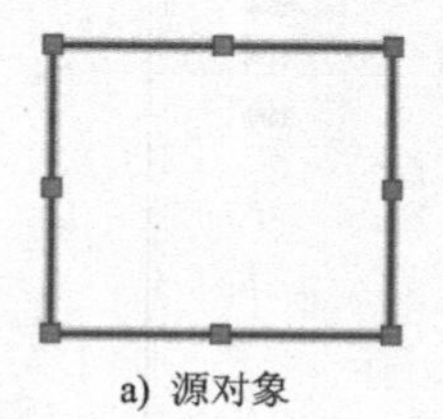

a) 源对象

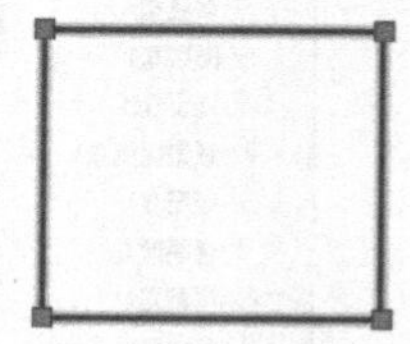

b) 创建为面域

图 8-1 用 REGION 命令创建面域实例

（1）在命令行中输入“REG”并按 Enter 键。

（2）命令行提示：REGION 选择对象:，此时选择图 8-1a 中的 4 条直线，然后按 Enter 键或单击鼠标右键。

2．通过 BOUNDARY 命令创建面域

在 AutoCAD 2019 中，BOUNDARY 命令可以由对象封闭区域内的指定点来创建面域或者多段线。有以下 3 种方法执行 **BOUNDARY** 命令：

（1）选择“绘图”菜单→“边界”命令。

（2）单击“默认”选项卡→“绘图”面板→“边界”按钮。

（3）在命令行中输入“BOUNDARY（或 BO）”并按 Enter 键。

下面以实例来说明如何通过 BOUNDARY 命令创建面域。

素材\第 8 章\图 8-1.dwg

【例 8-2】 将图 8-2 所示的两条相交的圆弧之间的闭合区域转换为图 8-3 所示的面域。

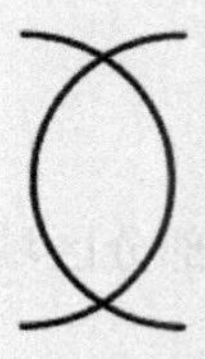

图 8-2 存在闭合区域的相交圆弧

图 8-3 创建的面域

（1）在命令行中输入“BO”并按 Enter 键，在弹出的“边界创建”对话框中，将“对象类型”下拉列表框设置为“面域”，如图 8-4 所示。

（2）单击“拾取点”按钮，命令行提示：BOUNDARY 拾取内部点：，此时单击两圆弧相交区域内的任意一点，如图 8-5 所示。

图 8-4 “边界创建”对话框

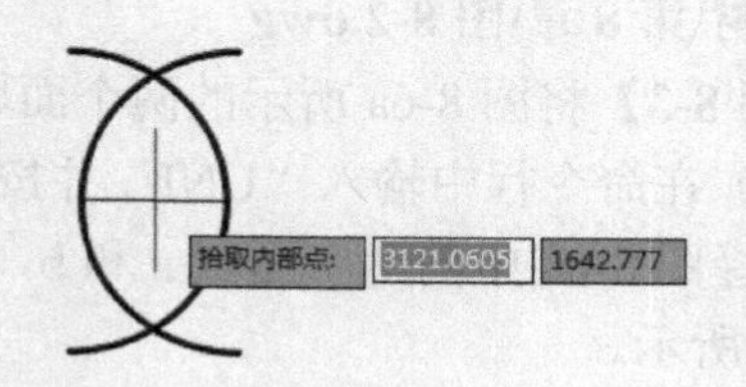

图 8-5 拾取内部点

（3）按 Enter 键或单击鼠标右键即可，将创建的面域移动出来后的效果如图 8-3 所示。

3．设置 DELOBJ 系统变量

如上所述，面域的创建必须基于闭合环或者闭合的区域，DELOBJ 系统变量用于设置在对象转换为面域之后是否将源对象删除。如果将 DELOBJ 设置为“1”，那么 AutoCAD 2019 在创建面域之后将删除源对象；如果将 DELOBJ 设置为“0”，那么 AutoCAD 2019 在创建面域之后将保留源对象。例如：创建的面域覆盖源对象之后，将面域移动到其他位置，可见其源对象仍然保留着。但 DELOBJ 系统变量的设置只对 REGION 命令起作用。

8.1.2 对面域进行逻辑运算

1. 并集运算

面域的并集运算用于将指定的两个或两个以上面域合并为一个面域。在 AutoCAD 2019 中，有以下 3 种方法执行**并集**命令：

（1）选择“修改”菜单→“实体编辑”→“并集”命令。

（2）单击“建模”工具栏中的“并集”按钮。

（3）在命令行中输入“UNION（或 UNI）”并按 Enter 键。

2. 差集运算

面域的差集运算用于从一个面域中减去另一个面域相交的部分区域。在 AutoCAD 2019 中，有以下 3 种方法执行**差集**命令：

（1）选择“修改”菜单→“实体编辑”→“差集”命令。

（2）单击“建模”工具栏中的“差集”按钮。

（3）在命令行中输入“SUBTRACT（或 SU）”并按 Enter 键。

3. 交集运算

面域的交集运算用于将指定面域之间的公共部分创建为新的面域。在 AutoCAD 2019 中，有以下 3 种方法执行**交集**命令：

（1）选择“修改”菜单→“实体编辑”→“交集”命令。

（2）单击“建模”工具栏中的“交集”按钮。

（3）在命令行中输入“INTERSECT（或 IN）”并按 Enter 键。

8.1.3 实例——面域逻辑运算

素材\第 8 章\图 8-2.dwg

【例 8-3】 将图 8-6a 所示的两个面域分别进行并集、差集、交集运算。

（1）在命令行中输入“UNI”并按 Enter 键，命令行提示：UNION 选择对象:，此时选择图 8-6a 中的两个面域 a 和 b，然后按 Enter 键或单击鼠标右键，并集运算结束，如图 8-6b 所示。

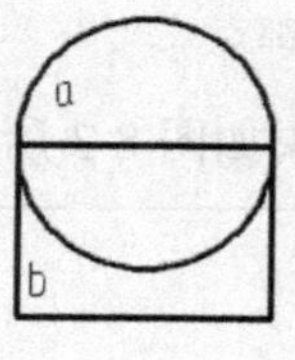

a) 源面域

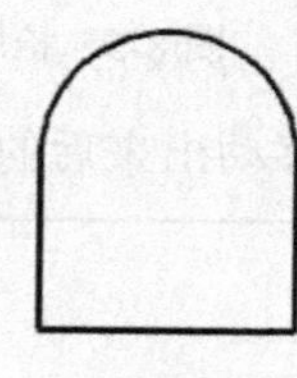

b) 并集运算

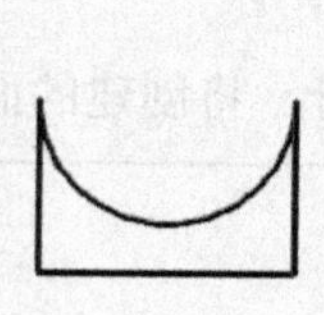

c) 差集运算 1

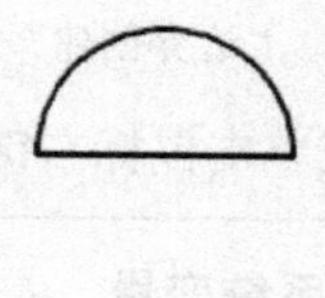

d) 差集运算 2

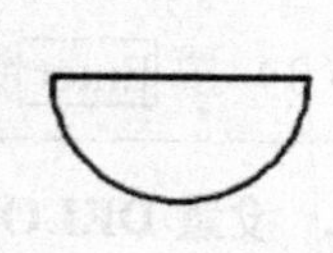

e) 交集运算

图 8-6 面域的逻辑运算

（2）在命令行中输入“SU”并按 Enter 键，命令行提示：

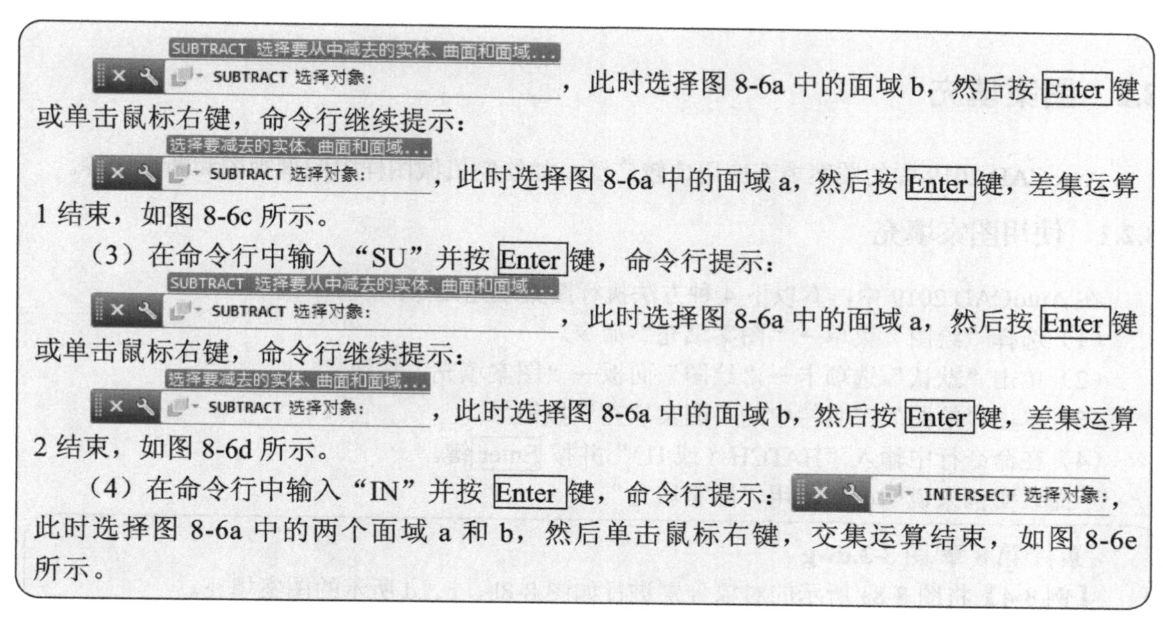

SUBTRACT 选择要从中减去的实体、曲面和面域...
SUBTRACT 选择对象：，此时选择图 8-6a 中的面域 b，然后按 Enter 键或单击鼠标右键，命令行继续提示：

选择要减去的实体、曲面和面域...
SUBTRACT 选择对象：，此时选择图 8-6a 中的面域 a，然后按 Enter 键，差集运算 1 结束，如图 8-6c 所示。

（3）在命令行中输入“SU”并按 Enter 键，命令行提示：

SUBTRACT 选择要从中减去的实体、曲面和面域...
SUBTRACT 选择对象：，此时选择图 8-6a 中的面域 a，然后按 Enter 键或单击鼠标右键，命令行继续提示：

选择要减去的实体、曲面和面域...
SUBTRACT 选择对象：，此时选择图 8-6a 中的面域 b，然后按 Enter 键，差集运算 2 结束，如图 8-6d 所示。

（4）在命令行中输入“IN”并按 Enter 键，命令行提示：INTERSECT 选择对象：，此时选择图 8-6a 中的两个面域 a 和 b，然后单击鼠标右键，交集运算结束，如图 8-6e 所示。

8.1.4　使用 MASSPROP 提取面域质量特性

从表面上看，面域和一般的闭合对象没有什么区别，然而，实际上面域不但包含边界，还包含边界内的区域，属于二维对象。提取设计信息是面域的一大应用。

AutoCAD 2019 提供 MASSPROP 命令来提取面域的质量特性。有以下 3 种方法**查询面域/质量特性**：

（1）选择“工具”菜单→“查询”→“面域/质量特性”命令。

（2）单击“查询”工具栏中的“面域/质量特性”按钮。

（3）在命令行中输入“MASSPROP”并按 Enter 键。

执行 MASSPROP 命令后，命令行提示：MASSPROP 选择对象：，此时选择要提取数据的面域对象，然后按 Enter 键或单击鼠标右键，系统自动弹出“AutoCAD 文本窗口”，显示面域对象的质量特性。如图 8-7 所示，显示的质量特性包括面积、周长、边界框、质心、惯性矩等信息。同时，命令行提示：MASSPROP 是否将分析结果写入文件？[是(Y) 否(N)] <否>：，输入“Y”并按 Enter 键，可将数据保存为文件。

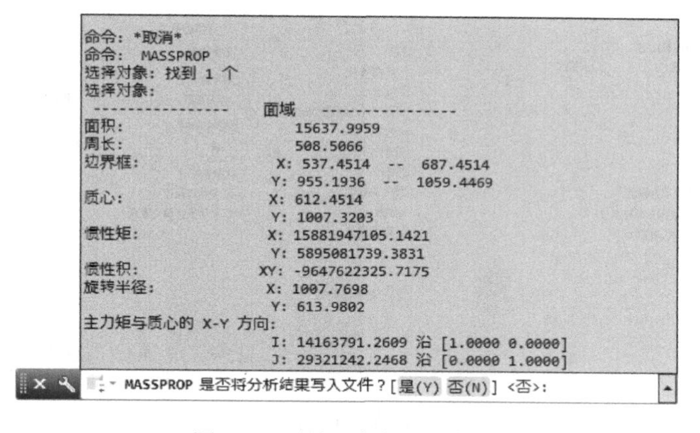

```
命令: *取消*
命令:  MASSPROP
选择对象: 找到 1 个
选择对象:
 ----------------    面域    ----------------
面积:                    15637.9959
周长:                    508.5066
边界框:                 X: 537.4514  --  687.4514
                        Y: 955.1936  --  1059.4469
质心:                   X: 612.4514
                        Y: 1007.3203
惯性矩:                 X: 15881947105.1421
                        Y: 5895081739.3831
惯性积:                XY: -9647622325.7175
旋转半径:               X: 1007.7698
                        Y: 613.9802
主力矩与质心的 X-Y 方向:
                        I: 14163791.2609 沿 [1.0000 0.0000]
                        J: 29321242.2468 沿 [0.0000 1.0000]
MASSPROP 是否将分析结果写入文件？[是(Y) 否(N)] <否>:
```

图 8-7　面域对象的质量特性

8.2 图案填充

AutoCAD 2019 中的图案填充应用比较广泛，如绘制机械图样中的剖视图和断面图等。

8.2.1 使用图案填充

在 AutoCAD 2019 中，有以下 4 种方法执行**图案填充**命令：

（1）选择“绘图”菜单→“图案填充”命令。

（2）单击“默认”选项卡→“绘图”面板→“图案填充”按钮▨。

（3）单击“绘图”工具栏中的“图案填充”按钮▨。

（4）在命令行中输入“HATCH（或 H）”并按 Enter 键。

下面以实例来说明如何使用“图案填充”。

素材\第 8 章\图 8-3.dwg

【例 8-4】将图 8-8a 所示的对象分别进行如图 8-8b、c、d 所示的图案填充。

a) 源对象　b) 图案填充 1　c) 图案填充 2　d) 图案填充 3

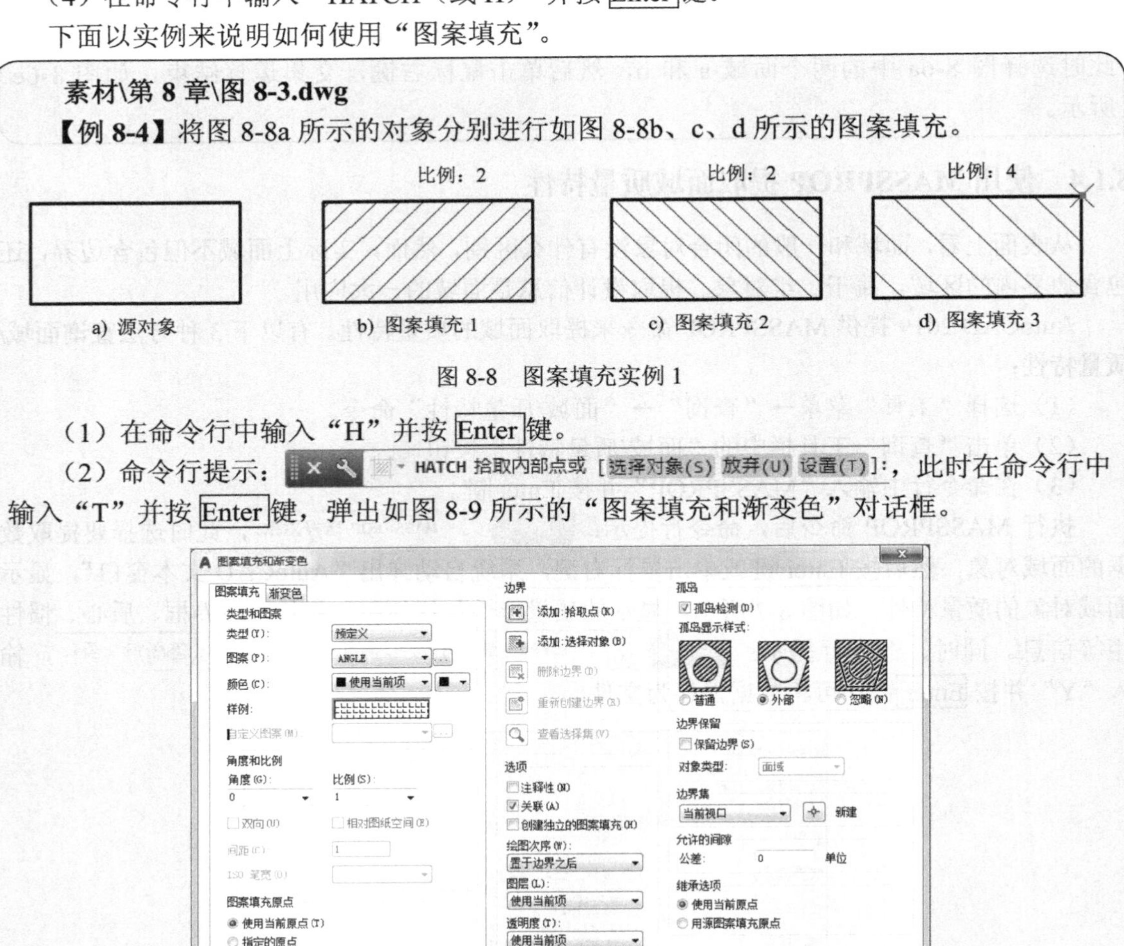

图 8-8　图案填充实例 1

（1）在命令行中输入“H”并按 Enter 键。

（2）命令行提示：HATCH 拾取内部点或 [选择对象(S) 放弃(U) 设置(T)]:，此时在命令行中输入“T”并按 Enter 键，弹出如图 8-9 所示的“图案填充和渐变色”对话框。

图 8-9　“图案填充和渐变色”对话框

（3）单击“类型和图案”选项组中“图案”后的[...]按钮，弹出“填充图案选项板”对话框，切换到“ANSI”选项卡，选择“ANSI31”填充图案，如图 8-10 所示，单击[确定]按钮，返回到“图案填充和渐变色”对话框。

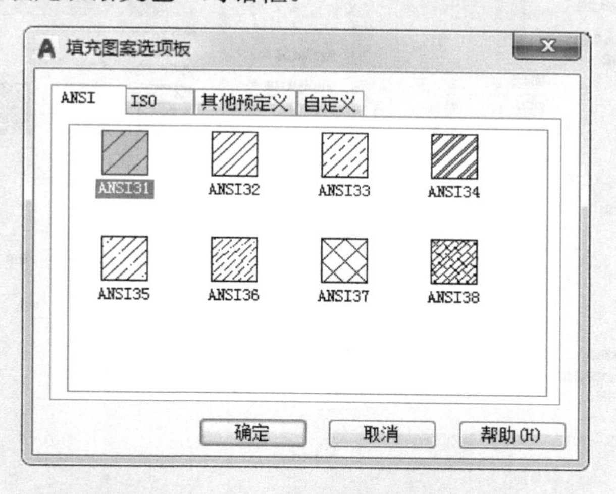

图 8-10 “填充图案选项板”对话框

（4）在“角度和比例”选项组中，将“角度”设置为“0”，“比例”设置为“2”，其他选项保持默认，如图 8-11 所示。

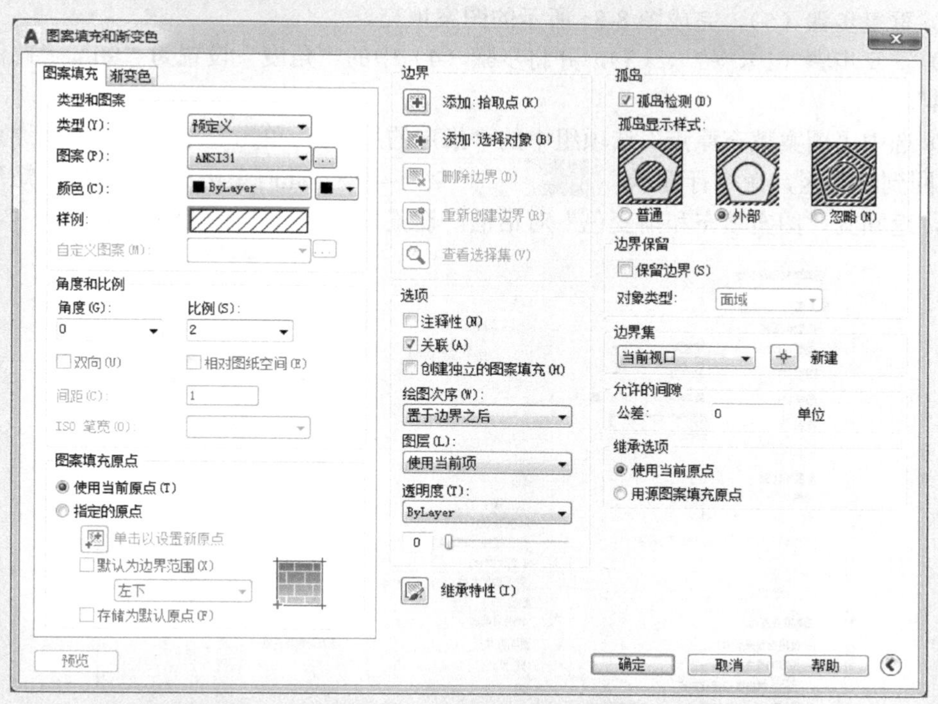

图 8-11 设置好的“图案填充和渐变色”对话框 1

（5）单击“边界”选项组中的“添加：拾取点”按钮[+]，回到绘图区，在图 8-8a 所示矩形的内部单击一下，然后按 Enter 键，完成图 8-8b 所示的图案填充。

（6）重复步骤（1）、（2）、（3），并将步骤（4）中的“角度”设置为“90”，设置好的对话框如图 8-12 所示。

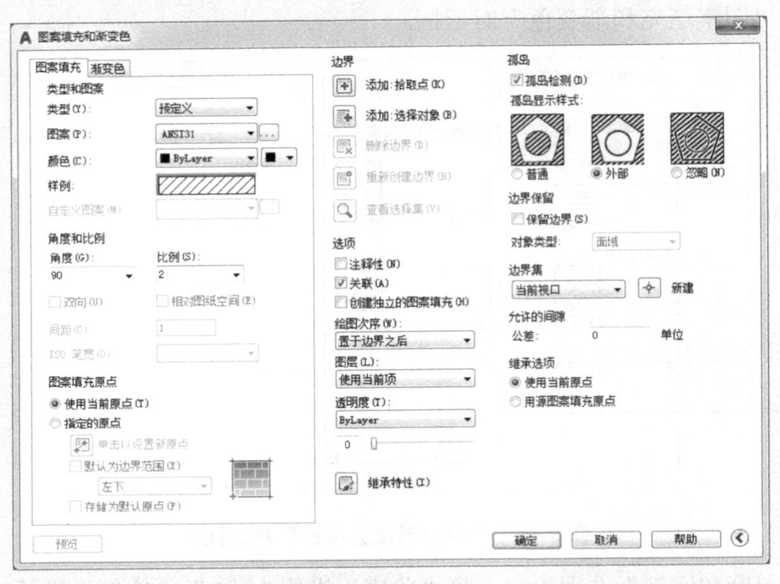

图 8-12　设置好的“图案填充和渐变色”对话框 2

（7）重复步骤（5），完成图 8-8c 所示的图案填充。

（8）重复步骤（1）、（2）、（3），并将步骤（4）中的“角度”设置为“90”，“比例”设置为“4”。

（9）选中“图案填充原点”选项组中的“指定的原点”，单击“单击以设置新原点”按钮，回到绘图区，命令行提示：HATCH 指定原点:，此时单击图 8-8a 所示矩形的右上角点，返回到“图案填充和渐变色”对话框，设置好的对话框如图 8-13 所示。

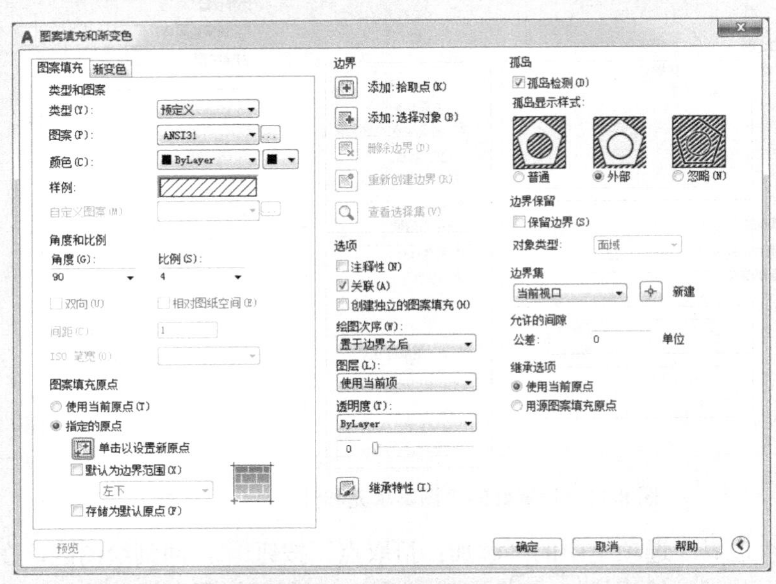

图 8-13　设置好的“图案填充和渐变色”对话框 3

（10）重复步骤（5），完成图 8-8d 所示的图案填充。

素材\第 8 章\图 8-3.dwg

【例 8-5】 将图 8-14a 所示的对象分别进行图 8-14b、c 所示的图案填充。

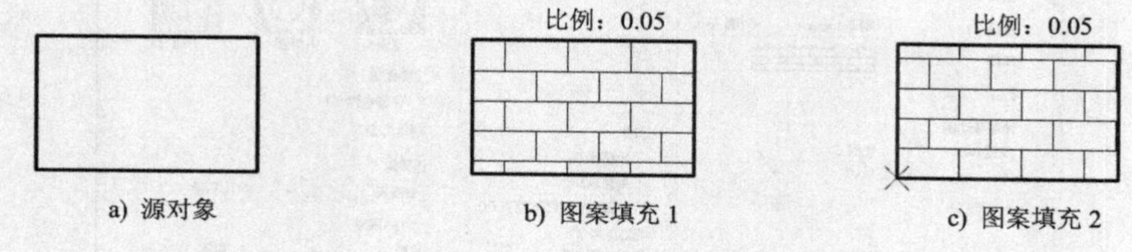

图 8-14　图案填充实例 2

（1）在命令行中输入“H”并按 Enter 键。

（2）命令行提示：HATCH 拾取内部点或 [选择对象(S) 放弃(U) 设置(T)]:，此时在命令行中输入“T”并按 Enter 键。

（3）在弹出的“图案填充和渐变色”对话框中单击“类型和图案”选项组中的“图案”后的 ... 按钮，在弹出的“填充图案选项板”对话框中，选择“其他预定义”选项卡，选择“AR-B816”填充图案，如图 8-15 所示，单击 确定 按钮，返回到“图案填充和渐变色”对话框。

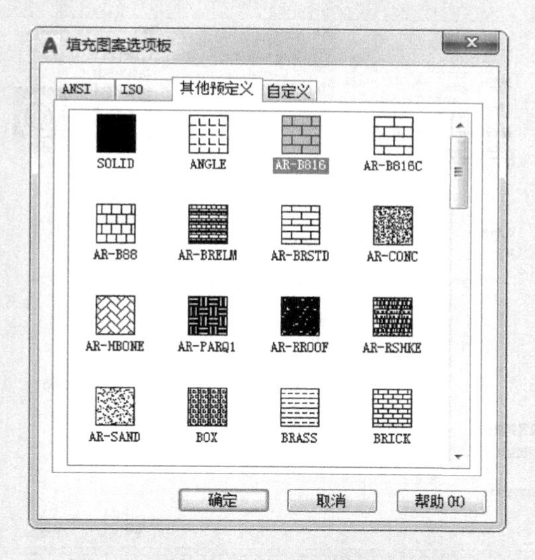

图 8-15　“填充图案选项板”对话框

（4）在“角度和比例”选项组中，将“角度”设置为“0”，“比例”设置为“0.05”。其他选项保持默认，如图 8-16 所示。

（5）单击“边界”选项组中的“添加：拾取点”按钮，回到绘图区，在图 8-14a 所示矩形的内部单击一下，然后按 Enter 键，完成图 8-14b 所示的图案填充。

（6）重复步骤（1）、（2）、（3）、（4）。

（7）选中“图案填充原点”选项组中的“指定的原点”，单击“单击以设置新原点”按钮，回到绘图区，命令行提示：HATCH 指定原点:，此时单击图 8-14a 所示矩形的左下角点，返回到“图案填充和渐变色”对话框，设置好的对话框如图 8-17 所示。

图 8-16 设置好的“图案填充和渐变色”对话框 1

图 8-17 设置好的“图案填充和渐变色”对话框 2

（8）重复步骤（5），完成图 8-14c 所示的图案填充。

图 8-17 中“边界”选项组中其他按钮的功能如下：

（1）“添加：选择对象”按钮：单击该按钮将回到绘图区，可通过选择封闭对象确定填充边界，但并不自动检测内部对象。

（2）“删除边界”按钮：从定义的编辑中删除以前添加的对象。此按钮只有在拾取点或者选择对象创建了填充边界后才可用。

（3）“重新创建边界”按钮：用于重新创建填充边界。此按钮只有在编辑填充边界时才可用。

（4）“查看选择集”按钮：单击该按钮可回到绘图区查看已定义的填充边界，该边界将亮显。此按钮只有在拾取点或者选择对象创建了填充边界后才可用。

在“图案填充和渐变色”对话框中，“选项”选项组中各选项的含义如下：

（1）“注释性”复选框：选择该复选框，可将填充图案指定为注释性对象。

（2）“关联”复选框：用于控制图案填充的关联性。关联的图案填充在用户修改其边界时将自动更新，如图 8-18c 所示。

a) 源图案填充

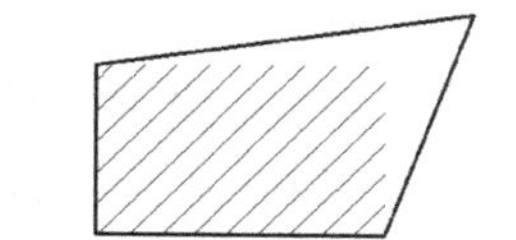

b) 编辑非关联图案填充后的结果

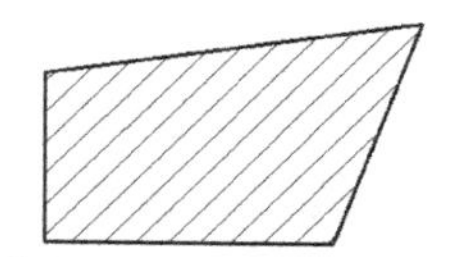

c) 编辑关联图案填充后的结果

图 8-18　图案填充的关联性

（3）“创建独立的图案填充”复选框：用于设置当指定了几个单独的闭合边界时，是创建单个图案填充对象，还是创建多个图案填充对象。

（4）“绘图次序”下拉列表框：用于为图案填充指定绘图次序。图案填充可以放在所有其他对象之后、所有其他对象之前、图案填充边界之后或图案填充边界之前。

在“图案填充和渐变色”对话框中，“继承特性”按钮相当于图案填充对象之间的特性匹配，可以使用选定对象的图案填充或填充特性来对指定的边界进行图案填充。

在“图案填充和渐变色”对话框中，“孤岛”选项组中的 3 种孤岛显示样式（图 8-19）的含义如下：

a) 普通

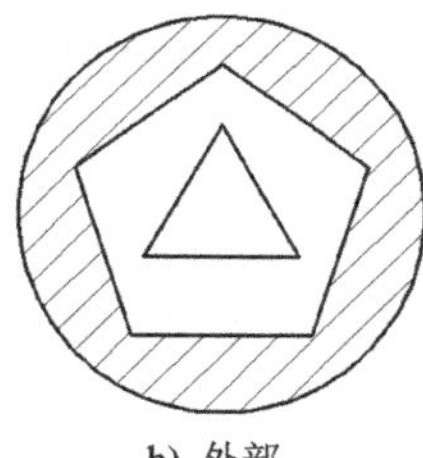

b) 外部

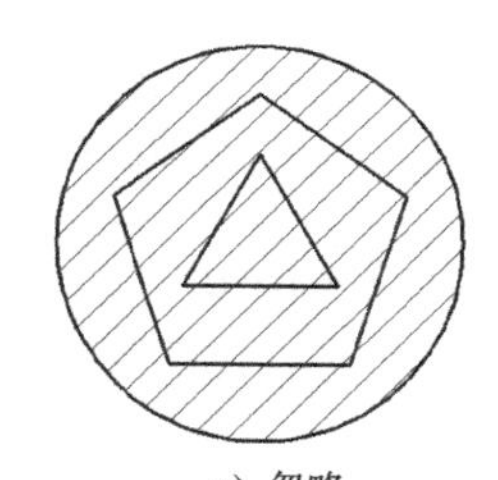

c) 忽略

图 8-19　孤岛的 3 种显示样式

“普通”：从外部边界向内填充。如果遇到内部孤岛，将关闭图案填充，遇到该孤岛内的另一个孤岛后再继续填充。

“外部”：从外部边界向内填充。如果遇到内部孤岛，将关闭图案填充。该样式只对结构的最外层进行图案填充，而结构内部保留空白。

“忽略”：忽略所有内部对象，填充图案时将通过这些对象。

当指定的填充边界内存在文本、属性或实体填充对象时，AutoCAD 2019 将按照孤岛的检测方法来处理它们，如图 8-20 所示。

a) 普通

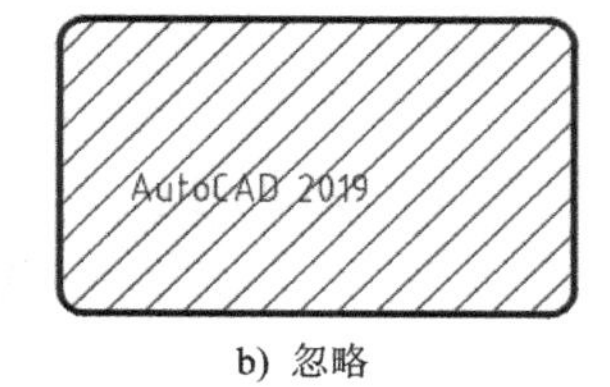

b) 忽略

图 8-20　对文字对象的处理方式

此外，“图案填充和渐变色”对话框还包括以下几个选项组：

“边界保留”选项组：选择“保留

边界”复选框后，可将填充边界保存为指定对象，通过“对象类型”下拉列表框可设置保留的类型为“多段线”或“面域”。

“边界集”选项组：可以指定通过“添加：拾取点”或“添加：选择对象”定义填充边界时要分析的对象集。当使用“添加：选择对象”定义边界时，选定的边界集无效。但在默认情况下，使用“添加：拾取点”来定义边界时，系统将分析当前视口范围内的所有对象。通过重新定义边界集，可以在定义边界时忽略某些对象，而不必隐藏或删除这些对象。对于大图形，定义边界集可以加快生成边界的速度，因为系统只需检查边界集内的对象。

“允许的间隙”选项组：可以通过“公差”文本框设置将对象用作图案填充边界时可以忽略的最大间隙，其默认值为 0。此值指定对象必须是封闭的区域而没有间隙，可以设置为 0～5000 的数值。

“继承选项”选项组：其下的两个单选按钮用于选择使用“继承特性”创建图案填充时，图案填充原点的位置。

8.2.2 使用渐变色填充

渐变色填充实际上是一种特殊的图案填充，一般用于绘制光源反射到对象上的外观效果，可用于增强演示图形。

在 AutoCAD 2019 中，有以下 4 种方法执行**渐变色填充**命令：

（1）选择“绘图”菜单→“渐变色”命令。

（2）单击“默认”选项卡→“绘图”面板→“渐变色”按钮。

（3）单击“绘图”工具栏中的“渐变色”按钮。

（4）在命令行中输入“GRADIENT”并按 Enter 键。

下面以实例来说明如何使用“渐变色填充”。

素材\第 8 章\图 8-4.dwg

【例 8-6】设置单色填充的明与暗，将图 8-21a 所示的图形分别填充为图 8-21b、c 所示的图形。

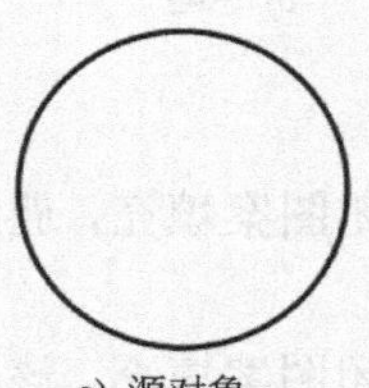

a) 源对象

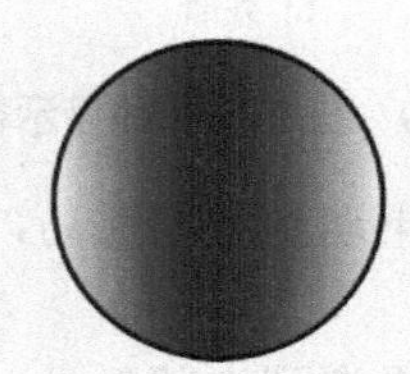

b) 将滑块拉至“明”端

c) 将滑块拉至“暗”端

图 8-21 设置单色填充的明与暗

（1）单击“绘图”工具栏中的“渐变色”按钮。

（2）命令行提示：GRADIENT 拾取内部点或 [选择对象(S) 放弃(U) 设置(T)]：，此时输入“T”并按 Enter 键。

（3）在弹出的“图案填充和渐变色”对话框中选择“颜色”选项组中的“单色”单选按钮并将滑块拉至最右侧的“明”端，选中 9 个填充图案中右上角的填充图案，如图 8-22 所示。

（4）单击“边界”选项组中的“添加：拾取点”按钮，回到绘图区，命令行提示：

GRADIENT 拾取内部点或 [选择对象(S) 放弃(U) 设置(T)]:，此时单击图 8-21a 所示圆的内部任意一点，并按 Enter 键，完成图 8-21b 所示的渐变色填充。

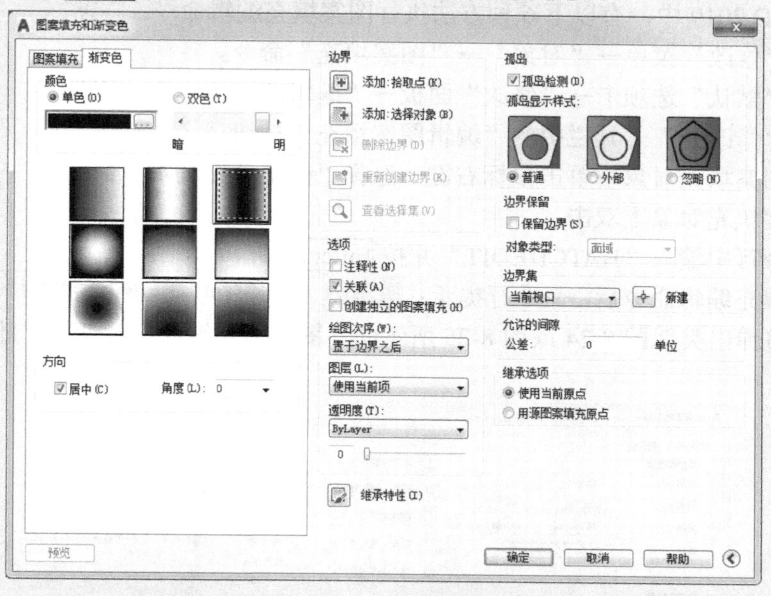

图 8-22　设置“渐变色”1

（5）重复步骤（1）、（2）。

（6）在弹出的“图案填充和渐变色”对话框中选择“颜色”选项组中的“单色”单选按钮并将滑块拉至最左侧“暗”端，选中 9 个填充图案中右上角的填充图案，如图 8-23 所示。

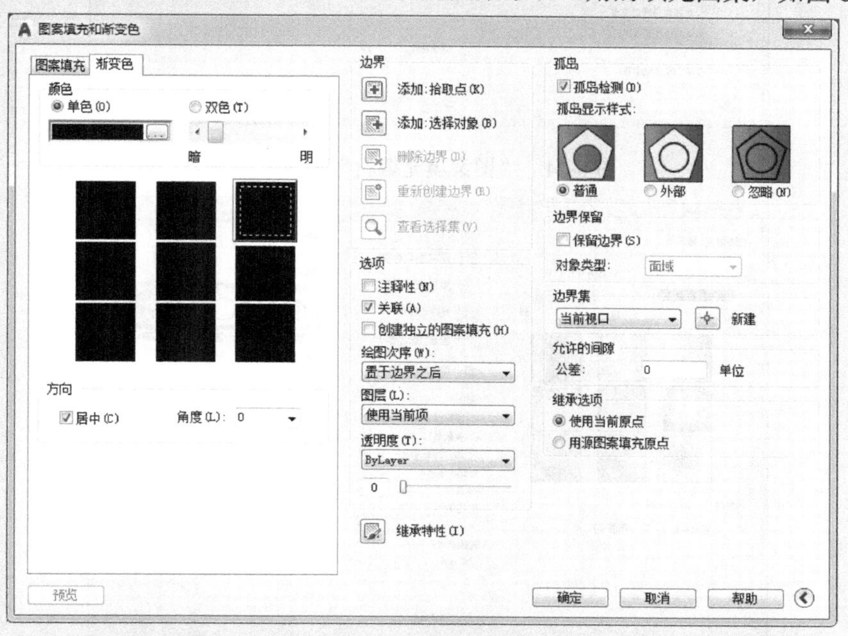

图 8-23　设置“渐变色”2

（7）重复步骤（4），完成图 8-21c 所示的渐变色填充。

8.2.3 编辑图案填充和渐变色填充

在 AutoCAD 2019 中，有以下 6 种方法执行**图案填充编辑**命令：

（1）选择“修改”菜单→“对象”→“图案填充”命令。

（2）单击“默认”选项卡→“修改”面板→“编辑图案填充”按钮。

（3）单击“修改Ⅱ”工具栏中的“编辑图案填充”按钮。

（4）选中图案填充对象→单击鼠标右键→选择“图案填充编辑”命令。

（5）在图案填充对象上双击。

（6）在命令行中输入“HATCHEDIT”并按 Enter 键。

执行图案填充编辑命令后，命令行提示：HATCHEDIT 选择图案填充对象:，此时选择图案填充对象，将弹出类似图 8-24 或图 8-25 所示的“图案填充编辑”对话框，此时可根据需要编辑对话框。

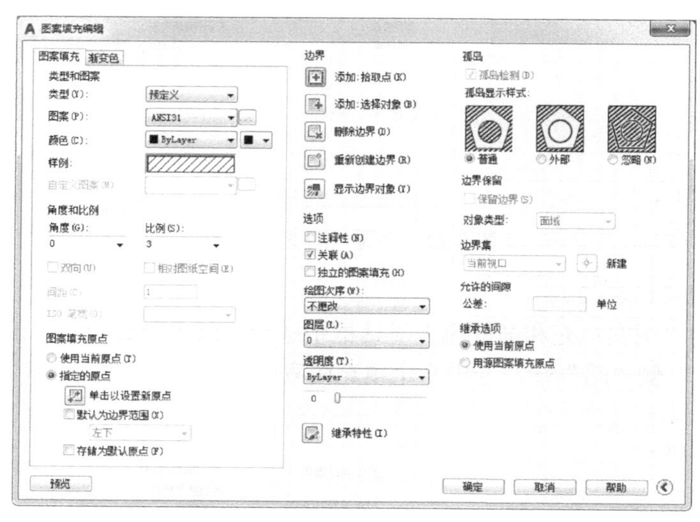

图 8-24 “图案填充编辑”对话框 1

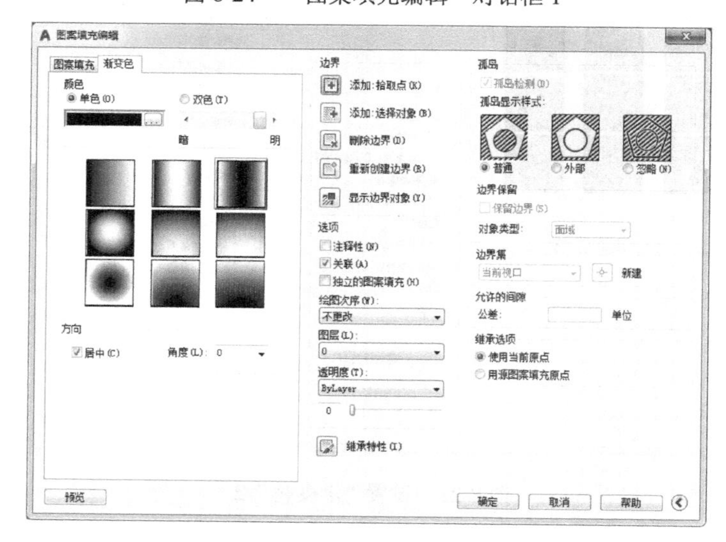

图 8-25 “图案填充编辑”对话框 2

8.3　圆环、宽线与二维填充图形

圆环、宽线和二维填充图形属于 AutoCAD 2019 中的二维填充型图形对象。

8.3.1　绘制圆环

圆环是填充环或实体填充圆，实际上是带有宽度的闭合多段线。

在 AutoCAD 2019 中，可通过指定内、外直径和圆心来绘制圆环。如果要绘制实体填充圆，可将内径值指定为 0。

在 AutoCAD 2019 中，有以下 3 种方法执行**圆环**命令：

（1）选择“绘图”菜单→“圆环”命令。

（2）单击“默认”选项卡→“绘图”面板→“圆环”按钮◎。

（3）在命令行中输入“DONUT（或 DO）”并按 Enter 键。

下面以实例来说明如何绘制圆环。

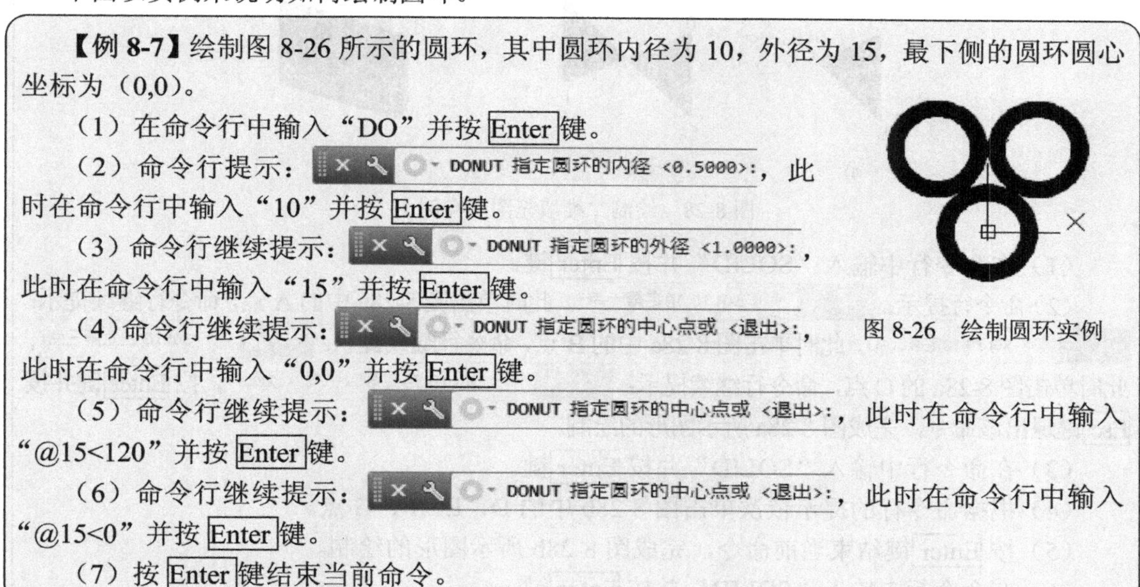

【例 8-7】绘制图 8-26 所示的圆环，其中圆环内径为 10，外径为 15，最下侧的圆环圆心坐标为（0,0）。

（1）在命令行中输入“DO”并按 Enter 键。

（2）命令行提示：DONUT 指定圆环的内径 <0.5000>:，此时在命令行中输入“10”并按 Enter 键。

（3）命令行继续提示：DONUT 指定圆环的外径 <1.0000>:，此时在命令行中输入“15”并按 Enter 键。

（4）命令行继续提示：DONUT 指定圆环的中心点或 <退出>:，此时在命令行中输入“0,0”并按 Enter 键。

（5）命令行继续提示：DONUT 指定圆环的中心点或 <退出>:，此时在命令行中输入“@15<120”并按 Enter 键。

（6）命令行继续提示：DONUT 指定圆环的中心点或 <退出>:，此时在命令行中输入“@15<0”并按 Enter 键。

（7）按 Enter 键结束当前命令。

图 8-26　绘制圆环实例

8.3.2　绘制宽线

在 AutoCAD 2019 中，绘制宽线用多段线命令。

【例 8-8】绘制图 8-27 所示的宽线，其宽度为 8，长度为 60，起点坐标为（0,0）。

（1）在命令行中输入“PL”并按 Enter 键，命令行提示：PLINE 指定起点:，此时在命令行中输入“0,0”并按 Enter 键。

图 8-27　绘制宽线实例

（2）命令行继续提示：（当前线宽为 0.0000）PLINE 指定下一个点或 [圆弧(A) 半宽(H) 长度(L) 放弃(U) 宽度(W)]:，此时在命令行中输入“W”并按 Enter 键，命令行继续提示：

PLINE 指定起点宽度 <0.0000>:，此时在命令行中输入“8”并按Enter键，命令行继续提示：PLINE 指定端点宽度 <8.0000>:，此时在命令行中输入“8”并按Enter键。

（3）命令行继续提示：PLINE 指定下一个点或 [圆弧(A) 半宽(H) 长度(L) 放弃(U) 宽度(W)]:，此时在命令行中输入“L”并按Enter键，命令行继续提示：PLINE 指定直线的长度:，此时在命令行中输入“60”并按Enter键。

（4）按Enter键退出当前命令。

8.3.3 绘制二维填充图形

在 AutoCAD 2019 中，可运行 SOLID 命令绘制二维填充图形。

下面以实例来说明如何绘制二维填充图形。

素材\第 8 章\图 8-5.dwg

【例 8-9】绘制图 8-28 所示的二维填充图形。

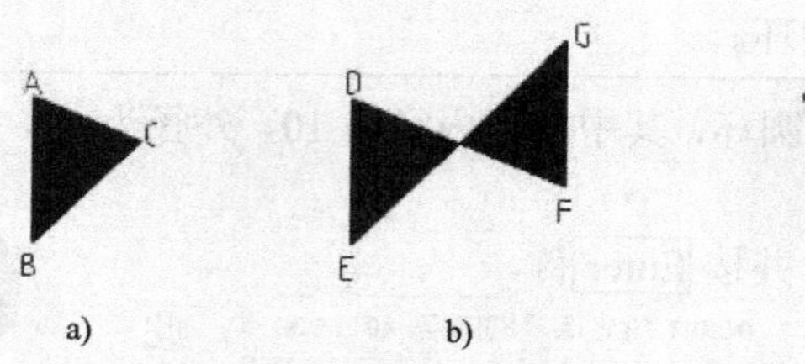

图 8-28　绘制二维填充图形实例 1

（1）在命令行中输入“SOLID”并按Enter键。

（2）命令行提示：SOLID 指定第一点:，此时单击图 8-28a 中的 A 点，命令行继续提示：SOLID 指定第二点:，此时单击图 8-28a 中的 B 点，命令行继续提示：SOLID 指定第三点:，此时单击图 8-28a 的 C 点，命令行继续提示：SOLID 指定第四点或 <退出>:，按Enter键并按Esc键退出该命令，完成图 8-28a 所示图形的绘制。

（3）在命令行中输入“SOLID”并按Enter键。

（4）根据命令行的提示依次单击图 8-28b 中的 D、E、F、G 点。

（5）按Enter键结束当前命令，完成图 8-28b 所示图形的绘制。

（6）在命令行中输入“SOLID”并按Enter键。

（7）根据命令行的提示依次单击图 8-28c 中的 d、e、g、f 点。

（8）按Enter键结束当前命令，完成图 8-28c 所示图形的绘制。

素材\第 8 章\图 8-5.dwg

【例 8-10】绘制图 8-29 所示的二维填充图形。

图 8-29　绘制二维填充图形实例 2

（1）在命令行中输入“SOLID”并按Enter键。

（2）命令行提示：SOLID 指定第一点:，此时单击图 8-29 中的 A 点，命令行继续提示：SOLID 指定第二点:，此时单击图 8-29 中的 B 点，命令行继续提示：SOLID 指定第三点:，此时单击图 8-29 中的 C 点。

（3）根据命令行的提示依次单击图 8-29 中的 D、E、F、G、H 点。

（4）按Enter键后并按Esc键退出二维填充图形命令。

第9章 注释文字和表格

CHAPTER 9

9.1 创建文字样式

文字是工程图样中重要的组成部分，它可以对工程图中几何图形难以表达的部分进行补充说明。在为图形添加文字对象之前，应先设置好当前的文字样式。AutoCAD 2019 默认的文字样式为 Standard。通过“文字样式”对话框（图 9-1），用户可以自己设置文字样式。

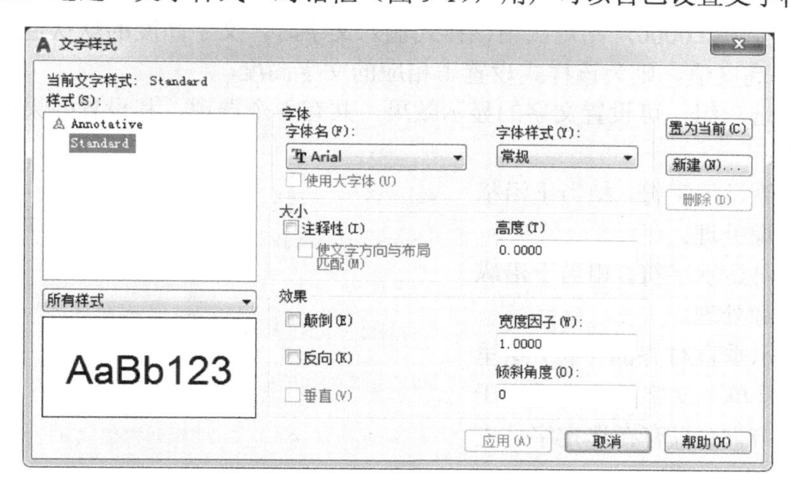

图 9-1 “文字样式”对话框

在 AutoCAD 2019 中，有以下 5 种方法打开“文字样式”对话框：

（1）选择“格式”菜单→“文字样式”命令。

（2）单击“默认”选项卡→“注释”面板→“文字样式”按钮。

（3）单击“注释”选项卡→“文字”面板→“文字样式”按钮。

（4）单击“文字”工具栏中的“文字样式”按钮。

（5）在命令行中输入“STYLE（或 ST）”并按 Enter 键。

如图 9-1 所示，“文字样式”对话框的“样式”列表框内列出了所有的文字样式。通过“样式”列表框下方的预览窗口，可对所选择的样式进行预览。

“文字样式”对话框主要包括“字体”“大小”和“效果”3 个选项组，分别用于设置文字的字体、大小和显示效果。单击 置为当前(C) 按钮，可将所选择的文字样式置为当前；单击 新建(N)... 按钮，可新建文字样式，新建的文字样式将显示在“样式”列表框内；单击 删除(D) 按钮，可删除文字样式，但不能删除 Standard 文字样式、当前文字样式和已经使用的文字样式。

要创建新的文字样式，可单击 新建(N)... 按钮，在弹出的“新建文字样式”对话框的“样式名”文本框内输入样式名称，如图 9-2 所示。单击 确定 按钮后，新建的文字样式将显示在“样式”列表框内，并自动置为当前。

图 9-2 “新建文字样式”对话框

在“样式”列表框内选择要设置的文字样式后，可对所选文字样式进行设置。

在“字体”选项组，可设置文字样式的字体。通过“字体名”下拉列表框可选择文字样式的字体。如果选中“使用大字体”复选框，那么通过“SHX 字体”和“大字体”下拉列表框选择“.shx”文件作为文字样式的字体，选择后可在预览窗口预览显示效果。“大字体”下拉列表框只有在选中“使用大字体”复选框之后才可用。

AutoCAD 2019 为中国用户提供了专用的符合国标要求的中西文工程字体，其中的“gbcbig.shx”为国标长仿宋体工程字；“gbenor.shx”和“gbeitc.shx”为两种西文字体，前者是“正体”，后者是“斜体”。

在“大小”选项组，可设置文字的大小。文字大小通过“高度”文本框设置，默认为 0.0000，如果设置“高度”为 0.0000，则每次用该样式输入文字时，文字高度的默认值为 2.5；如果输入大于 0.0000 的高度值，则为该样式设置了相应的文字高度。

在“效果”选项组，可设置文字的显示效果，共有 5 个选项，其设置效果如图 9-3 所示。各选项说明如下：

“颠倒”：颠倒显示字符，相当于沿横向的对称轴做镜像处理。

“反向”：反向显示字符，相当于沿纵向的对称轴做镜像处理。

“垂直”：显示垂直对齐的字符，这里的“垂直”指的是单个文字的方向垂直于整个文字的排列方向。只有在选定字体支持双向时，“垂直”才可用。

“宽度因子”：设置字符间距。输入小于 1.0 的值将压缩文字，输入大于 1.0 的值则扩大文字，图 9-3 中为设置的两个宽度因子分别为 2 与 0.5 的显示效果。

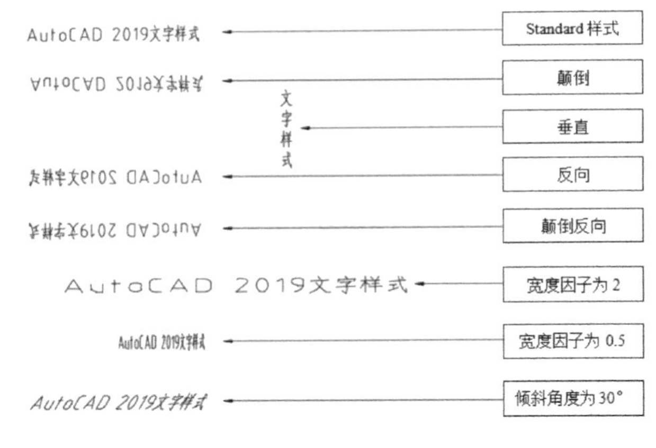

图 9-3 设置文字样式的效果

“倾斜角度”：设置文字的倾斜角。输入一个–85°～85°的值，将使文字倾斜。

9.2 创建单行文字

对于简短的文字和标签，可以创建单行文字。在创建单行文字的过程中可以用 Enter 键来换行。“单行”的含义是每行文字都是独立的对象，可对其进行重新定位、调整格式或进行其他修改。

在 AutoCAD 2019 中，有以下 5 种方法执行**单行文字**命令：

（1）选择“绘图”菜单→“文字”→“单行文字”命令。

（2）单击“默认”选项卡→“注释”面板→“单行文字”按钮A。

（3）单击“注释”选项卡→“文字”面板→“单行文字”按钮A。

（4）单击“文字”工具栏中的“单行文字”按钮A。

（5）在命令行中输入“TEXT（或DT）”并按Enter键。

执行单行文字命令后，命令行提示：

当前文字样式： "Standard" 文字高度： 2.5000 注释性： 否 对正： 左

TEXT 指定文字的起点 或 [对正(J) 样式(S)]:

此提示信息的第一行显示当前的文字样式，根据第二行的提示，可以指定单行文字对象的起点或中括号内的选项。“对正”选项用于控制文字的对齐方式；“样式”选项用于指定文字样式。指定单行文字的起点后，命令行继续提示：TEXT 指定高度 <2.5000>:，此时输入文字的高度并按Enter键，命令行继续提示：TEXT 指定文字的旋转角度 <0>:，此时可设置文字的旋转角度，既可以在命令行直接输入角度值，也可以将光标置于绘图区，会显示光标到文字起点的橡皮筋线，在相应的角度位置单击，可指定角度。

★注意：此时设置的是文字的旋转角度，即文字对象相对于0°方向的角度，如图9-4所示。

AutoCAD2019
30°

图9-4 文字的旋转角度

指定文字的起点、旋转角度之后，进入单行文字编辑器，光标变为I型，如图9-5a所示；可按Enter键换行，如图9-5b所示；文字输入完成后，每一行都是一个单独的对象，如图9-5c所示。按Esc键可退出单行文字编辑器。

AutoCAD2019

a) 输入文字

AutoCAD2019
按Enter键

b) 换行操作

AutoCAD2019
按Enter键

c) 两个独立对象

图9-5 单行文字编辑器

9.3 创建多行文字

对于较长、较为复杂的内容，可以创建多行文字。无论多行文字的行数是多少，一个编辑任务中创建的每个段落集都是单个对象，用户可对其进行移动、旋转、删除等操作。

在AutoCAD 2019中，有以下5种方法执行**多行文字**命令：

（1）选择“绘图”菜单→“文字”→“多行文字”命令。

（2）单击“默认”选项卡→“注释”面板→“多行文字”按钮A。

（3）单击“注释”选项卡→“文字”面板→“多行文字”按钮A。

（4）单击“绘图”或“文字”工具栏中的“多行文字”按钮A。

（5）在命令行中输入“MTEXT（T或MT）”并按Enter键。

执行多行文字命令后，命令行提示：

当前文字样式： "Standard" 文字高度： 2.5 注释性： 否

MTEXT 指定第一角点：

此时指定多行文字的第一角点，命令行继续提示：

MTEXT 指定对角点或 [高度(H) 对正(J) 行距(L) 旋转(R) 样式(S) 宽度(W) 栏(C)]:，此时可指定第二个角点或者选择中括号内的选项设置多行文字。指定对角点之后，将显示多行文字编辑器，如图 9-6 所示。可见，多行文字编辑器已经集成在功能区，当运行 MTEXT 命令后，功能区最右侧多出一个名为“文字编辑器”的选项卡，即为多行文字编辑器。

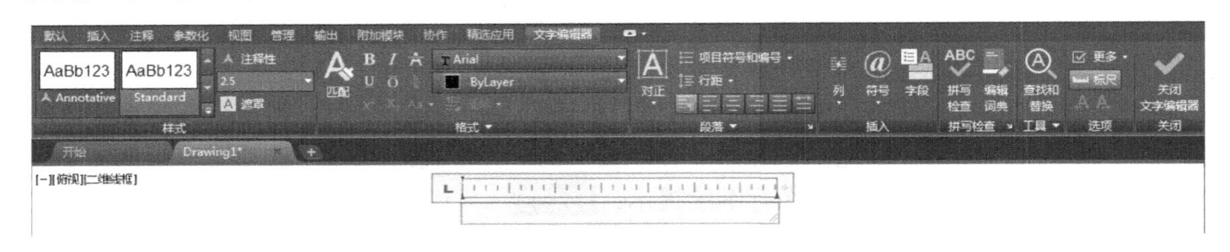

图 9-6 多行文字编辑器

如图 9-6 所示，多行文字编辑器主要分为“文字编辑器”选项卡（图 9-6 上侧位置处）和文本输入区（图 9-6 下侧位置处）两个部分。

9.3.1 使用“文字编辑器”选项卡编辑文字

“文字编辑器”选项卡主要用于设置多行文字的格式，主要包括“样式”“格式”“段落”“插入”“选项”和“关闭”等面板。既可以在输入文本之前设置各个面板上的控件格式，也可以设置所选择文本的格式。各面板说明如下：

1. “样式”面板

（1）“样式”列表框：用于设置多行文字对象的文字样式。该列表框中将列出所有的文字样式，包括系统默认的样式和用户自定义的样式。

（2）“文字高度”下拉列表框：按图形单位设置多行文字的高度，可以从其下拉列表框中选取，也可以直接输入数值指定高度。

2. “格式”面板

（1）“字体”下拉列表框：设置多行文字的字体。

（2）“粗体”按钮、“斜体”按钮、“下划线”按钮、“上划线”按钮：分别用于开关多行文字的粗体、斜体、下划线和上划线格式。

（3）“颜色”下拉列表框：用于指定多行文字的颜色。

（4）“倾斜角度”微调按钮：确定文字是向前倾斜还是向后倾斜。倾斜角度表示的是相对于 90° 方向的偏移角度。输入一个-85°～85°的数值，可使文字倾斜。倾斜角度的值为正时，文字向右倾斜；倾斜角度的值为负时，文字向左倾斜。

（5）“追踪”微调按钮：用于增大或减小选定字符之间的间距。1 是常规间距，大于 1 可增大间距，小于 1 可减小间距。

（6）“宽度因子”微调按钮：扩展或收缩选定字符。设为 1 代表此字体中的字母是常规宽度。可以增大该宽度或减小该宽度。注意：该选项调整的是字符的宽度，而“追踪”微调按钮调整的是字符间距的值。

3. “段落”面板

（1）“对正”按钮：单击该按钮将显示多行文字的“对正”下拉列表，并且有9个对齐选项可用，如图9-7所示。

（2）“段落”面板按钮：单击该按钮将显示“段落”对话框，可设置段落格式，如图9-8所示。

（3）“默认”按钮、“左对齐”按钮、“居中”按钮、“右对齐”按钮、“对正”按钮和“分散对齐”按钮：设置当前段落或选定段落的左、中或右文字边界的对正和对齐方式。设置对齐方式时，设置对象将包含一行末尾输入的空格，并且这些空格会影响行的对正。

图9-7　“对正”下拉列表

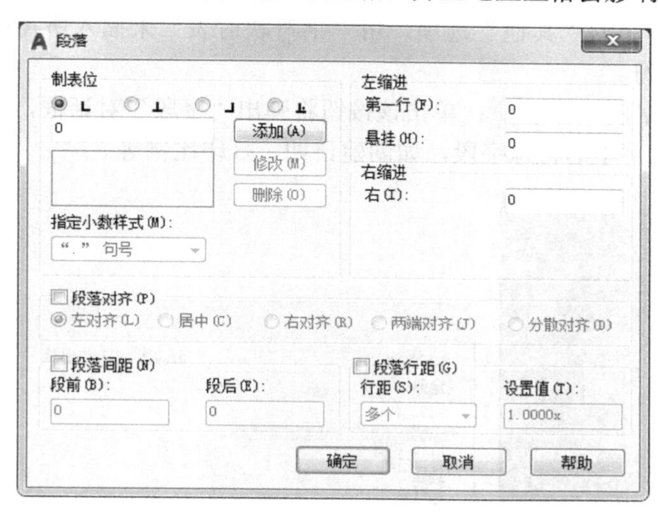

图9-8　“段落”对话框

（4）“行距”按钮：单击该按钮将显示“行距”下拉列表，其中显示了建议的行距选项，如图9-9所示。其中，1.0x即表示1.0倍行距；如选择“更多”选项，则弹出“段落”对话框，如图9-8所示。可在当前段落或选定段落中设置行距。行距是多行段落中文字的上一行底部和下一行顶部之间的距离。

（5）“项目符号和编号”按钮：单击该按钮将显示“项目符号和编号”下拉列表，如图9-10所示，用于创建项目符号或列表。可以选择“以数字标记”“以字母标记”或“以项目符号标记”选项。

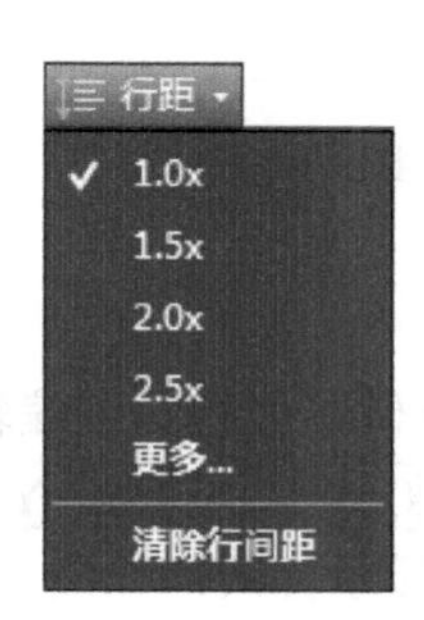

图9-9　“行距”下拉列表

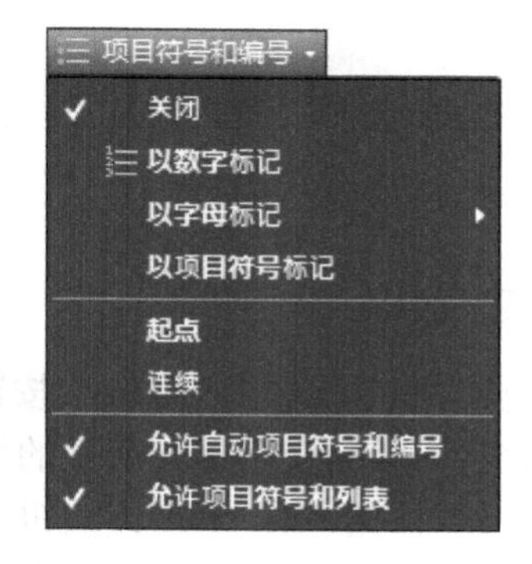

图9-10　“项目符号和编号”下拉列表

4. “插入”面板

（1）“列”按钮：单击该按钮将显示“列”下拉列表，如图 9-11 所示。该下拉列表提供了 3 个栏选项：“不分栏”“动态栏”和“静态栏”。

图 9-11 “列”下拉列表

（2）“符号”按钮：单击该按钮将显示“符号”下拉列表，如图 9-12 所示，可用于在光标位置插入符号或不间断空格。该下拉列表列出了常用符号及其控制代码或 Unicode 字符串，如度数符号、直径符号等。如果在“符号”下拉列表中没有要输入的符号，还可选择其中的“其他”选项，用“字符映射表”来插入所需的 Unicode 字符。

（3）“字段”按钮：单击该按钮将弹出“字段”对话框，如图 9-13 所示，从中可以选择要插入文字中的特殊字段，如创建日期、打印比例等。

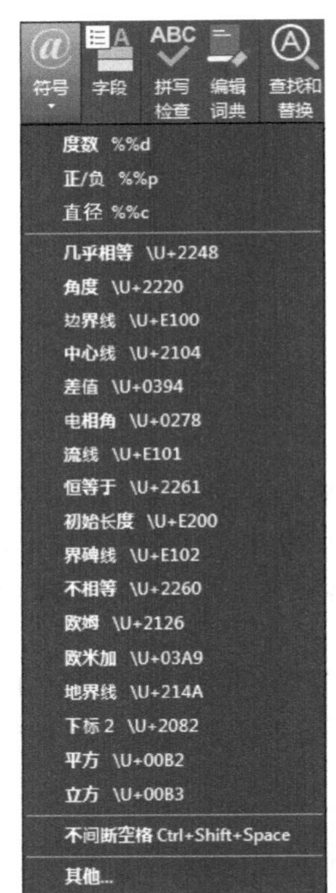

图 9-12 “符号”下拉列表

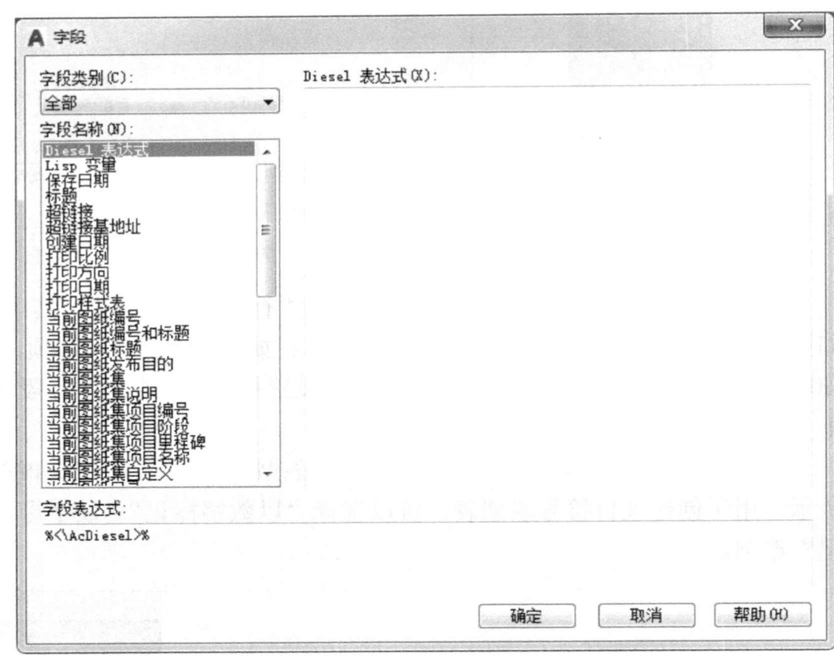

图 9-13 “字段”对话框

5. “选项”面板

（1）“放弃”按钮与“重做”按钮：分别用于放弃和重做在多行文字编辑器中的操作，包括对文字内容和文字格式所做的修改，也可以使用对应的 Ctrl+Z 和 Ctrl+Y 组合键。

（2）“标尺”按钮：单击该按钮，可在文本输入区的顶部显示标尺，如图 9-14 所示。拖动标尺上的箭头，可以改变输入框的大小，还可通过标尺上的制表位控制符设置制表位。

（3）“更多”按钮：用于显示其他文字选项列表。单击该按钮，弹出如图 9-15 所示的下拉列表，可进行插入符号、删除格式和编辑器设置等操作。

图 9-14　标尺　　　　图 9-15　“更多”下拉列表

6. “关闭”面板

该面板只有一个“关闭文字编辑器”按钮。单击该按钮，将关闭文字编辑器并保存所做的所有更改。

9.3.2　文本输入区

文本输入区主要用于输入文本，如果单击工具栏中的“标尺”按钮，将显示标尺以辅助文本输入。通过拖动标尺上的箭头，还可调整文本输入框的大小，通过制表符可以设置制表位。

下面以实例来说明如何创建多行文字。

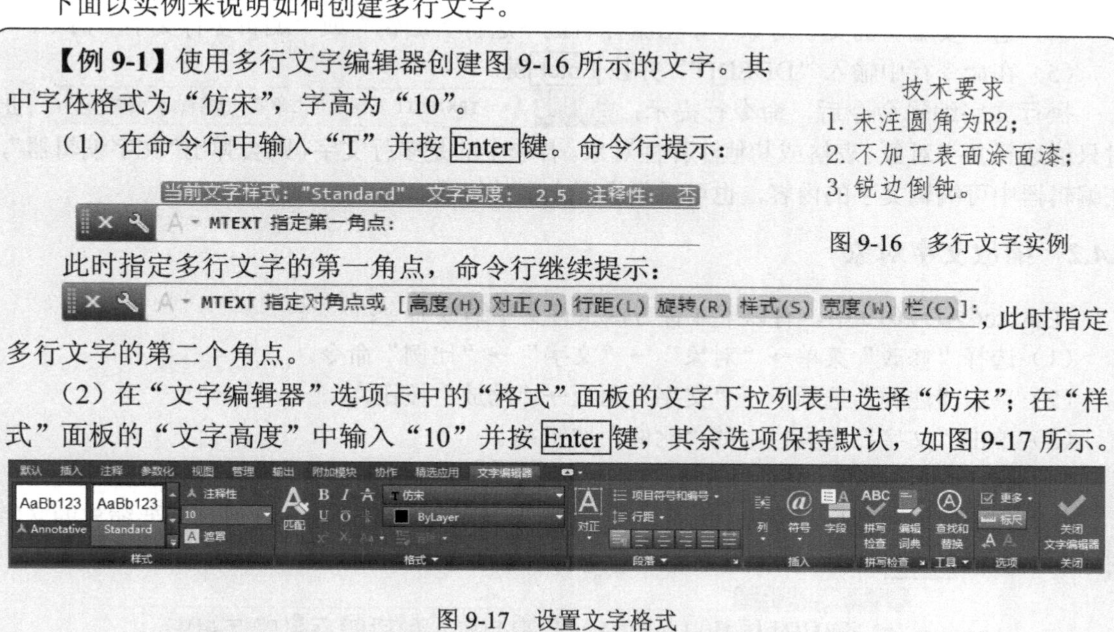

【例 9-1】使用多行文字编辑器创建图 9-16 所示的文字。其中字体格式为“仿宋”，字高为“10”。

技术要求
1. 未注圆角为R2;
2. 不加工表面涂面漆;
3. 锐边倒钝。

图 9-16　多行文字实例

（1）在命令行中输入“T”并按 Enter 键。命令行提示：

当前文字样式: "Standard"　文字高度: 2.5　注释性: 否
MTEXT 指定第一角点:

此时指定多行文字的第一角点，命令行继续提示：

MTEXT 指定对角点或 [高度(H) 对正(J) 行距(L) 旋转(R) 样式(S) 宽度(W) 栏(C)]:，此时指定多行文字的第二个角点。

（2）在“文字编辑器”选项卡中的“格式”面板的文字下拉列表中选择“仿宋”；在“样式”面板的“文字高度”中输入“10”并按 Enter 键，其余选项保持默认，如图 9-17 所示。

图 9-17　设置文字格式

（3）单击文本输入区，然后输入图 9-16 所示的 4 行文本，按 Enter 键换行，如图 9-18 所示。

（4）选择第一行文本，单击“文字编辑器”选项卡→“段落”面板→“居中”按钮，如图 9-19 所示。

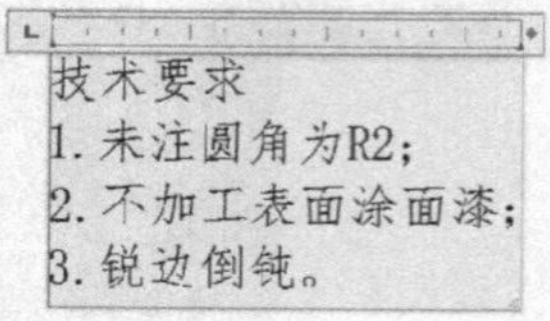

技术要求
1. 未注圆角为R2;
2. 不加工表面涂面漆;
3. 锐边倒钝。

图 9-18　输入文本

技术要求
1. 未注圆角为R2;
2. 不加工表面涂面漆;
3. 锐边倒钝。

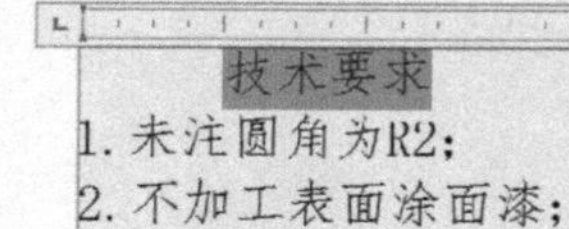

图 9-19　设置居中格式

（5）单击“关闭”面板中的“关闭文字编辑器”按钮，关闭编辑器并保存所做的操作。

9.4　编辑文字对象

在 AutoCAD 2019 中，可以通过编辑文字内容和格式、缩放文字和编辑文字对正方式等对文字对象进行编辑。

9.4.1　编辑文字内容和格式

在 AutoCAD 2019 中，有以下 5 种方法执行**文字编辑**命令：

（1）选择“修改”菜单→“对象”→“文字”→“编辑”命令。

（2）单击“文字”工具栏中的“编辑”按钮。

（3）双击要编辑的文字对象。

（4）选中要编辑的文字对象→单击鼠标右键→选择“编辑”或“编辑多行文字”命令。

（5）在命令行中输入“DDEDIT”并按 Enter 键。

执行文字编辑命令后，命令行提示：TEXTEDIT 选择注释对象或 [放弃(U) 模式(M)]:，此时只能选择文字对象、表格或其他注释性对象。若选中的是多行文字，则会弹出“文字编辑器”，在编辑器中可编辑文字的内容，也可重新设置文字的格式。

9.4.2　缩放文字对象

在 AutoCAD 2019 中，有以下 4 种方法执行**文字缩放**命令：

（1）选择“修改”菜单→“对象”→“文字”→“比例”命令。

（2）单击“注释”选项卡→“文字”面板→“缩放”按钮。

（3）单击“文字”工具栏中的“比例”按钮。

（4）在命令行中输入“SCALETEXT”并按 Enter 键。

执行文字缩放命令后，命令行提示：SCALETEXT 选择对象:，此时选择要缩放的文字对象，然后按 Enter 键或单击鼠标右键，命令行继续提示：

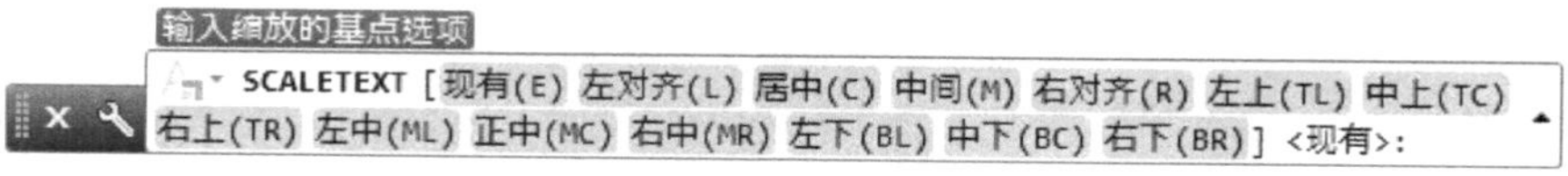

输入缩放的基点选项
SCALETEXT [现有(E) 左对齐(L) 居中(C) 中间(M) 右对齐(R) 左上(TL) 中上(TC) 右上(TR) 左中(ML) 正中(MC) 右中(MR) 左下(BL) 中下(BC) 右下(BR)] <现有>:

该信息提示指定文字对象上的某一点作为缩放的基点，可以从中括号内选择对应选项。指定基点后，命令行继续提示：

SCALETEXT 指定新模型高度或 [图纸高度(P) 匹配对象(M) 比例因子(S)] <10>:

“新模型高度”即为“文字高度”，此时可输入新的文字高度。其他选项的含义如下：

“图纸高度（P）”：根据注释特性缩放文字高度。

“匹配对象（M）”：选择该选项，可以使两个文字对象的大小匹配。

“比例因子（S）”：可指定比例因子或参照来缩放所选文字对象。

9.4.3　编辑文字对象的对正方式

在 AutoCAD 2019 中，有以下 4 种方法执行**文字对正**命令：

（1）选择“修改”菜单→“对象”→“文字”→“对正”命令。

（2）单击“注释”选项卡→“文字”面板→“对正”按钮。

（3）单击“文字”工具栏中的“对正”按钮。

（4）在命令行中输入“JUSTIFYTEXT”并按 Enter 键。

执行文字对正命令后，命令行提示：JUSTIFYTEXT 选择对象:，此时选择要对正的文字对象，然后按 Enter 键或单击鼠标右键，命令行继续提示：

输入对正选项
JUSTIFYTEXT [左对齐(L) 对齐(A) 布满(F) 居中(C) 中间(M) 右对齐(R) 左上(TL) 中上(TC) 右上(TR) 左中(ML) 正中(MC) 右中(MR) 左下(BL) 中下(BC) 右下(BR)] <左对齐>:

此时可选择某个位置作为对正点。中括号内的对正选项实际上是指定了文字对象上某个点作为其对齐的基准点。

9.5　表格样式

1．创建表格样式

表格是由包含注释（以文字为主）的单元构成的对象。在工程上大量使用表格，例如标题栏和明细表都属于表格的应用。在创建表格之前，应先定义表格的样式，包括表格的字体、颜色和填充等。AutoCAD 2019 默认的表格样式为 Standard 样式。通过“表格样式”对话框（图 9-20），用户可以自己定义所需的表格样式。

在 AutoCAD 2019 中，打开“表格样式”对话框的方法有以下 5 种：

（1）选择“格式”菜单→“表格样式”命令。

（2）单击“默认”选项卡→“注释”面板→“表格样式”按钮。

（3）单击“注释”选项卡→“表格”面板→“表格样式”按钮。

（4）单击“样式”工具栏中的“表格样式”按钮。

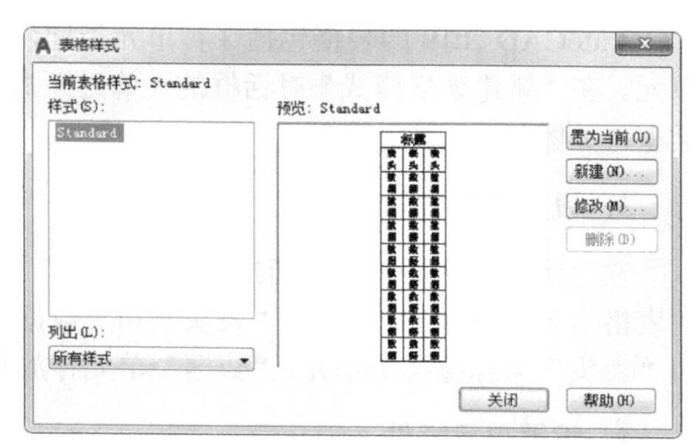

图 9-20　“表格样式”对话框

（5）在命令行中输入“TABLESTYLE（或 TS）”并按 Enter 键。

如图 9-20 所示，“表格样式”对话框的“样式”列表框中列出了所有的表格样式，包括系统默认的 Standard 样式以及用户自定义的样式。在“预览”窗口，可对所选择的表格样式进行预览。单击 置为当前(U) 按钮，可将所选择的表格样式置为当前；单击 新建(N)... 按钮，可新建表格样式，新建的表格样式将显示在“样式”列表框内；单击 修改(M)... 按钮，可修改所选表格样式；删除(D) 按钮用于删除表格样式，但不能删除 Standard 表格样式、当前表格样式及已经使用的表格样式。

要创建新的表格样式，可单击 新建(N)... 按钮，在弹出的“创建新的表格样式”对话框的“新样式名”文本框中输入样式名称（如明细表），并选择基础样式，如图 9-21 所示。单击 继续 按钮，弹出“新建表格样式”对话框，可对新建的表格样式的各个属性进行设置，如图 9-22 所示。

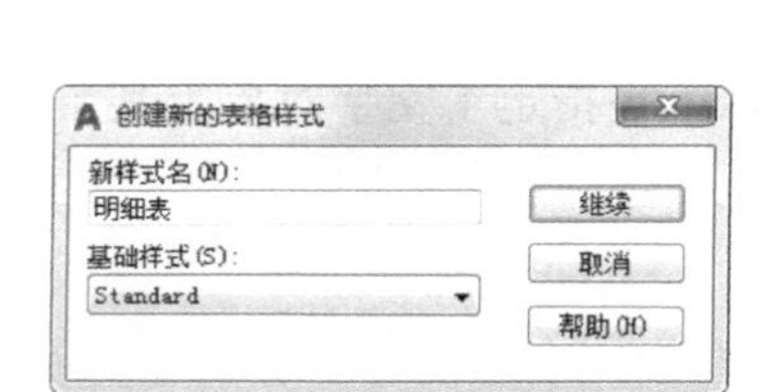

图 9-21 “创建新的表格样式”对话框

图 9-22 “新建表格样式：明细表”对话框

“新建表格样式”对话框也有一个表格样式的预览窗口，并且包括一个“单元样式预览”窗口。

2．选择单元类型

AutoCAD 2019 的表格包括 3 种单元类型，分别为“标题”单元、“表头”单元和“数据”单元。在“新建表格样式”对话框的“单元样式”选项组的下拉列表框中可选择要设置的单元类型，如图 9-23 所示。

3．设置表格方向

在“常规”选项组，可通过“表格方向”下拉列表框选择表格的方向。“向下”表示创建的表格由上而下排列“标题”“表头”和“数据”；“向上”则相反，如图 9-24 所示。“标题”和“表头”为标签类型单元，“数据”单元存放具体数据。

4．设置单元特性

在 AutoCAD 2019 中，表格单元特性的定义包括“常规”“文字”和“边框”3 个选项卡，如图 9-25 所示。各选项卡说明如下：

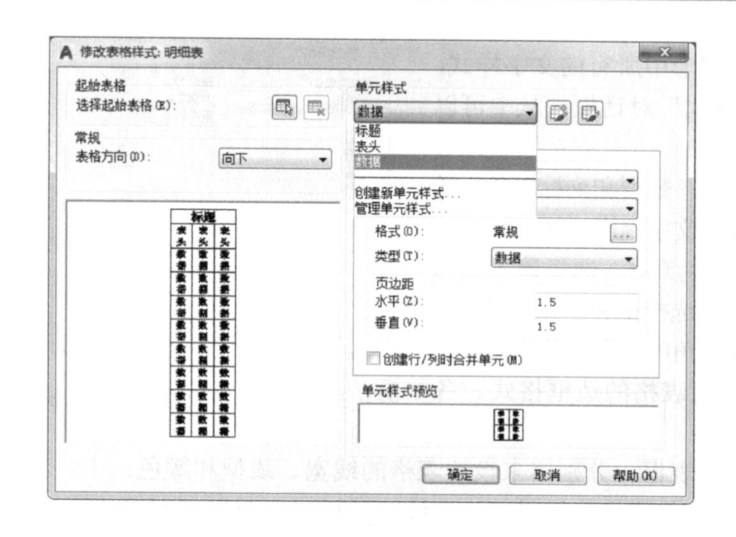

图 9-23　选择单元类型

标题		
表头	表头	表头
数据	数据	数据
数据	数据	数据
数据	数据	数据
数据	数据	数据
数据	数据	数据
数据	数据	数据
数据	数据	数据
数据	数据	数据

a) 向下

数据	数据	数据
数据	数据	数据
数据	数据	数据
数据	数据	数据
数据	数据	数据
数据	数据	数据
数据	数据	数据
数据	数据	数据
表头	表头	表头
标题		

b) 向上

图 9-24　设置表格方向

（1）在“常规”选项卡中，可设置单元的一些基本特性，如颜色、格式等。各项设置说明如下：

“填充颜色”下拉列表框：用于指定单元的背景色，默认值为“无”。可在该下拉列表框中选取颜色，也可选择“选择颜色”选项，以显示“选择颜色”对话框来指定颜色。

“对齐”下拉列表框：用于设置表格单元中文字的对正和对齐方式。文字可相对于单元的顶部边框和底部边框进行居中对齐、上对齐或下对齐，也可相对于单元的左边框和右边框进行居中对正、左对正或右对正。

a)“常规”选项卡　　b)“文字”选项卡　　c)“边框”选项卡

图 9-25　设置单元特性

“格式”按钮[...]：为表格中的“标题”“表头”或“数据”设置数据类型和格式。单击该按钮，将显示“表格单元格式”对话框，从中可以进一步定义格式选项，如图 9-26 所示。

“类型”下拉列表框：选择单元的类型，可选择为标签或数据。

“水平”文本框：设置单元中的文字或块与左右单元边界之间的距离。

“垂直”文本框：设置单元中的文字或块与上下单元边界之间的距离。

“创建行/列时合并单元”复选框：将使用当前单元样式创建的所有新行或新列合并为一个单元。该选项一般用于在表格中创建标题行。

（2）在“文字”选项卡中，可设置单元内文字的特性，如颜色、高度等。各项设置说明如下：

“文字样式”下拉列表框：列出了图形中所有的文字样式。单击其后的...按钮，将显示“文字样式”对话框，从中可以创建新的文字样式。

“文字高度”文本框：设置文字高度。数据和列标题单元的默认文字高度为0.1800，表格标题的默认文字高度为0.2500。

“文字颜色”下拉列表框：指定文字颜色。选择该下拉列表框中的“选择颜色”选项，可显示“选择颜色”对话框。

“文字角度”文本框：设置文字旋转角度，默认值为0。

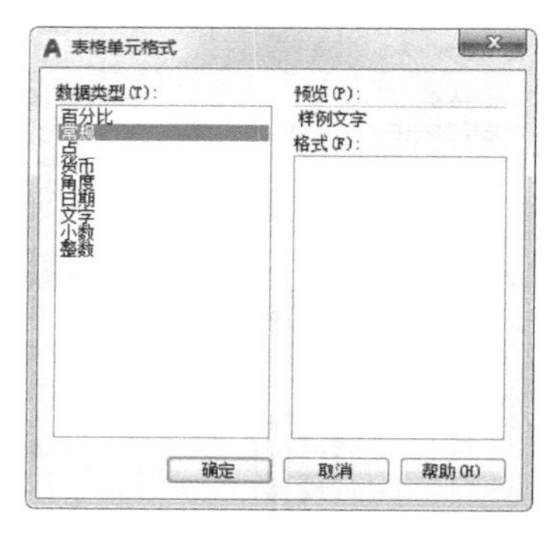

图9-26 “表格单元格式”对话框

(3) 在“边框”选项卡中，可设置表格的边框格式。各项设置说明如下：

“线宽”“线型”和“颜色”下拉列表框：分别用来设置表格的线宽、线型和颜色。

“双线”复选框：选择该复选框，可将表格边界显示为双线。通过“间距”文本框，可设置双线边界的间距。

边框按钮：用于控制单元边框的外观。单击其中的某一按钮，即表示将在“边框”选项卡中定义的线宽、线型等特性应用到对应的边框，如图9-27所示。

图9-27 边框按钮

9.6 插入表格

在AutoCAD 2019中，有以下5种方法执行**表格**命令：

(1) 选择“绘图”菜单→“表格”命令。

(2) 单击“默认”选项卡→“注释”面板→“表格”按钮。

(3) 单击“注释”选项卡→“表格”面板→“表格”按钮。

(4) 单击“绘图”工具栏中的“表格”按钮。

(5) 在命令行中输入“TABLE（或TB）”并按Enter键。

执行表格命令后，将弹出“插入表格”对话框，如图9-28所示。表格的插入操作一般包括两个操作步骤：第一步为设置插入表格的插入格式，即设置“插入表格”对话框；第二步为选择插入点及输入表格数据。

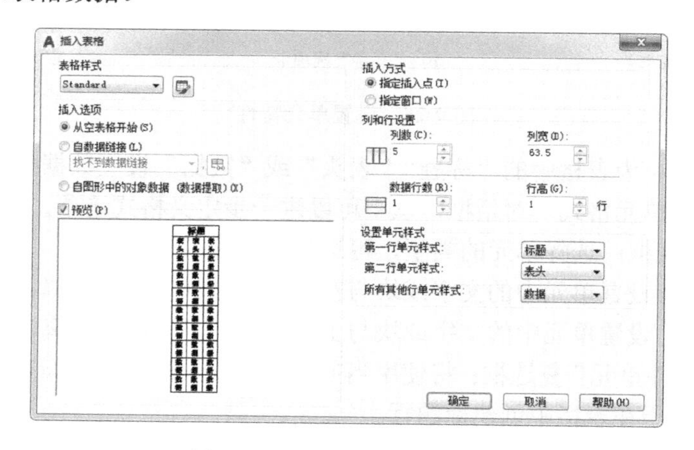

图9-28 “插入表格”对话框

9.6.1 设置表格的插入格式

“插入表格”对话框主要包括“表格样式”“插入选项”“插入方式”等选项组，还包含一个预览窗口。

（1）在“表格样式”选项组中，可选择插入表格要应用的样式。其下拉列表框内显示的是当前文件中所有的表格样式。单击按钮，还可打开“表格样式”对话框以定义新的表格样式。

（2）在“插入选项”选项组，可指定插入表格的方式。各按钮说明如下：

“从空表格开始”单选按钮：选择该单选按钮，表示创建空表格，然后手动输入数据。

“自数据链接”单选按钮：选择该单选按钮，可以从外部电子表格（如 Microsoft Office Excel）中的数据创建表格。

“自图形中的对象数据（数据提取）”单选按钮：选择该单选按钮，然后单击 确定 按钮，将启动“数据提取”向导。

（3）在“插入方式”选项组，可指定插入表格的方式为“指定插入点”还是“指定窗口”。各按钮说明如下：

“指定插入点”单选按钮：该选项表示通过指定表格左上角点的位置插入表格。

“指定窗口”单选按钮：该选项表示通过指定表格的大小和位置插入表格。选定此选项时，行数、列数、列宽和行高取决于窗口的大小以及“列和行设置”。

（4）在“列和行设置”选项组，可以设置列和行的数目和大小。各按钮说明如下：

“列数”微调按钮：用于指定列数。

“列宽”微调按钮：用于指定列的宽度。

“数据行数”微调按钮：指定行数。注意，这里设置的是“数据行”的数目，不包括“标题”和“表头”。

“行高”微调按钮：按照行数指定行高。文字行高基于文字高度和单元边距，这两项均在表格样式中设置。

（5）在“设置单元样式”选项组中，可选择标题、表头和数据行的相对位置。各下拉列表框说明如下：

“第一行单元样式”下拉列表框：用于指定表格中第一行的单元样式。默认情况下，使用“标题”单元样式。

“第二行单元样式”下拉列表框：用于指定表格中第二行的单元样式。默认情况下，使用“表头”单元样式。

“所有其他行单元样式”下拉列表框：用于指定表格中其他行的单元样式。默认情况下，使用“数据”单元样式。

9.6.2 选择插入点及输入表格数据

1. 选择插入点

（1）如果在“插入表格”对话框的“插入方式”选项组中选择“指定插入点”，那么命令行将提示：TABLE 指定插入点:，这时会在光标处动态显示表格，此时只需在绘图区指定一个插入点，即可完成空表格的插入。

（2）如果在“插入表格”对话框的“插入方式”选项组中选择“指定窗口”，则命令行提示：TABLE 指定第一个角点:，此时指定第一个角点，命令行继续提示：TABLE 指定第二角点:，此时指定第二个角点，如同绘制矩形，系统将自动根据“插入表格”对话框的设置配置行和列。

2．输入表格数据

表格插入后，将自动打开多行文字编辑器，编辑器的文字输入区默认为表格的标题。此时可使用多行文字编辑器输入并设置文字样式，按Tab键可切换文字的输入点。

9.6.3 编辑表格

1．使用夹点编辑表格

和其他对象一样，在表格上单击即可显示表格对象的夹点。通过表格的各个夹点可实现表格的拉伸、移动等操作。

2．使用“表格单元”选项卡

AutoCAD 2019提供专门的“表格单元”选项卡来编辑表格，如图9-29所示。

图9-29 “表格单元”选项卡

“表格单元”选项卡在默认情况下为关闭状态。要打开“表格单元”选项卡，可按以下步骤进行操作：

（1）单击要编辑的表格，显示夹点，如图9-30所示。

（2）在表格的任一单元格内单击（图9-31），即可显示“表格单元”选项卡。

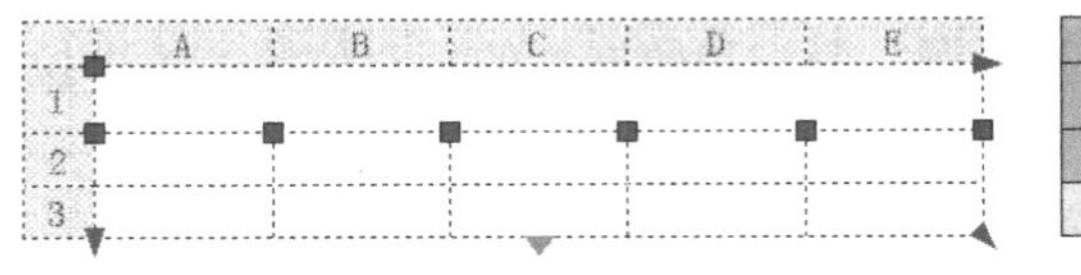

图9-30 单击表格显示夹点

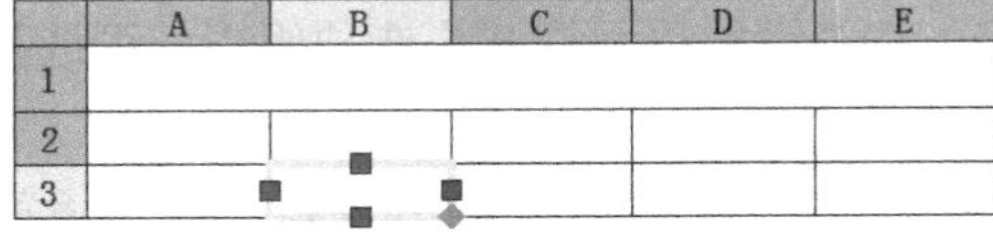

图9-31 显示“表格单元”选项卡

通过“表格单元”选项卡，可添加或删除行或列等。各按钮说明如下：

（1）“从上方插入行”按钮和“从下方插入行”按钮：这两个按钮分别用于在所选单元格的上方、下方添加行。

（2）“删除行”按钮：单击该按钮，可删除所选单元格所在的行。

（3）“从左侧插入列”按钮和“从右侧插入列”按钮：这两个按钮分别用于在所选单元格的左边、右边添加列。

（4）“删除列”按钮：单击该按钮，可删除所选单元格所在的列。

（5）“合并单元”按钮和“取消合并单元”按钮：这两个按钮分别用于合并单元格和取消单元格的合并。合并单元格按钮在选择多个单元格时才可用。按住Shift键单击可选择多个单元格。

（6）“匹配单元”按钮：用于单元格的格式匹配。

（7）“对齐方式”按钮：用于设置单元格的对齐方式。单击可弹出下拉列表，如图 9-32 所示。

（8）“编辑边框”按钮：单击该按钮，弹出“单元边框特性”对话框，可设置单元格的边框，如图 9-33 所示。

图 9-32　设置对齐方式

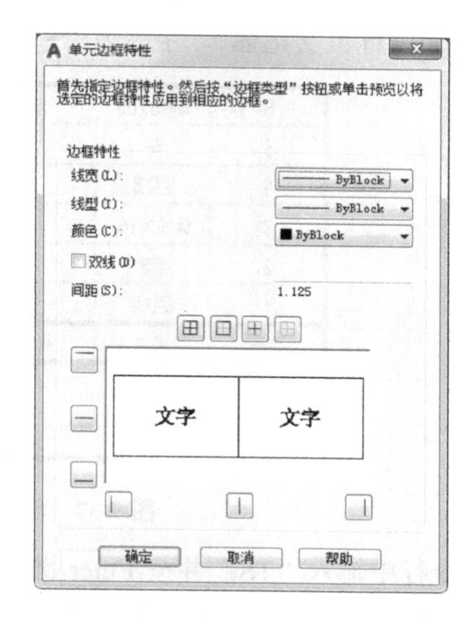

图 9-33　“单元边框特性”对话框

（9）“单元锁定”按钮：用于锁定单元格的内容或格式。如图 9-34 所示，通过其下拉列表，可选择锁定单元格的内容或格式，或者两者均锁定。锁定内容后，则单元格的内容不能更改。

（10）“数据格式”按钮：用于设置单元格数据的格式，如图 9-35 所示。

（11）“块”按钮：用于在单元格内插入块。

（12）“字段”按钮：用于插入字段，如创建日期、保存日期等。

（13）“公式”按钮：用于使用公式计算单元格数据，包括求和、求平均值等，其下拉列表如图 9-36 所示。

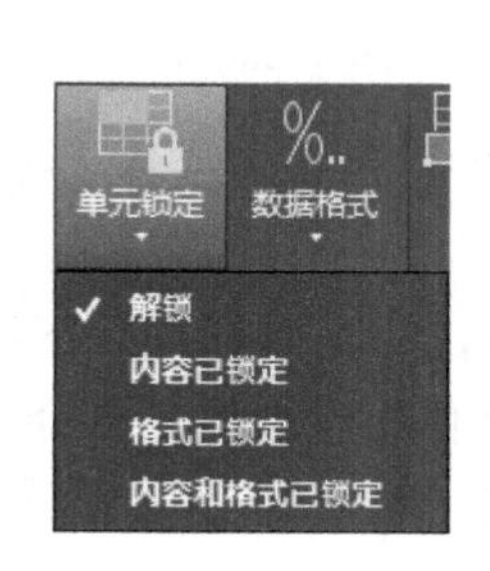

图 9-34　设置单元锁定

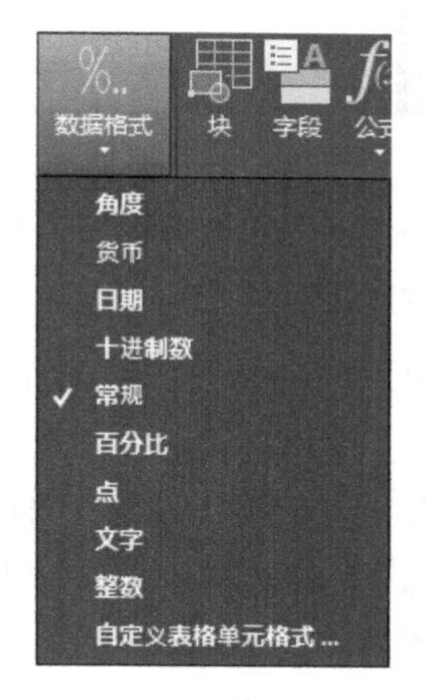

图 9-35　设置单元格数据格式

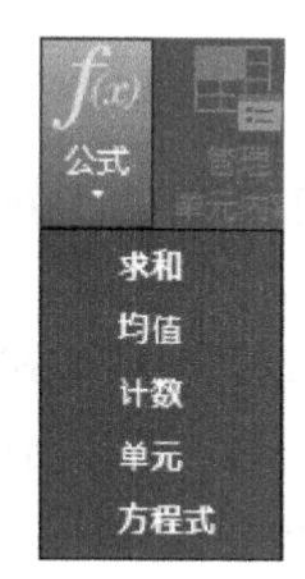

图 9-36　使用公式

9.6.4 实例——创建表格

素材\第 9 章\图 9-1.dwg

【例 9-2】在标题栏的上侧创建明细表（图 9-37）。其中明细表的外边框的线宽为“0.50mm”；每一列列宽为“28”；单元格高度为“10”；中文文字采用“中文长仿宋体工程字”，英文采用“国标英文正体”，字高为“5”。

6	轴承6208	2	65Mn	GB/T276
5	轴	1	45	
4	定位套	1	35	
3	键16×46	1	35	GB/T1096
2	齿轮	1	45	
1	定位环	1	35	
序号	名称	数量	材料	备注

制图				比例	
校核				材料	

图 9-37　创建明细表

（1）在命令行中输入“TS”并按Enter键。

（2）在弹出的“表格样式”对话框（图 9-38）中，单击新建(N)...按钮。

（3）在弹出的“创建新的表格样式”对话框的“新样式名”文本框中输入样式名称“明细表”，选择基础样式为 Standard，如图 9-39 所示，单击继续按钮。

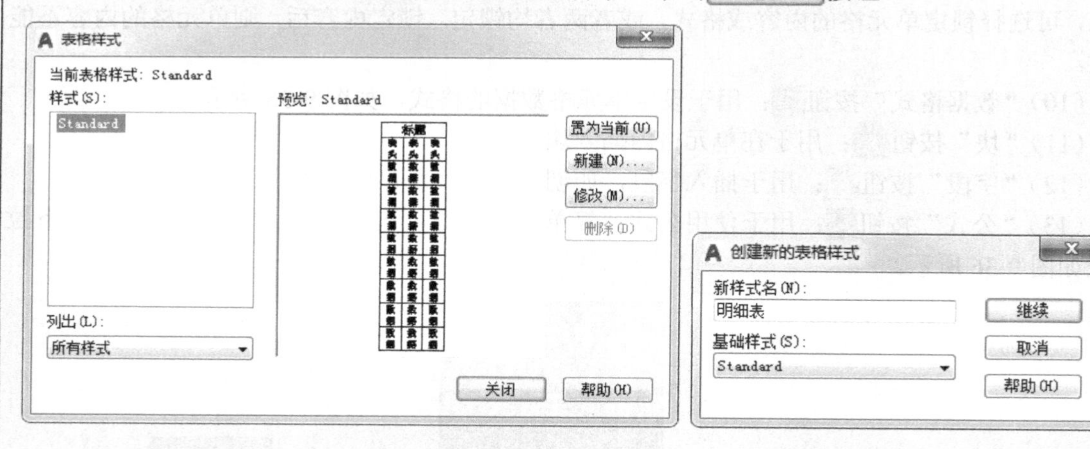

图 9-38　“表格样式”对话框　　图 9-39　“创建新的表格样式”对话框

（4）在弹出的“新建表格样式：明细表”对话框的“常规”选项组中选择“表格方向”为“向上”。

（5）选择单元样式为“表头”，切换到“文字”选项卡，单击“文字样式”下拉列表框后的...按钮。在弹出的“文字样式”对话框中选择“使用大字体”复选框，选择 SHX 字体为“gbenor.shx”，选择大字体为“gbcbig.shx”；字高设置为“5”，其余选项为默认，单击置为当前(C)按钮，如图 9-40 所示，再单击关闭(C)按钮。

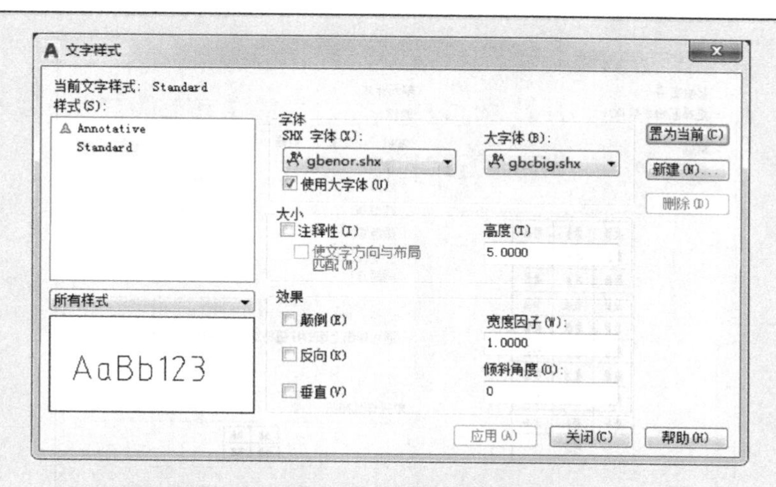

图 9-40　设置“表头”文字样式

（6）在“新建表格样式：明细表”对话框中单击“边框”选项卡，将“线宽”设置为“0.50mm”，然后单击“外边框”按钮，如图 9-41 所示。

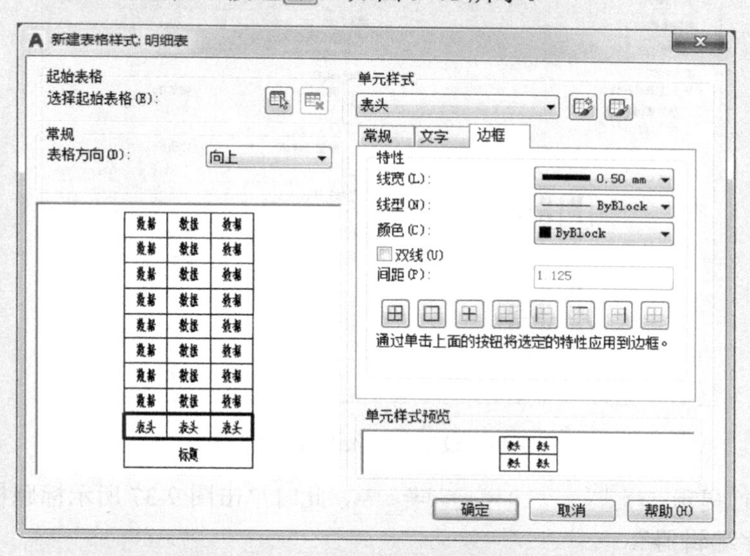

图 9-41　设置“表头”

（7）选择单元样式为“数据”，切换到“常规”选项卡，设置“对齐”为“正中”；切换到“边框”选项卡，设置“线宽”为“0.50mm”，然后单击“外边框”按钮，如图 9-42 所示。

（8）单击 确定 按钮完成设置，返回到“表格样式”对话框，选择“明细表”样式，单击 置为当前(U) 按钮，然后单击 关闭 按钮。

（9）在命令行中输入“TB”并按 Enter 键。

（10）在弹出的“插入表格”对话框的“插入选项”中选择“从空表格开始”；选择“插入方式”为“指定插入点”；将列数设置为“5”，列宽设置为“28”；将“数据行数”设置为“5”，“行高”设置为“1”；设置“第一行单元样式”为“表头”，“第二行单元样式”为“数据”，“所有其他行单元样式”为“数据”，如图 9-43 所示，单击 确定 按钮。

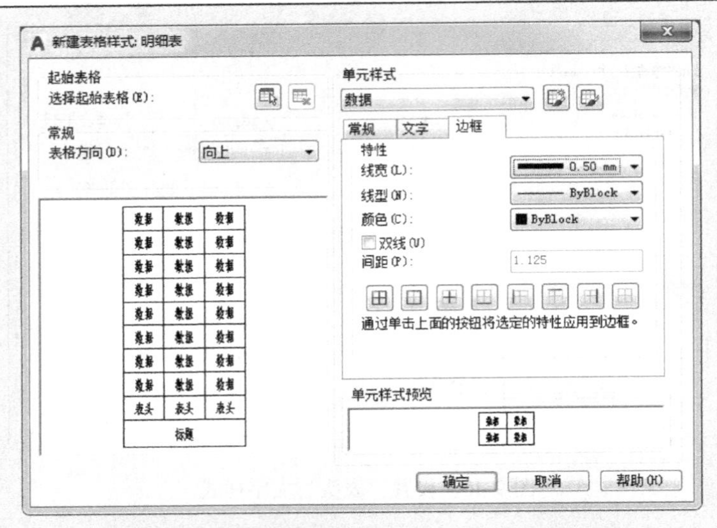

图 9-42 设置“数据”

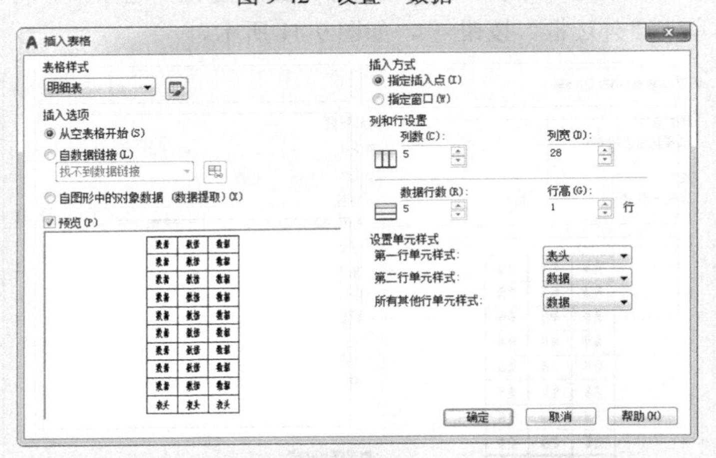

图 9-43 设置“插入表格”对话框

（11）命令行提示：TABLE 指定插入点:，此时单击图 9-37 所示标题栏的左上角点，弹出“多行文字编辑器”。

（12）在弹出的“多行文字编辑器”中，文本输入点默认在左下侧第一个单元格内，此时输入“序号”，如图 9-44 所示，然后按Tab键切换输入点，依次输入图 9-37 所示的文本。输入后的表格文本如图 9-45 所示。

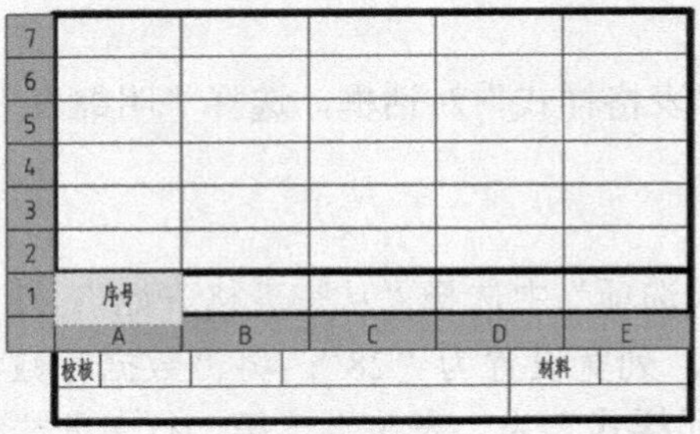

	A	B	C	D	E
7					
6					
5					
4					
3					
2					
1	序号				

校核				材料	

图 9-44 输入表格文本

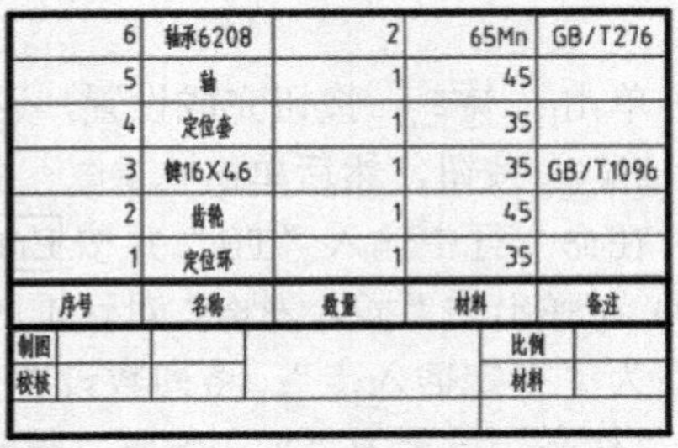

6	轴承6208	2	65Mn	GB/T276
5	轴	1	45	
4	定位套	1	35	
3	键16X46	1	35	GB/T1096
2	齿轮	1	45	
1	定位环	1	35	
序号	名称	数量	材料	备注

制图			比例	
校核			材料	

图 9-45 输入后的表格文本

（13）选中“序号”列→单击鼠标右键→选中“特性”命令，在弹出的“特性”选项板中，将单元的对齐设置为“正中”，单元高度设置为“10”。

（14）参照步骤（13）设置“数量”列和“材料”列的对齐为“正中”，表格创建完成，完成后的效果如图 9-37 所示。

素材\第 9 章\图 9-2.dwg

【例 9-3】利用图 9-46 所示的标题栏和明细表，创建图 9-47 所示的明细表。

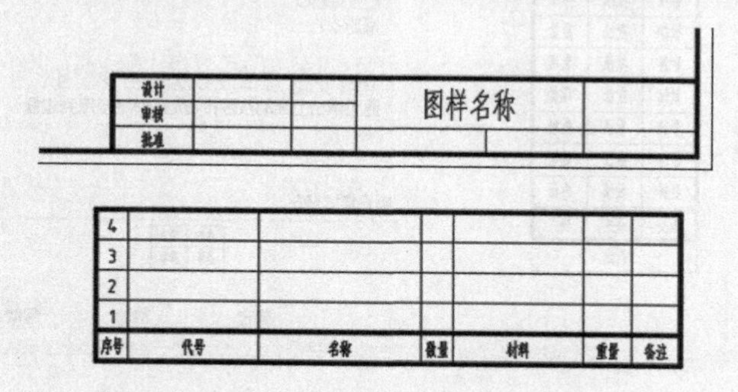

图 9-46　源对象

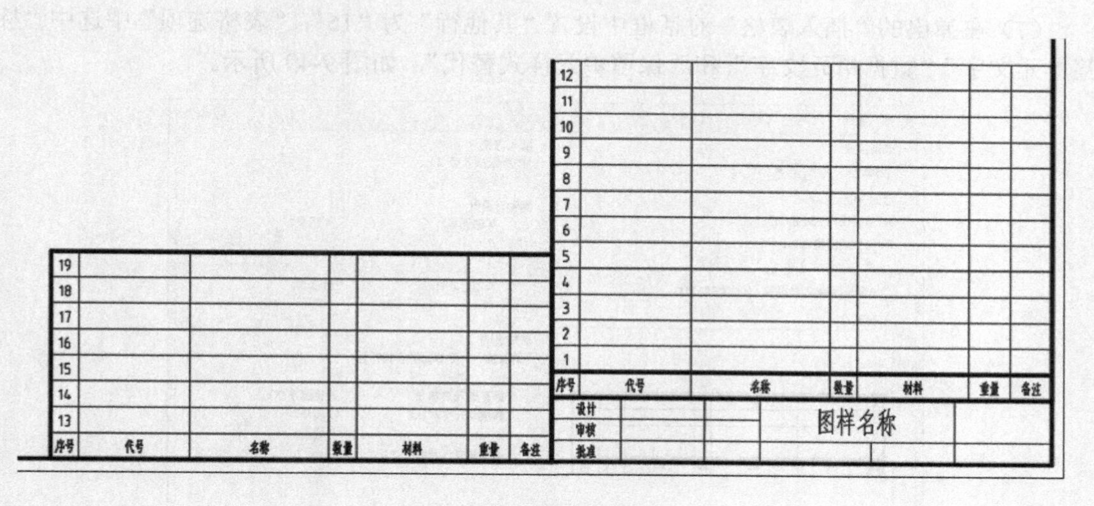

图 9-47　新明细表

（1）在命令行中输入“TS”并按 Enter 键。

（2）在弹出的“表格样式”对话框中选择“明细表”样式，单击 新建(N)... 按钮，在弹出的“创建新的表格样式”对话框中输入新样式名“明细表 2”。

（3）单击 继续 按钮，弹出“新建表格样式：明细表 2”对话框，如图 9-48 所示。

（4）单击“起始表格”选项组中的“选择起始表格”按钮，命令行提示：TABLESTYLE 选择表格:，此时选择图 9-46 所示的明细表。

（5）返回到“新建表格样式：明细表 2”对话框，单击 确定 按钮，返回到“表格样式”对话框，此时该对话框中已经增加了名为“明细表 2”的样式，选中“明细表 2”样式，单击 置为当前(U) 按钮，然后再单击 关闭 按钮，结束表格样式的创建。

（6）在命令行中输入“TB”并按 Enter 键。

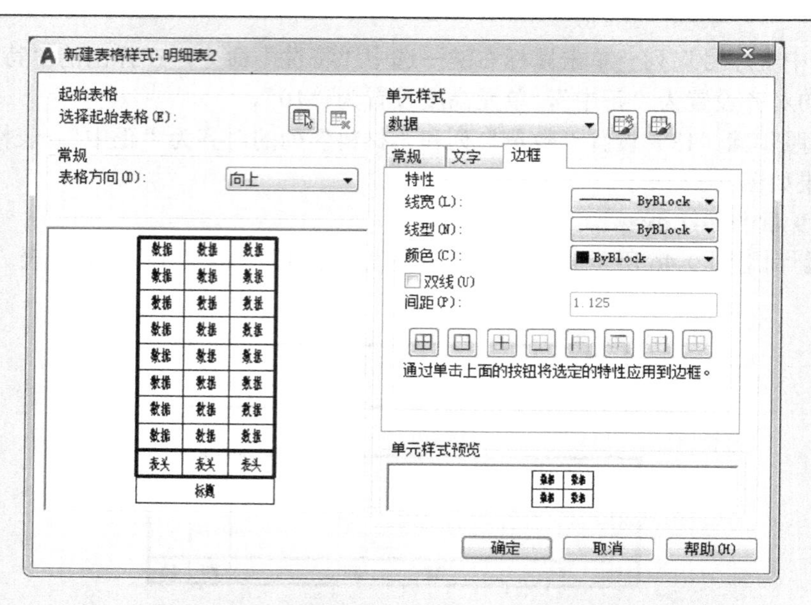

图 9-48 “新建表格样式：明细表 2”对话框

（7）在弹出的“插入表格”对话框中设置“其他行”为“15”；“表格选项”中选中“标签单元文字”“数据单元文字”和“保留单元样式替代”，如图 9-49 所示。

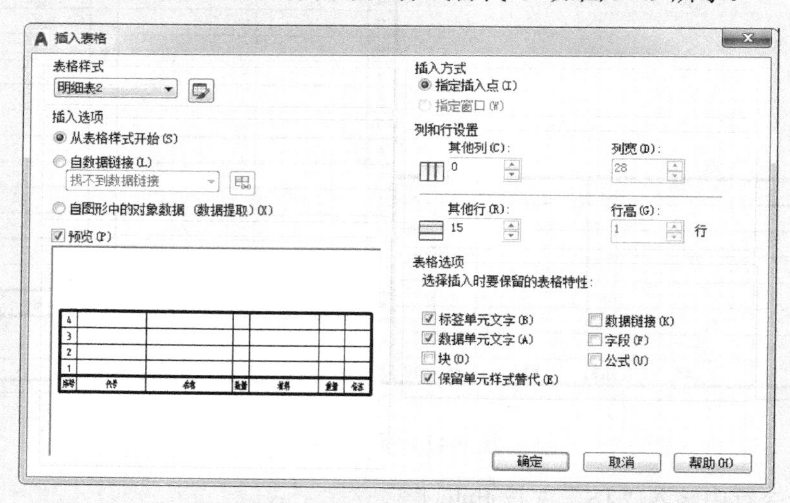

图 9-49 设置“插入表格”对话框

（8）单击 确定 按钮，命令行提示：TABLE 指定插入点：，此时单击标题栏的左上角点，插入后的表格如图 9-50 所示。

（9）选中表格序号列中的“4”单元格，拖动其右上侧的菱形标识完成序号的自动填入，如图 9-51 所示。

（10）选中刚创建的表格→单击鼠标右键→选择“特性”命令。

（11）在弹出的“特性”选项板中的“表格打断”选项组的“启用”下拉列表中选择“是”选项；“方向”改为“左”；“重复上部标签”“重复底部标签”“手动位置”“手动高度”改为“是”；“间距”改为“0”，如图 9-52 所示。

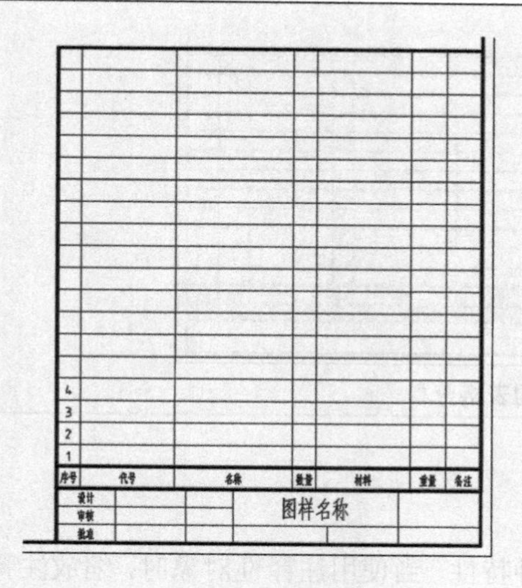

图 9-50　完成后的表格图

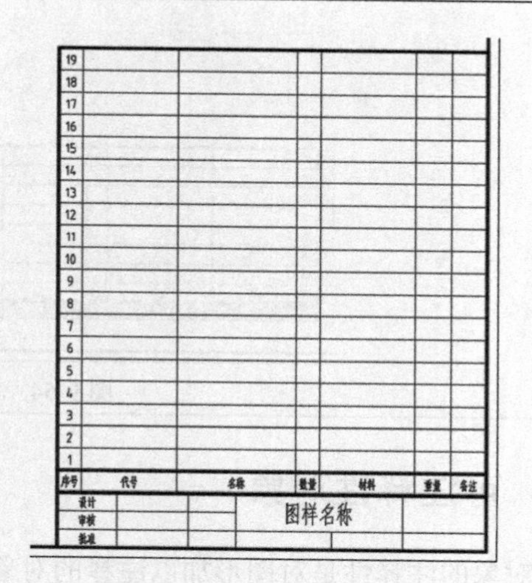

图 9-51　自动填入序号

（12）关闭“特性”选项板，回到绘图区域，此时表格顶部的夹点如图 9-53 所示。

（13）单击顶部中间朝下的夹点，向下拉动该夹点，拉动后的表格如图 9-54 所示。

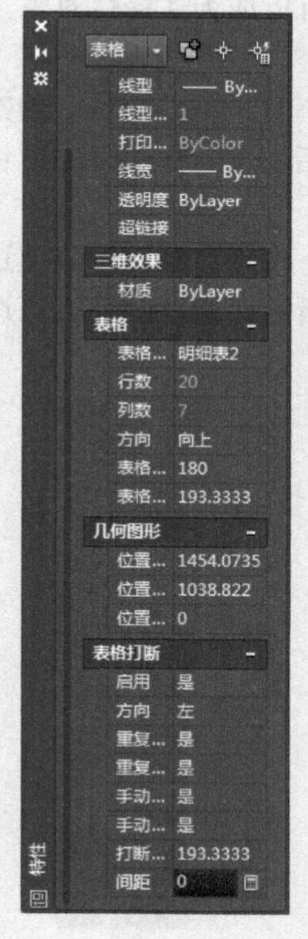

图 9-52　设置“表格打断”选项组

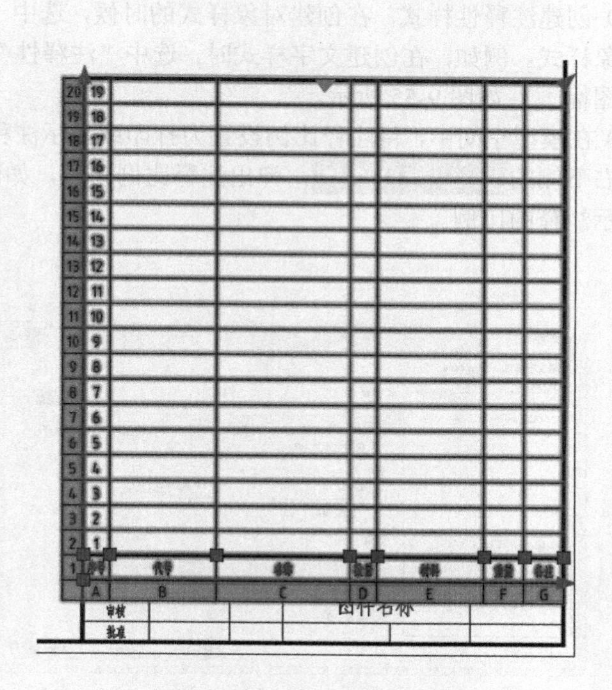

图 9-53　表格顶部的夹点

（14）向下拉动表格左下角的夹点，把左边分栏的起始点调整到与图框底边对齐，结果如图 9-47 所示。

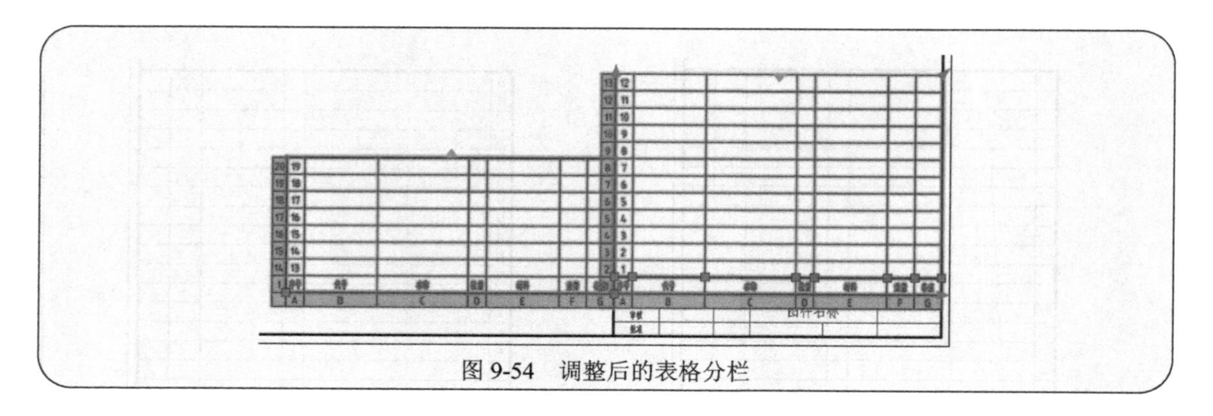

图 9-54　调整后的表格分栏

9.7　可注释性对象

对象的注释性是对图形加以注释的对象的一种特性。当使用注释性对象时，缩放注释对象的过程是自动的。

创建注释性对象后，系统根据当前注释性比例设置对对象进行缩放并自动正确显示大小。如果对象的注释性特性处于启动状态（设置为“是”），则其称为注释性对象。

文字、标注、图案填充、形位公差[⊖]、多重引线、块和属性都可以成为注释性对象。

在 AutoCAD 2019 中，可以通过以下步骤创建注释性对象：

（1）创建注释性样式。在创建对象样式的时候，选中“注释性”复选框，即表示创建了注释性对象样式。例如，在创建文字样式时，选中“注释性”复选框后，在其样式名称前将显示注释性图标，如图 9-55 所示。

（2）在模型空间中，将注释比例设置为打印或显示注释的比例。设置注释比例可通过单击状态栏右下侧的 1:1 / 100% ，弹出注释比例列表，如图 9-56 所示，通过该列表可选择打印或显示注释的比例。

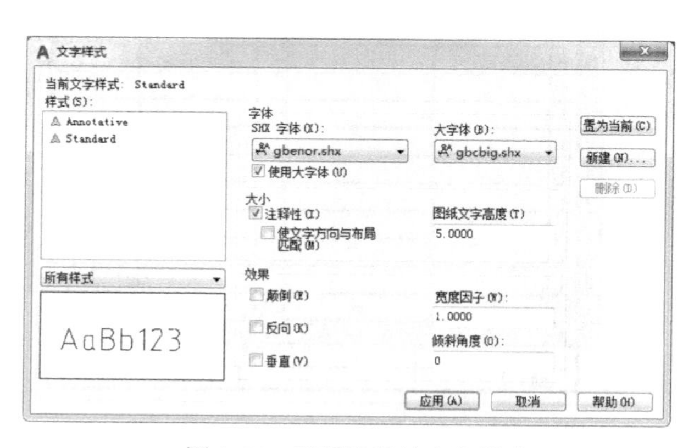

图 9-55　设置注释性文字样式

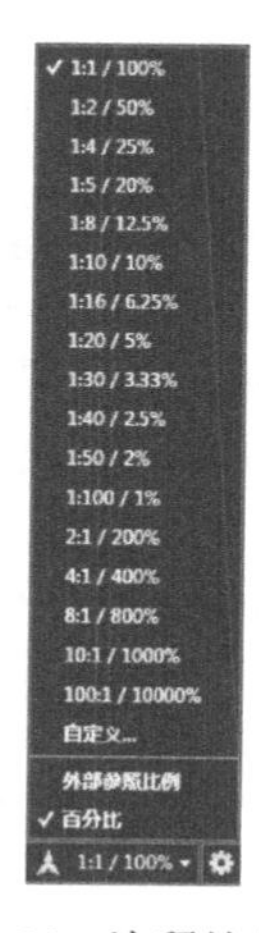

图 9-56　注释比例列表

（3）使用注释性样式创建注释性对象。将创建的注释性样式置为当前，那么创建的对象即为注释性对象。

⊖ 现行国家标准中为几何公差，为与软件统一，本书中使用形位公差。

第10章 CHAPTER 10 标注图形尺寸

10.1 尺寸标注的组成

在机械制图或者其他工程制图中，尺寸标注必须采用细实线绘制，一个完整的尺寸标注由以下 3 个部分组成，如图 10-1 所示：

（1）尺寸界线：从标注端点引出的表示标注范围的直线。尺寸界线可由图形轮廓线、轴线或对称中心线引出，也可直接利用轮廓线、轴线或对称中心线作为尺寸界线。

（2）尺寸线：尺寸线一般与尺寸界线垂直，其终端一般采用箭头形式。

（3）尺寸数字：标出图形的尺寸值，一般标在尺寸线的上方，对非水平方向的尺寸，其文字也可水平标注在尺寸线的中断处。

图 10-1 尺寸标注的组成

10.2 创建与设置标注样式

AutoCAD 2019 通过“标注样式管理器”对话框（图 10-2）来创建与设置标注样式。有以下 5 种方法打开“标注样式管理器”对话框：

（1）选择“格式”菜单→“标注样式”命令。

（2）单击“默认”选项卡→“注释”面板→“标注样式”按钮。

（3）单击“注释”选项卡→“标注”面板→“标注样式”按钮。

（4）单击“标注”工具栏中的“标注样式”按钮。

（5）在命令行中输入“DIMSTYLE（或 D）”并按 Enter 键。

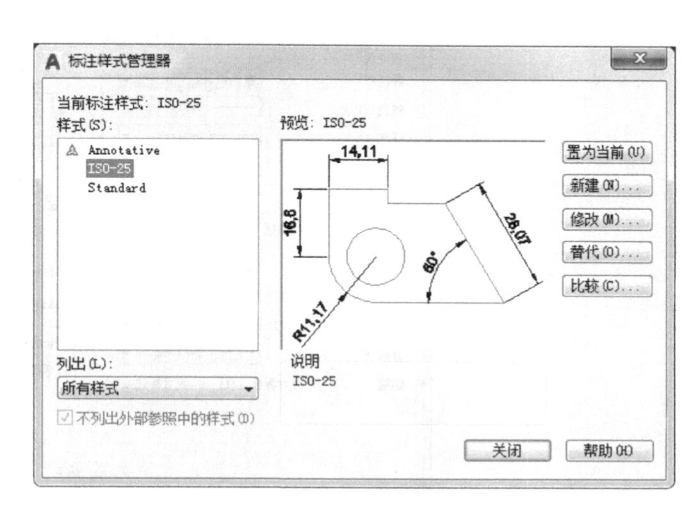

图 10-2 “标注样式管理器”对话框

选中“标注样式管理器”对话框左侧显示的“样式”列表中的一个标注样式，单击 置为当前(U) 按钮，可将该标注样式置为当前；单击 新建(N)... 按钮，可创建新的标注样式；单击 修改(M)... 按钮，可对所选的标注样式进行修改；单击 替代(O)... 按钮，可用来设置标注样式的临时替代，其设置的样式将作为未保存的更改结果显示在“样式”列表中的标注样式下；单击 比较(C)... 按钮，可弹出“比较标注样式”对话框，如图 10-3 所示，从中可以比较两个标注样式或列出一个标注样式的所有特性。

单击“标注样式管理器”对话框右侧的 新建(N)... 按钮，打开“创建新标注样式”对话框，如图 10-4 所示。在“新样式名”文本框中输入新建的样式名称；在“基础样式”下拉列表框中选择新建样式的基础样式，新建样式即在该基础样式的基础上进行修改而成；在“用于”下拉列表框中选择新建标注样式的应用范围，如“所有标注”“线性标注”“角度标注”等；选中“注释性”复选框，可以自动完成缩放注释的过程，从而使注释能够以合适的大小在图样上打印或显示。

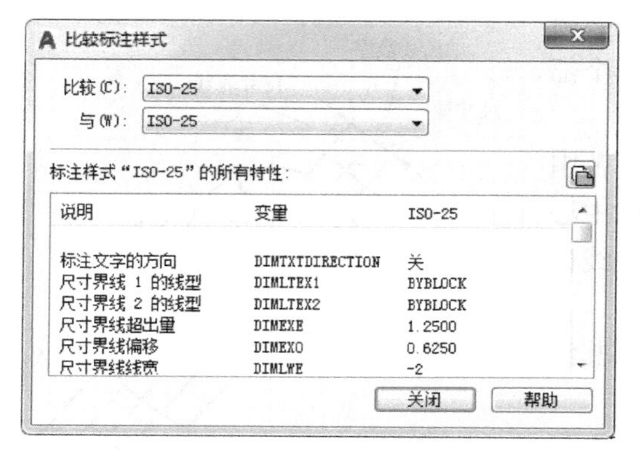

图 10-3 “比较标注样式”对话框

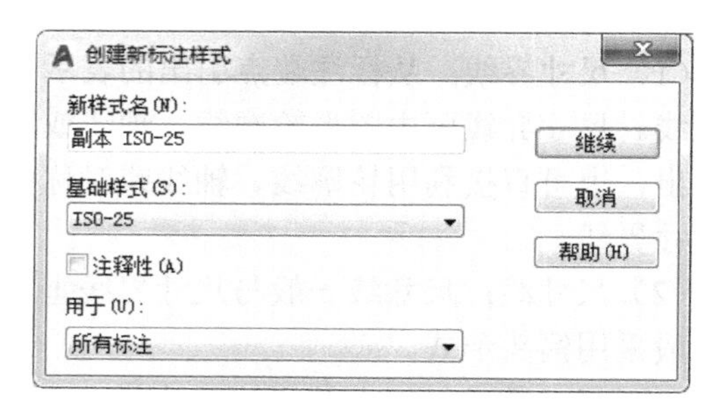

图 10-4 “创建新标注样式”对话框

单击“创建新标注样式”对话框右侧的 继续 按钮，可弹出“新建标注样式”对话框，如图 10-5 所示。

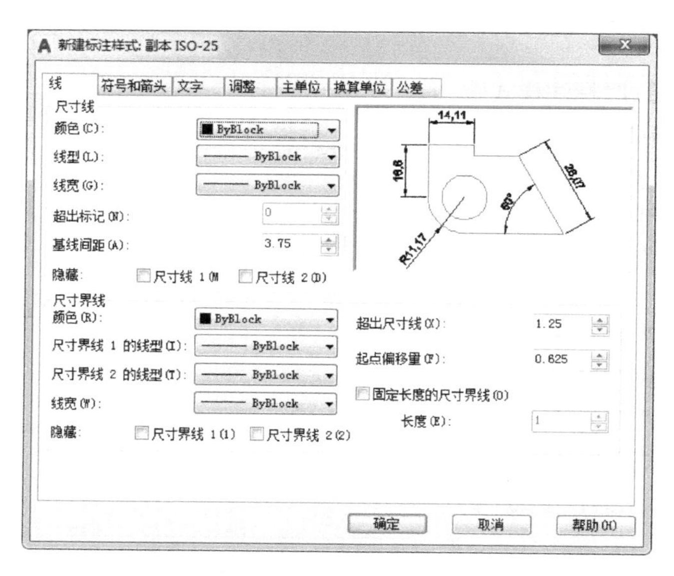

图 10-5 “新建标注样式”对话框

该对话框包括“线”“符号和箭头”“文字”“调整”“主单位”“换算单位”和“公差”7个选项卡，可设置标注的一系列元素的属性，在对话框右侧可预览所设置的内容。各选项卡说明如下：

1.“线”选项卡

“线”选项卡包含“尺寸线”和“尺寸界线”两个选项组（图 10-5），分别用于设置尺寸线、尺寸界线的格式和特性。各选项组说明如下：

（1）“尺寸线”选项组。

1）“颜色”“线型”“线宽”3个下拉列表框：分别用于设置尺寸线的颜色、线型和线宽。

2）“超出标记”微调按钮：指定当箭头使用倾斜、建筑标记和无标记时尺寸线超过尺寸界线的距离。

3）“基线间距”微调按钮：设置基线标注的尺寸线之间的距离。

4）“隐藏”复选框：选择某一复选框表示不显示该尺寸线，可用于半剖视图中的标注。

（2）“尺寸界线”选项组。

1）“超出尺寸线”微调按钮：设置尺寸界线超出尺寸线的距离。

2）“起点偏移量”微调按钮：设置自图形中定义标注的点到尺寸界线的偏移距离。

3）“固定长度的尺寸界线”复选框：选择该复选框后将启用固定长度的尺寸界线，其长度可在“长度”微调按钮中设置。

4）其他选项与“尺寸线”选项组的对应选项含义相同。

2.“符号和箭头”选项卡

“符号和箭头”选项卡包含“箭头”“圆心标记”“弧长符号”等6个选项组，如图 10-6 所示，用于设置其格式和位置。各选项组说明如下：

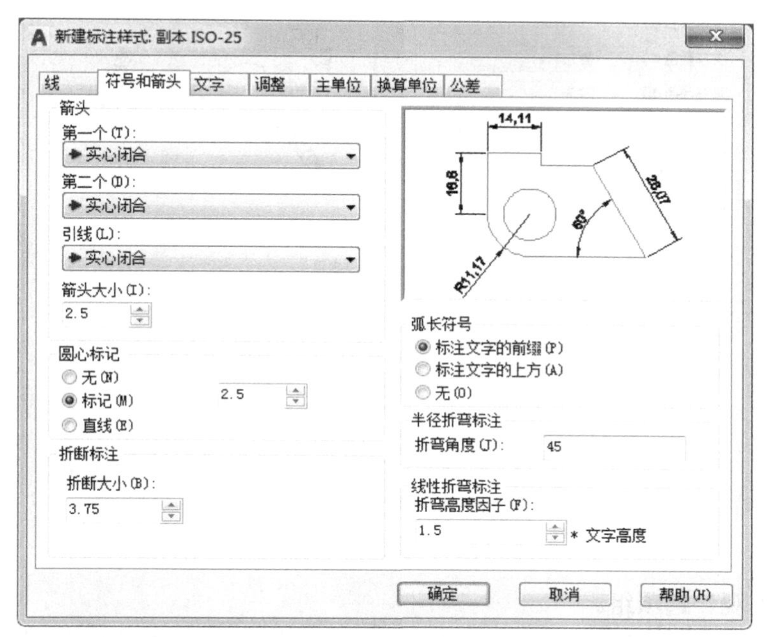

图 10-6 “符号和箭头”选项卡

（1）“箭头”选项组。

1）“第一个”“第二个”“引线”3个下拉列表框：分别用于设置第一个尺寸线箭头、第二个尺寸线箭头及引线箭头的类型。

2）“箭头大小”微调按钮：设置箭头的大小。

（2）“圆心标记”选项组。

1）“无”单选按钮：如选择该按钮，表示不创建圆心标记或中心线。

2）“标记”单选按钮：表示创建圆心标记。

3）“直线”单选按钮：创建中心线。

（3）“折断标注”选项组。

“折断大小”微调按钮：设置折断标注的间距大小。

（4）“弧长符号”选项组。

“标注文字的前缀”“标注文字的上方”和“无”3个单选按钮：用于设置弧长符号“⌒”在尺寸线上的位置，即在标注文字的前方、上方或者不显示。

（5）“半径折弯标注”选项组。

“折弯角度”文本框：设置折弯半径标注中尺寸线的横向线段的角度。

（6）“线性折弯标注”选项组。

“折弯高度因子”微调按钮：设置“折弯高度”表示形成折弯角度的两个顶点之间的距离。

3.“文字”选项卡

“文字”选项卡用于设置标注文字的格式、位置和对齐，如图10-7所示。各选项组说明如下：

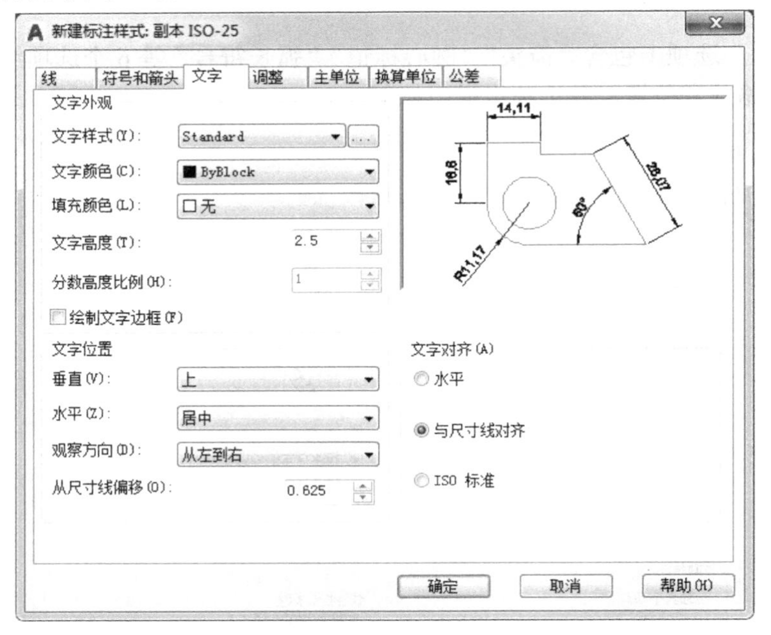

图10-7 “文字”选项卡

（1）“文字外观”选项组。

1）“文字样式”“文字颜色”“填充颜色”3个下拉列表框：分别用于设置标注文字的样式、颜色和填充的颜色。

2）“文字高度”微调按钮：设置当前标注文字样式的高度。

3）“分数高度比例”微调按钮：仅当在“主单位”选项卡中选择“分数”作为“单位格式”时，此选项才可用。该微调按钮用于设置相对于标注文字的分数比例。将在此处输入的值乘以文字高度，可确定标注分数相对于标注文字的高度。

4）“绘制文字边框”复选框：用于设置是否在标注文字周围绘制一个边框。

（2）“文字位置”选项组。

1）“垂直”和“水平”下拉列表框：分别用于设置标注文字相对于尺寸线的垂直位置和标注文字在尺寸线上相对于尺寸界线的水平位置。

2）“观察方向”下拉列表框：控制标注文字的观察方向，即是按从左到右阅读的方式放置文字，还是按从右到左阅读的方式放置文字。

3）“从尺寸线偏移”微调按钮：设置当尺寸线断开以容纳标注文字时，标注文字周围的距离。

（3）“文字对齐”选项组。该区域包括“水平”“与尺寸线对齐”和“ISO 标准”3 个单选按钮，选择相应的按钮可在右上侧的“预览”窗口预览对应的效果。

4．“调整”选项卡

“调整”选项卡包含“调整选项”和“文字位置”等 4 个选项组，如图 10-8 所示。该选项卡用于控制没有足够空间时的标注文字、箭头、引线和尺寸线的放置。如果有足够大的空间，文字和箭头都将放在尺寸界线内。否则，将按照“调整选项”中的设置放置文字和箭头。

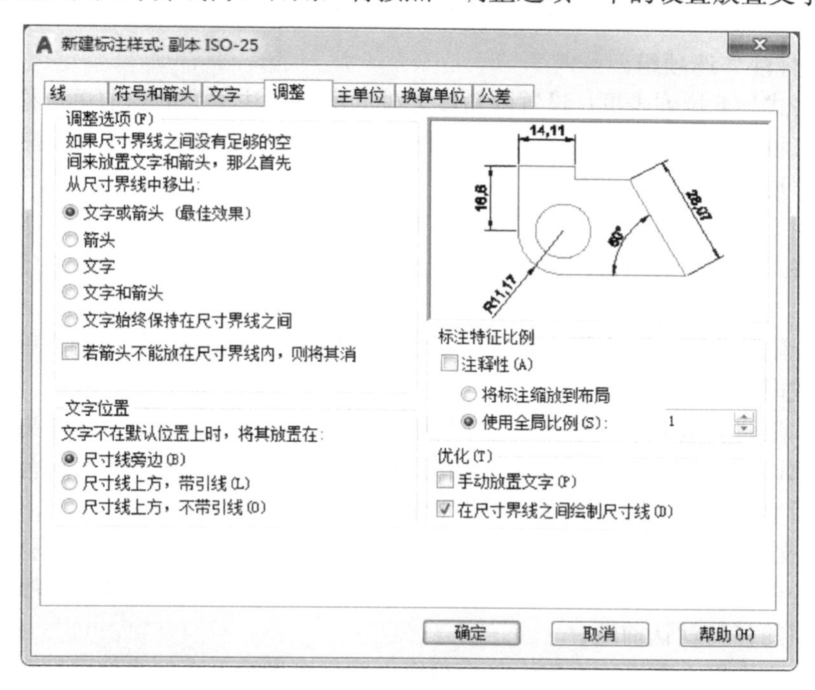

图 10-8　“调整”选项卡

5．“主单位”选项卡

“主单位”选项卡用于设置主标注单位的格式和精度，并设置标注文字的前缀和后缀，如图 10-9 所示。

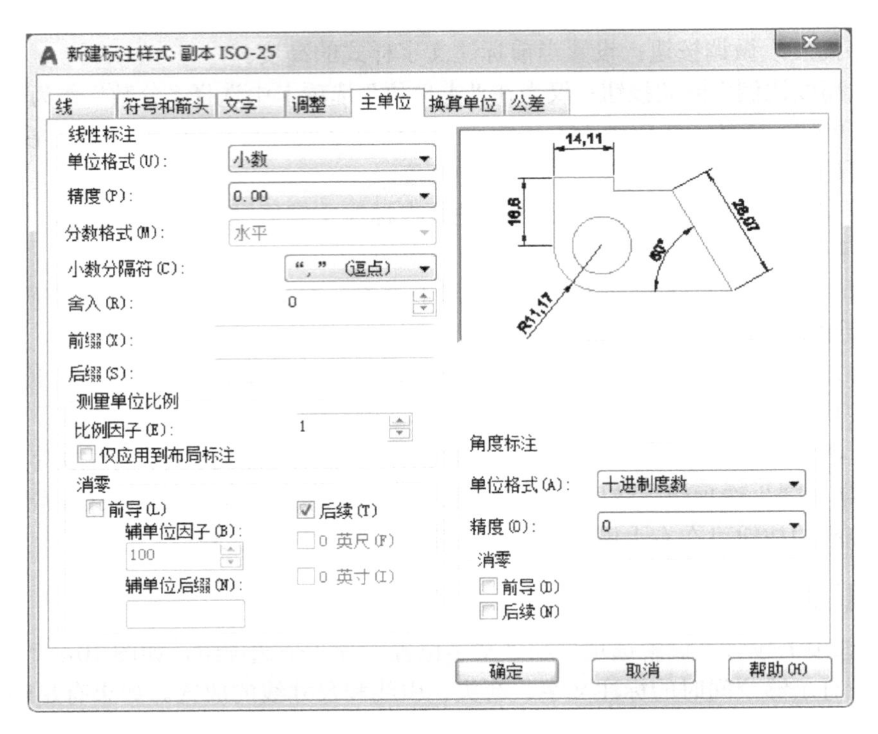

图 10-9 “主单位”选项卡

（1）“线性标注”选项组。

1）“单位格式”下拉列表框：设置除角度之外的所有标注类型的当前单位格式，包括“科学”“小数”“工程”等几种格式。用户可以根据自己的行业类别和标注需要选择所需的单位格式。在预览窗口可以预览标注效果。

2）“精度”下拉列表框：设置标注文字中的小数位数。

3）“分数格式”下拉列表框：设置分数格式。只有当“单位格式”设为“分数”格式时才可用。

4）“小数分隔符”下拉列表框：设置用于十进制格式的分隔符，只有当“单位格式”设置为“小数”格式时才可用。

5）“舍入”微调按钮：除“角度”之外的所有标注测量值的舍入规则。如果输入 0.25，则所有标注距离都以 0.25 为单位进行舍入。如果输入 1.0，则所有标注距离都将舍入为最接近的整数。小数点后显示的位数取决于“精度”设置。

6）“前缀”文本框：在标注文字中包含前缀。可以输入文字或使用控制代码显示特殊符号。例如：若输入控制代码“%%c”，则显示直径符号“ϕ”。当输入前缀时，将覆盖在直径和半径等标注中使用的任何默认前缀。

7）“后缀”文本框：在标注文字中包含后缀。同样可以输入文字或使用控制代码显示特殊符号。例如：输入“mm”表示在所有标注文字后面加上 mm。输入的后缀将替代所有默认后缀。

（2）“测量单位比例”选项组。

1）“比例因子”微调按钮：设置线性标注测量值的比例因子，该值不应用到角度标注。例如：如果输入“2”，则 1mm 的直线的尺寸将显示为 2mm。

2）“仅应用到布局标注”复选框：设置测量单位比例因子是否仅应用到布局标注。

（3）“消零”选项组。不显示前导零和后续零。若“前导”复选框被选中，则不输出所有十进制标注中的前导零。例如：0.500 变成.500。若“后续”复选框被选中，则不输出所有十进制标注中的后续零。例如：12.500 将变成 12.5。

（4）“角度标注”选项组。各个选项的含义与“线性标注”选项组中的对应选项相同。

6.“换算单位”选项卡

“换算单位”选项卡用于指定标注测量值中换算单位的显示并设置其格式和精度，如图 10-10 所示。

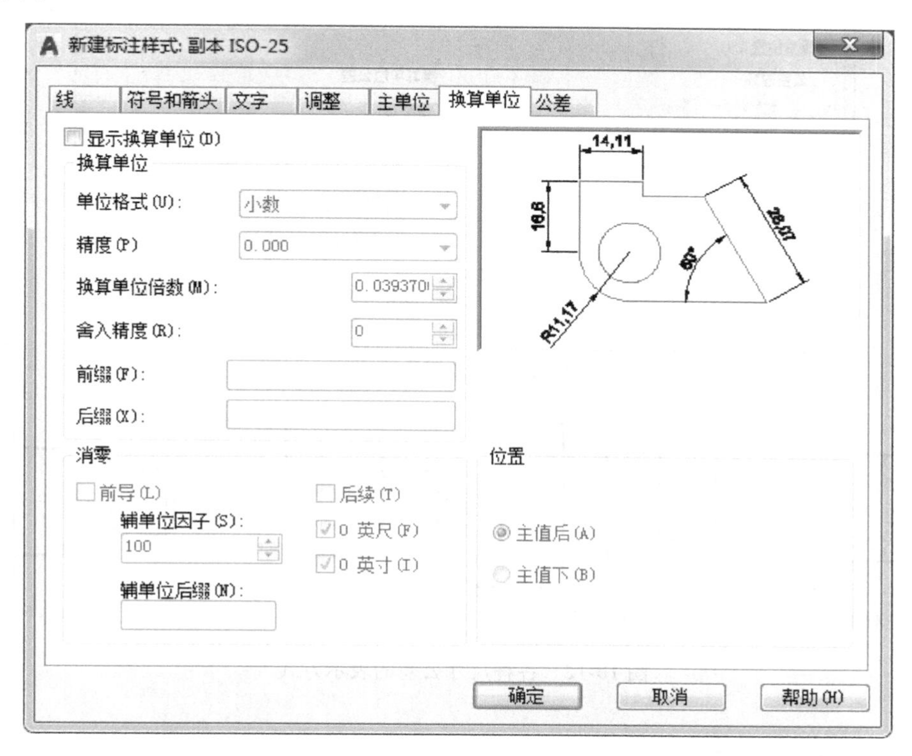

图 10-10　“换算单位”选项卡

7.“公差”选项卡

“公差”选项卡用于控制标注文字中尺寸公差的格式及显示，如图 10-11 所示。各选项组说明如下：

（1）“公差格式”选项组。

1）“方式”下拉列表框：设置计算公差的方法，包括“无”“对称”“极限偏差”“极限尺寸”和“基本尺寸”5 个选项，默认为“无”。各种尺寸公差的表示方式如图 10-12 所示。

2）“公差对齐”：当堆叠时，设置上极限偏差和下极限偏差值的对齐方式。

（2）“换算单位公差”选项组。用于设置换算公差单位的格式，只有当“换算单位”选项卡中的“显示换算单位”复选框被选中后才可用。

所有的选项卡都设置完成后，单击 确定 按钮，返回到“标注样式管理器”对话框。

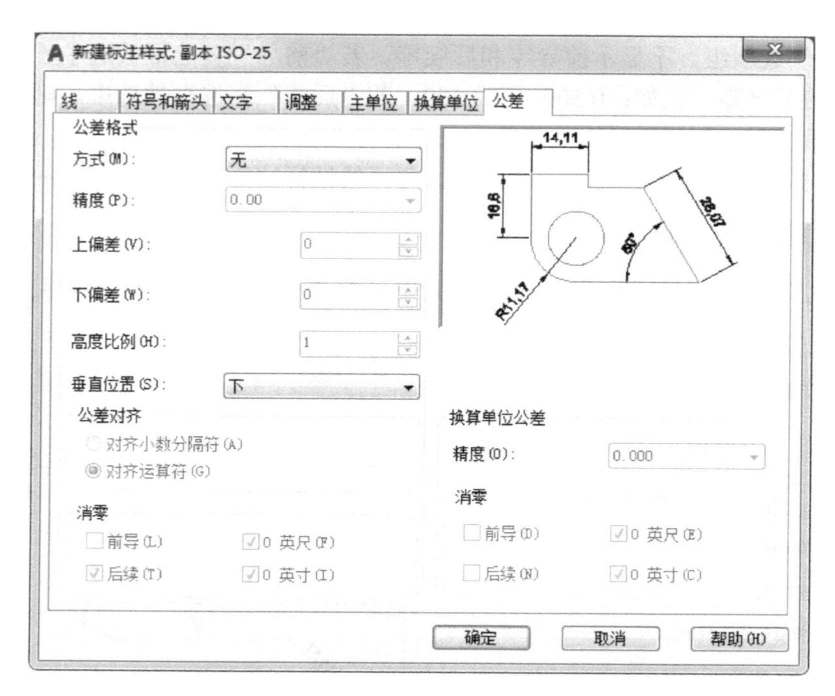

图 10-11 “公差”选项卡

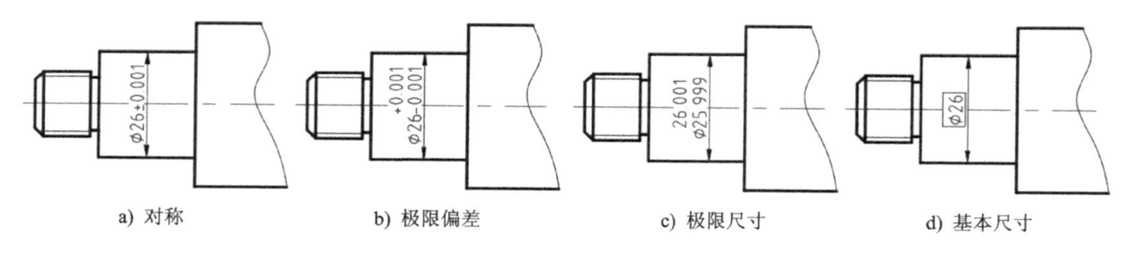

a) 对称　b) 极限偏差　c) 极限尺寸　d) 基本尺寸

图 10-12 各种尺寸公差的表示方式

10.3 长度型尺寸标注

长度型尺寸标注是最常见的标注形式之一，主要有线性标注和对齐标注两种类型。

10.3.1 线性标注

在 AutoCAD 2019 中，线性标注命令提供水平或者竖直方向上的长度尺寸标注。有以下 5 种方法执行**线性标注**命令：

（1）选择“标注”菜单→“线性”命令。

（2）单击“默认”选项卡→“注释”面板→“线性”按钮⊢⊣。

（3）单击“注释”选项卡→“标注”面板→“线性”按钮⊢⊣。

（4）单击“标注”工具栏中的“线性”按钮⊢⊣。

（5）在命令行中输入“DIMLINEAR（或 DLI）”并按 Enter 键。

下面以实例来说明如何进行线性标注。

素材\第 10 章\图 10-1.dwg

【例 10-1】 将图 10-13a 所示的对象标注为图 10-13b 所示的对象，其中标注文字字高为 7，箭头大小为 5。

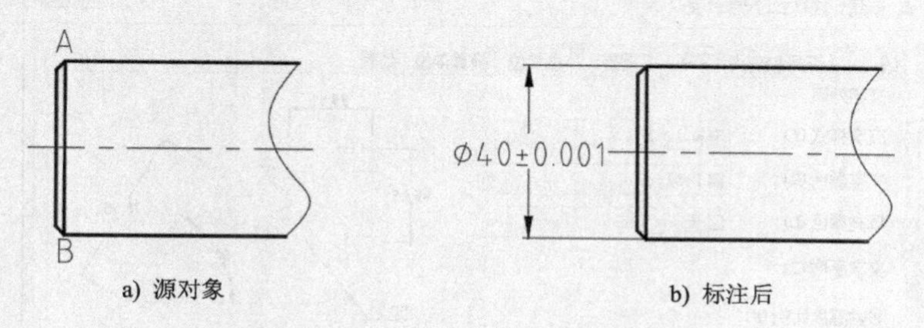

图 10-13　新建尺寸公差标注样式实例

（1）在命令行中输入“D”并按 Enter 键。

（2）在弹出的“标注样式管理器”对话框中单击 新建(N)... 按钮，打开“创建新标注样式”对话框，在“新样式名”文本框中输入“尺寸公差”，其余选项默认，如图 10-14 所示。然后单击 继续 按钮，弹出“新建标注样式：尺寸公差”对话框。

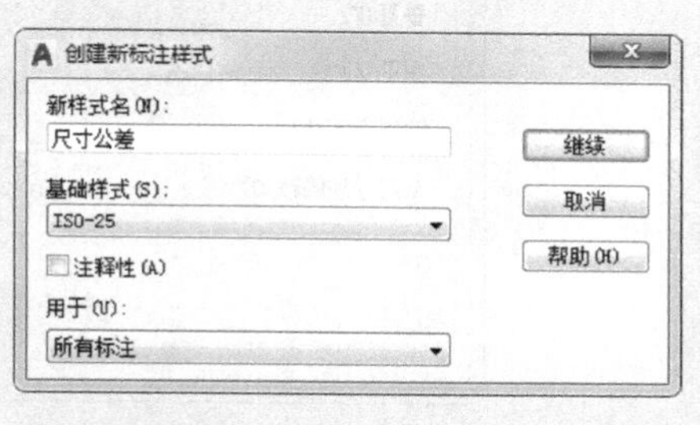

图 10-14　设置“创建新标注样式”对话框

（3）切换到“符号和箭头”选项卡，在“箭头大小”微调按钮中输入“5”，如图 10-15 所示。

图 10-15　设置“符号和箭头”选项卡

（4）切换到“文字”选项卡，在“文字高度”微调按钮中输入“7”，在“文字对齐”选项组中选择“水平”，如图 10-16 所示。

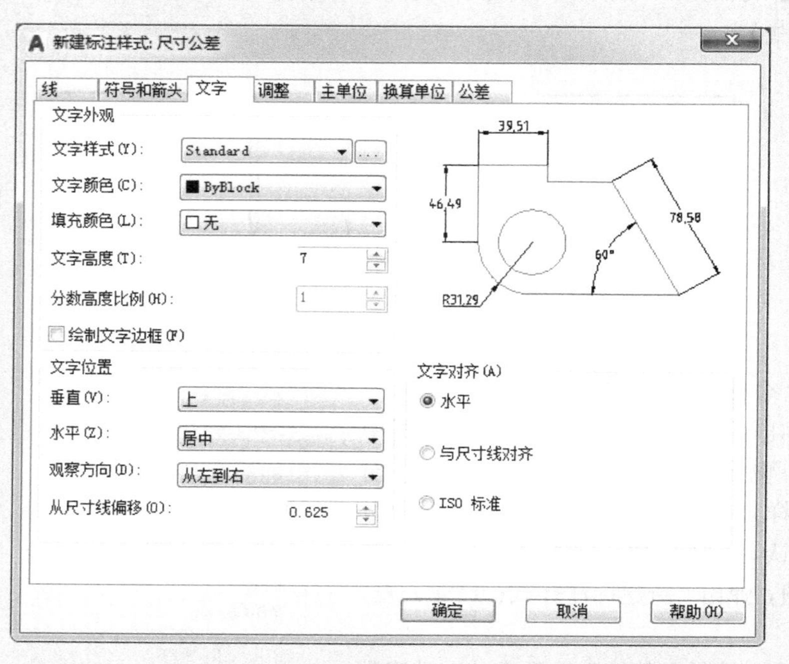

图 10-16 设置“文字”选项卡

（5）切换到“主单位”选项卡，在“小数分隔符”下拉列表框中选择“.”（句点）；在“前缀”文本框中输入“%%c”，如图 10-17 所示。

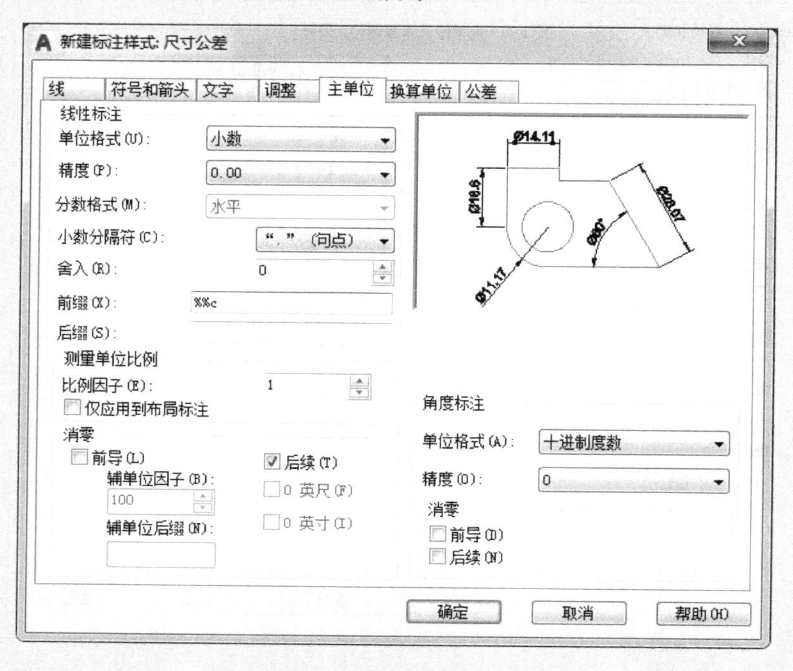

图 10-17 设置“主单位”选项卡

（6）切换到“公差”选项卡，在“方式”下拉列表框中选择“对称”，在“精度”下拉列表框中选择“0.000”，在“上偏差”微调按钮中输入“0.001”，如图10-18所示。至此，完成“尺寸公差”标注样式的设置。

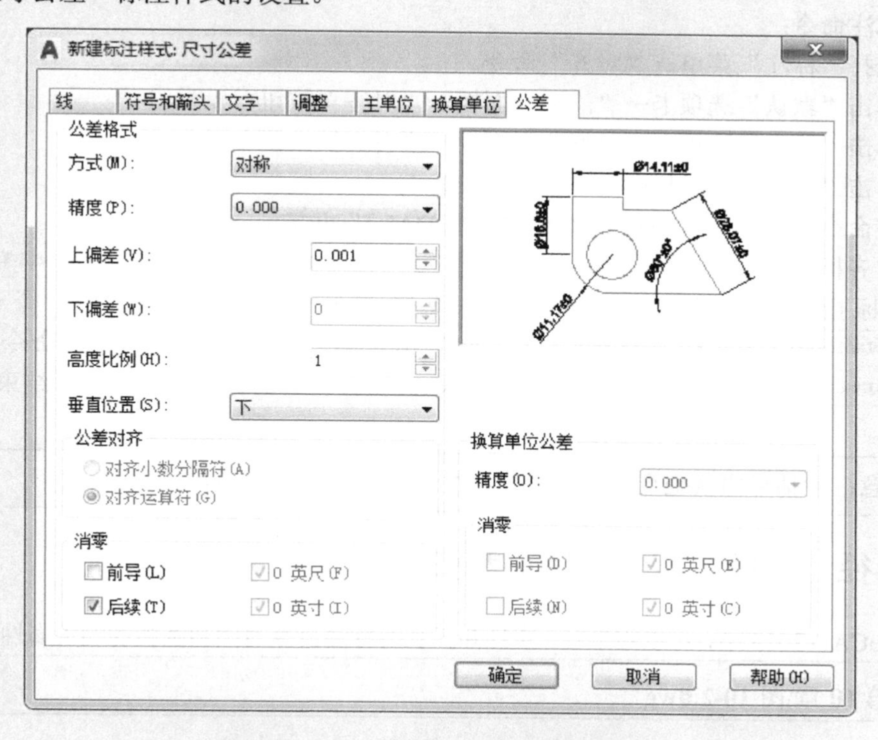

图10-18　设置“公差”选项卡

（7）单击[确定]按钮，返回“标注样式管理器”对话框，选中“尺寸公差”标注样式，单击[置为当前(U)]按钮，然后单击[关闭]按钮。

（8）在命令行中输入“DIMLINEAR（或DLI）”并按Enter键，命令行提示：DIMLINEAR 指定第一个尺寸界线原点或 <选择对象>:，此时单击图10-13a中的A点，命令行继续提示：DIMLINEAR 指定第二条尺寸界线原点:，此时单击图10-13a中的B点，命令行继续提示：DIMLINEAR 指定尺寸线位置或 [多行文字(M) 文字(T) 角度(A) 水平(H) 垂直(V) 旋转(R)]:，此时参照图10-13b在合适的位置单击一下即可，标注后的效果如图10-13b所示。

★注意：步骤（8）中中括号内的各个选项的含义如下：

“多行文字（M）”：选择该选项后进入多行文字编辑器，可编辑标注文字。

“文字（T）”：在命令行提示下，自定义标注文字，生成的标注测量值显示在尖括号中。

“角度（A）”：用于修改标注文字的旋转角度。例如：要将文字旋转60°，此时在命令行中输入“60”并按Enter键。

“水平（H）/垂直（V）”：这两项用于选择尺寸线是水平的或是垂直的。

“旋转（R）”：用于创建旋转线性标注。这一项用于旋转标注的尺寸线，而不同于“角度（A）”中的旋转标注文字。

10.3.2 对齐标注

在 AutoCAD 2019 中，对齐标注命令提供与拾取点对齐的长度尺寸标注。有以下 5 种方法执行**对齐标注**命令：

（1）选择“标注”菜单→“对齐”命令。

（2）单击“默认”选项卡→“注释”面板→“对齐”按钮。

（3）单击“注释”选项卡→“标注”面板→“对齐”按钮。

（4）单击“标注”工具栏中的“对齐”按钮。

（5）在命令行中输入“DIMALIGNED（或 DAL）”并按 Enter 键。

执行对齐标注命令后，命令行提示：DIMALIGNED 指定第一个尺寸界线原点或 <选择对象>:，此时用光标指定第一个尺寸界线原点（或按 Enter 键选择对象），命令行提示：DIMALIGNED 指定第二条尺寸界线原点:，此时指定第二个尺寸界线原点，命令行提示：DIMALIGNED [多行文字(M) 文字(T) 角度(A)]:，此时在合适的位置单击一下，结束当前对齐标注。

★注意：中括号内其他选项的含义与线性标注中相应选项的含义相同。

10.4 半径、直径、折弯、圆心和弧长标注

在 AutoCAD 2019 中，可以用半径、直径和弧长等标注命令对圆和圆弧的相关属性进行标注。

素材\第 10 章\图 10-2.dwg

10.4.1 半径标注

半径标注命令提供对圆或者圆弧半径的标注，在标注尺寸值之前会自动加上半径符号“R”，如图 10-19 所示。

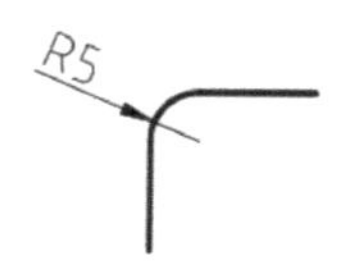

图 10-19 半径标注

在 AutoCAD 2019 中，有以下 5 种方法执行**半径标注**命令：

（1）选择“标注”菜单→“半径”命令。

（2）单击“默认”选项卡→“注释”面板→“半径”按钮。

（3）单击“注释”选项卡→“标注”面板→“半径”按钮。

（4）单击“标注”工具栏中的“半径”按钮。

（5）在命令行中输入“DIMRADIUS（或 DRA）”并按 Enter 键。

执行半径标注命令后，命令行提示：DIMRADIUS 选择圆弧或圆:，此时单击要标注的圆弧或圆，系统会自动测出圆弧或圆的半径，命令行继续提示：DIMRADIUS 指定尺寸线位置或 [多行文字(M) 文字(T) 角度(A)]:，此时在合适的位置单击一下指定尺寸线的位置即可。如果要更改标注文字的属性，可选择中括号内的相应选项，然后输入属性值并按 Enter 键即可。

10.4.2 直径标注

直径标注命令提供对圆或者圆弧直径的标注，在标注尺寸值之前自动加上直径符号“ϕ”，如图 10-20 所示。

在 AutoCAD 2019 中，有以下 5 种方法执行**直径标注**命令：

（1）选择“标注”菜单→“直径”命令。

（2）单击“默认”选项卡→“注释”面板→“直径”按钮。

（3）单击“注释”选项卡→“标注”面板→“直径”按钮。

（4）单击“标注”工具栏中的“直径”按钮。

（5）在命令行中输入“DIMDIAMETER（或 DDI）”并按 Enter 键。

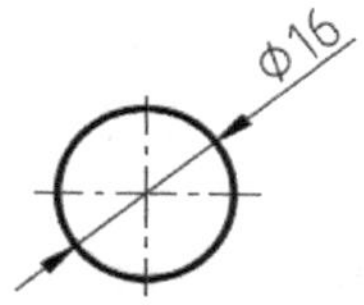

图 10-20　直径标注

执行直径标注命令后，命令行提示：DIMDIAMETER 选择圆弧或圆:，此时单击要标注的圆弧或圆，系统会自动测出圆弧或圆的直径，命令行继续提示：DIMDIAMETER 指定尺寸线位置或 [多行文字(M) 文字(T) 角度(A)]:，此时在合适的位置单击一下指定尺寸线的位置即可。如果要更改标注文字的属性，可选择中括号内的相应选项，然后输入属性值并按 Enter 键即可。

10.4.3　折弯标注

有些图形中圆弧或圆的圆心无法在其实际位置显示，这些圆弧的圆心甚至在整张图样之外，此时在工程图中就可以对其进行折弯标注。使用折弯标注可以创建折弯半径标注，也称为“缩放的半径标注”，如图 10-21 所示。这种方法可以在更方便的位置指定标注的“原点”，这称为“中心位置替代”。

在 AutoCAD 2019 中，有以下 5 种方法执行**折弯标注**命令：

（1）选择“标注”菜单→“折弯”命令。

（2）单击“默认”选项卡→“注释”面板→“折弯”按钮。

（3）单击“注释”选项卡→“标注”面板→“折弯”按钮。

（4）单击“标注”工具栏中的“折弯”按钮。

（5）在命令行中输入“DIMJOGGED（或 DJO）”并按 Enter 键。

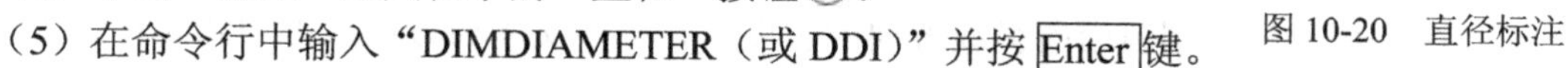

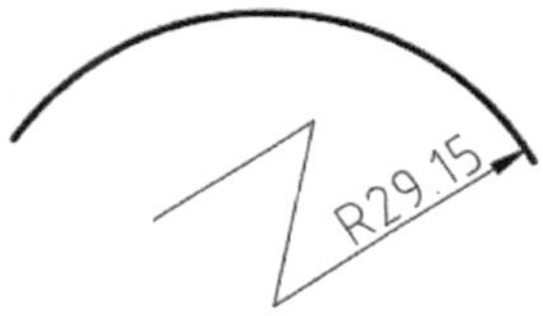

图 10-21　折弯标注

执行折弯标注命令后，命令行提示：DIMJOGGED 选择圆弧或圆:，此时单击要折弯标注的圆弧或圆，命令行继续提示：DIMJOGGED 指定图示中心位置:，此时参照图 10-21 在合适的位置单击一下指定中心位置，命令行继续提示：DIMJOGGED 指定尺寸线位置或 [多行文字(M) 文字(T) 角度(A)]:，此时用光标指定尺寸线的位置或者选择中括号内的选项配置标注文字，命令行继续提示：DIMJOGGED 指定折弯位置:，此时用光标指定折弯的位置即可。

10.4.4　圆心标注

圆心标注用于圆和圆弧的圆心标记，如图 10-22 所示。

在 AutoCAD 2019 中，有以下 3 种方法执行**圆心标注**命令：

（1）选择“标注”菜单→“圆心标记”命令。

（2）单击“标注”工具栏中的“圆心标记”按钮。

（3）在命令行中输入“DIMCENTER（或 DCE）”并按 Enter 键。

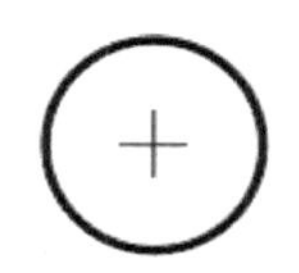

图 10-22　圆心标注

执行圆心标注命令后，命令行提示：DIMCENTER 选择圆弧或圆:，此时单击所要标注的圆弧或圆即可。

★注意：进行圆心标注之前要先设置好“点样式”，圆心标注的外观可以通过“新建/修改标注样式”对话框的“符号和箭头”选项卡中的“圆心标记”选项组进行设置。

10.4.5 弧长标注

弧长标注用于标注圆弧沿着弧线方向的长度，在标注文字前方或上方用弧长标记“∩”表示。

在 AutoCAD 2019 中，有以下 5 种方法执行**弧长标注**命令：

（1）选择“标注”菜单→“弧长”命令。

（2）单击“默认”选项卡→“注释”面板→“弧长”按钮。

（3）单击“注释”选项卡→“标注”面板→“弧长”按钮。

（4）单击“标注”工具栏中的“弧长”按钮。

（5）在命令行中输入“DIMARC（或 DAR）”并按 Enter 键。

执行弧长标注命令后，命令行提示：DIMARC 选择弧线段或多段线圆弧段：，此时单击所要标注的圆弧，命令行继续提示：DIMARC 指定弧长标注位置或 [多行文字(M) 文字(T) 角度(A) 部分(P) 引线(L)]:，此时用光标指定弧长标注的位置即可。

★注意：中括号内的选项的含义如下：

（1）“多行文字（M）”“文字（T）”“角度（A）”：含义同前。

（2）“部分（P）”：用于指定弧长中某段的标注。

（3）“引线（L）”：用于对弧长标注添加引线，只有当圆弧大于 90° 时才会出现。弧长的引线按径向绘制，指向所标注圆弧的圆心，如图 10-23 所示。

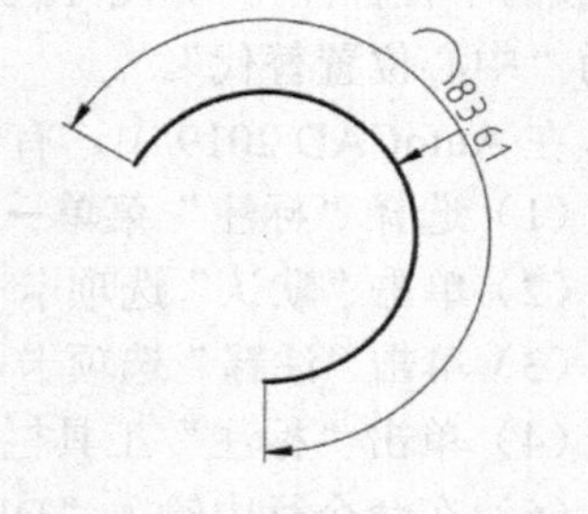

图 10-23 带引线的弧长标注

10.5 角度标注与其他类型的标注

10.5.1 角度标注

素材\第 10 章\图 10-3.dwg

角度标注用于标注两条非平行直线、圆、圆弧或者不共线的 3 个点之间的角度。AutoCAD 2019 会自动在标注值后面加上“°”，角度标注的尺寸线是一段圆弧，如图 10-24 所示。

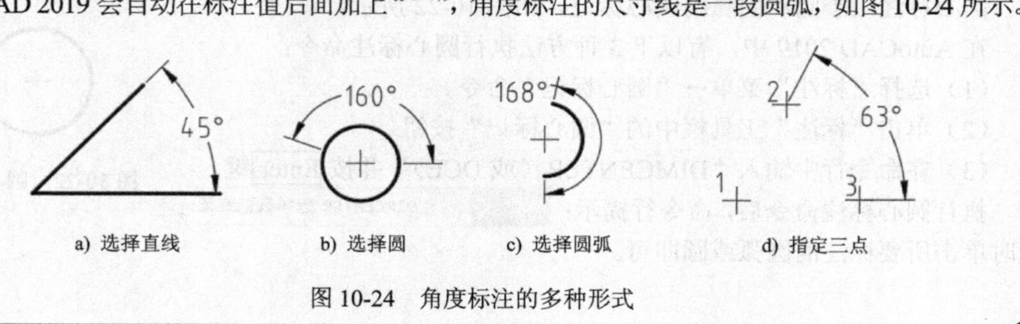

a) 选择直线　b) 选择圆　c) 选择圆弧　d) 指定三点

图 10-24 角度标注的多种形式

在 AutoCAD 2019 中，有以下 5 种方法执行**角度标注**命令：

（1）选择“标注”菜单→“角度”命令。

（2）单击“默认”选项卡→“注释”面板→“角度”按钮。

（3）单击“注释”选项卡→“标注”面板→“角度”按钮。

（4）单击“标注”工具栏中的“角度”按钮。

（5）在命令行中输入“DIMANGULAR（或 DAN）”并按Enter键。

执行角度标注命令后，命令行提示：DIMANGULAR 选择圆弧、圆、直线或 <指定顶点>:，此时可单击选择多种对象标注角度，分为以下情况：

1．选择直线

如果选择的对象是直线，那么将用两条直线定义角度，如图 10-24a 所示。

选择图 10-24a 所示的水平直线后，命令行提示：DIMANGULAR 选择第二条直线:，选择另一条直线后，命令行继续提示：DIMANGULAR 指定标注弧线位置或 [多行文字(M) 文字(T) 角度(A) 象限点(Q)]:，此时在合适的位置单击一下即完成角度标注。标注后的效果如图 10-24a 所示。

2．选择圆

如果选择的对象是圆，那么角度标注第一条尺寸界线的原点即选择圆时所单击的那个点，而圆的圆心是角度的顶点，如图 10-24b 所示。

选择一个圆后，命令行提示：DIMANGULAR 指定角的第二个端点:，此时可单击任意一点作为角度标注的第二条尺寸界线的原点，这一点可以不在圆上。指定第二个端点后，命令行提示：DIMANGULAR 指定标注弧线位置或 [多行文字(M) 文字(T) 角度(A) 象限点(Q)]:，此时单击选择位置即完成角度标注，标注后的效果如图 10-24b 所示。

3．选择圆弧

如果选择的对象是一段圆弧，那么圆弧的圆心是角度的顶点，圆弧的两个端点作为角度标注的尺寸界线原点，如图 10-24c 所示。

选择圆弧后，命令行提示：

DIMANGULAR 指定标注弧线位置或 [多行文字(M) 文字(T) 角度(A) 象限点(Q)]:

此时在命令行中输入“Q”并按Enter键，命令行继续提示：DIMANGULAR 指定象限点:，此时在圆弧上侧端点位置处单击一下，命令行继续提示：

DIMANGULAR 指定标注弧线位置或 [多行文字(M) 文字(T) 角度(A) 象限点(Q)]:

此时参照图 10-24c 在合适的位置单击一下，标注后的效果如图 10-24c 所示。

★注意：默认选项为：指定标注弧线位置，也就是用光标选择角度标注的位置。

4．指定 3 个点

如果直接按Enter键，则创建基于指定 3 点的角度标注，如图 10-24d 所示。

直接按Enter键后，命令行提示：DIMANGULAR 指定角的顶点:，此时单击图 10-24d 中的 1 点，命令行继续提示：DIMANGULAR 指定角的第一个端点:，此时单击图 10-24d 中的 2 点，命令行继续提示：DIMANGULAR 指定角的第二个端点:，此时单击图 10-24d 中的 3 点，命令行提示：

DIMANGULAR 指定标注弧线位置或 [多行文字(M) 文字(T) 角度(A) 象限点(Q)]:

此时单击选择位置即完成角度标注，标注后的效果如图 10-24d 所示。

10.5.2 基线标注和连续标注

基线标注和连续标注的实质是线性标注、坐标标注、角度标注的延续，在某些特殊情况下，比如一系列尺寸都是从同一个基准面引出的或者是首尾相接的一系列连续尺寸时，AutoCAD 2019 提供了专门的标注工具，以提高标注的效率。

基线标注是指标注从同一个基准面引出的一系列尺寸；连续标注是指标注首尾相接的一系列连续尺寸。

在 AutoCAD 2019 中，有以下 3 种方法执行**基线标注**命令：

（1）选择“标注”菜单→“基线”命令。

（2）单击“标注”工具栏中的“基线”按钮。

（3）在命令行中输入“DIMBASELINE（或 DBA）”并按 Enter 键。

同样，在 AutoCAD 2019 中，有以下 3 种方法执行**连续标注**命令：

（1）选择“标注”菜单→“连续”命令。

（2）单击“标注”工具栏中的“连续”按钮。

（3）在命令行中输入“DIMCONTINUE（或 DCO）”并按 Enter 键。

10.5.3 实例——基线标注和连续标注

素材\第 10 章\图 10-4.dwg

【例 10-2】 将图 10-25a 所示的对象标注为图 10-25b 所示的对象（相等的基线间距）。

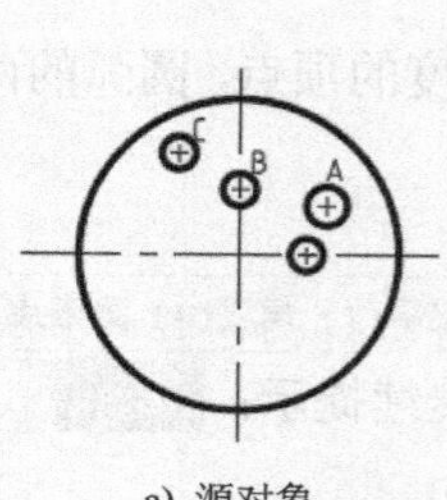

a）源对象

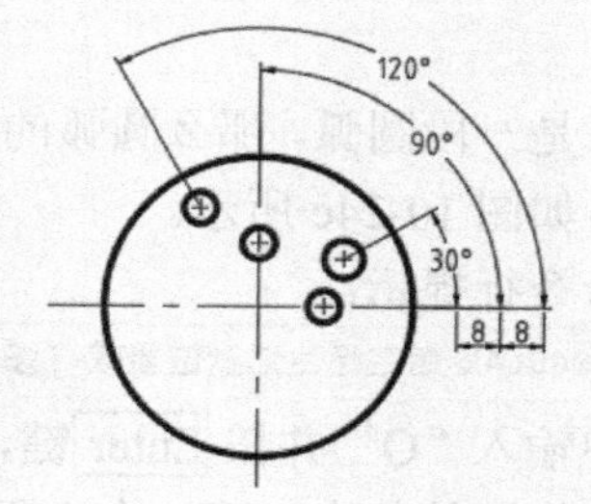

b）基线标注后的对象（基线间距为 8）

图 10-25 基线标注实例 1

（1）打开“标注样式管理器”对话框，选中当前标注所使用的标注样式“ISO-25”，单击 修改(M)... 按钮，弹出“修改标注样式：ISO-25”对话框，切换到“线”选项卡，将“基线间距”设置为“8”，如图 10-26 所示，然后单击 确定 按钮，再单击“标注样式管理器”对话框中的 关闭 按钮，即完成基线间距的设置。

（2）在命令行中输入“DAN”并按 Enter 键，命令行提示：

DIMANGULAR 选择圆弧、圆、直线或 <指定顶点>:，此时直接按 Enter 键，命令行提示：

DIMANGULAR 指定角的顶点:，此时单击图 10-25a 中大圆的圆心，命令行继续提示：

DIMANGULAR 指定角的第一个端点:，此时单击图 10-25a 中水平方向的小圆的圆心，命令行继续提示：DIMANGULAR 指定角的第二个端点:，此时单击图 10-25a 中小圆的圆心 A，命令行继续提示：

DIMANGULAR 指定标注弧线位置或 [多行文字(M) 文字(T) 角度(A) 象限点(Q)]:，此时在合适的位置单击一下，完成角度标注。

图 10-26　设置基线间距

（3）在命令行中输入“DBA”并按 Enter 键，命令行提示：

DIMBASELINE 指定第二个尺寸界线原点或 [选择(S) 放弃(U)] <选择>:，此时单击图 10-25a 中小圆的圆心 B，命令行继续提示：

DIMBASELINE 指定第二个尺寸界线原点或 [选择(S) 放弃(U)] <选择>:，此时单击图 10-25a 中小圆的圆心 C，完成基线标注。标注后的效果如图 10-25b 所示。

（4）按 Esc 键结束当前命令。

素材\第 10 章\图 10-5.dwg

【例 10-3】将图 10-27a 所示的对象标注为图 10-27b 所示的对象（不等基线间距）。

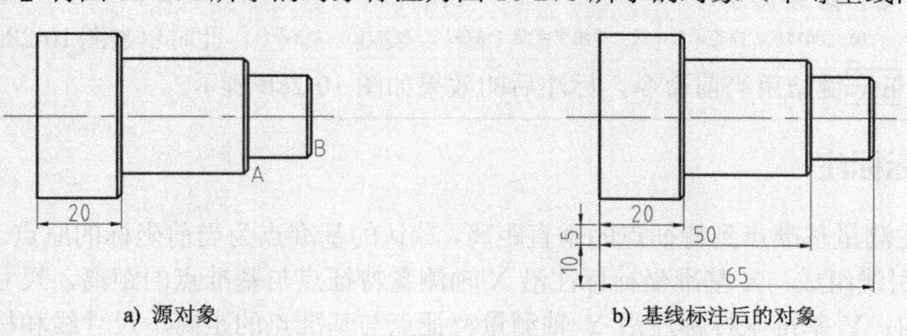

图 10-27　基线标注实例 2

（1）在命令行中输入“DBA”并按 Enter 键，命令行提示：DIMBASELINE 指定第二个尺寸界线原点或 [选择(S) 放弃(U)] <选择>:，此时在命令行中输入“S”并按 Enter 键，命令行提示：DIMBASELINE 选择基准标注:，此时选择图 10-27a 中的线性标注，选择时靠近左侧尺寸界线选取。

（2）命令行继续提示：DIMBASELINE 指定第二个尺寸界线原点或 [选择(S) 放弃(U)] <选择>:，此时单击图 10-27a 中的 A 点，命令行继续提示：DIMBASELINE 指定第二个尺寸界线原点或 [选择(S) 放弃(U)] <选择>:，此时单击图 10-27a 中的 B 点，按 Esc 键结束当前命令。

（3）在命令行中输入“DIMSPACE”并按 Enter 键，命令行提示：DIMSPACE 选择基准标注:，此时选择原有的长度为 20 的线性标注，命令行继续提示：DIMSPACE 选择要产生间距的标注:，此时选择长度为 50 的线性标注并按 Enter 键，命令行提示：DIMSPACE 输入值或 [自动(A)] <自动>:，此时在命令行中输入“5”并按 Enter 键。

（4）参照步骤（3）将长度为 50 的标注和长度为 65 的标注之间的间距改为“10”即可。

素材\第 10 章\图 10-6.dwg

【例 10-4】将图 10-28a 所示的对象标注为图 10-28b 所示的对象。

a) 源对象　　b) 连续标注后的对象

图 10-28　连续标注实例

（1）在命令行中输入“DCO”并按 Enter 键。

（2）命令行提示：DIMCONTINUE 指定第二个尺寸界线原点或 [选择(S) 放弃(U)] <选择>:，此时在命令行中输入“S”并按 Enter 键，命令行提示：DIMCONTINUE 选择连续标注:，此时选择图 10-28a 所示的线性标注，选择时靠近尺寸界线右侧选取。命令行提示：DIMCONTINUE 指定第二个尺寸界线原点或 [选择(S) 放弃(U)] <选择>:，此时单击图 10-28a 中的 A 点，命令行继续提示：DIMCONTINUE 指定第二个尺寸界线原点或 [选择(S) 放弃(U)] <选择>:，此时单击图 10-28a 中的 B 点。

（3）按 Esc 键结束当前命令，标注后的效果如图 10-28b 所示。

10.5.4　坐标标注

坐标标注测量基准点到特征点的垂直距离，默认的基准点为当前坐标的原点。坐标标注由 X 或 Y 值和引线组成；X 基准坐标标注沿 X 轴测量特征点与基准点的距离，尺寸线和标注文字为垂直方向；Y 基准坐标标注沿 Y 轴测量特征点与基准点的距离，尺寸线和标注文字为水平放置，如图 10-29 所示。

图 10-29　坐标标注实例

在 AutoCAD 2019 中，有以下 5 种方法执行**坐标标注**命令：

（1）选择“标注”菜单→“坐标”命令。

（2）单击“默认”选项卡→“注释”面板→“坐标”按钮。

（3）单击“注释”选项卡→“标注”面板→“坐标”按钮。

（4）单击“标注”工具栏中的“坐标”按钮。

（5）在命令行中输入“DIMORDINATE（或 DOR）”并按 Enter 键。

执行坐标标注命令后，命令行提示：DIMORDINATE 指定点坐标：，此时用光标选择要标注的点，命令行继续提示：

DIMORDINATE 指定引线端点或 [X 基准(X) Y 基准(Y) 多行文字(M) 文字(T) 角度(A)]：。

（1）默认选项：“指定引线端点”即指定标注文字的位置，AutoCAD 2019 通过自动计算点坐标和引线端点的坐标差确定是 X 坐标标注还是 Y 坐标标注。如果 Y 坐标的坐标差较大，标注就测量 X 坐标，否则就测量 Y 坐标。

（2）其他选项说明如下：

1）“X 基准（X）”：确定为测量 X 坐标并确定引线和标注文字的方向。

2）“Y 基准（Y）”：确定为测量 Y 坐标并确定引线和标注文字的方向。

3）“多行文字（M）”“文字（T）”和“角度（A）”：含义同前。

10.5.5　多重引线标注及其实例

引线标注可用来标注倒角、文字注释、装配图的零件编号等。引线对象通常包括箭头、可选的水平基线、引线或曲线、多行文字对象或块。可以从图形中的任意点或部件创建引线并在绘制时控制其外观。引线可以是直线段或平滑的样条曲线。

AutoCAD 2019 专门设置了用于多重引线标注的“引线”面板（“注释”选项卡下）和“多重引线”工具栏，如图 10-30 和图 10-31 所示。

图 10-30　“引线”面板

图 10-31　“多重引线”工具栏

1．设置多重引线标注

在 AutoCAD 2019 中，有以下 5 种方法执行**多重引线样式设置**命令：

（1）选择“格式”菜单→“多重引线样式”命令。

（2）单击“默认”选项卡→“注释”面板→“多重引线样式”按钮。

（3）单击“注释”选项卡→“引线”面板→“多重引线样式”按钮。

（4）单击“多重引线”工具栏中的“多重引线样式”按钮。

（5）在命令行中输入“MLEADERSTYLE”并按Enter键。

执行多重引线样式设置命令后，将弹出“多重引线样式管理器”对话框，如图10-32所示。

单击置为当前(U)按钮，可将选中的多重引线样式置为当前；单击修改(M)...按钮，可修改已有的多重引线样式；单击删除(D)按钮，可将选中的多重引线样式删除，但是Standard、已使用的、置为当前的多重引线样式不能被删除；单击新建(N)...按钮，可新建一个多重引线样式。

单击新建(N)...按钮，弹出“创建新多重引线样式”对话框，如图10-33所示。

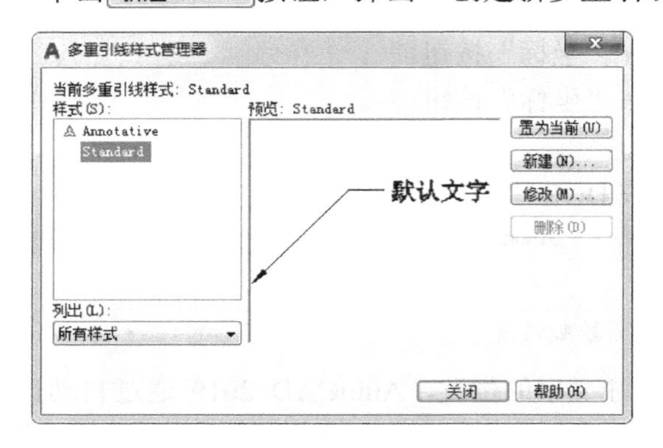

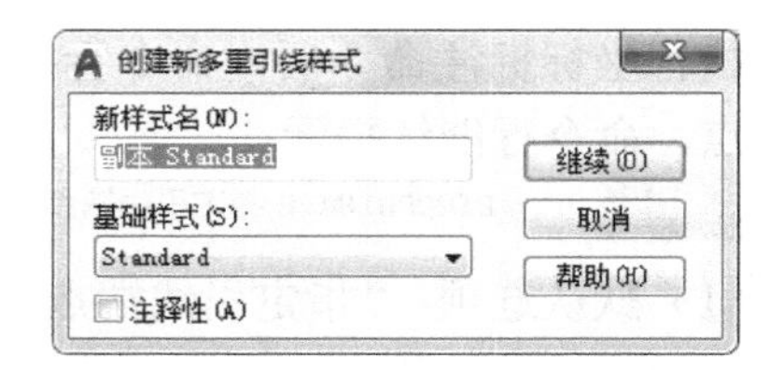

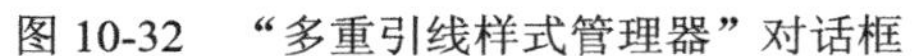
图10-32 “多重引线样式管理器”对话框　　图10-33 “创建新多重引线样式”对话框

在“新样式名”文本框中输入新建的样式名称，默认为“副本Standard”；在“基础样式”下拉列表框中选择新建样式的基础样式，新建样式即在该基础样式的基础上进行修改而成，默认为Standard样式；若选中“注释性”复选框，可以自动完成缩放注释的过程，从而使注释能够以合适的大小在图样上打印或显示。设置完成后单击继续(O)按钮，弹出如图10-34所示的“修改多重引线样式”对话框。

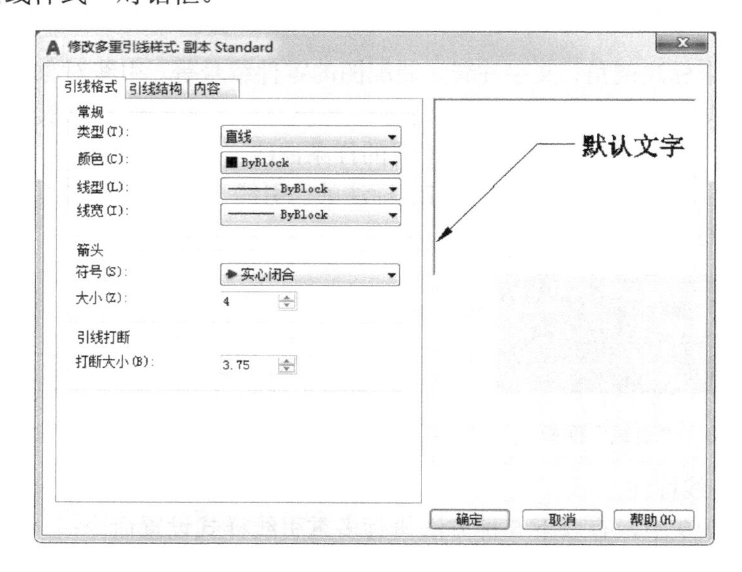

图10-34 “修改多重引线样式”对话框

“修改多重引线样式”对话框包括“引线格式”“引线结构”和“内容”3个选项卡。

（1）“引线格式”选项卡：设置多重引线基本外观和引线箭头的类型及大小，以及执行“标注打断”命令后引线打断的大小。各选项说明如下：

1）“类型”“颜色”“线型”“线宽”下拉列表框：分别用于设置引线类型、颜色、线型和线宽。

2）“符号”下拉列表框：设置多重引线的箭头符号。

3）“大小”微调按钮：设置箭头的大小。

4）“打断大小”微调按钮：设置选择多重引线后用于“折断标注”命令的折断大小。

（2）“引线结构”选项卡：设置多重引线的结构。各选项说明如下：

1）“最大引线点数”复选框：指定引线的最大点数。

2）“第一段角度”复选框：指定多重引线基线中的第一个点的角度。

3）“第二段角度”复选框：指定多重引线基线中的第二个点的角度。

4）“自动包含基线”复选框：将水平基线附着到多重引线内容。

5）“设置基线距离”微调按钮：为多重引线基线设定固定距离。

6）“注释性”复选框：指定多重引线为注释性。

7）“将多重引线缩放到布局”单选按钮：根据模型空间视口和布局空间视口中的缩放比例确定多重引线的比例因子。

8）“指定比例”单选按钮：指定多重引线的缩放比例。

（3）“内容”选项卡：设置多重引线是包含文字还是包含块。各选项说明如下：

1）如果选择“多重引线类型”为“多行文字”，则下列选项可用：

①“默认文字”选项：为多重引线内容设置默认文字。单击[...]按钮，将启动多行文字编辑器。

②“文字样式”下拉列表框：指定属性文字的预定义样式。

③“文字角度”下拉列表框：指定多重引线文字的旋转角度。

④“文字颜色”下拉列表框：指定多重引线文字的颜色。

⑤“文字高度”微调按钮：指定多重引线文字的高度。

⑥“始终左对正”复选框：指定多重引线文字始终左对齐。

⑦“文字边框”复选框：使用文本框对多重引线文字内容加框。

⑧“水平连接”单选按钮：控制将引线插入到文字内容的左侧或右侧。

⑨“连接位置－左”和“连接位置－右”下拉列表框：用于控制文字位于引线左侧和右侧时基线连接到多重引线文字的方式。

⑩“基线间隙”微调按钮：指定基线和多重引线文字之间的距离。

2）如果选择“多重引线类型”为“块”，则下列选项可用：

①“源块”下拉列表框：指定用于多重引线内容的块。

②“附着”下拉列表框：指定块附着到多重引线对象的方式。可以通过指定块的中心范围、块的插入点来附着块。

③“颜色”下拉列表框：指定多重引线块内容的颜色。

④“比例”微调按钮：设置比例。

2. 创建多重引线标注

在 AutoCAD 2019 中，有以下 5 种方法执行**多重引线标注**命令：

（1）选择“标注”菜单→“多重引线”命令。

（2）单击“默认”选项卡→“注释”面板→“引线”按钮。

（3）单击“注释”选项卡→“引线”面板→“多重引线”按钮。

（4）单击“多重引线”工具栏中的“多重引线样式”按钮。

（5）在命令行中输入“MLEADER”并按Enter键。

执行多重引线标注命令后，命令行提示：

MLEADER 指定引线箭头的位置或 [引线基线优先(L) 内容优先(C) 选项(O)] <选项>:

默认为“指定引线箭头的位置”，即单击指定引线箭头的位置。中括号内其他选项的含义如下：

（1）“引线基线优先（L）”选项：表示创建引线基线优先的多重引线标注，即先指定引线基线位置。

（2）“内容优先（C）”选项：表示创建引线内容优先的多重引线标注，即先指定引线内容位置。

（3）“选项（O）”选项：表示对多重引线标注的属性进行相关设置。输入“O”后，命令行将提示：MLEADER 输入选项 [引线类型(L) 引线基线(A) 内容类型(C) 最大节点数(M) 第一个角度(F) 第二个角度(S) 退出选项(X)] <退出选项>:，此时根据要求设置所需的相关属性即可。

素材\第 10 章\图 10-7.dwg

【例 10-5】将图 10-35a 所示的对象创建为图 10-35b 所示的对象。

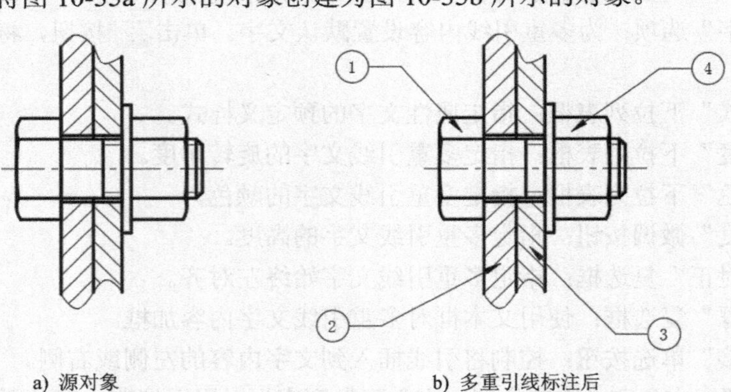

a）源对象　　b）多重引线标注后

图 10-35　多重引线标注实例

（1）选择“格式”菜单→“多重引线样式”命令。

（2）在弹出的“多重引线样式管理器”对话框中选中“Standard”样式，单击新建(N)...按钮，在弹出的“创建新多重引线样式”对话框的“新样式名”文本框中输入新名称“零件序号标注样式”，如图 10-36 所示，单击继续(O)按钮打开“修改多重引线样式：零件序号标注样式”对话框。

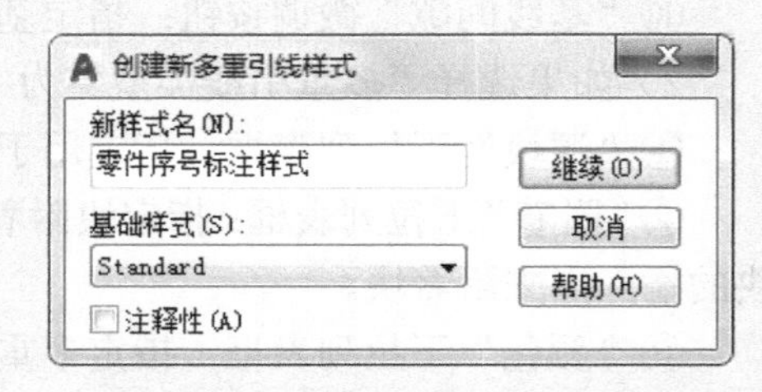

图 10-36　设置多重引线样式的名称

（3）切换到“内容”选项卡，选择“多重引线类型”为“块”；选择“源块”为“圆”，如图 10-37 所示。

（4）单击 确定 按钮，回到“多重引线样式管理器”对话框，系统默认将新建的“零件序号标注样式”置为当前，此时单击 关闭 按钮。

（5）选择“标注”菜单→“多重引线”命令，命令行提示：

MLEADER 指定引线箭头的位置或 [引线基线优先(L) 内容优先(C) 选项(O)] <选项>:

此时参照图 10-35b 单击序号 1 的箭头位置处，命令行继续提示：

MLEADER 指定引线基线的位置:，此时参照图 10-35b 指定引线基线的位置，在弹出的“编辑属性”对话框中输入标记编号“1”，并单击 确定 按钮，如图 10-38 所示。

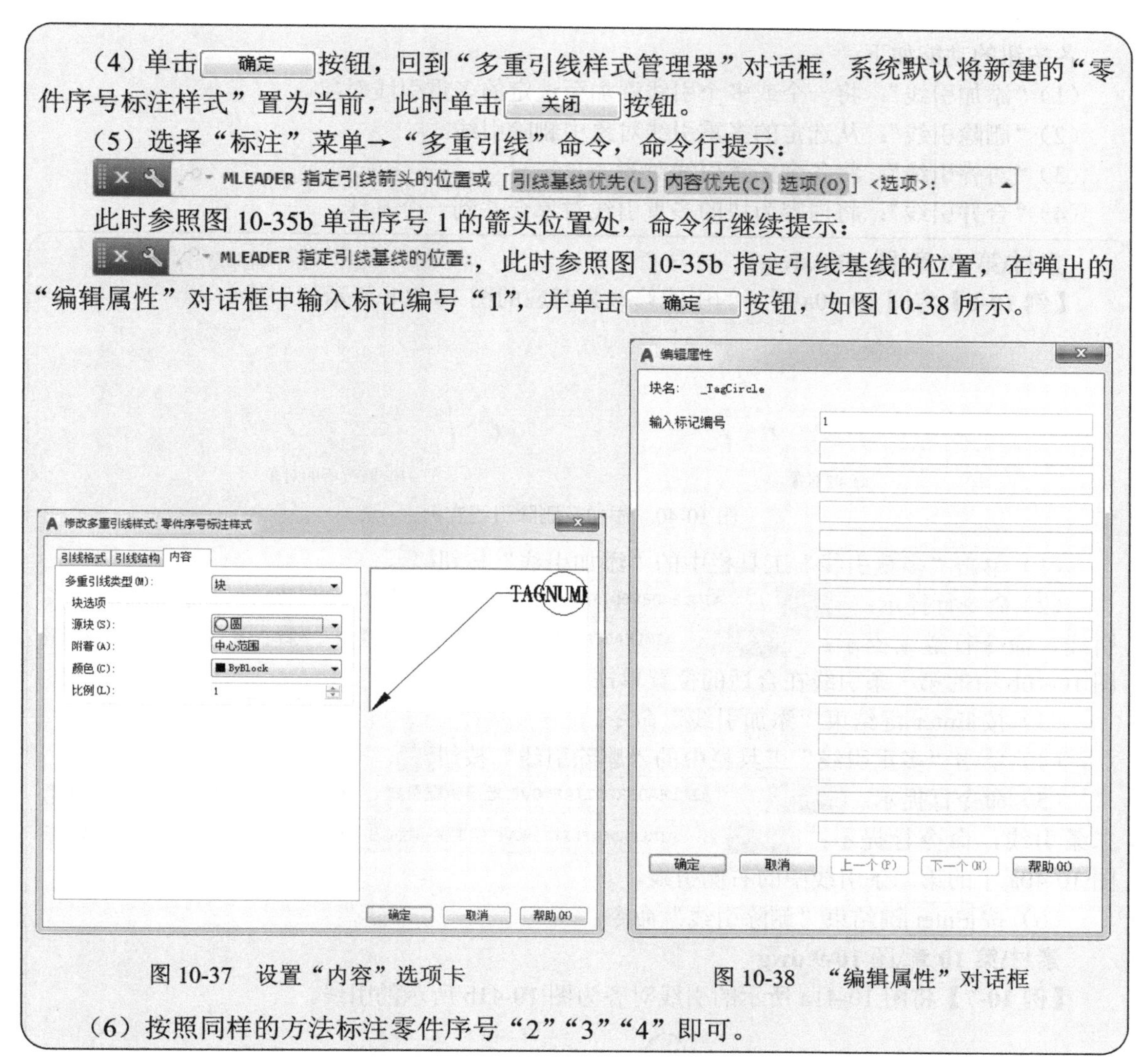

图 10-37　设置“内容”选项卡　　　　图 10-38　“编辑属性”对话框

（6）按照同样的方法标注零件序号“2”“3”“4”即可。

3．编辑多重引线标注

AutoCAD 2019 的“默认”选项卡的“注释”面板、“注释”选项卡的“引线”面板和“多重引线”工具栏提供了“添加引线”“删除引线”“对齐引线”“合并引线”4 个编辑工具，如图 10-39 所示。

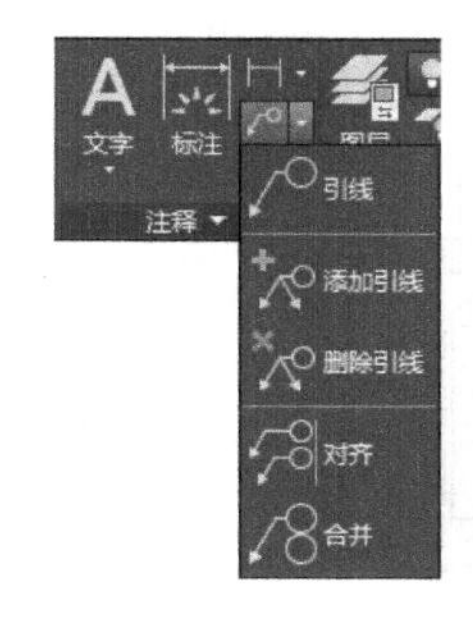

图 10-39　多重引线编辑工具

各按钮的功能如下：

（1）“添加引线”：将一个或多个引线添加至选定的多重引线对象。

（2）“删除引线”：从选定的多重引线对象中删除引线。

（3）“对齐引线”：将各个多重引线对齐。

（4）“合并引线”：将内容为块的多重引线对象合并到一个基线。

素材\第 10 章\图 10-8.dwg

【例 10-6】将图 10-40a 所示的引线修改为对应的图 10-40b 所示的引线。

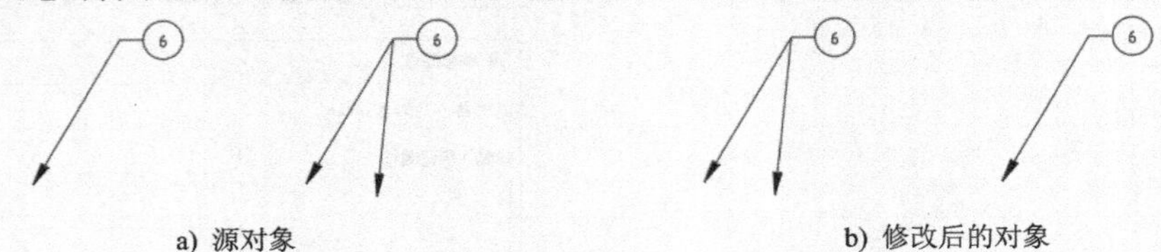

a) 源对象　　b) 修改后的对象

图 10-40　添加及删除引线实例

（1）单击“多重引线”工具栏中的“添加引线”按钮。

（2）命令行提示：AIMLEADEREDITADD 选择多重引线:，此时选择图 10-40a 中的第一条引线，命令行继续提示：AIMLEADEREDITADD 指定引线箭头位置或 [删除引线(R)]:，此时参照图 10-40b 中的第一条引线在合适的位置单击一下。

（3）按 Enter 键结束“添加引线”命令。

（4）单击“多重引线”工具栏中的“删除引线”按钮。

（5）命令行提示：AIMLEADEREDITREMOVE 选择多重引线:，此时选择图 10-40a 中的第二条引线，命令行提示：AIMLEADEREDITREMOVE 指定要删除的引线或 [添加引线(A)]:，此时选择图 10-40a 中的第二条引线中的右侧引线。

（6）按 Enter 键结束“删除引线”命令。

素材\第 10 章\图 10-9.dwg

【例 10-7】将图 10-41a 所示的引线对齐为图 10-41b 所示的引线。

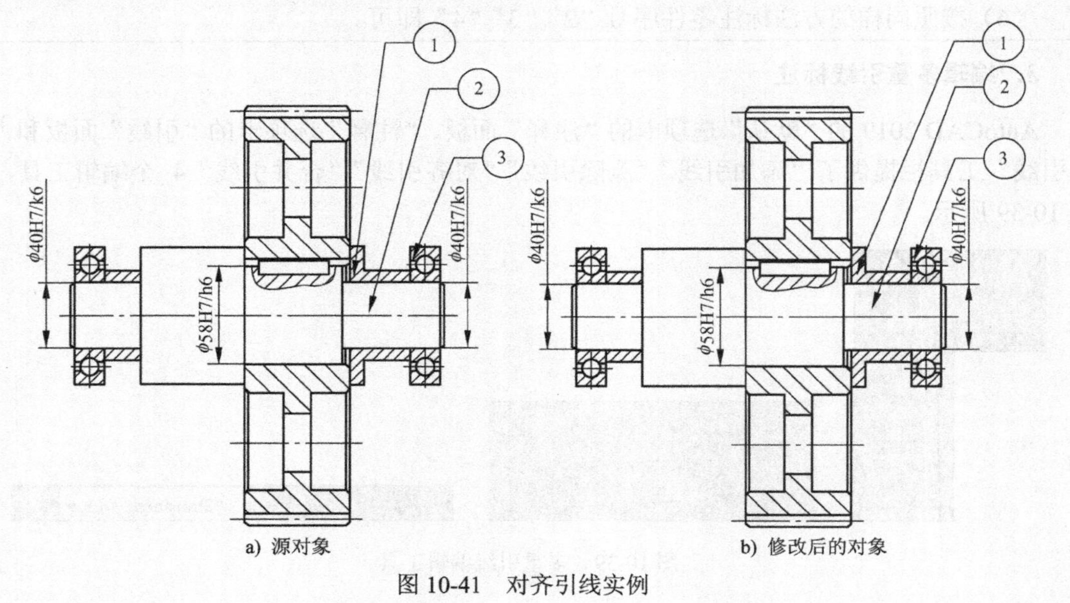

a) 源对象　　b) 修改后的对象

图 10-41　对齐引线实例

单击“多重引线”工具栏中的“多重引线对齐”按钮，命令行提示：MLEADERALIGN 选择多重引线：，此时选择图 10-41a 中的 3 条引线并按 Enter 键，命令行继续提示：MLEADERALIGN 选择要对齐到的多重引线或 [选项(O)]：，此时选择 3 号引线，命令行继续提示：MLEADERALIGN 指定方向：，此时打开正交按钮，将光标移至竖直向上的位置，单击一下即可。

素材\第 10 章\图 10-10.dwg

【例 10-8】将图 10-42a 中的引线合并为图 10-42b 中的引线。

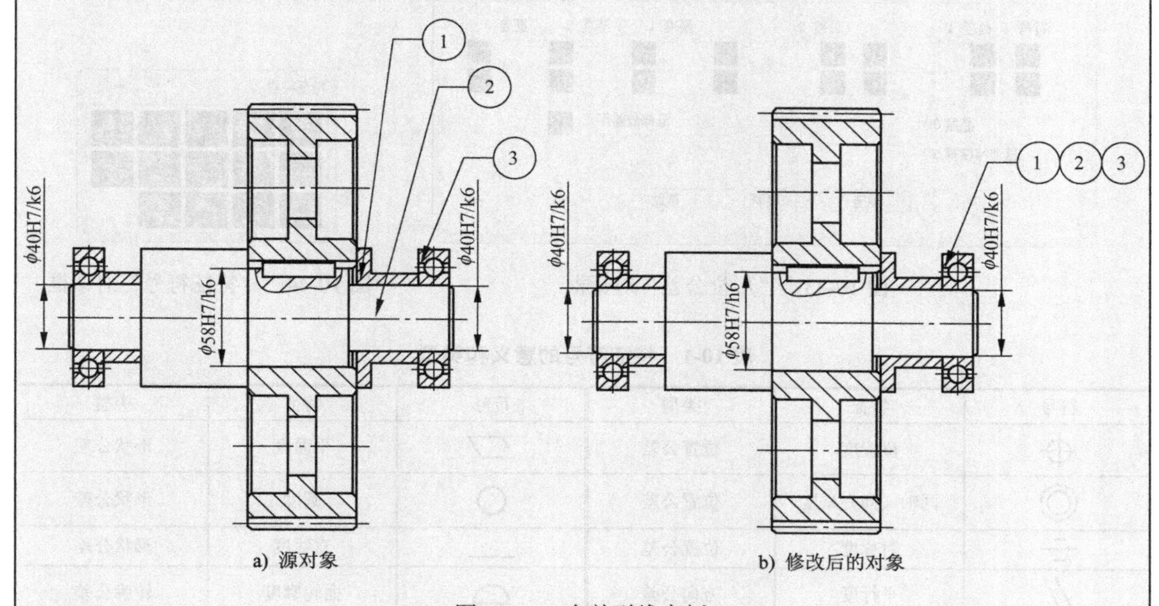

a）源对象　　b）修改后的对象

图 10-42　合并引线实例

单击“多重引线”工具栏中的“多重引线合并”按钮，命令行提示：MLEADERCOLLECT 选择多重引线：，此时按顺序依次选择图 10-42a 中的引线 1、2、3 并按 Enter 键，命令行提示：MLEADERCOLLECT 指定收集的多重引线位置或 [垂直(V) 水平(H) 缠绕(W)] <水平>：，此时参照图 10-42b，在合适的位置单击一下即可。

10.6　形位公差标注

形位公差㊀是机械制图中表明尺寸在理想尺寸中几何关系的偏差，如直线度、同轴度、平行度、面轮廓度、圆跳动等。在机械制图中，使用形位公差可以保证加工零件之间的装配精度。

在 AutoCAD 2019 中，有以下 4 种方法执行**公差标注**命令：

（1）选择“标注”菜单→“公差”命令。

（2）单击“注释”选项卡→“标注”面板→“公差”按钮。

（3）单击“标注”工具栏中的“公差”按钮。

（4）在命令行中输入“TOLERANCE”并按 Enter 键。

㊀ 应为几何公差，软件汉化为“形位公差”，本书也用“形位公差”。

执行公差标注命令后，可打开“形位公差”对话框，如图 10-43 所示。

通过“形位公差”对话框，可添加特征控制框中的各个符号及公差值等。对话框中各个区域的作用如下：

（1）“符号”区域：单击“■”框，将弹出“特征符号”对话框，如图 10-44 所示，可选择表示位置、方向、形状、轮廓和跳动的特征符号。单击“特征符号”对话框中的“□”框，表示清空已填入的符号。各个特征符号的意义和类型见表 10-1。

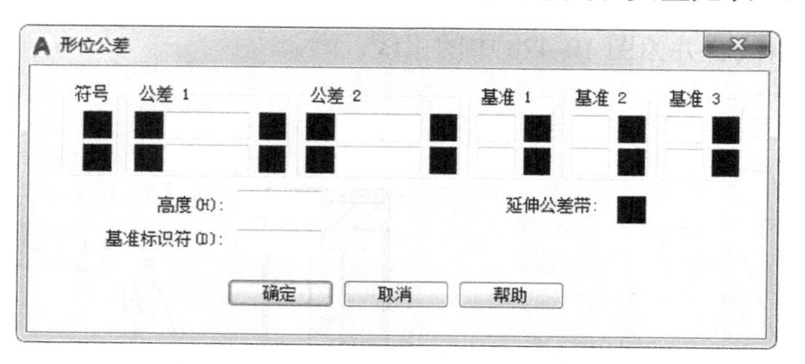

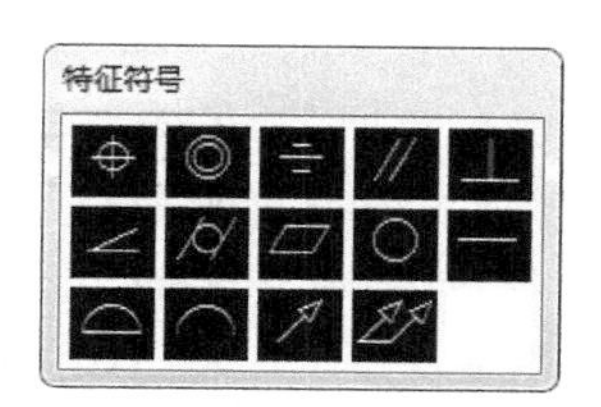

图 10-43 “形位公差”对话框

图 10-44 “特征符号”对话框

表 10-1 特征符号的意义和类型

符号	特征	类型	符号	特征	类型
⌖	位置度	位置公差	▱	平面度	形状公差
◎	同轴（同心）度	位置公差	○	圆度	形状公差
⌯	对称度	位置公差	—	直线度	形状公差
//	平行度	方向公差	⌓	面轮廓度	轮廓公差
⊥	垂直度	方向公差	⌒	线轮廓度	轮廓公差
∠	倾斜度	方向公差	↗	圆跳动	跳动公差
⌭	圆柱度	形状公差	⌰	全跳动	跳动公差

（2）“公差 1”和“公差 2”区域：每个“公差”区域包括三个框。第一个为“■”框，单击即可插入直径符号；第二个为文本框，可在框中输入公差值；第三个也是“■”框，单击将弹出“附加符号”对话框，如图 10-45 所示，用来插入公差的包容条件。

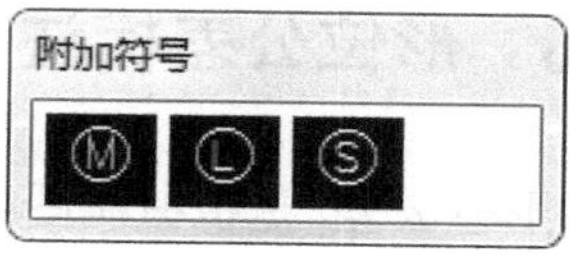

（3）“基准 1”“基准 2”和“基准 3”区域：这 3 个区域用来添加基准参照，3 个区域分别对应第一级、第二级和第三级基准参照。每一个区域包含一个文本框和一个“■”框。在文本框中输入形位公差的基准代号，单击“■”框弹出如图 10-45 所示的“附加符号”对话框，可选择包容条件的表示符号。

图 10-45 “附加符号”对话框

（4）“高度”文本框：输入特征控制框中的投影公差零值。

（5）“基准标识符”文本框：输入由参照字母组成的基准标识符。基准是理论上精确的几何参照，用于建立其他特征的位置和公差带。点、直线、平面、圆柱或其他几何图形都能作为基准，在该框中输入字母。

（6）“延伸公差带”选项：在延伸公差带值的后面插入延伸公差带符号。

设置完“形位公差”对话框后，单击 确定 按钮关闭该对话框，同时命令行提示：TOLERANCE 输入公差位置:，此时单击指定公差的位置即可。

下面以实例来说明如何标注形位公差。

素材\第 10 章\图 10-11.dwg

【例 10-9】 标注如图 10-46 所示阶梯轴的形位公差。

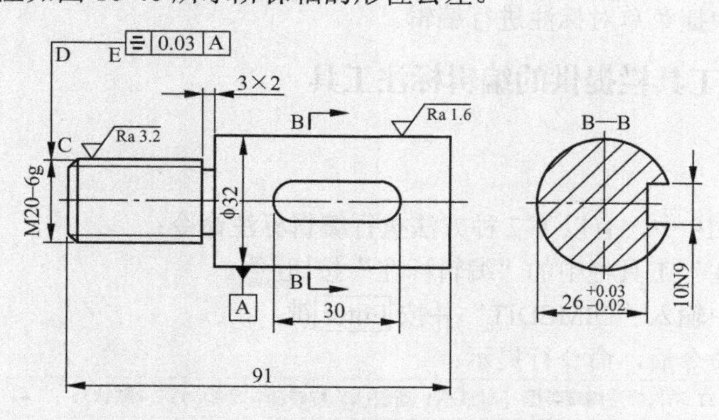

图 10-46 形位公差标注实例

（1）在命令行中输入“LE”并按 Enter 键，命令行提示：QLEADER 指定第一个引线点或 [设置(S)] <设置>:，此时在命令行中输入“S”并按 Enter 键。

（2）在弹出的“引线设置”对话框中的“注释”选项卡下选择“公差”，如图 10-47 所示；切换到“引线和箭头”选项卡，将点数设置为“3”，如图 10-48 所示。

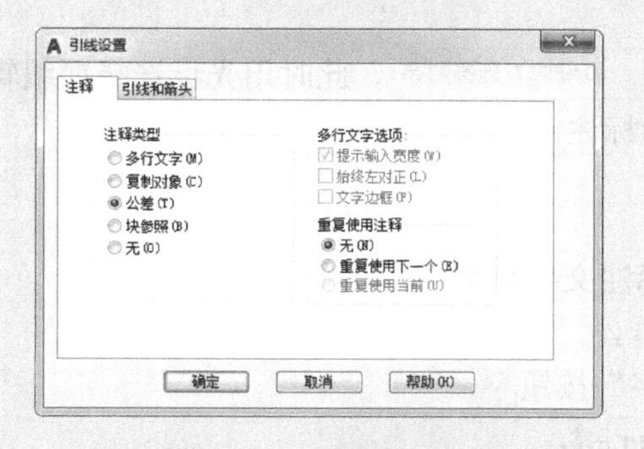

图 10-47 “引线设置”对话框

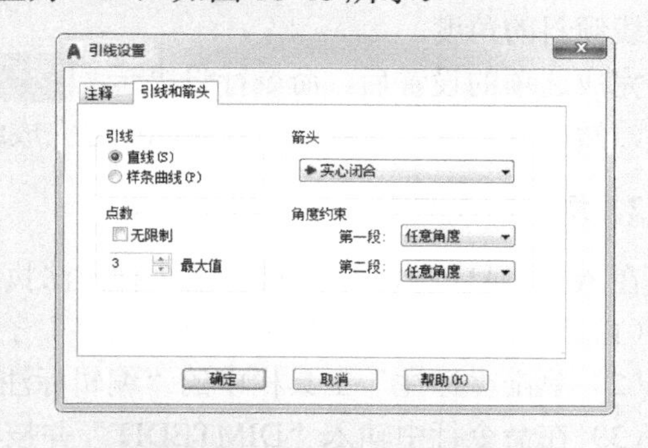

图 10-48 设置“引线和箭头”

（3）单击 确定 按钮，命令行提示：QLEADER 指定第一个引线点或 [设置(S)] <设置>:，此时单击图 10-46 中的 C 点，命令行继续提示：QLEADER 指定下一点:，此时单击图 10-46 中的 D 点，命令行继续提示：QLEADER 指定下一点:，此时单击图 10-46 中的 E 点。

（4）参照图 10-46，设置如图 10-49 所示的“形位公差”对话框，单击 确定 按钮即可。

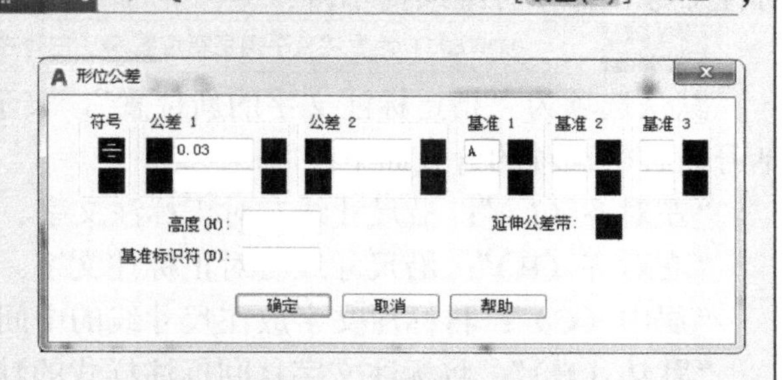

图 10-49 设置“形位公差”对话框

10.7 编辑标注对象

在 AutoCAD 2019 中，有以下 3 种方法**编辑标注对象**：

（1）通过“标注”工具栏提供的编辑工具。

（2）通过“特性”选项板修改标注特性。

（3）通过右键快捷菜单对标注进行编辑。

10.7.1 “标注”工具栏提供的编辑标注工具

1．编辑标注

在 AutoCAD 2019 中，有以下 2 种方法执行**编辑标注**命令：

（1）单击“标注”工具栏中的“编辑标注”按钮。

（2）在命令行中输入“DIMEDIT”并按 Enter 键。

执行编辑标注命令后，命令行提示：

DIMEDIT 输入标注编辑类型 [默认(H) 新建(N) 旋转(R) 倾斜(O)] <默认>:

此时输入相应的字母选择中括号内对应的选项即可。各个选项的含义如下：

“默认（H）”：选定的标注文字移回到由标注样式指定的默认位置和旋转角度。

“新建（N）”：重新设定标注文字。选择该选项后，将弹出“在位文字编辑器”。

“旋转（R）”：旋转标注文字。选择该选项后，命令行将提示输入旋转角度。

“倾斜（O）”：调整线性标注尺寸界线的倾斜角度。选择该选项后，命令行将提示输入尺寸界线倾斜的角度。

完成选项的设置后，命令行将提示：DIMEDIT 选择对象:，此时用光标选择要编辑的标注，然后单击鼠标右键或者按 Enter 键完成编辑标注。

2．编辑标注文字

在 AutoCAD 2019 中，有以下 3 种方法执行**标注文字编辑**命令：

（1）选择“标注”菜单→“对齐文字”子菜单。

（2）单击“标注”工具栏中的“编辑标注文字”按钮。

（3）在命令行中输入“DIMTEDIT”并按 Enter 键。

执行标注文字编辑命令后，命令行提示：DIMTEDIT 选择标注:，此时单击要编辑的标注对象，命令行继续提示：

DIMTEDIT 为标注文字指定新位置或 [左对齐(L) 右对齐(R) 居中(C) 默认(H) 角度(A)]:

默认选项为“指定标注文字的新位置”，表示用光标拖曳来动态更新标注文字的位置。中括号内各个选项的含义如下：

“左对齐（L）”：沿尺寸线左对正标注文字。

“右对齐（R）”：沿尺寸线右对正标注文字。

“居中（C）”：将标注文字放在尺寸线的中间。

“默认（H）”：将标注文字移回标注样式的默认位置。

“角度（A）”：修改标注文字的角度。

10.7.2　通过“特性”选项板修改标注特性

在 AutoCAD 2019 中，有以下 2 种方法打开“特性”选项板：

（1）选择“修改”菜单→“特性”命令。

（2）选中要修改的标注对象→单击鼠标右键→选择“特性”命令。

在“特性”选项板中，可对任意一个“标注样式管理器”中的属性进行修改。这种方法既适用于修改单个标注对象，也适合对批量的标注对象进行修改，如图 10-50 所示。

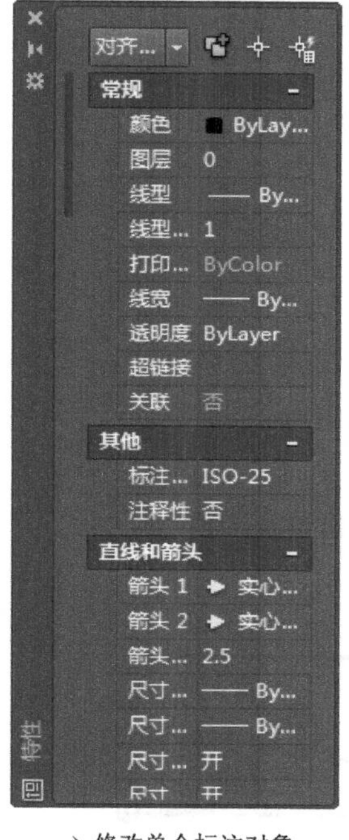

a）修改单个标注对象

b）修改批量标注对象

图 10-50　“特性”选项板

10.7.3　通过右键快捷菜单对标注进行编辑

1．右键快捷菜单

选择任意一个标注对象后单击鼠标右键，将弹出如图 10-51 所示的右键快捷菜单，通过其中的编辑标注选项，可方便地对所选标注进行修改，修改内容包括标注样式、精度、删除样式替代以及注释性对象比例等。这种方法快捷方便，适合对单个对象进行修改。

2．夹点快捷菜单

选择任意一个标注对象后，对象的控制点上出现一些小的蓝色方框，这些方框被称为夹点，将光标移动到编辑的夹点上，该夹点显示为红色实心正方形，且弹出快捷菜单，通过选择快捷菜单中的命令，可对标注进行编辑。如图 10-52 所示为选择不同夹点的快捷菜单。

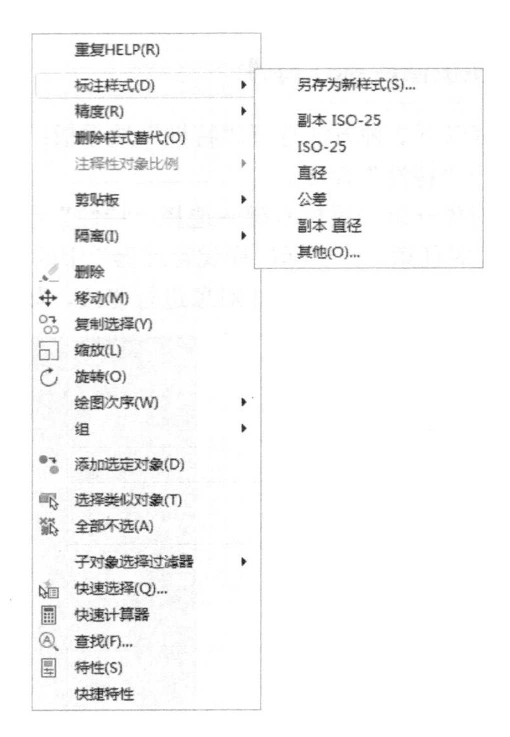

图 10-51　标注对象的右键快捷菜单

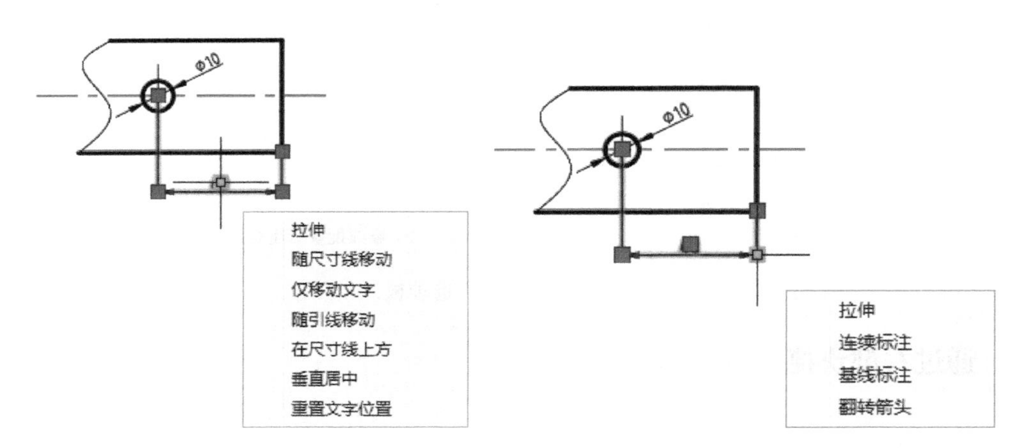

图 10-52　选择不同夹点的快捷菜单

CHAPTER 11

第11章 块操作

11.1 块

块是 AutoCAD 2019 提供的一种便捷工具，可以在绘制大量相同或相似的内容时，首先将雷同的部分定义成块，然后直接插入；也可以将已有的图形文件直接插入到当前图形中，从而提高绘图效率。

11.1.1 创建块

在工程设计中，有很多图形元素需要大量重复使用，如表面粗糙度、螺钉、螺母等。这些多次重复使用的图形，如果每次都从头开始设计和绘制，会花费很多时间，此时就可以将其创建为块。创建块的前提是要将组成块的图形对象提前绘制出来。每个块定义都包括块名、一个或多个对象、插入块的基点坐标值和所有相关的属性数据。

在 AutoCAD 2019 中，有以下 5 种方法来**定义或创建块**：

（1）选择“绘图”菜单→“块”→“创建”命令。

（2）单击“默认”选项卡→“块”面板→“创建”按钮。

（3）单击“插入”选项卡→“块定义”面板→“创建块”按钮。

（4）单击“绘图”工具栏中的“创建块”按钮。

（5）在命令行中输入“BLOCK（或 B）”并按 Enter 键。

执行块定义命令后，将弹出“块定义”对话框，如图 11-1 所示。

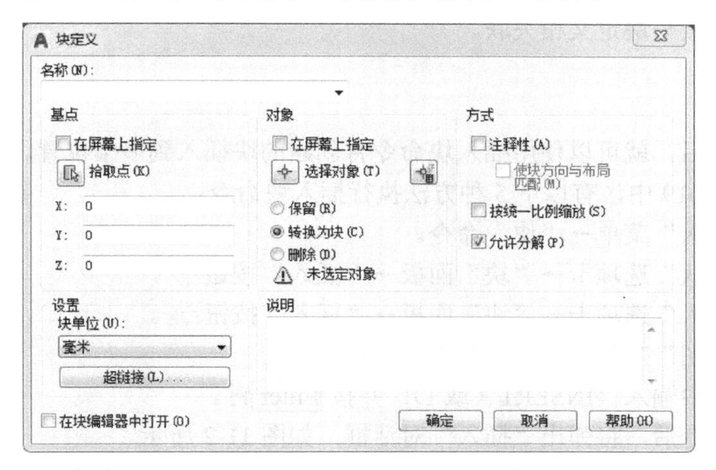

图 11-1 “块定义”对话框

在“块定义”对话框中定义块名、基点，并指定组成块的对象后，就可以完成块的定义。“块定义”对话框中各部分的功能如下：

（1）“名称”下拉列表框：用于指定块的名称。

（2）“基点”选项组：用于指定块的插入基点。基点的用途在于：插入块时会将基点作为放置块的参照，此时块基点与指定的插入点对齐。基点的默认坐标为（0,0,0），可通过“拾取点”按钮指定基点，也可通过 X、Y 和 Z 三个文本框来输入坐标值。如选中“在屏幕上指定”复选框，那么在关闭对话框后，命令行将提示用户指定基点。

（3）“对象”选项组：用于指定新块中要包含的对象，以及创建块之后如何处理这些对象：是保留，还是删除，或者是转换为块。

1）“在屏幕上指定”复选框：选择该复选框后，在关闭对话框时将提示用户指定对象。

2）“选择对象”按钮：单击该按钮将回到绘图区，此时可用选择对象的方法选择组成块的对象。选择对象完成后，按 Enter 键返回。

3）“快速选择”按钮：单击该按钮将弹出“快速选择”对话框，可通过快速选择来定义选择集指定对象。

4）“保留”单选按钮：创建块以后，将选定对象不转换为块，保留为原始图元。

5）“转换为块”单选按钮：创建块以后，将选定对象转换成图形中的块。

6）“删除”单选按钮：创建块以后，从图形中删除选定的对象。

（4）“方式”选项组：用于指定块的定义方式。

1）“注释性”复选框：将块定义为注释性对象。

2）“使块方向与布局匹配”复选框：选择该复选框，表示使布局空间视口中的块参照方向与布局的方向匹配。如果未选择“注释性”复选框，则该选项不可用。

3）“按统一比例缩放”复选框：用于指定是否阻止块参照不按统一比例缩放。

4）“允许分解”复选框：用于指定块参照是否可以被分解。如选中，则表示插入块后，可用 EXPLODE 命令将块分解为组成块的单个对象。

（5）“设置”选项组：用于设置块的其他设置选项。

1）“块单位”下拉列表框：用于指定块参照的插入单位。

2）“超链接”按钮 超链接(L)...：单击可打开“插入超链接”对话框，使用该对话框可将某个超链接与块定义相关联。

11.1.2 插入块

在块创建完成后，就可以使用插入块命令将创建的块插入到多个位置。

在 AutoCAD 2019 中，有以下 5 种方法执行**插入块**命令：

（1）选择“插入”菜单→“块”命令。

（2）单击“默认”选项卡→“块”面板→“插入”按钮。

（3）单击“插入”选项卡→“块”面板→“插入”按钮。

（4）单击“绘图”工具栏中的“插入块”按钮。

（5）在命令行中输入“INSERT（或 I）”并按 Enter 键。

执行插入块命令后，将弹出“插入”对话框，如图 11-2 所示。

通过“插入”对话框，可以对插入块的位置、比例及旋转等特性进行设置。

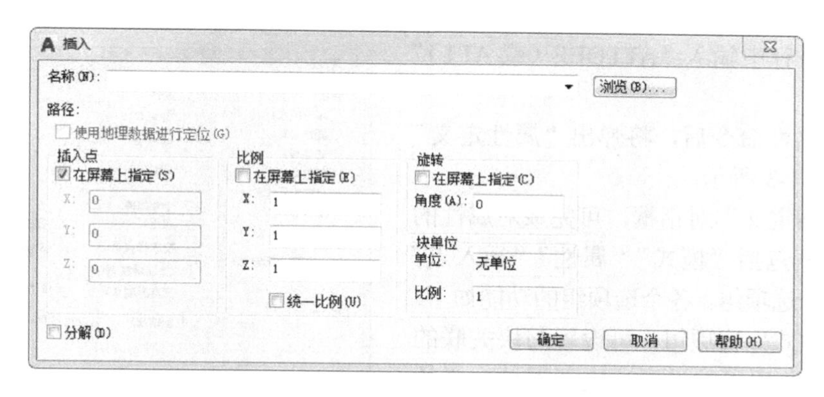

图 11-2 “插入”对话框

（1）“名称”下拉列表框：在“块定义”对话框中创建的块的名称将显示在该下拉列表框内。通过该下拉列表框可以指定要插入块的名称，或指定要作为块插入的文件的名称。单击[浏览(B)...]按钮还可以通过“选择图形文件”对话框将外部图形文件插入到图形中。

（2）在“插入点”选项组，可分别指定插入块的位置。该点的位置与创建块时所定义的基点对齐。

“在屏幕上指定”复选框：如选择该复选框，在单击[确定]按钮关闭“插入”对话框时，命令行将提示指定插入点，可用光标拾取或使用键盘输入插入点的坐标值。

若没有选择“在屏幕上指定”复选框，那么 X、Y 和 Z 文本框将变为可用，可在其中输入插入点的坐标值。

（3）在“比例”选项组，可设置插入块时的缩放比例。同样，该区域也包含一个“在屏幕上指定”复选框，功能同前。

1）X、Y 和 Z 文本框：可分别指定三个坐标方向的缩放比例因子。若指定负的 X、Y 和 Z 缩放比例因子，则插入块的镜像图像。

2）“统一比例”复选框：为 X、Y 和 Z 坐标指定同一比例值。

（4）在“旋转”选项组，可以指定插入块的旋转角度。同样，该区域也包含一个“在屏幕上指定”复选框，功能同前。

“角度”文本框：用于指定插入块的旋转角度。

（5）“分解”复选框：选择该复选框，表示插入块后，块将分解为各个组成对象。选择“分解”复选框时，只可以指定统一比例因子。

11.1.3 定义块属性

块属性是指将数据附着到块上的标签或标记，属性中可能包含的数据包括零件编号、价格和注释等。附着的属性可以提取出来用于电子表格或数据库，以生成明细表或材质清单等。如果已将属性定义附着到块中，则插入块时将会用指定的文字串提示输入属性。该块后续的每个参照可以为该属性指定不同的值。

在 AutoCAD 2019 中，有以下 4 种方法**定义块属性**：

（1）选择“绘图”菜单→“块”→“定义属性”命令。

（2）单击“默认”选项卡→“块”面板→“定义属性”按钮。

（3）单击“插入”选项卡→“块定义”面板→“定义属性”按钮。

（4）在命令行中输入“ATTDEF（或ATT）”并按Enter键。

执行定义属性命令后，将弹出“属性定义”对话框，如图11-3所示。

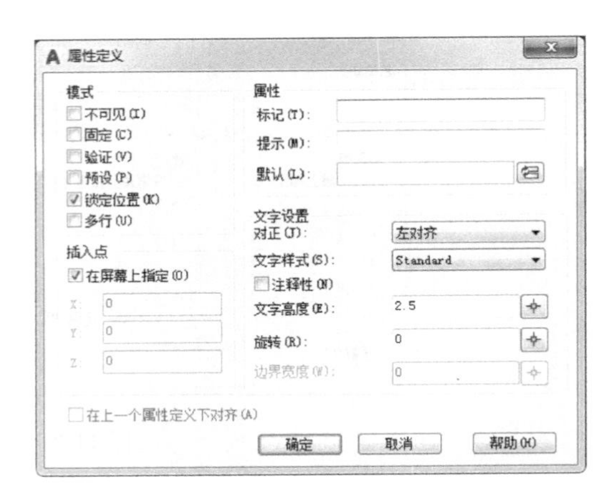

图11-3 “属性定义”对话框

通过“属性定义”对话框，可完成对属性的定义。该对话框包括“模式”“属性”“插入点”“文字设置”4个选项组。各个选项组的功能如下：

（1）在“模式”选项组，可设置与块关联的属性值选项。该选项组的设置决定了属性定义的基本特性，且将影响到其他区域的设置情况。

1）“不可见”复选框：指定插入块时不显示或不打印属性值。选择该选项后，当插入该属性块时，将不显示属性值，也不会打印属性值。

2）“固定”复选框：在插入块时赋予属性固定值。选择该选项并创建块定义后，当插入块时将不提示指定属性值，而是使用属性定义时在“默认”文本框中所输入的值，并且该值在定义后不能被编辑。

3）“验证”复选框：该选项的作用是插入块时，将提示验证属性值是否正确。

4）“预设”复选框：插入包含预置属性值的块时，将属性设置为默认值。

5）“锁定位置”复选框：用于锁定块参照中属性的相对位置。解锁后，属性可以相对于使用夹点编辑的块的其他部分移动，并且可以调整多行属性的大小。

6）“多行”复选框：该选项表示属性值可以包含多行文字。选定此选项后，可以指定属性的边界宽度。

（2）在“属性”选项组，可设置属性数据。

1）“标记”文本框：标记图形中每次出现的属性。可使用任何字符组合（空格除外）作为属性标记，小写字母会自动转换为大写字母。

2）“提示”文本框：指定在插入包含该属性定义的块时显示的提示。如果不输入提示，属性标记将用作提示。如果在“模式”选项组中选择“固定”复选框，“提示”选项将不可用。

3）“默认”文本框：指定默认属性值。

4）“插入字段”按钮：显示“字段”对话框，可以插入一个字段作为属性的全部或部分值。

（3）在“插入点”选项组，可以指定属性的位置。

（4）在“文字设置”选项组，可设置属性文字的对正、样式、高度和旋转。

1）“对正”下拉列表框：指定属性文字的对正。

2）“文字样式”下拉列表框：指定属性文字的预定义样式，默认为当前加载的文字样式。

3）“注释性”复选框：指定属性为注释性对象。

4）“文字高度”文本框：指定属性文字的高度。

5）“旋转”文本框：指定属性文字的旋转角度。

6）“边界宽度”文本框：用于指定多行属性中文字行的最大长度。

文字高度、旋转角度和边界宽度也可以通过对应文本框后的拾取按钮在绘图区拾取。

（5）“在上一个属性定义下对齐”复选框：将属性标记直接置于定义的上一个属性下面。如果之前没有创建属性定义，则此选项不可用。

11.1.4 实例——块

素材\第 11 章\图 11-1.dwg

【例 11-1】标注图 11-4 所示的表面粗糙度。

（1）先绘制如图 11-5 所示的表面粗糙度符号。

（2）选择“绘图”菜单→“块”→“定义属性”命令，弹出“属性定义”对话框。选中“锁定位置”复选框；在“标记”文本框中输入属性的标记“粗糙度”；在“默认”文本框中输入“Ra3.2”；设置“文字高度”为“7”；选中“插入点”选项组中的“在屏幕上指定”复选框；其他选项默认，如图 11-6 所示。

（3）单击 确定 按钮，命令行提示：ATTDEF 指定起点:，此时指定 C 点为属性的插入点，如图 11-7 所示。

（4）单击“插入”选项卡→“块定义”面板→“写块”按钮，弹出“写块”对话框。选中“源”选项组中的“对象”；在“对象”选项组中选中“转换为块”；单击“目标”选项组中的“文件名和路径”后的 ...，在弹出的“浏览图形文件”对话框中设置文件名为“粗糙度”，指定保存文件的类型及位置，如图 11-8 所示，单击 保存(S) 按钮，返回到“写块”对话框，如图 11-9 所示。

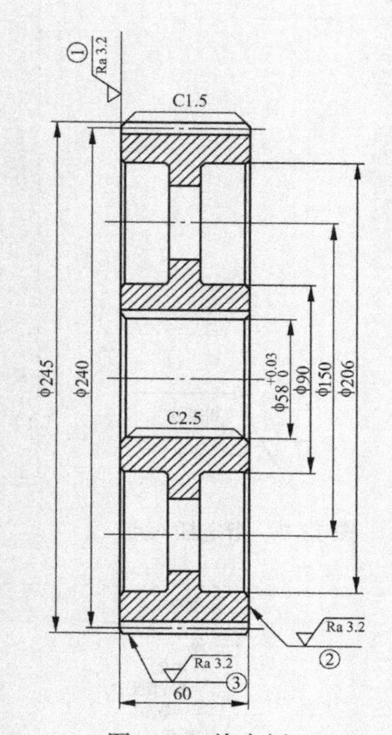

图 11-4 块实例

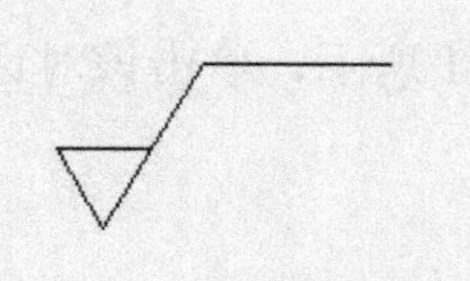

图 11-5 粗糙度符号

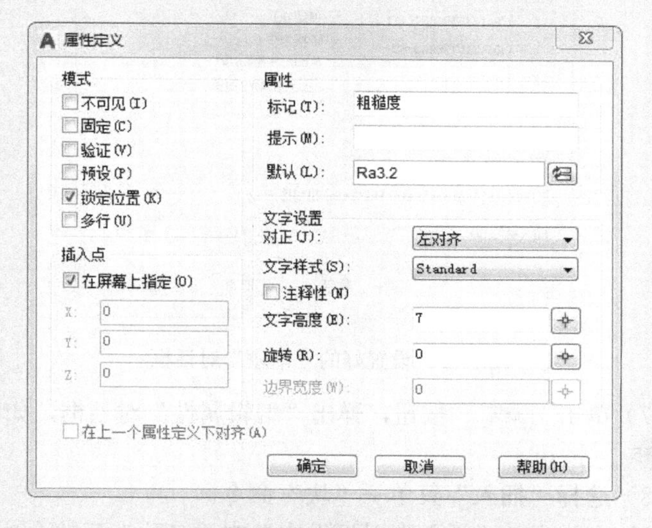

图 11-6 定义属性

（5）单击“基点”选项组中的“拾取点”按钮，命令行提示：WBLOCK 指定插入基点:，此时指定图 11-10 中的 D 点为基点。

（6）单击“对象”选项组中的“选择对象”按钮，命令行提示：

WBLOCK 选择对象：，此时选中绘制的表面粗糙度符号和已经定义的表面粗糙度属性并按Enter键，返回到“写块”对话框。

图 11-7 指定插入点

图 11-8 设置“浏览图形文件”对话框

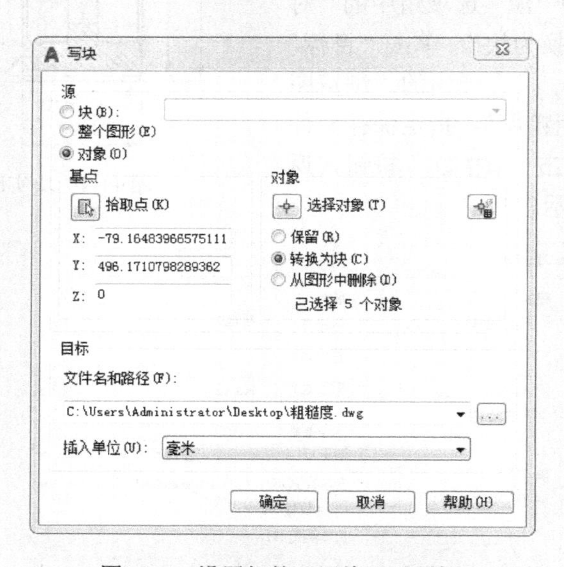

图 11-9 设置好的“写块”对话框

图 11-10 定义块时指定基点

（7）单击 确定 按钮，弹出“编辑属性”对话框，如图 11-11 所示，单击该对话框中的 确定 按钮。

（8）选择“插入”菜单→“块”命令。

（9）在弹出的“插入”对话框中单击“名称”后的 浏览(B)... 按钮，选中刚保存的“粗糙度”块；在“插入点”选项组中选中“在屏幕上指定”复选框；在“旋转”选项组中选中“在屏幕上指定”复选框，如图 11-12 所示，单击 确定 按钮。

（10）命令行提示：INSERT 指定插入点或 [基点(B) 比例(S) 旋转(R)]：，此时参照图 11-4 单击块①表面粗糙度的对应位置，命令行继续提示：INSERT 指定旋转角度 <0>：，此时在命令行中输入“90”并按 Enter 键，在弹出的“编辑属性”对话框中单击 确定 按钮，完成块①的插入。

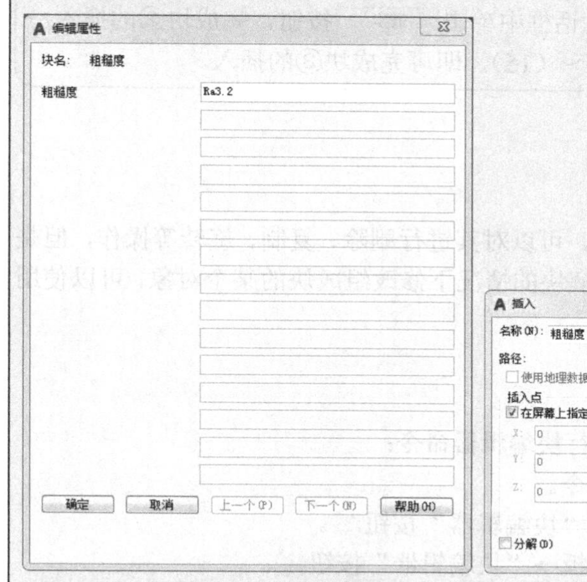

图 11-11　“编辑属性”对话框

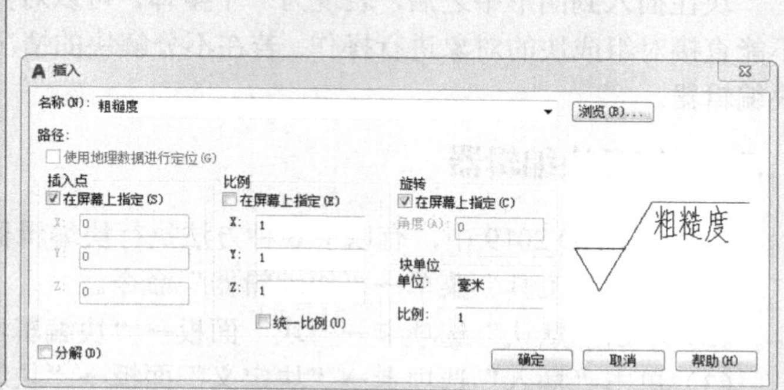

图 11-12　设置“插入”对话框

（11）在命令行中输入“LE”并按 Enter 键，命令行提示：QLEADER 指定第一个引线点或 [设置(S)] <设置>:，此时在命令行中输入“S”并按 Enter 键。

（12）在弹出的“引线设置”对话框的“注释”选项卡下选择“无”，如图 11-13a 所示；切换到“引线和箭头”选项卡，将点数设置为“3”，如图 11-13b 所示，单击 确定 按钮。

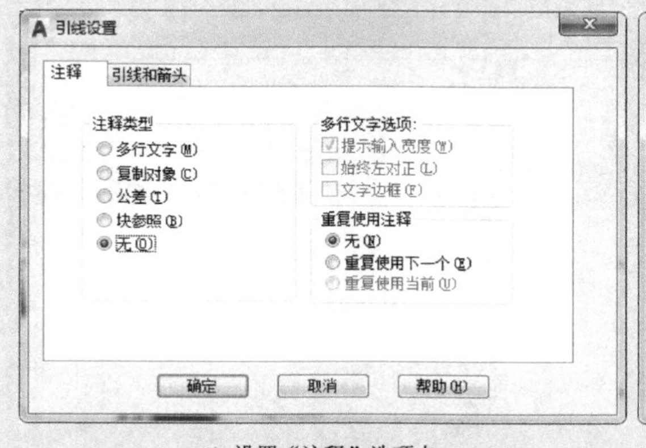

a) 设置“注释”选项卡

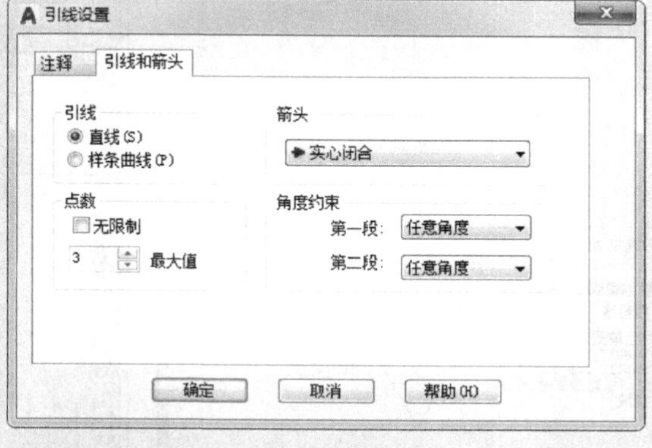

b) 设置“引线和箭头”选项卡

图 11-13　“引线设置”对话框

（13）命令行依次提示：QLEADER 指定第一个引线点或 [设置(S)] <设置>:、QLEADER 指定下一点:、QLEADER 指定下一点:，此时参照图 11-4 中的表面粗糙度②依次指定三个点即可。

（14）重复步骤（8）、（9）。

（15）命令行提示：INSERT 指定插入点或 [基点(B) 比例(S) 旋转(R)]:，此时参照图 11-4 单击块②表面粗糙度的对应位置，命令行提示：INSERT 指定旋转角度 <0>:，此时直接按Enter键，在弹出的“编辑属性”对话框中单击确定按钮，完成块②的插入。

（16）参照表面粗糙度②重复步骤（11）～（15），即可完成块③的插入。

11.2 使用块编辑器

块在插入到图形中之后，表现为一个整体，可以对其进行删除、复制、旋转等操作，但是不能直接对组成块的对象进行操作。若在不分解块的情况下修改组成块的某个对象，可以使用块编辑器。

11.2.1 打开块编辑器

在 AutoCAD 2019 中，有以下 6 种方法执行**块编辑器**命令：

（1）选择“工具”菜单→“块编辑器”命令。

（2）单击“默认”选项卡→“块”面板→“块编辑器”按钮。

（3）单击“插入”选项卡→“块定义”面板→“块编辑器”按钮。

（4）单击“标准”工具栏中的“块编辑器”按钮。

（5）在命令行中输入“BEDIT”并按Enter键。

（6）选中已创建的“块”→单击鼠标右键→选择“块编辑器”命令。

执行块编辑器命令后，将弹出“编辑块定义”对话框，在该对话框的列表中列出了图形中所定义的所有块，如图 11-14 所示。选择要编辑的块后单击确定按钮，将进入块编辑器，如图 11-15 所示。

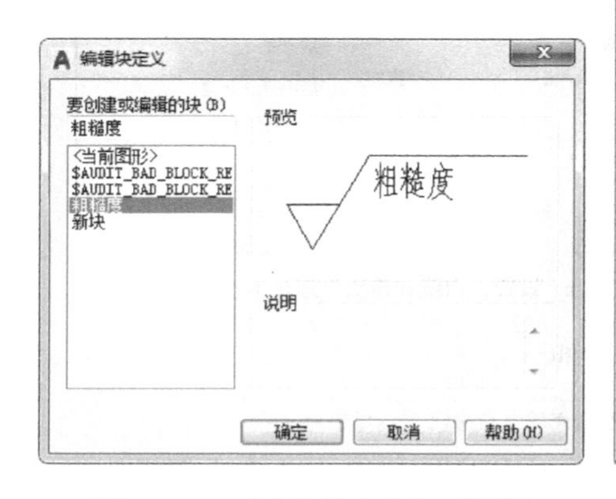

图 11-14 “编辑块定义”对话框

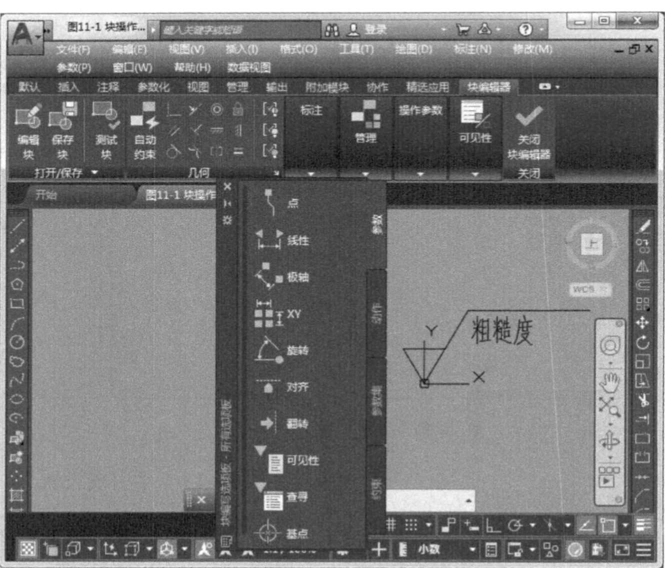

图 11-15 块编辑器

块编辑器主要包括绘图区、坐标系、功能区及选项板 4 个部分。在绘图区，是所编辑的块，此时显示为各个组成块的单独对象，可以像编辑图形那样编辑块中的组成对象；块编辑器中的坐标原点为块的基点；通过功能区上的按钮，可以新建块或者保存块，单击“关闭块编辑器”按钮可退出块编辑器；块编辑器的选项板专门用于创建动态块，包括“参数”“动作”“参数集”和“约束”4个选项板，如图11-16所示。

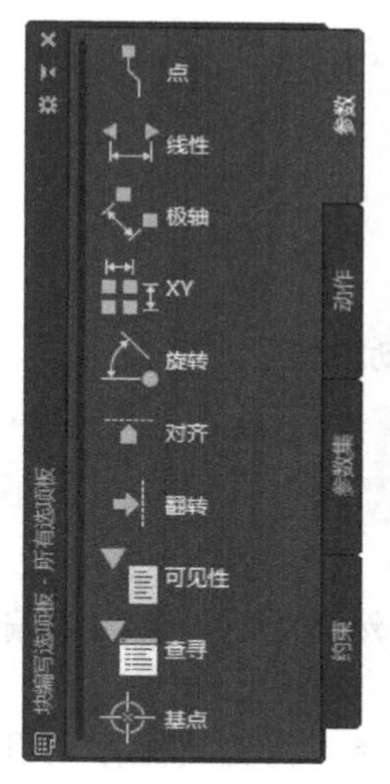

a）“参数”选项板

b）“动作”选项板

c）“参数集”选项板

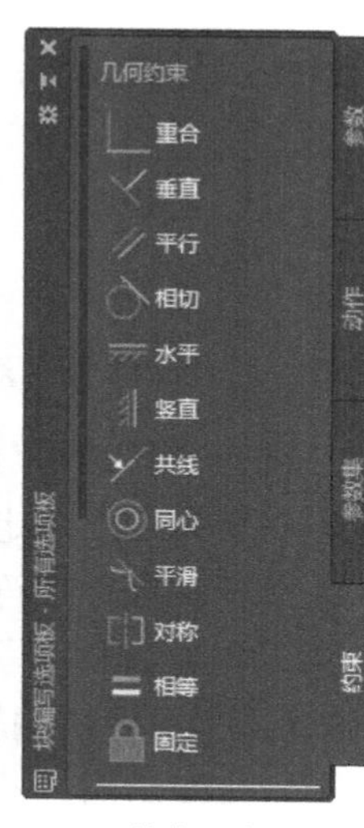

d）“约束”选项板

图11-16　块编辑器中的选项板

11.2.2　创建动态块

动态块是一种特殊的块，具有灵活性和智能性。动态块由几何图形、一个或多个参数和动作组成。用户在操作时可以轻松地更改图形中的动态块参数，通过自定义夹点或自定义特性来操作动态块的几何图形，这使得用户可以根据需要直接调整块参数，而不用搜索另一个块以插入或重新定义现有的块。

动态块包括两个基本特性：参数和动作。参数是指通过指定块中几何图形的位置、距离和角度来定义动态块的自定义特性；动作是指在图形中操作动态块参数时，定义将如何移动或修改该块。向动态块定义中添加动作后，必须将这些动作与对应的参数相关联。当然，动态块的定义也是通过动态块的参数和动作实现的，只能通过“块编辑器”实现。

下面以实例来说明如何创建动态块。

素材\第11章\图11-1.dwg

【例11-2】创建如图11-17所示的表面粗糙度动态块。

★注意：由于11.1.4节已经将表面粗糙度创建成普通块了，所以本节接11.1.4节的实例，将其创建为动态块。

Ra3.2

图11-17　创建动态块实例

（1）选择“工具”菜单→“块编辑器”命令，在弹出的“编辑块定义”对话框中选中已创建的“粗糙度”块，如图11-14所示，单击 确定 按钮，进入块编辑器，如图11-15所示。

（2）切换到“参数”选项卡，单击“旋转”按钮，命令行提示：BPARAMETER 指定基点或 [名称(N) 标签(L) 链(C) 说明(D) 选项板(P) 值集(V)]:，此时指定坐标原点O为基点，命令行继续提示：BPARAMETER 指定参数半径:，此时单击E点指定OE为半径，如图11-18所示，命令行继续提示：BPARAMETER 指定默认旋转角度或 [基准角度(B)] <0>:，此时在命令行中输入“0”并按Enter键，添加完参数后的效果如图11-19所示。

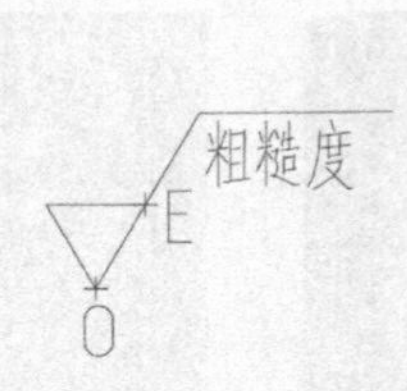

图11-18 添加参数

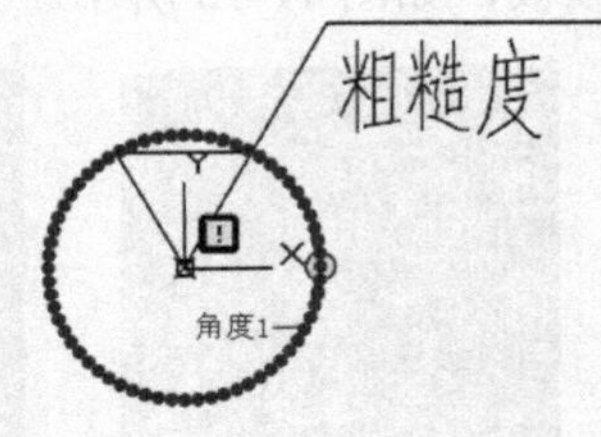

图11-19 添加完参数后的动态块

（3）切换到“动作”选项卡，单击“旋转”按钮，命令行提示：BACTIONTOOL 选择参数:，此时选择步骤（2）中定义的旋转参数“角度1”，命令行继续提示：BACTIONTOOL 选择对象:，此时选择表面粗糙度符号及其属性并按Enter键。

（4）单击“块编写选项板”左上角的“关闭”按钮将其关闭，然后单击“关闭块编辑器”按钮退出块编辑器。

（5）在弹出的如图11-20所示的“块-未保存更改”对话框中选择“将更改保存到粗糙度（S）”。

（6）创建的动态块如图11-17所示。选中该动态块后，其右下侧有个圆形的夹点，通过该夹点可完成旋转动作。例如：可拖动该夹点将块旋转90°，如图11-21所示。

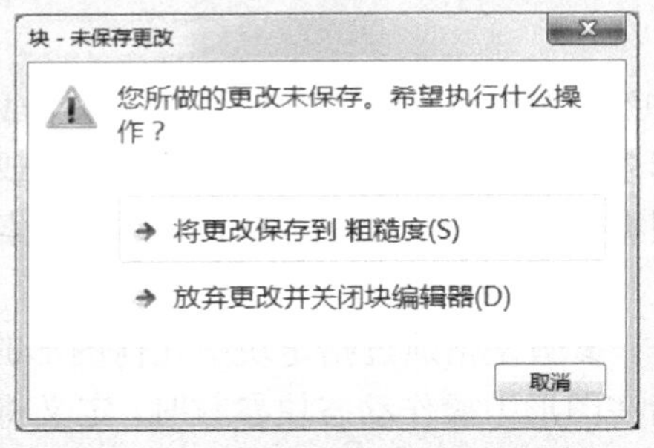

图11-20 选择“将更改保存到粗糙度（S）”

图11-21 使用动态块完成旋转动作

由图11-21可知，动态块包含有特殊的夹点，不同于一般对象的夹点。不同类型动态块的夹点显示不同，见表11-1。

表11-1 不同类型动态块的夹点

夹点类型	夹点标志	夹点在图形中的操作方式	关联参数
标准	■	平面内的任意方向	点、极轴和XY
线性	▶	按规定方向或沿某一个轴往返移动	线性
旋转	●	围绕某一个轴旋转	旋转
翻转	➡	单击以翻转动态块参照	翻转
对齐	▶	平面内的任意方向；如果在某个对象上移动，则使块参照与该对象对齐	对齐
查询	▼	单击以显示项目列表	可见性、查询

11.2.3　动态块的参数和动作

定义动态块时需定义其参数和动作，每个参数都有其所支持的动作，见表 11-2。

表 11-2　动态块的参数和动作

参数类型	说　明	支持的动作
点	在图形中定义一个 X 和 Y 位置。在块编辑器中，外观类似于坐标标注	移动、拉伸
线性	可显示两个固定点之间的距离，约束夹点沿预置角度移动。在块编辑器中，外观类似于对齐标注	移动、缩放、拉伸和阵列
极轴	可显示两个固定点之间的距离并显示角度值。可以使用夹点和“特性”选项板来共同更改距离值和角度值。在块编辑器中，外观类似于对齐标注	移动、缩放、拉伸、极轴拉伸等
XY	可显示距参数基点的 X 距离和 Y 距离。在块编辑器中，显示为一对标注（水平标注和垂直标注）	移动、缩放、拉伸和阵列
旋转	用于定义角度。在块编辑器中，显示为一个圆	旋转
翻转	可用于翻转对象。在块编辑器中，显示一条投射线和一个值，可以围绕这条投射线翻转对象，而值表示块参照是否已被翻转	翻转
对齐	可定义 X 和 Y 位置及一个角度。对齐参数总是应用于整个块，并且无须与任何动作相关联。对齐参数允许块参照自动围绕一个点旋转，以便与图形中的另一对象对齐。对齐参数会影响块参照的旋转特性。在块编辑器中，外观类似于对齐线	无（此动作隐含在参数中）
可见性	可控制对象在块中的可见性。可见性参数总是应用于整个块，并且无须与任何动作相关联。在图形中单击夹点，可以显示块参照中所有可见性状态的列表。在块编辑器中，显示为带有关联夹点的文字	无（此动作是隐含的，并受可见性状态的控制）
查询	定义一个可以指定或设置为计算用户定义的列表或表中值的自定义特性。该参数可以与单个查询夹点相关联。在块参照中单击该夹点可以显示可用值的列表。在块编辑器中，显示为带有关联夹点的文字	查询
基点	在动态块参照中相对于该块中的几何图形定义一个基点，无法与任何动作相关联，但可以归属于某个动作的选择集。在块编辑器中，显示为带有十字光标的圆	无

11.3　外部参照

外部参照是把已有的其他图形文件链接到当前图形文件中。通过外部参照，参照图形中所做的修改将反映在当前图形中。外部参照与插入“外部块”的区别在于：插入“外部块”是将块的图形数据全部插入到当前图形中，而外部参照只记录参照图形位置等链接信息，并不插入该参照图形的图形数据。

11.3.1　参照工具栏

AutoCAD 2019 为管理外部参照，在“插入”选项卡中专门配置了“参照”面板，并设置了“参照”工具栏和“参照编辑”工具栏，分别如图 11-22～图 11-24 所示。

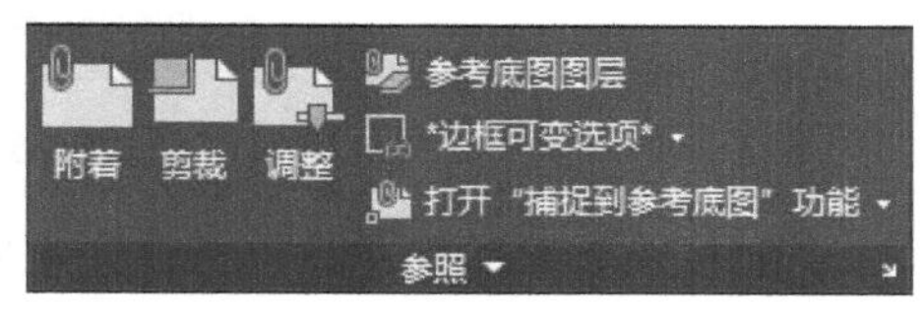

图 11-22　“参照”面板

“参照”工具栏主要用于插入图形文件参照和图像文件参照，并对它们进行剪裁或绑定等操作。“参照编辑”工具栏主要用于对参照图形进行编辑，类似于块编辑器对块的编辑。

图 11-23　“参照”工具栏

图 11-24　“参照编辑”工具栏

11.3.2 附着外部参照

附着外部参照又称为插入外部参照，是将参照图形附着到当前图形中。AutoCAD 2019 通过“外部参照”选项板管理外部参照，如图 11-25 所示。

在 AutoCAD 2019 中，有以下 6 种方法打开“外部参照”选项板：

（1）选择“插入”菜单→“外部参照”命令。

（2）选择“工具”菜单→“选项板”→“外部参照”命令。

（3）单击“插入”选项卡→“参照”面板→“外部参照”按钮。

（4）单击“视图”选项卡→“选项板”面板→“外部参照选项板”按钮。

（5）单击“参照”工具栏中的“外部参照”按钮。

（6）在命令行中输入“EXTERNALREFERENCES”并按 Enter 键。

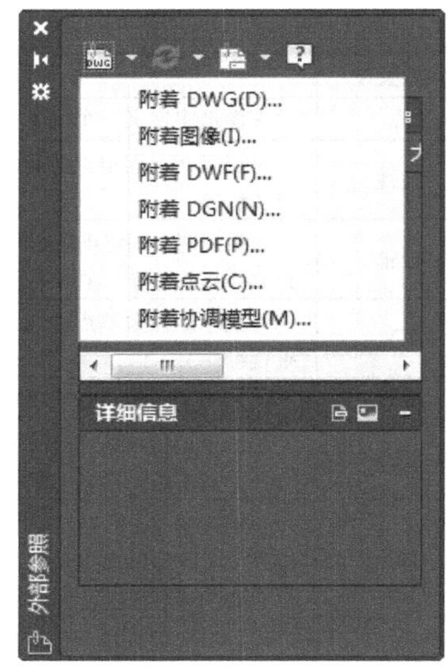

图 11-25 “外部参照”选项板

单击“外部参照”选项板左上角的“附着”按钮右侧的箭头符号，可附着 DWG、图像、DWF、DGN、PDF 和点云等 7 种格式的外部参照，如图 11-25 所示。单击其中一种格式后，将弹出“选择参照文件”对话框，如图 11-26 所示。选中要附着的参照文件，单击 打开(O) 按钮，将弹出“附着外部参照”对话框，如图 11-27 所示。

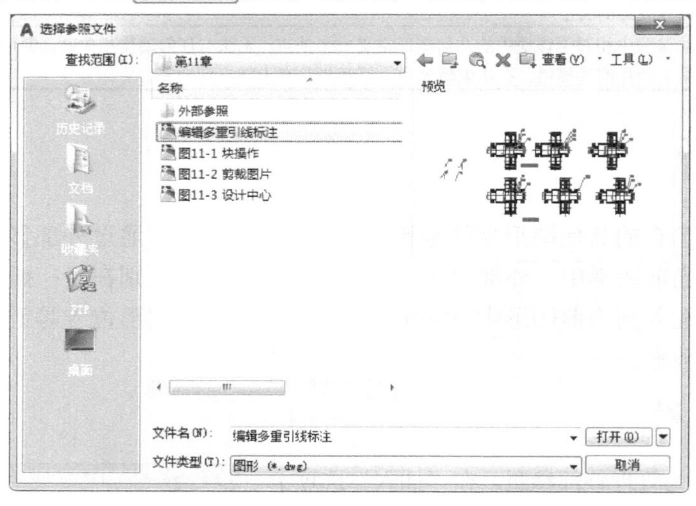

图 11-26 “选择参照文件”对话框

“附着外部参照”对话框与插入块时使用的“插入”对话框相似，其插入的方法也相似。其“比例”“插入点”“旋转”选项组分别用于设置插入外部参照的比例、位置、旋转角度。其他各个选项的功能如下：

“名称”下拉列表框：附着了一个外部参照后，该外部参照的名称将出现在下拉列表框中。

浏览(B)... 按钮：单击可重新打开“选择参照文件”对话框。

“附着型”和“覆盖型”单选按钮：用于指定外部参照为附着型还是覆盖型。与附着型的外部参照不同，覆盖型外部参照的图形若作为外部参照附着到另一图形上时，将忽略该覆盖型外部参照。

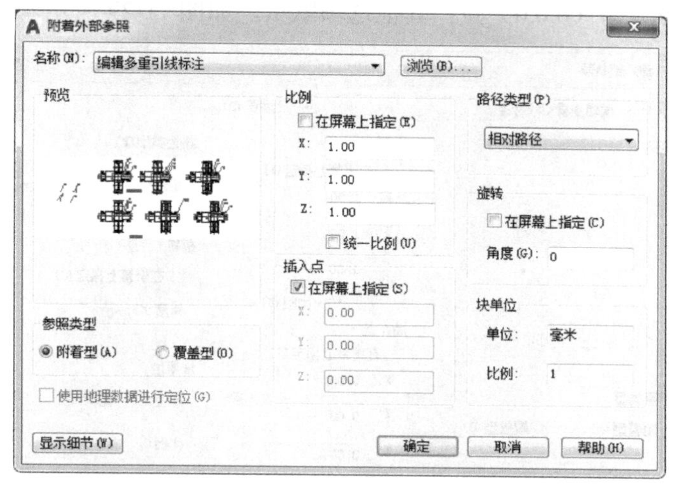

图 11-27　“附着外部参照”对话框

“路径类型”下拉列表框：用于指定外部参照的保存路径是“完整路径”“相对路径”还是“无路径”。将“路径类型”设置为“相对路径”之前，必须保存当前图形。对于嵌套的外部参照，“相对路径”始终参照其主图形的位置，并不一定参照当前打开的图形。

下面以实例来说明如何附着外部参照。

素材\第 11 章\外部参照

【例 11-3】 将外部参照文件夹中的“编辑多重引线标注.dwg”附着到“多重引线标注实例.dwg”中（附着类型为附着型；插入点为原点；比例为 1）。

（1）打开“多重引线标注实例.dwg”文件。

（2）选择“插入”菜单→“外部参照”命令，在弹出的“外部参照”对话框中单击左上角的附着按钮右侧的箭头符号→选中“附着 DWG”，在弹出的“选择参照文件”对话框中选中要附着的外部参照文件“编辑多重引线标注.dwg”，如图 11-28 所示，单击打开(O)按钮。

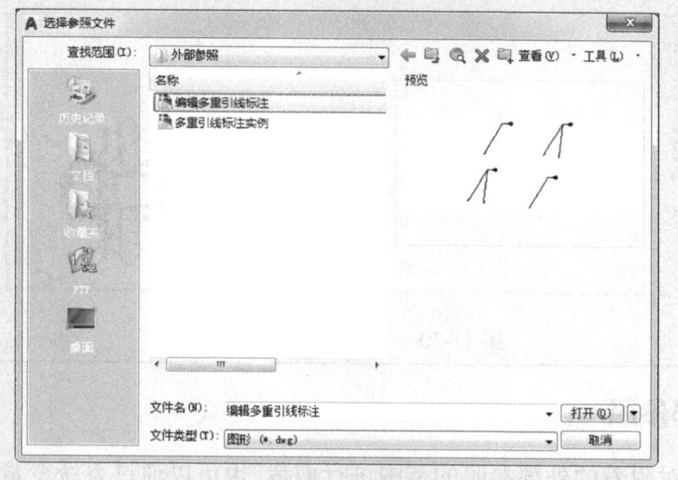

图 11-28　设置“选择参照文件”对话框

（3）在弹出的“附着外部参照”对话框中选择“参照类型”为“附着型”；设置“比例”为1；设置“插入点”为（0,0,0）点；其他选项默认，如图11-29所示。

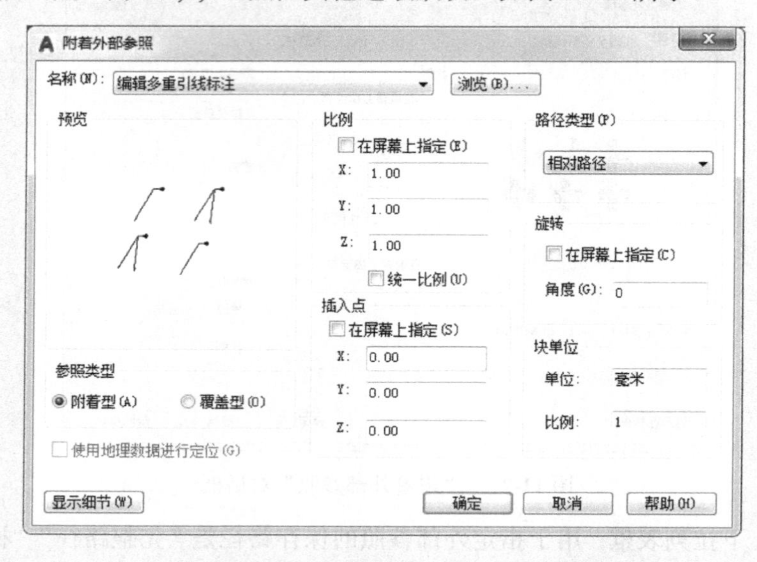

图11-29 设置“附着外部参照”对话框

（4）单击 确定 按钮退出“附着外部参照”对话框，单击“外部参照”选项板左上侧的“关闭”按钮关闭“外部参照”选项板，选择“视图”菜单→“缩放”→“范围”命令，附着后的图形如图11-30所示。

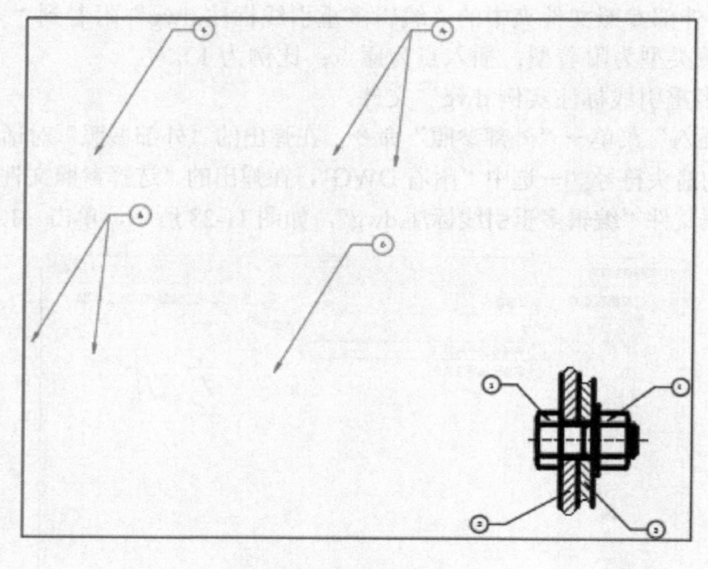

图11-30 “附着型”外部参照

11.3.3 剪裁外部参照

可以根据需要对附着的外部参照的范围进行剪裁，也可以通过系统变量来控制是否显示剪裁边界的边框。

在 AutoCAD 2019 中，有以下 4 种方法执行**剪裁外部参照**命令：

（1）单击“参照”工具栏中的“剪裁外部参照”按钮。

（2）在命令行中输入“XCLIP”并按 Enter 键。

（3）单击“插入”选项卡→“参照”面板→“剪裁”按钮。

（4）在命令行中输入“CLIP”并按 Enter 键。

1）使用前两种方法执行剪裁命令后，命令行提示：XCLIP 选择对象:，此时选中要剪裁的外部参照并按 Enter 键，命令行继续提示：

输入剪裁选项

XCLIP [开(ON) 关(OFF) 剪裁深度(C) 删除(D) 生成多段线(P) 新建边界(N)] <新建边界>:，此时可输入剪裁的选项。各选项的含义如下：

①“开（ON）”和“关（OFF）”选项：用于选择在当前图形中显示或隐藏的外部参照或块的被剪裁部分。

②“剪裁深度（C）”选项：用于在外部参照或块上设置前剪裁平面和后剪裁平面，系统将不显示由边界和指定深度所定义的区域外的对象。

③“删除（D）”选项：用于删除前剪裁平面和后剪裁平面。

④“生成多段线（P）”选项：用于自动绘制一条与剪裁边界重合的多段线。

⑤“新建边界（N）”选项：用于新建剪裁边界。

“剪裁深度（C）”“删除（D）”和“生成多段线（P）”选项均只能用于已存在剪裁边界的情况，因此第一次剪裁时一般选择“新建边界（N）”选项新建剪裁边界。选择“新建边界（N）”选项后，命令行提示：

指定剪裁边界或选择反向选项:

XCLIP [选择多段线(S) 多边形(P) 矩形(R) 反向剪裁(I)] <矩形>:，此时可选择剪裁外部边界的定义方法：

①“选择多段线（S）”选项：以选定的多段线定义边界。

②“多边形（P）”选项：指定多边形顶点，定义多边形边界。

③“矩形（R）”选项：使用指定的对角点定义矩形边界。

④“反向剪裁（I）”选项：剪裁命令默认为隐藏边界外的对象，而“反向剪裁（I）”选项用于反转剪裁边界的模式，即隐藏边界外（默认）或边界内的对象。

2）使用后两种方法执行剪裁命令后，命令行提示：CLIP 选择要剪裁的对象:，此时选中要剪裁的外部参照，命令行继续提示：

CLIP 输入图像剪裁选项 [开(ON) 关(OFF) 删除(D) 新建边界(N)] <新建边界>:，此时可输入剪裁的选项。中括号内各选项的含义同前。选择“新建边界（N）”选项后，命令行提示：

指定剪裁边界或选择反向选项:

CLIP [选择多段线(S) 多边形(P) 矩形(R) 反向剪裁(I)] <矩形>:，此时可选择剪裁外部边界的定义方法，中括号内各选项的含义同前。

11.3.4 实例——剪裁外部参照

素材\第 11 章\图 11-2.dwg

【例 11-4】将图 11-31 所示的对象以矩形的两个角点 A 点和 B 点为剪裁点分别剪裁为图 11-32 和图 11-33 所示的对象。

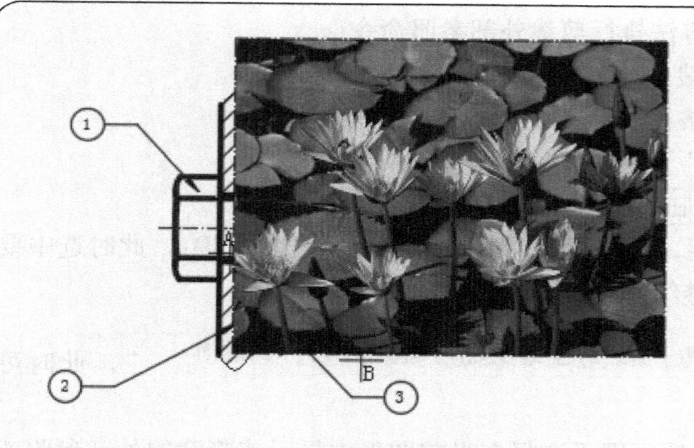

图 11-31 源对象

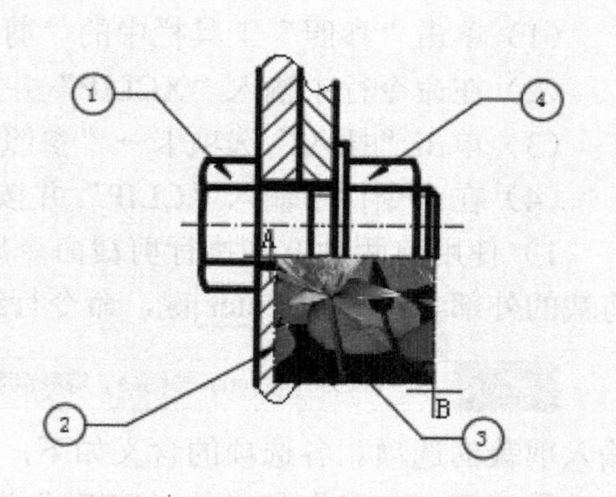

图 11-32 矩形剪裁实例 1

（1）单击“参照”工具栏中的“剪裁图像”按钮，命令行提示：IMAGECLIP 选择要剪裁的图像：，此时选中图 11-31 中的图片，命令行继续提示：IMAGECLIP 输入图像剪裁选项 [开(ON) 关(OFF) 删除(D) 新建边界(N)] <新建边界>：，此时在命令行中输入“N”并按 Enter 键。

（2）命令行继续提示：IMAGECLIP [选择多段线(S) 多边形(P) 矩形(R) 反向剪裁(I)] <矩形>：，此时在命令行中输入“R”并按 Enter 键，命令行继续提示：IMAGECLIP 指定第一角点：，此时单击图 11-31 中的 A 点，命令行继续提示：IMAGECLIP 指定第一角点：指定对角点：，此时单击图 11-31 中的 B 点，剪裁后的图形如图 11-32 所示。

图 11-33 矩形剪裁实例 2

（3）重复步骤（1），命令行提示：IMAGECLIP [选择多段线(S) 多边形(P) 矩形(R) 反向剪裁(I)] <矩形>：，此时在命令行中输入“I”并按 Enter 键。

（4）重复步骤（2），剪裁后的图形如图 11-33 所示。

11.3.5 更新和绑定外部参照

当图形打开时，所有的外部参照将自动更新。如要确保图形中显示外部参照的最新版本，可以使用“外部参照”选项板中的“重载”选项更新外部参照，这时选择要重载的外部参照后单击鼠标右键，在弹出的快捷菜单中选择“重载”命令，如图 11-34 所示。

“外部参照”选项板显示了当前图形中所有已附着的外部参照。单击“参照”工具栏中的“外部参照”按钮，可打开或关闭“外部参照”选项板。

如附着的外部参照已是最终版本，也就是说，不希望外部参照的修改再反映到当前图形中，可以将外部参照与当前图形进行绑定。外部参照绑定到图形中后，可使外部参照成为图形中的固有部分，而不再是外部参照文件。

要绑定外部参照，可执行下面的操作：在“外部参照”选项板中，选择要绑定的参照名称，然后单击鼠标右键，在弹出的快捷菜单中选择“绑定”命令，如图 11-35 所示。

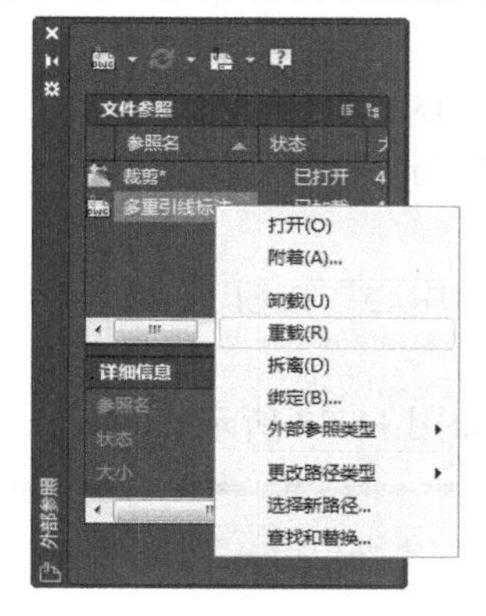

图 11-34　“重载”外部参照

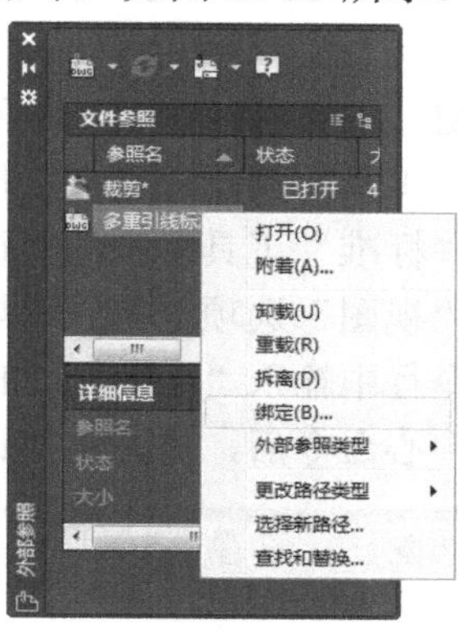

图 11-35　“绑定”外部参照

11.3.6　编辑外部参照

外部参照在插入后也是一个整体的独立的对象。在 AutoCAD 2019 中，有以下 3 种方法执行**编辑参照**命令：

（1）单击“参照编辑”工具栏中的“在位编辑参照”按钮。

（2）单击“插入”选项卡→“参照”面板→“编辑参照”按钮。

（3）选中外部参照→单击“外部参照”选项卡中的“在位编辑参照”按钮。

用前两种方法执行编辑参照命令后，命令行提示：REFEDIT 选择参照:，此时选择要编辑的参照，可打开如图 11-36 所示的“参照编辑”对话框。第 3 种方法可直接打开“参照编辑”对话框。此时根据要求对外部参照进行相应的编辑，单击 确定 按钮。编辑完成后，单击“参照编辑”工具栏中的“保存参照编辑”按钮，弹出如图 11-37 所示的“AutoCAD”对话框，可单击 确定 按钮，保存编辑结果。

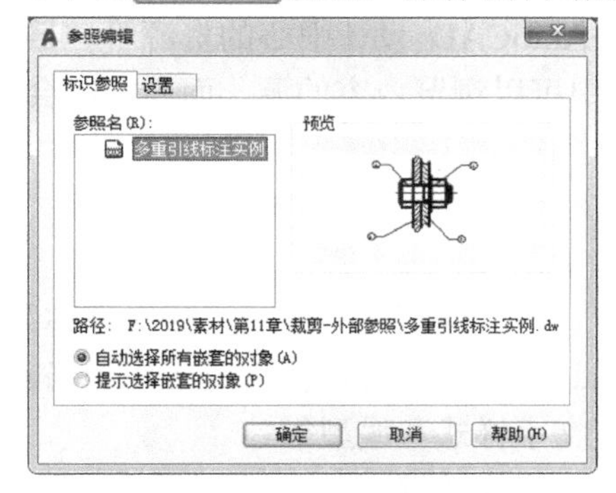

图 11-36　“参照编辑”对话框

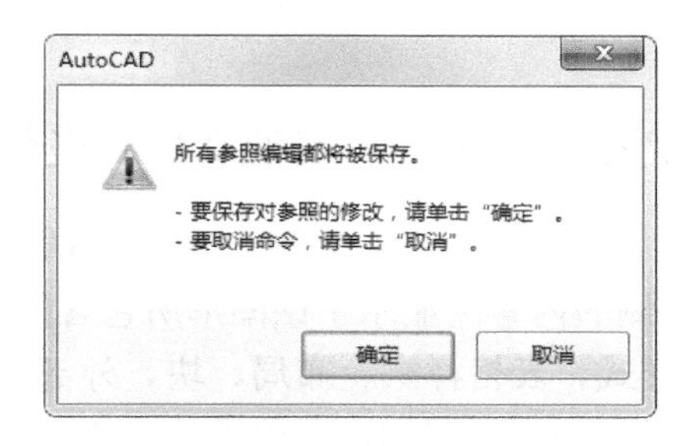

图 11-37　“AutoCAD”对话框

11.4 AutoCAD设计中心

使用 AutoCAD 设计中心可以共享 AutoCAD 图形中的设计资源，方便相互调用。AutoCAD 设计中心提供一种工具，使得用户可以组织对图形、块、图案填充和其他图形内容的访问，可以将源图形中的任何内容拖动到当前图形中。若打开了多个图形，也可以通过设计中心在图形之间复制和粘贴其他内容（如图层、标注样式、文字样式）来简化绘图过程。

在 AutoCAD 2019 中，有以下 4 种方法来执行**设计中心**命令：

（1）选择“工具”菜单→“选项板”→“设计中心”命令。

（2）单击“标准”工具栏中的“设计中心”按钮。

（3）单击“视图”选项卡→“选项板”面板→“设计中心”按钮。

（4）在命令行中输入“ADCENTER”并按Enter键。

执行设计中心命令后，将弹出“设计中心”窗口，如图 11-38 所示。

图 11-38 “设计中心”窗口

“设计中心”窗口由两部分组成，左侧方框为 AutoCAD 设计中心的资源管理器，右侧方框为 AutoCAD 设计中心的内容显示框。在树状图中可以浏览内容的源，而内容区会显示相应的内容。

11.4.1 利用设计中心与其他文件交换数据

如图 11-38 所示，当在左侧的树状图中选择了一个“.dwg”图形文件（该文件称为源文件）之后，在右侧的内容区显示了该图形所包含的内容。这些内容均可以插入或应用到当前图形中，包括标注样式、表格样式、布局、块、外部参照、文字样式和线型等。

下面以实例来说明如何利用设计中心与其他文件交换数据。

素材\第 11 章\图 11-3.dwg

【例 11-5】利用设计中心将“编辑多重引线标注.dwg”文件中的标注样式中的公差四应用到当前图形中。

（1）选择“工具”菜单→“选项板”→“设计中心”命令，打开“设计中心”窗口。

（2）在“设计中心”窗口左侧的树状图中找到并选中源图形“编辑多重引线标注.dwg”，如图 11-38 所示。

（3）双击图 11-38 右侧内容区中的“标注样式”，选中其中的“公差四”，如图 11-39 所示，将其拖曳到当前图形的绘图区中，关闭“设计中心”窗口即可。

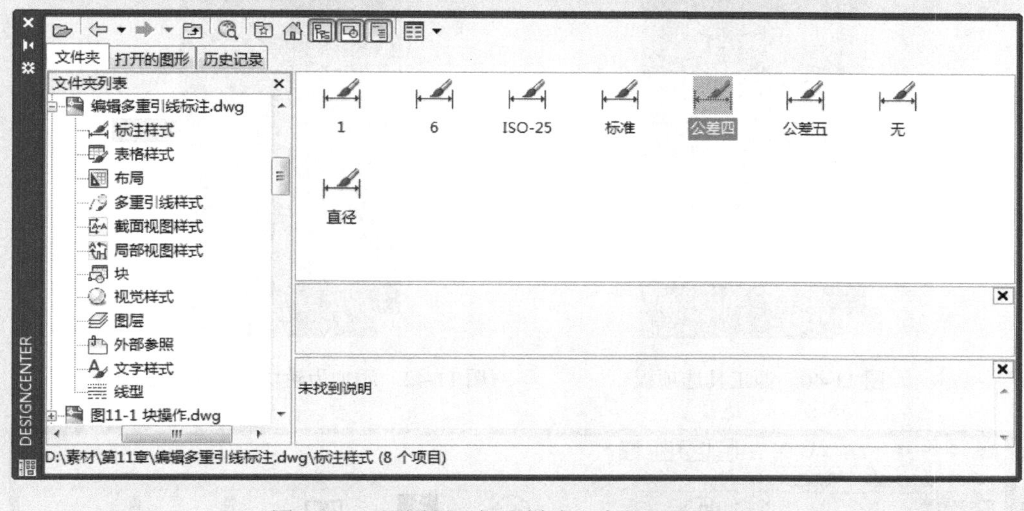

图 11-39 源图形“标注样式”中的“公差四”

11.4.2 利用设计中心添加工具选项板

设计中心还有个重要的作用是可以将图形、块和图案填充添加到当前的工具选项板中，以便以后快速访问。

下面以实例来说明如何利用设计中心添加工具选项板。

素材\第 11 章\图 11-3.dwg

【例 11-6】利用设计中心将“编辑多重引线标注.dwg”文件中的齿轮块添加到工具选项板中，再将其应用到当前图形中。

（1）选择“工具”菜单→“选项板”→“设计中心”命令，打开“设计中心”窗口。

（2）在“设计中心”窗口左侧的树状图中找到并选中源图形“编辑多重引线标注.dwg”，如图 11-38 所示。

（3）选择“工具”菜单→“选项板”→“工具选项板”命令，打开如图 11-40 所示的“工具选项板”。

（4）双击“设计中心”窗口右侧内容区中的“块”，选中其中的“齿轮”，如图 11-41 所示，将其拖曳到工具选项板中。添加齿轮块后的工具选项板如图 11-42 所示。

（5）将“齿轮块”从工具选项板中拖曳到当前图形的绘图区中即可。

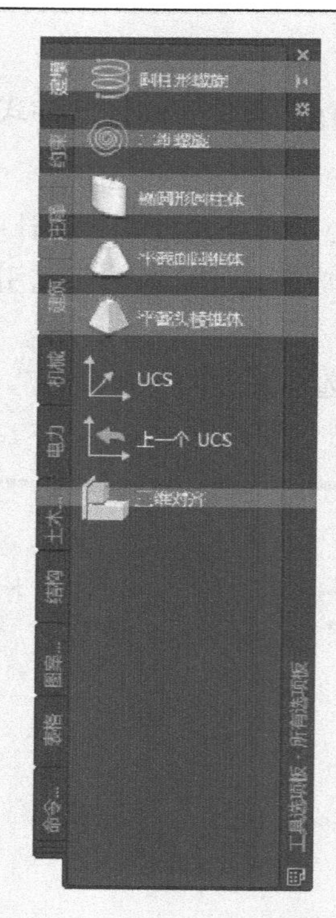

图 11-40　源工具选项板

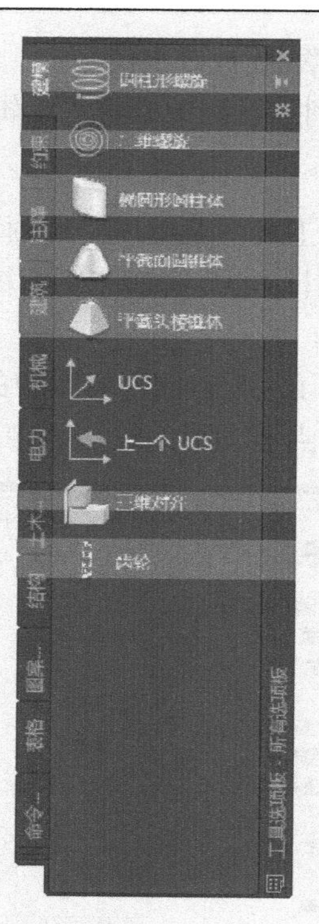

图 11-42　添加齿轮块后的工具选项板

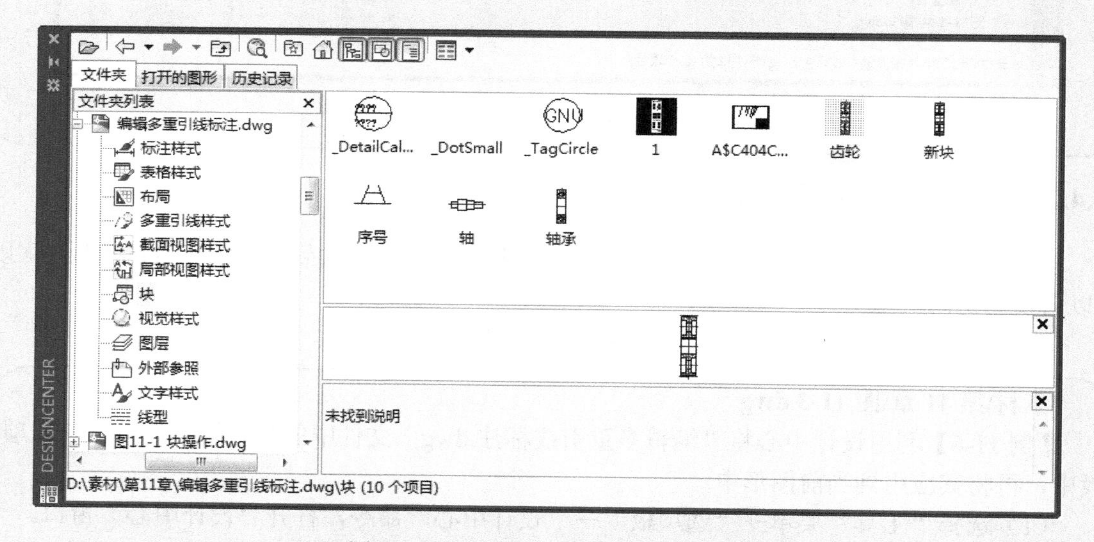

图 11-41　源图形“块”中的“齿轮”

第12章 绘制三维图形

CHAPTER 12

12.1 三维建模基础

AutoCAD 2019 不仅提供了丰富的二维绘图功能，还提供了强大的三维造型功能。在三维坐标系下可以绘制三维点、线和曲面等对象。

12.1.1 “三维建模”工作空间

AutoCAD 2019 专门为三维绘图操作设置了“三维建模”工作空间，如图 12-1 所示，其中包括与三维操作相关的菜单、功能区、工具栏等。“三维建模”工作空间的功能区包括“常用”“实体”“曲面”“网格”“可视化”“参数化”“插入”“注释”“视图”“管理”“输出”“附加模块”“协作”和“精选应用”14 个选项卡。

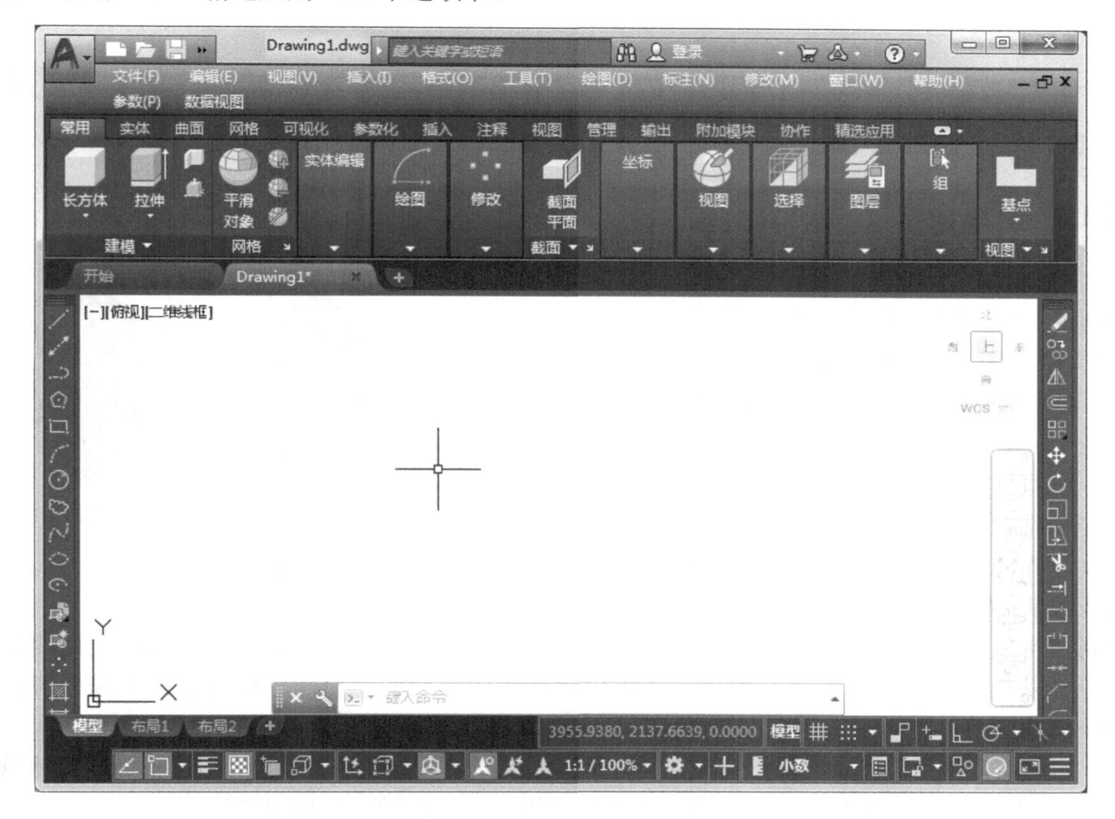

图 12-1 “三维建模”工作空间

12.1.2 “建模”子菜单和“建模”工具栏

为绘制三维图形，AutoCAD 2019 在“绘图”菜单中专门提供了“建模”子菜单，如图 12-2 所示，并配备了“建模”工具栏，如图 12-3 所示。通过“建模”子菜单和“建模”工具栏及相对应的命令，可完成三维图形对象的绘制、编辑等操作。

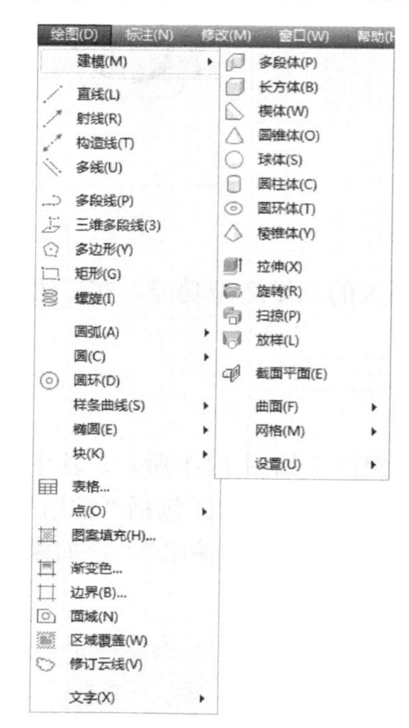

图 12-2 “建模”子菜单

图 12-3 “建模”工具栏

12.1.3 三维模型

AutoCAD 2019 包括 3 种三维模型，分别为线框模型、网格模型和实体模型，如图 12-4 所示。线框模型是一种线的模型，网格模型是一种面的模型，而实体模型是一种实体模型。

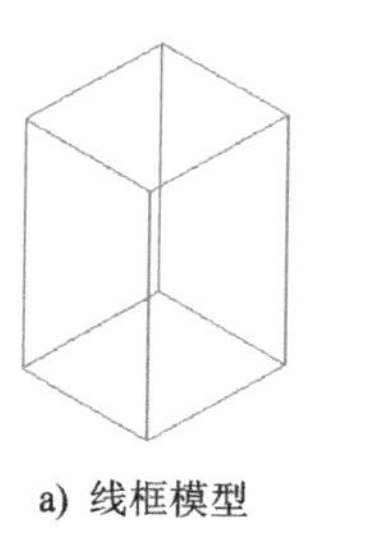

a) 线框模型

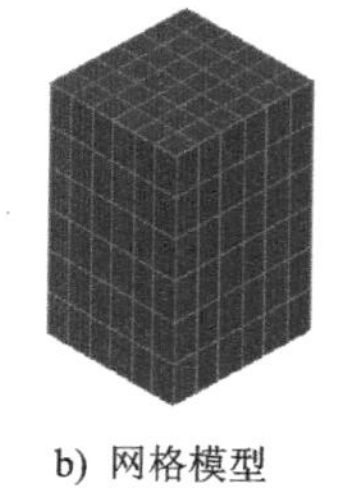

b) 网格模型

c) 实体模型

图 12-4 三维模型

线框模型是指使用直线和曲线表示真实三维对象的边缘或骨架，仅由描述对象边界的点、直线和曲线组成。由于构成线框模型的每个对象都必须单独绘制和定位，因此，这种建模方式可能最耗时。但线框模型也有其优势，例如：使用线框模型可以从任何有利位置查看模型，还可以自动生成标准的正交和辅助视图或生成分解视图和透视图等。

如果需要使用消隐、着色和渲染功能，而线框模型无法提供这些功能，但又不需要实体模型提供的物理特性（质量、体积、重心和惯性矩等），则可以使用网格模型。

实体模型指的是整个对象，既包括体积，也包括各个表面，还包括构成实体的线框。实体模型可以用来分析质量特性（体积、惯性矩和重心等）和其他数据，可供数控铣床使用或进行FEM（有限元法）分析，通过分解实体，还可以将其分解为面域、体、曲面和线框对象。

在各类三维模型中，实体的信息最完整。而且，对复杂的三维模型，实体比线框和网格更容易构造和编辑。

12.1.4　三维坐标系

AutoCAD 2019 包括 3 种三维坐标系：笛卡儿坐标系、柱坐标系和球坐标系。

在 AutoCAD 2019 的三维绘图过程中，经常使用的是笛卡儿坐标系，又称为直角坐标系。它由 X、Y、Z 三个坐标轴组成，如图 12-5 所示。直角坐标系有两种类型：世界坐标系 WCS 和用户坐标系 UCS。用户可以根据自己的需要设定坐标系，即用户坐标系。合理地创建 UCS，可以方便地创建三维模型。

柱坐标通过点在 XY 平面内的投影与 UCS 原点之间的距离、点在 XY 平面内的投影与 X 轴的角度以及 Z 轴坐标值来描述精确的位置，如图 12-6 所示。柱坐标中的角度输入相当于三维空间中的二维极坐标输入，使用以下语法指定绝对柱坐标系中的点：X<angle,Z。

例如：在图 12-6 中，(5<30,8)表示在 XY 平面内的投影距 UCS 原点 5 个单位、与 X 轴成 30°角、沿 Z 轴 8 个单位的点。

球坐标通过指定某个位置距当前 UCS 原点的距离、在 XY 平面内的投影与 X 轴所成的角度，以及与 XY 平面所成的角度来指定该位置，如图 12-7 所示。球坐标的角度输入与二维极坐标输入类似，每个角度前面加了一个“<”，可使用以下语法指定绝对球坐标系中的点：X<[与 X 轴所成的角度]<[与 XY 平面所成的角度]。

例如：在图 12-7 中，(5<45<15)表示该点与 UCS 原点的距离为 5 个单位，在 XY 平面内的投影与 X 轴正方向成 45°角、与 XY 平面成 15°角。

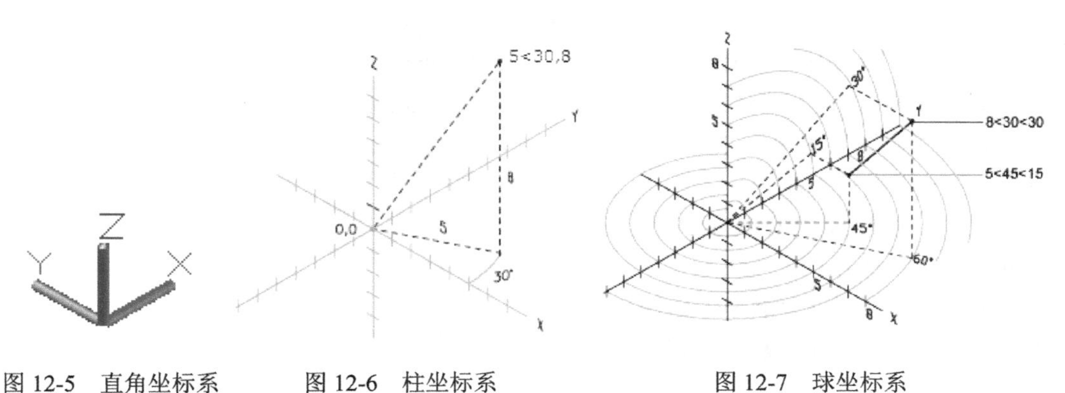

图 12-5　直角坐标系　　图 12-6　柱坐标系　　图 12-7　球坐标系

在上述 3 种三维坐标系中要输入相对坐标，均需使用“@”符号作为前缀。

12.1.5　三维导航工具

AutoCAD 2019 大大增强了图形的导航功能，ViewCube、SteeringWheels 与 ShowMotion 均为图形导航工具，可快速地在各个图形视图之间进行切换。

1. ViewCube

ViewCube 工具主要应用于三维模型导航，使用 ViewCube 工具，用户可以在正投影视图和等轴测视图之间进行切换。

在 AutoCAD 2019 中，有以下 3 种方法**打开 ViewCube**：

（1）选择“视图”菜单→“显示”→“ViewCube”→“开”命令。

（2）单击“视图”选项卡→“视口工具”面板→ViewCube。

（3）在命令行中输入“NAVVCUBE”并按 Enter 键→在命令行中输入“ON”并按 Enter 键。

ViewCube 是持续存在的、可单击和可拖动的界面，它可用于在标准视图和等轴测视图之间切换。ViewCube 可处于活动状态或不活动状态。在不活动状态时，ViewCube 显示为半透明，将光标移至 ViewCube 上方可将其转至活动状态。如图 12-8 所示，ViewCube 显示为六面体形状，该六面体代表三维模型所处的六面体空间。单击六面体的顶点，可切换到对应的等轴测视图；单击六面体的面，可切换到对应的标准视图；单击六面体的边，可切换到对应的侧视图。

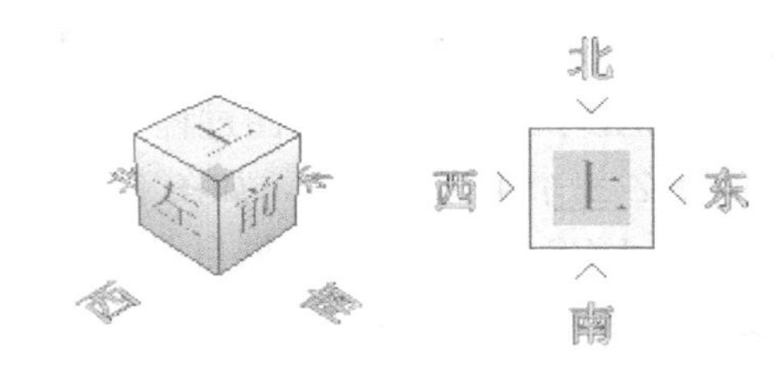

图 12-8　ViewCube 显示

AutoCAD 2019 通过“ViewCube 设置”对话框对 ViewCube 进行设置，如图 12-9 所示。

在 AutoCAD 2019 中，有以下 3 种方法打开“ViewCube 设置”对话框：

（1）选择“视图”菜单→“显示”→“ViewCube”→“设置”命令。

（2）用鼠标右键单击 ViewCube→选择“ViewCube 设置”命令。

（3）在命令行中输入“NAVVCUBE”并按 Enter 键→在命令行中输入“S”并按 Enter 键。

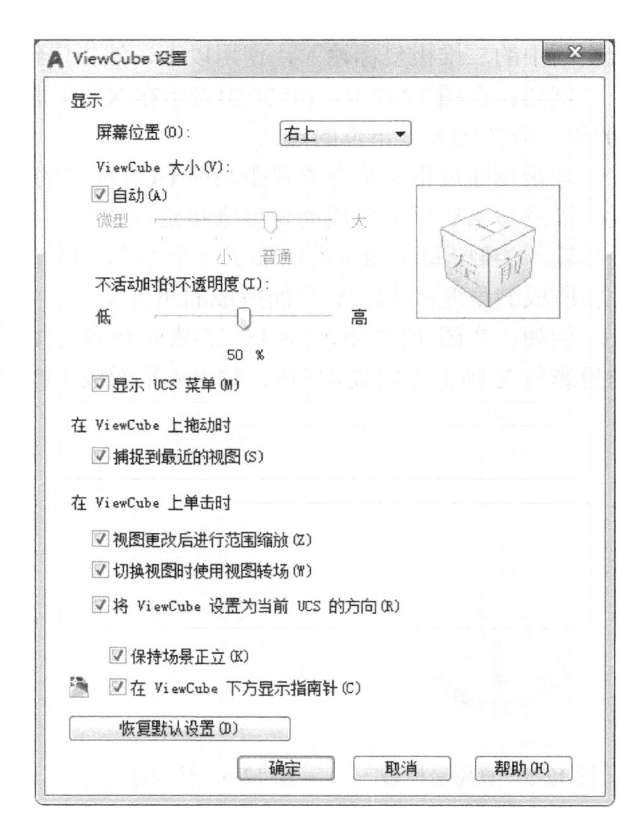

图 12-9　“ViewCube 设置”对话框

“ViewCube 设置”对话框主要用于控制 ViewCube 的可见性和显示特性。

在“显示”选项组中，“屏幕位置”下拉列表框用来设置 ViewCube 显示在视口的哪个角，可选择为右上、右下、左上和左下；调整“ViewCube 大小”滑块，可控制 ViewCube 的显示尺寸；调整“不活动时的不透明度”滑块，可控制 ViewCube 处于不活动状态时的不透明度级别；如果选择“显示 UCS 菜单”复选框，那么在 ViewCube 下还将显示 UCS 的下拉菜单。

“ViewCube 设置”对话框中的其他复选框可定义在 ViewCube 上拖动或单击时鼠标的动作。

2. SteeringWheels

SteeringWheels（也称作控制盘）是划分为不同部分的追踪菜单。控制盘上的每个按钮代表一种导航工具，可以以不同的方式平移、缩放或操作模型的当前视图。SteeringWheels 将多个常用导航工具组合到一个单一界面中，从而为用户节省了空间，如图 12-10 所示。

a) 大控制盘

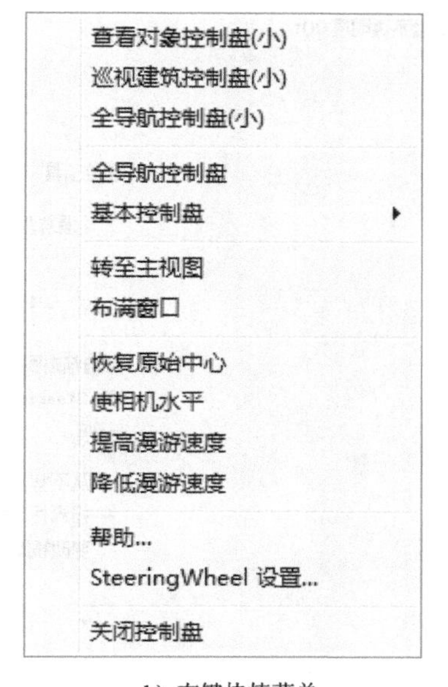

b) 右键快捷菜单

c) 小控制盘

图 12-10 SteeringWheels

在 AutoCAD 2019 中，有以下 3 种方法显示 **SteeringWheels**：

（1）选择“视图”菜单→“SteeringWheels”命令。

（2）单击导航栏中的 SteeringWheels 按钮。

（3）在命令行中输入“NAVSWHEEL”并按 Enter 键。

SteeringWheels 可显示为大控制盘和小控制盘，分别如图 12-10a 和图 12-10c 所示。大控制盘和小控制盘的转换可通过用鼠标右键单击 SteeringWheels，从弹出的快捷菜单中选择相应的命令，如图 12-10b 所示。

控制盘集成了缩放、平移、动态观察和回放等视图工具。显示控制盘后，可以通过单击控制盘上的一个按钮来激活其中一种可用的导航工具。按住按钮后，在图形窗口中拖动，可以更改当前视图；松开按钮，即返回至控制盘。

AutoCAD 2019 通过“SteeringWheels 设置”对话框对 SteeringWheels 进行设置，如图 12-11 所示。用鼠标右键单击 SteeringWheels，在弹出的快捷菜单中选择“SteeringWheels 设置”命令，可以打开“SteeringWheels 设置”对话框。

在“SteeringWheels 设置”对话框的“大控制盘”和“小控制盘”选项组中，可分别设置大控制盘和小控制盘的大小和不透明度。在“显示”选项组中，“显示工具消息”复选框用于控制当前工具的消息显示与否；"显示工具提示"复选框用于控制控制盘上的按钮的工具提示显示与否。

"SteeringWheels 设置"对话框中的其他选项组分别用于定义漫游、缩放及回放缩略图等。

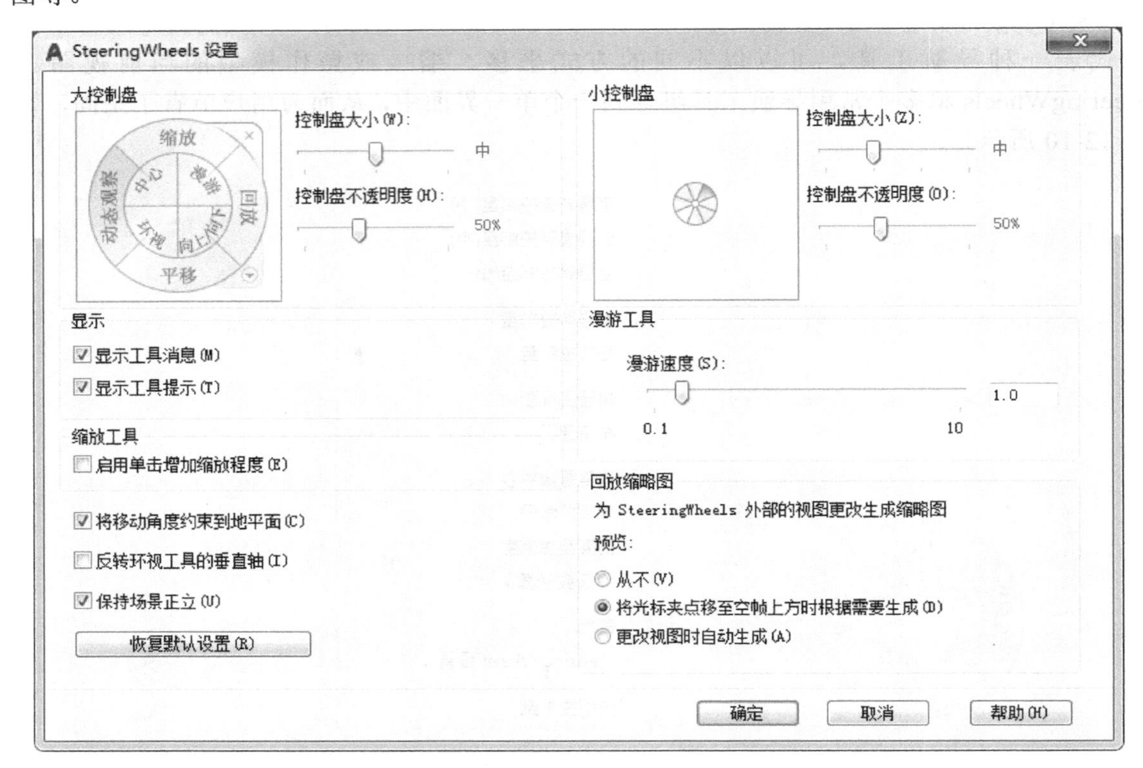

图 12-11 "SteeringWheels 设置"对话框

3. ShowMotion

素材\第 12 章\图 12-1.dwg

AutoCAD 2019 的 ShowMotion 可以将定义的命名视图组织为动画序列，这些动画序列可用于创建演示和检查设计。视图只是静态的图像，AutoCAD 2019 可通过 ShowMotion 将其组织成动画。另外，ShowMotion 也可以直接创建动画，或者称为快照。如图 12-12 所示，如果图形中定义了命名视图，那么单击状态栏中的 ShowMotion 按钮，打开 ShowMotion 后将显示各个视图的缩略图。

如前所述，ShowMotion 可以播放视图序列或者快照，视图序列为命名视图排成的序列。

在 AutoCAD 2019 中，有以下 2 种方法打开"ShowMotion"工具栏（图 12-13）：

（1）选择"视图"菜单→"ShowMotion"命令。

（2）单击导航栏中的 ShowMotion 按钮。

在 AutoCAD 2019 中创建 ShowMotion 快照可以通过"新建视图/快照特性"对话框来实现，如图 12-14 所示。

单击 ShowMotion 工具栏中的“新建快照”按钮，可以打开“新建视图/快照特性”对话框，该对话框包括“视图特性”和“快照特性”2 个选项卡。“视图特性”选项卡主要用于创建静态的命名视图，在 5.4 节已经介绍了。“快照特性”选项卡主要用于定义使用 ShowMotion 回放的视图的转场和运动，包括“转场”和“运动”2 个选项组。

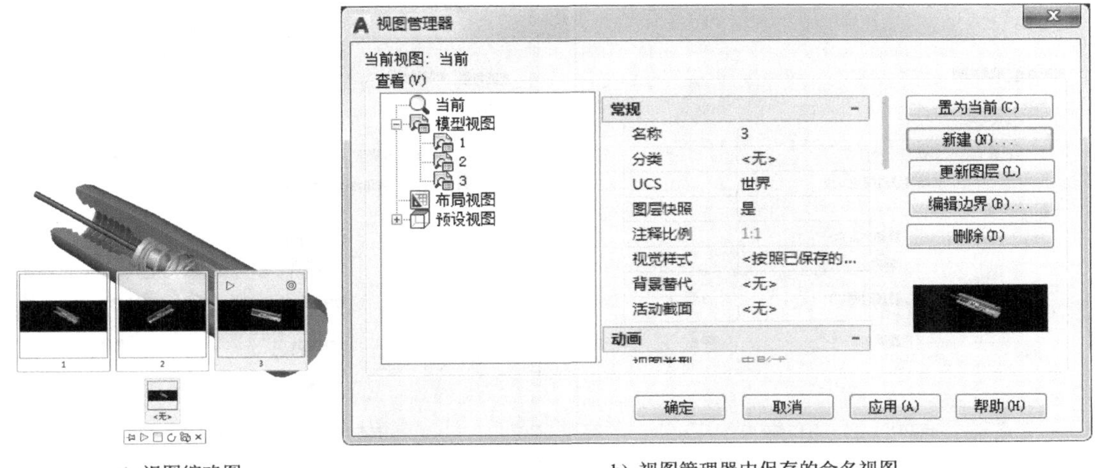

a) 视图缩略图　　b) 视图管理器中保存的命名视图

图 12-12　ShowMotion

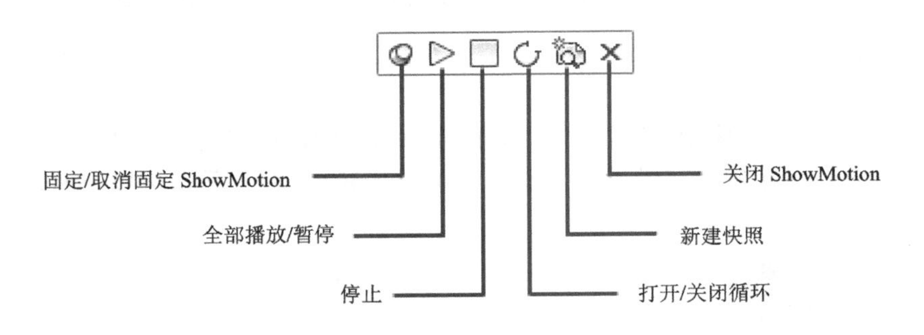

图 12-13　ShowMotion 工具栏

（1）“转场”选项组用于定义回放视图时使用的转场，即 2 个动作之间的连接部分。

1）“转场类型”下拉列表框：用于定义回放视图时使用的转场类型。

2）“转场持续时间”微调按钮：用于设定转场的时间。

（2）“运动”选项组用于定义回放视图时的动作，该区域的左侧窗口为视图的预览。

“移动类型”下拉列表框：用于定义快照的移动类型。只有在命名视图指定为“电影式”视图类型后，才能定义移动类型。对于模型空间，可以使用“放大”“缩小”“左追踪”“右追踪”“升高”“降低”“环视”和“动态观察”；对于布局视图，则只能使用“平移”和“缩放”。选择移动类型后，则会有相应的定义选项列出。如图 12-15 所示，选择“动态观察”之后，会出现定义“持续时间”等控件。“持续时间”用于设置动画回放时的时间；“向左度数”/“向右度数”可设置相机围绕 Z 轴旋转的角度；“向上度数”/“向下度数”可设置相机围绕 XY 平面旋转的角度。

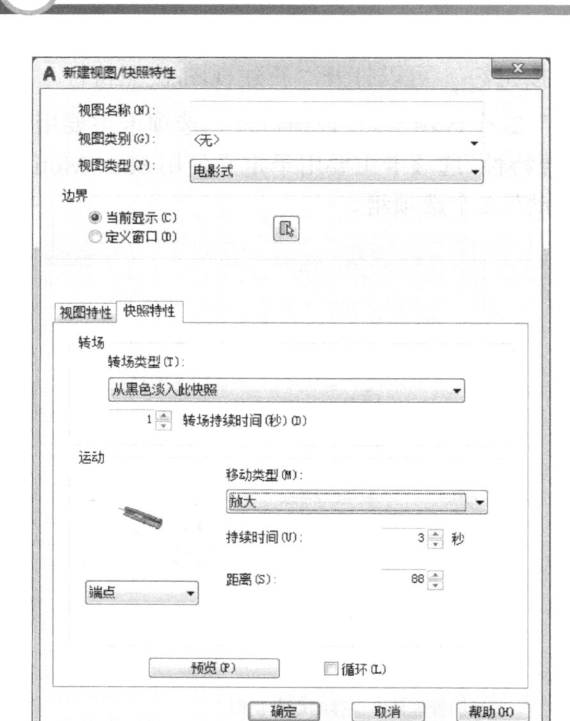

图 12-14 “新建视图/快照特性”对话框

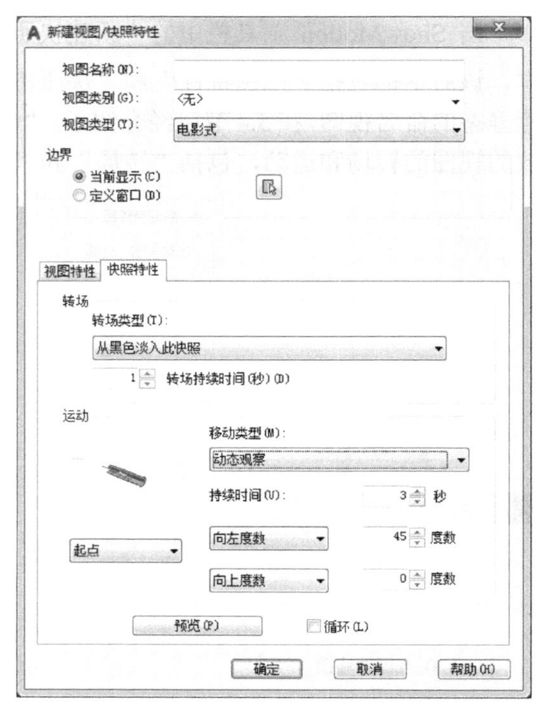

图 12-15 移动类型为“动态观察”时的设置选项

12.1.6 三维视图

AutoCAD 2019 预定义的视图包括正交视图和等轴测视图，使用功能区“常用”选项卡的“视图”面板、“视图”菜单的“三维视图”子菜单和“视图”工具栏等，可以快速切换到预定义视图，如图 12-16 所示。

a) “视图”面板　　b) “三维视图”子菜单

c) “视图”工具栏

图 12-16 “视图”工具

要查看三维图形的每个细节，就必须在不同的视图之间进行切换。预定义的 6 种正交视图为俯视、仰视、左视、右视、前视、后视。这 6 种正交视图显示的是三维图形在平面上（长方体 6 个表面上）的投影，也可以理解为从上、下、左、右、前、后 6 个方向观察三维图形所得的影像，如图 12-17 所示。等轴测视图显示的三维图形具有最少的隐藏部分。预定义的等轴测视图有西南等轴测、东南等轴测、东北等轴测和西北等轴测。可以这样理解等轴测视图的表现方式：想象正在俯视三维图形的顶部，如果朝图形的左下角移动，可以从西南等轴测视图观察图形；如果朝图形的右上角移动，可以从东北等轴测视图观察图形，如图 12-18 所示。

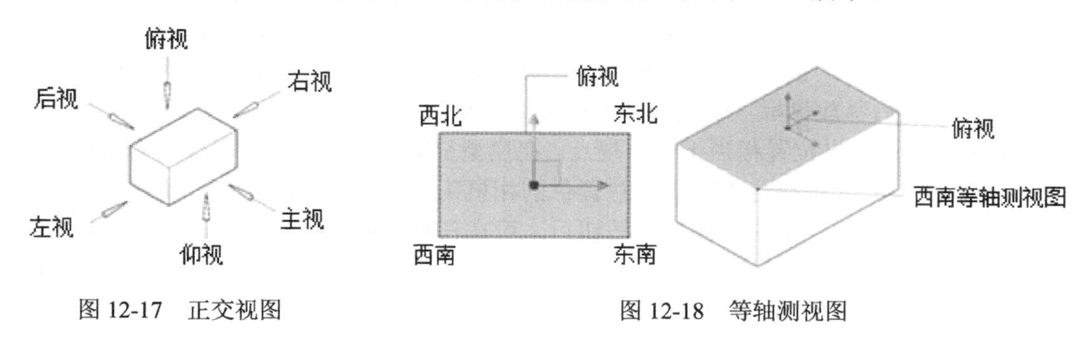

图 12-17　正交视图　　　　图 12-18　等轴测视图

12.1.7　三维观察

在二维绘图过程中，只需平移和缩放即可查看图形的各个部分。但是对于三维图形，平移和缩放并不能查看图形的各个部分，还需要借助其他的三维观察工具。图 12-19 和图 12-20 所示为 AutoCAD 2019 中的“导航栏”和“三维导航”工具栏。

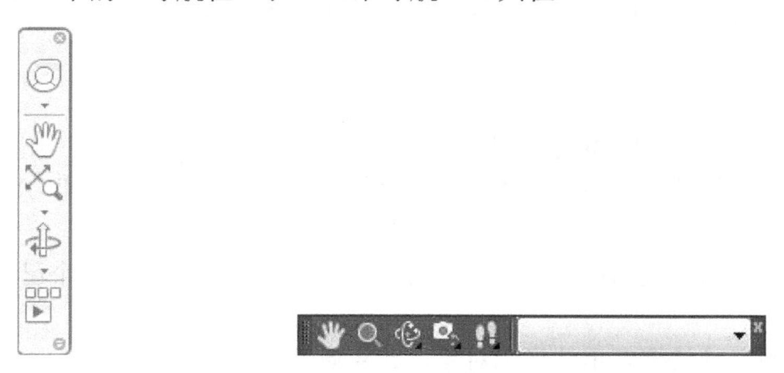

图 12-19　导航栏　　　　图 12-20　“三维导航”工具栏

“导航栏”集成了 SteeringWheels 工具、平移按钮、动态观察系列按钮及缩放系列按钮等。“三维导航”工具栏集成了平移和缩放工具，还有三维动态观察工具、相机工具，以及漫游和飞行工具，用户可以方便快捷地在三维视图中进行动态观察、回旋、调整视距、缩放和平移等，进而从不同的角度、高度和距离查看图形中的对象。

AutoCAD 2019 还单独提供了“动态观察”工具栏、“相机调整”工具栏和“漫游和飞行”工具栏，分别如图 12-21～图 12-23 所示。这 3 个工具栏分别与“视图”菜单下的 3 个子菜单相对应。“三维导航”工具栏各部分说明如下：

图 12-21　“动态观察”工具栏 　　图 12-22　“相机调整”工具栏 　　图 12-23　“漫游和飞行”工具栏

（1）“三维平移”按钮：“平移”是指在水平和垂直方向拖动视图。

（2）“三维缩放”按钮：“缩放”是指模拟移动相机靠近或远离对象。

（3）动态观察工具：定义一个视点围绕目标移动，视点移动时，视图的目标保持静止。三维动态观察工具包括“受约束的动态观察”“自由动态观察”和“连续动态观察”，这3个观察工具集成在“三维导航”工具栏的一个可扩展的按钮内：

1）“受约束的动态观察”按钮：只能沿XY平面或Z轴约束三维动态观察。

2）“自由动态观察”按钮：视点不受约束，可在任意方向上进行动态观察。

3）“连续动态观察”按钮：连续地进行动态观察。在要连续进行动态观察移动的方向上单击并拖动，然后释放鼠标，轨道沿该方向继续移动。

（4）相机工具：相机位置相当于一个视点。在模型空间中放置相机，可根据需要调整相机设置来定义三维视图。“三维导航”工具栏提供的相机工具包括“回旋”和“调整视距”：

1）“回旋”按钮：单击“回旋”按钮后，可在任意方向上拖动光标，系统将在拖动方向上模拟平移相机，平移过程中所看到的对象将被更改。可以沿XY平面或Z轴回旋视图。

2）“调整视距”按钮：垂直移动光标时，将更改相机与对象间的距离，显示效果为对象的放大和缩小。

（5）漫游和飞行：使用漫游和飞行，可使用户看起来像“飞”过模型中的区域。在图形中漫游和飞行，需要交互使用键盘和鼠标：使用4个方向键或W键、A键、S键和D键来向前、向左、向后或向右移动，拖动光标即可指定该方向为运动方向。要在漫游模式和飞行模式之间切换，需按F键。漫游和飞行的区别在于：漫游模型时，将沿XY平面行进；而飞行模型时，将不受XY平面的约束，所以看起来像“飞”过模型中的区域。

12.1.8 视觉样式

AutoCAD 2019提供以下10种预定义的视觉样式：

“二维线框”：通过使用直线和曲线表示边界的方式显示对象，光栅和OLE对象、线型和线宽都是可见的。

“线框”：通过使用直线和曲线表示边界的方式显示对象，并显示1个已着色的三维UCS图标。

“消隐”：使用三维线框表示法显示对象，并隐藏表示背面的线。

“真实”：着色多边形平面间的对象，并使对象的边平滑。真实视觉样式将显示已附着到对象的材质。

“概念”：着色多边形平面间的对象，并使对象的边平滑。着色使用冷色和暖色之间的过渡，效果缺乏真实感，但是可以更方便地查看模型的细节。

“着色”：使用平滑着色显示对象。

“带边缘着色”：使用平滑着色和可见边显示对象。

“灰度”：使用平滑着色和单色灰度显示对象。

“勾画”：使用线延伸和抖动边修改器显示手绘效果的对象。

“X射线”：以局部透明度显示对象。

素材\第12章\图12-2.dwg

图12-24所示为1个螺母在5种视觉样式下的不同显示效果。

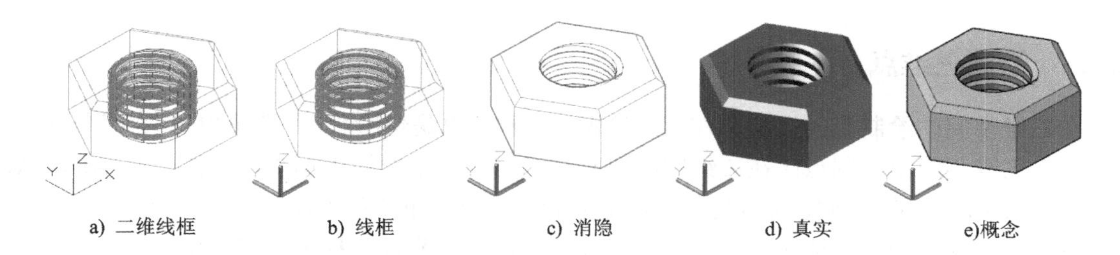

a) 二维线框　　b) 线框　　c) 消隐　　d) 真实　　e)概念

图 12-24　5 种视觉样式

在 AutoCAD 2019 中，有以下 5 种方法**切换视觉样式**：

（1）选择“视图”菜单→“视觉样式”子菜单，如图 12-25 所示。

（2）单击“常用”选项卡→“视图”面板中的视觉样式系列按钮，如图 12-26 所示。

（3）单击“可视化”选项卡→“视觉样式”面板中的视觉样式系列按钮，如图 12-27 所示。

（4）单击“视觉样式”工具栏中的相关按钮，如图 12-28 所示。

（5）在命令行中输入“VSCURRENT”并按 Enter 键。

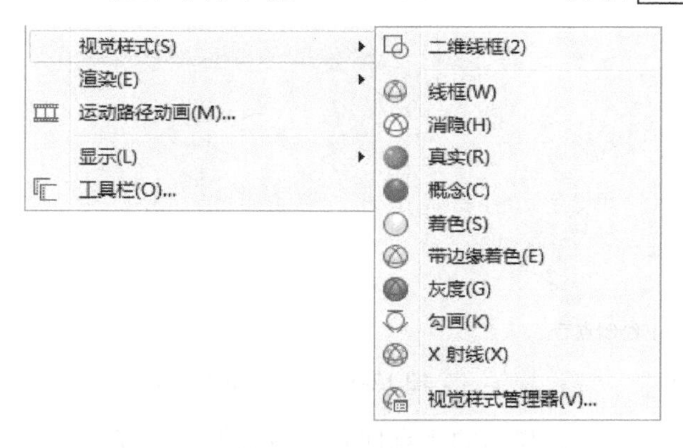

图 12-25　“视觉样式”子菜单

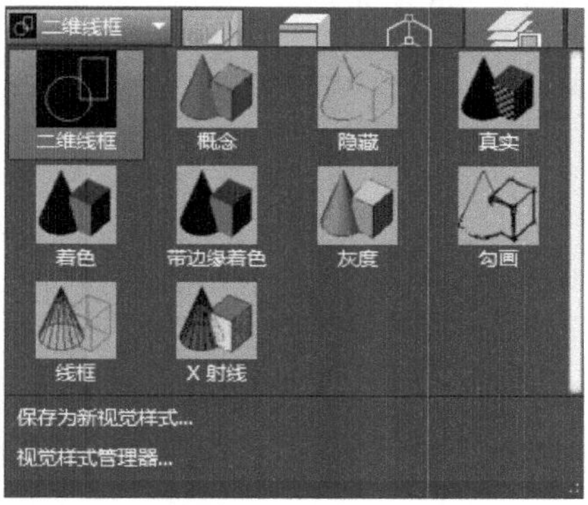

图 12-26　“视图”面板中的视觉样式系列按钮

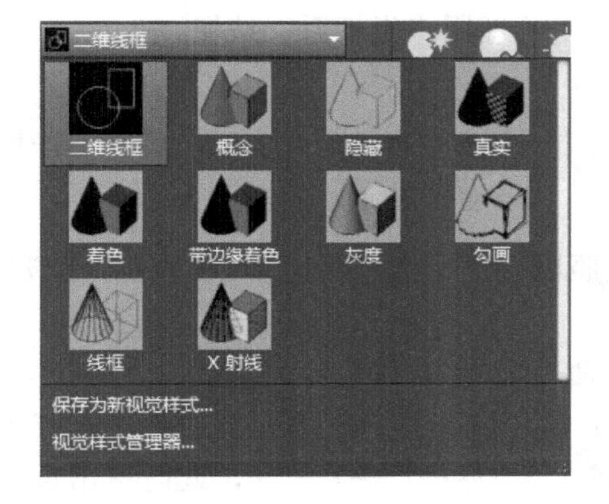

图 12-27　“视觉样式”面板中的视觉样式系列按钮

图 12-28　“视觉样式”工具栏

12.2　绘制三维点和三维线

在三维图形对象上也可以绘制相关的三维点和三维线。

12.2.1 绘制三维点

在三维空间中绘制点的方法和在二维绘图时一样，也是使用“绘图”菜单→“点”子菜单。但是，在三维空间中绘制点比在二维空间要复杂，因为三维空间更加难以定位。在 AutoCAD 2019 中，要精确地在三维空间的某个位置上绘制点，有以下 3 种方法：

（1）输入该点的绝对或相对坐标值，可以使用笛卡儿坐标、柱坐标或球坐标。

（2）切换到二维视图，在二维空间内绘制点将简单得多。

（3）在要绘制三维点的平面上建立用户坐标系 UCS 原点，然后用在二维图形中绘制点的方法绘制三维点。

12.2.2 实例——绘制三维点

素材\第 12 章\图 12-3.dwg

【例 12-1】在图 12-29a 所示长方体的上表面的中心点上绘制 1 个点，绘制完成后的效果如图 12-29b 所示。

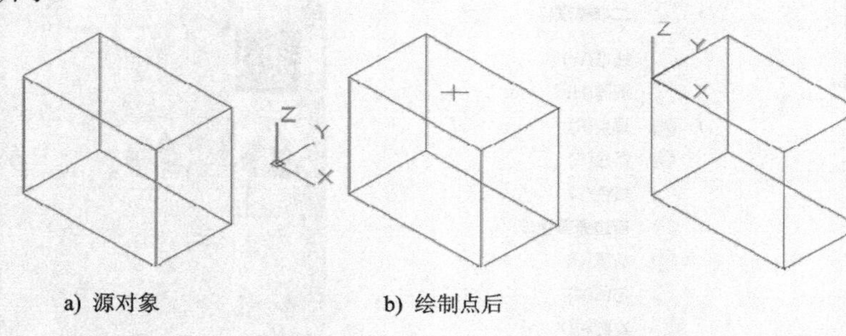

a) 源对象　　b) 绘制点后

图 12-29　绘制三维点　　图 12-30　新建 UCS 原点

（1）选择“格式”菜单→“点样式”命令，在弹出的“点样式”对话框中选择“×”，单击 确定 按钮。

（2）单击“常用”选项卡→“坐标”面板→“管理用户坐标系”按钮。

（3）命令行依次提示：

UCS 指定 UCS 的原点或 [面(F) 命名(NA) 对象(OB) 上一个(P) 视图(V) 世界(W) X Y Z Z 轴(ZA)] <世界>:

UCS 指定 X 轴上的点或 <接受>: 和 UCS 指定 XY 平面上的点或 <接受>:

此时在图 12-29a 所示长方体的上表面上按照以上提示信息指定 UCS 原点，新建 UCS 原点后的效果如图 12-30 所示。

（4）选择“绘图”菜单→“点”→“单点”命令，命令行提示：POINT 指定点:，此时输入“.x”并按 Enter 键，命令行继续提示：POINT 于，此时单击长方体上表面的 X 轴方向的中点，命令行继续提示：POINT 于 (需要 YZ):，此时单击长方体上表面的 Y 轴方向的中点即可，绘制后的效果如图 12-29b 所示。

12.2.3 绘制三维线

三维空间中的线分为两种：平面曲线和空间曲线。平面曲线是指曲线上的任意一点均处在同一个平面内，其绘制方法与第 6 章介绍的各种曲线的绘制方法相同，只需将视图转换到相应的平面视图。空间曲线是指曲线上的点并不在同一个平面内，包括三维样条曲线和三维多段线。

1．绘制三维样条曲线

三维样条曲线的绘制方法和二维绘图相同，也是使用 SPLINE 命令，通过指定一系列控制点和拟合公差来绘制。

2．绘制三维多段线

三维多段线是作为单个对象创建的直线段相互连接而成的序列。AutoCAD 2019 中的三维多段线可以不共面，但是不能包括圆弧段。

在 AutoCAD 2019 中，有以下 3 种方法执行**三维多段线**命令：

（1）选择“绘图”菜单→“三维多段线”命令。

（2）单击“常用”选项卡→“绘图”面板→“三维多段线”按钮。

（3）在命令行中输入“3DPOLY”并按 Enter 键。

12.2.4 实例——绘制三维样条曲线和三维多段线

素材\第 12 章\图 12-4.dwg

【例 12-2】将图 12-31a 所示的对象分别绘制成图 12-31b、c 所示的三维样条曲线和三维多段线。

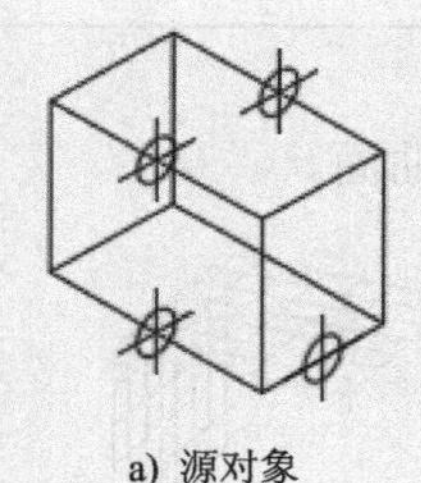

a) 源对象

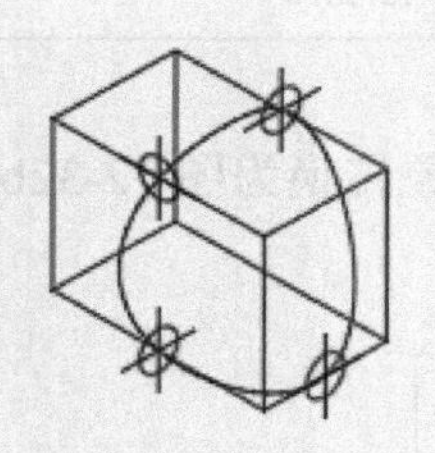

b) 绘制三维样条曲线

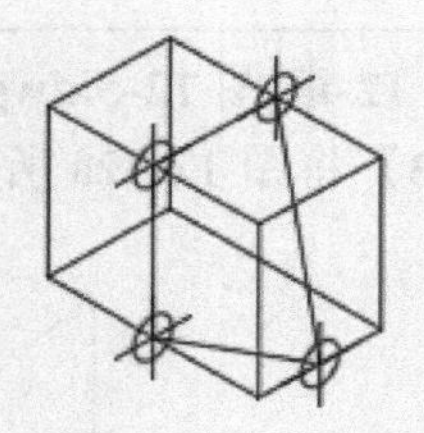

c) 绘制三维多段线

图 12-31 绘制三维样条曲线和三维多段线

（1）在命令行中输入“SPL”并按 Enter 键。

（2）命令行依次提示：

当前设置：方式=拟合 节点=弦

SPLINE 指定第一个点或 [方式(M) 节点(K) 对象(O)]:

SPLINE 输入下一个点或 [起点切向(T) 公差(L)]:

SPLINE 输入下一个点或 [端点相切(T) 公差(L) 放弃(U)]:

SPLINE 输入下一个点或 [端点相切(T) 公差(L) 放弃(U) 闭合(C)]:

此时按照提示依次拾取长方体上的 4 个节点（按照顺时针或逆时针方向依次拾取），命令行继续提示：SPLINE 输入下一个点或 [端点相切(T) 公差(L) 放弃(U) 闭合(C)]:，此时在命令行中输入“C”并按 Enter 键，完成三维样条曲线的绘制。

（3）选择“绘图”菜单→“三维多段线”命令。

（4）命令行依次提示：

3DPOLY 指定多段线的起点：，3DPOLY 指定直线的端点或 [放弃(U)]：，

3DPOLY 指定直线的端点或 [放弃(U)]:，3DPOLY 指定直线的端点或 [闭合(C) 放弃(U)]:

此时按照提示依次拾取长方体上的 4 个节点（按照顺时针或逆时针方向依次拾取），命令行继续提示：3DPOLY 指定直线的端点或 [闭合(C) 放弃(U)]:，此时在命令行中输入“C”并按 Enter 键，完成三维多段线的绘制。

12.3 绘制三维曲面

在三维空间中绘制曲面对象的方法一般有 3 种：

（1）将现有的具有二维特征的对象转换为曲面。

（2）直接绘制平面曲面。

（3）使用分解（EXPLODE）命令分解三维实体，生成曲面对象。

12.3.1 将对象转换为曲面

在 AutoCAD 2019 中，有以下 3 种方法执行**转换为曲面**命令：

（1）选择“修改”菜单→“三维操作”→“转换为曲面”命令。

（2）单击“常用”选项卡→“实体编辑”面板→“转换为曲面”按钮。

（3）在命令行中输入“CONVTOSURFACE”并按 Enter 键。

下面以实例来说明如何将对象转换为曲面。

素材\第 12 章\图 12-5.dwg

【例 12-3】将图 12-32a 所示的源对象转换为图 12-32b 所示的曲面。

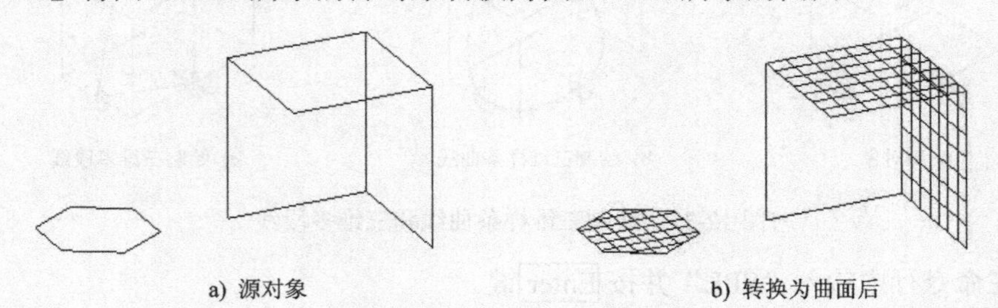

a）源对象　　b）转换为曲面后

图 12-32　将对象转换为曲面

（1）选择“修改”菜单→“三维操作”→“转换为曲面”命令。

（2）命令行提示：CONVTOSURFACE 选择对象:，此时选择图 12-32a 所示的相关对象并按 Enter 键即可。

★注意：并不是所有的对象都可以转换为三维曲面。使用 CONVTOSURFACE 命令，只能将以下对象转换为曲面：二维实体、面域、开放的具有厚度的零宽度多段线、具有厚度的直线、具有厚度的圆弧和三维平面。

12.3.2 创建平面曲面

在 AutoCAD 2019 中，有以下 4 种方法执行**平面曲面**命令：

（1）选择“绘图”菜单→“建模”→“曲面”→“平面”命令。

（2）单击“曲面”选项卡→“创建”面板→“平面曲面”按钮。

（3）单击“建模”工具栏中的“平面曲面”按钮。

（4）在命令行中输入“PLANESURF”并按 Enter 键。

下面以实例来说明如何创建平面曲面。

素材\第 12 章\图 12-6.dwg

【例 12-4】将图 12-33a 所示的源对象创建为图 12-33b 所示的曲面。

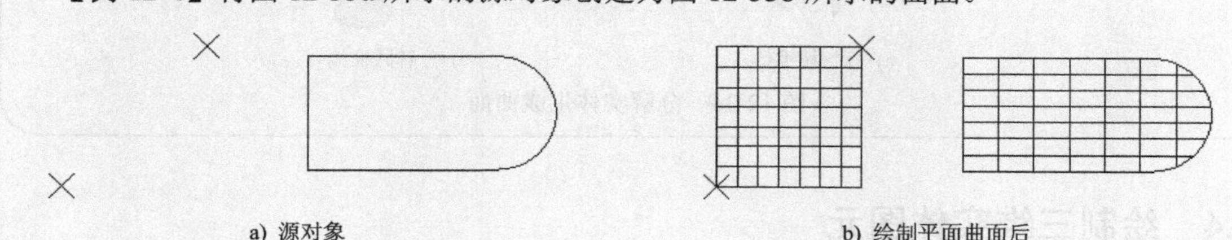

图 12-33　绘制平面曲面

（1）选择“绘图”菜单→“建模”→“曲面”→“平面”命令。

（2）命令行提示：PLANESURF 指定第一个角点或 [对象(O)] <对象>:，此时单击图 12-33a 左下角的节点，命令行继续提示：PLANESURF 指定其他角点:，此时单击图 12-33a 右上角的节点。

（3）重复步骤（1）。命令行提示：PLANESURF 指定第一个角点或 [对象(O)] <对象>:，此时在命令行中输入“O”并按 Enter 键，命令行继续提示：PLANESURF 选择对象:，此时选择图 12-33a 所示的多段线并按 Enter 键即可。

★注意：使用 PLANESURF 命令中的“对象（O）”选项的有效对象包括闭合的多条直线、圆、圆弧、椭圆、椭圆弧、闭合的二维多段线、三维多段线和平面样条曲线。

12.3.3　分解实体生成曲面

实体是三维对象，将实体分解后将得到构成实体的表面。例如：将长方体分解后得到的是 6 个面，将圆锥体分解后得到的是 1 个锥面和 1 个底面。

在 AutoCAD 2019 中，有以下 4 种方法执行**分解**命令：

（1）选择“修改”菜单→“分解”命令。

（2）单击“常用”选项卡→“修改”面板→“分解”按钮。

（3）单击“修改”工具栏中的“分解”按钮。

（4）在命令行中输入“EXPLODE（或 X）”并按 Enter 键。

下面以实例来说明如何分解实体生成曲面。

素材\第 12 章\图 12-7.dwg

【例 12-5】分解图 12-34 所示的棱锥体和圆柱体。

（1）在命令行中输入“X”并按 Enter 键。

（2）命令行提示：EXPLODE 选择对象:，此时选择图 12-34 所示的棱锥体和圆柱体并按 Enter 键即可。

（3）用移动命令将分解后的曲面移动到合适的位置即可。移动后可以发现：分解三棱锥体后生成 3 个三角形侧面和 1 个三角形底面；分解圆柱体后生成 1 个圆柱面和 2 个圆形面，如图 12-34 所示。

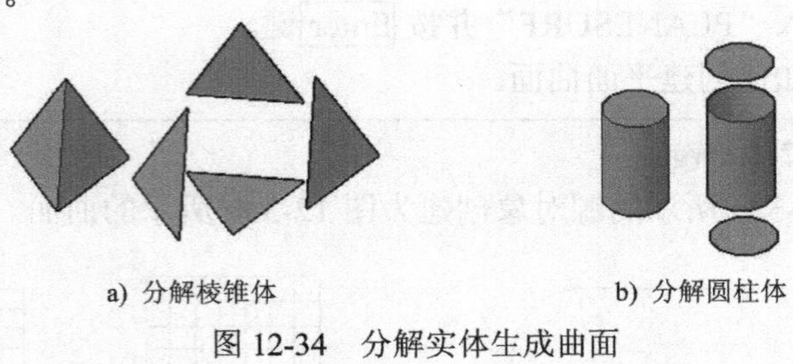

a) 分解棱锥体　　b) 分解圆柱体

图 12-34　分解实体生成曲面

12.4　绘制三维实体图元

利用 AutoCAD 2019 中的相关命令，用户可以绘制长方体、圆锥体、圆柱体、圆环体和棱锥体等基本实体。

12.4.1　绘制长方体

使用 BOX 命令可以创建实心长方体或立方体。默认情况下，AutoCAD 2019 所绘制的长方体的底面始终与当前 UCS 的 XY 平面（工作平面）平行。

在 AutoCAD 2019 中，有以下 5 种方法执行**长方体**命令：

（1）选择“绘图”菜单→“建模”→“长方体”命令。

（2）单击“常用”选项卡→“建模”面板→“长方体”按钮。

（3）单击“实体”选项卡→“图元”面板→“长方体”按钮。

（4）单击“建模”工具栏中的“长方体”按钮。

（5）在命令行中输入“BOX”并按 Enter 键。

使用 BOX 命令绘制长方体有 3 种方法：通过指定长方体的长度、宽度和高度来绘制；通过指定第一个角点、另一个角点和高度来绘制；通过指定中心点、角点和高度来绘制。

素材\第 12 章\图 12-8.dwg

1．通过指定长方体的长度、宽度和高度绘制长方体

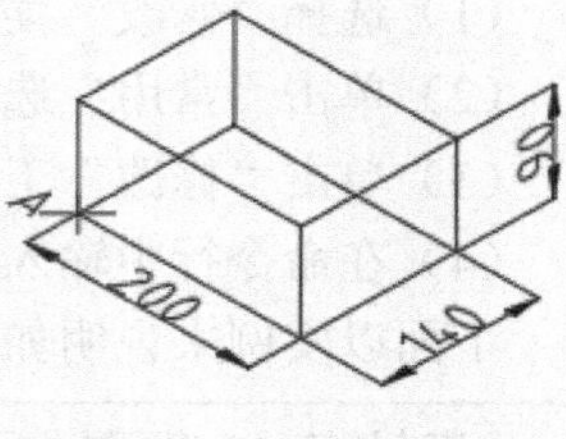

（1）在命令行中输入“BOX”并按 Enter 键。

（2）命令行提示：BOX 指定第一个角点或 [中心(C)]:，此时单击图 12-35 中的 A 点，即指定 A 点为长方体的 1 个角点。

（3）命令行继续提示：BOX 指定其他角点或 [立方体(C) 长度(L)]:，此时在命令行中输入“L”并按 Enter 键，命令行继续提示：BOX 指定长度:，此时在命令行中输入长方体的长度“200”并按 Enter 键，命令行继续提示：BOX 指定宽度:，此时在命令行中输入长方体的宽度“140”并按 Enter 键，命令行继续提示：BOX 指定高度或 [两点(2P)]:，此时在命令行中输入长方体的高度“90”并按 Enter 键即可。

图 12-35　绘制长方体实例 1

2．通过指定第一个角点、另一个角点和高度绘制长方体

（1）在命令行中输入“BOX”并按Enter键。

（2）命令行提示：BOX 指定第一个角点或 [中心(C)]:，此时单击图 12-36 中的 A 点，即指定 A 点为长方体的 1 个角点，命令行提示：BOX 指定其他角点或 [立方体(C) 长度(L)]:，此时单击图 12-36 中的 B 点，即指定 B 点为长方体的另一角点，命令行提示：BOX 指定高度或 [两点(2P)]:，此时在命令行中输入长方体的高度“100”并按Enter键即可。

3．通过指定中心点、角点和高度绘制长方体

（1）在命令行中输入“BOX”并按Enter键。

（2）命令行提示：BOX 指定第一个角点或 [中心(C)]:，此时在命令行中输入“C”并按Enter键。

（3）命令行继续提示：BOX 指定中心:，此时单击图 12-37 中的 O 点，即指定 O 点为长方体的底面中心点，命令行继续提示：BOX 指定角点或 [立方体(C) 长度(L)]:，此时单击图 12-37 中的 A 点，即指定 A 点为长方体的 1 个角点，命令行继续提示：BOX 指定高度或 [两点(2P)]:，此时在命令行中输入长方体的高度“100”并按Enter键即可。

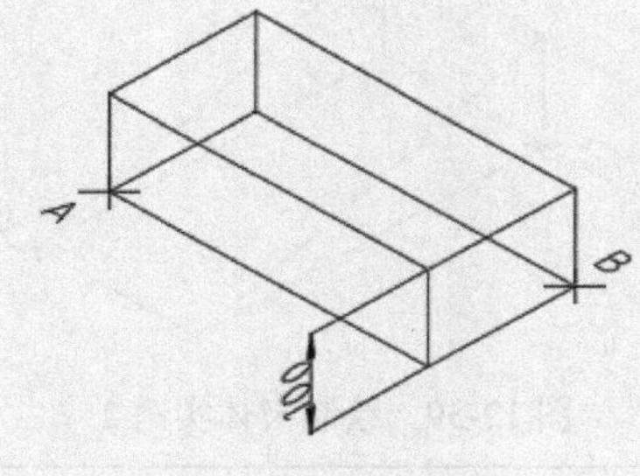

图 12-36 绘制长方体实例 2

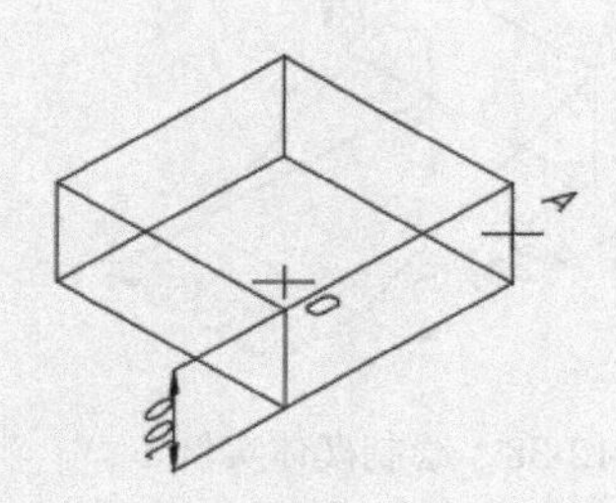

图 12-37 绘制长方体实例 3

12.4.2 绘制楔体

楔体是将长方体沿对角线切成两半后所创建的实体。默认情况下，楔体的底面总是与当前 UCS 的 XY 平面平行，斜面正对第一个角点，楔体的高度与 Z 轴平行。在 AutoCAD 2019 中绘制楔体时，先确定楔体的底面，然后确定楔体的高度。

在 AutoCAD 2019 中，有以下 5 种方法执行**楔体**命令：

（1）选择“绘图”菜单→“建模”→“楔体”命令。

（2）单击“常用”选项卡→“建模”面板→“楔体”按钮。

（3）单击“实体”选项卡→“图元”面板→“楔体”按钮。

（4）单击“建模”工具栏中的“楔体”按钮。

（5）在命令行中输入“WEDGE”并按Enter键。

素材\第 12 章\图 12-9.dwg

1．通过指定长度、宽度和高度绘制楔体

（1）在命令行中输入“WEDGE”并按Enter键。

（2）命令行提示：WEDGE 指定第一个角点或 [中心(C)]:，此时单击图 12-38 中的 A 点，即指定 A 点为楔体的 1 个角点。

（3）命令行继续提示：WEDGE 指定其他角点或 [立方体(C) 长度(L)]:，此在命令行中输入“L”并按Enter键，命令行继续提示：WEDGE 指定长度:，此时在命令行中输入“200”并按Enter键，命令行继续提示：WEDGE 指定宽度:，此时在命令行中输入“140”并按Enter键，命令行继续提示：WEDGE 指定高度或 [两点(2P)]:，此时在命令行中输入“90”并按Enter键即可。

2. 通过指定第一个角点、另一个角点和高度绘制楔体

（1）在命令行中输入“WEDGE”并按Enter键。

（2）命令行提示：WEDGE 指定第一个角点或 [中心(C)]:，此时单击图 12-39 中的 A 点，即指定 A 点为楔体的 1 个角点，命令行提示：WEDGE 指定其他角点或 [立方体(C) 长度(L)]:，此时单击图 12-39 中的 B 点，即指定 B 点为楔体的另一角点，命令行提示：WEDGE 指定高度或 [两点(2P)]:，此时在命令行中输入“100”并按Enter键即可。

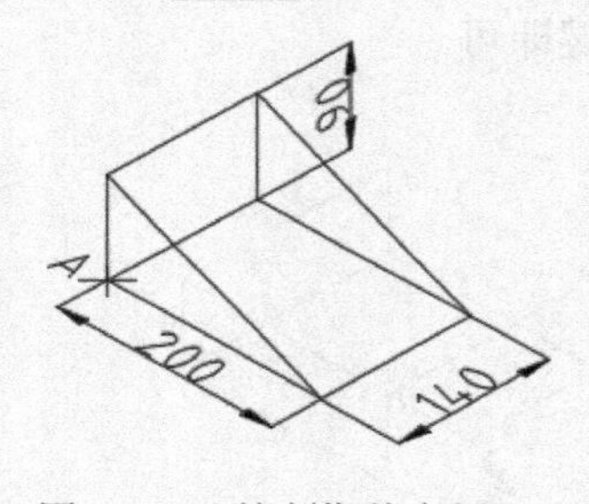

图 12-38 绘制楔体实例 1

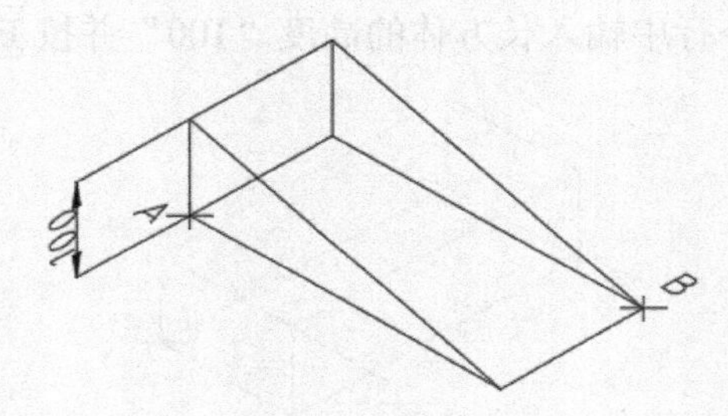

图 12-39 绘制楔体实例 2

12.4.3 绘制圆锥体

使用“CONE”命令可以创建底面为圆或椭圆的尖头圆锥体或圆台。默认情况下，所绘制的圆锥体的底面位于当前 UCS 的 XY 平面上，并且其中心线与 Z 轴平行。在 AutoCAD 2019 中绘制圆锥体时先指定底面圆或椭圆的大小和位置，再指定圆锥体的高度。

在 AutoCAD 2019 中，有以下 5 种方法执行**圆锥体**命令：

（1）选择“绘图”菜单→“建模”→“圆锥体”命令。

（2）单击“常用”选项卡→“建模”面板→“圆锥体”按钮。

（3）单击“实体”选项卡→“图元”面板→“圆锥体”按钮。

（4）单击“建模”工具栏中的“圆锥体”按钮。

（5）在命令行中输入“CONE”并按Enter键。

执行圆锥体命令后，命令行提示：

CONE 指定底面的中心点或 [三点(3P) 两点(2P) 切点、切点、半径(T) 椭圆(E)]:，这一提示信息用于选择多种方法绘制底面的圆，与第 6 章讲的绘制圆的方法相同。例如：可以使用“圆心、半径”绘制圆。选择“椭圆（E）”选项还可以绘制底面为椭圆的圆锥体。

完成底面圆或椭圆的绘制后，命令行将提示：

CONE 指定高度或 [两点(2P) 轴端点(A) 顶面半径(T)]：，此时可输入高度值，完成圆锥体的绘制，或者选择中括号内的选项，其功能如下：

（1）两点（2P）：指定圆锥体的高度为两个指定点之间的距离。

（2）轴端点（A）：指定圆锥体轴的端点位置。轴端点是圆锥体的顶点，可以位于三维空间的任何位置，它定义了圆锥体的长度和方向。

（3）顶面半径（T）：用于设置创建圆台时圆台的顶面半径。

素材\第 12 章\图 12-10.dwg

【例 12-6】绘制如图 12-40 所示的圆锥体。

（1）在命令行中输入“CONE”并按 Enter 键。

（2）命令行提示：CONE 指定底面的中心点或 [三点(3P) 两点(2P) 切点、切点、半径(T) 椭圆(E)]：，此时单击图 12-40 中的 O 点，即指定 O 点为圆锥底面的圆心，命令行提示：CONE 指定底面半径或 [直径(D)]：，此时在命令行中输入“60”并按 Enter 键，命令行继续提示：CONE 指定高度或 [两点(2P) 轴端点(A) 顶面半径(T)]：，此时在命令行中输入“90”并按 Enter 键即可。

【例 12-7】绘制如图 12-41 所示的圆锥台。

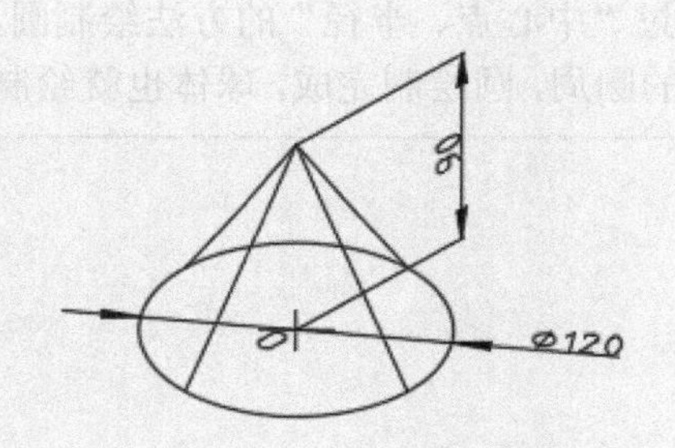

图 12-40　绘制圆锥体实例 1

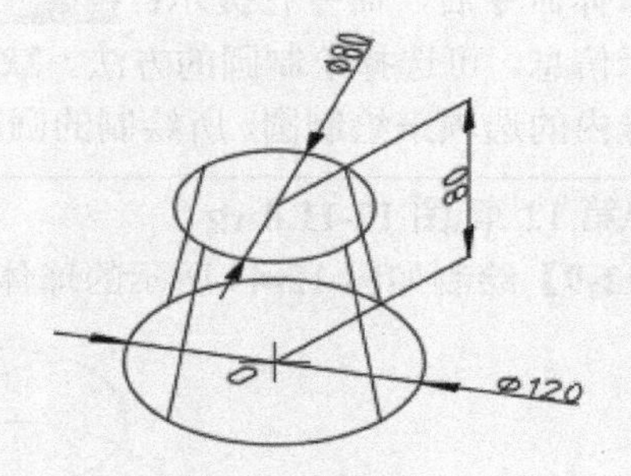

图 12-41　绘制圆锥台实例

（1）在命令行中输入“CONE”并按 Enter 键。

（2）命令行提示：CONE 指定底面的中心点或 [三点(3P) 两点(2P) 切点、切点、半径(T) 椭圆(E)]：，此时单击图 12-41 中的 O 点，即指定 O 点为圆锥底面的圆心，命令行提示：CONE 指定底面半径或 [直径(D)]：，此时在命令行中输入“60”并按 Enter 键。

（3）命令行继续提示：CONE 指定高度或 [两点(2P) 轴端点(A) 顶面半径(T)]：，此时在命令行中输入“T”并按 Enter 键，命令行继续提示：CONE 指定顶面半径 <0.0000>：，此时在命令行中输入“40”并按 Enter 键。

（4）命令行继续提示：CONE 指定高度或 [两点(2P) 轴端点(A)]：，此时在命令行中输入“80”并按 Enter 键即可。

【例 12-8】绘制如图 12-42 所示的圆锥体。

（1）在命令行中输入“CONE”并按 Enter 键，命令行提示：CONE 指定底面的中心点或 [三点(3P) 两点(2P) 切点、切点、半径(T) 椭圆(E)]：，此时在命令行中输入“E”并按 Enter 键，命令行继续提示：CONE 指定第一个轴的端点或 [中心(C)]：，此时在命令行中输入“C”并按 Enter 键，命令行继续提示：CONE 指定中心点：，此时单击图 12-42 中的 O 点，即指定 O 点为圆锥底面的圆心，

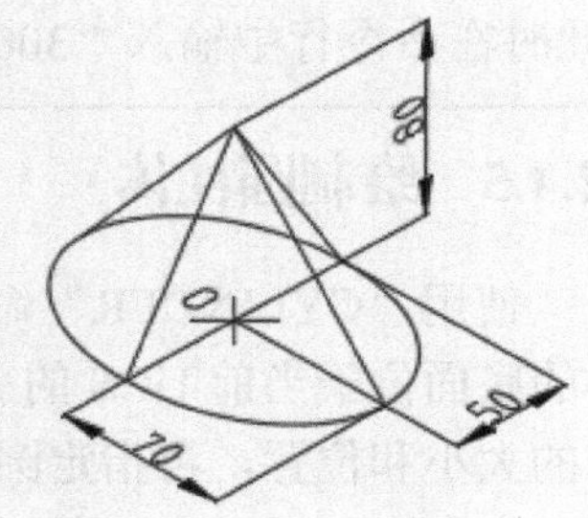

图 12-42　绘制圆锥体实例 2

命令行提示：CONE 指定到第一个轴的距离：，此时在命令行中输入“70”并按 Enter 键，命令行继续提示：CONE 指定第二个轴的端点：，此时在命令行中输入“50”并按 Enter 键。

（2）命令行继续提示：CONE 指定高度或 [两点(2P) 轴端点(A) 顶面半径(T)]：，此时在命令行中输入“80”并按 Enter 键即可。

12.4.4 绘制球体

在 AutoCAD 2019 中，球体是三维空间中到一个点的距离等于定值的所有点的集合特征。有以下 5 种方法执行**球体**命令：

（1）选择“绘图”菜单→“建模”→“球体”命令。

（2）单击“常用”选项卡→“建模”面板→“球体”按钮。

（3）单击“实体”选项卡→“图元”面板→“球体”按钮。

（4）单击“建模”工具栏中的“球体”按钮。

（5）在命令行中输入“SPHERE”并按 Enter 键。

执行球体命令后，命令行提示：SPHERE 指定中心点或 [三点(3P) 两点(2P) 切点、切点、半径(T)]：，根据此提示信息，可选择绘制圆的方法。默认是通过“中心点、半径”的方法绘制圆，也可以选择中括号内的选项来绘制圆。所绘制的圆即球体的圆周，圆绘制完成，球体也就绘制完成了。

素材\第 12 章\图 12-11.dwg

【例 12-9】绘制如图 12-43 所示的球体。

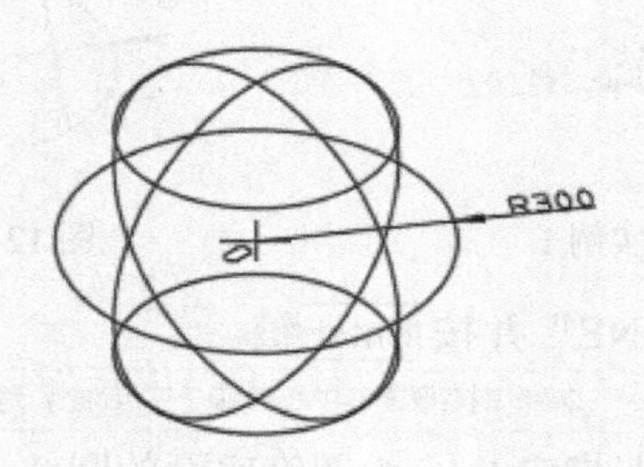

图 12-43 绘制球体实例

（1）在命令行中输入“SPHERE”并按 Enter 键。

（2）命令行提示：SPHERE 指定中心点或 [三点(3P) 两点(2P) 切点、切点、半径(T)]：，此时单击图 12-43 中的 O 点，即指定 O 点为中心点，命令行继续提示：SPHERE 指定半径或 [直径(D)]：，此时在命令行中输入“300”并按 Enter 键即可。

12.4.5 绘制圆柱体

使用“CYLINDER”命令可以创建以圆或椭圆为底面的实体圆柱体。默认情况下，圆柱体的底面位于当前 UCS 的 XY 平面上。在 AutoCAD 2019 中绘制圆柱体时先指定底面圆或椭圆的大小和位置，再指定圆柱体的高度。

在 AutoCAD 2019 中，有以下 5 种方法执行**圆柱体**命令：

（1）选择“绘图”菜单→“建模”→“圆柱体”命令。

（2）单击“常用”选项卡→“建模”面板→“圆柱体”按钮。

（3）单击“实体”选项卡→“图元”面板→“圆柱体”按钮 。

（4）单击“建模”工具栏中的“圆柱体”按钮 。

（5）在命令行中输入“CYLINDER”并按 Enter 键。

素材\第 12 章\图 12-12.dwg

【例 12-10】绘制如图 12-44 所示的圆柱体。

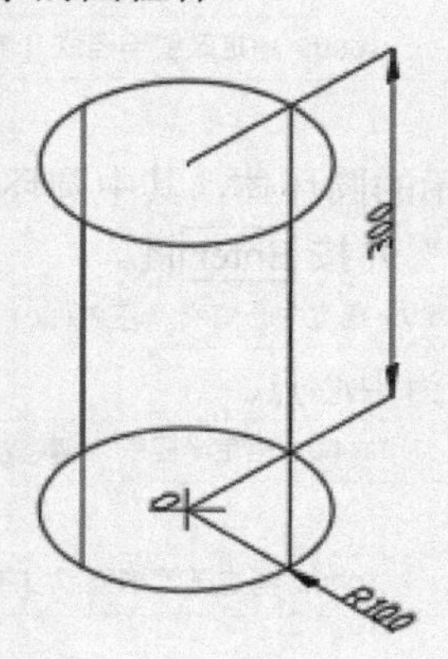

图 12-44　绘制圆柱体实例

（1）在命令行中输入“CYLINDER”并按 Enter 键。

（2）命令行提示：CYLINDER 指定底面的中心点或 [三点(3P) 两点(2P) 切点、切点、半径(T) 椭圆(E)]:，此时单击图 12-44 中的 O 点，即指定 O 点为中心点。命令行继续提示：CYLINDER 指定底面半径或 [直径(D)]:，此时在命令行中输入“100”并按 Enter 键。

（3）命令行继续提示：CYLINDER 指定高度或 [两点(2P) 轴端点(A)]:，此时在命令行中输入“300”并按 Enter 键即可。

12.4.6　绘制圆环体

圆环体可以看成是圆轮廓线绕与其共面的直线旋转所形成的实体特征，其形状与轮胎内胎相似。在 AutoCAD 2019 中，圆环体由两个半径值定义：一个是圆管半径；另一个是圆环半径，即从圆环体中心到圆管中心的距离。如图 12-45 所示，圆环半径为 100，圆管半径为 20。

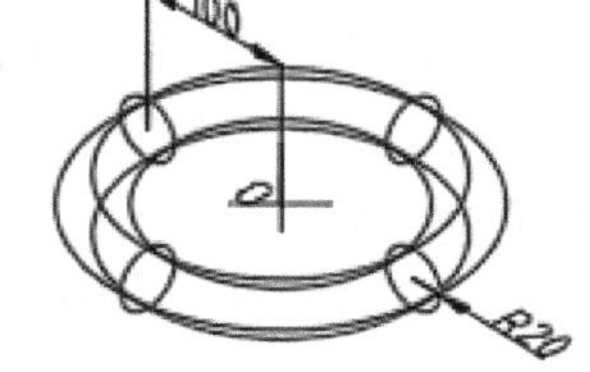

图 12-45　绘制圆环体实例 1

在 AutoCAD 2019 中，有以下 5 种方法执行**圆环体**命令：

（1）选择“绘图”菜单→“建模”→“圆环体”命令。

（2）单击“常用”选项卡→“建模”面板→“圆环体”按钮 。

（3）单击“实体”选项卡→“图元”面板→“圆环体”按钮 。

（4）单击“建模”工具栏中的“圆环体”按钮 。

（5）在命令行中输入“TORUS”并按 Enter 键。

素材\第 12 章\图 12-13.dwg

【例 12-11】绘制如图 12-45 所示的圆环体。

（1）在命令行中输入“TORUS”并按Enter键。

（2）命令行提示：TORUS 指定中心点或 [三点(3P) 两点(2P) 切点、切点、半径(T)]:，此时单击图 12-45 中的 O 点，即指定 O 点为中心点。

（3）命令行继续提示：TORUS 指定半径或 [直径(D)]:，此时在命令行中输入“100”并按Enter键。

（4）命令行继续提示：TORUS 指定圆管半径或 [两点(2P) 直径(D)]:，此时在命令行中输入“20”并按Enter键即可。

【例 12-12】绘制如图 12-46 所示的圆环体，其中圆环半径为 60，圆管半径为 80。

（1）在命令行中输入“TORUS”并按Enter键。

（2）命令行提示：TORUS 指定中心点或 [三点(3P) 两点(2P) 切点、切点、半径(T)]:，此时单击图 12-46 中的 O 点，即指定 O 点为中心点。

（3）命令行继续提示：TORUS 指定半径或 [直径(D)]:，此时在命令行中输入“60”并按Enter键。

（4）命令行继续提示：TORUS 指定圆管半径或 [两点(2P) 直径(D)]:，此时在命令行中输入“80”并按Enter键即可。

【例 12-13】绘制如图 12-47 所示的圆环体，其中圆环半径为–100，圆管半径为 200。

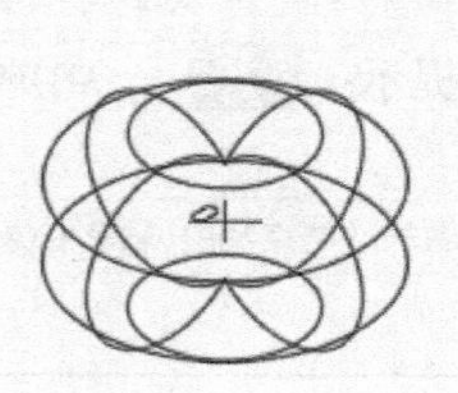

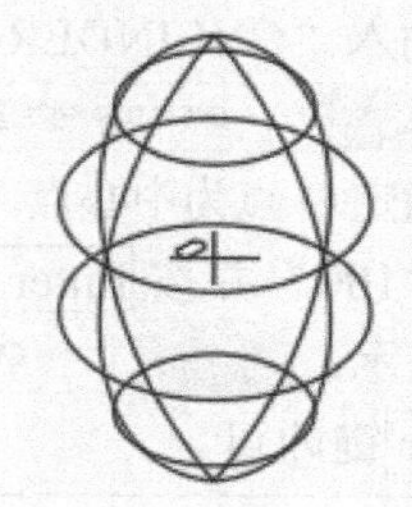

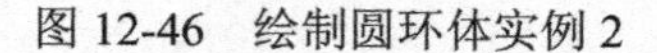

图 12-46 绘制圆环体实例 2　　　图 12-47 绘制圆环体实例 3

（1）在命令行中输入“TORUS”并按Enter键。

（2）命令行提示：TORUS 指定中心点或 [三点(3P) 两点(2P) 切点、切点、半径(T)]:，此时单击图 12-47 中的 O 点，即指定 O 点为中心点。

（3）命令行继续提示：TORUS 指定半径或 [直径(D)]:，此时在命令行中输入“–100”并按Enter键。

（4）命令行继续提示：TORUS 指定圆管半径或 [两点(2P) 直径(D)]:，此时在命令行中输入“200”并按Enter键即可。

12.4.7 绘制棱锥体

使用“PYRAMID”命令可以创建底面为正多边形的尖头棱锥体或棱台。默认情况下，所绘制的棱锥体的底面位于当前 UCS 的 XY 平面上，并且其中心线与 Z 轴平行。在 AutoCAD 2019 中绘制棱锥体时先指定底面正多边形的大小和位置，再指定棱锥体的高度。

在 AutoCAD 2019 中，有以下 5 种方法执行**棱锥体**命令：

（1）选择“绘图”菜单→“建模”→“棱锥体”命令。

（2）单击“常用”选项卡→“建模”面板→“棱锥体”按钮。

（3）单击“实体”选项卡→“图元”面板→“棱锥体”按钮。

（4）单击“建模”工具栏中的“棱锥体”按钮。

（5）在命令行中输入“PYRAMID”并按Enter键。

执行棱锥体命令后，命令行提示：PYRAMID 指定底面的中心点或 [边(E) 侧面(S)]:，此时可指定棱锥体的侧面数，各选项的含义如下：

1）边（E）：使用绘制边的方法绘制底面正多边形。

2）侧面（S）：指定棱锥体的侧面数，可以输入3～32的数。

指定底面中心点后，命令行继续提示：PYRAMID 指定底面半径或 [内接(I)]:，此时指定底面内切圆的半径，完成棱锥体底面正多边形的绘制。选择“内接”选项，可以使用内接模式绘制正多边形，即指定正多边形的外接圆半径。

命令行继续提示：PYRAMID 指定高度或 [两点(2P) 轴端点(A) 顶面半径(T)]:，此时可输入棱锥体的高度，完成棱锥体的绘制，或者选择其他选项，这些选项与绘制圆锥体时的选项相同。

素材\第12章\图12-14.dwg

【例12-14】绘制如图12-48所示的棱锥体。

（1）在命令行中输入“PYRAMID”并按Enter键。

（2）命令行提示：PYRAMID 指定底面的中心点或 [边(E) 侧面(S)]:，此时在命令行中输入“S”并按Enter键，命令行提示：PYRAMID 输入侧面数 <4>:，此时在命令行中输入“4”并按Enter键，命令行继续提示：PYRAMID 指定底面的中心点或 [边(E) 侧面(S)]:，此时单击图12-48中的O点，即指定O点为中心点，命令行继续提示：PYRAMID 指定底面半径或 [内接(I)]:，此时在命令行中输入“80”并按Enter键，命令行继续提示：PYRAMID 指定高度或 [两点(2P) 轴端点(A) 顶面半径(T)]:此时在命令行中输入“200”并按Enter键即可。

【例12-15】绘制如图12-49所示的棱台（棱台的高度为160）。

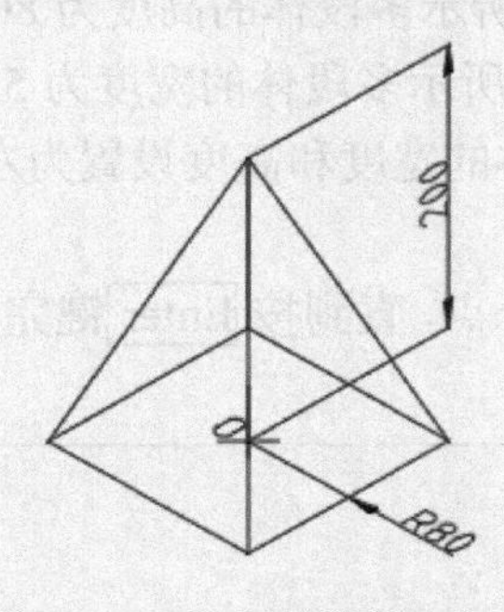

图12-48　绘制棱锥体实例1

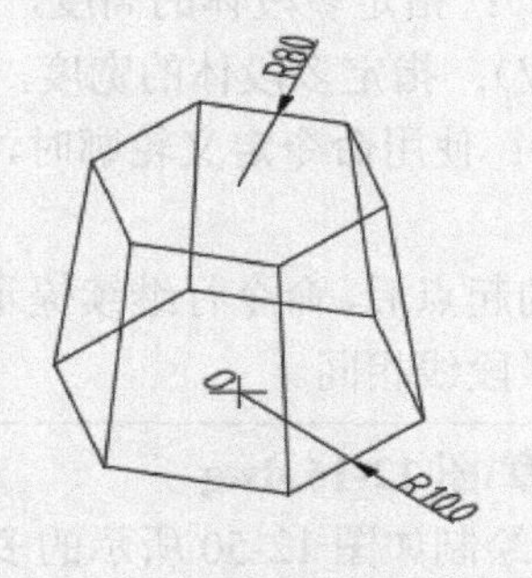

图12-49　绘制棱锥体实例2

（1）在命令行中输入“PYRAMID”并按Enter键。

（2）命令行提示：PYRAMID 指定底面的中心点或 [边(E) 侧面(S)]:，此时在命令行中输入“S”并按Enter键。

（3）命令行继续提示：PYRAMID 输入侧面数 <4>:，此时在命令行中输入“6”并按Enter键。

（4）命令行继续提示：PYRAMID 指定底面的中心点或 [边(E) 侧面(S)]:，此时单击图12-49中的O点，即指定O点为底面的中心点。

（5）命令行继续提示：PYRAMID 指定底面半径或 [内接(I)]:，此时在命令行中输入“100”并按Enter键。

（6）命令行继续提示：PYRAMID 指定高度或 [两点(2P) 轴端点(A) 顶面半径(T)]:，此时在命令行中输入“T”并按Enter键。

（7）命令行继续提示：PYRAMID 指定顶面半径 <0.0000>:，此时在命令行中输入“80”并按Enter键。

（8）命令行继续提示：PYRAMID 指定高度或 [两点(2P) 轴端点(A)]:，此时在命令行中输入“160”并按Enter键即可。

12.4.8 绘制多段体

绘制多段体与绘制多段线的方法相同。默认情况下，多段体始终带有一个矩形轮廓，也可以利用现有的直线、二维多段线、圆弧或圆创建多段体。多段体通常用于绘制建筑图的墙体。

在 AutoCAD 2019 中，有以下 5 种方法执行**多段体**命令：

（1）选择“绘图”菜单→“建模”→“多段体”命令。

（2）单击“常用”选项卡→“建模”面板→“多段体”按钮。

（3）单击“实体”选项卡→“图元”面板→“多段体”按钮。

（4）单击“建模”工具栏中的“多段体”按钮。

（5）在命令行中输入“POLYSOLID”并按Enter键。

执行多段体命令后，命令行提示：POLYSOLID 指定起点或 [对象(O) 高度(H) 宽度(W) 对正(J)] <对象>:，此时可指定多段体的起点，各选项的含义如下：

（1）对象（O）：用于将二维对象转换为多段体。可以转换的对象包括直线、圆弧、二维多段线和圆。

（2）高度（H）：指定多段体的高度，如图 12-50 所示多段体的高度为 80。

（3）宽度（W）：指定多段体的宽度，如图 12-50 所示多段体的宽度为 5。

（4）对正（J）：使用命令定义轮廓时，可以将实体的宽度和高度设置为左对正、右对正或居中。

指定多段体的起点后，命令行继续提示指定下一个点，直到按Enter键完成多段体的绘制，这一过程与绘制多段线相同。

素材\第 12 章\图 12-15.dwg

【例 12-16】绘制如图 12-50 所示的多段体。

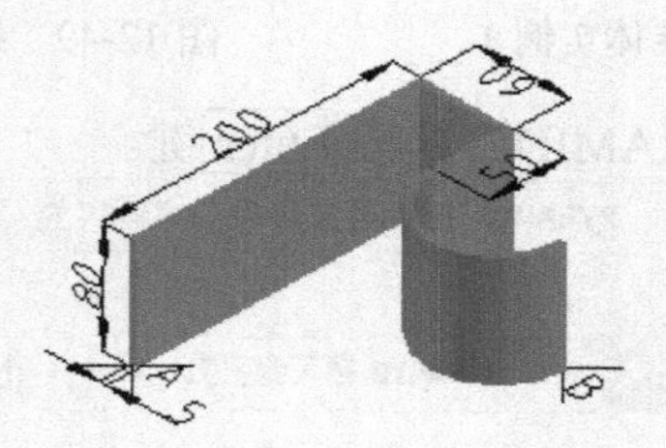

图 12-50 绘制多段体实例

（1）在命令行中输入“POLYSOLID”并按Enter键。

（2）命令行提示：POLYSOLID 指定起点或 [对象(O) 高度(H) 宽度(W) 对正(J)] <对象>:，此时在命令行中输入“H”并按Enter键，命令行继续提示：POLYSOLID 指定高度 <80.0000>:，此时在命令行中输入“80”并按Enter键，命令行继续提示：

高度 = 80.0000，宽度 = 5.0000，对正 = 居中

POLYSOLID 指定起点或 [对象(O) 高度(H) 宽度(W) 对正(J)] <对象>:

此时单击图12-50中的A点，即指定A点为起点，命令行继续提示：POLYSOLID 指定下一个点或 [圆弧(A) 放弃(U)]:，此时打开“正交”按钮，将光标移至图12-50所示的对应方向，在命令行中输入“200”并按Enter键，命令行继续提示：POLYSOLID 指定下一个点或 [圆弧(A) 放弃(U)]:，此时将光标移至图12-50所示的对应方向，在命令行中输入“60”并按Enter键，命令行继续提示：POLYSOLID 指定下一个点或 [圆弧(A) 闭合(C) 放弃(U)]:，此时将光标移至图12-50所示的对应方向，在命令行中输入“50”并按Enter键。

（3）命令行继续提示：POLYSOLID 指定下一个点或 [圆弧(A) 闭合(C) 放弃(U)]:，此时在命令行中输入“A”并按Enter键，命令行继续提示：POLYSOLID 指定圆弧的端点或 [闭合(C) 方向(D) 直线(L) 第二个点(S) 放弃(U)]:，此时单击图12-50中的B点即可。按Enter键结束当前命令。

【例 12-17】将图12-51a所示的对象转换为图12-51b所示的多段体，参数选择默认即可。

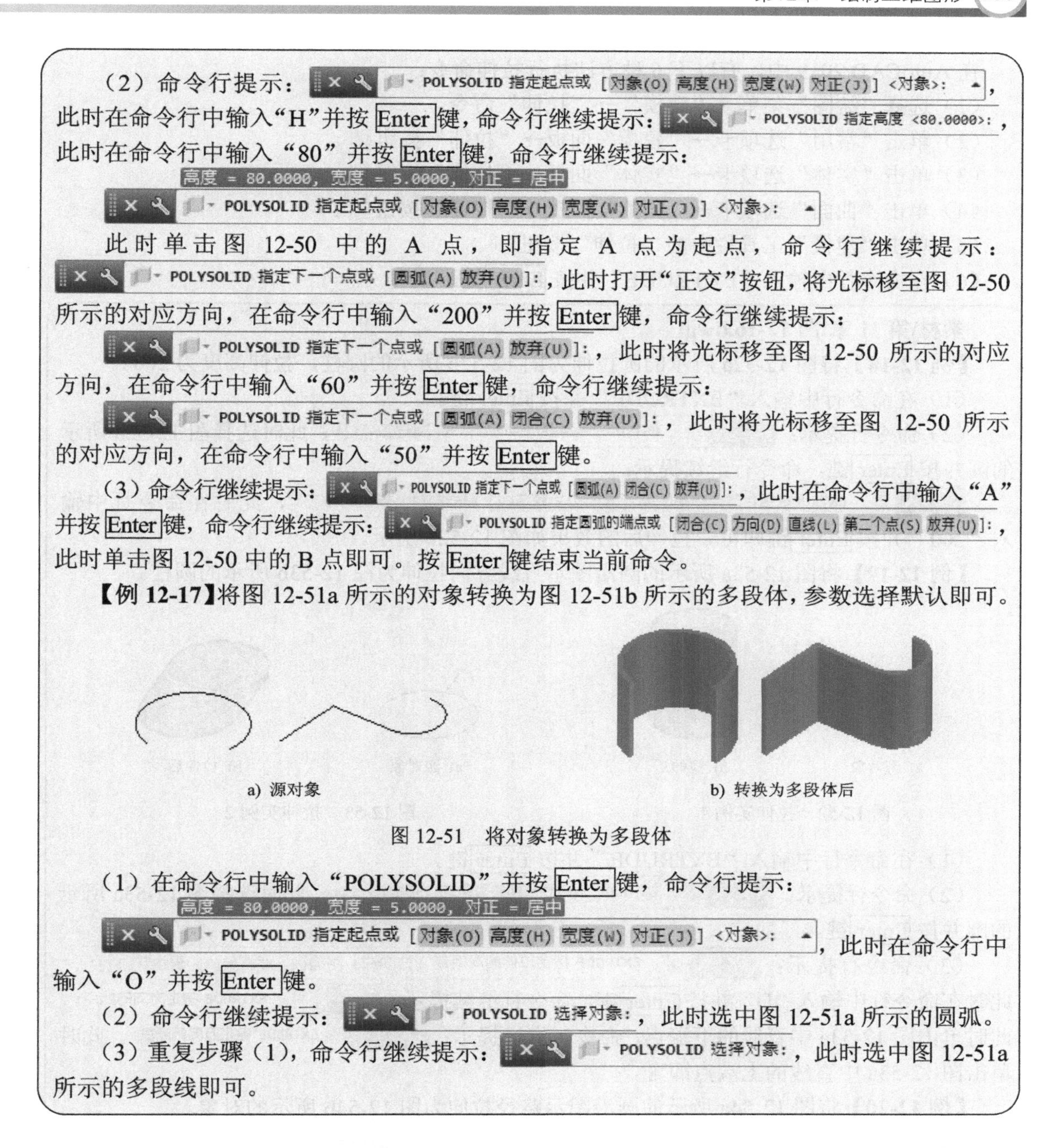

a) 源对象　　b) 转换为多段体后

图 12-51　将对象转换为多段体

（1）在命令行中输入“POLYSOLID”并按Enter键，命令行提示：

高度 = 80.0000，宽度 = 5.0000，对正 = 居中

POLYSOLID 指定起点或 [对象(O) 高度(H) 宽度(W) 对正(J)] <对象>:，此时在命令行中输入“O”并按Enter键。

（2）命令行继续提示：POLYSOLID 选择对象:，此时选中图12-51a所示的圆弧。

（3）重复步骤（1），命令行继续提示：POLYSOLID 选择对象:，此时选中图12-51a所示的多段线即可。

12.5　从直线和曲线创建实体和曲面

在AutoCAD 2019中，不但可以直接使用三维实体的相关命令创建三维对象，还可以将二维对象通过拉伸、扫掠、旋转和放样来创建三维对象。

12.5.1　拉伸

拉伸操作即通过沿指定的方向将对象或平面拉伸出指定高度来创建三维实体或曲面。一般地，开放曲线可以拉伸成曲面，闭合曲线或者曲面可以拉伸成实体。

在 AutoCAD 2019 中，有以下 6 种方法执行拉伸命令：

（1）选择“绘图”菜单→“建模”→“拉伸”命令。

（2）单击“常用”选项卡→“建模”面板→“拉伸”按钮。

（3）单击“实体”选项卡→“实体”面板→“拉伸”按钮。

（4）单击“曲面”选项卡→“创建”面板→“拉伸”按钮。

（5）单击“建模”工具栏中的“拉伸”按钮。

（6）在命令行中输入“EXTRUDE”并按Enter键。

素材\第 11 章\图 12-16.dwg

【例 12-18】将图 12-52a 所示的圆拉伸为图 12-52b 所示的圆柱，拉伸高度为 260。

（1）在命令行中输入“EXTRUDE”并按Enter键。

（2）命令行提示：EXTRUDE 选择要拉伸的对象或 [模式(MO)]:，此时选择图 12-52a 所示的圆并按Enter键，命令行继续提示：EXTRUDE 指定拉伸的高度或 [方向(D) 路径(P) 倾斜角(T) 表达式(E)]:，此时在命令行中输入“260”并按Enter键即可。拉伸后的效果如图 12-52b 所示。

【例 12-19】将图 12-53a 所示的圆沿图示直线方向拉伸为图 12-53b 所示的圆柱。

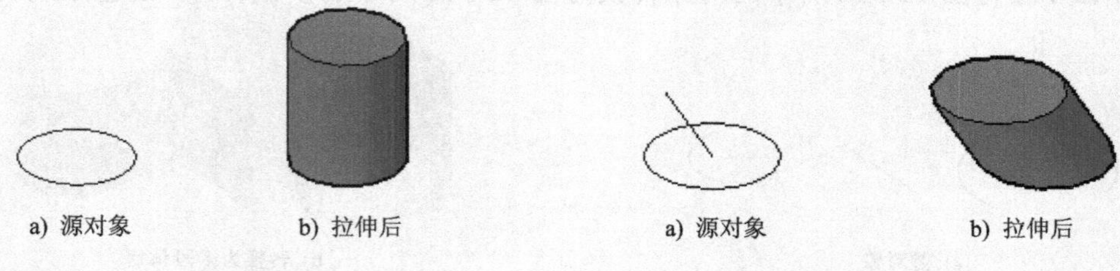

图 12-52　拉伸实例 1　　图 12-53　拉伸实例 2

（1）在命令行中输入“EXTRUDE”并按Enter键。

（2）命令行提示：EXTRUDE 选择要拉伸的对象或 [模式(MO)]:，此时选择图 12-53a 所示的圆并按Enter键。

（3）命令行提示：EXTRUDE 指定拉伸的高度或 [方向(D) 路径(P) 倾斜角(T) 表达式(E)]:，此时在命令行中输入“D”并按Enter键，命令行继续提示：EXTRUDE 指定方向的起点:，此时单击图 12-53a 中直线的下端点，命令行继续提示：EXTRUDE 指定方向的端点:，此时单击图 12-53a 中直线的上端点即可。

【例 12-20】将图 12-54a 所示的圆沿图示路径拉伸为图 12-54b 所示的对象。

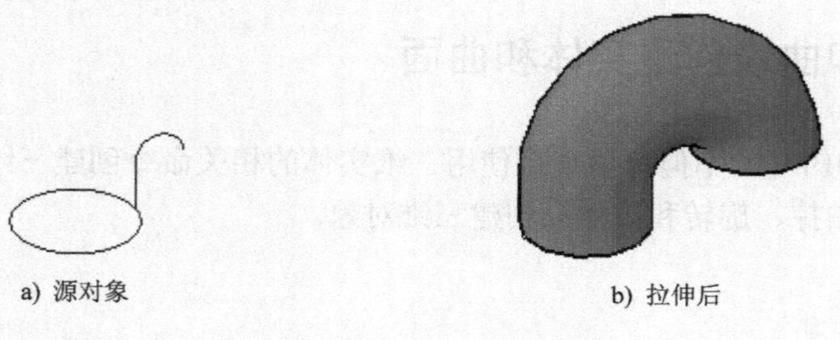

图 12-54　拉伸实例 3

（1）在命令行中输入“EXTRUDE”并按Enter键。

（2）命令行提示：EXTRUDE 选择要拉伸的对象或 [模式(MO)]:，此时选择图 12-54a 所示的圆并按Enter键。

（3）命令行提示：EXTRUDE 指定拉伸的高度或 [方向(D) 路径(P) 倾斜角(T) 表达式(E)]:，此时在命令行中输入“P”并按Enter键，命令行继续提示：EXTRUDE 选择拉伸路径或 [倾斜角(T)]:，此时选择图 12-54a 中的多段线即可。拉伸后的效果如图 12-54b 所示。

【例 12-21】将图 12-55a 所示的两个圆分别拉伸为图 12-55b 所示的对象（倾斜角度分别为 20°和–20°，拉伸高度为 140）。

a) 源对象　　b) 拉伸后

图 12-55　拉伸实例 4

（1）在命令行中输入“EXTRUDE”并按Enter键。

（2）命令行提示：EXTRUDE 选择要拉伸的对象或 [模式(MO)]:，此时选择图 12-55a 中的第一个圆并按Enter键。

（3）命令行提示：EXTRUDE 指定拉伸的高度或 [方向(D) 路径(P) 倾斜角(T) 表达式(E)]:，此时在命令行中输入“T”并按Enter键，命令行提示：EXTRUDE 指定拉伸的倾斜角度或 [表达式(E)] <0>:，此时在命令行中输入“20”并按Enter键。

（4）命令行提示：EXTRUDE 指定拉伸的高度或 [方向(D) 路径(P) 倾斜角(T) 表达式(E)]:，此时在命令行中输入“140”并按Enter键即可。

（5）参照上述方法将拉伸的倾斜角度改为–20°，即可将图 12-55a 所示的第二个圆拉伸为图 12-55b 中与之对应的对象。

12.5.2　扫掠

使用 AutoCAD 2019 的扫掠操作，可以沿指定路径（扫掠路径）以指定轮廓的形状（扫掠对象）绘制实体或曲面。扫掠路径可以是开放或闭合的二维或三维路径；扫掠对象可以是开放或闭合的平面曲线。如果沿一条路径扫掠闭合曲线，则生成实体；如果沿一条路径扫掠开放曲线，则生成曲面。

在 AutoCAD 2019 中，有以下 6 种方法执行**扫掠**命令：

（1）选择“绘图”菜单→“建模”→“扫掠”命令。

（2）单击“常用”选项卡→“建模”面板→“扫掠”按钮。

（3）单击“实体”选项卡→“实体”面板→“扫掠”按钮。

（4）单击“曲面”选项卡→“创建”面板→“扫掠”按钮。

（5）单击“建模”工具栏中的“扫掠”按钮。

（6）在命令行中输入“SWEEP”并按Enter键。

执行扫掠命令后，命令行提示：SWEEP 选择要扫掠的对象或 [模式(MO)]:，此时选择要扫掠的对象并按Enter键，命令行继续提示：

SWEEP 选择扫掠路径或 [对齐(A) 基点(B) 比例(S) 扭曲(T)]:，此时选择要作为扫掠路径的对象即可。各选项的含义如下：

“对齐（A）”：指定是否对齐轮廓以使其作为扫掠路径切向的法向。默认情况下，轮廓是对齐的。

“基点（B）”：指定要扫掠对象的基点。如果指定的点不在选定对象所在的平面上，则该点将被投射到该平面上。

“比例（S）”：指定比例因子以进行扫掠操作。从扫掠路径开始到结束，比例因子将统一应用到扫掠的对象。

“扭曲（T）”：设置被扫掠对象的扭曲角度。扭曲角度指定沿扫掠路径全部长度的旋转量。

> ★注意：在选择扫掠对象和扫掠路径时，应注意哪种对象可以作为扫掠对象，哪种对象可以作为扫掠路径，见表12-1。

表12-1 可以用作扫掠对象和扫掠路径的对象

可以扫掠的对象	可以用作扫掠路径的对象
二维和三维样条曲线	二维和三维样条曲线
二维多段线	二维和三维多段线
二维实体	实体、曲面和网格边子对象
三维实体面子对象	螺旋
圆弧	圆弧
圆	圆
椭圆	椭圆
椭圆弧	椭圆弧
直线	直线
面域	
实体、曲面和网格边子对象	
宽线	

素材\第11章\图12-17.dwg

【例12-22】将图12-56a所示的圆沿螺旋线扫掠为图12-56b所示的对象。

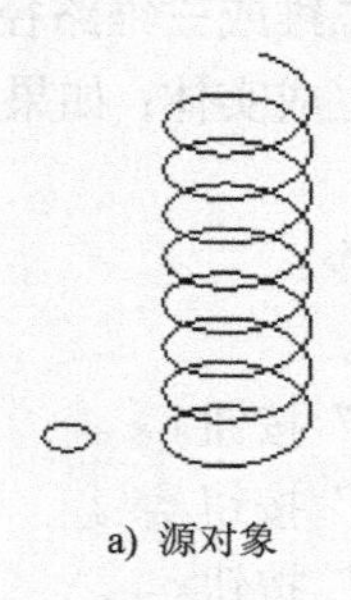

a) 源对象

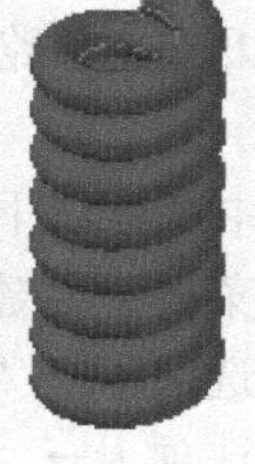

b) 扫掠后

图12-56 扫掠实例

（1）选择“绘图”菜单→“建模”→“扫掠”命令。

（2）命令行提示：SWEEP 选择要扫掠的对象或 [模式(MO)]:，此时选择图 12-56a 中的圆并按 Enter 键。

（3）命令行继续提示：SWEEP 选择扫掠路径或 [对齐(A) 基点(B) 比例(S) 扭曲(T)]:，此时选择图 12-56a 中的螺旋线即可。扫掠后的效果如图 12-56b 所示。

12.5.3 旋转

使用 AutoCAD 2019 的旋转操作，可以通过绕旋转轴旋转开放或闭合对象来创建实体或曲面。如果旋转闭合对象，则生成实体；如果旋转开放对象，则生成曲面。可以对以下对象进行旋转操作：直线、圆弧、椭圆弧、二维多段线、二维样条曲线、圆、椭圆、三维平面、二维实体、宽线、面域、实体或曲面上的平面。

在 AutoCAD 2019 中，有以下 6 种方法执行**旋转**命令：

（1）选择“绘图”菜单→“建模”→“旋转”命令。

（2）单击“常用”选项卡→“建模”面板→“旋转”按钮。

（3）单击“实体”选项卡→“实体”面板→“旋转”按钮。

（4）单击“曲面”选项卡→“创建”面板→“旋转”按钮。

（5）单击“建模”工具栏中的“旋转”按钮。

（6）在命令行中输入“REVOLVE”并按 Enter 键。

执行旋转命令后，命令行提示：REVOLVE 选择要旋转的对象或 [模式(MO)]:，此时选择要旋转的对象并按 Enter 键，命令行继续提示：

REVOLVE 指定轴起点或根据以下选项之一定义轴 [对象(O) X Y Z] <对象>:

这一步提示指定旋转轴，可以指定轴的起点和端点来指定旋转轴，也可以选择中括号内的选项。“对象”选项用于选择一个现有的对象作为旋转轴；“X”“Y”和“Z”选项用于选择 X、Y 和 Z 轴作为旋转轴。

选定旋转轴后，命令行继续提示：

REVOLVE 指定旋转角度或 [起点角度(ST) 反转(R) 表达式(EX)] <360>:，此时可指定旋转的角度。正角度表示按逆时针方向旋转对象，负角度表示按顺时针方向旋转对象。

素材\第 11 章\图 12-18.dwg

【例 12-23】 将图 12-57a 所示的两个对象旋转为与之对应的图 12-57b 所示的两个对象。

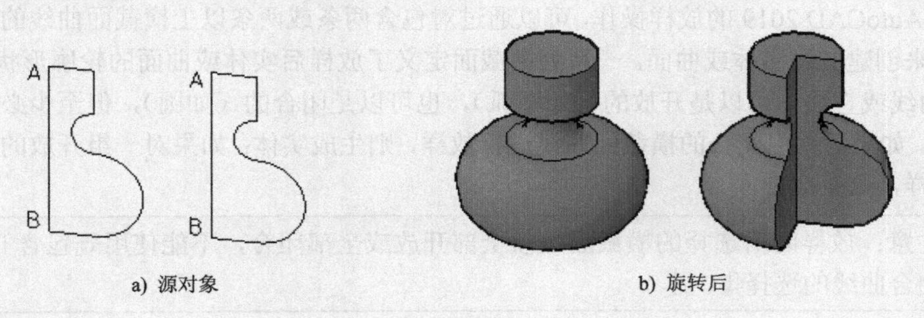

图 12-57 旋转实例 1

（1）选择“绘图”菜单→“建模”→“旋转”命令。

（2）命令行提示：REVOLVE 选择要旋转的对象或 [模式(MO)]：，此时选择图 12-57a 中的第一个对象并按Enter键。

（3）命令行提示：REVOLVE 指定轴起点或根据以下选项之一定义轴 [对象(O) X Y Z] <对象>：，此时单击所选中对象上的 A 点,命令行提示：REVOLVE 指定轴端点：，此时单击所选中对象上的 B 点。

（4）命令行提示：REVOLVE 指定旋转角度或 [起点角度(ST) 反转(R) 表达式(EX)] <360>：，此时在命令行中输入“360”并按Enter键即可。

（5）参照步骤（1）～（4），可将图 12-57a 中的第二个对象旋转为图 12-57b 与之对应的对象，此时的旋转角度为-270°。

【例 12-24】将图 12-58a 所示的对象旋转为图 12-58b 所示的对象。

a) 源对象　　b) 旋转后

图 12-58　旋转实例 2

（1）选择“绘图”菜单→“建模”→“旋转”命令。

（2）命令行提示：REVOLVE 选择要旋转的对象或 [模式(MO)]：，此时选择图 12-58a 中的多段线并按Enter键。

（3）命令行提示：REVOLVE 指定轴起点或根据以下选项之一定义轴 [对象(O) X Y Z] <对象>：，此时在命令行中输入“O”并按 Enter键，命令行提示：REVOLVE 选择对象：，此时选中图 12-58a 中的直线。

（4）命令行提示：REVOLVE 指定旋转角度或 [起点角度(ST) 反转(R) 表达式(EX)] <360>：，此时在命令行中输入“360”并按Enter键即可。旋转后的效果如图 12-58b 所示。

12.5.4　放样

使用 AutoCAD 2019 的放样操作，可以通过对包含两条或两条以上横截面曲线的一组曲线进行放样来创建三维实体或曲面。一系列横截面定义了放样后实体或曲面的轮廓形状。横截面（通常为曲线或直线）可以是开放的（如圆弧），也可以是闭合的（如圆），但至少必须指定两个横截面。如果对一组闭合的横截面曲线进行放样，则生成实体；如果对一组开放的横截面曲线进行放样，则生成曲面。

★注意：放样时所选择的横截面必须全部开放或全部闭合，不能使用既包含开放曲线又包含闭合曲线的选择集。

在 AutoCAD 2019 中，有以下 6 种方法执行**放样**命令：

（1）选择“绘图”菜单→“建模”→“放样”命令。

（2）单击“常用”选项卡→“建模”面板→“放样”按钮。

（3）单击“实体”选项卡→“实体”面板→“放样”按钮。

（4）单击“曲面”选项卡→“创建”面板→“放样”按钮。

（5）单击“建模”工具栏中的“放样”按钮。

（6）在命令行中输入“LOFT”并按Enter键。

执行放样命令后，命令行提示：

LOFT 按放样次序选择横截面或 [点(PO) 合并多条边(J) 模式(MO)]:，此时按照放样结果通过的次序选择要放样的对象并按Enter键，命令行继续提示：

LOFT 输入选项 [导向(G) 路径(P) 仅横截面(C) 设置(S)] <仅横截面>:，此时可选择放样的方式。各选项的含义如下：

“导向（G）”：指定控制放样实体或曲面形状的导向曲线，如图 12-59 所示。导向曲线是直线或曲线。可以使用导向曲线来控制点如何匹配相应的横截面以防止出现不希望看到的效果（例如：实体或曲面中的褶皱）。导向曲线必须与每个横截面相交，并且始于第一个横截面，止于最后一个横截面。

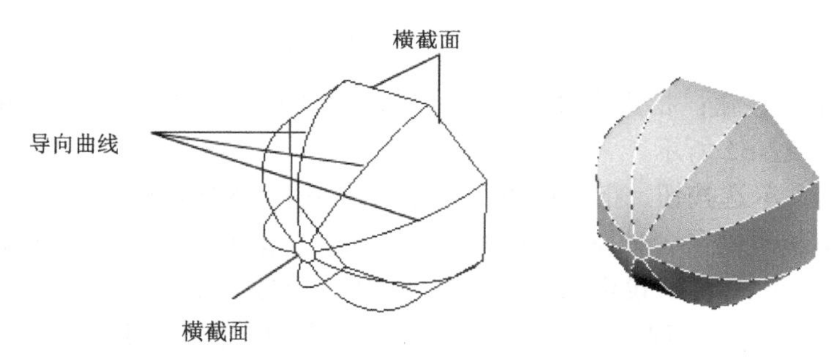

图 12-59 指定导向曲线放样

“路径（P）”：指定放样实体或曲面的单一路径。选择该选项后，命令行会继续提示：LOFT 选择路径轮廓:，此时选择的路径曲线必须与横截面的所有平面相交，如图 12-60 所示。

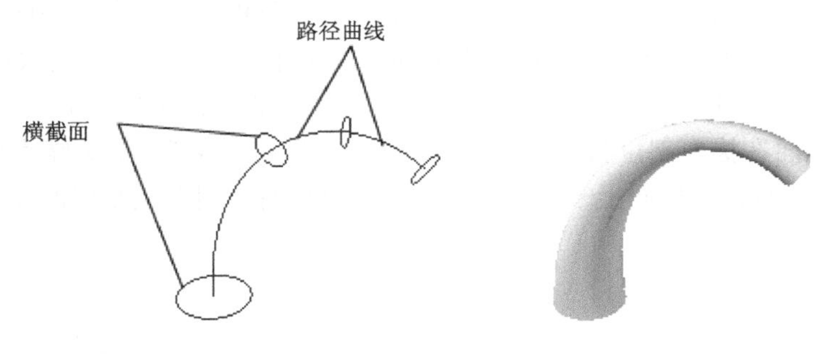

图 12-60 指定放样路径

“仅横截面（C）”：在不使用导向或路径的情况下，创建放样对象。

“设置（S）”：选择该选项，将弹出“放样设置”对话框，如图 12-61 所示。

通过“放样设置”对话框，可以控制放样曲面在其横截面处的轮廓，还可以闭合曲面或实体。各选项设置说明如下：

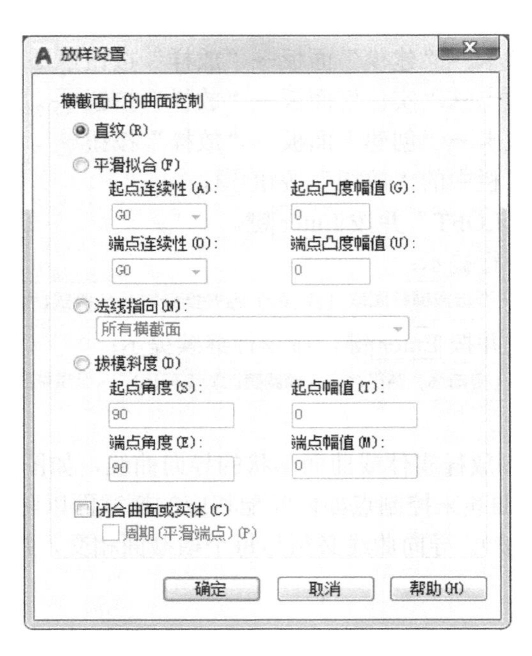

图 12-61 “放样设置”对话框

1）**“直纹”单选按钮**：指定实体或曲面在横截面之间是直纹（直的），并且在横截面处具有鲜明边界，如图 12-62 所示。

2）**“平滑拟合”单选按钮**：指定在横截面之间绘制平滑实体或曲面，并且在起点横截面和端点横截面处具有鲜明边界，如图 12-63 所示。其中，“起点连续性”：设定第一个横截面的切线和曲率；“起点凸度幅值”：设定第一个横截面的曲线的大小；“端点连续性”：设定最后一个横截面的切线和曲率；“端点凸度幅值”：设定最后一个横截面的曲线的大小。

3）**“法线指向”下拉列表**：控制实体或曲面在其通过横截面处的曲面法线。其中，“起点横截面”：指定曲面法线为起点横截面的法向；“端点横截面”：指定曲面法线为端点横截面的法向；“起点和端点横截面”：指定曲面法线为起点横截面和端点横截面的法向；“所有横截面”：指定曲面法线为所有横截面的法向。

4）**“拔模斜度”单选按钮**：控制放样实体或曲面的第一个和最后一个横截面的拔模斜度和幅值。拔模斜度为曲面的开始方向。0° 定义为从曲线所在平面向外，如图 12-64 所示。其中，“起点角度”：指定起点横截面的拔模斜度；“起点幅值”：在曲面开始弯向下一个横截面之前，控制曲面到起点横截面在拔模斜度方向上的相对距离；“端点角度”：指定端点横截面拔模斜度；“端点幅值”：在曲面开始弯向上一个横截面之前，控制曲面到端点横截面在拔模斜度方向上的相对距离。

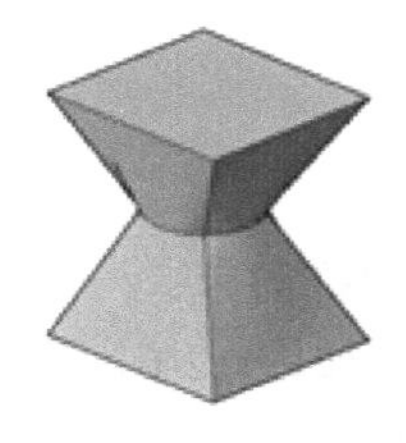

图 12-62 直纹

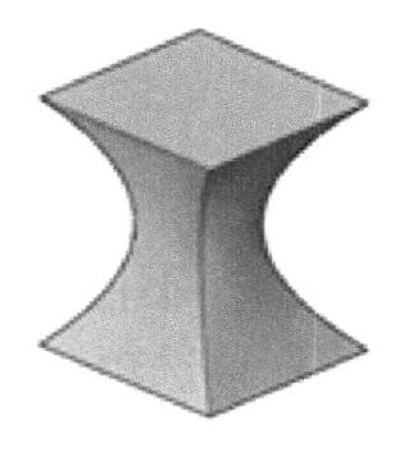

图 12-63 平滑拟合

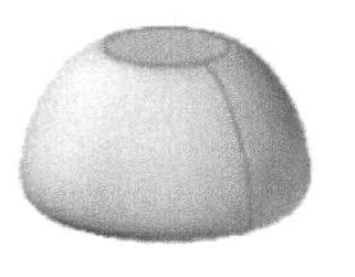

a) 拔模斜度为 0°

b) 拔模斜度为 90°

c) 拔模斜度为 180°

图 12-64　拔模斜度

5）**“闭合曲面或实体”复选框**：用于闭合和开放曲面或实体。使用该选项时，横截面应该形成圆环形图案，以使放样曲面或实体可以形成闭合的圆管，如图 12-65 所示。

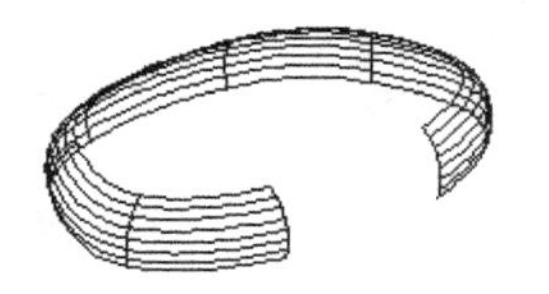

a) 不选“闭合曲面或实体”选项

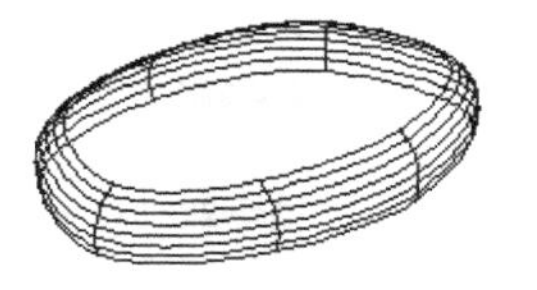

b) 选中“闭合曲面或实体”选项

图 12-65　“闭合曲面或实体” 选项

6）**“周期（平滑端点）”复选框**：用于创建平滑的闭合曲面，在重塑该曲面时其接缝不会扭折。仅当放样为直纹或平滑拟合且选择了“闭合曲面或实体”选项时，此选项才可用。

素材\第 12 章\图 12-19.dwg

【例 12-25】将图 12-66a 所示的对象分别放样为图 12-66b、c、d 所示的三个对象。

a) 源对象

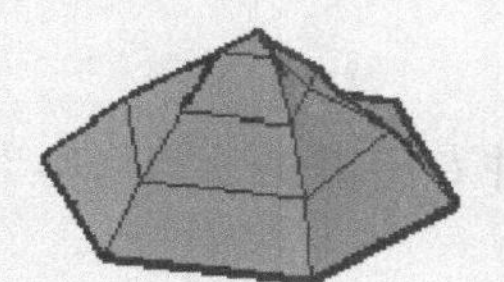

b) 直纹

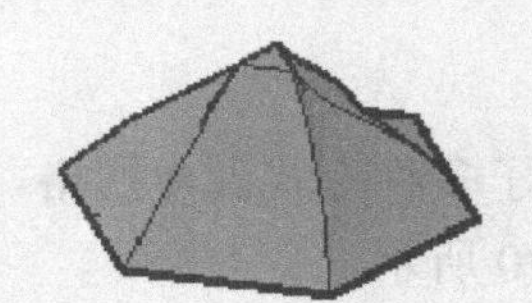

c) 平滑拟合

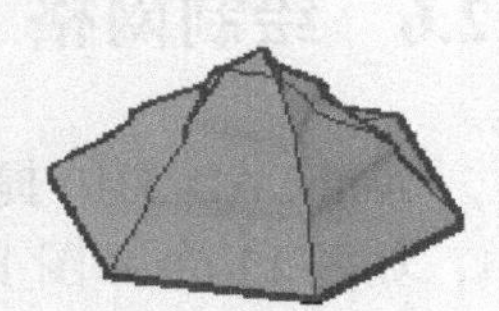

d) 法线指向“所有横截面”

图 12-66　放样实例

（1）选择“绘图”菜单→“建模”→“放样”命令。

（2）命令行提示：LOFT 按放样次序选择横截面或 [点(PO) 合并多条边(J) 模式(MO)]:，此时按照由下而上（或由上而下）的顺序依次选择图 12-66a 中的对象并按 Enter 键，命令行继续提示：LOFT 输入选项 [导向(G) 路径(P) 仅横截面(C) 设置(S)] <仅横截面>:，此时在命令行中输入“S”并按 Enter 键，弹出“放样设置”对话框。

（3）选择“放样设置”对话框中的“直纹”单选按钮，如图 12-61 所示，单击 确定 按钮，放样后的效果如图 12-66b 所示。

（4）重复步骤（1）、(2)。

（5）选择“放样设置”对话框中的“平滑拟合”单选按钮，如图 12-67 所示，单击 确定 按钮，放样后的效果如图 12-66c 所示。

（6）重复步骤（1）、(2)。

（7）选择“放样设置”对话框中的“法线指向”单选按钮，并在其下拉选项中选择“所有横截面”，如图 12-68 所示，单击 确定 按钮，放样后的效果如图 12-66d 所示。

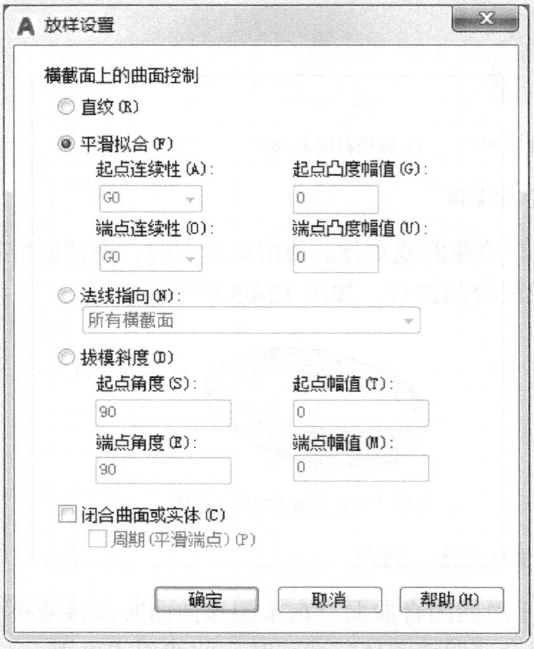

图 12-67 选择“平滑拟合”

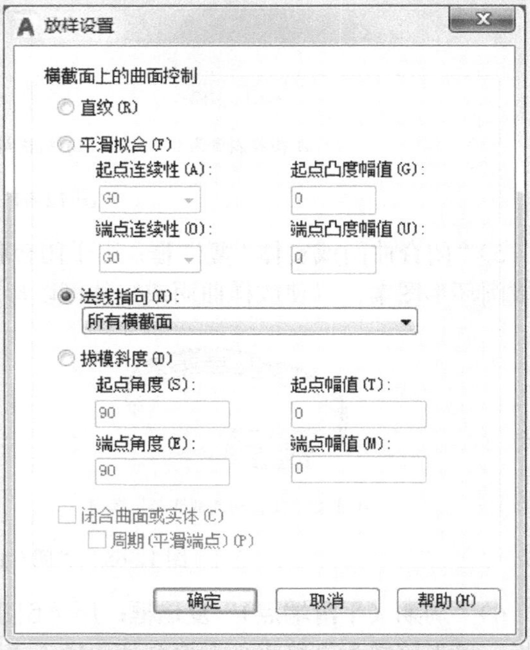

图 12-68 选择法线指向“所有横截面”

12.6 绘制网格

AutoCAD 2019 提供了多种方式创建网格，并专门提供了“网格”选项卡和“网格”子菜单，如图 12-69 和图 12-70 所示。

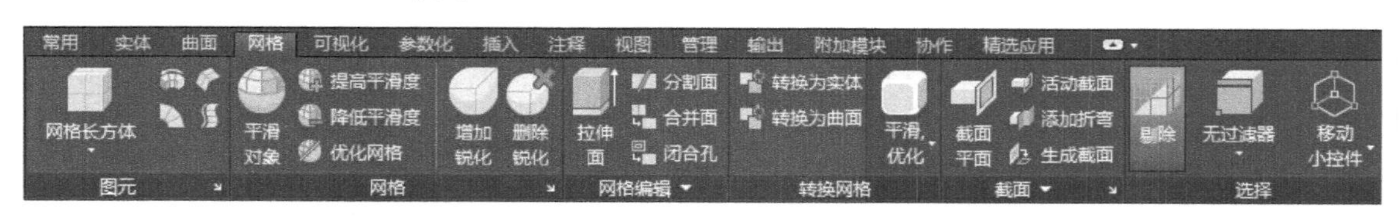

图 12-69 “网格”选项卡

12.6.1 绘制旋转网格

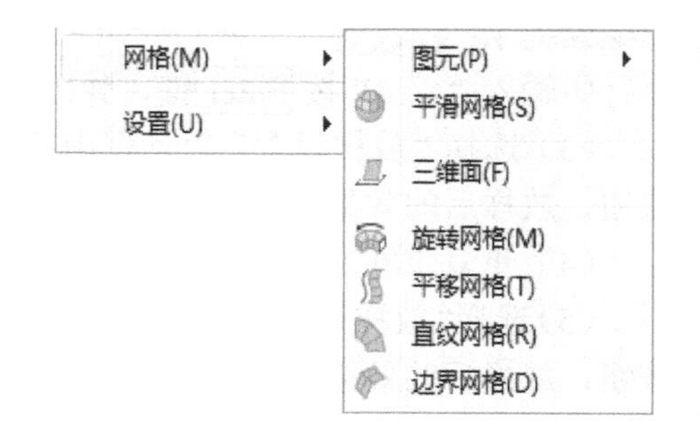

图 12-70 “网格”子菜单

旋转网格是指通过将路径曲线或轮廓(直线、圆、圆弧、椭圆、椭圆弧、闭合多段线、多边形、闭合样条曲线或圆环)绕指定的轴旋转创建一个近似于旋转曲面的多边形网格。

在 AutoCAD 2019 中，有以下 3 种方法执行**旋转网格**命令：

(1) 选择“绘图”菜单→“建模”→“网格”→“旋转网格”命令。

（2）单击“网格”选项卡→“图元”面板→“旋转曲面”按钮。

（3）在命令行中输入“REVSURF”并按Enter键。

素材\第 12 章\图 12-20.dwg

【例 12-26】 将图 12-71a 所示的对象绘制为图 12-71b 所示的对象，其中当前线框密度：SURFTAB1=8，SURFTAB2=8。

a）源对象

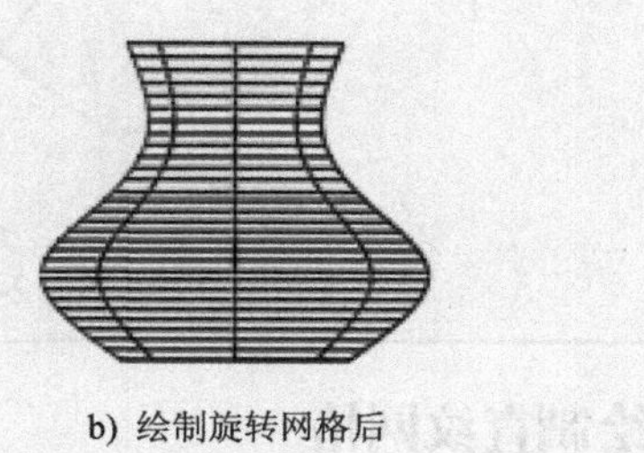

b）绘制旋转网格后

图 12-71 绘制旋转网格实例

（1）在命令行中输入“SURFTAB1”并按Enter键，命令行提示：

SURFTAB1 输入 SURFTAB1 的新值 <6>:，此时在命令行中输入“8”并按Enter键。

（2）在命令行中输入“SURFTAB2”并按Enter键，命令行提示：

SURFTAB2 输入 SURFTAB2 的新值 <6>:，此时在命令行中输入“8”并按Enter键。

（3）在命令行中输入“REVSURF”并按Enter键，命令行提示：

REVSURF 选择要旋转的对象:，此时选择图 12-71a 中的多段线，命令行继续提示：

REVSURF 选择定义旋转轴的对象:，此时选择图 12-71a 中的直线。命令行继续提示：

REVSURF 指定起点角度 <0>:，此时在命令行中输入“0”并按Enter键，命令行继续提示：

REVSURF 指定夹角 (+=逆时针，-=顺时针) <360>:，此时在命令行中输入“360”并按Enter键，绘制旋转网格后的效果如图 12-71b 所示。

12.6.2 绘制平移网格

平移网格表示通过指定的方向和距离（称为方向矢量）拉伸直线或曲线（称为路径曲线）定义的常规平移曲面。

在 AutoCAD 2019 中，有以下 3 种方法执行**平移网格**命令：

（1）选择“绘图”菜单→“建模”→“网格”→“平移网格”命令。

（2）单击“网格”选项卡→“图元”面板→“平移曲面”按钮。

（3）在命令行中输入“TABSURF”并按Enter键。

素材\第 12 章\图 12-21.dwg

【例 12-27】 将图 12-72a 所示的对象绘制为图 12-72b 所示的对象，其中当前线框密度：SURFTAB1=12。

（1）在命令行中输入“SURFTAB1”并按Enter键，命令行提示：

SURFTAB1 输入 SURFTAB1 的新值 <6>:，此时在命令行中输入“12”并按Enter键。

（2）在命令行中输入“TABSURF”并按Enter键，命令行提示：

TABSURF 选择用作轮廓曲线的对象:，此时选择图 12-72a 中的正六边形，命令行继续提示：TABSURF 选择用作方向矢量的对象：，此时靠近直线下端点单击图 12-72a 中的直线，绘制平移网格后的效果如图 12-72b 所示。

a) 源对象　　b) 绘制平移网格后

图 12-72　绘制平移网格实例

12.6.3　绘制直纹网格

直纹网格是指在两条直线或曲线之间创建一个表示直纹曲面的多边形网格。

在 AutoCAD 2019 中，有以下 3 种方法执行**直纹网格**命令：

（1）选择“绘图”菜单→“建模”→“网格”→“直纹网格”命令。

（2）单击“网格”选项卡→“图元”面板→“直纹曲面”按钮。

（3）在命令行中输入“RULESURF”并按 Enter 键。

素材\第 12 章\图 12-22.dwg

【例 12-28】将图 12-73a 所示的对象绘制为图 12-73b 所示的对象，其中当前线宽密度：SURFTAB1=12。

a) 源对象　　b) 绘制直纹网格后

图 12-73　绘制直纹网格实例

（1）在命令行中输入“SURFTAB1”并按 Enter 键，命令行提示：SURFTAB1 输入 SURFTAB1 的新值 <6>：，此时在命令行中输入“12”并按 Enter 键。

（2）在命令行中输入“RULESURF”并按 Enter 键，命令行提示：RULESURF 选择第一条定义曲线：，此时选择图 12-73a 中的上侧小圆，命令行继续提示：RULESURF 选择第二条定义曲线：，此时选择图 12-73a 中的下侧大圆，绘制直纹网格后的效果如图 12-73b 所示。

12.6.4　绘制边界网格

使用“EDGESURF”命令可创建一个多边形网格，此多边形网格近似于一个由 4 条邻接边定义的孔斯曲面片网格。孔斯曲面片网格是一个在 4 条邻接边（这些边可以是普通的空间曲线）之间插入的双三次曲面。

在 AutoCAD 2019 中，有以下 3 种方法执行**边界网格**命令：

（1）选择“绘图”菜单→“建模”→“网格”→“边界网格”命令。

（2）单击“网格”选项卡→“图元”面板→“边界曲面”按钮。

（3）在命令行中输入“EDGESURF”并按 Enter 键。

素材\第 12 章\图 12-23.dwg

【例 12-29】将图 12-74a 所示的对象绘制为图 12-74b 所示的对象，其中当前线宽密度：SURFTAB1=12，SURFTAB2=16。

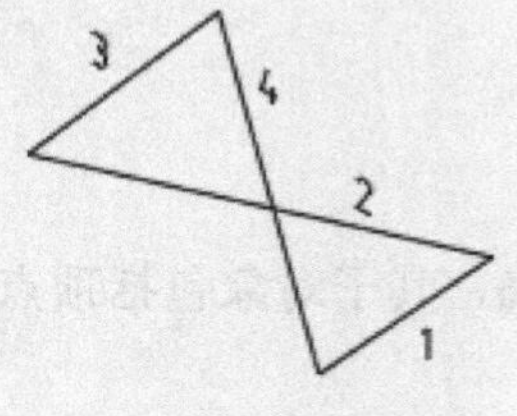

a) 源对象

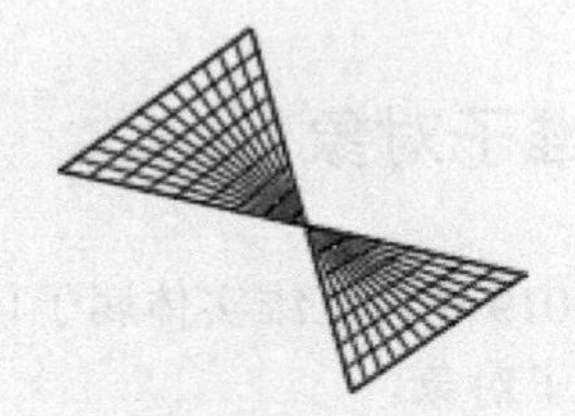

b) 绘制边界网格后

图 12-74　绘制边界网格实例

（1）在命令行中输入“SURFTAB1”并按 Enter 键，命令行提示：

SURFTAB1 输入 SURFTAB1 的新值 <6>:，此时在命令行中输入“12”并按 Enter 键。

（2）在命令行中输入“SURFTAB2”并按 Enter 键，命令行提示：

SURFTAB2 输入 SURFTAB2 的新值 <6>:，此时在命令行中输入“16”并按 Enter 键。

（3）在命令行中输入“EDGESURF”并按 Enter 键，命令行提示：

EDGESURF 选择用作曲面边界的对象 1:，此时选择图 12-74a 中的对象 1，命令行依次提示：EDGESURF 选择用作曲面边界的对象 2:，EDGESURF 选择用作曲面边界的对象 3:，EDGESURF 选择用作曲面边界的对象 4:，此时按照提示依次选择图 12-74a 中的对象 2、3、4，绘制边界网格后的效果如图 12-74b 所示。

CHAPTER 13

第13章 编辑和渲染三维图形

13.1 编辑三维子对象

在 AutoCAD 2019 中，三维实体属于体对象的范畴，其子对象包括顶点、边和面，可以单独选择并修改这些子对象。

13.1.1 三维实体夹点编辑

如图 13-1 所示，选择三维对象之后，可显示三维对象的夹点。三维对象的夹点和二维对象的夹点有区别，三维对象还包括一些三角形的夹点，通过移动这些夹点，可对三维对象进行编辑，比如拉伸、移动等。

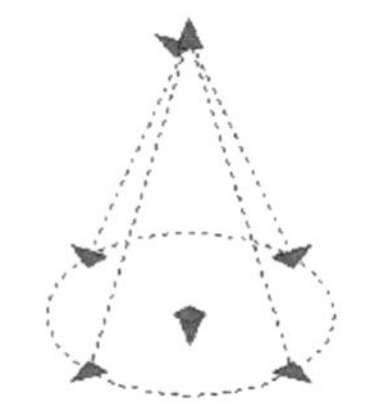

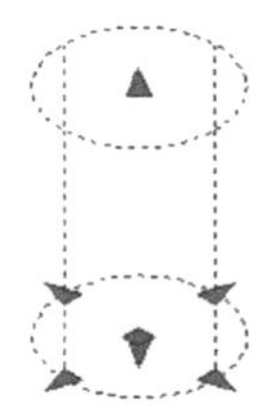

图 13-1 三维对象的夹点

三维对象的夹点编辑分为以下两种：

（1）单击方形的夹点，命令行提示：

** 拉伸 **
指定拉伸点或 [基点(B) 复制(C) 放弃(U) 退出(X)]:

这与 7.2 节介绍的编辑二维对象夹点时的提示一样，对三维对象也可以进行同样的操作。按 Enter 或 Space 键，可在“拉伸”“移动”“旋转”“比例缩放”和“镜像”夹点编辑模式之间进行切换。

（2）单击三角形的夹点，命令行提示：指定点位置或 [基点(B) 放弃(U) 退出(X)]:，此时通过指定新点的位置即可完成夹点的编辑。

13.1.2 选择三维子对象

在三维实体上单击或者用窗口来选择时，选择的是三维实体对象。如果要选择三维实体的子对象，需要在选择时按住 Ctrl 键，选定顶点、边和面后，它们将分别显示不同类型的夹点，如图 13-2 所示。

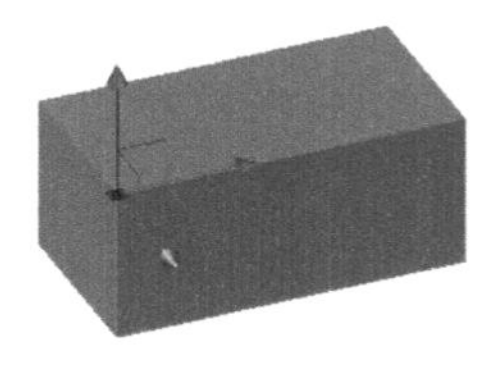

a) 选择顶点

b) 选择边

c) 选择面

图 13-2 选择三维子对象

13.1.3　实例——编辑三维子对象

素材\第 13 章\图 13-1.dwg

【例 13-1】 将如图 13-3a 所示的长方体顶面以 A 点为基点放大 2 倍，放大后的效果如图 13-3b 所示。

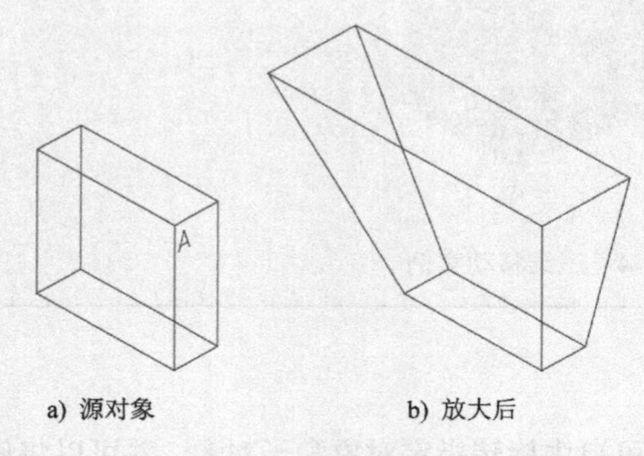

a) 源对象　　b) 放大后　　c) 选择顶面

选择对象:

图 13-3　编辑三维子对象实例

（1）在命令行中输入“SC”并按 Enter 键，命令行提示：SCALE 选择对象:，此时按住 Ctrl 键选择长方体的顶面并按 Enter 键，如图 13-3c 所示。

（2）命令行继续提示：SCALE 指定基点:，此时单击图 13-3a 中的 A 点，即指定 A 点为基点，命令行继续提示：SCALE 指定比例因子或 [复制(C) 参照(R)]:，此时在命令行中输入“2”并按 Enter 键，放大后的效果如图 13-3b 所示。

13.2　三维编辑操作

在 AutoCAD 2019 中，可以通过三维移动、旋转和对齐等操作方式对三维对象进行编辑。

13.2.1　三维移动

在 AutoCAD 2019 中，三维移动操作可将指定对象移动到三维空间中的任何位置，并且可以约束移动的轴和面。有以下 4 种方法执行**三维移动**命令：

（1）选择“修改”菜单→“三维操作”→“三维移动”命令。

（2）单击“常用”选项卡→“修改”面板→“三维移动”按钮。

（3）单击“建模”工具栏中的“三维移动”按钮。

（4）在命令行中输入“3DMOVE”并按 Enter 键。

素材\第 13 章\图 13-2.dwg

【例 13-2】 将图 13-4 所示的长方体以 A 点为基点，沿 X 轴正方向移动 300。

（1）在命令行中输入“3DMOVE”并按 Enter 键。

（2）命令行提示：3DMOVE 选择对象:，此时选择图 13-4 所示的长方体并按 Enter 键，命令行继续提示：3DMOVE 指定基点或 [位移(D)] <位移>:，此时单击图 13-4 中的 A 点，即指定 A 点为基点，命令行继续提示：

3DMOVE 指定第二个点或 <使用第一个点作为位移>：，此时打开正交按钮，将光标移至 X 轴正方向的位置，在命令行中输入“300”并按 Enter 键即可。

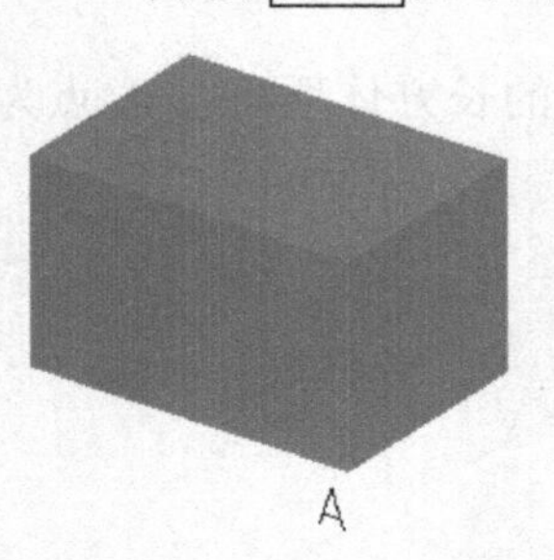

图 13-4 三维移动实例

13.2.2 三维旋转

在 AutoCAD 2019 中，三维旋转操作可自由旋转指定对象和子对象，并可以将旋转约束到轴。有以下 4 种方法执行**三维旋转**命令：

（1）选择“修改”菜单→“三维操作”→“三维旋转”命令。

（2）单击“常用”选项卡→“修改”面板→“三维旋转”按钮。

（3）单击“建模”工具栏中的“三维旋转”按钮。

（4）在命令行中输入“3DROTATE”并按 Enter 键。

素材\第 13 章\图 13-3.dwg

【例 13-3】将图 13-5a 所示的对象旋转为图 13-5b 所示的对象。其中，旋转基点为 O 点；旋转轴为 Y 轴；角的起点为 A 点；角的端点为 B 点。

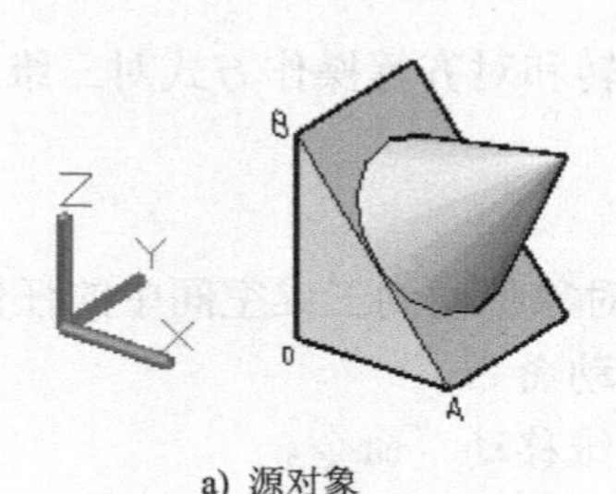

a) 源对象

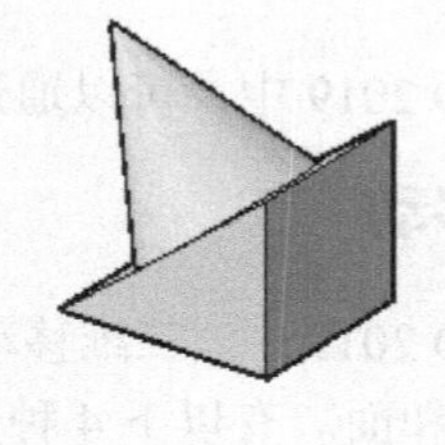

b) 三维旋转后

图 13-5 三维旋转实例

（1）在命令行中输入“3DROTATE”并按 Enter 键，命令行提示：3DROTATE 选择对象：，此时选择图 13-5a 中的对象并按 Enter 键。

（2）命令行继续提示：3DROTATE 指定基点：，此时单击图 13-5a 中的 O 点，即指定 O 点为旋转基点，命令行继续提示：3DROTATE 拾取旋转轴：，此时用光标拾取 Y 轴为旋转轴，命令行继续提示：3DROTATE 指定角的起点或键入角度：，此时单击图 13-5a 中的 A 点，即指定 A 点为角的起点，命令行继续提示：3DROTATE 指定角的起点或键入角度：，此时单击图 13-5a 中的 B 点，即指定 B 点为角的端点，旋转后的效果如图 13-5b 所示。

13.2.3　三维对齐

三维对齐操作是通过移动、旋转或倾斜对象（源对象）来使该对象与另一个对象（目标对象）在二维和三维空间中对齐。三维对齐通过指定两个对象的两个对齐面来对齐源对象和目标对象，对齐过程中，源对象将按照定义的对齐面移向固定的目标对象。

在 AutoCAD 2019 中，有以下 4 种方法执行**三维对齐**命令：

（1）选择“修改”菜单→“三维操作”→“三维对齐”命令。

（2）单击“常用”选项卡→“修改”面板→“三维对齐”按钮。

（3）单击“建模”工具栏中的“三维对齐”按钮。

（4）在命令行中输入“3DALIGN”并按 Enter 键。

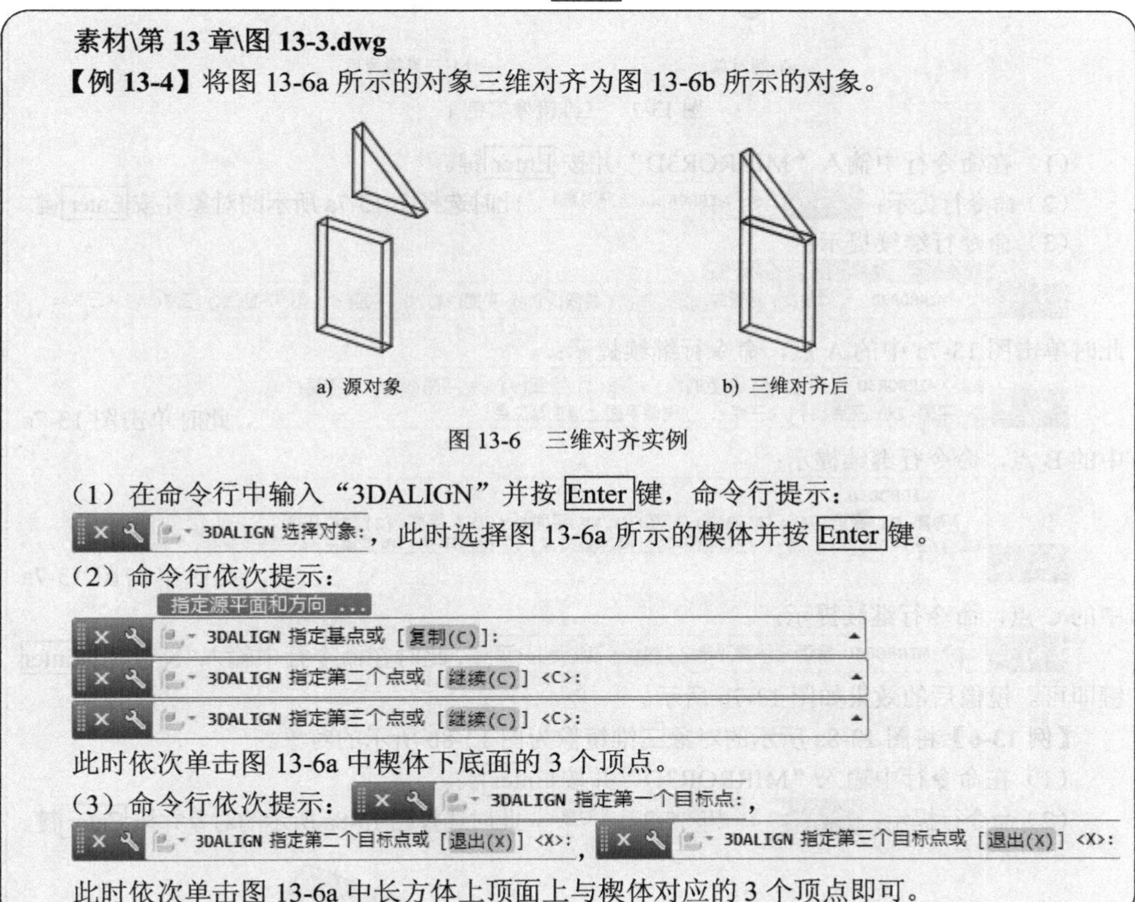

素材\第 13 章\图 13-3.dwg

【例 13-4】将图 13-6a 所示的对象三维对齐为图 13-6b 所示的对象。

a）源对象　　b）三维对齐后

图 13-6　三维对齐实例

（1）在命令行中输入“3DALIGN”并按 Enter 键，命令行提示：3DALIGN 选择对象：，此时选择图 13-6a 所示的楔体并按 Enter 键。

（2）命令行依次提示：

指定源平面和方向 ...

3DALIGN 指定基点或 [复制(C)]:

3DALIGN 指定第二个点或 [继续(C)] <C>:

3DALIGN 指定第三个点或 [继续(C)] <C>:

此时依次单击图 13-6a 中楔体下底面的 3 个顶点。

（3）命令行依次提示：3DALIGN 指定第一个目标点：，3DALIGN 指定第二个目标点或 [退出(X)] <X>：，3DALIGN 指定第三个目标点或 [退出(X)] <X>：

此时依次单击图 13-6a 中长方体上顶面上与楔体对应的 3 个顶点即可。

13.2.4　三维镜像

三维镜像命令是指通过指定镜像平面来镜像对象。镜像平面可以是以下平面：平面对象所在的平面，通过指定点确定一个与当前 UCS 的 XY、YZ 或 XZ 平面平行的平面或由 3 个指定点定义的平面。

在 AutoCAD 2019 中，有以下 3 种方法执行**三维镜像**命令：

（1）选择“修改”菜单→“三维操作”→“三维镜像”命令。

（2）单击“常用”选项卡→“修改”面板→“三维镜像”按钮。

（3）在命令行中输入“MIRROR3D”并按 Enter 键。

素材\第 13 章\图 13-4.dwg

【例 13-5】将图 13-7a 所示的对象三维镜像为图 13-7b 所示的对象。

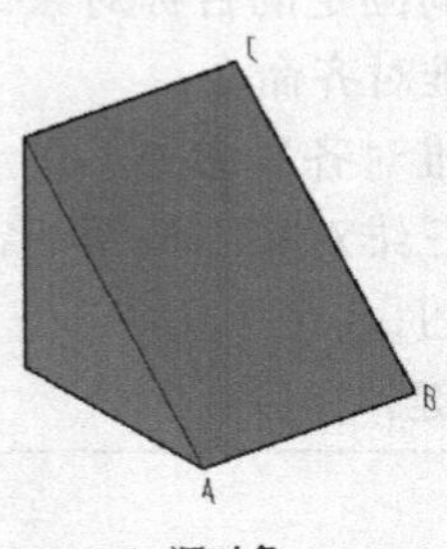

a) 源对象

b) 三维镜像后

图 13-7　三维镜像实例 1

（1）在命令行中输入“MIRROR3D”并按 Enter 键。

（2）命令行提示：MIRROR3D 选择对象:，此时选择图 13-7a 所示的对象并按 Enter 键。

（3）命令行继续提示：

指定镜像平面（三点）的第一个点或 MIRROR3D [对象(O) 最近的(L) Z 轴(Z) 视图(V) XY 平面(XY) YZ 平面(YZ) ZX 平面(ZX) 三点(3)] <三点>:，此时单击图 13-7a 中的 A 点，命令行继续提示：

MIRROR3D [对象(O) 最近的(L) Z 轴(Z) 视图(V) XY 平面(XY) YZ 平面(YZ) ZX 平面(ZX) 三点(3)] <三点>: 在镜像平面上指定第二点:，此时单击图 13-7a 中的 B 点，命令行继续提示：

MIRROR3D [对象(O)/最近的(L)/Z 轴(Z)/视图(V)/XY 平面(XY)/YZ 平面(YZ)/ZX 平面(ZX)/三点(3)] <三点>: 在镜像平面上指定第二点: 在镜像平面上指定第三点:，此时单击图 13-7a 中的 C 点，命令行继续提示：

MIRROR3D 是否删除源对象？[是(Y) 否(N)] <否>:，此时在命令行中输入“N”并按 Enter 键即可。镜像后的效果如图 13-7b 所示。

【例 13-6】将图 13-8a 所示的对象三维镜像为图 13-8b 所示的对象。

（1）在命令行中输入“MIRROR3D”并按 Enter 键。

（2）命令行提示：MIRROR3D 选择对象:，此时选择图 13-8a 所示的对象并按 Enter 键。

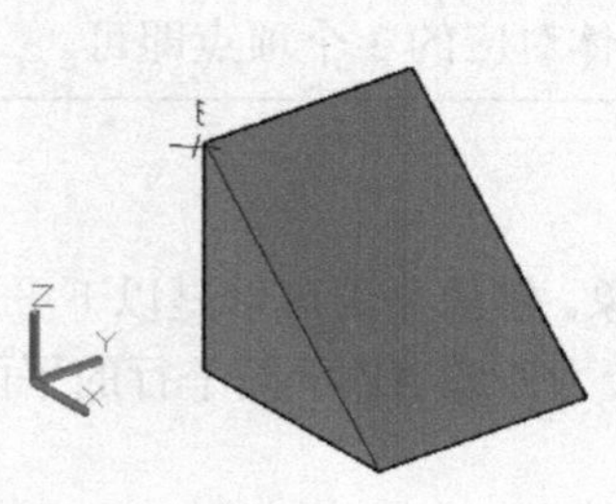

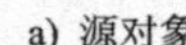

a) 源对象

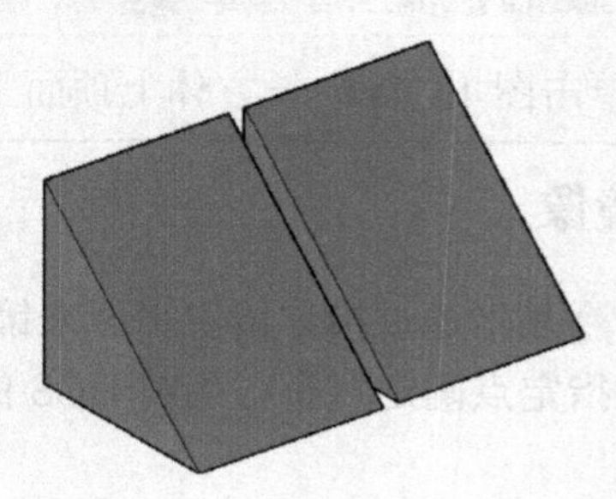

b) 三维镜像后

图 13-8　三维镜像实例 2

（3）命令行继续提示：指定镜像平面（三点）的第一个点或 MIRROR3D [对象(O) 最近的(L) Z 轴(Z) 视图(V) XY 平面(XY) YZ 平面(YZ) ZX 平面(ZX) 三点(3)] <三点>：，此时在命令行中输入“ZX”并按Enter键，命令行继续提示：MIRROR3D 指定 ZX 平面上的点 <0,0,0>：，此时用光标拾取图 13-8a 中的节点 E，命令行继续提示：MIRROR3D 是否删除源对象？[是(Y) 否(N)] <否>：，此时在命令行中输入“N”并按Enter键即可。镜像后的效果如图 13-8b 所示。

13.2.5　三维阵列

三维阵列包括矩形阵列和环形阵列，可以在三维空间中创建对象的矩形阵列或环形阵列。三维阵列时要指定阵列的行数（X 方向）、列数（Y 方向）和层数（Z 方向）。

在 AutoCAD 2019 中，有以下 3 种方法执行**三维阵列**命令：

（1）选择“修改”菜单→“三维操作”→“三维阵列”命令。

（2）单击“建模”工具栏中的“三维阵列”按钮。

（3）在命令行中输入“3DARRAY”并按Enter键。

素材\第 13 章\图 13-5.dwg

【例 13-7】将图 13-9a 所示的对象矩形阵列为图 13-9b 所示的对象，层间距为 300。

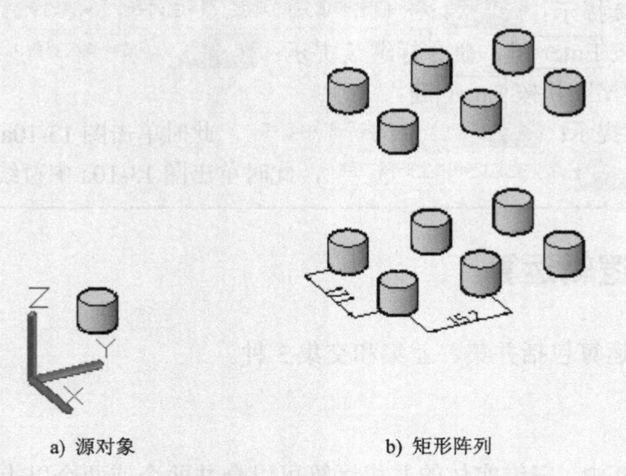

a) 源对象　　b) 矩形阵列

图 13-9　三维阵列实例 1

（1）在命令行中输入“3DARRAY”并按Enter键，命令行提示：选择对象：，此时选择图 13-9a 所示的圆柱体并按Enter键。

（2）命令行继续提示：输入阵列类型 [矩形(R) 环形(P)] <矩形>：，此时在命令行中输入“R”并按Enter键。

（3）命令行继续提示：输入行数 (---) <1>：，此时在命令行中输入“3”并按Enter键，命令行继续提示：输入列数 (|||) <1>：，此时在命令行中输入“2”并按Enter键，命令行继续提示：输入层数 (...) <1>：，此时在命令行中输入“2”并按Enter键。

（4）命令行继续提示：指定行间距 (---)：，此时在命令行中输入“152”并按Enter

键，命令行继续提示：指定列间距 (|||):，此时在命令行中输入“171”并按Enter键，命令行继续提示：指定层间距 (...):，此时在命令行中输入“300”并按Enter键即可。阵列后的效果如图13-9b所示。

【例13-8】将图13-10a所示的对象环形阵列为图13-10b所示的对象。

（1）在命令行中输入“3DARRAY”并按Enter键，命令行提示：选择对象:，此时选择图13-10a所示的球体并按Enter键。

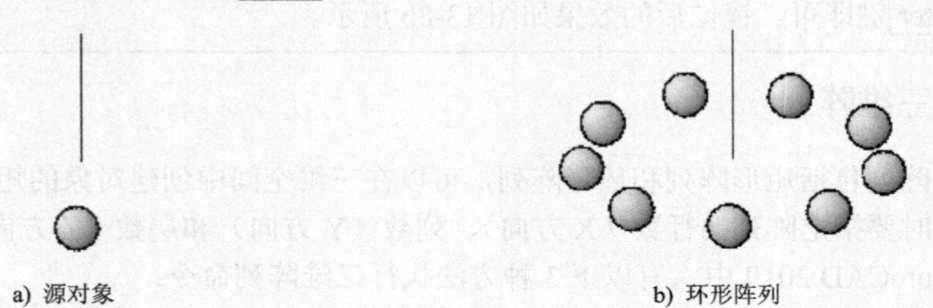

图13-10 三维阵列实例2

（2）命令行继续提示：输入阵列类型 [矩形(R) 环形(P)] <矩形>:，此时在命令行中输入“P”并按Enter键。

（3）命令行继续提示：输入阵列中的项目数目:，此时在命令行中输入“9”并按Enter键，命令行继续提示：指定要填充的角度 (+=逆时针, -=顺时针) <360>:，此时在命令行中输入“360”并按Enter键，命令行继续提示：旋转阵列对象？ [是(Y) 否(N)] <Y>:，此时在命令行中输入“Y”并按Enter键。

（4）命令行继续提示：指定阵列的中心点:，此时单击图13-10a中直线的一个端点，命令行继续提示：指定旋转轴上的第二点:，此时单击图13-10a中直线的另一个端点即可。

13.3 三维实体逻辑运算

三维实体的逻辑运算包括并集、差集和交集3种。

13.3.1 并集运算

在AutoCAD 2019中，三维实体的并集运算可以合并两个或两个以上实体的总体积，成为一个复合对象。有以下6种方法执行**并集**命令：

（1）选择“修改”菜单→“实体编辑”→“并集”命令。

（2）单击“常用”选项卡→“实体编辑”面板→“并集”按钮。

（3）单击“实体”选项卡→“布尔值”面板→“并集”按钮。

（4）单击“建模”工具栏中的“并集”按钮。

（5）单击“实体编辑”工具栏中的“并集”按钮。

（6）在命令行中输入“UNION（或UNI）”并按Enter键。

素材\第13章\图13-6.dwg

【例13-9】将图13-11a所示的对象合并为图13-11b所示的对象。

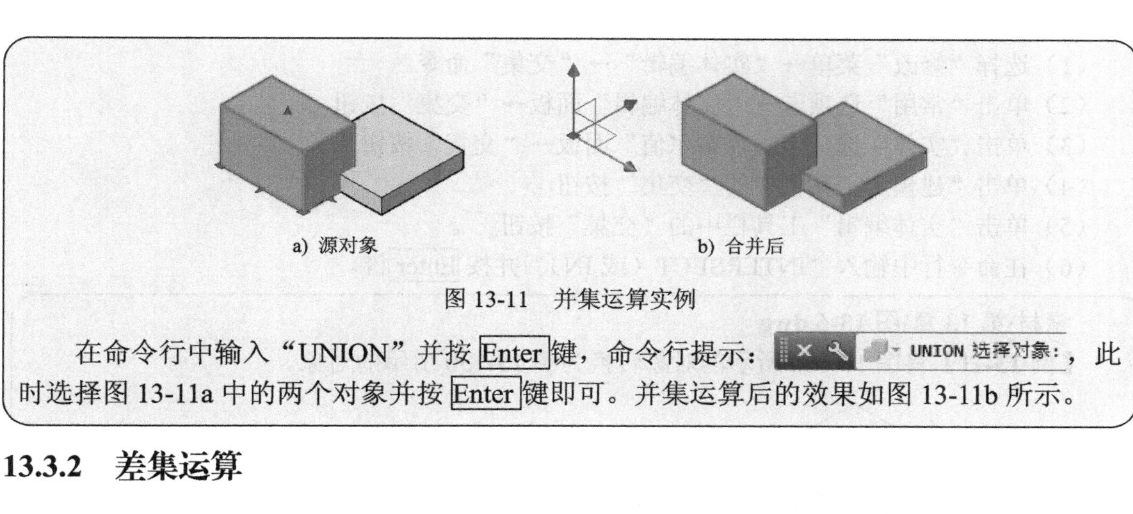

a) 源对象　　b) 合并后

图 13-11　并集运算实例

在命令行中输入“UNION”并按 Enter 键，命令行提示：UNION 选择对象：，此时选择图 13-11a 中的两个对象并按 Enter 键即可。并集运算后的效果如图 13-11b 所示。

13.3.2　差集运算

在 AutoCAD 2019 中，三维实体的差集运算可以从一组实体中删除与另一组实体的公共区域。有以下 6 种方法执行**差集**命令：

（1）选择“修改”菜单→“实体编辑”→“差集”命令。

（2）单击“常用”选项卡→“实体编辑”面板→“差集”按钮。

（3）单击“实体”选项卡→“布尔值”面板→“差集”按钮。

（4）单击“建模”工具栏中的“差集”按钮。

（5）单击“实体编辑”工具栏中的“差集”按钮。

（6）在命令行中输入“SUBTRACT（或 SU）”并按 Enter 键。

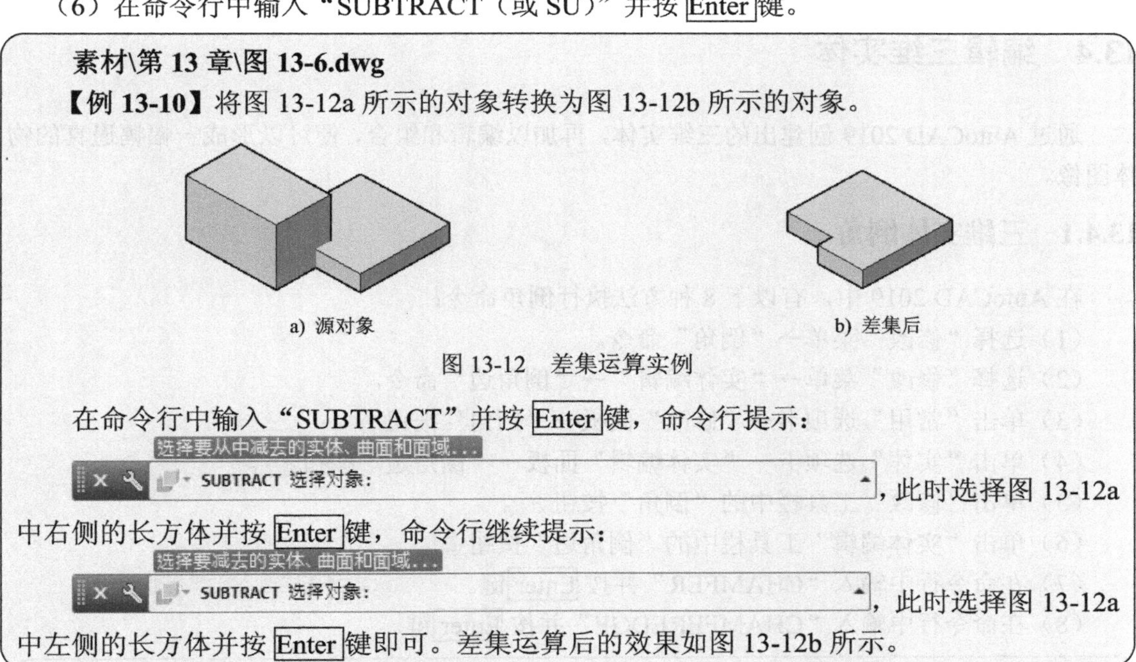

素材\第 13 章\图 13-6.dwg

【例 13-10】将图 13-12a 所示的对象转换为图 13-12b 所示的对象。

a) 源对象　　b) 差集后

图 13-12　差集运算实例

在命令行中输入“SUBTRACT”并按 Enter 键，命令行提示：

选择要从中减去的实体、曲面和面域...

SUBTRACT 选择对象：，此时选择图 13-12a 中右侧的长方体并按 Enter 键，命令行继续提示：

选择要减去的实体、曲面和面域...

SUBTRACT 选择对象：，此时选择图 13-12a 中左侧的长方体并按 Enter 键即可。差集运算后的效果如图 13-12b 所示。

13.3.3　交集运算

在 AutoCAD 2019 中，三维实体的交集运算可以从两个或两个以上重叠实体的公共部分创建复合实体。有以下 6 种方法执行**交集**命令：

（1）选择“修改”菜单→“实体编辑”→“交集”命令。
（2）单击“常用”选项卡→“实体编辑”面板→“交集”按钮。
（3）单击“实体”选项卡→“布尔值”面板→“交集”按钮。
（4）单击“建模”工具栏中的“交集”按钮。
（5）单击“实体编辑”工具栏中的“交集”按钮。
（6）在命令行中输入“INTERSECT（或IN）”并按Enter键。

素材\第13章\图13-6.dwg

【例13-11】 将图13-13a所示的对象转换为图13-13b所示的对象。

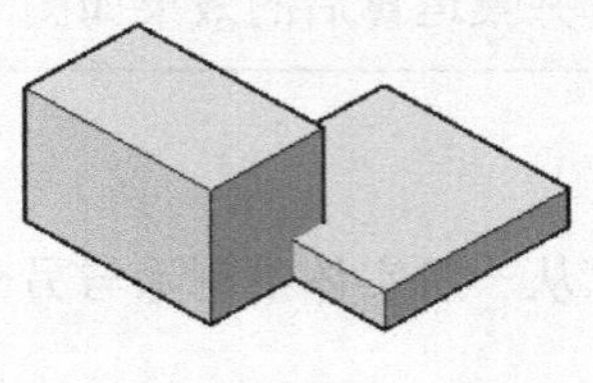

a) 源对象　　b) 交集后

图13-13　交集运算实例

在命令行中输入“IN”并按Enter键，命令行提示：INTERSECT 选择对象：，此时选择图13-13a中的两个对象并按Enter键即可。经过交集运算后的效果如图13-13b所示。

13.4　编辑三维实体

通过AutoCAD 2019创建出的三维实体，再加以编辑和组合，便可以形成一幅幅逼真的物体图像。

13.4.1　三维实体倒角

在AutoCAD 2019中，有以下8种方法执行**倒角**命令：
（1）选择“修改”菜单→“倒角”命令。
（2）选择“修改”菜单→“实体编辑”→“倒角边”命令。
（3）单击“常用”选项卡→“修改”面板→“倒角”按钮。
（4）单击“实体”选项卡→“实体编辑”面板→“倒角边”按钮。
（5）单击“修改”工具栏中的“倒角”按钮。
（6）单击“实体编辑”工具栏中的“倒角边”按钮。
（7）在命令行中输入“CHAMFER”并按Enter键。
（8）在命令行中输入“CHAMFEREDGE”并按Enter键。

素材\第13章\图13-7.dwg

【例13-12】 将图13-14a所示的对象倒角为图13-14b所示的对象，倒角为5×5。

（1）选择“修改”菜单→“实体编辑”→“倒角边”命令，命令行依次提示：

CHAMFEREDGE 选择一条边或 [环(L) 距离(D)]:，

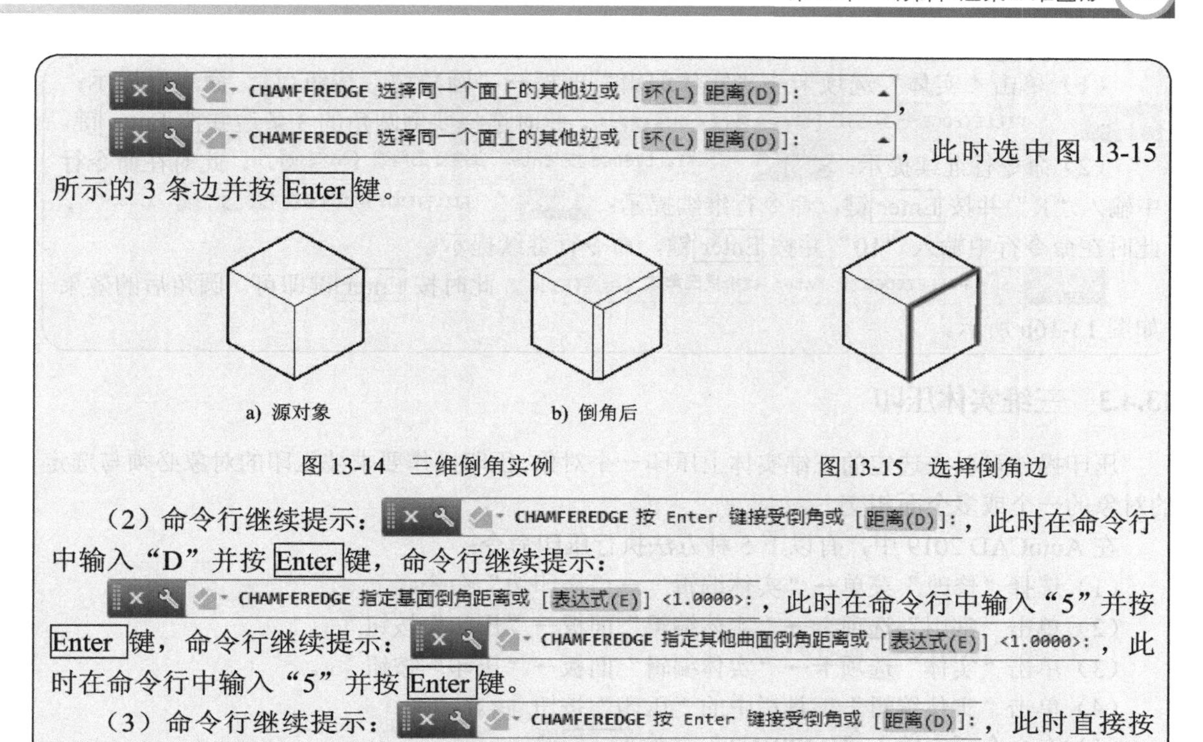

CHAMFEREDGE 选择同一个面上的其他边或 [环(L) 距离(D)]:，CHAMFEREDGE 选择同一个面上的其他边或 [环(L) 距离(D)]:，此时选中图 13-15 所示的 3 条边并按 Enter 键。

a) 源对象　b) 倒角后

图 13-14　三维倒角实例　图 13-15　选择倒角边

（2）命令行继续提示：CHAMFEREDGE 按 Enter 键接受倒角或 [距离(D)]:，此时在命令行中输入“D”并按 Enter 键，命令行继续提示：CHAMFEREDGE 指定基面倒角距离或 [表达式(E)] <1.0000>:，此时在命令行中输入“5”并按 Enter 键，命令行继续提示：CHAMFEREDGE 指定其他曲面倒角距离或 [表达式(E)] <1.0000>:，此时在命令行中输入“5”并按 Enter 键。

（3）命令行继续提示：CHAMFEREDGE 按 Enter 键接受倒角或 [距离(D)]:，此时直接按 Enter 键即可。倒角后的效果如图 13-14b 所示。

13.4.2　三维实体圆角

在 AutoCAD 2019 中，有以下 8 种方法执行**圆角**命令：

（1）选择“修改”菜单→“圆角”命令。

（2）选择“修改”菜单→“实体编辑”→“圆角边”命令。

（3）单击“常用”选项卡→“修改”面板→“圆角”按钮。

（4）单击“实体”选项卡→“实体编辑”面板→“圆角边”按钮。

（5）单击“修改”工具栏中的“圆角”按钮。

（6）单击“实体编辑”工具栏中的“圆角边”按钮。

（7）在命令行中输入“FILLET”并按 Enter 键。

（8）在命令行中输入“FILLETEDGE”并按 Enter 键。

素材\第 13 章\图 13-7.dwg

【例 13-13】将图 13-16a 所示的对象倒圆角为图 13-16b 所示的对象，圆角为 R10。

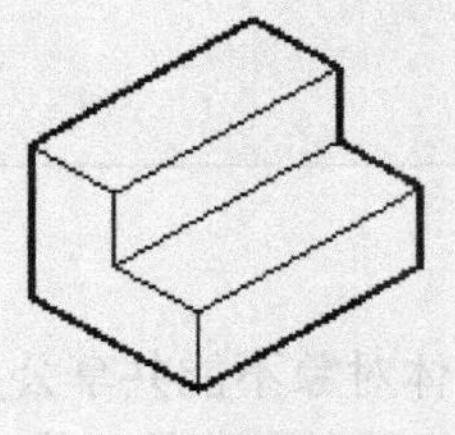

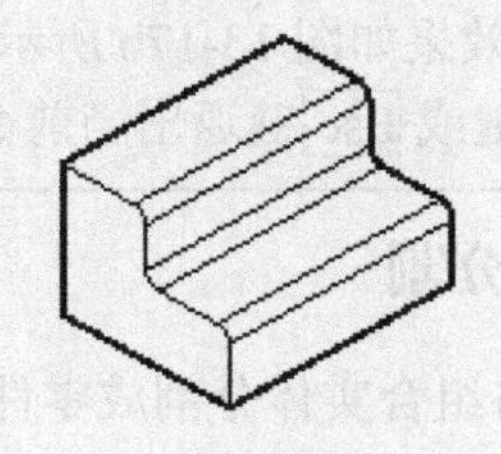

a) 源对象　b) 圆角后

图 13-16　三维圆角实例

（1）单击“实体”选项卡→“实体编辑”面板→“圆角边”按钮，命令行提示：FILLETEDGE 选择边或 [链(C) 环(L) 半径(R)]:，此时选择要倒圆角的3条边并按Enter键。

（2）命令行继续提示：FILLETEDGE 按 Enter 键接受圆角或 [半径(R)]:，此时在命令行中输入“R”并按Enter键，命令行继续提示：FILLETEDGE 指定半径或 [表达式(E)] <1.0000>:，此时在命令行中输入“10”并按Enter键，命令行继续提示：FILLETEDGE 按 Enter 键接受圆角或 [半径(R)]:，此时按Enter键即可。圆角后的效果如图13-16b所示。

13.4.3　三维实体压印

压印操作可以在选定的三维实体上压印一个对象。压印操作要求被压印的对象必须与选定的对象的一个或多个面相交。

在AutoCAD 2019中，有以下5种方法执行压印命令：

（1）选择“修改”菜单→“实体编辑”→“压印边”命令。

（2）单击“常用”选项卡→“实体编辑”面板→“压印”按钮。

（3）单击“实体”选项卡→“实体编辑”面板→“压印”按钮。

（4）单击“实体编辑”工具栏中的“压印”按钮。

（5）在命令行中输入“IMPRINT”并按Enter键。

素材\第13章\图13-8.dwg

【例13-14】将图13-17a所示的对象压印为图13-17b所示的对象。

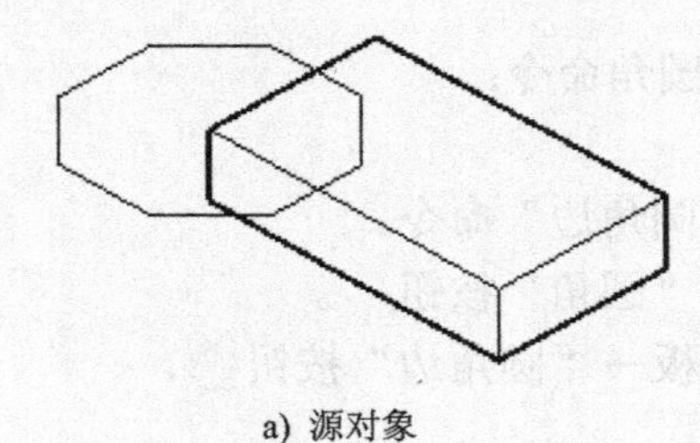

a) 源对象　　b) 压印后

图13-17　压印实例

（1）在命令行中输入“IMPRINT”并按Enter键，命令行提示：IMPRINT 选择三维实体或曲面:，此时选择图13-17a中的长方体，命令行继续提示：IMPRINT 选择要压印的对象:，此时选择图13-17a中的多边形，命令行继续提示：IMPRINT 是否删除源对象 [是(Y) 否(N)] <N>:，此时在命令行中输入“Y”并按Enter键即可。压印后的效果如图13-17b所示。

（2）按Enter键或Esc键退出当前命令。

13.4.4　三维实体分割

分割操作是指将组合实体分割成零件。组合三维实体对象不能共享公共的面积或体积，将三维实体分割后，独立的实体将保留原来的图层和颜色，所有嵌套的三维实体对象都将分割成最简单的结构。

在 AutoCAD 2019 中，有以下 5 种方法执行**分割**命令：

（1）选择“修改”菜单→“实体编辑”→“分割”命令。

（2）单击“常用”选项卡→“实体编辑”面板→“分割”按钮。

（3）单击“实体”选项卡→“实体编辑”面板→“分割”按钮。

（4）单击“实体编辑”工具栏中的“分割”按钮。

（5）在命令行中输入“SOLIDEDIT”并按Enter键，选择“体”选项，然后选择“分割实体”选项。

素材\第 13 章\图 13-9.dwg

【例 13-15】将图 13-18a 所示的对象分割为图 13-18b 所示的对象。

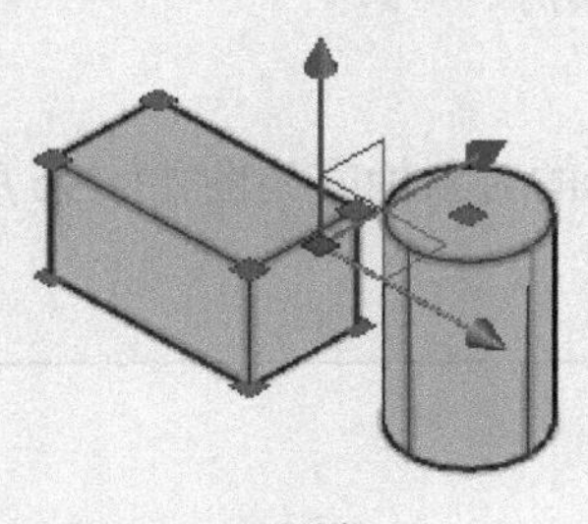

a) 源对象

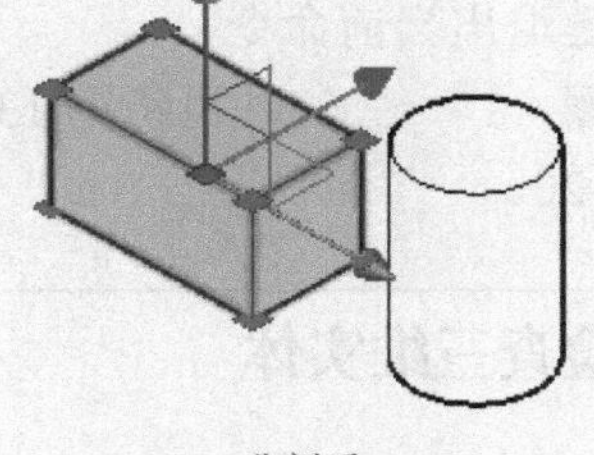

b)分割后

图 13-18　分割实例

（1）单击“常用”选项卡→“实体编辑”面板→“分割”按钮，命令行提示：SOLIDEDIT 选择三维实体:，此时选择图 13-18a 所示的对象即可。分割后的效果如图 13-18b 所示。

（2）按Esc键退出当前命令。

13.4.5　三维实体抽壳

抽壳是用指定的厚度创建一个空的薄层。AutoCAD 2019 通过将现有面偏移出其原位置实现抽壳，一个三维实体只允许创建一个壳。

在 AutoCAD 2019 中，有以下 5 种方法执行**抽壳**命令：

（1）选择“修改”菜单→“实体编辑”→“抽壳”命令。

（2）单击“常用”选项卡→“实体编辑”面板→“抽壳”按钮。

（3）单击“实体”选项卡→“实体编辑”面板→“抽壳”按钮。

（4）单击“实体编辑”工具栏中的“抽壳”按钮。

（5）在命令行中输入“SOLIDEDIT”并按Enter键，选择“体”选项，然后选择“抽壳”选项。

素材\第 13 章\图 13-10.dwg

【例 13-16】将图 13-19a 所示的对象分别抽壳为图 13-19b、c 所示的对象。

（1）单击“常用”选项卡→“实体编辑”面板→“抽壳”按钮，命令行提示：SOLIDEDIT 选择三维实体:，此时选择图 13-19a 所示的对象。

（2）命令行继续提示：SOLIDEDIT 删除面或 [放弃(U) 添加(A) 全部(ALL)]:，此时选中顶面并按 Enter 键，命令行继续提示：SOLIDEDIT 输入抽壳偏移距离:，此时在命令行中输入“20”并按 Enter 键即可。抽壳后的效果如图 13-19b 所示。

a) 源对象

b) 抽壳厚度为 20

c) 抽壳厚度为-20

图 13-19　抽壳实例

（3）按 Esc 键退出当前命令。

（4）参照步骤（1）～（3）可将图 13-19a 所示的对象抽壳为图 13-19c 所示的对象，此时的抽壳厚度为-20。

13.4.6　清除和检查三维实体

清除操作即删除三维实体上所有冗余的边和顶点，但是不删除压印的边，在特殊情况下可以删除共享边或那些在边的侧面或顶点具有相同曲面或曲线定义的顶点。检查操作用于检查三维实体中的几何数据。

在 AutoCAD 2019 中，有以下 5 种方法执行**清除**命令：

（1）选择“修改”菜单→“实体编辑”→“清除”命令。

（2）单击“常用”选项卡→“实体编辑”面板→“清除”按钮。

（3）单击“实体”选项卡→“实体编辑”面板→“清除”按钮。

（4）单击“实体编辑”工具栏中的“清除”按钮。

（5）在命令行中输入“SOLIDEDIT”并按 Enter 键，选择“体”选项，然后选择“清除”选项。

在 AutoCAD 2019 中，有以下 5 种方法执行**检查**命令：

（1）选择“修改”菜单→“实体编辑”→“检查”命令。

（2）单击“常用”选项卡→“实体编辑”面板→“检查”按钮。

（3）单击“实体”选项卡→“实体编辑”面板→“检查”按钮。

（4）单击“实体编辑”工具栏中的“检查”按钮。

（5）在命令行中输入“SOLIDEDIT”并按 Enter 键，选择“体”选项，然后选择“检查”选项。

在执行“清除”和“检查”命令时，命令行均提示：SOLIDEDIT 选择三维实体:，此时选择要清除或检查的三维实体对象并按 Enter 键，即可完成相应操作。按 Esc 键退出当前命令。

13.4.7　三维实体剖切

在 AutoCAD 2019 中，剖切操作即用平面或曲面来剖切实体，剖切后将产生新实体。有以下 4 种方法执行**剖切**命令：

（1）选择“修改”菜单→“三维操作”→“剖切”命令。

（2）单击“常用”选项卡→“实体编辑”面板→“剖切”按钮。

（3）单击“实体”选项卡→“实体编辑”面板→“剖切”按钮。

（4）在命令行中输入“SLICE”并按Enter键。

素材\第 13 章\图 13-11.dwg

【例 13-17】将图 13-20a 所示的对象分别剖切为图 13-20b、c、d 所示的对象。

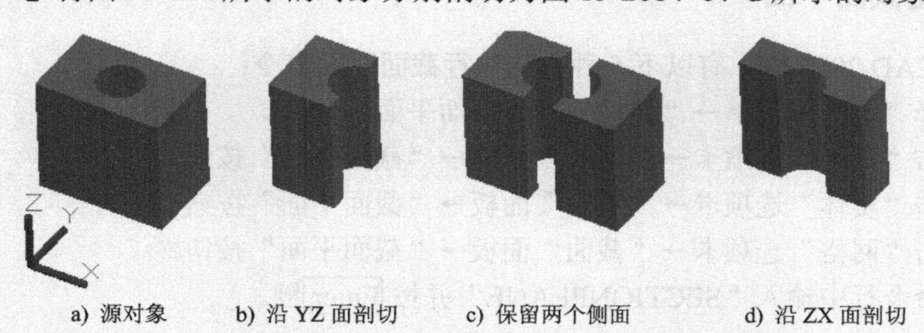

a) 源对象　b) 沿 YZ 面剖切　c) 保留两个侧面　d) 沿 ZX 面剖切

图 13-20　剖切实例

（1）在命令行中输入“SLICE”并按Enter键，命令行提示：SLICE 选择要剖切的对象:，此时选择图 13-20a 所示的对象并按Enter键。

（2）命令行继续提示：SLICE 指定切面的起点或 [平面对象(O) 曲面(S) z 轴(Z) 视图(V) xy(XY) yz(YZ) zx(ZX) 三点(3)] <三点>:，此时在命令行中输入“YZ”并按Enter键。

（3）命令行继续提示：SLICE 指定 YZ 平面上的点 <0,0,0>:，此时单击图 13-20a 所示对象最上侧的圆心点。

（4）命令行继续提示：SLICE 在所需的侧面上指定点或 [保留两个侧面(B)] <保留两个侧面>:，此时在源对象左侧单击一下即可，剖切后的效果如图 13-20b 所示。

（5）重复步骤（1）～（3），命令行提示：SLICE 在所需的侧面上指定点或 [保留两个侧面(B)] <保留两个侧面>:，此时在命令行中输入“B”并按Enter键即可。至此，源对象沿 YZ 平面剖切为对称的两部分。用移动命令将其中的一部分移动一下，移动后的效果如图 13-20c 所示。

（6）重复步骤（1），命令行继续提示：SLICE 指定切面的起点或 [平面对象(O) 曲面(S) z 轴(Z) 视图(V) xy(XY) yz(YZ) zx(ZX) 三点(3)] <三点>:，此时在命令行中输入“ZX”并按Enter键，命令行继续提示：SLICE 指定 ZX 平面上的点 <0,0,0>:，此时单击图 13-20a 所示对象最上侧的圆心点，命令行继续提示：SLICE 在所需的侧面上指定点或 [保留两个侧面(B)] <保留两个侧面>:，此时在源对象后侧单击一下即可。剖切后的效果如图 13-20d 所示。

13.5　从三维模型创建二维截面图形和三维截面实体

在绘制较复杂的三维图形时，经常要查看其内部结构。如果是线框模型，大量线条容易使人混淆查看的对象。AutoCAD 2019 的截面平面能剖开三维实体，并生成在该截面处的截面二维图形，类似于机械制图中的剖视图，这样就可以查看三维实体的内部结构或者直接生成剖视图。

截面平面跟剖切有区别，截面平面只是在三维空间穿过三维实体的某个位置创建一个平面，而剖切是将三维实体剖成两个实体或者多个实体。

在 AutoCAD 2019 中，必须先创建截面平面，然后才能使用该截面平面生成二维或三维截面对象。

13.5.1 创建截面平面

在 AutoCAD 2019 中，有以下 5 种方法执行**截面平面**命令：

（1）选择“绘图”菜单→“建模”→“截面平面”命令。

（2）单击“常用”选项卡→“截面”面板→“截面平面”按钮。

（3）单击“实体”选项卡→“截面”面板→“截面平面”按钮。

（4）单击“网格”选项卡→“截面”面板→“截面平面”按钮。

（5）在命令行中输入“SECTIONPLANE”并按 Enter 键。

13.5.2 生成二维或三维截面对象

创建截面平面后，就可以使用该截面平面来生成在该截面处的二维或三维截面图形。二维截面图形即该截面平面处的剖视图，而生成的三维截面图形则是一个三维实体，两者均以块参照的形式插入到图形中。

生成方法是选择该截面平面后单击鼠标右键，在弹出的快捷菜单中选择“生成截面”→“二维/三维块”命令，如图 13-21 所示，然后在弹出的“生成截面/立面”对话框中进行设置，如图 13-22 所示。

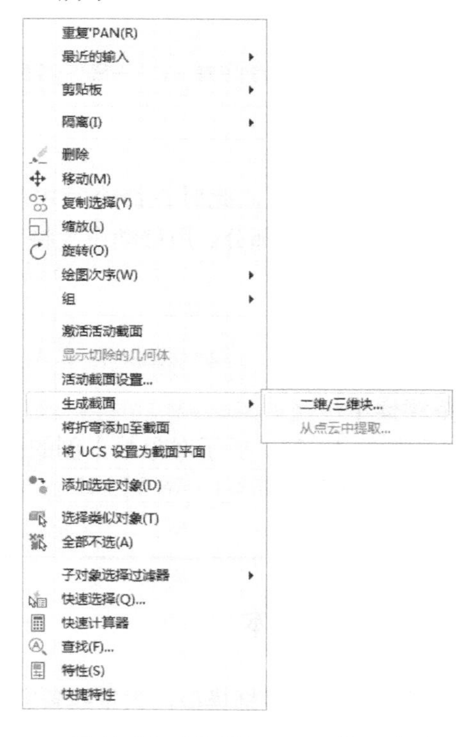

图 13-21 选择“生成截面”→“二维/三维块”命令

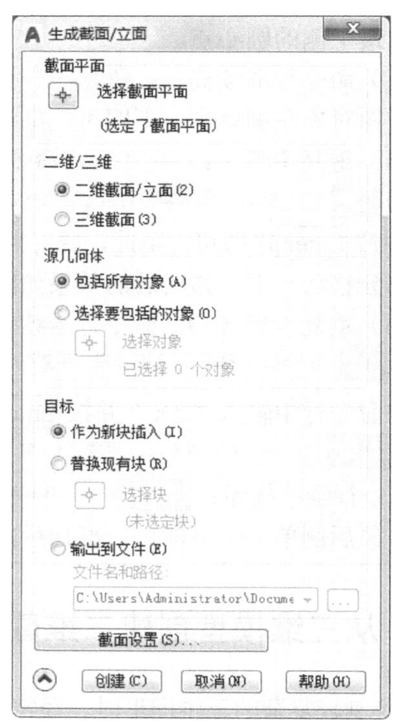

图 13-22 “生成截面/立面”对话框

“生成截面/立面”对话框中主要有3个选项组：“二维/三维”“源几何体”和“目标”。各选项组说明如下：

“二维/三维”选项组：可通过单选按钮选择是生成二维还是三维截面图形。

“源几何体”选项组：选择“包括所有对象”单选按钮，表示指定图形中的所有三维对象（三维实体、曲面和面域），包括外部参照和块中的三维对象；选择“选择要包括的对象”单选按钮，可以手动选择要从中生成截面图形的三维对象。

“目标”选项组：“作为新块插入”单选按钮表示在当前图形中将生成的截面作为块插入；“替换现有块”单选按钮是指使用新生成的截面替换图形中的现有块；“输出到文件”单选按钮可以将截面保存到外部文件。

设置完“生成截面/立面”对话框后，单击 创建(C) 按钮，命令行将提示指定截面图形的插入点、比例因子和旋转角度等参数，按照要求输入相应的参数即可。

13.5.3　实例——创建截面平面并生成相应的截面对象

素材\第13章\图13-12.dwg

【例13-18】将图13-23a所示对象创建为图13-23b所示的截面平面并生成其二维截面图形。

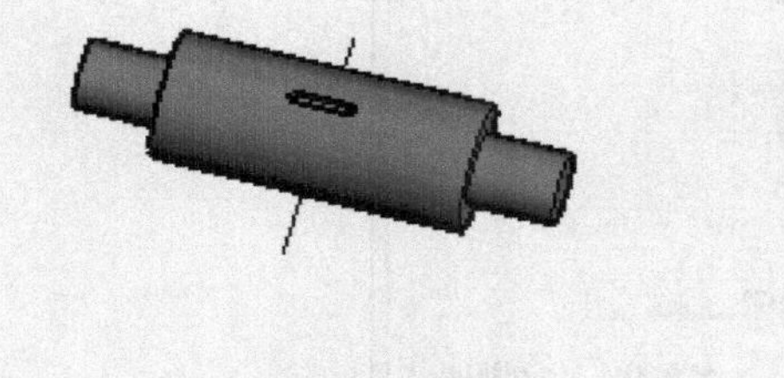

a) 源对象　　b) 二维截面图形

图13-23　截面平面实例1

（1）选择“绘图”菜单→“建模”→“截面平面”命令，命令行提示：SECTIONPLANE 选择面或任意点以定位截面线或 [绘制截面(D) 正交(O) 类型(T)]:，此时单击图13-23a中直线的后端点，命令行继续提示：SECTIONPLANE 指定通过点:，此时单击图13-23a中直线的前端点，完成截面平面的创建。

（2）选中该截面→单击鼠标右键→“生成截面”→“二维/三维块”命令，在弹出的“生成截面/立面”对话框中选中“二维截面/立面”单选按钮；选中“选择要包括的对象”单选按钮；选中“作为新块插入”单选按钮，如图13-24所示，单击“选择对象”按钮。

（3）命令行继续提示：SECTIONPLANETOBLOCK 选择对象:，此时选择图13-23a所示的阶梯轴并按Enter键，返回到“生成截面/立面”对话框，单击 创建(C) 按钮。

（4）命令行提示：

单位：毫米　转换：　1.0000

SECTIONPLANETOBLOCK 指定插入点或 [基点(B) 比例(S) X Y Z 旋转(R)]:，此时参照图13-23b在合适的位置单击一下。

（5）命令行提示：SECTIONPLANETOBLOCK 输入 X 比例因子，指定对角点，或 [角点(C) xyz(XYZ)] <1>:，此时在命令行中输入“1”并按Enter键，命令行继续提示：

SECTIONPLANETOBLOCK 输入 Y 比例因子或 <使用 X 比例因子>:，此时在命令行中输入“1”并按 Enter 键，命令行继续提示：SECTIONPLANETOBLOCK 指定旋转角度 <0>:，此时在命令行中输入“-90”并按 Enter 键即可。

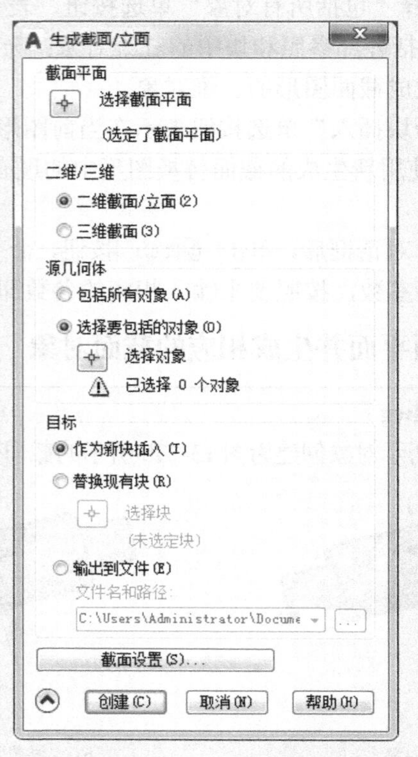

图 13-24　设置“生成截面/立面”对话框

素材\第 13 章\图 13-13.dwg

【例 13-19】将图 13-25a 所示的对象创建为图 13-25b 所示的截面平面并生成其三维截面实体。

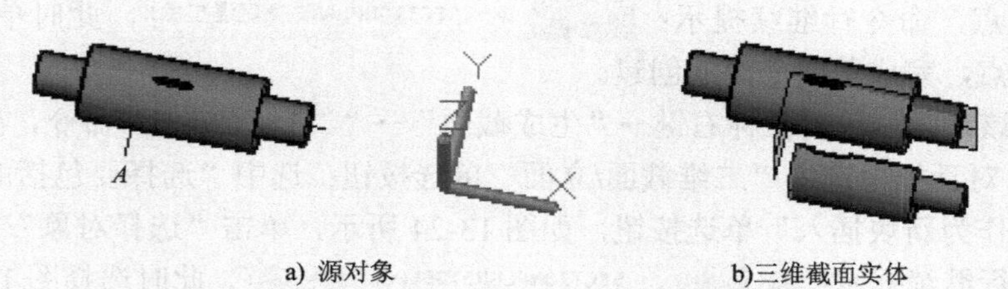

图 13-25　截面平面实例 2

（1）选择“绘图”菜单→“建模”→“截面平面”命令，命令行提示：SECTIONPLANE 选择面或任意点以定位截面线或 [绘制截面(D) 正交(O) 类型(T)]:，此时在命令行中输入“D”并按 Enter 键，命令行依次提示：SECTIONPLANE 指定起点:，SECTIONPLANE 指定下一点:，SECTIONPLANE 指定下一个点或按 ENTER 键完成:，此时参照图 13-25a 依次单击 X 轴方向直线的右侧端点、左侧端点、A 点，命令行继续提示：SECTIONPLANE 指定下一个点或按 ENTER 键完成:，此时直接按 Enter 键，命令行继续提示：

SECTIONPLANE 按截面视图的方向指定点：，此时在 A 点处单击一下，完成截面平面的创建。

（2）选择该截面平面→单击鼠标右键→“生成截面”→“二维/三维块”命令，在弹出的“生成截面/立面”对话框中选中“三维截面”单选按钮；选中“包括所有对象”单选按钮；选中“作为新块插入”单选按钮，如图 13-26 所示，单击 创建(C) 按钮。

（3）命令行提示：

单位：毫米 转换： 1.0000

SECTIONPLANETOBLOCK 指定插入点或 [基点(B) 比例(S) X Y Z 旋转(R)]: ，此时参照图 13-25b 在合适的位置单击一下。

（4）命令行提示：SECTIONPLANETOBLOCK 输入 X 比例因子，指定对角点，或 [角点(C) xyz(XYZ)] <1>:，此时在命令行中输入“1”并按 Enter 键，命令行继续提示：SECTIONPLANETOBLOCK 输入 Y 比例因子或 <使用 X 比例因子>:，此时在命令行中输入“1”并按 Enter 键，命令行继续提示：SECTIONPLANETOBLOCK 指定旋转角度 <0>:，此时在命令行中输入“0”并按 Enter 键即可。

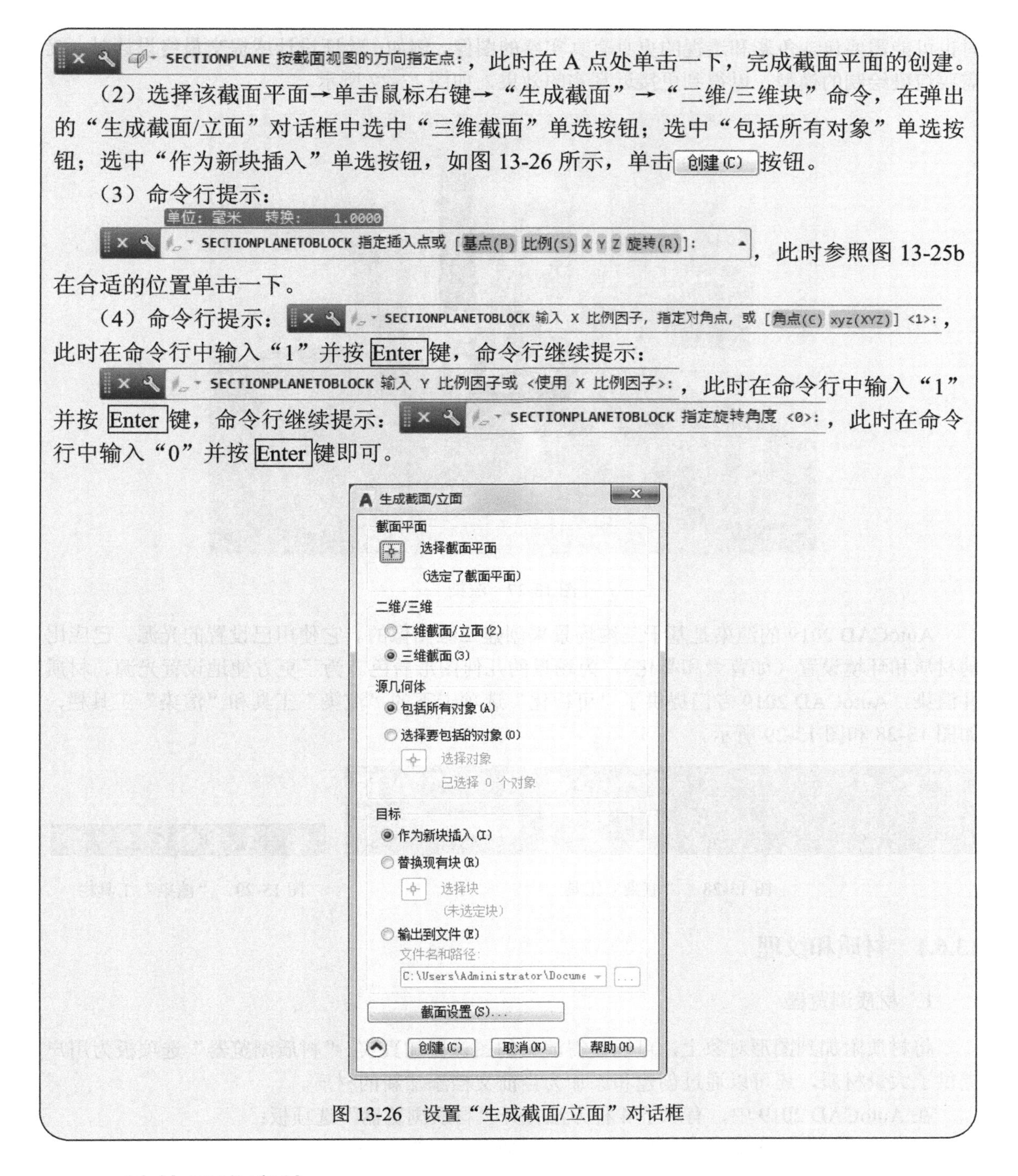

图 13-26 设置“生成截面/立面”对话框

13.6 渲染三维实体

渲染是对三维图形对象加上颜色和材质因素，或灯光、背景、场景等因素的操作，能够更真实地表达图形的外观和纹理。模型的真实感渲染往往可以为产品团队或潜在客户提供比打印图形更清晰的设计视觉效果。绘制图形时，通常绝大部分时间都花在模型的线条表示上，但有时也可能需要包含色彩和透视的更具有真实感的图像。例如：验证设计或提交最终设计时，就需要渲染绘制的模型，以得到更接近真实的效果，如图 13-27 所示。

图 13-27 渲染

AutoCAD 2019 的渲染是基于三维场景来创建二维图像的。它使用已设置的光源、已应用的材质和环境设置（如背景和雾化），为场景的几何图形着色。为了更方便地设置光源、材质并渲染，AutoCAD 2019 专门提供了“可视化”选项卡下的“渲染”工具和“渲染”工具栏，如图 13-28 和图 13-29 所示。

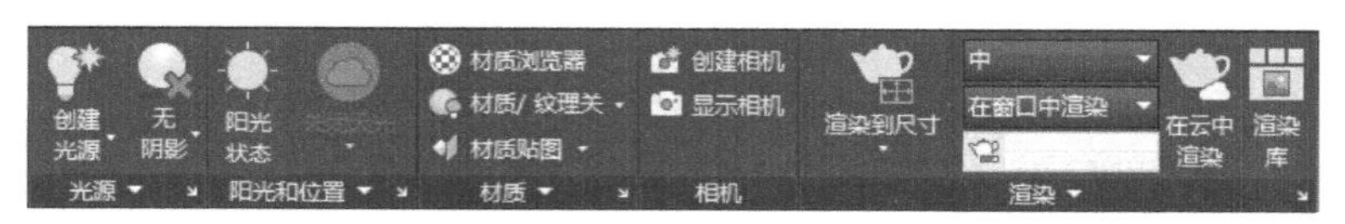

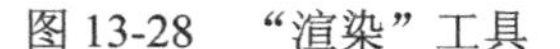

图 13-28 “渲染”工具

图 13-29 “渲染”工具栏

13.6.1 材质和纹理

1．材质浏览器

将材质附加到图形对象上，可以使得渲染的图像更加真实。“材质浏览器”选项板为用户提供了大量材质，还可以通过创建和添加为当前文档添加新的材质。

在 AutoCAD 2019 中，有以下 4 种方法打开“材质浏览器”选项板：

（1）选择“视图”菜单→“渲染”→“材质浏览器”命令。

（2）单击“可视化”选项卡→“材质”面板→“材质浏览器”按钮。

（3）单击“渲染”工具栏中的“材质浏览器”按钮。

（4）在命令行中输入“MATBROWSEROPEN”并按 Enter 键。

执行材质浏览器命令后，弹出如图 13-30 所示的“材质浏览器”选项板，它由“搜索”“文档材质”和“Autodesk 库”3 部分组成。各部分的含义如下：

“搜索”：用作在多个库中搜索材质外观。

“文档材质”：显示当前文档中所使用的材质。

“Autodesk 库”：显示 Autodesk 系统默认的材质。

2．材质编辑器

“材质编辑器”选项板用于创建和编辑“文档材质”面板中选定的材质。“材质编辑器”选项板中提供了许多用于修改材质特性的设置工具，材质编辑器的配置将随选定材质和样板类型的不同而有所变化。

在 AutoCAD 2019 中，有以下 5 种方法打开“材质编辑器”选项板：

（1）选择“视图”菜单→“渲染”→“材质编辑器”命令。

（2）单击“可视化”选项卡→“材质”面板→“材质编辑器”按钮。

（3）单击“渲染”工具栏中的“材质编辑器”按钮。

（4）单击“材质浏览器”选项板右下角的“打开/关闭材质编辑器”按钮。

（5）在命令行中输入“MATEDITOROPEN”并按 Enter 键。

执行材质编辑器命令后，弹出如图 13-31 所示的“材质编辑器”选项板，它由“外观”选项卡、“信息”选项卡和几个面板组成。

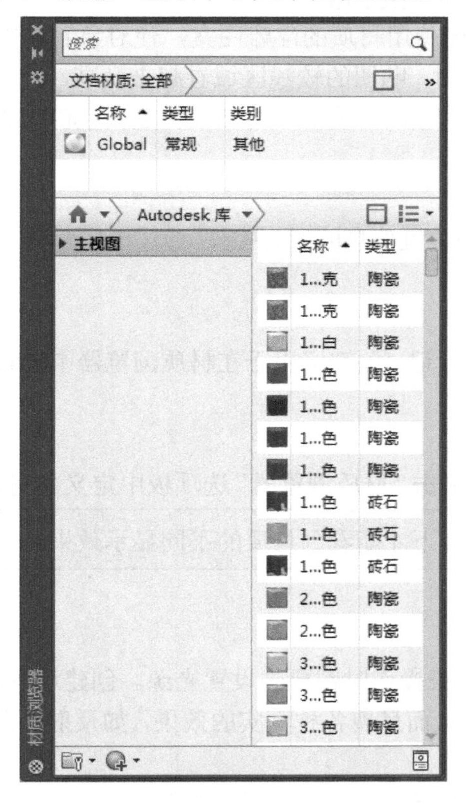

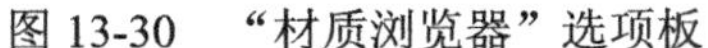
图 13-30　“材质浏览器”选项板

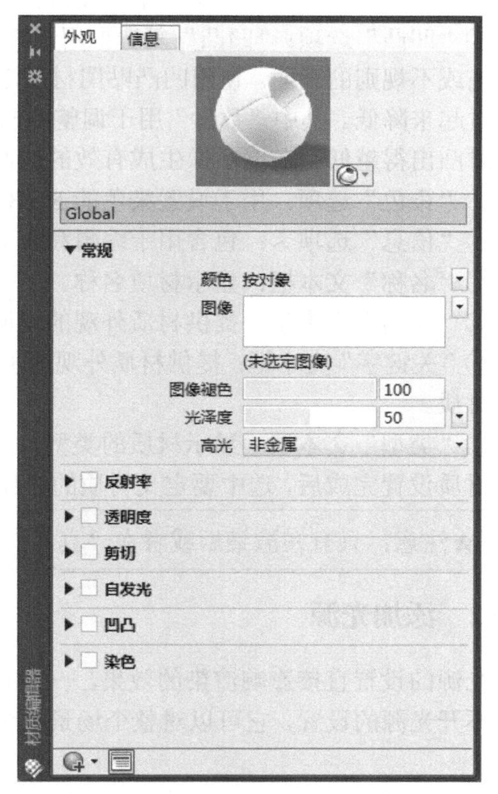

图 13-31　“材质编辑器”选项板

1）“外观”选项卡：用于定义材质的特性，包括颜色、反射率、透明度等。

①“创建或复制材质”按钮：用于创建和复制材质，如陶瓷、玻璃、金属等。选择的材质不同，在“外观”选项卡中的设置参数也不同。

②“打开/关闭材质浏览器”按钮：单击该按钮，系统将打开或关闭“材质浏览器”选项板，用户可在该选项板中选择所需要的材质。

③“常规”选项：用于设置材质的颜色、图像、图像褪色、光泽度、高光等特性。

④“反射率”选项：用于设置光源照射到材质上时反射光的直接率和倾斜率。

⑤“透明度”选项：用于控制材质的透明度级别。透明度值是一个百分比值：值 1.0 表示材质完全透明；较低的值表示材质部分半透明；值 0.0 表示材质完全不透明。其中“半透明度”和“折射”特性仅当“透明度”值大于 0 时才可编辑。“半透明度”是一个百分比值：值 0.0 表示材质不透明；值 1.0 表示材质完全半透明。“折射”控制光线穿过材质时的弯曲度，因此可在对象的另一侧看到对象被扭曲。例如：折射值为 1.0 时，透明对象后面的对象不会失真；折射值为 1.5 时，对象将严重失真，就像通过玻璃球看对象一样。

⑥“剪切”选项：裁切贴图以使材质部分透明，从而提供基于纹理灰度转换的穿孔效果。可以选择图像文件以用于裁切贴图，将浅色区域渲染为不透明，深色区域渲染为透明。使用透明度实现磨砂或半透明时，反射率将保持不变。裁切区域不反射。

⑦“自发光”选项：用于推断变化的值。此特性可控制材质的过滤颜色、亮度和色温。“过滤颜色”可在照亮的表面上创建颜色过滤器的效果。“亮度”可使材质模拟在光度控制光源中被照亮的效果。在光度控制单位中，发射光线的多少是选定的值。

⑧“凹凸”选项：“凹凸”复选框用于打开或关闭使用材质的浮雕图案，使对象看起来具有凹凸或不规则的表面。使用凹凸贴图材质渲染对象时，贴图的较浅区域看起来升高，而较深区域看起来降低。其中“数量”用于调整凹凸的高度，较高的值渲染时凸出得越高；较低的值渲染时凸出得越低；灰度图像生成有效的凹凸贴图。

⑨“染色”选项：用于设置染色的 RGB 数值。

2）“信息”选项卡：包含用于编辑和查看材质的关键信息的所有控件。

①“名称”文本框：显示材质名称。

②“说明”文本框：提供材质外观的说明信息。

③“关键字”文本框：提供材质外观的关键字或标记。关键字用于在材质浏览器中搜索和过滤材质。

④“类型”文本框：显示材质的类型。

材质设置完成后，选中要定义材质的对象，然后单击“材质浏览器”选项板中定义的材质。

★注意：只有在渲染后或者在“真实”视觉样式下才能看到材质的不同显示效果。

13.6.2 添加光源

光源的设置直接影响渲染的效果，一般在进行渲染操作时都要先设置光源。创建场景时，都离不开光源的设置，它可以对整个场景提供照明，从而呈现各种真实的效果，如反射、自发光等。

在 AutoCAD 2019 中，可以创建点光源、聚光灯和平行光以达到想要的效果，还可以使用夹点工具移动或旋转光源，并可以打开或关闭光源，以及更改其特性（如颜色和衰减等）。

AutoCAD 2019 中专门提供了“光源”子菜单、“光源”面板和“光源”工具栏来添加光源，如图 13-32 和图 13-33 所示。

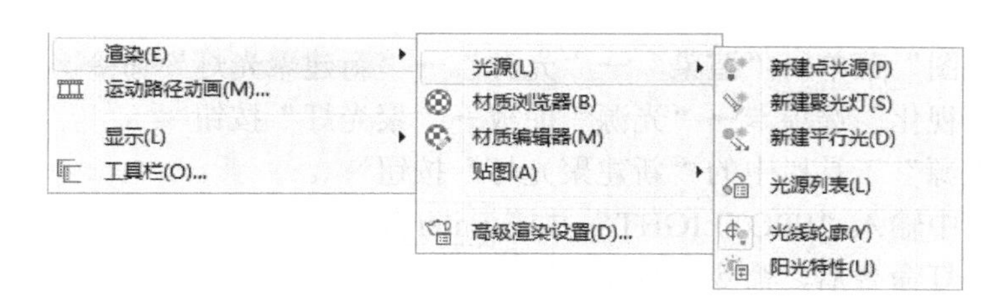

图 13-32　“光源”子菜单

1. 创建点光源

点光源是从光源处向四周发射光线，其效果与一般的灯泡功能类似。点光源不以一个对象为目标，因此，只需要指定一个点就可以定义其位置，如图 13-34 所示。

a) “光源”面板

b) “光源”工具栏

图 13-33　“光源”面板和“光源”工具栏

在 AutoCAD 2019 中，有以下 4 种方法执行**新建点光源**命令：

（1）选择“视图”菜单→“渲染”→“光源”→“新建点光源”命令。

（2）单击“可视化”选项卡→“光源”面板→“点”按钮。

（3）单击“光源”工具栏中的“新建点光源”按钮。

（4）在命令行中输入“POINTLIGHT”并按 Enter 键。

执行新建点光源命令后，命令行提示：POINTLIGHT 指定源位置 <0,0,0>:，此时在命令行中输入坐标值或单击一点可指定其源位置，命令行继续提示：POINTLIGHT 输入要更改的选项 [名称(N) 强度因子(I) 状态(S) 光度(P) 阴影(W) 衰减(A) 过滤颜色(C) 退出(X)] <退出>:，此时可在命令行中输入相应的选项来设置点光源的相应参数，各个选项的功能如下：

“名称（N）”：用于指定光源名称。

“强度因子（I）”：用于设置光源的强度或亮度，取值范围为 0.00 到系统支持的最大值。

“状态（S）”：用于打开和关闭光源。

“光度（P）”：测量可见光源的照度。在光度中，照度是指对光源沿特定方向发出的可感知能量的测量。

“阴影（W）”：用于使光源投射阴影。

“衰减（A）”：用于定义光的强度随着目标对象与光源距离的远近而减弱的程度。

“过滤颜色（C）”：用于控制光源的颜色。

“退出（X）”：退出光源参数设置。

2. 创建聚光灯

聚光灯（如闪光灯、剧场中的跟踪聚光灯或前灯）投射一个聚焦光束，如图 13-35 所示。聚光灯发射的光是定向锥形光，可以设置光源的方向和圆锥体的尺寸。

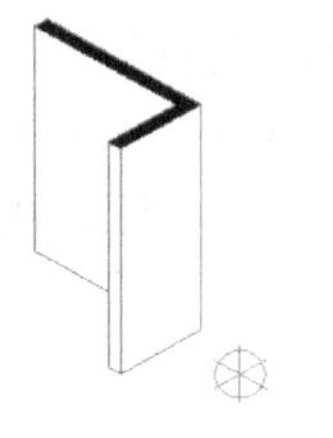

图 13-34　点光源

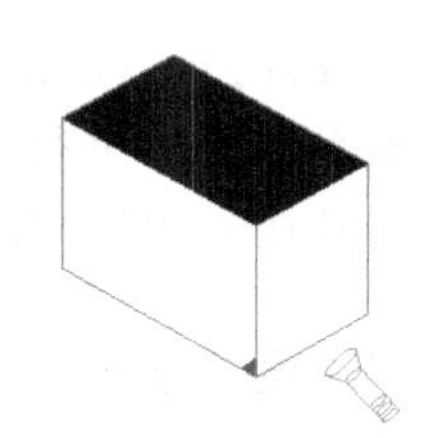

图 13-35　聚光灯

在 AutoCAD 2019 中，有以下 4 种方法执行**新建聚光灯**命令：

（1）选择“视图”菜单→“渲染”→“光源”→“新建聚光灯”命令。

（2）单击“可视化”选项卡→“光源”面板→“聚光灯”按钮。

（3）单击“光源”工具栏中的“新建聚光灯”按钮。

（4）在命令行中输入“SPOTLIGHT”并按Enter键。

执行新建聚光灯命令后，命令行提示：SPOTLIGHT 指定源位置 <0,0,0>:，此时在命令行中输入坐标值或单击一点可指定其源位置，命令行继续提示：

SPOTLIGHT 指定目标位置 <0,0,-10>:，此时在命令行中输入坐标值或单击一点可指定其目标位置，命令行继续提示：

SPOTLIGHT 输入要更改的选项 [名称(N) 强度因子(I) 状态(S) 光度(P) 聚光角(H) 照射角(F) 阴影(W) 衰减(A) 过滤颜色(C) 退出(X)] <退出>:，此时也可在命令行中输入相应的选项来设置聚光灯的光源参数。需要注意的是，不但可以定义聚光灯在距离方向上的衰减，还可设置其在角度方向上的衰减。

3. 创建平行光

平行光仅向一个方向发射统一的平行光光线。

在AutoCAD 2019中，有以下4种方法执行**新建平行光**命令：

（1）选择“视图”菜单→“渲染”→“光源”→“新建平行光”命令。

（2）单击“可视化”选项卡→“光源”面板→“平行光”按钮。

（3）单击“光源”工具栏中的“新建平行光”按钮。

（4）在命令行中输入“DISTANTLIGHT”并按Enter键。

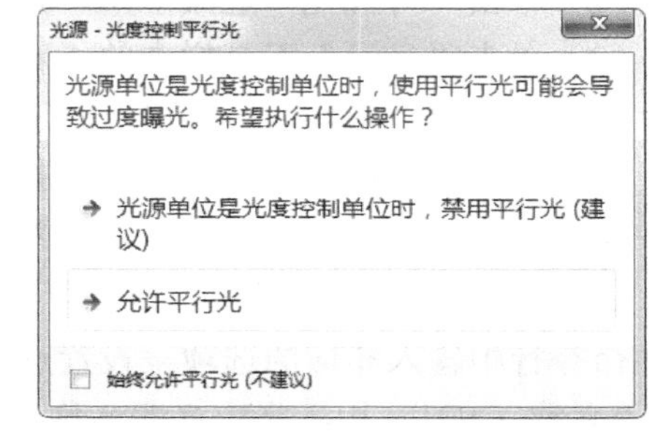

图13-36 “光源-光度控制平行光”对话框

执行新建平行光命令后，弹出“光源-光度控制平行光”对话框，如图13-36所示。

此时单击“允许平行光”，命令行提示：DISTANTLIGHT 指定光源来向 <0,0,0> 或 [矢量(V)]:，在命令行中输入坐标值或单击一点可指定其光源来向，命令行继续提示：

DISTANTLIGHT 指定光源去向 <1,1,1>:，此时在命令行中输入坐标值或单击一点可指定其光源去向，命令行继续提示：

DISTANTLIGHT 输入要更改的选项 [名称(N) 强度因子(I) 状态(S) 光度(P) 阴影(W) 过滤颜色(C) 退出(X)] <退出>:，此时可在命令行中输入相应的选项来设置平行光的光源参数。

★注意：在图形中，没有轮廓表示平行光，因为它们没有离散的位置并且也不会影响到整个场景。平行光的强度并不随距离的增加而衰减。对于每个照射的面，平行光的亮度都与其在光源处相同。因此，可以用平行光统一照亮对象或背景。

4. 设置阳光

在AutoCAD 2019中，有以下4种方法执行**阳光特性**命令：

（1）选择“视图”菜单→“渲染”→“光源”→“阳光特性”命令。

（2）单击“可视化”选项卡→“阳光和位置”面板→“阳光特性”按钮。

（3）单击“光源”工具栏中的“阳光特性”按钮。

（4）在命令行中输入“SUNPROPERTIES”并按 Enter 键。

执行阳光特性命令后，将弹出“阳光特性”选项板，如图 13-37 所示。

“阳光特性”选项板主要分为“常规”“天光特性”“地平线”“太阳圆盘外观”“太阳角度计算器”和“地理位置”6 个面板。“常规”面板用于设置阳光的基本特性，如打开和关闭、强度因子等；“天光特性”面板用于设置天光强度、雾化等；“地平线”用于设置其高度、地面颜色等；“太阳圆盘外观”用于设置圆盘比例、圆盘强度等；“太阳角度计算器”面板用于根据日期计算阳光的角度；“地理位置”面板用于显示当前地理位置设置，为只读面板。

5. 光源列表

光源列表用于查看图形中的所有光源。

在 AutoCAD 2019 中，有以下 4 种方法执行**光源列表**命令：

（1）选择“视图”菜单→“渲染”→“光源”→“光源列表”命令。

（2）单击“可视化”选项卡→“光源”面板→“模型中的光源”按钮。

（3）单击“光源”或“渲染”工具栏中的“光源列表”按钮。

（4）在命令行中输入“LIGHTLIST”并按 Enter 键。

执行光源列表命令后，将弹出“模型中的光源”选项板，该选项板将列出图形中的所有光源，如图 13-38 所示。选择某个光源，然后单击鼠标右键，可以在弹出的快捷菜单中选择删除光源或对光源的特性进行修改等。

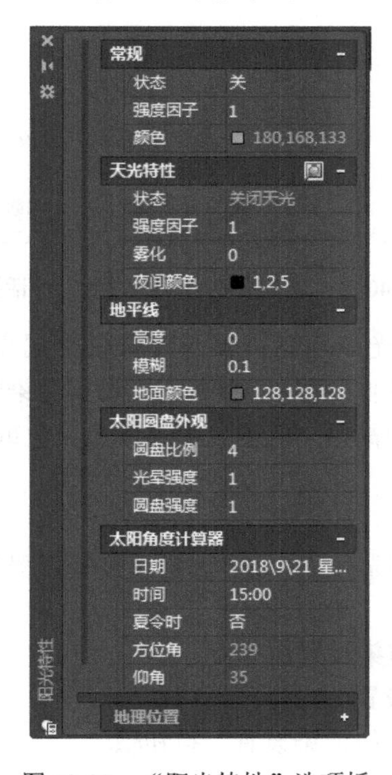

图 13-37　“阳光特性”选项板

图 13-38　“模型中的光源”选项板

13.6.3 渲染环境设置

在 AutoCAD 2019 中，可通过“渲染环境和曝光”选项板来定义基于图像的照明的使用并控制要在渲染时应用的曝光设置，如图 13-39 所示。

在 AutoCAD 2019 中，有以下 2 种方法打开“渲染环境和曝光”选项板：

（1）单击“可视化”选项卡→“渲染”面板→“渲染环境和曝光”按钮。

（2）在命令行中输入“RENDERENVIRONMENT”并按 Enter 键。

通过“渲染环境和曝光”选项板，可以设置场景的全局照明。

“环境”：控制渲染时基于图像的照明的使用及设置。“环境（切换）”启用基于图像的照明；“基于图像的照明”指定要应用的图像照明贴图；“旋转”指定图像照明贴图的旋转角度；“使用 IBL 图像作为背景”指定的图像照明贴图将影响场景的亮度和背景；“使用自定义背景”指定的图像照明贴图仅影响场景的亮度，可选的自定义背景可以应用到场景中，单击背景...按钮显示图 13-40 所示的“基于图像的照明背景”对话框，指定自定义的背景。

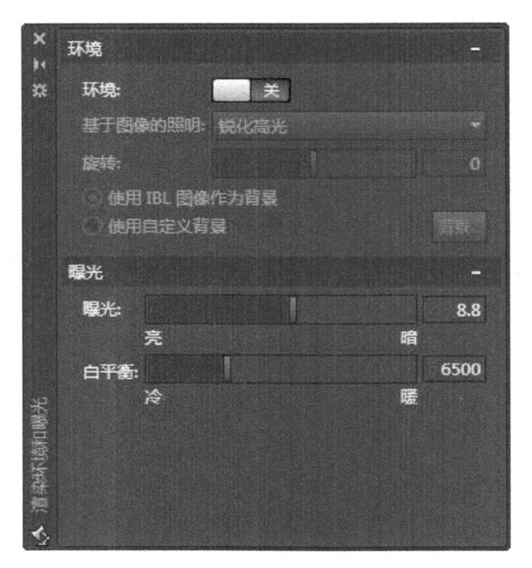

图 13-39 “渲染环境和曝光”选项板

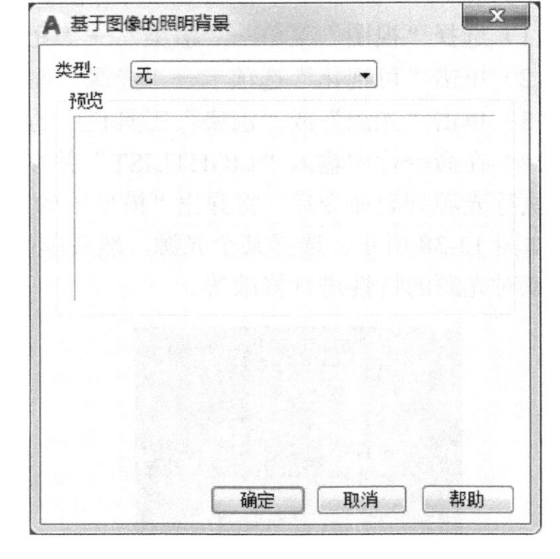

图 13-40 “基于图像的照明背景”对话框

“曝光”：控制渲染时要应用的摄影曝光设置。“曝光（亮度）”设置渲染的全局亮度级别，减小该值可使渲染的图像变亮，增加该值可使渲染的图像变暗；“白平衡”设置渲染时全局照明的开尔文色温值，低值（冷温度）会产生蓝色光，而高值（暖温度）会产生黄色或红色光。

13.6.4 高级渲染设置

“渲染环境和曝光”选项板仅仅可以设置场景的全局照明，而“渲染预设管理器”选项板则可以控制用于渲染的所有主设置。

在 AutoCAD 2019 中，有以下 4 种方法执行**高级渲染设置**命令：

（1）选择“视图”菜单→“渲染”→“高级渲染设置”命令。

（2）单击“可视化”选项卡→“渲染”面板→“高级渲染设置”按钮。

（3）单击“渲染”工具栏中的“高级渲染设置”按钮。

（4）在命令行中输入“RPREF 或 RENDERPRESETS”并按 Enter 键。

执行高级渲染设置命令后，将弹出“渲染预设管理器”选项板，如图 13-41 所示。

“渲染位置”：确定渲染器显示渲染图像的位置。“窗口”：将当前视图渲染到“渲染”窗口；“视口”：在当前视口中渲染当前视图；“面域”：在当前视口中渲染指定区域。

“渲染大小”：指定渲染图像的输出尺寸和分辨率，选择“更多输出设置”可弹出图 13-42 所示的“渲染到尺寸输出设置”对话框，可指定自定义输出尺寸。仅当从“渲染位置”下拉列表中选择“窗口”时此选项才可用。

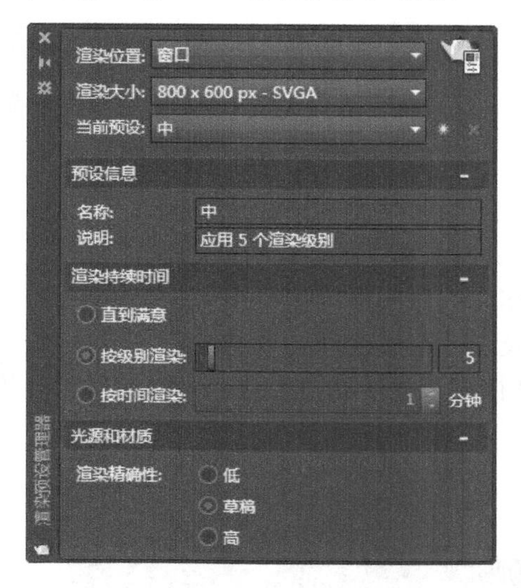

图 13-41 “渲染预设管理器”选项板

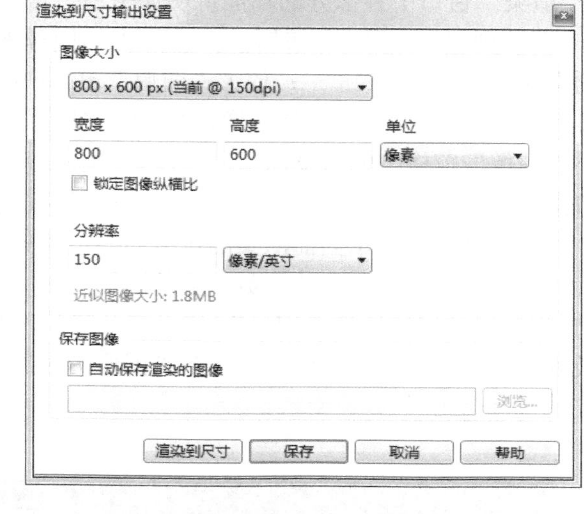

图 13-42 “渲染到尺寸输出设置”对话框

“当前预设”：指定渲染视图或区域时要使用的渲染预设。单击“创建副本”按钮，可复制选定的渲染预设；单击“删除”按钮，可删除选定的自定义渲染预设，删除后将另一个渲染预设置为当前。

“预设信息”：指定选定渲染预设的名称和说明。可以重命名自定义渲染预设而非标准渲染预设。

“渲染持续时间”：控制渲染器为创建最终渲染输出而执行的迭代时间或层级数。增加时间或层级数可提高渲染图像的质量。“直到满意”：渲染将继续，直到取消为止；“按级别渲染”：指定渲染引擎为创建渲染图像而执行的层级数或迭代数；“按时间渲染”：指定渲染引擎用于反复细化渲染图像的分钟数。

“光源和材质”：控制用于渲染图像的光源和材质计算的准确度。“低”：简化光源模型，最快但最不真实，全局照明、反射和折射处于禁用状态；“草稿”：基本光源模型，平衡性能和真实感，全局照明处于启用状态，反射和折射处于禁用状态；“高”：高级光源模型，较慢但更真实，全局照明、反射和折射处于启用状态。

所有选项设置完毕后，单击右上角的“渲染”按钮，可创建三维实体或曲面模型的真实照片级图像或真实着色图像。

13.6.5 启动渲染

在 AutoCAD 2019 中，设置好对象的材质，并将光源应用到场景中之后，就可以渲染图形获得真实的图像。有以下 2 种方法执行**渲染**命令：

（1）在命令行中输入“RENDER”并按Enter键。

（2）单击“渲染预设管理器”选项板右上角的“渲染”按钮。

执行渲染命令后，将弹出图13-43所示的对话框，此时可选择“在不使用中等质量图像库的情况下工作”，将弹出“渲染”窗口，并开始渲染过程，渲染后的结果如图13-44所示。

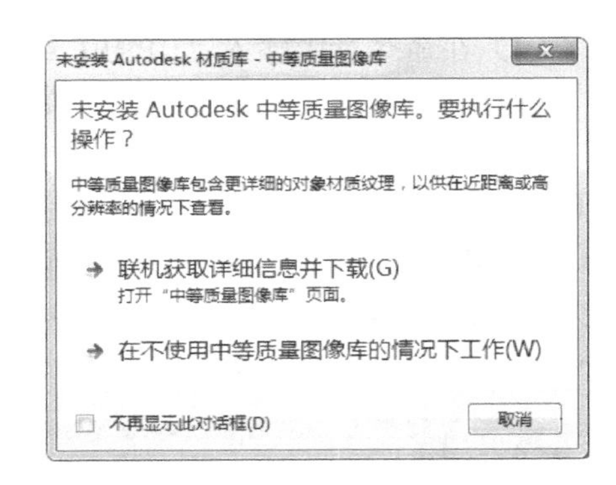

图13-43 “未安装Autodesk材质库-中等质量图像库”对话框

“渲染”窗口中各部分的功能说明如下：

“选项列表”：“保存”按钮：将渲染的图像保存到文件；“放大”按钮：放大“图像”窗格中的渲染图像，放大后，可以平移图像；“缩小”按钮：缩小“图像”窗格中的渲染图像；“打印”按钮：将渲染图像发送到指定的系统打印机；“取消”按钮：中止当前渲染。

“图像窗格”：显示当前渲染的进度和当前渲染操作完成后的最终渲染图像。

“进度条”：显示完成的层数、当前迭代的进度以及总体渲染时间。

“历史记录和统计信息窗格”：位于窗口底部，默认情况下处于折叠状态；可以访问当前模型最近渲染的图像，以及用于创建渲染图像的对象的统计信息。

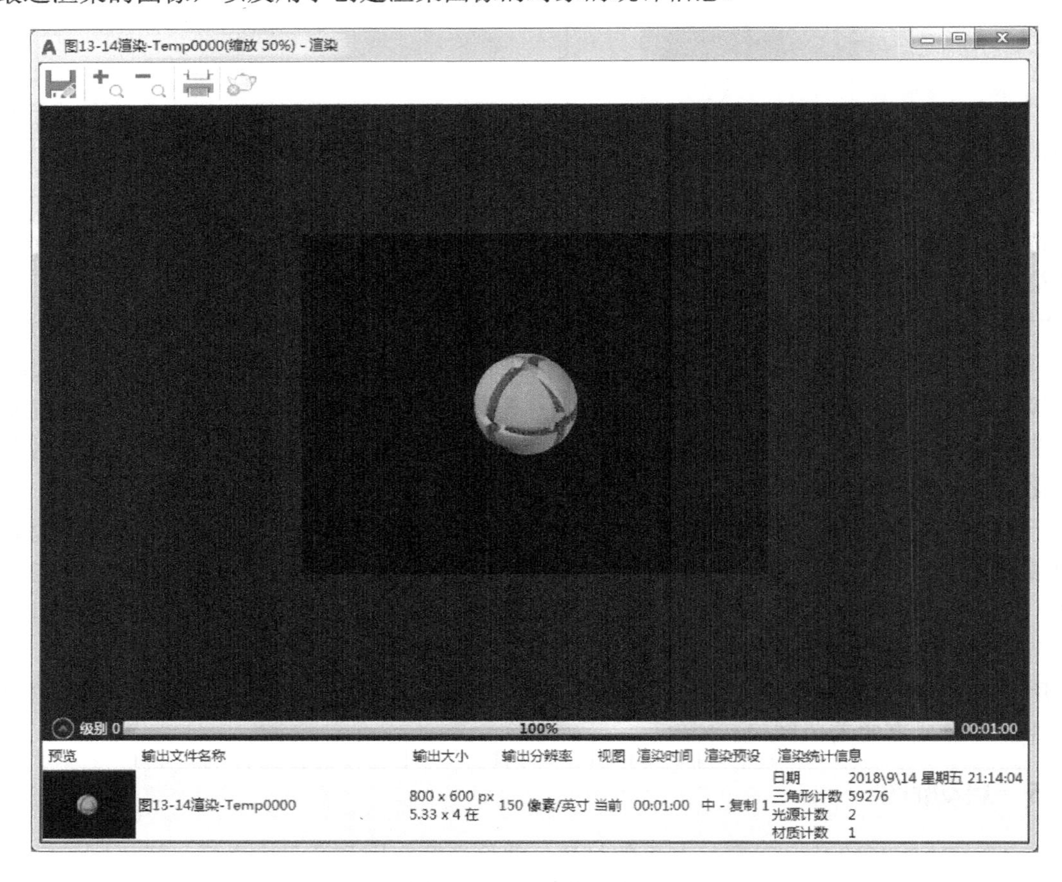

图13-44 “渲染”窗口

13.6.6　实例——渲染三维对象

素材\第 13 章\图 13-14.dwg

【例 13-20】对图 13-45 中的对象进行渲染，其中，“渲染位置”设置为“窗口”；“渲染持续时间”设置为“按时间渲染 1 分钟”；“渲染精确性”设置为“高”，其他选项默认。

（1）选择“视图”菜单→“渲染”→“高级渲染设置”命令。

（2）在弹出的“渲染预设管理器”选项板中，将“渲染位置”设置为“窗口”；“渲染持续时间”设置为“按时间渲染 1 分钟”；“渲染精确性”设置为“高”，其他选项默认，如图 13-46 所示。

图 13-45　渲染实例

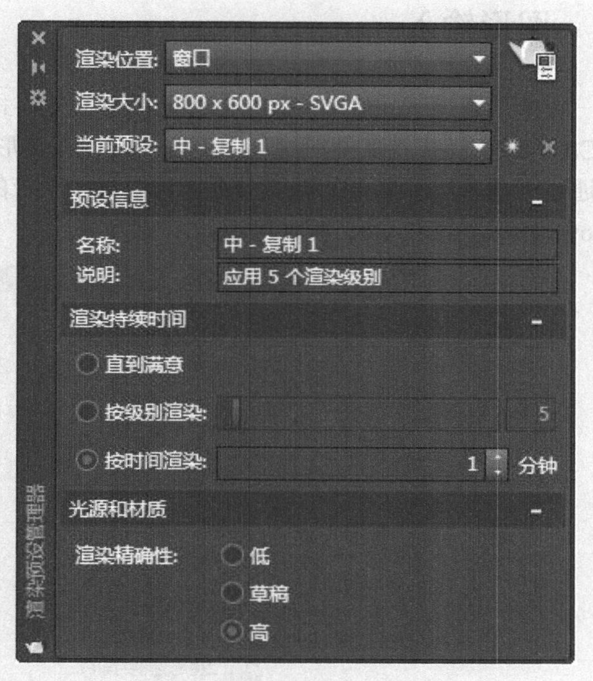

图 13-46　设置“渲染预设管理器”选项板

（3）单击“渲染预设管理器”选项板右上角的“渲染”按钮，弹出图 13-43 所示的对话框，选择“在不使用中等质量图像库的情况下工作”，将弹出“渲染”窗口，并开始渲染过程，渲染后的效果如图 13-44 所示。

CHAPTER 14

第14章 图形输入和输出

14.1 图形输入

一般地，通过 AutoCAD 2019 创建的图形文件格式为 DWG 格式。除了 DWG 文件以外，AutoCAD 2019 还支持其他应用程序创建的文件在图形中输入、附着和打开。

通过“插入”菜单下的相关命令，可以插入对应的文件类型，如 3D Studio、ACIS 文件、Windows 图元文件和 OLE 对象等，如图 14-1 所示。

图 14-1　“插入”菜单中的输入文件菜单项

还可以选择“文件”菜单→“输入”命令或者运行 IMPORT 命令，弹出“输入文件”对话框，选择输入文件的类型，如图 14-2 所示。

在 AutoCAD 2019 中，有以下 2 种方法执行**插入 OLE 对象**命令：

（1）选择“插入”菜单→“OLE 对象”命令。

（2）在命令行中输入“INSERTOBJ”并按 Enter 键。

执行插入 OLE 对象命令后，将弹出“插入对象”对话框，如图 14-3 所示。通过“插入对象”对话框插入各种程序创建的文件，可实现程序间的数据共享。

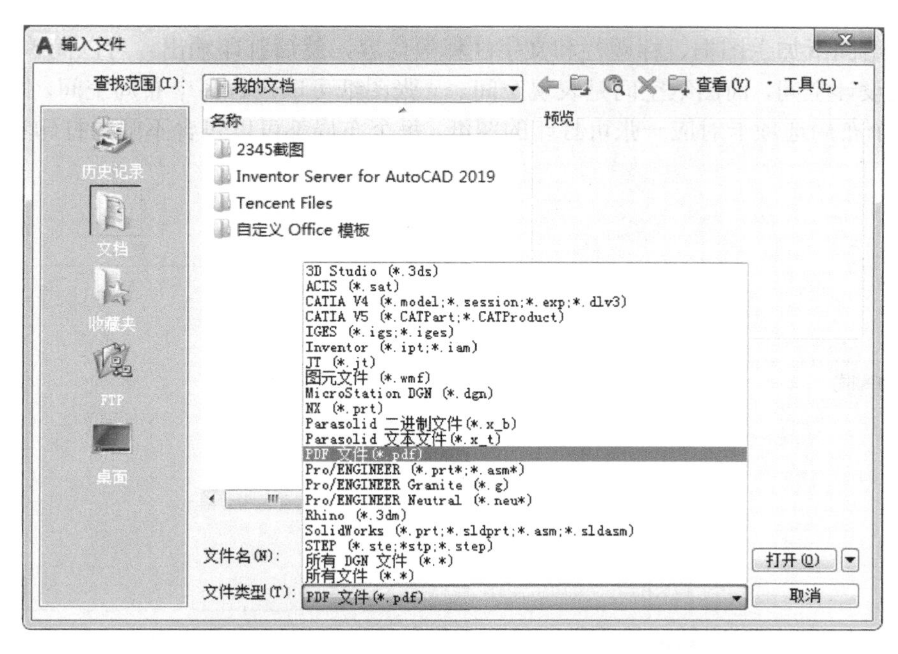

图 14-2 “输入文件”对话框

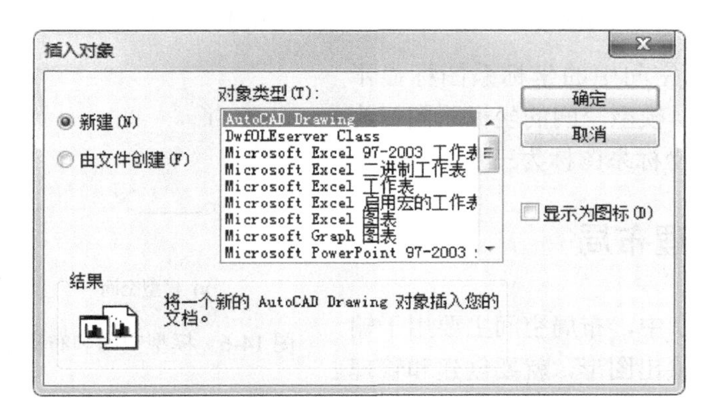

图 14-3 “插入对象”对话框

14.2 模型空间和布局空间

在 AutoCAD 2019 中进行绘图和编辑时，可以采用两种不同的工作空间，即“模型空间”和“布局空间”，布局空间又称为图纸空间。在不同的工作空间可以完成不同的操作，如绘图操作和编辑操作、注释和显示控制等。通过“模型”和“布局”选项卡、状态栏的“模型或图纸空间”按钮，可以在不同的工作环境中进行切换。“模型”和“布局”选项卡位于绘图区域底部附近的位置，如图 14-4 所示。单击状态栏中的“模型或图纸空间”按钮，将切换到布局空间，可在布局空间中的绘图区域进行绘图和编辑，如图 14-5 所示。

AutoCAD 2019 启动后，默认处于模型空间。通常在模型空间以实际比例 1 : 1 进行设计绘图。为了与其他设计人员交流、进行产品生产加工或者工程施工，需要输出图形，这就需要在图纸空间进行排版，即规划视图的位置与大小，将不同比例的视图安排在一张图纸上并对它们标注尺寸，给图纸加上图框、标题栏和文字注释等内容，然后打印输出。可以简单地理解为：模型空间是设计空间，而图纸空间是表现空间。一张图纸可以包含多个布局空间，即多个布局选项卡，每个布局选项卡对应一张可打印的图纸，每个布局都可以包含不同的打印设置和图纸尺寸。

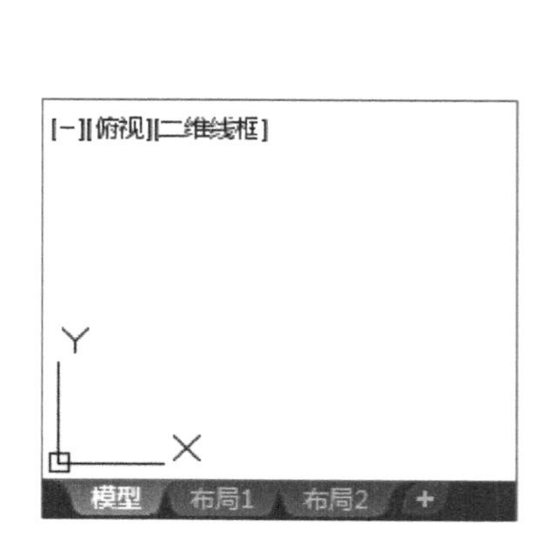

图 14-4 “模型”和“布局”选项卡

图 14-5 布局空间

模型空间和布局空间中的坐标系图标显示不同，如图 14-6 所示，模型空间的坐标系图标为十字形，布局空间的坐标系图标为三角形。

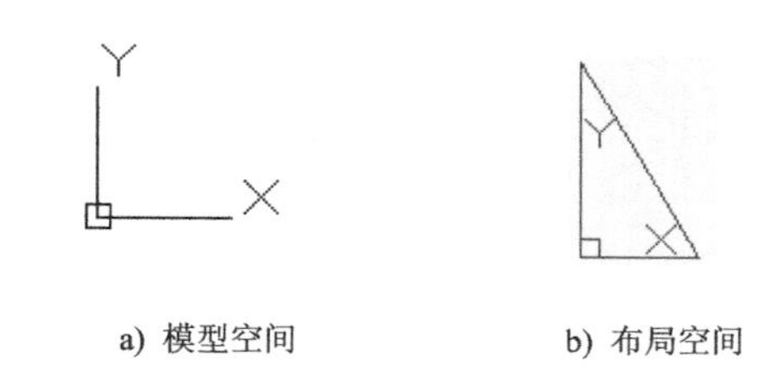

图 14-6 模型空间和布局空间中的坐标系图标

14.3 创建和管理布局

在 AutoCAD 2019 中，布局空间主要用于输出图形。要通过布局输出图形，就要创建和管理布局。

14.3.1 创建布局

AutoCAD 2019 中提供了“布局”子菜单和“布局”工具栏来创建和管理布局，如图 14-7 和图 14-8 所示。

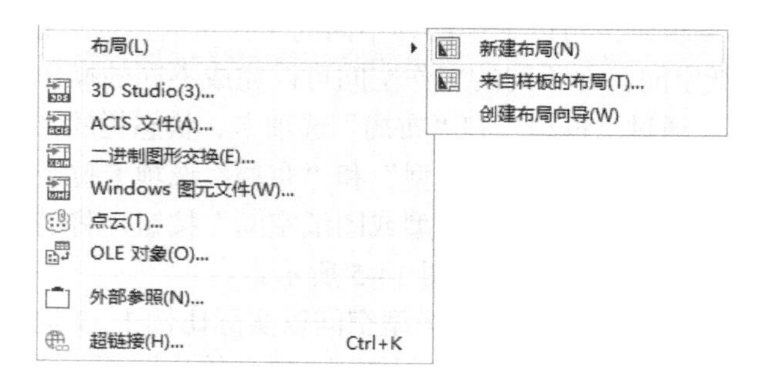

图 14-7 “布局”子菜单

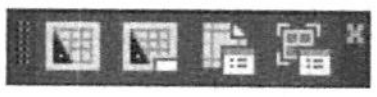

图 14-8 “布局”工具栏

“布局”子菜单中各个选项的作用如下：

“新建布局”：用于新建一个布局，但不做任何设置。默认情况下，每个模型允许创建 225 个布局。选择该选项后，将在命令行提示指定布局的名称，输入布局名称后即完成布局的创建。

“来自样板的布局”：用于将图形样板中的布局插入到图形中。选择该选项后，将弹出“从文件选择样板”对话框，默认为 AutoCAD 2019 安装目录下的 Template 子目录，如图 14-9 所示。在该对话框中选择要导入布局的样板文件后，单击 打开(O) 按钮，将弹出“插入布局”对话框，如图 14-10 所示。该对话框将显示所选的样板文件中包含的布局，选择一个布局后，单击 确定 按钮即可。

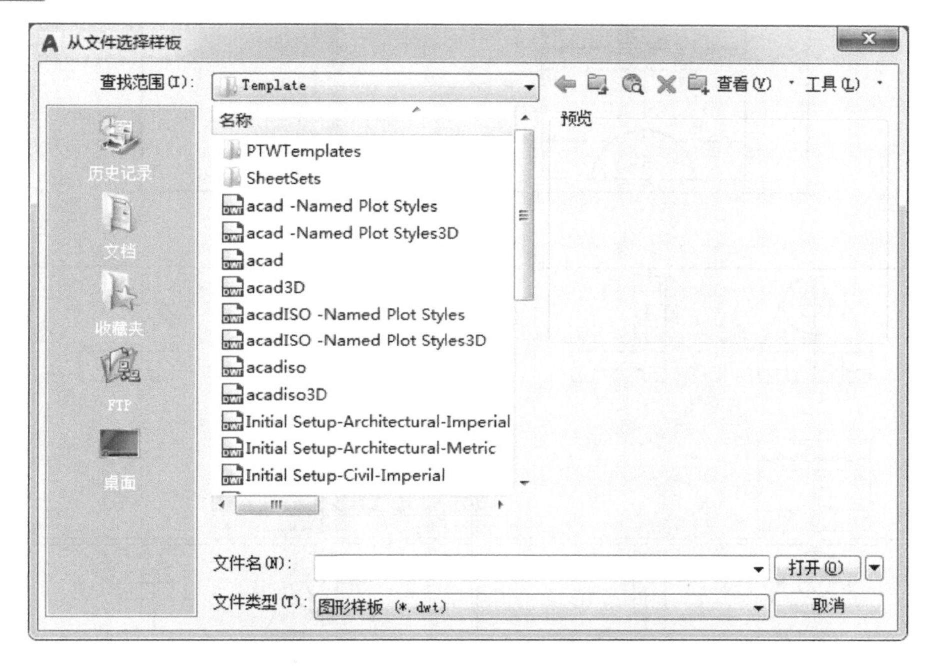

图 14-9 “从文件选择样板”对话框

“创建布局向导”：用于引导用户创建布局。布局向导包含一系列对话框，这些对话框可以引导用户逐步完成布局的创建。

在 AutoCAD 2019 中，有以下 2 种方法执行**创建布局向导**命令：

（1）选择“插入”菜单→“布局”→“创建布局向导”命令。

（2）在命令行中输入“LAYOUTWIZARD”并按 Enter 键。

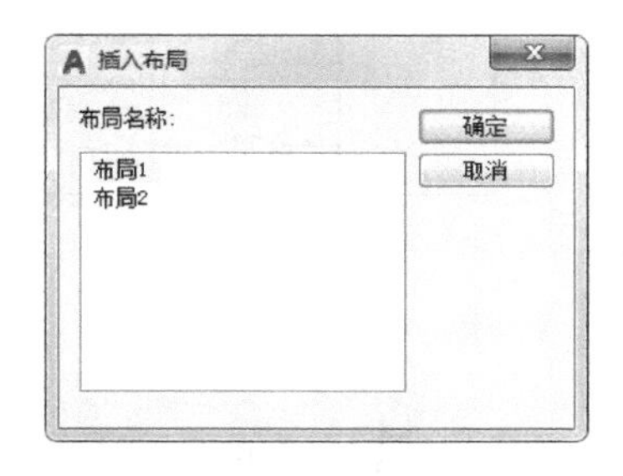

图 14-10 “插入布局”对话框

素材\第 14 章\图 14-1.dwg

【例 14-1】将图 14-11a 所示的对象通过“创建布局向导”新建一个布局，名称为“我的布局”，绘图仪为“DWF6 ePlot.pc3”，图纸尺寸为“ISO A4(297.00×210.00 毫米)”，方向为“横向”，无标题栏，定义视口为“2×2 阵列”。创建后的效果如图 14-11b 所示。

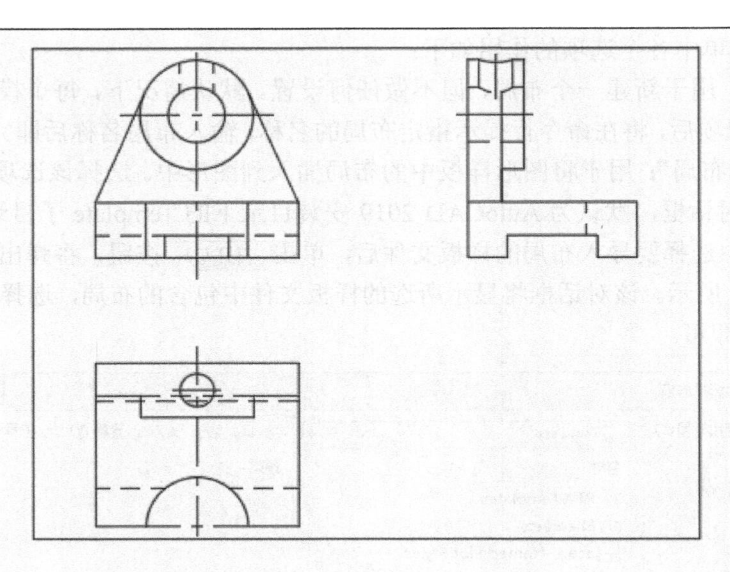

a）源对象

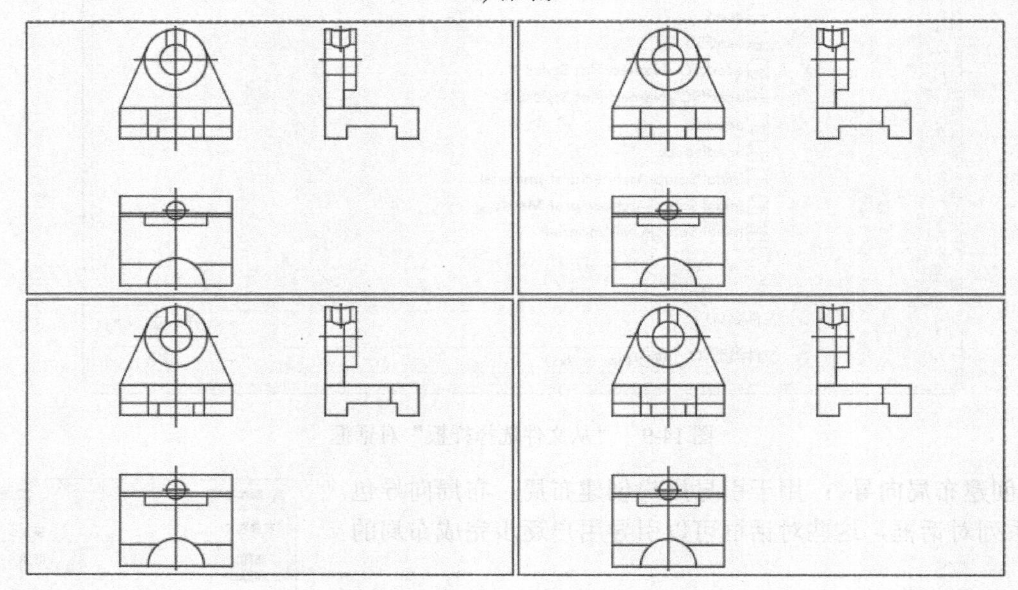

b）新建布局后

图 14-11　创建布局实例

（1）选择“插入”菜单→“布局”→“创建布局向导”命令，弹出“创建布局-开始”对话框，输入名称“我的布局”，如图 14-12 所示。

（2）单击 下一步(N) > 按钮，弹出“创建布局-打印机”对话框，将绘图仪选为“DWF6 ePlot.pc3”，如图 14-13 所示。

（3）单击 下一步(N) > 按钮，弹出“创建布局-图纸尺寸”对话框，在图纸尺寸下拉列表中选择“ISO A4（297.00×210.00 毫米）”，图形单位选择“毫米”，如图 14-14 所示。

（4）单击 下一步(N) > 按钮，弹出“创建布局-方向”对话框，选择“横向”，如图 14-15 所示。

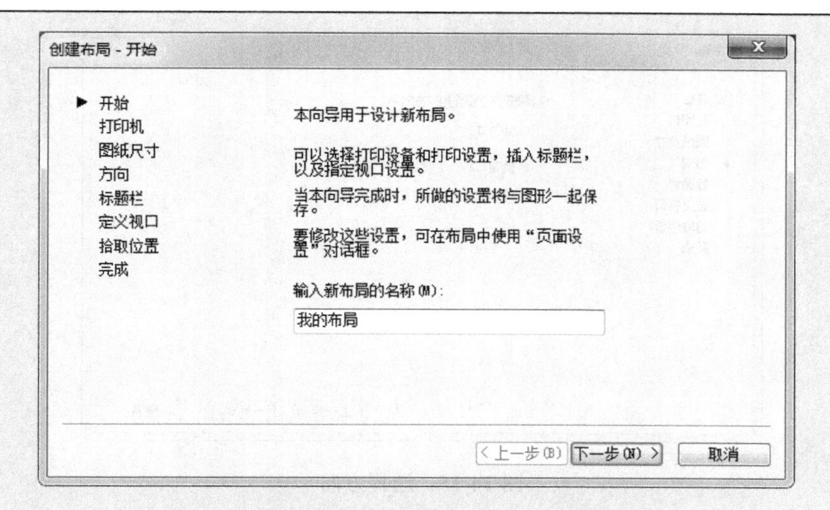

图 14-12 设置名称

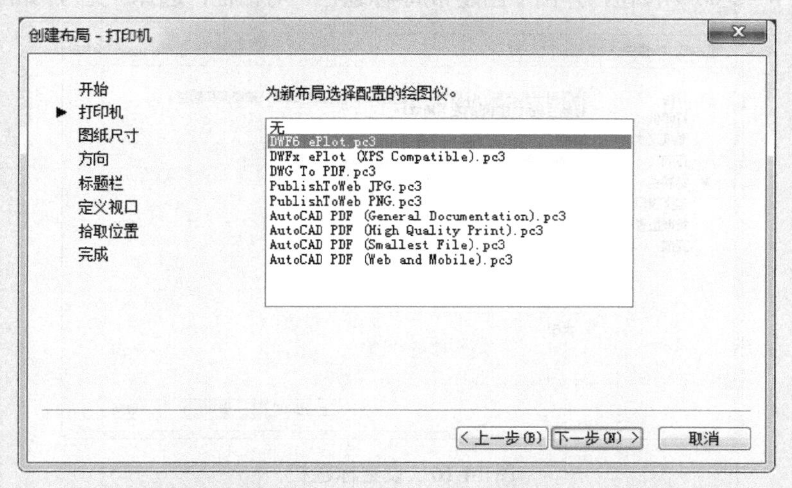

图 14-13 选择绘图仪

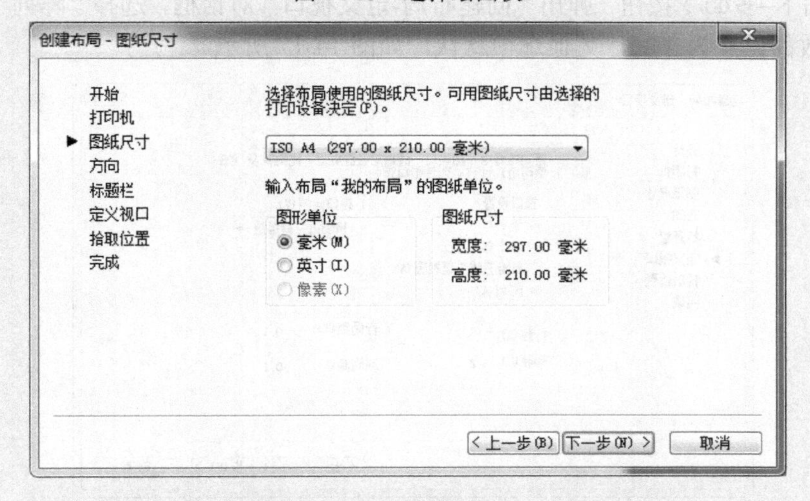

图 14-14 选择图纸尺寸

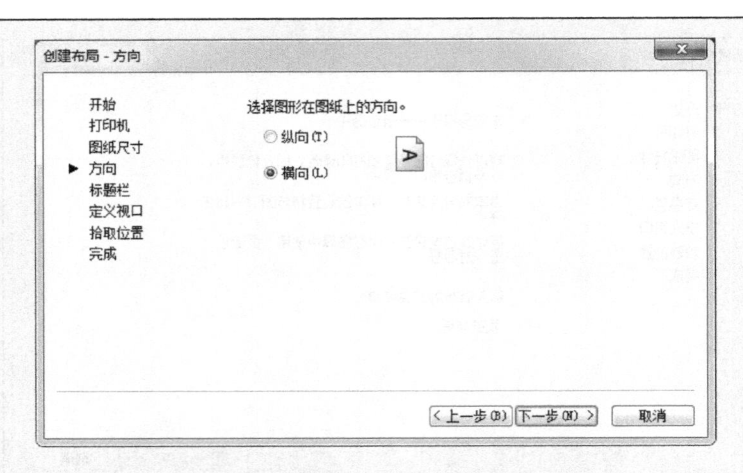

图 14-15　选择方向

（5）单击 下一步(N) > 按钮，弹出“创建布局-标题栏”对话框，选择“无”，如图 14-16 所示。

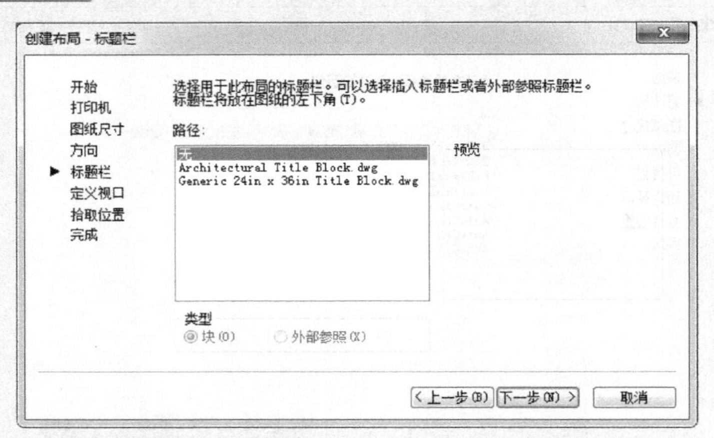

图 14-16　设置标题栏

（6）单击 下一步(N) > 按钮，弹出“创建布局-定义视口”对话框，选择“阵列”单选按钮，将行数和列数都设置为“2”，其他选项默认，如图 14-17 所示。

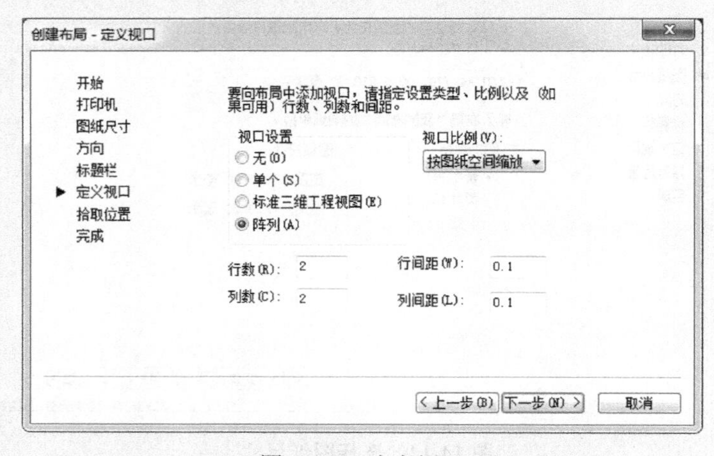

图 14-17　定义视口

（7）单击 下一步(N) > 按钮，弹出“创建布局-拾取位置”对话框，如图 14-18 所示。

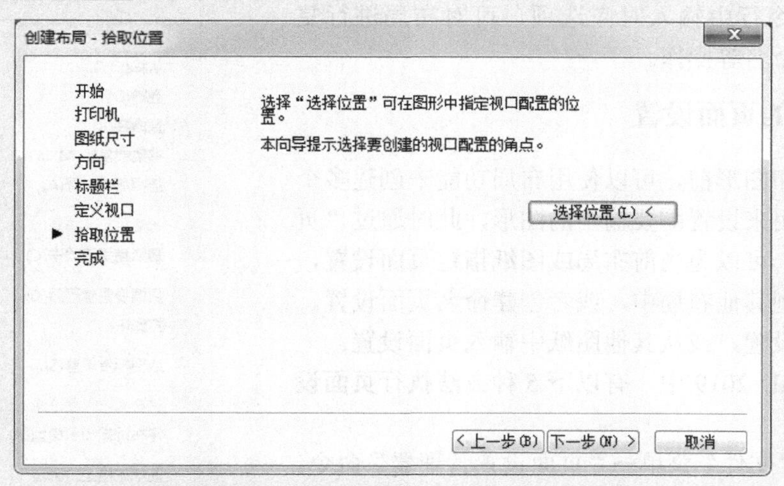

图 14-18　拾取位置

（8）单击 选择位置(L) < 按钮，返回到布局空间，指定对角点框选中内侧的虚线框后，弹出如图 14-19 所示的“创建布局-完成”界面。

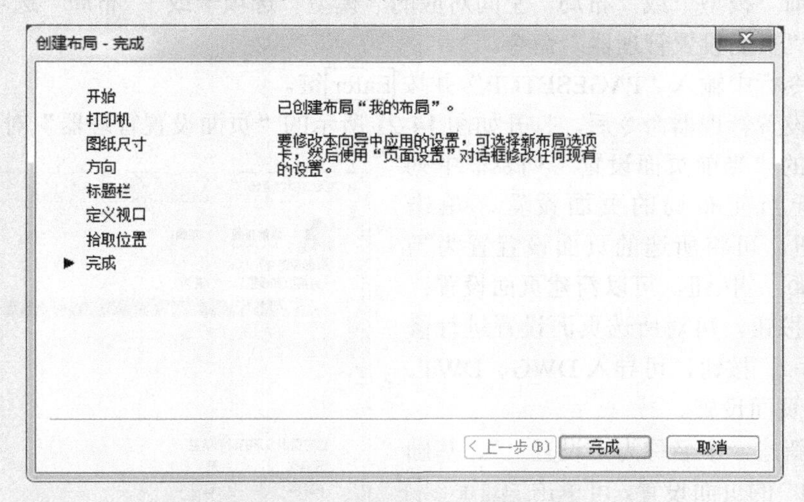

图 14-19　“创建布局-完成”界面

（9）单击 完成 按钮，完成通过“创建布局向导”新建一个布局。创建后的效果如图 14-11b 所示。

14.3.2　管理布局

在 AutoCAD 2019 中，有以下 2 种方法执行**布局管理**命令：

（1）切换到“布局”选项卡→单击鼠标右键，在弹出的快捷菜单中选择相应的命令进行相应的操作，如图 14-20 所示。

（2）在命令行中输入“LAYOUT”并按 Enter 键，命令行提示：

× 🔧 LAYOUT 输入布局选项 [复制(C) 删除(D) 新建(N) 样板(T) 重命名(R) 另存为(SA) 设置(S) ?] <设置>:

此时在命令行中输入对应选项，可对布局进行复制、删除和重命名等操作。

新建布局(N)
从样板(T)...
删除(D)
重命名(R)
移动或复制(M)...
选择所有布局(A)
激活前一个布局(L)
激活模型选项卡(C)
页面设置管理器(G)...
打印(P)...
绘图标准设置(S)...
将布局作为图纸输入(I)...
将布局输出到模型(X)...
在状态栏上方固定

图 14-20 “布局”选项卡的快捷菜单

14.3.3 布局的页面设置

在准备打印图形前，可以使用布局功能来创建多个视图的布局，用来设置需要输出的图形，此时通过“页面设置管理器”可以为当前布局或图纸指定页面设置，或者将其应用到其他布局中，或者创建命名页面设置、修改现有页面设置，或从其他图纸中输入页面设置。

在 AutoCAD 2019 中，有以下 5 种方法执行**页面设置管理器**命令：

（1）选择“文件”菜单→“页面设置管理器”命令。

（2）单击“输出”选项卡→“打印”面板→“页面设置管理器”按钮。

（3）单击“布局”工具栏中的“页面设置管理器”按钮。

（4）在当前“模型”或“布局”空间对应的“模型”选项卡或 “布局”选项卡上单击鼠标右键→选择“页面设置管理器”命令。

（5）在命令行中输入“PAGESETUP”并按Enter键。

执行页面设置管理器命令后，打开如图 14-21 所示的“页面设置管理器”对话框。

该对话框的“当前页面设置”列表框中列出了可应用于当前布局的页面设置。单击置为当前(S)按钮，可将所选的页面设置置为当前；单击新建(N)...按钮，可以新建页面设置；单击修改(M)...按钮，可对所选页面设置进行修改；单击输入(I)...按钮，可导入 DWG、DWT、DXF 文件中的页面设置。

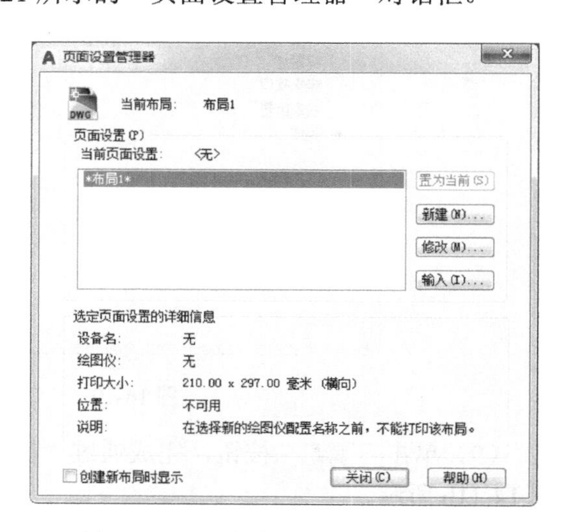

图 14-21 “页面设置管理器”对话框

例如：要新建一个名称为“设置 1”、基础样式为“布局 1”的页面设置，可单击新建(N)...按钮，在弹出的“新建页面设置”对话框中输入新名称“设置 1”，在“基础样式”中选择“*布局 1*”，如图 14-22 所示。单击确定(O)按钮，弹出如图 14-23 所示的“页面设置-布局 1”对话框。

“页面设置-布局 1”对话框包括“页面设置”“打印机/绘图仪”和“图纸尺寸”等 10 个选项组，各个选项组的作用如下：

“页面设置”：显示当前的页面设置名称和图标。图 14-23 所示为从“布局”中打开的“页面设置”对话框，显示页面设置名称为“设置 1”、DWG 图标为。

“打印机/绘图仪”：用于指定打印或发布布局或图纸时使用的已配置的打印设备。“名称”

下拉列表框中列出了可用的 pc3 文件或系统打印机，pc3 文件的图标为，系统打印机的图标为。选择 pc3 文件，可将图纸打印到文件中；选择系统打印机，可通过打印机打印图纸。

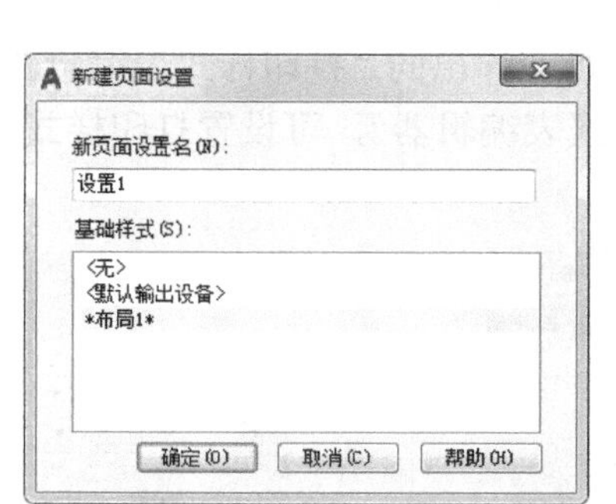

图 14-22　设置“新建页面设置”对话框

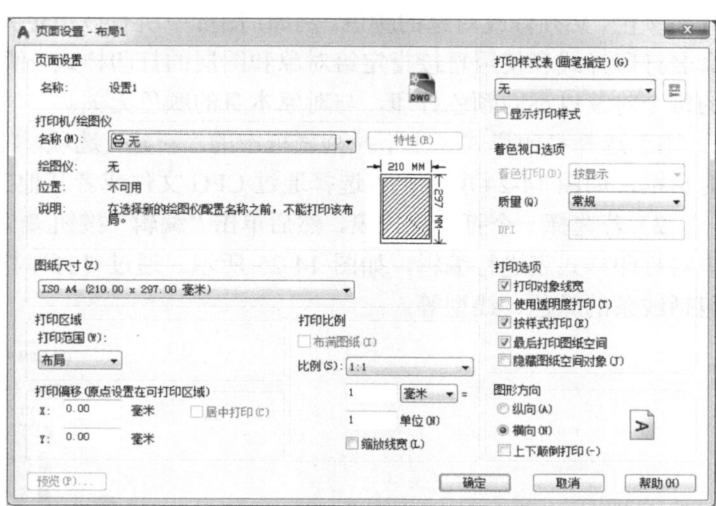

图 14-23　“页面设置-布局 1”对话框

“图纸尺寸”：显示所选打印设备可用的标准图纸尺寸。如果所选绘图仪不支持布局中选定的图纸尺寸，将显示警告，用户可以选择绘图仪的默认图纸尺寸或自定义图纸尺寸。

“打印区域”：用于指定要打印的图形区域。通过“打印范围”下拉列表框可选择打印的范围，共有 4 个选项：

1）“布局”选项：选择该选项将打印指定图纸的可打印区域内的所有内容，其原点从布局中的(0,0)点计算得出。从“模型”选项卡打印时，将打印栅格界限定义的整个图形区域。

2）“窗口”选项：选择该选项将打印指定的图形部分，通过指定要打印区域的两个角点确定打印的图形范围。

3）“范围”选项：选择该选项将打印包含对象图形的部分当前空间，当前空间内的所有几何图形都将被打印。

4）“显示”选项：选择该选项将打印“模型”选项卡当前视口中的视图或布局选项卡中当前布局空间视图中的视图。

“打印偏移”：指定打印区域相对于“可打印区域”左下角或图纸边界的偏移。图纸的可打印区域由所选输出设备决定，在布局中以虚线表示。在 X 和 Y 文本框中输入正值或负值，可以偏移图纸上的几何图形。选择“居中打印”复选框，将自动计算 X 偏移和 Y 偏移值，在图纸上居中打印。

“打印比例”：控制图形单位与打印单位之间的相对尺寸。打印布局时，默认缩放比例设置为 1∶1；从“模型”选项卡打印时，默认设置为“布满图纸”。

> ★注意：如果在“打印区域”中指定了“布局”选项，则无论在“比例”中指定何种设置，都将以 1∶1 的比例打印布局。

“打印样式表”：用于设置、编辑打印样式表，或者创建新的打印样式表。打印样式表有两种类型，分别是“颜色相关”和“命名”。用户可以在两种打印样式表之间转换；也可以在设置图形的打印样式表类型之后修改所设置的类型。对于“颜色相关”打印样式表，对象的颜色确定如何对其进行打印，但不能直接为对象指定“颜色相关”打印样式；相反，要控制对象的打印颜色，必须修改对象的颜色。例如：图形中所有被指定为红色的对象均以相同的方式打印。命名打印样式表使用直接指定给对象和图层的打印样式，使用这种打印样式表，可以使图形中的每个对象以不同颜色打印，与对象本身的颜色无关。

1）选择打印样式表中下拉列表框中的“新建”选项，将弹出“添加颜色相关打印样式表”对话框，如图 14-24 所示，可选择通过 CFG 文件或者其他方式创建新的打印样式表。

2）若选择一个打印样式表，然后单击“编辑”按钮，可在弹出的“打印样式表编辑器”中对打印样式表进行编辑，如图 14-25 所示。通过“打印样式表编辑器”，可设置打印样式，包括线条的颜色、线型等。

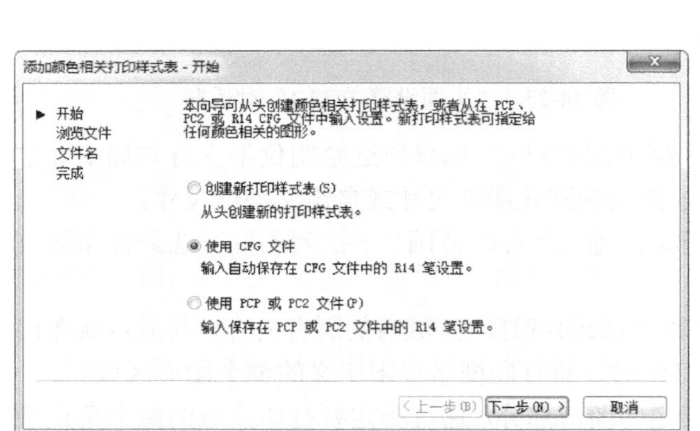

图 14-24 “添加颜色相关打印样式表”对话框

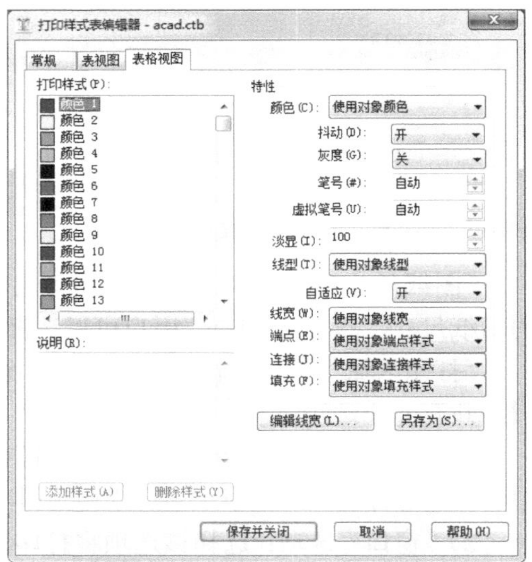

图 14-25 打印样式表编辑器

3）“显示打印样式”复选框：设置是否在屏幕上显示指定给对象的打印样式的特征。

> ★注意：如果打印样式表被附着到“布局”或“模型”选项卡，并且修改了打印样式，则使用该打印样式的所有对象都将受影响。大多数打印样式均默认为“使用对象样式”。

“着色视口选项”：指定着色和渲染视口的打印方式，并确定它们的分辨率级别和每英寸点数（DPI）。

“打印选项”：用于指定线宽、打印样式和对象的打印次序等选项。

1）“打印对象线宽”复选框：指定是否打印指定给对象和图层的线宽。

2）“使用透明度打印”复选框：指定是否打印对象透明度。仅当打印具有透明对象的图形时才使用此选项。

3）“按样式打印”复选框：指定是否打印应用于对象和图层的打印样式。

4）“最后打印图纸空间”复选框：选择该复选框，表示首先打印模型空间几何图形。通常先打印图纸（布局）空间几何图形，然后打印模型空间几何图形。

5）“隐藏图纸空间对象”复选框：设置 HIDE 命令是否应用于布局空间视口中的对象。此选项仅在“布局”选项卡中可用，且设置的效果只反映在打印预览中，而不反映在布局中。

“图形方向”：用于指定图形在图纸上的打印方向。

1）“纵向”单选按钮：使图纸的短边位于图形页面的顶部。

2）“横向”单选按钮：使图纸的长边位于图形页面的顶部。

3）“上下颠倒打印”复选框：上下颠倒地放置并打印图形。

14.4　模型空间平铺视口

在 AutoCAD 2019 中，若想同时观察几个图形，需要用到其平铺视口功能。

在模型空间中，可将绘图区域分割成两个或多个相邻的矩形视图，称为模型空间平铺视口。在模型空间上创建的平铺视口会充满整个绘图区域并且相互之间不重叠，可对每个视口单独进行缩放和平移操作，而不影响其他视口的显示。在一个视口中对图形进行修改后，其他视口也会立即更新。

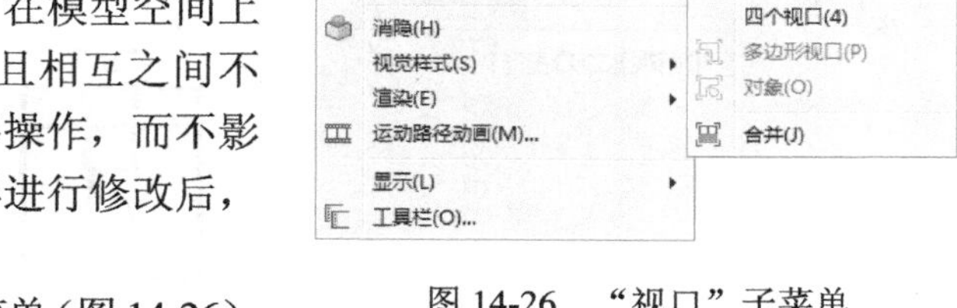

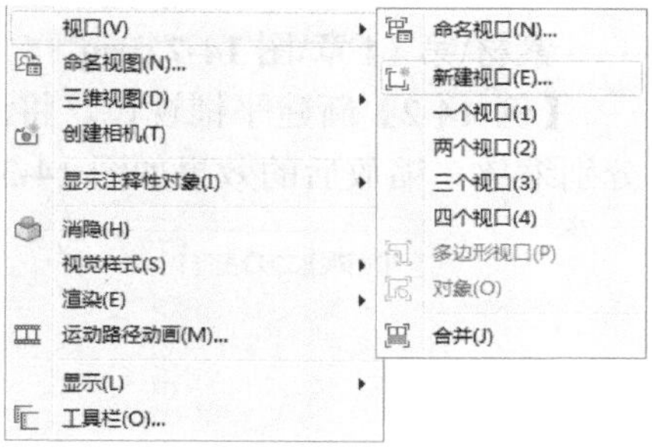

图 14-26　“视口”子菜单

在 AutoCAD 2019 中，通过“视口”子菜单（图 14-26）、“模型视口”面板（图 14-27）、“视口”工具栏（图 14-28）都可以创建和管理平铺视口。

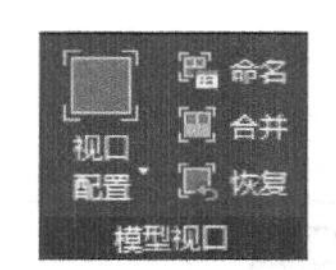

图 14-27　“模型视口”面板

图 14-28　“视口”工具栏

14.4.1　创建平铺视口

在 AutoCAD 2019 中创建平铺视口需要在“视口”对话框中进行，如图 14-29 所示。

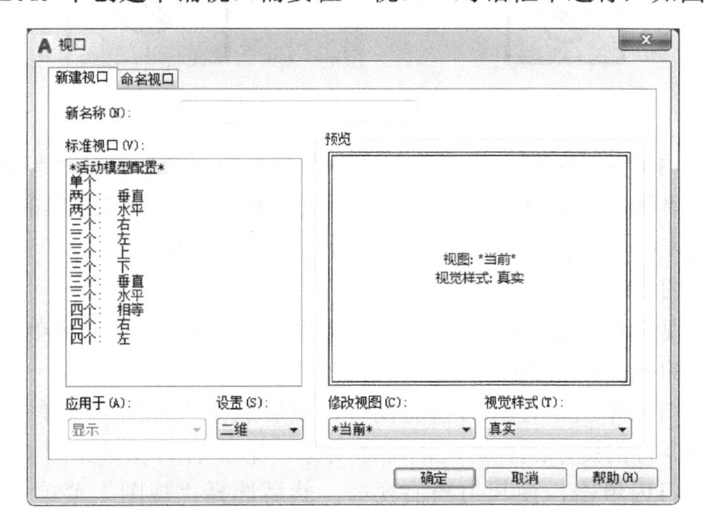

图 14-29　“视口”对话框

在 AutoCAD 2019 中，有以下 4 种方法打开“视口”对话框：

（1）选择“视图”菜单→“视口”→“新建视口”（或“命名视口”）命令。

（2）单击“视图”选项卡→“模型视口”面板→“命名”按钮。

（3）单击“视口”工具栏中的“显示视口对话框”按钮。

（4）在命令行中输入“VPORTS”并按 Enter 键。

在“视口”对话框中，“新建视口”选项卡用来创建平铺视口，“命名视口”选项卡用来恢复保存的平铺视口。

下面通过实例来说明如何新建平铺视口。

素材\第 14 章\图 14-2.dwg

【例 14-2】新建平铺视口，将源对象（图 14-30）的绘图窗口分为 3 个视口，并将它们分别缩放，缩放后的效果如图 14-31 所示。

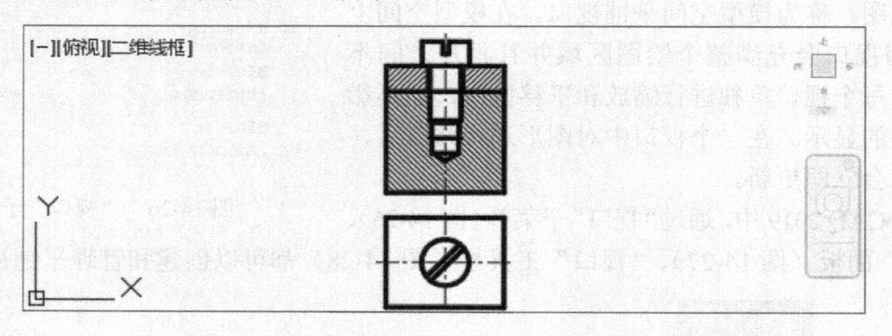

图 14-30　新建视口前

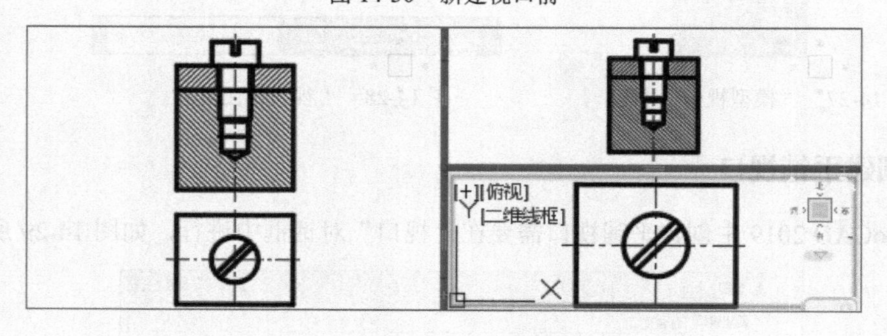

图 14-31　新建视口并缩放后

（1）打开图 14-30 所示的图形，选择“视图”菜单→“视口”→“新建视口”命令。

（2）在弹出的“视口”对话框的“新名称”文本框内输入新建视口的名称“三个左”，在“标准视口”列表框中选择“三个：左”选项，如图 14-32 所示，单击 确定 按钮，新建的平铺视口如图 14-33 所示。

（3）在左边的视口内单击，使其为当前视口，然后选择“视图”菜单→“缩放”→“范围”命令，缩放后的视口如图 14-34 所示。

（4）在右上视口内单击，使其为当前视口，然后选择“视图”菜单→“缩放”→“对象”命令，根据命令行的提示选择对应的缩放对象，缩放后的视口如图 14-35 所示。

（5）在右下视口内单击，使其为当前视口，然后选择“视图”菜单→“缩放”→“对象”命令，根据命令行的提示选择对应的缩放对象，缩放后的视口如图 14-31 所示。

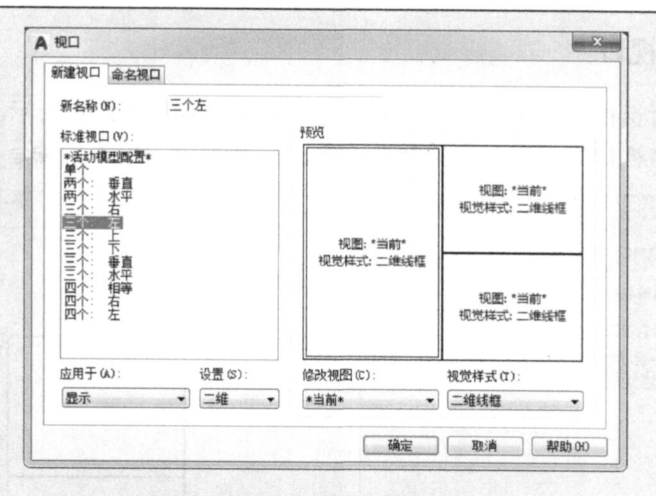

图 14-32　新建“平铺视口”

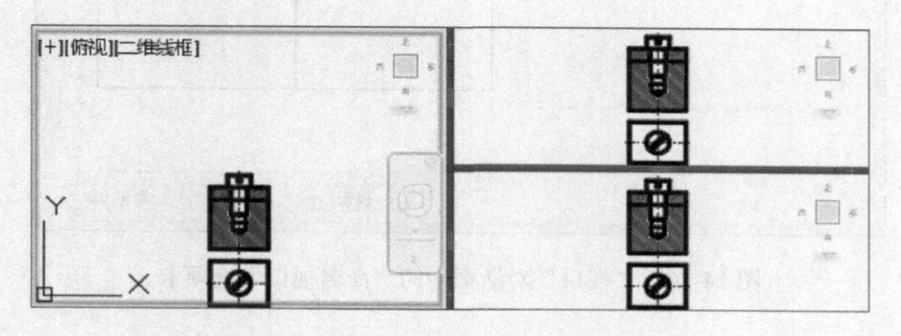

图 14-33　新建平铺视口后的显示

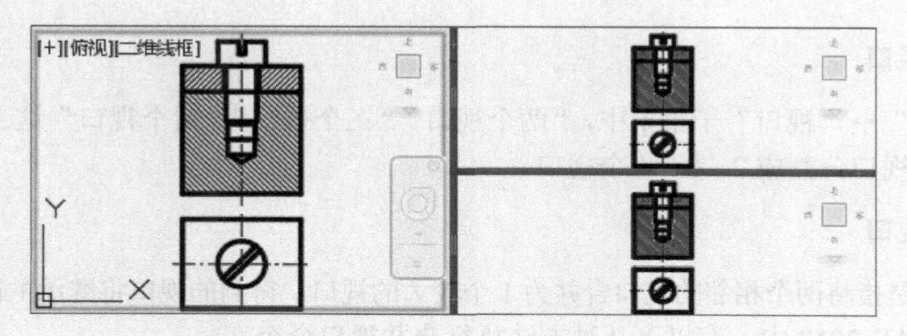

图 14-34　范围缩放后的左边视口

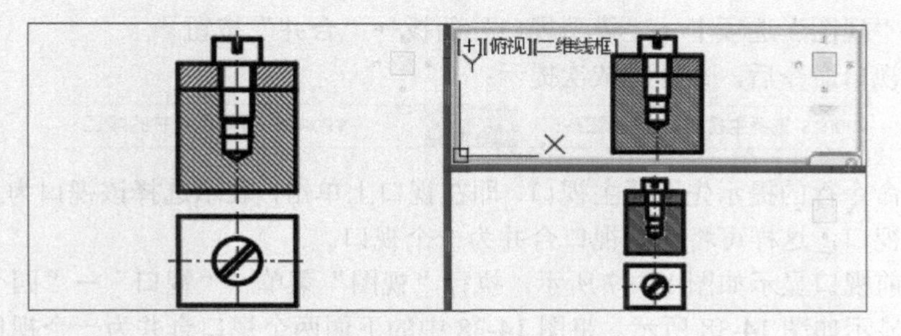

图 14-35　对象缩放后的右上视口

14.4.2 恢复平铺视口

打开“视口”对话框，切换到“命名视口”选项卡，如图 14-36 所示。

在左侧的“命名视口”列表框中选择要恢复的平铺视口→单击 确定 按钮即可。

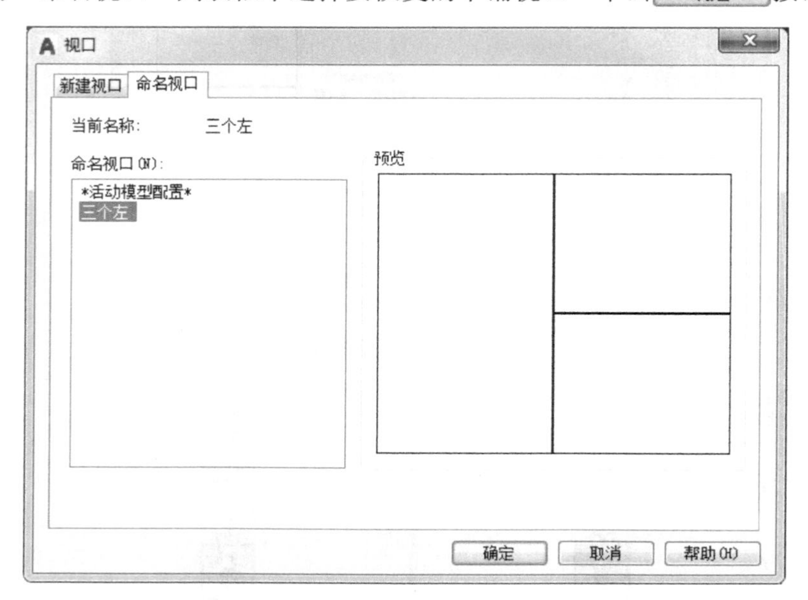

图 14-36 “视口”对话框中的“命名视口”选项卡

14.4.3 分割与合并视口

1. 分割视口

在“视图”→“视口”子菜单中，“两个视口”“三个视口”“四个视口”这 3 个菜单项分别用于将当前视口分割成 2、3、4 个视口。

2. 合并视口

合并视口是指将两个相邻的视口合并为 1 个较大的视口，得到的视口将继承主视口的视图。

在 AutoCAD 2019 中，有以下 2 种方法执行**合并视口**命令：

（1）选择“视图”菜单→“视口”→“合并”命令。

（2）单击“视图”选项卡→“模型视口”面板→“合并”按钮。

执行合并视口命令后，命令行依次提示：

-VPORTS 选择主视口 <当前视口>:，-VPORTS 选择要合并的视口:

此时按照命令行的提示先选择主视口，即在视口上单击，表示选择该视口为主视口。然后选择要合并的视口，这样可将两个视口合并为一个视口。

例如：当前视口显示如图 14-37 所示，执行“视图”菜单→“视口”→“四个视口”命令后，绘图窗口显示如图 14-38 所示。将图 14-38 中的下面两个视口合并为一个视口后，绘图窗口显示如图 14-39 所示。

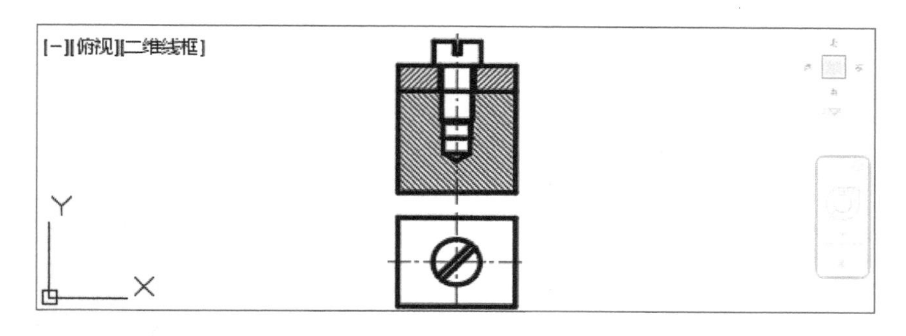

图 14-37　绘图窗口

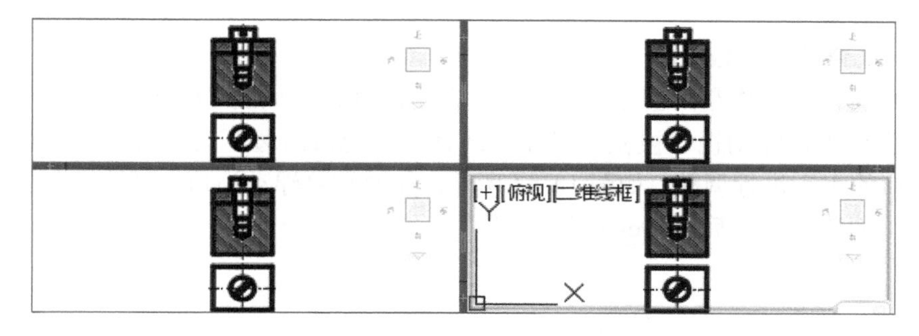

图 14-38　分割为 4 个视口之后

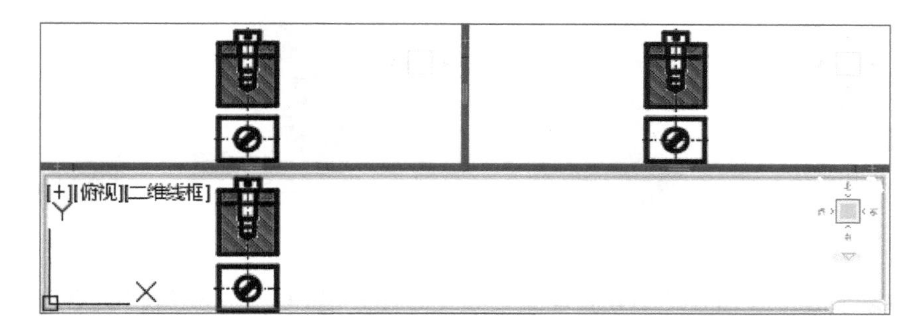

图 14-39　合并两个视口之后

14.5　布局空间浮动视口

在构造布局时，可以将浮动视口视为布局空间的图形对象，通过夹点对其进行移动和调整大小等操作。在布局空间中可以创建布满整个布局的单一布局视口，也可以创建多个布局视口。在布局空间中无法编辑模型空间中的对象，如果要编辑模型，必须激活浮动视口，进入浮动模型空间。激活浮动视口的方法有多种，如可执行 MSPACE 命令、单击状态栏中的“模型或图纸空间”按钮或双击浮动视口区域中的任意位置。

14.5.1　新建、调整和删除浮动视口

切换到“布局”空间，执行“视图”菜单的“视口”子菜单（图 14-40）下的相应命令或执行“布局”选项卡的“布局视口”面板（图 14-41）中的相应命令，可新建浮动视口。

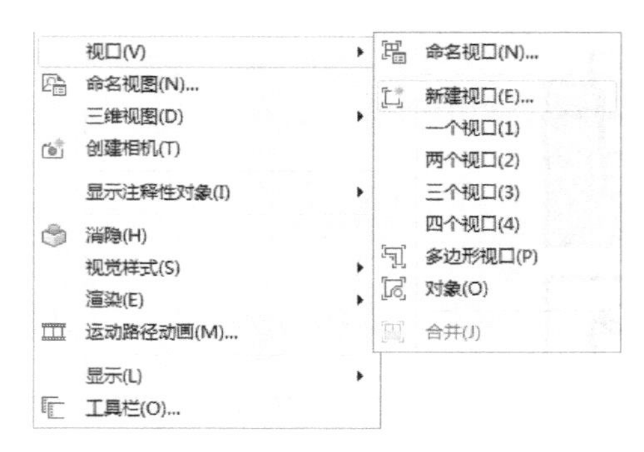

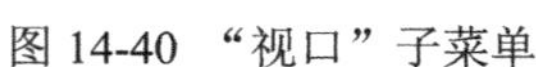
图 14-40 “视口”子菜单

图 14-41 “布局视口”面板

素材\第 14 章\图 14-3.dwg

在“三维建模”工作空间创建的“三个：左”浮动视口如图 14-42 所示。

在布局窗口中，浮动视口被视为对象。选择浮动视口的边框后，将显示夹点，拉伸夹点，可对视口的大小进行调整，如图 14-43 所示。如要删除浮动视口，可按照删除对象的方法进行操作，如选中视口后按 Delete 键即可。

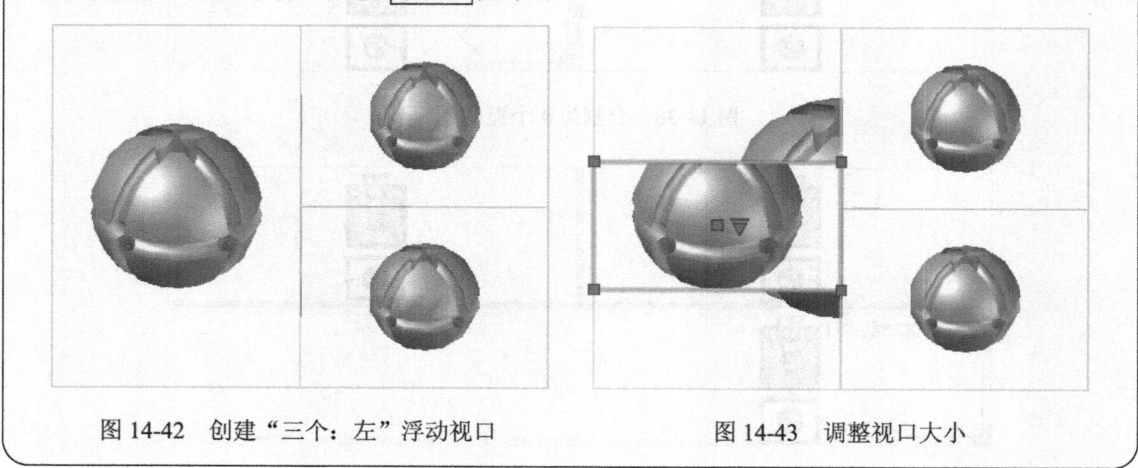

图 14-42 创建“三个：左”浮动视口

图 14-43 调整视口大小

14.5.2 创建非矩形的浮动视口

除了矩形的视口，AutoCAD 2019 还支持创建多边形或其他形状的视口。这种不规则的视口只能在布局空间创建，而不能在模型空间创建。

在 AutoCAD 2019 中，有以下 4 种方法执行**多边形视口**命令：

（1）选择“视图”菜单→“视口”→“多边形视口”命令。

（2）单击“布局”选项卡→“布局视口”面板→“多边形视口”按钮。

（3）单击“视口”工具栏中的“多边形视口”按钮。

（4）在命令行中输入“MVIEW”并按 Enter 键→选择“多边形”选项。

另外，在 AutoCAD 2019 中，还可以将闭合的多段线、圆、椭圆或闭合的样条曲线等对象转换为视口。有以下 4 种方法执行**将对象转换为视口**命令：

（1）选择“视图”菜单→“视口”→“对象”命令。

（2）单击“布局”选项卡→“布局视口”面板→“对象”按钮。

（3）单击“视口”工具栏中的“将对象转换为视口”按钮。

（4）在命令行中输入“MVIEW”并按 Enter 键→选择“对象”选项。

执行将对象转换为视口命令后，命令行提示：-VPORTS 选择要剪切视口的对象:，此时选择一个闭合的对象即可。图 14-44 所示即为将圆、闭合样条曲线、椭圆 3 个对象转换为视口。

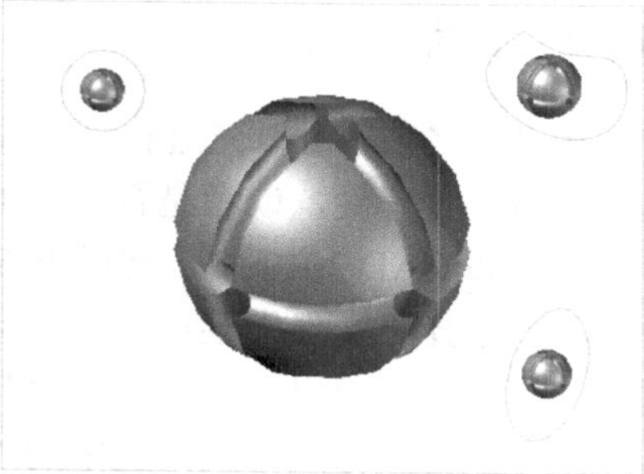

图 14-44 将对象转换为视口

14.5.3 相对布局空间比例缩放视图

若在布局中定义了多个视口，可以对每个视口设置不同的缩放比例，以便通过多个视口来表达图纸的多个细节的不同效果。要定义浮动视口的缩放比例，可选中该视口，然后单击状态栏右下角的“视口比例”按钮，将弹出如图 14-45 所示的比例列表。从比例列表中可选择缩放比例，对该浮动视口进行缩放。

若选择“自定义”选项，将弹出如图 14-46 所示的“编辑图形比例”对话框，可对现有的缩放比例进行编辑。单击 添加(A)... 按钮，将弹出“添加比例”对话框，通过该对话框可创建用户自定义比例，或设置在比例列表中的名称。在“图纸单位”和“图形单位”文本框中输入不同的值，缩放比例即定义为“图纸单位：图形单位”。图 14-47 所示即为添加“3：1”比例时的设置，设置完成后单击 确定 按钮即可。

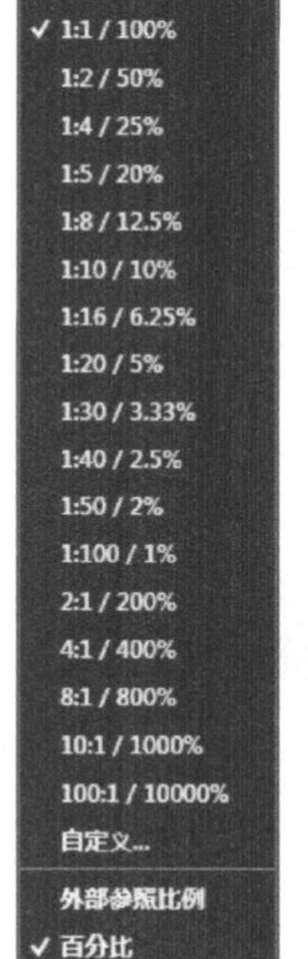

图 14-45 比例列表

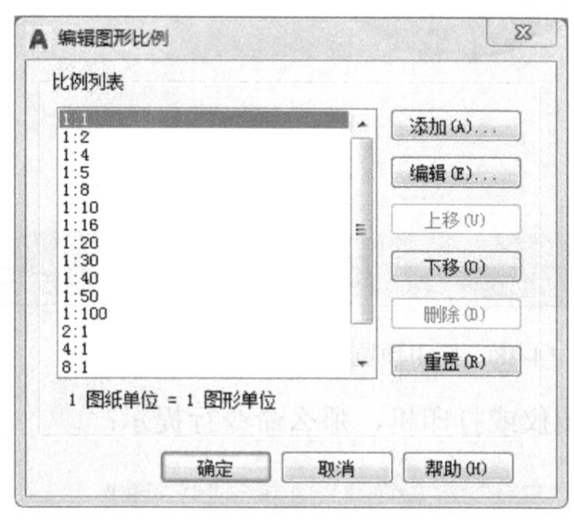

图 14-46 “编辑图形比例”对话框

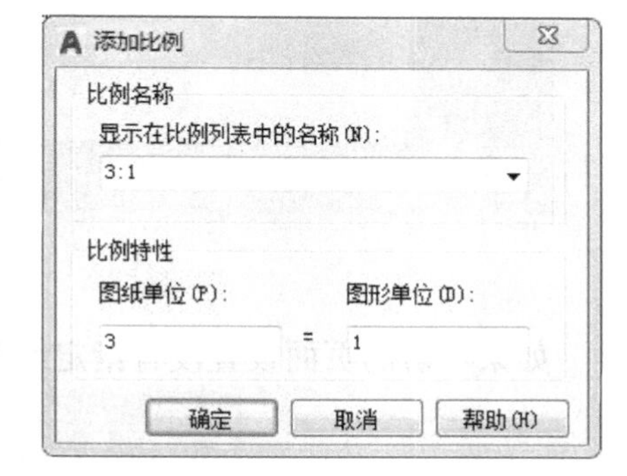

图 14-47 添加“3：1”比例

14.6 打印图形

在 AutoCAD 2019 中，绘图完成后，就可以将其打印输出。

14.6.1 打印预览

在打印之前，可以先进行打印预览，即在预览窗口查看打印的效果，以便在打印前检查打印的视口是否正确，或者是否有其他线型、线宽上的错误等。

在 AutoCAD 2019 中，有以下 5 种方法执行**打印预览**命令：

（1）选择“文件”菜单→“打印预览”命令。

（2）单击“输出”选项卡→“打印”面板→“预览”按钮。

（3）单击“标准”工具栏中的“打印预览”按钮。

（4）选择“菜单浏览器”按钮→“打印”→“打印预览”命令。

（5）在命令行中输入“PREVIEW”并按 Enter 键。

执行打印预览命令后，将弹出如图 14-48 所示的打印预览窗口。

图 14-48 打印预览窗口

如果当前的页面设置没有指定绘图仪或打印机，那么命令行提示：

```
命令: PREVIEW
未指定绘图仪。请用“页面设置”给当前图层指定绘图仪。
```

此时打开“页面设置管理器”对话框，先指定绘图仪或打印机，然后才能预览打印效果。

在打印预览窗口，光标的形状将变成，向上移动光标将放大图形，向下移动光标将缩小图形。打印预览窗口显示当前图形的全页预览，还包括一个工具栏，通过工具栏中的各个按钮，可进行打印、缩放等操作。各个按钮的功能如下：

（1）“打印”按钮：用于打印窗口中显示的整个图形，然后退出“打印预览”。

（2）“平移”按钮：单击该按钮，将显示平移光标，即手形光标，可以用来平移预览图像。

（3）“缩放”按钮：单击该按钮，将显示缩放光标，即放大镜光标，可以用来放大或缩小预览图像。

（4）“窗口缩放”按钮：用于缩放以显示指定窗口。

（5）“缩放为原窗口”按钮：单击该按钮，将恢复初始整张浏览。

（6）“关闭预览窗口”按钮：单击该按钮，将关闭预览窗口。

14.6.2　打印输出

在 AutoCAD 2019 中，有以下 6 种方法执行**打印**命令：

（1）选择“文件”菜单→“打印”命令。

（2）单击“输出”选项卡→“打印”面板→“打印”按钮。

（3）单击“标准”工具栏中的“打印”按钮。

（4）单击快速访问工具栏中的“打印”按钮。

（5）选择“菜单浏览器”按钮→“打印”→“打印”命令。

（6）在命令行中输入“PLOT”并按 Enter 键。

执行打印命令后，将弹出“打印”对话框，如图 14-49 所示。

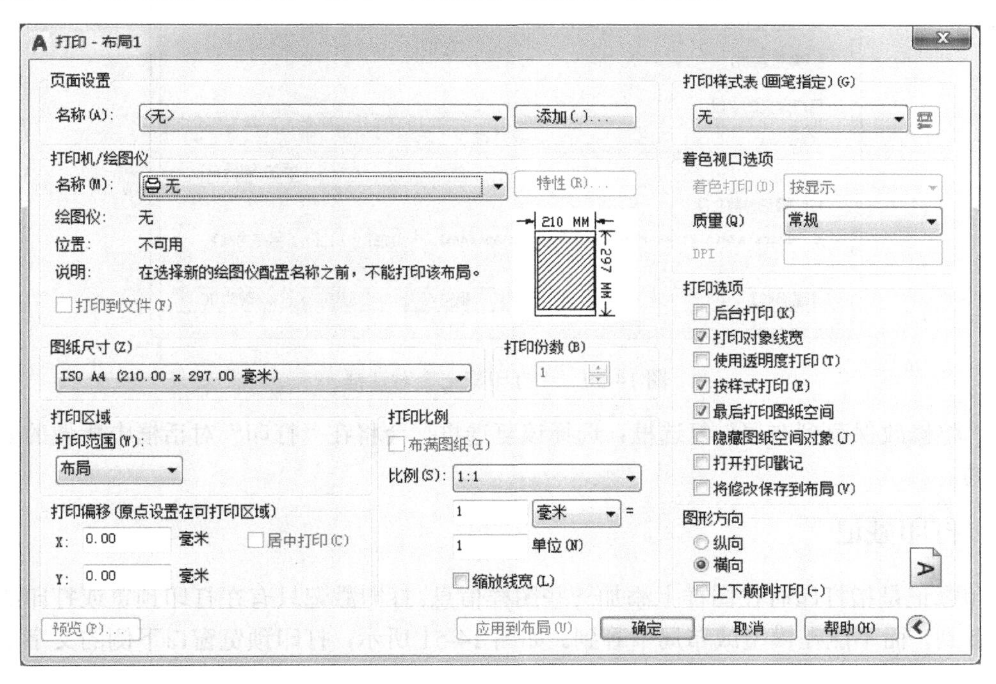

图 14-49　“打印”对话框

“打印”对话框与“页面设置”对话框相似，但通过“打印”对话框还可以设置其他打印选项：

（1）在“页面设置”选项组，通过“名称”下拉列表框可以选择页面设置，因为一张图纸可以有多个页面设置，选择下拉列表框中的“上一个打印”选项，可以导入上一次打印的页面设置；选择“输入”选项，可导入其他 DWG 文件中的页面设置。单击 添加(.)... 按钮，可以新建页面设置。

（2）在“打印机/绘图仪”选项组中还有一个“打印到文件”复选框。如选择该复选框，那么将把图形打印输出到文件，而不是绘图仪或打印机。如果“打印到文件”选项已打开，单击“打印”对话框中的“确定”按钮，将显示“浏览打印文件”对话框。

（3）在“图纸尺寸”选项组右边，还有一个“打印份数”微调按钮。该微调按钮可以设置每次打印图纸的份数。

（4）在“打印选项”选项组，比“页面设置”对话框多了“后台打印”“打开打印戳记”和“将修改保存到布局”3 个复选框，它们的功能如下：

1）“后台打印”复选框：选择该复选框，表示在后台处理打印。

2）“打开打印戳记”复选框：选择该复选框，表示打开打印戳记，即在每个图形的指定角点处放置打印戳记并（或）将戳记记录到文件中。选择该复选框后，将显示“设置打印戳记设置”按钮，单击它可打开“打印戳记”对话框，如图 14-50 所示。

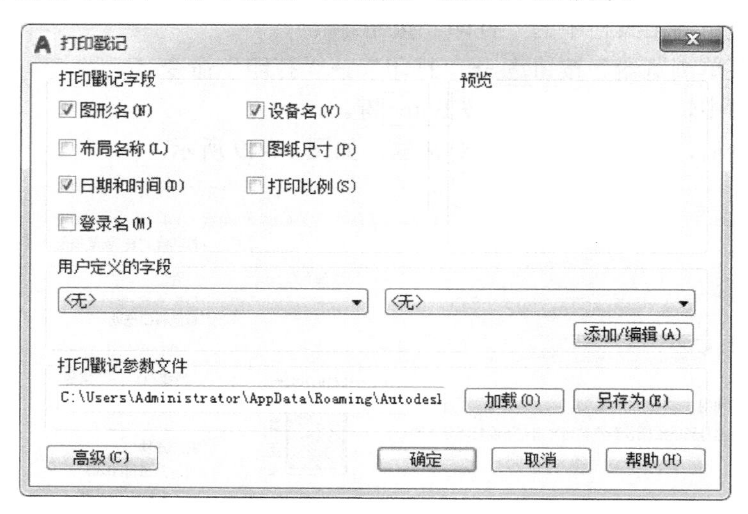

图 14-50 “打印戳记”对话框

3）“将修改保存到布局”复选框：选择该复选框，会将在“打印”对话框中所做的修改保存到布局。

14.6.3 打印戳记

打印戳记是指打印时在图样上添加一些图样信息。打印戳记只有在打印预览或打印的图形中才能看到，而不能在模型或布局中看到。如图 14-51 所示，打印预览窗口下侧的文字部分即为打印戳记。

在图 14-50 中的“打印戳记字段”选项组中，可通过各个复选框选择打印戳记包含的图形信息，包括图形名、布局名称、日期和时间等。

在“用户定义的字段”选项组，单击 添加/编辑(A) 按钮，可以添加文本作为打印戳记的内容，如加工的价格或者施工的周期等信息。

在“打印戳记参数文件”选项组，可设置打印戳记的保存和加载路径。

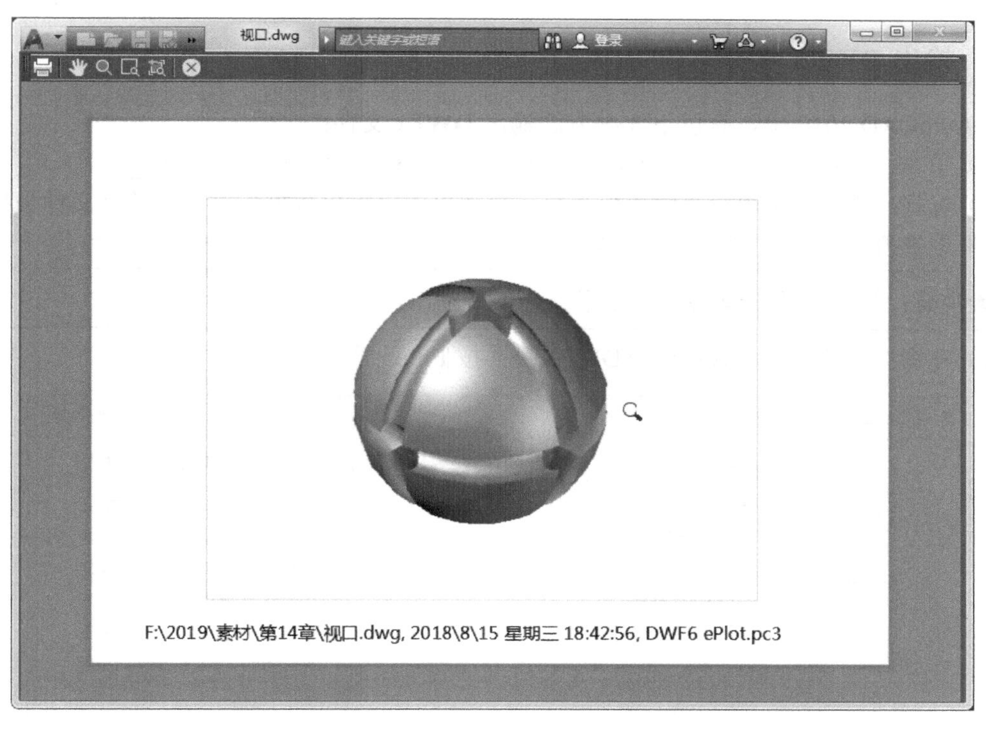

图 14-51　打印预览窗口中的打印戳记

单击 高级(C) 按钮，可显示“高级选项”对话框，如图 14-52 所示，从中可以设置打印戳记的位置、文字特性和单位，也可以创建日志文件并指定它的位置。

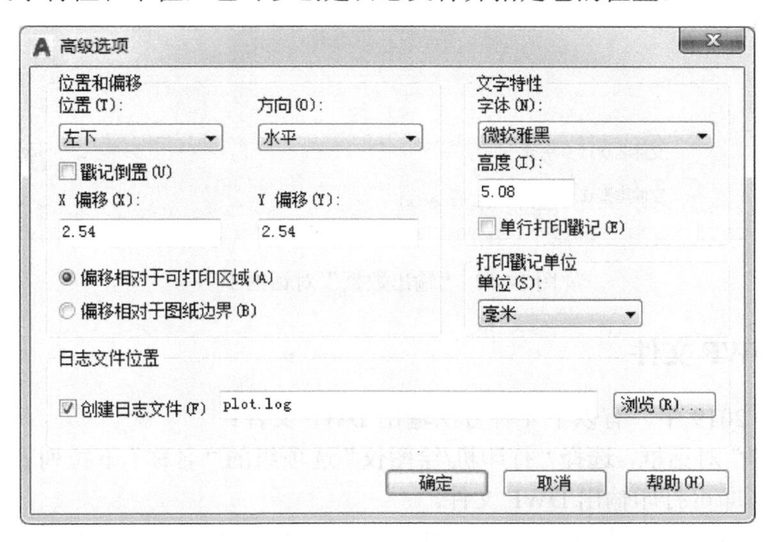

图 14-52　“高级选项”对话框

14.7　发布文件

用户可将用 AutoCAD 2019 软件绘制好的图形输出为 DWFx、DWF、PDF 文件。

14.7.1 输出 DWFx 文件

在 AutoCAD 2019 中，有以下 3 种方法**输出 DWFx 文件：**

（1）单击“输出”选项卡→“输出 DWF/PDF”面板→“DWFx”按钮。

（2）选择“文件”菜单→“输出”命令，在弹出的“输出数据”对话框的“文件类型”下拉列表框中选择“三维 DWFx”（图 14-53），然后选择保存路径保存 DWFx 文件。

> ★注意：这种方式只支持在“模型”选项卡输出。

（3）在命令行中输入“EXPORTDWFX”并按 Enter 键。

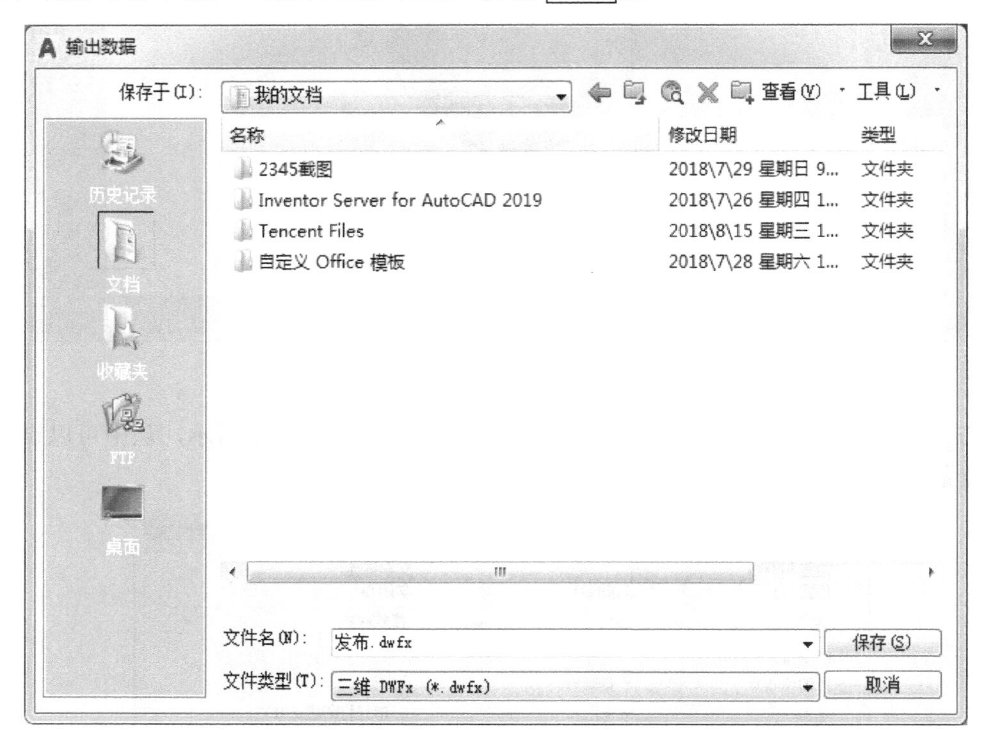

图 14-53 “输出数据”对话框 1

14.7.2 输出 DWF 文件

在 AutoCAD 2019 中，有以下 4 种方法**输出 DWF 文件：**

（1）在“打印”对话框，选择“打印机/绘图仪”选项组的“名称”下拉列表框中的“DWF6 ePlot.pc3”选项，即可打印输出 DWF 文件。

（2）单击“输出”选项卡→“输出 DWF/PDF”面板→“DWF”按钮。

（3）选择“文件”菜单→“输出”命令，在弹出的“输出数据”对话框中的“文件类型”下拉列表框中选择“三维 DWF”（图 14-54），然后选择保存路径保存 DWF 文件。

> ★注意：这种方式只支持在“模型”选项卡输出。

（4）在命令行中输入“EXPORTDWF”并按 Enter 键。

图 14-54　“输出数据”对话框 2

14.7.3　输出 PDF 文件

PDF 是 Adobe 公司发布的文件格式，AutoCAD 2019 可将 DWG 格式文件另存为 PDF 文件，大大方便了文件在设计组内的交流。

在 AutoCAD 2019 中，可通过以下 2 种方法**输出 PDF 文件**：

（1）单击“输出”选项卡→“输出 DWF/PDF”面板→“PDF”按钮。

（2）在命令行中输入“EXPORTPDF”并按 Enter 键。

运行 EXPORTPDF 命令后，弹出“另存为 PDF”对话框（图 14-55）。通过此对话框，用户可设置文件名和保存位置，还可以更改输出、页面设置和打印戳记设置。设置完成后，单击 保存(S) 按钮，即将 DWG 文件保存为 PDF 格式的文件。

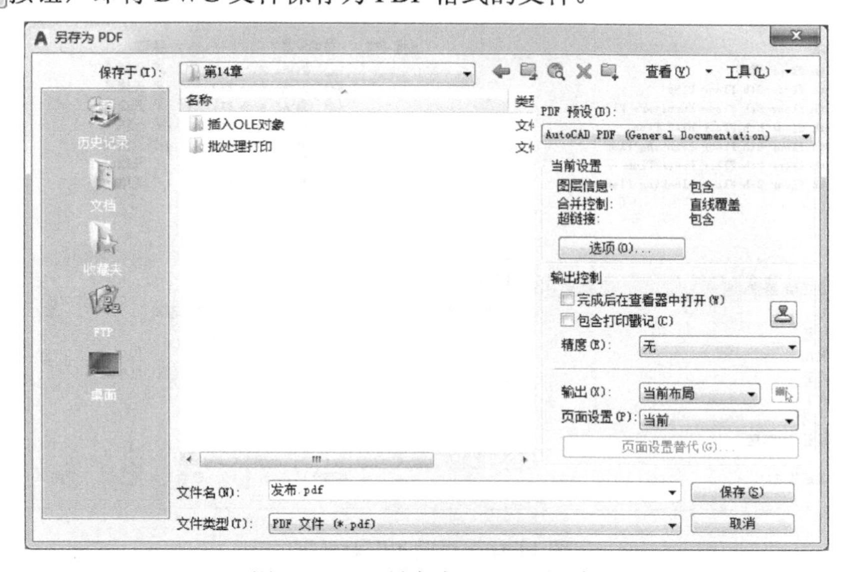

图 14-55　“另存为 PDF”对话框

14.8 批处理打印

批处理打印又称发布，在打印时选择“DWF6 ePlot.pc3”电子打印机这种方式可以将图形打印到单页的DWF文件中，批处理打印图形集技术还可以将一个文件的多个布局，甚至是多个文件的多个布局打印到一个图形集中。这个图形集可以是一个多页 DWF 文件或多个单页DWF文件。若涉及商业机密，还可以为图形集设置口令保护，以便供有关人员查阅。

对于在异机或异地接收到的DWF图形集，使用Autodesk Design Review浏览器，就可以浏览图形。若接上打印机，就可将整套图纸通过此浏览器打印出来。

在AutoCAD 2019中，有以下3种方法执行**批处理打印**命令：

（1）单击“输出”选项卡→“打印”面板→“批处理打印”按钮。

（2）选择“文件”菜单→“发布”命令。

（3）在命令行中输入“PUBLISH”并按 Enter 键。

素材\第14章\批处理打印

【例14-3】将“批处理打印”文件夹下的“8th floor.dwg”中的所有布局发布到一个DWF文件中去。

（1）打开“批处理打印”文件夹下的“8th floor.dwg”。

（2）在命令行中输入“PUBLISH”并按 Enter 键，弹出 “发布”对话框，在“发布为”下拉列表中选择“DWF”，如图14-56所示。

图14-56 “发布”对话框

（3）在该对话框的图纸列表中，当前图形模型和所有布局选项卡都列在其中，将不需要发布的“8th floor-模型”选中，单击鼠标右键，在弹出的快捷菜单中选择“删除”命令或单击其上方的“删除图纸”按钮。若要将其他图形一起发布，可以单击“添加图纸”按钮，这样还可以将多个DWG文件发布到一个DWF文件中。

（4）列表中的排列顺序将是发布完的多页DWF图纸的排列顺序，此时如果不想按照此顺序打印，可以选中某个布局，单击“上移图纸”按钮、“下移图纸”按钮进行调整。调整后的效果如图14-57所示。

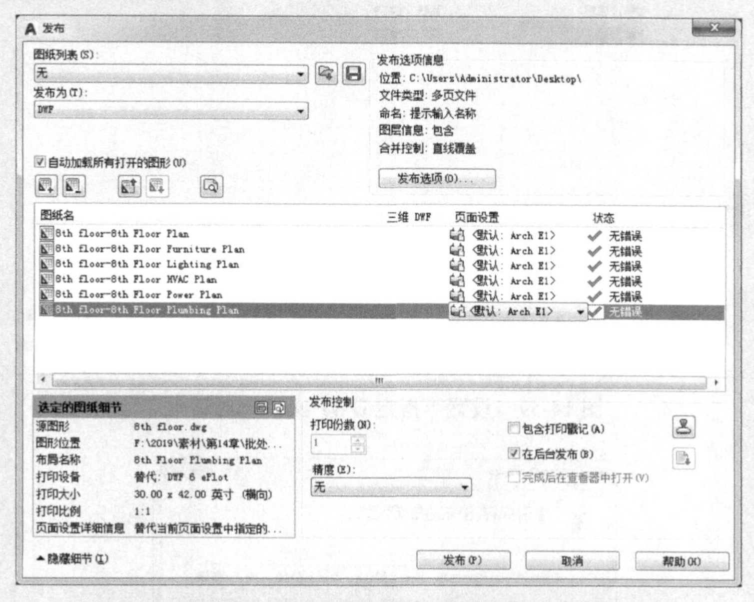

图14-57　设置“发布”对话框

（5）单击发布选项(O)...按钮，弹出“DWF发布选项”对话框，如图14-58所示，在此可以设置DWF文件的默认位置及选项。设置完成后，单击确定按钮，返回到“发布”对话框。

图14-58　“DWF发布选项”对话框

（6）单击 发布(P) 按钮将图形发布到文件，此时会弹出“指定DWF文件”对话框，设置保存位置和文件名，如图14-59所示，单击 选择(S) 按钮，弹出“发布-保存图纸列表”对话框，如图14-60所示。

图14-59 设置“指定DWF文件”对话框

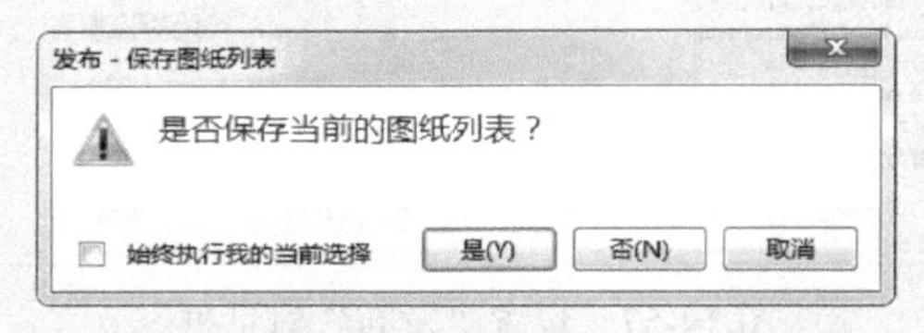

图14-60 “发布-保存图纸列表”对话框

（7）单击 是(Y) 按钮，弹出图14-61所示的“输出-更改未保存”对话框。

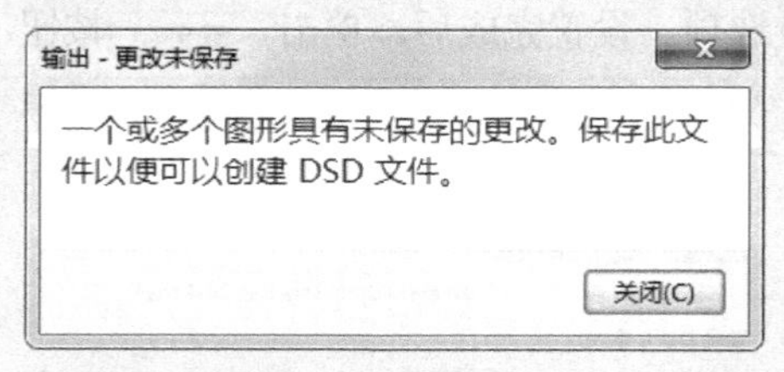

图14-61 “输出-更改未保存”对话框

（8）单击 关闭(C) 按钮，弹出图14-62所示的“打印-正在处理后台作业”对话框。

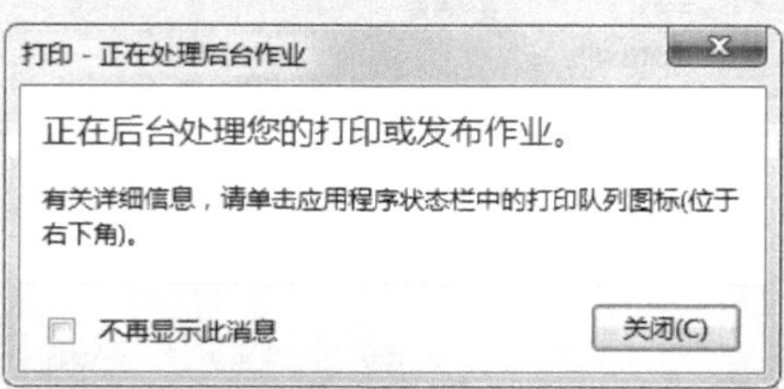

图14-62 “打印-正在处理后台作业”对话框

（9）单击 关闭(C) 按钮，此时 AutoCAD 2019 会将图形打印到 DWF 文件，直到状态托盘出现如图 14-63 所示的“完成打印和发布作业”的通知，单击这一通知可查看打印和发布详细信息，如图 14-64 所示。

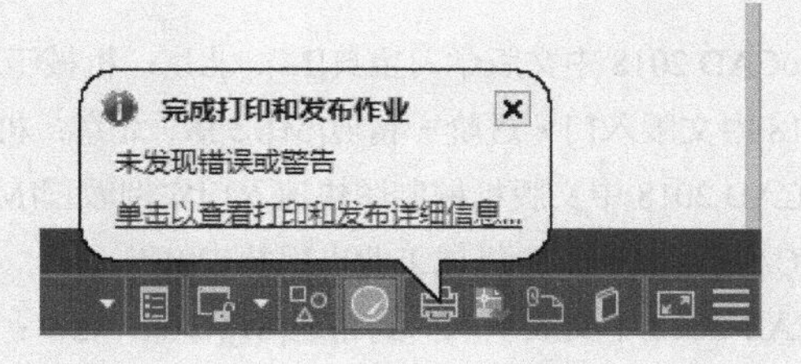

图 14-63　“完成打印和发布作业”通知

图 14-64　查看打印和发布详细信息

参 考 文 献

[1] 槐创锋，周生通. AutoCAD 2018 中文版学习宝典[M]. 北京：机械工业出版社, 2017.

[2] 钟日铭. AutoCAD 2018 中文版入门・进阶・精通[M]. 5 版. 北京：机械工业出版社, 2017.

[3] 胡仁喜，解江坤.AutoCAD 2018 中文版机械制图快速入门实例教程[M].北京：机械工业出版社, 2018.

[4] 李小琴. 工程制图与 CAD[M]. 北京：机械工业出版社, 2017.

[5] 赵洪雷，张杨. AutoCAD 2018 中文版从入门到精通[M]. 2 版. 北京：电子工业出版社, 2017.

[6] 冯振忠. 机械制图与 AutoCAD 绘图[M]. 北京：化学工业出版社, 2018.

[7] 钟佩思，李雅萍. AutoCAD 2014 快速入门与实例详解[M]. 北京：电子工业出版社, 2014.

[8] 张樱枝. AutoCAD 2013 中文版基础入门与范例精通[M]. 北京：科学技术出版社, 2013.